普通高等学校规划教材

理论力学

（下册）

李银山　编著

人民交通出版社股份有限公司
China Communications Press Co.,Ltd.

内 容 提 要

本教材是根据教育部高等院校工科本科“理论力学”课程教学基本(多学时)要求编写的。是作者继《Maple 理论力学》出版后,将理论力学和计算机技术结合起来的又一部新型教材,首次讲解了李银山提出的一种解决强非线性振动问题的快速解析法——谐波能量平衡法。

本书由《理论力学》上、下册两部分组成,共计 28 章。基本上涵盖了经典理论力学所涉及的所有问题,具体包括静力学、运动学、动力学、分析力学、专题和高级应用。内容完整、结构紧凑、叙述严谨、逻辑性强。配备了手算和电算(Maple 软件)两类例题,带有思考性的思考题和 A、B、C 三类习题。

下册内容主要包括:达朗贝尔原理、虚位移原理、动力学普遍方程、拉格朗日方程、哈密顿原理与正则方程;碰撞、微振动、刚体空间动力学、变质量动力学;宇宙飞行动力学、运动稳定性、理论力学中的概率问题、非线性振动、分岔和混沌等共计 13 章。

本书适用于理工科本科生理论力学教学使用,也可作为研究生和工程技术人员对理论力学专题的学习研究参考书。

为便于教师使用本教材,本书配备了多媒体电子教案,可加力学课程教学研讨 QQ 群 242976740 索取。

图书在版编目(CIP)数据

理论力学. 下册 / 李银山编著. —北京 : 人民交通出版社股份有限公司, 2017. 11

ISBN 978-7-114-14305-2

Ⅰ. ①理… Ⅱ. ①李… Ⅲ. ①理论力学-高等学校-教材 Ⅳ. ①O31

中国版本图书馆 CIP 数据核字(2017)第 265439 号

普通高等学校规划教材

书　　名:理论力学(下册)
著 作 者:李银山
责任编辑:卢俊丽　张江成
出版发行:人民交通出版社股份有限公司
地　　址:(100011)北京市朝阳区安定门外外馆斜街 3 号
网　　址:http://www.ccpress.com.cn
销售电话:(010)59757973
总 经 销:人民交通出版社股份有限公司发行部
经　　销:各地新华书店
印　　刷:北京市密东印刷有限公司
开　　本:787×1092　1/16
印　　张:25
字　　数:584 千
版　　次:2017 年 11 月　第 1 版
印　　次:2017 年 11 月　第 1 次印刷
书　　号:ISBN 978-7-114-14305-2
定　　价:50.00 元

序

由李银山教授编写的《理论力学》是将理论力学和计算机技术结合起来的新型教材。本书分两册，共计28章，包括了理论力学教学大纲的全部内容。由于理论力学中的许多问题都比较繁琐，本书引入了计算能力强且容易操作的计算机数学软件Maple，将繁杂的计算交由计算机去完成，不仅能够分析特定瞬时或特定位置的运动，而且能够对运动过程进行分析，这对培养学生理解力学概念是十分重要的。通过本书的学习，有利于系统培养学生建模编程、计算分析和解决工程实际问题的能力。

在理论力学的教学和工程实际中，振动问题的解析求解是非常重要的。线性振动问题的解析求解基本清楚，摄动法只能得到弱非线性振动问题的解析解，但对于本质非线性振动（即强非线性振动）问题，尚没有有效的求解方法，本书介绍了由李银山提出的求解强非线性振动问题解析解的谐波—能量平衡法。通过理论力学教学，让学生及早了解国际前沿：非线性振动、分岔和混沌，对于培养学生科学研究和解决工程实际问题的能力是非常重要的。

李银山教授在这本书的撰写过程中，查阅了大量的相关资料，编写了许多富有特色的例题和分类习题，其理论体系系统完整，循序渐进，学生易于掌握。本书的初稿曾在太原理工大学和河北工业大学有关专业使用，效果良好。

本书的出版，为理论力学教学的改进提供了一条可选择的途径。我们衷心地期望本书的出版能在理论力学教学改革和培养高水平、创新性工程技术人才方面发挥一定的作用。

中国工程院院士

陈予恕

2016年5月

前　言

本教材是根据教育部高等院校工科本科"理论力学"课程教学基本要求(多学时)、教育部工科"力学"课程教学指导委员会面向21世纪工科"力学"课程教学改革要求编写的。本书是将理论力学和计算机技术结合起来的新型教材,由《理论力学》(上册)和《理论力学》(下册)两部分组成。

随着科学技术的发展日新月异,作为基础学科的理论力学,其体系和内容也必须进行相应调整。从这个愿望出发,在编写本教材时力图在已有理论力学的基础上,在以下几个方面作进一步的改进:

(1)注意使用矢量、张量、矩阵等数学工具,以适应计算机与理论力学相结合、采用软件编程的使用要求。

(2)继承和创新相结合,增加了运动全过程分析内容,注意通过图像、计算等数学运算,使学生掌握物理概念,通过理论分析和例题示范,训练学生思考方法、力学简化建模能力、数学建模能力、符号解析计算能力、数值计算能力、计算机绘图和计算机仿真能力。

本教材编写时,传统手算算法和现代计算机算法并重,学习传统手算算法便于理解理论力学基本原理,采用现代计算机算法可以快速、准确解决工程问题,提高效率。

(3)吸收了《力学与实践》"教学研究"栏目的最新成果,吸收了第1~8届全国高等学校力学课程报告论坛的最新成果,全书内容完整、结构紧凑、叙述严谨、逻辑性强。

(4)以微积分、线性代数和概率论为基础,由简单到复杂,先平面后空间,重点介绍最具理论力学课程特点的基础内容。

(5)以矢量力学和分析力学为两条主线贯穿整个课程,讲授静力学、运动学和动力学。

(6)力学原理可以分为不变分的和变分的,本教材先讲不变分的原理,后讲变分的原理,将不变分的原理和变分的原理并重,增大了变分原理的内容,以满足快速发展的工程需求。

(7)从多种不同角度讲解基本概念、基本公式和基本方法,既有严格证明,又有形象直观的几何解释和物理解释。

(8)初始条件与理论力学的数学模型——常微分方程组是同等重要的。近代研究表明,混沌的出现依赖于:初始条件变化的敏感性和参数变化的敏感性。本教材把常微分方程组和初始条件同时考虑,采用谐波平衡与能量平衡相结合,提出了谐波—能量平衡法。

本教材介绍了由李银山提出的求解强非线性振动问题解析解的谐波—能量平衡法。通过理论力学教学,让学生及早了解国际前沿:非线性振动、分岔和混沌,对于培养学生科学研究和解决工程实际问题的能力是非常重要的。

(9)随着现代科技的发展,各种设备系统的结构日趋复杂,诸如卫星、火箭、飞机、导航系统、航空母舰、机器人、高层建筑、大跨径桥梁、高速列车等各类系统的可靠性被提上了科学研究的日程。提高系统的工作可靠性,可从两方面着手:一是提高每一组成元件的可靠性,二是研究系统的最佳设计、使用与维修方案等。为满足工程需要,本教材在理论力学中增加了"理论力学中的概率问题"一章。

(10)子曰:“学而不思则罔,思而不学则殆。”关于思考题:一些理论力学教科书所给出的思考题,似乎可以分为两大类。一类主要是复习性的,例如,“理论力学的任务是什么?”“理论力学的研究对象是什么?”等;另一类则不单纯是复习,而且带有一定的思考性。收入本书的思考题,基本上属于后一类。有的思考题虽然归入某一章,但由于理论力学的知识具有连贯性,可能需要全面思考。

(11)子曰:“学而时习之,不亦说乎?”本书希望构建教、学、习、用四维一体的现代化、立体化教材。本书例题分为常规的手算例题和计算机电算例题,供教师“教”和学生“学”选用;收入本书的习题,分为三类:A 类习题比较简单、容易,供同学们写课后作业,期中或期末考试练习选用;B 类习题有一定难度,供考研和参加力学竞赛的同学练习选用;C 类习题与工程实际结合比较紧密,供同学们写大作业和工程技术人员学习时参考应用。

作为面向21世纪的新教材,本书尝试为理论力学建立这样一种具有现代计算方法的强大功能,但又不失传统解析方法之精确性的新体系。

李银山编著了本教材全部章节并统稿;河北工业大学马玉英解答了部分思考题,敖日汗解答了部分习题,华东理工大学李彤制作了本书的多媒体课件。

我的研究生罗利军、董青田、曹俊灵、潘文波、吴艳艳、官云龙、韦炳威、霍树浩及其他许多博士生、硕士生及本科生提出了宝贵的修改建议,给予了很多帮助,在此一并致谢。

感谢清华大学徐秉业教授和高云峰教授、中国科学院自然科学史研究所戴念祖研究员、军械工程学院付光浦教授、太原理工大学蔡中民教授、太原科技大学梁应彪教授和我的同学郭晓辉博士。在我编写本书过程中,他们长期给予我的关心、支持和鼓励!

沉痛悼念我的博士生导师太原理工大学杨桂通教授,感谢他多年来对本书的关心和指导。

感谢我的硕士生导师太原科技大学徐克晋教授和本科生导师军械工程学院张识教授多年来的指导、帮助和支持。

我深深地感谢我的夫人杨秀兰女士,她帮助我录入了全部书稿。

陈予恕院士热情为本书作序,并担任主审,河北工业大学李欣业教授、焦永树教授对书稿作了极为认真细致的审阅,提出了许多宝贵的改进意见,作者致以衷心的感谢!

限于作者水平,错误与不妥之处望读者不吝指正。

李银山

2017 年 8 月于天津

主要符号表

$\boldsymbol{a}$　加速度

$\boldsymbol{a}_n$　法向加速度

$\boldsymbol{a}_\tau$　切向加速度

$\boldsymbol{a}_{\mathrm{a}}$　绝对加速度

$\boldsymbol{a}_{\mathrm{r}}$　相对加速度

$\boldsymbol{a}_{\mathrm{e}}$　牵连加速度

$\boldsymbol{a}_{\mathrm{c}}$　科氏加速度

A　自由振动振幅,面积

$\underline{\boldsymbol{A}}$　方向余弦矩阵

c　光速,阻力系数

C　质心,重心,阻力因数

d　微分符号

$\tilde{\mathrm{d}}$　动系中微分符号

$\mathrm{d}'W$　元功

e　碰撞恢复因数,偏心距

$\underline{\boldsymbol{e}}$　矢量基(简称基),矢量列阵

$\boldsymbol{e}_1,\boldsymbol{e}_2,\boldsymbol{e}_3$　矢量基的三个基矢量

E　总机械能

$\boldsymbol{E}$　单位并矢

E_X　数学期望

f　自由度数,频率

f_{d}　动摩擦因数

f_{s}　静摩擦因数

$\boldsymbol{F}$　力

$\boldsymbol{F}_{\mathrm{d}}$　阻尼力

$\boldsymbol{F}_{\mathrm{R}}$　合力

$\boldsymbol{F}_{\mathrm{f}}$　摩擦力

$\boldsymbol{F}_{\mathrm{N}}$　约束力,理想约束力,法向约束力,轴力

$\boldsymbol{F}_{\bar{\mathrm{N}}}$　非理想约束力

$\boldsymbol{F}_{\mathrm{P}}$　主动力

$\boldsymbol{F}_{\mathrm{T}}$　绳索的张拉力

$\boldsymbol{F}_{\Phi}$　反推力

$\boldsymbol{F}_{\mathrm{I}}$　达朗贝尔惯性力

$\boldsymbol{F}_{\mathrm{c}}^{\mathrm{I}}$　科氏惯性力

$\boldsymbol{F}_{\mathrm{e}}^{\mathrm{I}}$　牵连惯性力

$\underline{F}$　力坐标列阵

$\boldsymbol{g}$　重力加速度

G　万有引力常数

h　高度

H　哈密顿函数

$\underline{H}$　拉梅系数矩阵

H_1,H_2,H_3　拉梅系数

$\boldsymbol{I}$　冲量

$\boldsymbol{I}^{(\mathrm{e})}$　外力的冲量

$\underline{I}$　单位矩阵

$\tilde{I}_j$　广义冲量

I_1　静力学或运动学第一不变量

I_2　静力学或运动学第二不变量

$\underline{\boldsymbol{i}}$　正交矢量基,正交矢量列阵

$\boldsymbol{i}_1,\boldsymbol{i}_2,\boldsymbol{i}_3$　正交矢量基的三个基矢量

$\boldsymbol{i},\boldsymbol{j},\boldsymbol{k}$　直角坐标三个基矢量

J_C　刚体对质心轴 Cz 的转动惯量

J_O　刚体对定轴 Oz 的转动惯量

J_p　刚体对瞬轴 p 的转动惯量

J_{xy}　刚体对 x、y 轴的惯性积

J_z　刚体对 z 轴的转动惯量

$\boldsymbol{J}$　惯量张量,或瞬时角矢量

$\underline{J}$　惯量矩阵

$\boldsymbol{J}_O$　刚体对定点 O 的惯量张量

$\boldsymbol{J}_C$　刚体对质心 C 的惯量张量

$\underline{J_O}$　刚体对定点 O 的惯量矩阵

$\underline{J_C}$　刚体对质心 C 的惯量矩阵

J_1,J_2,J_3　主转动惯量

k　弹簧刚度系数

l　长度

L　拉格朗日函数

L_z　质点系对 z 轴的动量矩

$\boldsymbol{L}_O$　质点系对定点 O 的动量矩
l　坐标总数
$\boldsymbol{L}_C$　质点系对质心 C 的动量矩
$\boldsymbol{L}_A$　质点系对动点 A 的动量矩
m　质量,广义坐标数
m_μ　刚体的质量
$\overline{m}$　多余坐标数
M_z　力对 z 轴的矩
max　极大
min　极小
$\boldsymbol{M}$　力偶矩,主矩
$\boldsymbol{M}_{\mathrm{R}}$　合力偶
$\boldsymbol{M}_{\mathrm{e}}$　外力偶
$\boldsymbol{M}_O$　力 $\boldsymbol{F}$ 对点 $\boldsymbol{O}$ 的矩
$\boldsymbol{M}_O^{\mathrm{I}}$　惯性力的主矩
$\boldsymbol{M}_{\mathrm{g}}$　陀螺力矩
$\underline{M}$　质量矩阵
n　质点数
N　刚体数
O　定参考坐标系的原点
p　广义动量
$\boldsymbol{p}$　动量,转动瞬轴基矢量
P　重量,功率,速度瞬心
q　广义坐标
$\boldsymbol{q}$　载荷集度
Q　广义力
Q^*　非有势力的广义力
$\widetilde{Q}$　正则变量表示的广义力
r　半径,双向完整系统约束数
$r+s$　双向约束数
r,θ,φ　球坐标
$\boldsymbol{r}$　矢径
R　总约束数
$\boldsymbol{R}$　主矢
$\boldsymbol{R}^{(\mathrm{e})}$　外力的主矢
$\boldsymbol{R}_{\mathrm{I}}$　达朗贝尔惯性力的主矢
$\boldsymbol{R}_{\mathrm{e}}^{\mathrm{I}}$　牵连惯性力的主矢
$\boldsymbol{R}_{\mathrm{c}}^{\mathrm{I}}$　科里奥利惯性力的主矢
$\boldsymbol{r}_A$　动点 A 的矢径
$\boldsymbol{r}_C$　质心 C 的矢径
s　弧坐标,双向不可积微分约束数
S　哈密顿作用量
$\bar{S}$　拉格朗日作用量
t　时间
T　动能,周期
$\boldsymbol{v}$　速度
$\boldsymbol{v}_{\mathrm{a}}$　绝对速度
$\boldsymbol{v}_{\mathrm{r}}$　相对速度
$\boldsymbol{v}_{\mathrm{e}}$　牵连速度
V　势能,体积,李雅普诺夫函数
W　力的功
x,y,z　直角坐标
z　频率比
$\boldsymbol{\alpha}$　角加速度
β　振幅放大因子
δ　滚阻摩擦系数,阻尼系数
$\mathrm{\delta}$　等时变分
$\tilde{\mathrm{\delta}}$　全变分
$\mathrm{\delta}W$　虚功
$\mathrm{\delta}\widetilde{W}$　冲量虚功
Δ　增量;等时变更
$\Delta\boldsymbol{J}$　角位移
φ_{f}　摩擦角
η　减缩因数
κ　曲率
λ　本征值
μ　流体黏度,地球引力常数
θ　自由振动初相角
ϑ　转角
ρ　密度,曲率半径
ρ,φ　极坐标
ρ,φ,z　柱坐标
ρ_z　对 z 轴的回转半径
$\boldsymbol{\rho}$　相对矢径
σ_X　均方差
$\boldsymbol{\tau},\boldsymbol{n},\boldsymbol{b}$　自然坐标系三个基矢量
τ　碰撞作用时间
$\boldsymbol{\Gamma}$　曲线积分路径
$\boldsymbol{\Gamma}_O$　力对定点 O 的冲量矩

$\boldsymbol{\Gamma}_O^{(e)}$　外力对定点 O 的冲量矩

ω　角频率

ω_0　固有角频率

ω_d　阻尼自由振动角频率

$\boldsymbol{\omega}$　角速度

$\boldsymbol{\omega}_a$　绝对角速度

$\boldsymbol{\omega}_r$　相对角速度

$\boldsymbol{\omega}_e$　牵连角速度

Ω　激励角频率

ξ,η,ζ　静坐标系的三个坐标

ψ,θ,φ　欧拉角

ζ　阻尼比

Z_w　高斯拘束

目　　录

第4篇　分析力学

第5篇 专 题

第6篇 高级应用

第4篇 分析力学

自从牛顿的著作发表以后，经典力学有了迅速的发展，形成了完整的牛顿—欧拉的矢量力学体系，解决了许多实际问题，如天体运行的预报等。但工业的发展提出了受约束的多自由度非自由质点系动力学问题，用矢量力学方法解决却会遇到困难。因为约束是对位置的约束，而在矢量力学中却换成了约束力，因而增加了未知量。

达朗贝尔将牛顿定律推广到受约束的非自由质点系。达朗贝尔原理提供了研究动力学问题的一个新的普遍方法，即用静力学研究平衡的方法来求解动力学问题，这种方法常称为动静法，在工程中经常采用。一方面由达朗贝尔原理发展起来的动静法，理论上与动量和动量矩定理等价，应用上可以充分利用静力学中的各种平衡方程和解题技巧；另一方面达朗贝尔原理与虚位移原理构成了分析力学的基础。第16章讨论达朗贝尔原理及其应用问题。

分析力学是建立在包括约束、广义坐标、虚位移、理想约束等一整套基本概念基础上的力学体系。虚位移原理是分析力学的一个基本原理，这个原理将整个静力学概括为一个原理，即静力学普遍方程。虚位移原理具有公理性质，因此不需要证明。利用虚位移原理可以解静力学问题，包括求主动力之间的关系，求约束力，求平衡位置并研究其稳定性等。利用虚位移原理解静力学问题的关键在于适当地给出主动力作用点的虚位移，通常有几何法（或虚速度法）以及解析法。第17章讨论虚位移原理及其应用问题。

达朗贝尔原理不是牛顿定律的简单移项，而是强调了有关约束的公理。正是在此基础上，拉格朗日提出了达朗贝尔—拉格朗日原理，即动力学普遍方程，奠定了分析动力学的基础。达朗贝尔在经典力学由牛顿力学向拉格朗日力学发展过程中起了重要的历史作用。既要看到达朗贝尔原理的实际意义，也要看到达朗贝尔原理的理论意义。虚位移原理与达朗贝尔原理结合为动力学普遍方程，而动力学普遍方程是整个分析动力学的基础。第18章讨论动力学普遍方程及其应用问题。

1788年，法国科学家拉格朗日出版了著名的《分析力学》一书，提出了解决动力学问题的新观点与新方法。拉格朗日用广义坐标描述非自由质点系的运动，因而使描述系统运动的变量大为减少；所处理的动力学量是质点系的动能、势能及力的功，这些都是标量，因而可以充分使用纯粹数学分析的方法进行研究。拉格朗日追求的是一般理论与一般数学模型，对各种具体问题，只要进行代入与展开，就能得到具体结果。他说："在我的书里，你找不到一张图。"第19章重点讨论拉格朗日方程及其应用问题。

在拉格朗日之后，英国数学家、力学家哈密顿又作了发展。他将动力学的基本定律归纳为原理，不仅使力学在理论上更加完美，而且有可能扩展到非力学的其他物理领域，如量子力学。由拉格朗日和哈密顿奠基的力学研究称为分析力学，它与矢量力学共同构成经典力学的主要内容。第20章简单介绍哈密顿原理与正则方程。

本篇介绍达朗贝尔原理、虚位移原理、动力学普遍方程、拉格朗日方程、哈密顿原理与正则方程,为进一步学习分析力学打下基础;同时也为解决工程中的动力学问题提供新的建模方法。

华罗庚:“数无形时少直觉,形少数时难入微,

数与形,本是相倚依,焉能分作两边飞。”

第16章　达朗贝尔原理

动力学基本规律的另一种叙述方法称为达朗贝尔原理。它可以看成牛顿第二定律的演变,也是后来发展分析力学的基础。依据达朗贝尔原理建立起来的动静法,是解决工程问题的一种实用方法。

16.1　质点的达朗贝尔原理

16.1.1　惯性参考系中质点的达朗贝尔原理

达朗贝尔原理是关于非自由质点动力学的一个原理。

设作用在非自由的质点上有主动力 $\boldsymbol{F}$ 和约束力 $\boldsymbol{F}_{\mathrm{N}}$;按照达朗贝尔的原始思想,可将 $\boldsymbol{F}$ 分解为两部分[图16-1a)]:一部分使质点产生加速度 $\boldsymbol{a}$,叫作发动力 $\boldsymbol{F}_{\mathrm{fd}}$,有关系式

$$\boldsymbol{F}_{\mathrm{fd}} = m\boldsymbol{a} \tag{a}$$

余下的一部分叫作损失力 $\boldsymbol{F}_{\mathrm{ss}}$,所以有关系式

$$\boldsymbol{F}_{\mathrm{ss}} = \boldsymbol{F} - \boldsymbol{F}_{\mathrm{fd}} \tag{b}$$

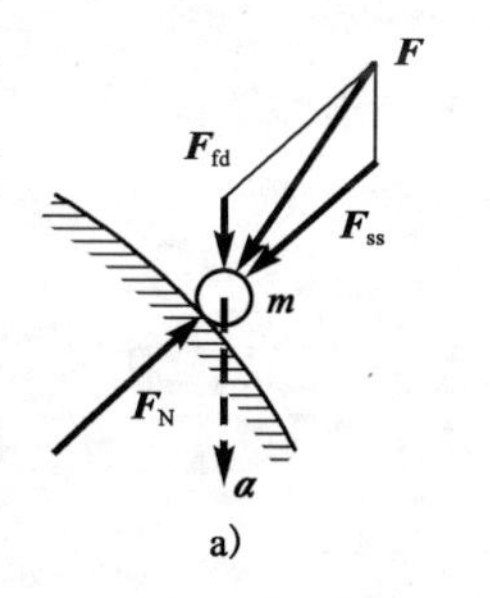

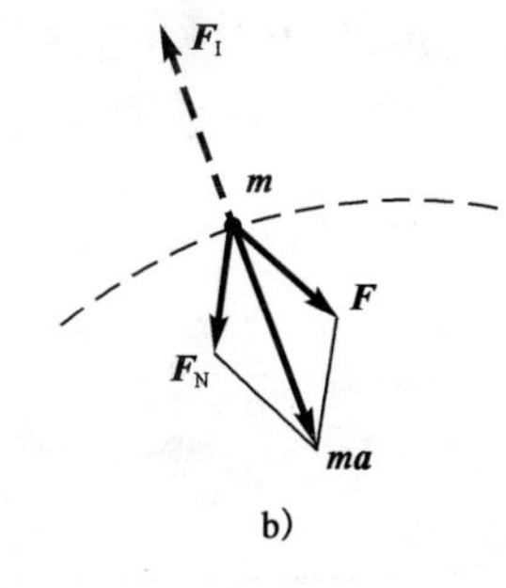

图16-1　质点的达朗贝尔原理

将式(a)代入式(b),得

$$\boldsymbol{F}_{\mathrm{ss}} = \boldsymbol{F} - m\boldsymbol{a} \tag{c}$$

即损失力等于主动力 $\boldsymbol{F}$ 加上($-m\boldsymbol{a}$)。

质点达朗贝尔原理的原始表述为:作用于质点上的损失力在每一瞬时位置上都为约束力所平衡。它的表达式为

$$\boldsymbol{F}_{\mathrm{ss}} + \boldsymbol{F}_{\mathrm{N}} = 0 \tag{16-1}$$

如果我们把静力学中质点的平衡条件解释为“主动力 $\boldsymbol{F}$ 为约束力所平衡”,即

$$\boldsymbol{F} + \boldsymbol{F}_{\mathrm{N}} = 0 \tag{d}$$

这样,非自由质点在运动过程中应满足的条件就和静力学中质点的平衡条件具有了同样的形式。

达朗贝尔原理的主题思想是把牛顿定律推广,用于受约束质点,这就为后来的非自由质点系动力学奠定了基础。达朗贝尔(J. le Rond d’Alembert,1717—1783年)在《动力学教程》(1743年)中提出这个原理以后一百多年,即到了19世纪前半叶,人们开始把 $-m\boldsymbol{a}$ 这个量叫作惯性力 $\boldsymbol{F}_{\mathrm{I}}$,原理就被解释为,在加上惯性力 $\boldsymbol{F}_{\mathrm{I}}$[式(16-2)]以后,式(16-1)成为式(16-3)。

$$F_I = -ma \tag{16-2}$$

$$F + F_N + F_I = 0 \tag{16-3}$$

质点达朗贝尔原理的现代表述为：作用在质点上的主动力、约束力和虚加的惯性力在形式上组成平衡力系。但是，静力学中构成平衡力系的都是外界物体对质点的作用力，而惯性力并不是外加的，所以惯性力是一种为了便于解决问题而假设的"虚拟力"。

根据达朗贝尔原理，可以通过对质点附加惯性力使动力学问题转化为静力学问题，因而能够应用平衡方程式及静力学的各种解题技巧；求未知约束力就是求 F_N，求未知运动就是求惯性力 F_I。这种方法称为解决动力学问题的动静法，在工程上经常采用。

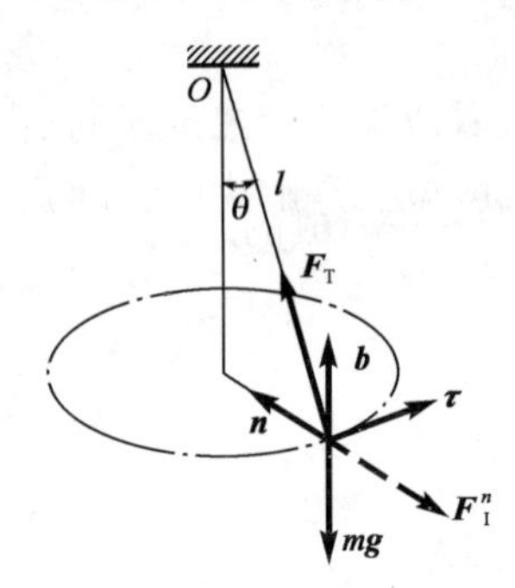

图 16-2　例题 16-1

例题 16-1　如图 16-2 所示，一圆锥摆。质量 $m=0.1$kg 的小球系于长 $l=0.3$m 的绳上，绳的另一端系在固定点 O，并与铅直线成夹角 $\theta=60°$。如小球在水平面内作匀速圆周运动，求小球的速度 v 与绳的张力 F_T 的大小。

解：①运动分析，求惯性力（方向如图 16-2 所示）。

小球 M 作圆周运动，因此惯性力 F_I^n（即离心力）沿着圆的径向向外，其大小为

$$F_I^n = ma_n, F_I^n = m\frac{v^2}{l\sin\theta} \tag{1}$$

②受力分析，包括主动力、约束力和惯性力。

小球 M 受力 mg, F_T, F_I^n。

③列出方程，利用动静法列平衡方程。

$$\sum F_b = 0, -mg + F_T\cos\theta = 0 \tag{2}$$

$$F_T = 1.96\text{N}$$

$$\sum F_n = 0, F_T\sin\theta - F_I^n = 0 \tag{3}$$

由式(1)～式(3)联列解得

$$v = 2.1m/s$$

讨论与练习

(1)惯性力方向与加速度方向相反，用虚线画出；

(2)惯性力的大小不带箭头，不带负号，带编号；

(3)本题采用自然坐标系；

(4)请读者编写 Maple 程序验证结果。

16.1.2　非惯性参考系中质点的达朗贝尔原理

达朗贝尔惯性力与在第 12 章叙述的牵连惯性力和科氏惯性力，都不是真实力，但它们之间又有所区别。牵连惯性力和科氏惯性力只对非惯性参考系有意义，其大小和方向取决于所参照的非惯性参考系的运动。而达朗贝尔惯性力的大小和方向取决于质点本身的运动。对于上述在惯性系内运动的质点，其达朗贝尔惯性力与质点的绝对加速度有关。质点在非惯性参考系内运动时，必须在式(12-8)中，将真实力分成主动力 F 和约束力 F_N，增加牵连惯性力 F_e^I 和科氏惯性力 F_c^I 等非真实力，同时必须将达朗贝尔惯性力 F_I 的定义中质点的

绝对加速度 $\boldsymbol{a}$ 改为相对加速度 $\boldsymbol{a}_r$,写作

$$\boldsymbol{F}+\boldsymbol{F}_N+\boldsymbol{F}_I+\boldsymbol{F}_e^I+\boldsymbol{F}_c^I=0,\boldsymbol{F}_I=-m\boldsymbol{a}_r \tag{16-4}$$

牵连惯性力和科氏惯性力虽不是真实力,但可在非惯性参考系中观察到与真实力相同的作用效果。达朗贝尔惯性力则不同,它的真实力效应并不作用于质点本身,而是由质点反作用于企图改变它运动状态的施力物体上。例如,用手推车子在光滑的直线轨道上加速运动时,车子的惯性力作用在手上,使手感觉到力的存在。

16.2 达朗贝尔惯性力系的简化

16.2.1 质点系惯性力系的简化

设质点系由 n 个质点 $P_i(i=1,2,\cdots,n)$ 组成,每个质点在运动过程中形成的达朗贝尔惯性力组成一空间惯性力系 $(\boldsymbol{F}_1^I,\boldsymbol{F}_2^I,\cdots,\boldsymbol{F}_n^I)$,其中

$$\boldsymbol{F}_i^I=-m_i\boldsymbol{a}_i \quad (i=1,2,\cdots,n) \tag{a}$$

利用第4章中叙述的力系简化方法,可将此惯性力系向空间中任意选定的简化中心 O 简化,化作在点 O 上作用的主矢 $\boldsymbol{R}_I$ 和主矩 $\boldsymbol{M}_O^I$:

$$(\boldsymbol{F}_1^I,\boldsymbol{F}_2^I,\cdots,\boldsymbol{F}_n^I)\Leftrightarrow(\boldsymbol{R}_I,\boldsymbol{M}_O^I) \tag{b}$$

其中

$$\boldsymbol{R}_I=\sum_{i=1}^n\boldsymbol{F}_i^I,\boldsymbol{M}_O^I=\sum_{i=1}^n\boldsymbol{M}_O(\boldsymbol{F}_i^I) \tag{16-5}$$

同一惯性力系对于不同的简化中心简化,其主矢的大小和方向保持不变,而主矩则随简化中心的不同而改变。若 A 为另一简化中心,则不同简化中心的主矩之间有与式(4-11)相同的关系式:

$$\boldsymbol{M}_A^I=\boldsymbol{M}_O^I+\boldsymbol{r}\times\boldsymbol{R}_I \tag{16-6}$$

其中,$\boldsymbol{r}=\overrightarrow{AO}$,为 A 至 O 的矢径。

设简化中心 A 为空间中任意动点,点 A 相对固定点 O 的矢径为 $\boldsymbol{r}_A$,质点相对点 O 和点 A 的矢径分别为 $\boldsymbol{r}_i$ 和 $\boldsymbol{\rho}_i$,则有

$$\boldsymbol{r}_i=\boldsymbol{r}_A+\boldsymbol{\rho}_i \tag{c}$$

设 $\boldsymbol{v}_i=\mathrm{d}\boldsymbol{r}_i/\mathrm{d}t,\boldsymbol{a}_i=\mathrm{d}^2\boldsymbol{r}_i/\mathrm{d}t^2$ 为质点 P_i 的速度和加速度,将 P_i 的达朗贝尔惯性力 $\boldsymbol{F}_i^I=-m_i\boldsymbol{a}_i$ 代入式(16-5),展开后可将惯性力系的主矢和主矩化作

$$\boldsymbol{R}_I=\sum_{i=1}^n\boldsymbol{F}_i^I=-\sum_{i=1}^n m_i\boldsymbol{a}_i=-m\boldsymbol{a}_C \tag{d}$$

$$R_I=-m\boldsymbol{a}_C \tag{16-7}$$

$$\begin{aligned}\boldsymbol{M}_A^I&=\sum_{i=1}^n\boldsymbol{\rho}_i\times\boldsymbol{F}_i^I=-\sum_{i=1}^n\boldsymbol{\rho}_i\times m_i\frac{\mathrm{d}\boldsymbol{v}_i}{\mathrm{d}t}\\&=-\sum_{i=1}^n\left[\frac{\mathrm{d}}{\mathrm{d}t}(\boldsymbol{\rho}_i\times m_i\boldsymbol{v}_i)-\frac{\mathrm{d}\boldsymbol{\rho}_i}{\mathrm{d}t}\times m_i\boldsymbol{v}_i\right]\\&=-\frac{\mathrm{d}}{\mathrm{d}t}\sum_{i=1}^n(\boldsymbol{\rho}_i\times m_i\boldsymbol{v}_i)+\sum_{i=1}^n(\boldsymbol{v}_i-\boldsymbol{v}_A)\times m_i\boldsymbol{v}_i\\&=-\left(\frac{\mathrm{d}\boldsymbol{L}_A}{\mathrm{d}t}+\boldsymbol{v}_A\times\boldsymbol{p}\right)\end{aligned} \tag{e}$$

$$M_A^{\mathrm{I}} = -\left(\frac{\mathrm{d}\boldsymbol{L}_A}{\mathrm{d}t} + \boldsymbol{v}_A \times \boldsymbol{p}\right) \tag{16-8}$$

其中,$\boldsymbol{p}$ 和 $\boldsymbol{L}_A$ 分别为质点系的动量和对动点 A 的动量矩;$\boldsymbol{v}_A$ 为点 A 的速度。式(16-7)和式(16-8)表明,惯性力系的主矢 $\boldsymbol{R}_{\mathrm{I}}$ 等于质点系全部质量集中在质心 C 处的达朗贝尔惯性力;主矩 $\boldsymbol{M}_A^{\mathrm{I}}$ 等于质点系对点 A 的动量矩对时间的导数以及点 A 的速度与质点系动量的矢积之和的负值。对于简化中心为固定点 O 和质心 C 的特殊情形,主矩 $\boldsymbol{M}_O^{\mathrm{I}}$ 和 $\boldsymbol{M}_C^{\mathrm{I}}$ 简化为

$$\boldsymbol{M}_O^{\mathrm{I}} = -\frac{\mathrm{d}\boldsymbol{L}_O}{\mathrm{d}t}, \boldsymbol{M}_C^{\mathrm{I}} = -\frac{\mathrm{d}\boldsymbol{L}_C}{\mathrm{d}t} \tag{16-9}$$

16.2.2 刚体惯性力系的简化

1)刚体作平行移动

刚体平行移动时,每一瞬时刚体内任一质点 i 的加速度 $\boldsymbol{a}_i$ 与质心 C 的加速度 $\boldsymbol{a}_C$ 相同,有 $\boldsymbol{a}_i = \boldsymbol{a}_C$,刚体的惯性力系如图 16-3 所示,任选一点 O 为简化中心,主矩用 $\boldsymbol{M}_O^{\mathrm{I}}$ 表示,有

$$\boldsymbol{M}_O^{\mathrm{I}} = \sum_{i=1}^{n}\boldsymbol{r}_i \times \boldsymbol{F}_i^{\mathrm{I}} = \sum_{i=1}^{n}\boldsymbol{r}_i \times (-m_i\boldsymbol{a}_i) = -(\sum_{i=1}^{n}m_i\boldsymbol{r}_i) \times \boldsymbol{a}_C = -m_\mu \boldsymbol{r}_C \times \boldsymbol{a}_C \tag{f}$$

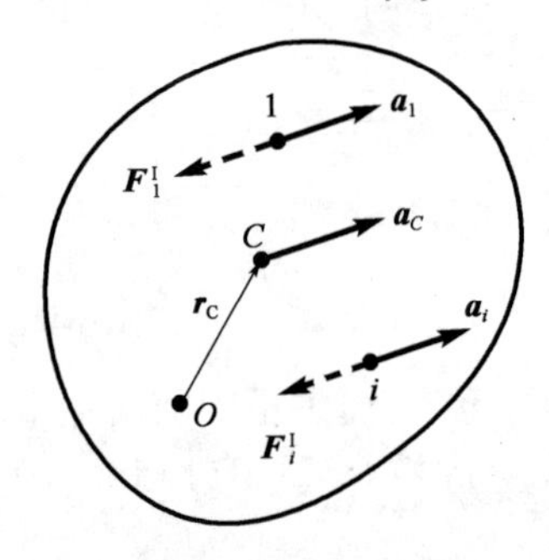

图 16-3 刚体作平行移动惯性力系向质心简化

式中,$\boldsymbol{r}_C$ 为简化中心 O 到质心 C 的矢径。若选质心 C 为简化中心,主矩以 $\boldsymbol{M}_C^{\mathrm{I}}$ 表示,则 $\boldsymbol{r}_C = \boldsymbol{0}$,有

$$\boldsymbol{R}_{\mathrm{I}} = -m_\mu \boldsymbol{a}_C, \boldsymbol{M}_C^{\mathrm{I}} = \boldsymbol{0} \tag{16-10}$$

刚体平行移动时,惯性力对任意点 O 的主矩一般不为零。若选质心为简化中心,其主矩为零,简化为合力。因此有结论:平行移动刚体的惯性力系可以简化为通过质心的合力,其大小等于刚体的质量与加速度的乘积,合力的方向与加速度方向相反。

2)刚体作定轴转动(转轴垂直于质量对称面)

刚体定轴转动时,设刚体的角速度为 $\boldsymbol{\omega}$,角加速度为 $\boldsymbol{\alpha}$,刚体内任一质点的质量为 m_i,到转轴的距离为 r_i,则刚体内任一质点的惯性力系为 $\boldsymbol{F}_i^{\mathrm{I}} = -m_i a_i$。为简单起见,在转轴上任选一点 O 为简化中心,由第 2 章可知,力对点的矩矢在通过该点的某轴上的投影,等于力对该轴的矩,所以建立直角坐标系如图 16-4a)所示,质点的坐标为 x_i, y_i, z_i,现在分别计算惯性力系对 x,y,z 轴的矩,分别以 $M_x^{\mathrm{I}}, M_y^{\mathrm{I}}, M_z^{\mathrm{I}}$ 表示。

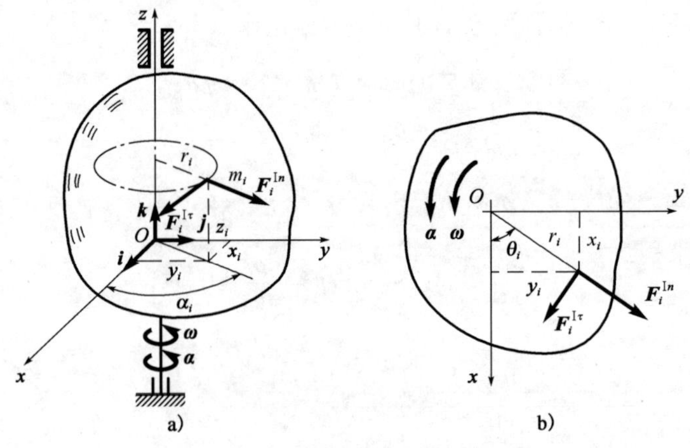

图 16-4 刚体作定轴转动时惯性力系向转轴简化

质点的惯性力 $\boldsymbol{F}_i^{\mathrm{I}}=-m_i\boldsymbol{a}_i$ 可分解为切向惯性力 $\boldsymbol{F}_i^{\mathrm{I}\tau}$ 与法向惯性力 $\boldsymbol{F}_i^{\mathrm{I}n}$，它们的方向如图16-4b)所示，大小分别为

$$F_i^{\mathrm{I}\tau}=m_ir_i\alpha, F_i^{\mathrm{I}n}=m_ir_i\omega^2 \tag{16-11}$$

惯性力系对 x 轴的矩为

$$\begin{aligned}M_x^{\mathrm{I}}&=\sum M_x(\boldsymbol{F}_i^{\mathrm{I}})=\sum M_x(\boldsymbol{F}_i^{\mathrm{I}\tau})+\sum M_x(\boldsymbol{F}_i^{\mathrm{I}n})\\&=\sum m_ir_i\alpha\cos\theta_i\cdot z_i-\sum m_ir_i\omega^2\sin\theta_i\cdot z_i\end{aligned} \tag{g}$$

而

$$\cos\theta_i=\frac{x_i}{r_i}, \sin\theta_i=\frac{y_i}{r_i} \tag{h}$$

则

$$M_x^{\mathrm{I}}=\alpha\sum m_ix_iz_i-\omega^2\sum m_iy_iz_i \tag{i}$$

记

$$J_{yz}=\sum m_iy_iz_i, J_{xz}=\sum m_ix_iz_i \tag{16-12}$$

称其为对于 z 轴的惯性积，它取决于刚体质量对于坐标轴的分布情况。于是，惯性力系对于 x 轴的矩为

$$M_x^{\mathrm{I}}=J_{xz}\alpha-J_{yz}\omega^2 \tag{16-13a}$$

同理可得惯性力系对于 y 轴的矩为

$$M_y^{\mathrm{I}}=J_{yz}\alpha+J_{xz}\omega^2 \tag{16-13b}$$

惯性力系对于 z 轴的矩为

$$M_z^{I}=\sum M_z(\boldsymbol{F}_i^{\mathrm{I}\tau})+\sum M_z(\boldsymbol{F}_i^{\mathrm{I}n}) \tag{j}$$

由于各质点的法向惯性力均通过轴 z，$\sum M_z(\boldsymbol{F}_i^{\mathrm{I}n})=0$，有

$$M_z^{\mathrm{I}}=\sum M_z(\boldsymbol{F}_i^{\mathrm{I}\tau})=\sum(-m_ir_i\alpha\cdot r_i)=-(\sum m_ir_i^2)\alpha=-J_z\alpha \tag{k}$$

$$M_z^{\mathrm{I}}=-J_z\alpha \tag{16-13c}$$

综上可得，刚体定轴转动时，惯性力系向转轴上一点 O 简化的主矩为

$$\boldsymbol{M}_O^{\mathrm{I}}=M_x^{\mathrm{I}}\boldsymbol{i}+M_y^{\mathrm{I}}\boldsymbol{j}+M_z^{\mathrm{I}}\boldsymbol{k} \tag{16-14}$$

工程中绕定轴转动的刚体常常有质量对称平面。

如果刚体有质量对称平面且该平面与转轴 z 垂直，简化中心 O 取为此平面与转轴 z 的交点，则

$$J_{yz}=0, J_{xz}=0 \tag{l}$$

则惯性力系简化的主矢和主矩为

$$\boldsymbol{R}_{\mathrm{I}}=-m_\mu\boldsymbol{a}_C, \boldsymbol{M}_O^{\mathrm{I}}=-J_O\boldsymbol{\alpha} \tag{16-15}$$

于是得结论：当刚体有质量对称平面且绕垂直于此对称面的轴作定轴转动时，惯性力系向转轴简化为此对称面内的一个力和一个力偶。这个力等于刚体质量与质心加速度的乘积，方向与质心加速度方向相反，作用线通过转轴；这个力偶的矩等于刚体对转轴的转动惯量与角加速度的乘积，转向与角加速度相反。

3）刚体作平面运动（平面平行于质量对称平面）

工程中，作平面运动的刚体常常有质量对称平面，且平行于此平面运动，现仅限于讨论这种情况下惯性力系的简化。刚体作平面运动，其上各质点的惯性力组成的空间力系，可简化为在质量对称平面内的平面力系。取质量对称平面内的平面图形如图16-5所示。由运动学可知，平面图形的运动可分解为随基点的平行移动与绕基点的定轴转动。现取质心 C

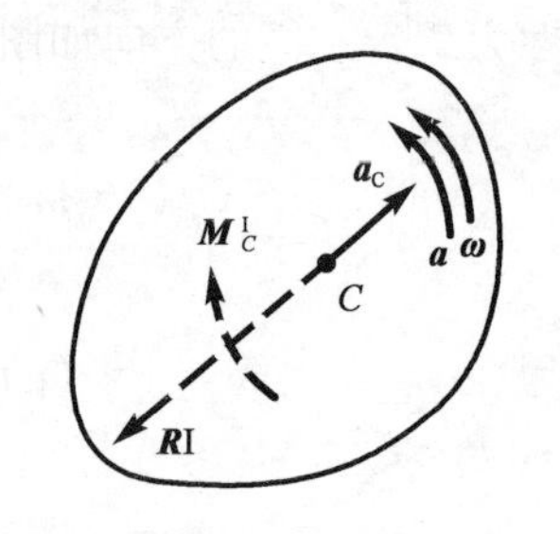

图 16-5　刚体作平面运动时惯性力系向质心简化

为基点，设质心的加速度为 $\boldsymbol{a}_C$，绕质心转动的角速度为 $\boldsymbol{\omega}$，角加速度为 $\boldsymbol{\alpha}$，此时惯性力向质心 C 简化的主矢和主矩为

$$\boldsymbol{R}_{\mathrm{I}} = -m_{\mu}\boldsymbol{a}_C,\boldsymbol{M}^{\mathrm{I}}_C = -J_C\boldsymbol{\alpha} \tag{16-16}$$

式中，J_C 为刚体对通过质心且垂直于质量对称面的轴的转动惯量。

于是得结论：有质量对称平面的刚体，平行于此平面运动时，刚体的惯性力系简化为在此平面内的一个力和一个力偶。这个力通过质心，其大小等于刚体质量与质心加速度的乘积，其方向与质心加速度的方向相反；这个力偶的矩等于刚体对过质心且垂直于质量对称面的轴的转动惯量与角加速度的乘积，转向与角加速度相反。

16.3　质点系的达朗贝尔原理

设质点系由 n 个质点组成，其中任一质点 i 的质量为 m_i，加速度为 $\boldsymbol{a}_i$，把作用于此质点上的所有力分为主动力的合力 $\boldsymbol{F}_i$、约束力的合力 $\boldsymbol{F}^{\mathrm{N}}_i$，对这个质点假想地加上它的惯性力

$$\boldsymbol{F}^{\mathrm{I}}_i = -m_i\boldsymbol{a}_i \tag{a}$$

由质点的达朗贝尔原理，有

$$\boldsymbol{F}_i + \boldsymbol{F}^{\mathrm{N}}_i + \boldsymbol{F}^{\mathrm{I}}_i = \boldsymbol{0}\quad(i = 1,2,\cdots,n) \tag{16-17}$$

上式表明，质点系中每个质点上作用的主动力、约束力和它的惯性力在形式上组成平衡力系，这就是质点系的达朗贝尔原理。

在工程技术处理动力学问题时，对于一个质点系，无论是自由的还是受约束的，甚至是刚体、刚体系、弹性体或流体等，在它每一个质点上附加所谓“惯性力”（$-m_i\boldsymbol{a}_i$）的作用，就可以使用静力学中熟悉的概念和办法来处理。这种手法简单而行之有效，工程技术人员乐于采用，也容易被非专业人员所领会。例如，说“一个飞轮转得太快，惯性力（离心力）会把轮圈拉断”。这种方法工程技术界称之为“达朗贝尔原理方法”，或者惯性力法，确切的名称应是“静态动力学方法”，或简称“动静法”。

在质点系 $P_i(i=1,2,\cdots,n)$ 的运动过程中，根据达朗贝尔原理，系统内每个质点作用的真实力（包括主动力和约束力）和达朗贝尔惯性力相互平衡。全部质点作用的真实力和达朗贝尔惯性力构成平衡力系。将此平衡力系向任意选定的简化中心 O 简化，得到以下平衡方程：

$$\boldsymbol{R} + \boldsymbol{R}_{\mathrm{I}} = \boldsymbol{0},\boldsymbol{M}_O + \boldsymbol{M}^{\mathrm{I}}_O = \boldsymbol{0} \tag{16-18}$$

式中，$\boldsymbol{R}$ 和 $\boldsymbol{M}_O$ 为质点系内各质点作用的真实力对 O 简化得到的主矢和主矩。

由于质点系内所有内力之和为零，因此 $\boldsymbol{R}$ 和 $\boldsymbol{M}_O$ 中仅包括质点系的外力 $\boldsymbol{F}^{(e)}_i$（$i=1,2,\cdots,n$）。

$$\boldsymbol{R} = \sum_{i=1}^{n}\boldsymbol{F}^{(e)}_i,\boldsymbol{M}_O = \sum_{i=1}^{n}\boldsymbol{M}_O(\boldsymbol{F}^{(e)}_i) \tag{16-19}$$

根据达朗贝尔原理建立起来的动力学方程(16-18)在形式上与静力学平衡方程完全相同。于是质点系动力学问题被转化为静力学问题求解。由于静力学的分析方法简单而直观，平衡方程有多种形式，简化中心可以任意选取，因此为动力学计算带来了很大方便，成为工程计算的一种常用方法，称为动静法。参考坐标系选定以后，方程(16-18)可提供6个投影式：

$$\sum F^{(e)}_x + \sum F^{\mathrm{I}}_x = 0 \tag{16-20a}$$

$$\sum F^{(e)}_y + \sum F^{\mathrm{I}}_y = 0 \tag{16-20b}$$

$$\sum F_z^{(e)} + \sum F_z^{I} = 0 \tag{16-20c}$$
$$\sum M_x^{(e)} + \sum M_x^{I} = 0 \tag{16-20d}$$
$$\sum M_y^{(e)} + \sum M_y^{I} = 0 \tag{16-20e}$$
$$\sum M_z^{(e)} + \sum M_z^{I} = 0 \tag{16-20f}$$

将表示达朗贝尔惯性力的主矢和主矩的式(16-7)、式(16-8)代入方程组(16-18),即可从另一途径导出质点系的动量定理和动量矩定理。

动静法将力分成了真实力和惯性力两类,用动静法求解动力学问题的步骤与求解静力学平衡问题相似,只是在分析物体受力时,应再加上相应的惯性力;对于刚体,则应按其运动形式的不同,加上相应惯性力系的简化结果。为了计算方便,加惯性力时,主矢与主矩的方向在图上最好与加速度 $\boldsymbol{a}_C$ 及角加速度 $\boldsymbol{\alpha}$ 反向;而列出的惯性力的表达式只表示大小,在实际计算时,按图示方向考虑正负即可,而不用再加负号;主矢与主矩采用虚线画在简化中心上,表示惯性力是虚加的力。

动静法(达朗贝尔原理)的求解步骤如下:

第一步:研究对象选择。

研究对象选择的原则是两个优先:①简单优先;②整体优先。一般按照简单优先原则,先求出加速度和角加速度,再求约束力。

第二步:运动分析。

运动分析要分离。

(1)先分析刚体的运动(五种运动:平行移动、定轴转动、平面运动、定点转动和一般运动);

(2)再分析点的运动(三种运动,即直线运动,圆周运动和曲线运动);

(3)最后分析合成运动(包括点的合成运动和刚体的合成运动)。

根据运动分析的加速度和角加速度,列出惯性力的表达式。

第三步:受力分析。

选定研究对象的受力,具体包括:主动力、约束力和惯性力三种(隔离画出受力图)。

第四步:列出方程。

利用达朗贝尔原理,列出平衡方程。

第五步:写出结果。

例题 16-2 边长为 l、质量为 m 的均质方板由两个等长的细绳平行吊在天花板上,有一细绳 AO_3 水平拉在墙上,如图 16-6a)所示。已知板处于平衡时,细绳 AO_1 与铅垂线的夹角为 $\theta(\theta<45°)$,试求细绳 AO_3 被剪断后的瞬时,板质心的加速度和细绳 AO_1 和 BO_2 的拉力。

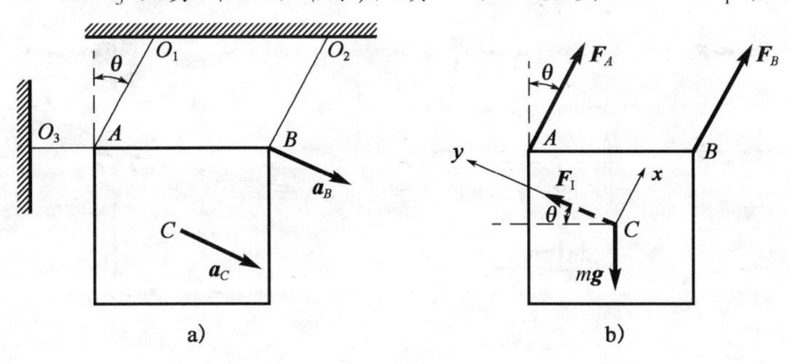

图 16-6 例题 16-2

解:①运动分析,求惯性力[方向如图16-6b)所示]。

细绳 AO_3 被剪断后,板作平行移动。初始时,板的速度为零,板上 B 点的加速度垂直于 BO_2。因此质心加速度 $\boldsymbol{a}_C \perp BO_2$,惯性力 $\boldsymbol{F}_\mathrm{I}$ 的大小为

$$F_\mathrm{I} = ma_C \tag{1}$$

②受力分析,受力包括主动力、约束力和惯性力。

均质方板受力有 $m\boldsymbol{g}, \boldsymbol{F}_A, \boldsymbol{F}_B, \boldsymbol{F}_\mathrm{I}$,如图16-6b)所示。

③列出方程,利用动静法列平衡方程。

根据质点系的达朗贝尔原理,有

$$\sum F_y = 0,\ -mg\sin\theta + F_I = 0 \tag{2}$$

由式(1)和式(2)联列解得

$$a_C = g\sin\theta$$

$$\sum M_A = 0,\ -mg \cdot \frac{l}{2} + F_B\cos\theta \cdot l + F_\mathrm{I}\sin\theta \cdot \frac{l}{2} - F_\mathrm{I}\cos\theta \cdot \frac{l}{2} = 0 \tag{3}$$

$$F_B = \frac{mg}{2}(\sin\theta + \cos\theta)$$

$$\sum M_B = 0, mg \cdot \frac{l}{2} - F_A\cos\theta \cdot l - F_\mathrm{I}\sin\theta \cdot \frac{l}{2} - F_\mathrm{I}\cos\theta \cdot \frac{l}{2} = 0 \tag{4}$$

$$F_A = \frac{mg}{2}(\cos\theta + \sin\theta)$$

讨论与练习

(1)运动分析以确定惯性力;

(2)平衡方程式(4)改用向 x 轴投影求出 F_A;

(3)请读者编写 Maple 程序验证结果。

例题16-3 如图16-7所示,匀质杆 DE 长度为 $2l$,质量为 $2m$,以匀角速度 ω 绕铅垂轴 AB 转动。若不计转轴质量,且 $AB = 2L$,试求以下三种情况下,在轴承 A、B 处的附加动约束力。

(1)杆 DE 垂直于转轴 AB,其质心 C 在转轴上,且 $AC = BC$;

(2)杆 DE 垂直于转轴 AB,其质心 C 离转轴的距离 $CH = e$,且 $AH = BH$;

(3)杆 DE 与转轴 AB 的夹角为 β,其质心 C 在转轴上,且 $AC = BC$。

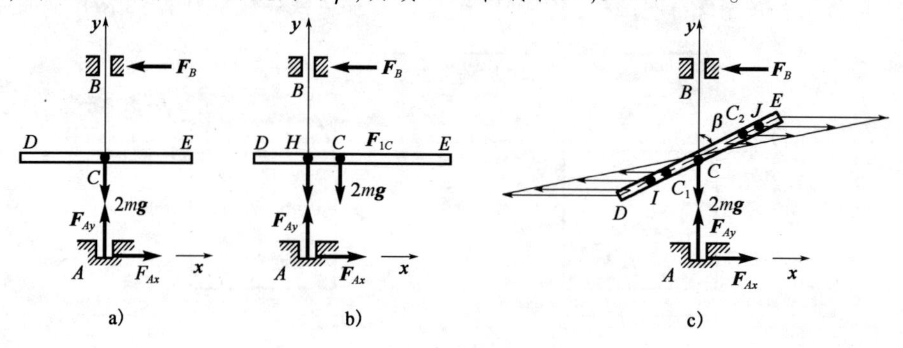

图16-7 例题16-3

解:问题的三种情形分别对应转子无偏心无偏斜、有偏心无偏斜以及有偏斜无偏心三种典型情形。建立与杆 DE 相固连的动坐标系 Axy,如图 16-7 所示。

(1)杆 DE 无偏心无偏斜。

①运动分析,求惯性力。

杆 DE 做定轴转动,惯性力系向质心 C 简化为一平衡力系。

②受力分析,包括主动力、约束力和惯性力。

系统受力:$2m\boldsymbol{g}$,$\boldsymbol{F}_{Ax}$,$\boldsymbol{F}_{Ay}$,$\boldsymbol{F}_{B}$,如图 16-7a)所示。

③列出方程,利用动静法列平衡方程。

$$\sum F_y=0,\ -2mg+F_{Ay}=0 \tag{1}$$

$$F_{Ay}=2mg$$

$$\sum M_{A(z)}=0,F_B\cdot 2L=0 \tag{2}$$

$$F_B=0$$

$$\sum F_x=0,F_{Ax}-F_B=0 \tag{3}$$

$$F_{Ax}=0$$

附加动约束力为:$F_{Ax}^{(\mathrm{d})}=0,F_{Ay}^{(\mathrm{d})}=0,F_{B}^{(\mathrm{d})}=0$。

(2)杆 DE 有偏心无偏斜。

①运动分析,求惯性力,如图 16-7b)所示。

杆 DE 做定轴转动,惯性力系向质心 C 简化为一个惯性力

$$F_{\mathrm{I}C}=2ma_C,F_{\mathrm{I}C}=2me\omega^2 \tag{4}$$

②受力分析,受力包括主动力、约束力和惯性力。

系统受力:$2m\boldsymbol{g}$,$\boldsymbol{F}_{Ax}$,$\boldsymbol{F}_{Ay}$,$\boldsymbol{F}_{B}$,$\boldsymbol{F}_{\mathrm{I}C}$,如图 16-7b)所示。

③列出方程,利用动静法列平衡方程。

$$\sum F_y=0,F_{Ay}-2mg=0 \tag{5}$$

$$F_{Ay}=2mg$$

$$\sum M_{A(z)}=0,\ -2mge+F_B\cdot 2L-F_{\mathrm{I}C}L=0 \tag{6}$$

$$F_B=mg\frac{e}{L}+me\omega^2$$

$$\sum F_x=0,F_{Ax}-F_B+F_{\mathrm{I}C}=0 \tag{7}$$

$$F_{Ax}=mg\frac{e}{L}-m\omega^2 e$$

附加动约束力为:$F_{Ax}^{(\mathrm{d})}=-m\omega^2 e,F_{Ay}^{(\mathrm{d})}=0,F_{B}^{(\mathrm{d})}=me\omega^2$。

(3)杆 DE 无偏心有偏斜。

①运动分析,求惯性力,如图 16-7c)所示。

杆 DE 做定轴转动,由于杆 DE 做匀速转动,故杆上各点的惯性力沿杆呈线性分布。设 CD 段与 CE 段的质心分别为 C_1 和 C_2,则 CD 段和 CE 段的惯性力系可分别简化为一个合力 $F_{\mathrm{I}I}$和 $F_{\mathrm{I}J}$,其方向垂直于转轴向外,其大小及作用线经过的点 I 和 J 的位置分别为

$$F_{\mathrm{I}I}=ma_{C_1},F_{\mathrm{I}I}=m\left(\frac{l}{2}\sin\beta\right)\omega^2,CI=\frac{2}{3}l \tag{8}$$

$$F_{\mathrm{I}J}=ma_{C_2},F_{\mathrm{I}J}=m\left(\frac{l}{2}\sin\beta\right)\omega^2,CJ=\frac{2}{3}l \tag{9}$$

②受力分析,包括主动力、约束力和惯性力。

系统受力：$2m\boldsymbol{g},\boldsymbol{F}_{Ax},\boldsymbol{F}_{Ay},\boldsymbol{F}_{B},\boldsymbol{F}_{\mathrm{I}I},\boldsymbol{F}_{\mathrm{I}J}$，如图16-7c)所示。

③列出方程，利用动静法列平衡方程。

$$\sum F_y=0,F_{Ay}-2mg=0 \tag{10}$$

$$F_{Ay}=2mg$$

$$\sum M_{A(z)}=0,F_B\cdot 2L+F_{\mathrm{I}I}\cdot\left(L-\frac{2}{3}l\cos\beta\right)-F_{\mathrm{I}J}\cdot\left(L-\frac{2}{3}l\cos\beta\right)=0 \tag{11}$$

$$F_B=\frac{m\omega^2l^2\sin2\beta}{6L}$$

$$\sum F_x=0,F_{Ax}-F_B-F_{\mathrm{I}I}+F_{\mathrm{I}J}=0 \tag{12}$$

$$F_{Ax}=\frac{m\omega^2l^2\sin2\beta}{6L}$$

附加动约束力为：$F_{Ax}^{(\mathrm{d})}=\dfrac{m\omega^2l^2\sin2\beta}{6L},F_{Ay}^{(\mathrm{d})}=0,F_B^{(\mathrm{d})}=\dfrac{m\omega^2l^2\sin2\beta}{6L}$。

例题16-4 起重装置由均质鼓轮D（半径R，重$\boldsymbol{P}$）及均质梁AB（长$l=4R$，重$\boldsymbol{P}_1=\boldsymbol{P}$）组成[图16-8a)]，鼓轮通过电机$C$（质量不计）安装在梁的中点，被提升的重物$E$重$\boldsymbol{W}=\dfrac{1}{4}\boldsymbol{P}$，电机通电后的驱动力矩为$\boldsymbol{M}$，求重物$E$上升的加速度$\boldsymbol{a}$及支座$A$、$B$的约束力。

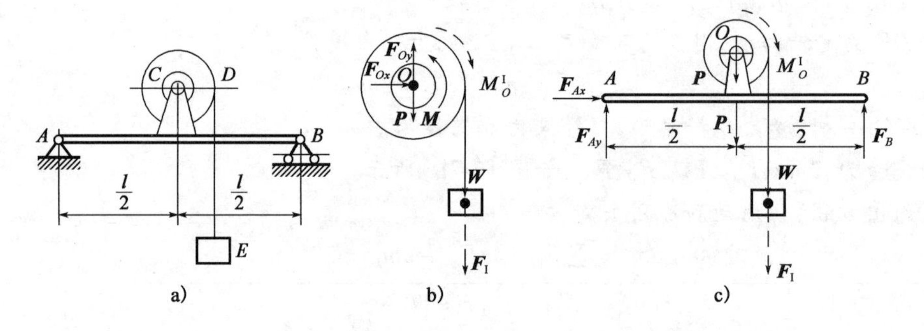

图16-8 例题16-4

解：(1)先取鼓轮和重物组成的系统为研究对象。

①运动分析，求惯性力，如图16-8b)所示。

重物E做直线运动，鼓轮D作定轴转动。$a=R\alpha,J_O=\dfrac{1}{2}\dfrac{P}{g}R^2$。

$$F_{\mathrm{I}}=\frac{W}{g}a,F_{\mathrm{I}}=\frac{1}{4}\frac{P}{g}a \tag{1}$$

$$M_O^{\mathrm{I}}=J_O\alpha,M_O^{\mathrm{I}}=\frac{1}{2}\frac{P}{g}Ra \tag{2}$$

②受力分析，包括主动力、约束力和惯性力。

鼓轮和重物组成的系统受力有$\boldsymbol{W},\boldsymbol{P},\boldsymbol{M},\boldsymbol{F}_{Ox},\boldsymbol{F}_{Oy},\boldsymbol{F}_{\mathrm{I}},\boldsymbol{M}_O^{\mathrm{I}}$，如图16-8b)所示。

③列出方程，利用动静法列平衡方程。

$$\sum M_O=0,-W\cdot R+M-F_{\mathrm{I}}\cdot R-M_O^{\mathrm{I}}=0 \tag{3}$$

由式(1)~式(3)联列解得

$$a=\frac{4M-PR}{3PR}g$$

(2)再取整体为研究对象。

整体受力 $\boldsymbol{W},\boldsymbol{P},\boldsymbol{P}_1,\boldsymbol{F}_{Ax},\boldsymbol{F}_{Ay},\boldsymbol{F}_B,\boldsymbol{F}_{\mathrm{I}},\boldsymbol{M}_O^{\mathrm{I}}$，如图 16-8c)所示(电机的驱动力矩属系统内力，不出现在受力图上)。

$$\sum F_x = 0, F_{Ax} = 0 \tag{4}$$

$$F_{Ax} = 0$$

$$\sum M_A = 0, -W\cdot\left(R+\frac{l}{2}\right) - P\cdot\frac{l}{2} - P_1\cdot\frac{l}{2} + F_B\cdot l - F_{\mathrm{I}}\cdot\left(R+\frac{l}{2}\right) - M_O^{\mathrm{I}} = 0 \tag{5}$$

$$F_B = \frac{13}{12}P + \frac{5}{12}\frac{M}{R}$$

$$\sum F_y = 0, -W - P - P_1 + F_{Ay} + F_B - F_{\mathrm{I}} = 0 \tag{6}$$

$$F_{Ay} = \frac{13}{12}P - \frac{1}{12}\frac{M}{R}$$

讨论与练习

(1)通常先求加速度 $\boldsymbol{a}$ 和角加速度 $\boldsymbol{\alpha}$，再求约束力；

(2)请读者编写 Maple 程序验证结果。

例题 16-5　如图 16-9a)所示系统位于铅垂面内，由鼓轮 C、物块 A 和缠绕在鼓轮上的细绳组成。已知：鼓轮的质心位于点 C 且重为 $\boldsymbol{P}$，内半径为 r，外半径 $R=2r$，对过 C 且垂直于鼓轮平面的回转半径 $\rho=1.5r$，物块 A 重 $\boldsymbol{Q}=2\boldsymbol{P}$，杆绳段 AB 和 DE 段铅垂。用达朗贝尔原理求：(1)鼓轮 C 的角加速度；(2)AB 段绳和 DE 段绳的张力。

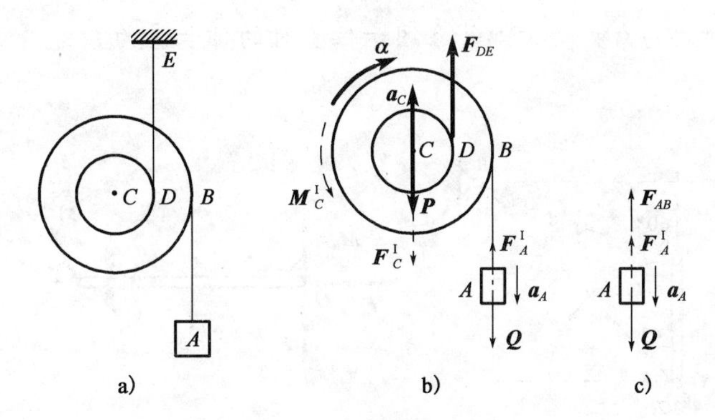

图 16-9　例题 16-5

解：(1)先取整体为研究对象。

①运动分析，求惯性力，如图 16-9b)所示。

块 A 做直线运动，鼓轮 C 作平面运动。$a_A = a(R-r)$，$a_C = ar$，$J_C = \frac{P}{g}\rho^2$。

$$F_A^{\mathrm{I}} = \frac{Q}{g}a_A = \frac{2P}{g}r\alpha \tag{1}$$

$$F_C^{\mathrm{I}} = \frac{P}{g}a_C = \frac{P}{g}r\alpha \tag{2}$$

$$M_C^{\mathrm{I}} = J_C\alpha = \frac{9P}{4g}r^2\alpha \tag{3}$$

②受力分析，受力包括主动力、约束力和惯性力。

整体受力 $\boldsymbol{Q},\boldsymbol{P},\boldsymbol{F}_{DE},\boldsymbol{F}_A^{\mathrm{I}},\boldsymbol{F}_C^{\mathrm{I}},\boldsymbol{M}_C^{\mathrm{I}}$，如图 16-9b）所示。

③列出方程，利用动静法列平衡方程。

$$\sum F_y=0,\ -Q-P+F_{DE}+F_A^{\mathrm{I}}+F_C^{\mathrm{I}}=0 \tag{4}$$

$$\sum M_C=0,\ -Q\cdot R+F_{DE}\cdot r+F_A^{\mathrm{I}}\cdot R+M_C^{\mathrm{I}}=0 \tag{5}$$

由式（1）~式（5）联列解得

$$\alpha=\frac{4}{21}\frac{g}{r},F_{DE}=\frac{59}{21}P$$

（2）再取物块为研究对象。

块 A 受力 $\boldsymbol{Q},\boldsymbol{F}_{AB},\boldsymbol{F}_A^{\mathrm{I}}$，如图 16-9c）所示。

$$\sum F_y=0,\ -Q+F_{AB}+F_A^{\mathrm{I}}=0 \tag{6}$$

由式（1）和式（6）联列解得

$$F_{AB}=\frac{34}{21}P$$

讨论与练习

（1）惯性力的计算步骤：①列式；②统一；③化简。

（2）请读者编写 Maple 程序验证结果。

例题 16-6 处于铅垂面内的匀质细杆 OA 的质量为 m，长度为 l，受弹簧力和重力的作用，于图 16-10a）所示位置无初速释放。试求当杆运动至水平位置时，杆的角速度 ω，角加速度 α 以及转轴 O 处的约束力。设弹簧在图示位置时的伸长量为 l，弹簧刚度系数为 k，不计弹簧质量和摩擦。

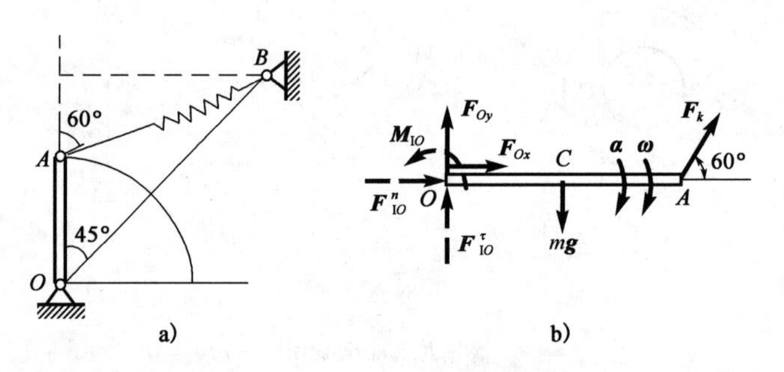

图 16-10　例题 16-6

解：（1）求杆 OA 运动到水平位置时的角速度 $\boldsymbol{\omega}$。

①运动分析，求动能。

匀质细杆 OA 做定轴转动。

初动能：$T_1=0$；

末动能：$T_2=\frac{1}{2}\left(\frac{1}{3}ml^2\right)\omega^2=\frac{1}{6}ml^2\omega^2$。

②受力分析，求势能。

系统受主动力：$m\boldsymbol{g},\boldsymbol{F}_k,\boldsymbol{F}_k'$。

初势能：$V_1 = \frac{l}{2}mg + \frac{1}{2}kl^2$；

末势能：$V_2 = \frac{1}{2}kl^2$。

③列出方程。

由机械能守恒律有

$$T_2 + V_2 = T_1 + V_1$$

即

$$\frac{1}{6}ml^2\omega^2 + \frac{1}{2}kl^2 = \frac{l}{2}mg + \frac{1}{2}kl^2 \tag{1}$$

这里取杆 OA 在水平位置时重力势能为零，弹簧在两个位置时的长度一样。由上式解得

$$\omega = \sqrt{\frac{3g}{l}}$$

(2)用动静法求杆的角加速度 α 及轴 O 的约束力。

①运动分析，求惯性力，如图 16-10b)所示。

将惯性力系向定轴点 O 简化。

$$F_{IO}^n = ma_C^n = \frac{l}{2}m\omega^2 = \frac{3}{2}\mathrm{mg} \tag{2}$$

$$F_{IO}^\tau = ma_C^\tau = \frac{l}{2}m\alpha \tag{3}$$

$$M_{IO} = J_O\alpha = \frac{1}{3}ml^2\alpha \tag{4}$$

②受力分析，受力包括主动力、约束力和惯性力。

杆受力：$\boldsymbol{mg}, \boldsymbol{F}_k, \boldsymbol{F}_{Ox}, \boldsymbol{F}_{Oy}, \boldsymbol{F}_{IO}^n, \boldsymbol{F}_{IO}^\tau, \boldsymbol{M}_{IO}$。

$$F_k = kl \tag{5}$$

③列出方程，利用动静法列平衡方程。

$$\sum M_O(\boldsymbol{F}) = 0,\ -\frac{l}{2}mg + F_k l\sin60° + M_{IO} = 0 \tag{6}$$

$$\alpha = \frac{3}{2ml}(mg - \sqrt{3}kl)$$

$$\sum F_x = 0, F_k\cos60° + F_{Ox} + F_{IO}^n = 0 \tag{7}$$

$$F_{Ox} = -\frac{1}{2}(3mg + kl)$$

$$\sum F_y = 0, F_{IO}^\tau + F_{Oy} + F\sin60° - mg = 0 \tag{8}$$

$$F_{Oy} = \frac{1}{4}(mg + \sqrt{3}kl)$$

16.4 绕定轴转动刚体的轴承动约束力

在日常生活和工程实际中，有大量绕定轴转动的刚体（电动机、柴油机、电风扇、车床主轴等），如何使这些机械在转动时不产生破坏、振动与噪声，是工程师当关心的问题。如果这些机械在转动起来之后轴承受力与不转时轴承受力一样，则一般说来这些机械不会产生破坏，也不会产生振动与噪声。我们可以把约束力分成静约束力与动约束力，静约束力是刚体静止时受到的约束力；动约束力是由于惯性力引起的约束力。对绕定轴转动的刚体，如果能

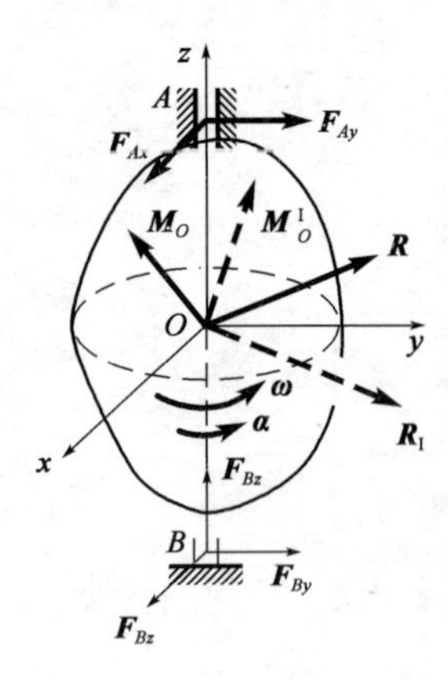

图 16-11　绕定轴转动刚体的轴承动约束力

够消除轴承动约束力，使轴承只受到静约束力作用，就可以使刚体在转动时不产生破坏，振动与噪声。先把任意一个绕定轴转动刚体的轴承全约束力（包括静约束力与动约束力）求出来，然后再推出消除动约束力的条件。

设任一刚体绕轴 AB 定轴转动，角速度为 $\boldsymbol{\omega}$，角加速度为 $\boldsymbol{\alpha}$，取此刚体为研究对象，转轴上一点 O 为简化中心，其上所有的主动力向 O 点简化的主矢与主矩以 $\boldsymbol{R}$ 与 $\boldsymbol{M}_O$ 表示，惯性力系向 O 点简化的主矢与主矩以 $\boldsymbol{R}_I$ 与 $\boldsymbol{M}_O^I$ 表示（注意 $\boldsymbol{R}$ 没有沿 z 方向的分量），轴承 A，B 处的五个全约束力分别以 F_{Ax}，F_{Ay}，F_{Bx}，F_{By}，F_{Bz} 表示，如图 16-11 所示。

为求出轴承 A，B 处的全约束力，建立坐标系如图 16-11 所示，根据质点系的动静法，这形成一个空间任意平衡力系，列平衡方程如下

$$\sum F_x = 0, F_{Ax} + F_{Bx} + R_x + R_x^I = 0 \tag{a1}$$

$$\sum F_y = 0, F_{Ay} + F_{By} + R_y + R_y^I = 0 \tag{a2}$$

$$\sum F_z = 0, F_{Bz} + R_z = 0 \tag{a3}$$

$$\sum M_x = 0, F_{By} \cdot OB - F_{Ay} \cdot OA + M_x + M_x^I = 0 \tag{a4}$$

$$\sum M_y = 0, F_{Ax} \cdot OA - F_{Bx} \cdot OB + M_y + M_y^I = 0 \tag{a5}$$

由上述 5 个方程式解得轴承全约束力为

$$F_{Ax} = -\frac{1}{AB}[(M_y + R_x \cdot OB) + (M_y^I + R_x^I \cdot OB)] \tag{16-21a}$$

$$F_{Ay} = \frac{1}{AB}[(M_x - R_x \cdot OB) + (M_x^I - R_y^I \cdot OB)] \tag{16-21b}$$

$$F_{Bx} = \frac{1}{AB}[(M_y - R_x \cdot OA) + (M_y^I + R_x^I \cdot OA)] \tag{16-21c}$$

$$F_{By} = -\frac{1}{AB}[(M_x + R_y \cdot OA) + (M_x^I + R_y^I \cdot OA)] \tag{16-21d}$$

$$F_{Bz} = -R_z \tag{16-21e}$$

由于惯性力没有沿 z 轴方向的分量，所以止推轴承 B 沿 z 的约束力 F_{Bz} 与惯性力无关，而与 z 轴垂直的轴承约束力 F_{Ax}，F_{Ay}，F_{Bx}，F_{By} 显然与惯性力系的主矢 $\boldsymbol{R}_I$ 与主矩 $\boldsymbol{M}_O^I$ 有关。由于 $\boldsymbol{R}_I$，$\boldsymbol{M}_O^I$ 引起的轴承约束力称为动约束力，要使动约束力等于零，必须有

$$F_x^I = 0, F_y^I = 0, M_x^I = 0\ , M_y^I = 0 \tag{b}$$

即要使轴承动约束力等于零的条件是：惯性力系的主矢等于零，惯性力系对于 x 轴和 y 轴的主矩等于零。

由式（16-7）和式（16-13），应有

$$m_\mu a_{Cx} = 0, m_\mu a_{Cy} = 0, J_{xz}\alpha - J_{yz}\omega^2 = 0,\ J_{yz}\alpha + J_{xz}\omega^2 = 0 \tag{c}$$

由此可见，要使惯性力系的主矢等于零，必须有 $\boldsymbol{a}_C = \boldsymbol{0}$，即转轴必须通过质心。而要使 $M_x^I = 0$，$M_y^I = 0$，必须有 $J_{xz} = 0$，$J_{yz} = 0$，即刚体对于转轴 z 的惯性积必须等于零。

于是得结论，刚体绕定轴转动时，避免出现轴承动约束力的条件是：转轴通过质心，刚体对转轴的惯性积等于零。

如果刚体对于通过某点的 z 轴的惯性积 J_{xz} 和 J_{yz} 等于零，则称此轴为过该点的惯性主轴。通过质心的惯性主轴，称为中心惯性主轴。所以上述结论也可叙述为：避免出现轴承动约束力的条件是：刚体的转轴应是刚体的中心惯性主轴。

设刚体的转轴通过质心，且刚体除重力外，没有受到其他主动力作用，则刚体可以在任意位置静止不动，称这种现象为静平衡。当刚体的转轴通过质心且为惯性主轴时，刚体转动时不出现轴承动约束力，称这种现象为动平衡。能够静平衡的定轴转动刚体不一定能够实现动平衡，但能够动平衡的定轴转动刚体肯定能够实现静平衡。

事实上，由于材料的不均匀或制造、安装误差等原因，都可能使定轴转动刚体的转轴偏离中心惯性主轴。为了避免出现轴承动约束力，确保机器运行安全可靠，在有条件的地方，可在专门的静平衡与动平衡试验机上进行静、动平衡试验。根据试验数据，在刚体的适当位置附加一些质量或去掉一些质量，使其达到静、动平衡。静平衡试验机可以调整质心在转轴上或尽可能在转轴上，动平衡试验机可以调整对转轴的惯性积，使其对转轴的惯性积为零或尽可能为零。

当然，在工程中也有相反的实例，即制造定轴转动刚体时，故意制造出偏心距，如某些打夯机，正是利用偏心块的运动来夯实地基的。

例题 16-7 质量为 m，长为 a，宽为 b 的均质矩形薄板固结在轴 AB 上，并绕其转动(图 16-12)。已知转轴 AB 通过薄板质心，薄板的对称轴 x' 与转轴的夹角为 θ，试确定薄板是否是动平衡和静平衡。

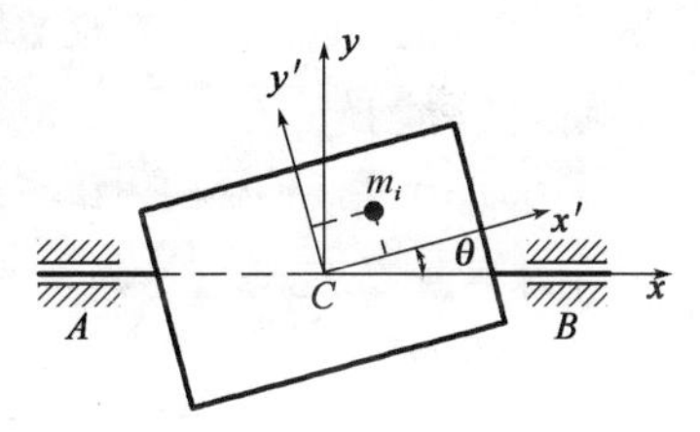

图 16-12 例题 16-7

解：取 $Cx'y'z'$ 坐标系固连在薄板上，其中 C 为薄板质心，轴 x' 和轴 y' 为对称轴，轴 z' 垂直于板面。由于薄板在 $Cx'y'$ 平面内，所以薄板对轴 x' 和轴 y' 的转动惯量为

$$J_{x'} = \sum m_i y_i'^2 = \frac{m}{12}b^2 \tag{1a}$$

$$J_{y'} = \sum m_i x_i'^2 = \frac{m}{12}a^2 \tag{1b}$$

由于轴 x' 是惯量主轴，所以

$$J_{x'y'} = \sum m_i x_i' y_i' = 0 \tag{2}$$

再取固连在薄板上的 Cxy 坐标系，计算关于 x、y 轴的惯性积

$$J_{xy} = \sum m_i x_i y_i \tag{3}$$

由于薄板上质点 m_i 的坐标有关系式：

$$x_i = x_i'\cos\theta - y_i'\sin\theta \tag{4a}$$

$$y_i = x_i'\sin\theta + y_i'\cos\theta \tag{4b}$$

将式(4)代入式(3)，并注意到式(1)和式(2)，式(3)可写为

$$\begin{aligned}J_{xy} &= \sum m_i(x_i'\cos\theta - y_i'\sin\theta)(x_i'\sin\theta + y_i'\cos\theta)\\&= \sum m_i x_i' y_i'\cos^2\theta - \sum m_i x_i' y_i'\sin^2\theta +\\&\quad \sum m_i x_i'^2\sin\theta\cos\theta - \sum m_i y_i'^2\sin\theta\cos\theta\\&= (J_{y'} - J_{x'})\sin\theta\cos\theta\\&= \frac{m\sin2\theta}{24}(a^2 - b^2)\end{aligned}$$

当 $a \neq b$ 时,$J_{xy} \neq 0$,薄板不是动平衡;$a=b$ 时,$J_{xy}=0$,薄板是动平衡的。无论 a 与 b 是否相等,由于薄板的质心在转轴上,所以薄板总是静平衡的。

讨论与练习

(1)根据题意可知,x'、y'、z' 三根互相垂直的轴为中心惯性主轴。

(2)当薄板为正方形时,即 $a=b$,对于任意的 θ 角,均有 $J_{xy}=0$;又因为薄板在 Cxy 平面内,对于板上所有的点均有 $z=0$,所以有 $J_{zx}=0$,由此,轴 x 也是中心惯性主轴;

(3)由此可见,当薄板是正方形时,对 C 点有无穷多根中心惯性主轴。

16.5 Maple 编程示例

编程题 16-1 试用数值仿真的方法分析地球自转对抛体运动的影响。如图 16-13 所示,设质量为 $m=1\text{kg}$ 的小球,在北纬 $\varphi=45°$ 的地球表面铅垂上抛,初始速度为 100m/s,若小球所受到的空气阻力 $\boldsymbol{F}_{\mathrm{R}}$ 与其速度大小的平方成正比,即 $F_{\mathrm{R}}=cv^2$,阻尼系数 $c=0.5\text{N}\cdot\text{s}^2/\text{m}^2$。确定小球落地时的位置(初始抛射地点为坐标原点)。

解:(1)建模

①运动分析,求惯性力[图 16-13a)]。

小球做曲线运动。达朗贝尔惯性力 $\boldsymbol{F}_{\mathrm{I}}$,牵连惯性力为 $\boldsymbol{F}_{\mathrm{e}}^{\mathrm{I}}$,科氏力为 $\boldsymbol{F}_{\mathrm{c}}^{\mathrm{I}}$。

$$\boldsymbol{F}_{\mathrm{I}}=-m\boldsymbol{a}_{\mathrm{r}} \tag{1}$$

$$\boldsymbol{F}_{\mathrm{c}}^{\mathrm{I}}=-2m\boldsymbol{\omega}\times\boldsymbol{v}_{\mathrm{r}}=-2m\begin{vmatrix}\boldsymbol{i}' & \boldsymbol{j}' & \boldsymbol{k}'\\ 0 & \omega\cos\varphi & \omega\sin\varphi\\ \dot{x}' & \dot{y}' & \dot{z}'\end{vmatrix} \tag{2}$$

地球的引力 $\boldsymbol{F}$ 和牵连惯性力 $\boldsymbol{F}_{\mathrm{e}}^{\mathrm{I}}$ 的合力可视为质点在地球表面所受的重力 $m\boldsymbol{g}$,即

$$\boldsymbol{F}+\boldsymbol{F}_{\mathrm{e}}^{\mathrm{I}}=m\boldsymbol{g} \tag{3}$$

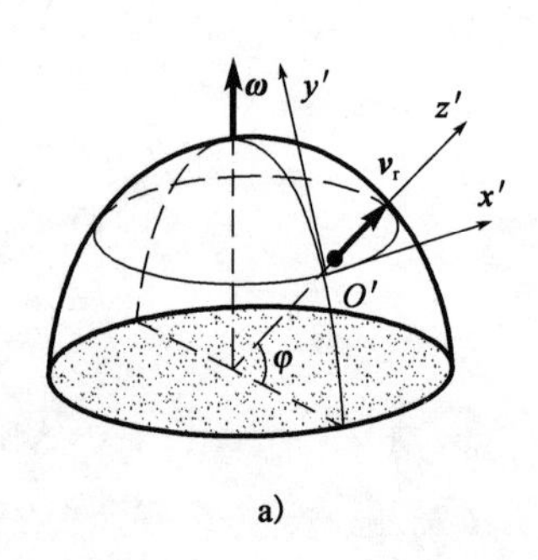

a)

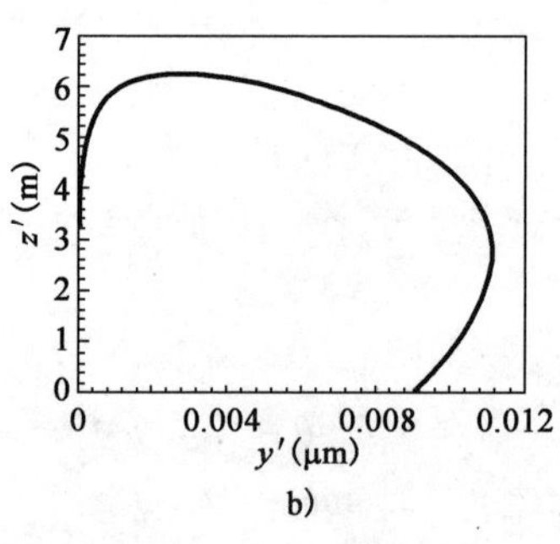

b)

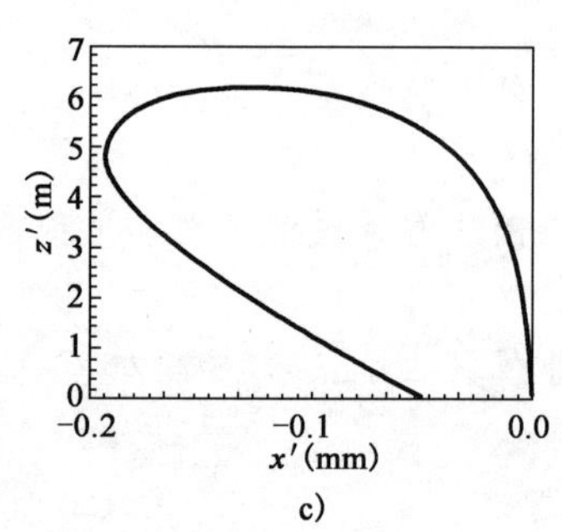

c)

图 16-13 编程题 16-1

②受力分析,受力包括主动力、约束力和惯性力。

小球受力:$\boldsymbol{F}$,$\boldsymbol{F}_{\mathrm{R}}$,$\boldsymbol{F}_{\mathrm{I}}$,$\boldsymbol{F}_{\mathrm{e}}^{\mathrm{I}}$,$\boldsymbol{F}_{\mathrm{c}}^{\mathrm{I}}$,如图 16-13a)所示。

$$\boldsymbol{F}_{\mathrm{R}}=-cv_{\mathrm{r}}\boldsymbol{v}_{\mathrm{r}} \tag{4}$$

③列平衡方程。

根据达朗贝尔原理式(16-4),可得

$$\boldsymbol{F}+\boldsymbol{F}_{\mathrm{e}}^{\mathrm{I}}+\boldsymbol{F}_{\mathrm{R}}+\boldsymbol{F}_{\mathrm{c}}^{\mathrm{I}}+\boldsymbol{F}_{\mathrm{I}}=0 \tag{5}$$

$$mg - cv_r v_r + F_c^I - ma_r = 0 \tag{6}$$

$$2m\omega(\dot{y}'\sin\varphi - \dot{z}'\cos\varphi) - cv_r\dot{x}' - m\ddot{x}' = 0 \tag{7a}$$

$$-2m\omega\dot{x}'\sin\varphi - cv_r\dot{y}' - m\ddot{y}' = 0 \tag{7b}$$

$$-mg + 2m\omega\dot{x}'\cos\varphi - cv_r\dot{z}' - m\ddot{z}' = 0 \tag{7c}$$

其中,$v_r = \sqrt{(\dot{x}')^2 + (\dot{y}')^2 + (\dot{z}')^2}$;当质点运动在南北方向的位移远远小于地球半径时,方程中的 φ 可视为常值。方程式(7)为自由质点的相对运动力学方程。

下面通过数值仿真,了解地球自转对自由质点运动的影响。

图 16-13b)、c)给出了仿真结果,上抛物体偏西偏北,由于偏北量远远小于偏西量,所以称上抛物体偏西。小球落地时位置 $A(-0.05\text{mm}, 0.009\mu\text{m}, 0)$。

讨论与练习

(1)令 $k = c/m$,将方程组式(7)简化;

(2)令 $x' = X_1, y' = Y_1, z' = Z_1; \dot{x}' = X_2, \dot{y}' = Y_2, \dot{z}' = Z_2$,将方程组式(7)标准化;

(3)本例题与习题 12-13 对比,讨论为什么图 16-13b)、c)中会有拐点?

(2)Maple 程序

```
> ##########################################################################
> restart:                                                        #清零。
> g: =9.8: m: =1: c: =0.5:                                        #系统参数。
> phi: = evalf(Pi/4):k: = c/m:                                    #系统参数。
> omega: = evalf(2 * Pi/(24 * 3600)):                             #ω 地球自转角速度。
> cstj1: = X1(0) =0, Y1(0) =0, Z1(0) =0,
>          X2(0) =0, Y2(0) =0, Z2(0) =100:                        #初始条件。
> ##########################################################################
> vr: = sqrt(X2(t)^2 + Y2(t)^2 + Z2(t)^2):                        #相对速度。
> sys: = diff(X1(t),t) = X2(t),
>        diff(X2(t),t) =2 * omega * (Y2(t) * sin(phi)
>                      - Z2(t) * cos(phi)) - k * vr * X2(t),
>        diff(Y1(t),t) = Y2(t),
>        diff(Y2(t),t) = -2 * omega * X2(t) * sin(phi) - k * vr * Y2(t),
>        diff(Z1(t),t) = Z2(t),
>        diff(Z2(t),t) = -g +2 * omega * X2(t) * cos(phi) - k * vr * Z2(t):
>                                                                 #系统微分方程组。
> fcns: = X1(t),X2(t),Y1(t),Y2(t),Z1(t),Z2(t):
>                                                                 #系统变量。
> ##########################################################################
> q1: = dsolve({sys,cstj1},{fcns},type = numeric,method = rkf45):
>                                                                 #求微分方程组的数值解。
```

```
> ##############################################################################
> with(plots):                                              #加载绘图库。
> plots[odeplot](q1,[Y1(t)*1e6,Z1(t)], 0..200,
>         view=[0..0.012,0..7],thickness=2);
>                                                           #绘 y'-z'曲线。
> plots[odeplot](q1,[X1(t)*1e3,Z1(t)], 0..200,
>     view=[-0.2..0,0..7],thickness=2);
>                                                           #绘 x'-z'曲线。
> ##############################################################################
```

思考题

思考题 16-1 如图 16-14 所示平面机构中，$AC // BD$，且 $AC = BD = d$，均质杆 AB 的质量为 m，长为 l。AB 杆惯性力系简化结果是什么?

思考题 16-2 如图 16-15 所示半径为 r，质量为 m 的均质圆盘，沿水平直线轨道作纯滚动。已知圆盘质心 C 在某瞬时的速度 $\boldsymbol{v}_C$ 和加速度 $\boldsymbol{a}_C$，求该瞬时惯性力系向圆盘上与轨道的接触点 O 简化的主矢和主矩的大小。

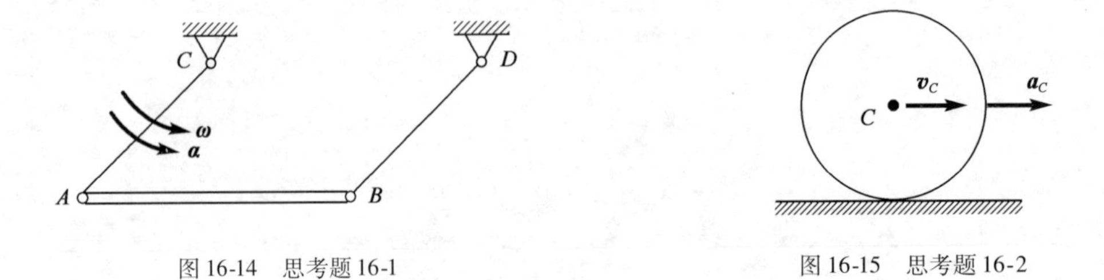

图 16-14 思考题 16-1　　　　图 16-15 思考题 16-2

思考题 16-3 如图 16-16 所示，当刚体有与转轴垂直的对称面时，下述几种情况惯性力系简化的结果是什么? 怎样计算?

(1)转轴通过质心，如图 16-16a)所示。

(2)转轴与质心相距为 e，但 $\alpha = 0$，如图 16-16b)所示。

(3)转轴过质心，$\alpha = 0$，如图 16-16c)所示。

(4)转轴与质心相距为 e，$\alpha \neq 0$，$\omega \neq 0$，如图 16-16d)所示。

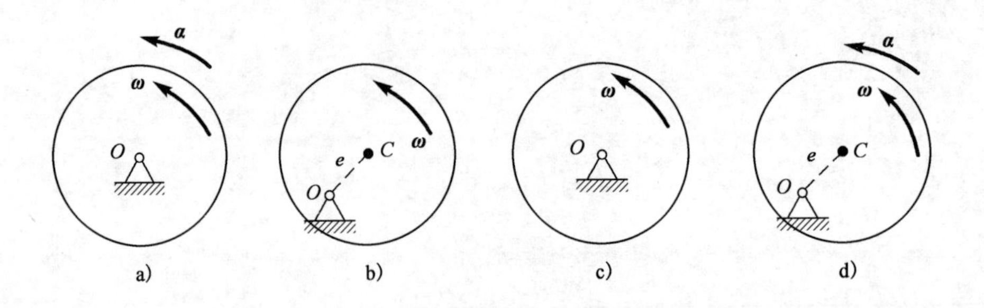

图 16-16 思考题 16-3

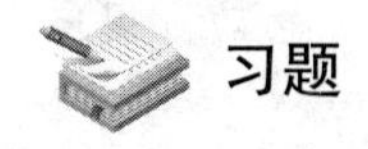

习题

A 类型习题

习题 16-1 两个质量均为 m 的小球由长为 $2l$ 的细杆连接，其中 C 点焊接在铅垂轴 AB 的中点，并以匀角速度 $\boldsymbol{\omega}$ 绕轴 AB 转动(图 16-17)。已知 $AB=h$，细杆与转轴的夹角为 θ，不计杆件的质量。试求系统运动到图示位置时，轴承 A 和 B 的约束力。

习题 16-2 设飞球调速器的主轴 O_1y_1 以匀角速度 $\boldsymbol{\omega}$ 转动。试求调速器两臂的张角 θ。设重锤 C 的质量为 m_0，飞球 A，B 的质量均为 m，各杆长均为 l，不计杆重和摩擦，如图 16-18 所示。

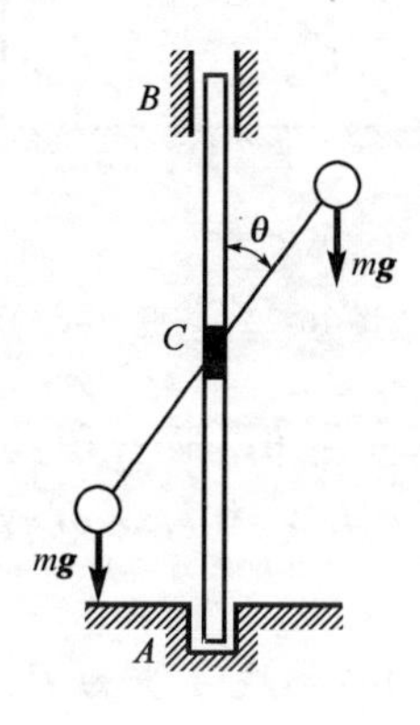

图 16-17 习题 16-1

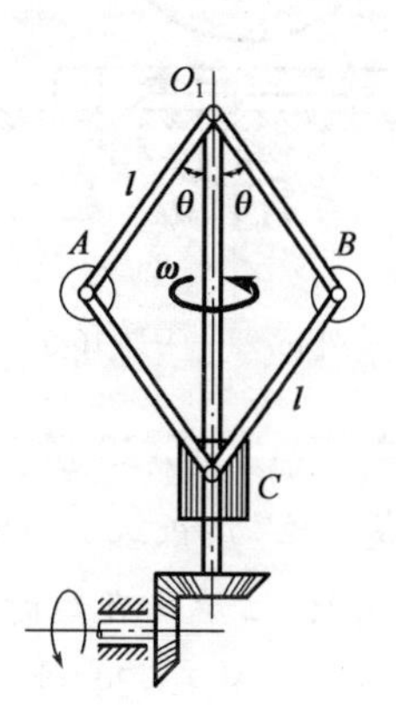

图 16-18 习题 16-2

习题 16-3 如图 16-19 所示，定滑轮的半径为 r，质量 m 均匀分布在轮缘上，绕水平轴 O 转动。跨过滑轮的无重绳的两端挂有质量为 m_1 和 m_2 的重物($m_1>m_2$)，绳与轮间不打滑，轴承摩擦忽略不计，求重物的加速度。

习题 16-4 如图 16-20 所示，飞轮质量为 m，半径为 R，以匀角速度 $\boldsymbol{\omega}$ 定轴转动，设轮辐质量不计，质量均匀分布在较薄的轮缘上，若不考虑重力的影响，求轮缘横截面的张力。

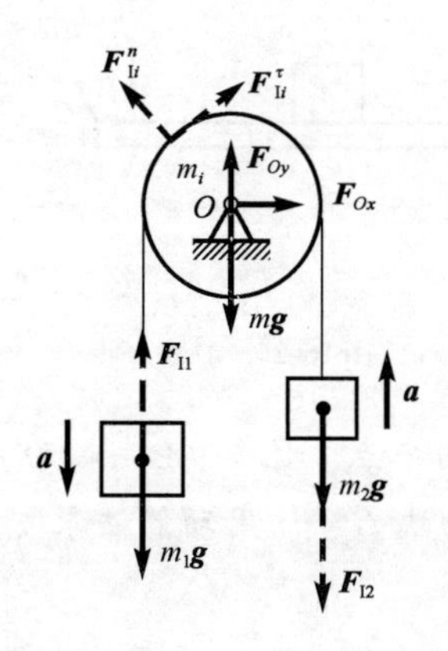

图 16-19 习题 16-3

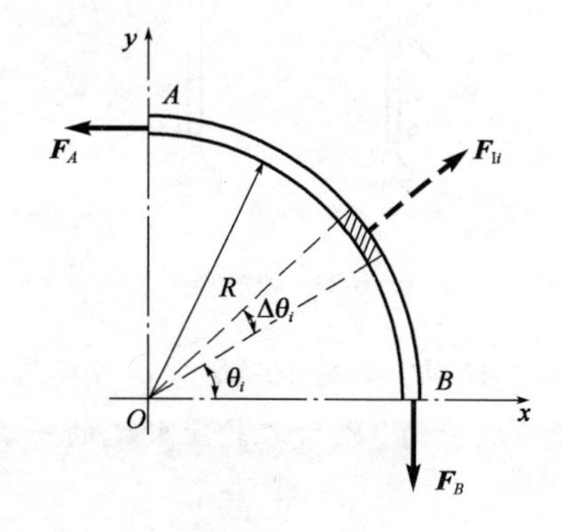

图 16-20 习题 16-4

习题 16-5 如图 16-21 所示，电动机的定子及其外壳总质量为 m_1，质心位于 O 处。转

子质量为 m_2,质心位于 C 处,偏心距 $OC=e$,图示平面为转子的质量对称平面。电动机用地脚螺钉固定于水平基础上,转轴 O 与水平基础间距离为 h。运动开始时,转子质心 C 位于最低位置,转子以匀角速度 $\boldsymbol{\omega}$ 转动。求基础与地脚螺钉给电动机总的约束力。

习题 16-6 如图 16-22 所示三棱柱沿水平面滑动。已知:物块 A、B 的质量分别为 m_A 和 m_B,三棱柱的底角为 θ,各接触面均为光滑。试用动静法求物块 A 的加速度。

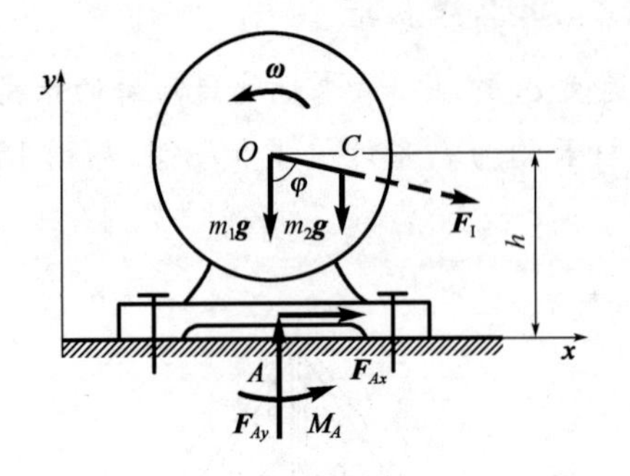

图 16-21 习题 16-5

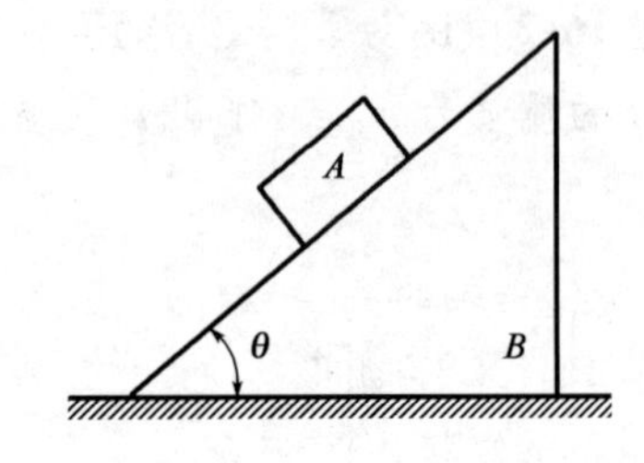

图 16-22 习题 16-6

习题 16-7 如图 16-23 所示系统位于水平面,由匀质直角三角形板与两无重且平行的刚杆铰接而成。已知:板边长 $AB=AC=L$、质量为 m,杆长均为 L,以匀角速 $\boldsymbol{\omega}$ 转动。试用动静法求图示 O_1AC 位于一直线时,两杆所受的力。

习题 16-8 如图 16-24 所示系统由两根等长绳悬挂,已知:物块 A 重为 $\boldsymbol{P}_1$,杆 BC 重为 $\boldsymbol{P}_2$,若系统从图示 θ 位置无初速地开始释放,试用动静法求运动开始瞬时,接触面间的摩擦因数为多大,才能使物块 A 不在杆上滑动。

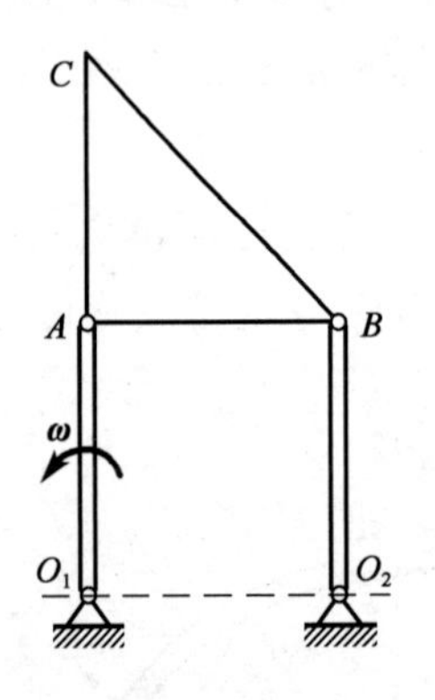

图 16-23 习题 16-7

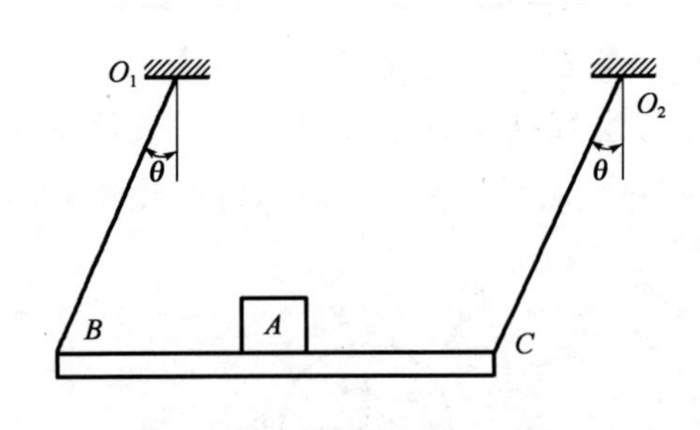

图 16-24 习题 16-8

习题 16-9 如图 16-25 所示匀质圆轮铰接于水平梁的中点。已知:轮半径为 r、重为 $\boldsymbol{P}$,梁长为 $2L$、重为 $3\boldsymbol{P}$,绕在轮上的绳的一端挂一重为 $\boldsymbol{P}$ 的物块 G。试用动静法求支座 B 的约束力。

习题 16-10 如图 16-26 所示绞车装在无重的水平悬臂梁上。已知:匀质轮半径为 r、质量为 m,重物 B 质量为 m_1,梁 AO 长 L,轮上作用一常力偶矩 $\boldsymbol{M}$ 提升重物。试用动静法求开始运动瞬时,支座 A 的约束力。

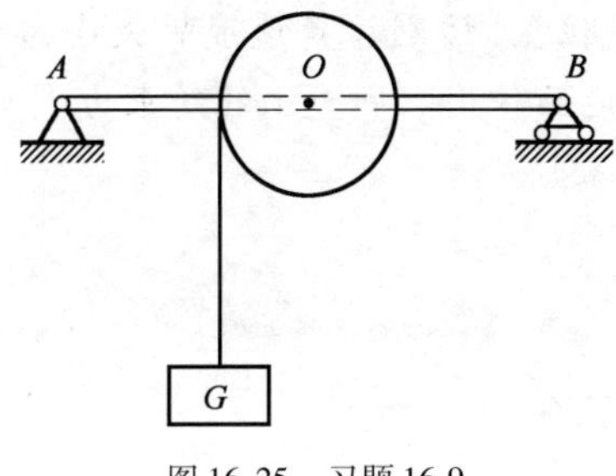

图 16-25　习题 16-9

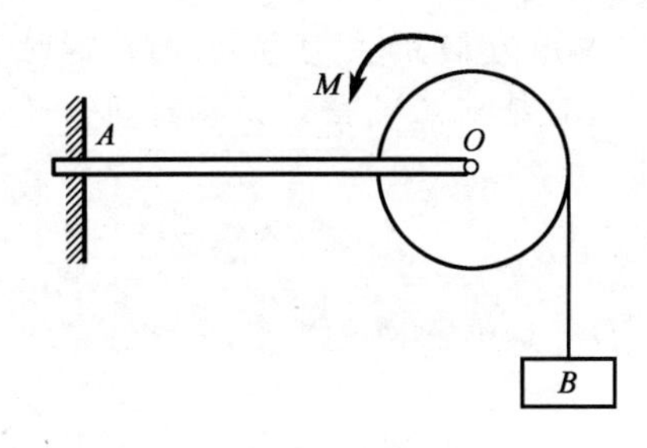

图 16-26　习题 16-10

B 类型习题

习题 16-11　设长为 l 质量为 m 的均质杆，以常角速度 $\boldsymbol{\alpha}$ 绕铅垂轴转动如图 16-27 所示，求杆与铅垂轴的夹角 φ。

习题 16-12　匀质圆盘质量为 m_1，半径为 R。匀质细长杆长 $l=2R$，质量为 m_2。杆端 A 与轮心为光滑铰接，如图 16-28 所示。如在 A 处加一水平拉力 $\boldsymbol{F}$，使轮沿水平面纯滚动。问：力 $\boldsymbol{F}$ 为多大方能使杆的 B 端刚好离开地面？又为保证纯滚动，轮与地面间的静滑动摩擦因数应为多大？

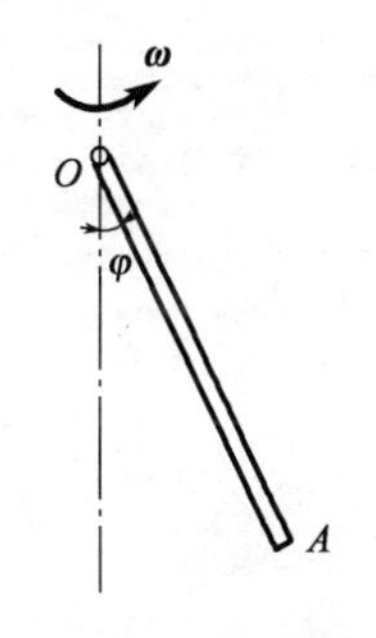

图 16-27　习题 16-11

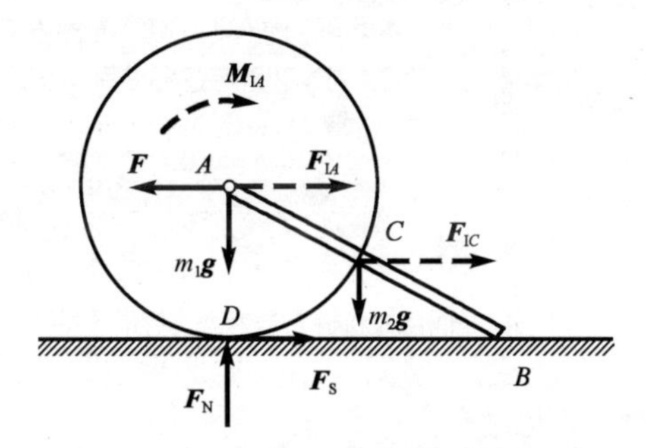

图 16-28　习题 16-12

习题 16-13　如图 16-29 所示叶轮可视为一匀质薄圆盘，其质量为 m，半径为 r。由于安装误差致使叶轮的中心对称轴与转轴有一偏角 β，但质心 C 仍在转轴上。若轴承 A,B 的距离为 l，当叶轮以匀角速度 $\boldsymbol{\omega}$ 作定轴转动时，试求轴承 A,B 处的附加动约束力。

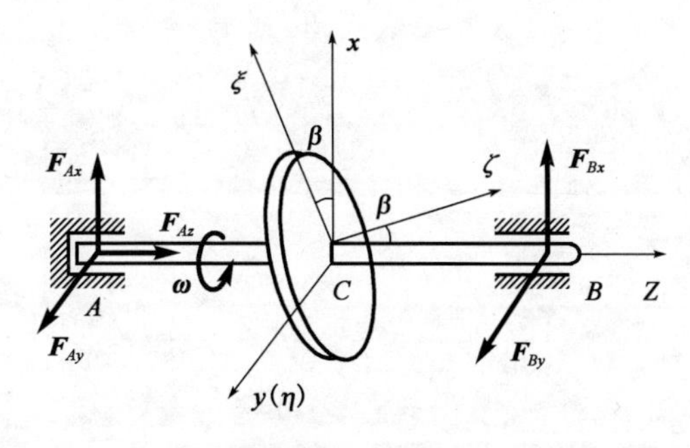

图 16-29　习题 16-13

C 类型习题

习题 16-14　如图 16-30 所示刚体由圆盘 A 和 B、质点 P 和杆 AB 固连构成。已知两个圆盘的质量均为 m，半径均为 R，质量为 m 的质点 P 固连在圆盘 A 的边缘，长为 b 的无质量杆垂直于两个圆盘且与圆盘中心固连，两圆盘在水平地面上纯滚动。在圆盘 B 的盘面上作

用一力偶矩为 $\boldsymbol{M}$ 的主动力偶，图示瞬时，P 点位于最高位置，该刚体角速度的大小为 ω_0（方向如图 16-30 所示），试求该瞬时圆盘的角加速度以及地面作用在圆盘上的约束力。

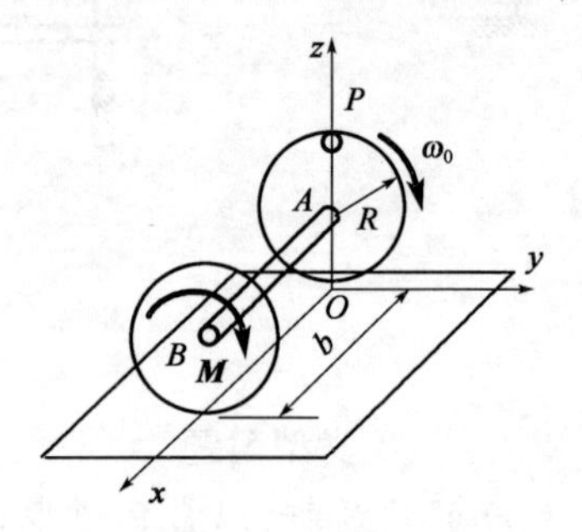

图 16-30　习题 16-14

达朗贝尔（d' Alembert，1717—1783 年），法国著名的力学家、物理学家、数学家和天文学家。最著名的成就有八卷巨著《数学手册》、力学专著《动力学》、23 卷的《文集》《百科全书》的序言等。达朗贝尔是 18 世纪为牛顿力学体系的建立做出卓越贡献的科学家之一。

《动力学》：他在这部书里，给出了几何证明的惯性定律；平行四边形法则的数学证明；动量守恒来表示的动力学平衡定律。他提出了达朗贝尔原理，这个原理把牛顿第二定律推广到有约束系统，它的发展在于可以把动力学问题转化为静力学问题处理，还可以用静力学的方法分析刚体的运动动力学问题，这一原理使一些力学问题的分析简单化，而且为分析力学的创立打下了基础。

《尚书·大禹谟》:“满招损,谦受益”

第 17 章 虚位移原理

本章讨论分析力学基本概念及解决质点系平衡问题的静力学普遍方程——虚位移原理。与矢量静力学相同,分析静力学也研究物体在力系作用下的平衡规律,但分析静力学的主要研究对象为受约束的质点、质点系或刚体、刚体系。首先回顾在运动学中已经建立起来的约束概念和表达方法,然后叙述作为分析力学基本原理之一的虚位移原理,建立分析力学方法的基本概念。

17.1 虚位移

17.1.1 约束

我们来研究质点系 $P_i(i=1,2,\cdots,n)$ 相对于固定笛卡尔坐标系的运动,系统的状态由系统内点的矢径 $\boldsymbol{r}_i$ 和速度 $\boldsymbol{v}_i$ 确定。系统运动时其各点的位置和速度经常不能是任意的,对矢径 $\boldsymbol{r}_i$ 和速度 $\boldsymbol{v}_i$ 的限制不因受力而改变,称为约束。如果系统不受约束,则系统称为自由的。当存在一个或多个约束时系统称为非自由的。

例题 17-1 质点可以沿着过坐标原点给定的平面运动。如果笛卡尔坐标系统的 Oz 轴垂直于该平面,则 $z=0$ 是约束方程。

例题 17-2 质点沿着以原点为中心半径为 $R=f(t)$ 的球面运动。如果 x,y,z 是运动点的坐标,则约束方程为 $x^2+y^2+z^2-f^2(t)=0$。

例题 17-3 两个质点 P_1 和 P_2 用长为 l 的不可伸长的绳相连,约束用关系式 $l^2-[(x_2-x_1)^2+(y_2-y_1)^2+(z_2-z_1)^2]\geqslant 0$ 给出。

例题 17-4 质点在空间中运动并保持在第一象限内或边界上,约束用不等式 $x\geqslant 0,y\geqslant 0,z\geqslant 0$ 给出。

例题 17-5 (冰刀的运动)设冰刀沿着水平冰面运动。冰刀以细杆为模型,在运动过程中杆上一个点 C(图 17-1)的速度始终沿着杆。如果 Oz 轴竖直向上,(x,y,z) 是 C 的坐标,而 φ 是杆与 Ox 轴的夹角,则约束由 2 个方程 $z=0$,$\dot{y}=\dot{x}\tan\varphi$ 给出。

例题 17-6 (纯滚动的圆柱)半径为 R 的圆柱作纯滚动,如图 17-2 所示。圆柱有约束 $z_O=R$, $\dot{x}_O=R\dot{\varphi}$,其中 φ 为圆柱的转角。

1)双向约束与单向约束

一般情况下约束用如下关系式给出:

$$f_k(x_1,x_2,\cdots,x_{3n};\dot{x}_1,\dot{x}_2,\cdots,\dot{x}_n;t)=0\quad(k=1,2,\cdots,r+s)\tag{a}$$

等式约束方程对应的约束称为双向约束或双面约束[图 17-3a)]。在上面的例题 17-1、例题 17-2、例题 17-5 和例题 17-6 中,约束是双向的。这里 $r+s$ 表示双向约束数。

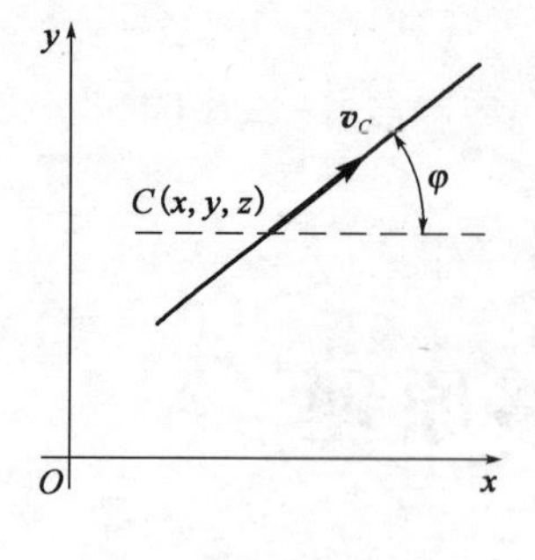

图 17-1　冰刀的运动

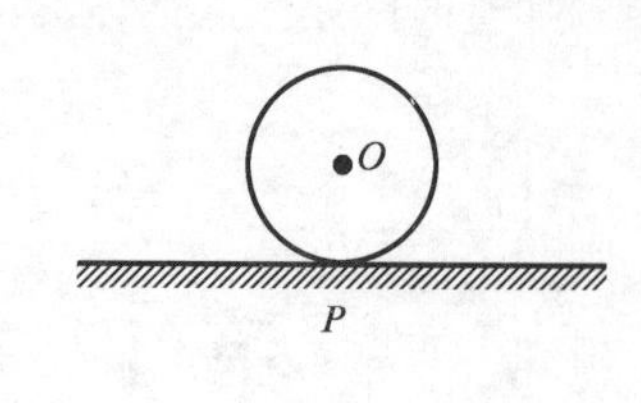

图 17-2　纯滚动的圆柱

如果约束关系出现不等号形式时,则

$$f_k(x_1, x_2, \cdots, x_{3n}; \dot{x}_1, \dot{x}_2, \cdots, \dot{x}_{3n}; t) \leqslant 0 \quad (k = 1, 2, \cdots, R) \tag{b}$$

不等式约束方程对应的约束称为单向约束,或单侧约束[图 17-3b)]。在上面的例题 17-3、例题 17-4 中,约束是单向的。这里 R 表示总约束数。下面我们不再研究有单向约束的系统。

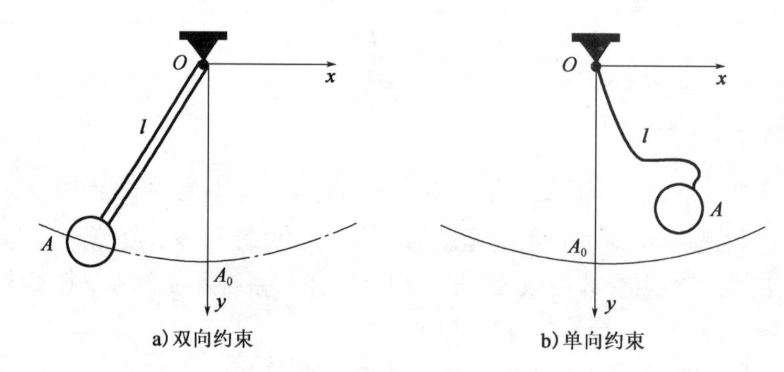

图 17-3　单摆

2)位形空间和位置约束

在第 11 章中曾将系统内各质点的 $3n$ 个坐标的集合,定义为质点系的位形。建立抽象的 $3n$ 维正交欧氏空间$(x_1, x_2, \cdots, x_{3n})$,称为质点系的位形空间。质点系在每个瞬时的位形,与位形空间中的抽象点一一对应。随着时间的变化,位形空间中点的位置亦随之改变而描绘出一条超曲线。对各质点的空间位置所加的限制称为位置约束。设系统内共有 $r_1(r_1 \leqslant r)$ 个位置约束方程,写作

$$f_k(x_1, x_2, \cdots, x_{3n}; t) = 0 \quad (k = 1, 2, \cdots, r) \tag{c}$$

此约束方程对应于位形空间中的超曲面,称为约束曲面。上面的例 1、例 2 是位置约束。

单个质点是 $n = 1$ 的特殊质点系,所对应的位形空间就是实际三维空间,约束曲面是三维空间中的实际曲面,约束的作用是迫使实际质点沿实际的约束曲面运动。对于 $n > 2$ 的一般质点系,上述位形空间和约束曲面都是抽象概念。必须注意,位形空间中的抽象与三维空间中的实际质点,是截然不同的两种概念。

3)状态空间和运动约束

运动中的质点在任一瞬时所占据的位置及所具有的速度合起来称为质点在该瞬时的运动状态。采用直角坐标系时,质点的运动状态由 6 个标量 $x_1(t), x_2(t), x_3(t), \dot{x}_1(t), \dot{x}_2(t), \dot{x}_3(t)$完全确定,称为状态变量。建立抽象的六维正交欧氏空间$(x_1, x_2, x_3, \dot{x}_1, \dot{x}_2, \dot{x}_3)$,称为质

点的状态空间，或相空间，则质点在每个瞬时的运动状态与状态空间中的点一一对应，后者称为相点。随着时间的推移，相点在相空间中位置也随之改变，所描绘出的超曲线称为质点运动的相轨迹。应注意状态空间与实际空间、相点与实际质点、相轨迹与实际运动轨迹是根本不同的两种概念。实际空间中的运动轨迹只能表示质点空间位置的变化，而状态空间中的相轨迹则能给出质点的空间位置和速度变化过程的全貌。

对于由 n 个质点 $P_i(i=1,2,\cdots,n)$ 组成的质点系，系统内各质点的坐标和速度共有 $6n$ 维空间 $(x_1,x_2,\cdots,x_{3n};\dot{x}_1,\dot{x}_2,\cdots,\dot{x}_{3n})$，称之为质点系的状态空间。状态空间不同于位形空间，后者可看作前者的 $3n$ 维子空间，它只能反映系统内各质点的位置变化而不能反映各质点的速度变化，而状态空间则能使我们有可能从几何观点出发研究质点系运动过程的全貌。

仅对速度所加的限制称为速度约束。不仅对位置而且对速度所加的限制称为运动约束，对应的约束方程为

$$f_k(x_1,x_2,\cdots,x_{3n};\dot{x}_1,\dot{x}_2,\cdots,\dot{x}_{3n};t)=0 \quad (k=1,2,\cdots,r+s) \tag{d}$$

上面的例题 17-5 和例题 17-6 是运动约束。

4）几何约束、微分约束

约束方程中只含力学系统中质点坐标和时间的约束称为几何约束，对应的约束方程为

$$f_k(x_1,x_2,\cdots,x_{3n};t)=0 \quad (k=1,2,\cdots,r) \tag{17-1}$$

几何约束包括位置约束和可用几何约束形式表示的运动约束。

约束方程中不仅包含质点坐标、时间，而且包含速度的约束称为微分约束。微分约束包括可积微分约束和不可积微分约束。可积微分约束可以转变为几何约束。

位置约束是力学概念，几何约束是数学概念。位置约束属于几何约束，如例题 17-1；但反过来不成立，几何约束不一定是位置约束，还包括可积分的运动约束，如例题 17-6 中约束可写成 $s=R\varphi$。

运动约束是力学概念，微分约束是数学概念。运动约束不一定是微分约束，运动约束也可以采用几何约束形式表示，如例题 17-6；反过来微分约束也不一定是运动约束，用几何约束表示的位置约束求导后可以变成微分约束。

我们假设相应的不可积微分约束对于速度分量 $\dot{x}_i,\dot{y}_i,\dot{z}_i$ 是线性的，即

$$\sum_{i=1}^{3n} a_{ki}\dot{x}_i + a_{k0} = 0 \quad (k=r+1,r+2,\cdots,r+s) \tag{17-2}$$

其中，系数 a_{ki}，a_{k0} 均为 $x_i(i=1,2,\cdots,3n)$ 和 t 的函数。特殊情况下 r 和 s_1 可以等于零。若 $a_{k0}=0$，则称为关于速度 $\boldsymbol{v}_i$ 是齐次的约束；反之关于速度 $\boldsymbol{v}_i$ 是非齐次的约束。

几何约束和不可积一阶线性微分形式的双向约束称为普发夫（Pfaff）约束。我们把不可积的一阶线性微分约束数用 $s_1(s_1\leqslant s)$ 表示。我们只讨论普发夫（Pfaff）约束系统。

5）定常系统和非定常系统

若约束方程中不显含时间 t，则称它为定常约束；反之称为非定常约束。如果系统是自由的或者只有定常约束，则称为定常系统。如果系统的约束中至少有一个非定常的，则称为非定常系统。

例题 17-1、例题 17-3、例题 17-4、例题 17-5 和例题 17-6 是定常系统；例题 17-2 是非定常系统。

6）完整系统和非完整系统

如果质点系的所有约束可以用几何约束形式表示的系统，则称为完整系统。如果质点

系的约束中含有不可积的微分约束,则称为是非完整系统。

双向位置约束数用 r_1 表示,可积的微分约束数用 r_2 表示,双向完整系统约束数用 r 表示,$r = r_1 + r_2$;双向非完整系统约束数用 s 表示。

例题 17-1 和例题 17-2 是几何约束,所以是完整系统。例题 17-6 是微分约束可以积分成为 $x_O = R\varphi + C$,因此是完整系统。例题 17-5 是不可积的微分约束,属于非完整系统。

注释 1　例题 17-5 中的微分约束 $\dot{y} = \dot{x}\tan\varphi$ 是不可积的,下面给出证明。假设不然,即 x, y, φ 满足关系式 $f(x, y, \varphi, t) = 0$,设 x, y, φ 为相对于冰刀的真实运动,求 f 对时间的全导数

$$\dot{f} = \frac{\partial f}{\partial x}\dot{x} + \frac{\partial f}{\partial y}\dot{y} + \frac{\partial f}{\partial \varphi}\dot{\varphi} + \frac{\partial f}{\partial t} \equiv 0$$

利用约束方程,$\dot{f}$ 可以写成

$$\dot{f} = \left(\frac{\partial f}{\partial x} + \frac{\partial f}{\partial y}\tan\varphi\right)\dot{x} + \frac{\partial f}{\partial \varphi}\dot{\varphi} + \frac{\partial f}{\partial t} \equiv 0$$

由于 $\dot{x}, \dot{\varphi}$ 是独立的,故

$$\frac{\partial f}{\partial x} + \frac{\partial f}{\partial y}\tan\varphi = 0, \frac{\partial f}{\partial \varphi} = 0, \frac{\partial f}{\partial t} = 0$$

再根据角度 φ 的任意性,函数 f 对其所有变量的偏导数都等于零,即 f 不依赖于 x, y, φ, t,因此,假设约束 $\dot{y} = \dot{x}\tan\varphi$ 可积是不正确的。

注释 2　例题 17-1 和例题 17-6 中的系统是完整定常的;例题 17-2 中的系统是完整非定常的;例题 17-5 中的系统是非完整定常的。

17.1.2　可能位置、可能速度、可能加速度和可能位移

一般来讲,满足约束条件的位置、速度、加速度和位移分别称为可能位置、可能速度、可能加速度和可能位移。今后我们将研究自由质点系或者有式(17-1)和式(17-2)形式的非自由质点系。

1)可能位置

非自由系统的质点不能在空间中任意运动,约束容许的坐标、速度和加速度,应该满足由约束方程(17-1)和方程(17-2)导出的某些关系式。

设给定某个时刻 $t = t^*$,如果构成系统的各点的矢径 $\boldsymbol{r}_i = \boldsymbol{r}_i^*$ $(i = 1, \cdots, n)$ 满足几何约束式(17-1),则称在该给定时刻系统处于可能位置。

2)可能速度

假设函数 f_k,a_{ki} 和 a_{k0} 的相应导数存在且连续。

约束也限制系统中的速度。为了得到这些限制的解析形式,将式(17-1)的两边对时间求导,求导时 $\boldsymbol{r}_i$ 是时间的函数,于是得到由几何约束式(17-1)导出的如下微分约束:

$$\sum_{i=1}^{3n}\frac{\partial f_k}{\partial x_i}\dot{x}_i + \frac{\partial f_k}{\partial t} = 0 \quad (k = 1, 2, \cdots, r) \tag{17-3}$$

当系统在给定时刻处于可能位置,满足线性方程(17-2)和方程(17-3)的矢量 $\dot{\boldsymbol{r}}_i = \boldsymbol{v}_i^*$ $(i = 1, \cdots, n)$ 集合称为该时刻的可能速度。在给定时刻存在无穷多个可能速度 $\boldsymbol{v}_i^*$。

3)可能加速度

为了得到约束限制系统各点加速度的解析表达式,将方程(17-2)和方程(17-3)对时间求导,得

$$\sum_{i=1}^{3n}\frac{\partial f_k}{\partial x_i}\ddot{x}_i+\sum_{i=1}^{3n}\sum_{j=1}^{3n}\frac{\partial^2 f_k}{\partial x_i \partial x_j}\dot{x}_i\dot{x}_j+2\sum_{i=1}^{3n}\frac{\partial^2 f_k}{\partial t \partial x_i}\dot{x}_i+\frac{\partial^2 f_k}{\partial t^2}=0 \quad (k=1,2,\cdots,r) \tag{17-4}$$

$$\sum_{i=1}^{3n}a_{ki}\ddot{x}_i+\sum_{j=1}^{3n}\sum_{i=1}^{3n}\frac{\partial a_{ki}}{\partial x_j}\dot{x}_i\dot{x}_j+\sum_{i=1}^{3n}\frac{\partial a_{ki}}{\partial t}\dot{x}_i+\sum_{i=1}^{3n}\frac{\partial a_{k0}}{\partial x_i}\dot{x}_i+\frac{\partial a_{k0}}{\partial t}=0 \quad (k=r+1,r+2,\cdots,r+s) \tag{17-5}$$

当系统在给定时刻处于可能位置、具有可能速度时,满足线性方程(17-4)和方程(17-5)的矢量$\ddot{\boldsymbol{r}}_i=\boldsymbol{a}_i^*$ $(i=1,2,\cdots,n)$集合称为该时刻的可能加速度。在给定时刻存在无穷多个可能加速度 $\boldsymbol{a}_i^*$。

4)可能位移

设 $\boldsymbol{r}_i(t)$具有三阶以上连续导数,在给定时刻 $t=t^*$ 系统处于矢径 $\boldsymbol{r}_i=\boldsymbol{r}_i^*$ 确定的某个位置,并具有可能速度 $\dot{\boldsymbol{r}}_i^*$ 和可能加速度 $\ddot{\boldsymbol{r}}_i^*$,在 $t=t^*+\Delta t$ 时刻系统相应的可能位置为 $\boldsymbol{r}_i^*+\Delta\boldsymbol{r}_i$,则 $\Delta\boldsymbol{r}_i$ 称为系统从时刻 $t=t^*$ 的给定位置 $\boldsymbol{r}_i^*$ 在 Δt 时间内的有限可能位移。对于充分小的时间 $\Delta t=\mathrm{d}t$,$\Delta t\to 0$ 时,对应充分小的位移 $\mathrm{d}\boldsymbol{r}_i$ 称为系统在时刻 $t=t^*$ 给定位置 $\boldsymbol{r}_i^*$ 的可能位移。对于充分小的 $\mathrm{d}t$ 系统可能位移可以写成:

$$\mathrm{d}x_i=\dot{x}_i^*\,\mathrm{d}t+\frac{1}{2}\ddot{x}_i^*\,(\mathrm{d}t)^2+\cdots \quad (i=1,2,\cdots,3n) \tag{17-6}$$

忽略方程(17-6)中高于 $\mathrm{d}t$ 的项,有 $\mathrm{d}\boldsymbol{r}_i=\dot{\boldsymbol{r}}_i^*\,\mathrm{d}t$。如果将可能速度满足的方程(17-2)和方程(17-3)乘以 $\mathrm{d}t$,则得到可能位移满足的相对 $\mathrm{d}t$ 的线性方程组:

$$\sum_{i=1}^{3n}\frac{\partial f_k}{\partial x_i}\mathrm{d}x_i+\frac{\partial f_k}{\partial t}\mathrm{d}t=0 \quad (k=1,2,\cdots,r) \tag{17-7}$$

$$\sum_{i=1}^{3n}a_{ki}\mathrm{d}x_i+a_{k0}\mathrm{d}t=0 \quad (k=r+1,r+2,\cdots,r+s) \tag{17-8}$$

在方程(17-8)中的函数 a_{ki},a_{k0}以及在方程(17-7)中的偏导数都是在 $t=t^*$,$\boldsymbol{r}_i=\boldsymbol{r}_i^*$ 计算的。当系统在给定时刻处于可能位置时,满足线性方程(17-7)、方程(17-8)的位移 $\mathrm{d}\boldsymbol{r}_i=\mathrm{d}\boldsymbol{r}_i^*$ $(i=1,2,\cdots,n)$集合称为该时刻的可能位移。在给定时刻存在无穷多个可能位移 $\mathrm{d}\boldsymbol{r}_i^*$。

17.1.3 真实位移与虚位移

1)真实位移

一般来说,真实位移是实际发生的无穷小位移,质点系满足动力学基本定律,初始条件和约束条件的无穷小位移,称为真实位移。我们把质点系满足运动微分方程,初始条件 $\boldsymbol{r}_i(t_0)=\boldsymbol{r}_{i0}$,$\dot{\boldsymbol{r}}_i(t_0)=\dot{\boldsymbol{r}}_{i0}$和约束条件[方程(17-7)和方程(17-8)]与 $\mathrm{d}t$ 呈线性关系的无穷小位移,称为真实位移。真实位移是可能位移的一个。

2)虚位移

一般来说,质点系在约束允许的条件下,与时间的变化 $\Delta t=\mathrm{d}t$ 无关的微小位移称为虚位移。设在时刻 $t=t^*$ 处于矢径 $\boldsymbol{r}_i^*$ 确定的某个位置,我们把虚位移定义为满足下面线性齐次方程组的 $\delta\boldsymbol{r}_i=\delta\boldsymbol{r}_i^*$ $(i=1,\cdots,n)$集合:

$$\sum_{i=1}^{3n}\frac{\partial f_k}{\partial x_i}\delta x_i=0 \quad (k=1,2,\cdots,r) \tag{17-9}$$

$$\sum_{i=1}^{3n}a_{ki}\delta x_i=0 \quad (k=r+1,r+2,\cdots,r+s) \tag{17-10}$$

这里$\frac{\partial f_k}{\partial x_i}$,$a_{ki}$是在$t=t^*$,$\boldsymbol{r}_i=\boldsymbol{r}_i^*$计算的,均为$x_i(i=1,2,\cdots,3n)$和$t$的函数。

设$\delta\boldsymbol{r}_i$的分量为$\delta x_i,\delta y_i,\delta z_i$,因为$3n-r-s_1>0$,即未知数$\delta x_i,\delta y_i,\delta z_i(i=1,\cdots,n)$的数目大于它们必须满足的方程组式(17-9)、式(17-10)的个数,所以存在无穷多个虚位移$\delta\boldsymbol{r}_i^*$。

3)真实位移、可能位移和虚位移的关系

对于具有双面、定常约束的完整系统,可能位移满足的方程(17-7)变成

$$\sum_{i=1}^{3n}\frac{\partial f_k}{\partial x_i}\mathrm{d}x_i=0\quad(k=1,2,\cdots,r)\tag{17-11}$$

这里$\frac{\partial f_k}{\partial x_i}$为$x_i(i=1,2,\cdots,3n)$的函数。比较式(17-9)和式(17-11),可能位移的集合与虚位移集合完全相同。由此可知:对于具有双面、定常约束的完整系统真实位移是虚位移之一。

例题 17-7　对于斜面固定和作平行移动两种情形,分析沿斜面运动质点的可能位移和虚位移。

解:斜面固定时,质点的可能位移和虚位移相同[图 17-4a)]。斜面作已知规律的平行移动时,质点的可能位移应考虑牵连运动的影响,而质点的虚位移等于约束凝固时的可能位移,与斜面固定时的可能位移相同[图 17-4b)]。可见具有双面、非定常约束的完整系统真实位移不是虚位移之一。

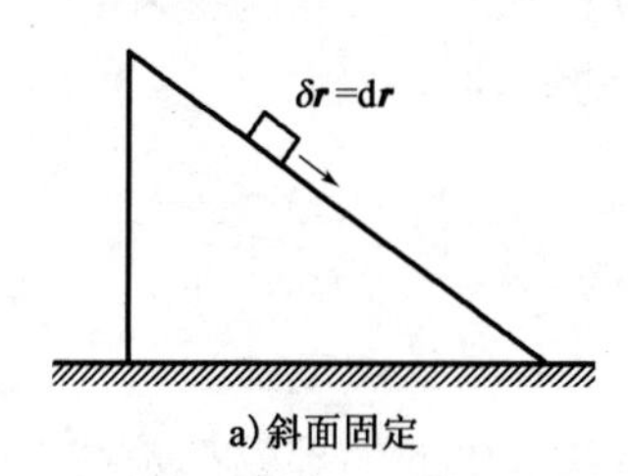

a)斜面固定

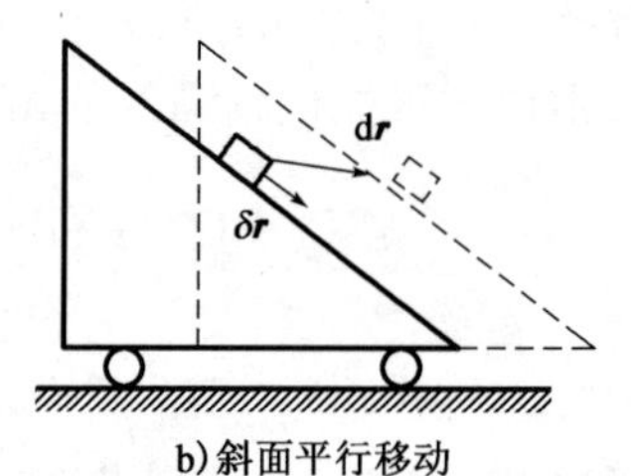

b)斜面平行移动

图 17-4　可能位移和虚位移

对于具有双面、速度齐次约束的非完整系统,可能位移满足的方程(17-8)变成

$$\sum_{i=1}^{3n}a_{ki}\mathrm{d}x_i=0\quad(k=r+1,r+2,\cdots,r+s)\tag{17-12}$$

a_{ki}为$x_i(i=1,2,\cdots,3n)$和t的函数。比较式(17-10)和式(17-12),可能位移的集合与虚位移集合完全相同。由此可知:对于具有双面、速度齐次约束的非完整系统真实位移是虚位移之一。

例题 17-8　有质量的质点在有势力$V=V(x,y)$作用下,在平面Oxy上运动,所受约束可用方程$\dot{y}=t\dot{x}$表示。

实位移$\mathrm{d}x,\mathrm{d}y$满足

$$\mathrm{d}y-t\mathrm{d}x=0\tag{e}$$

虚位移$\delta x,\delta y$满足

$$\delta y-t\delta x=0\tag{f}$$

比较式(e)与式(f)知,在这个非完整系统中:约束是非定常的,但是齐次的,显然实位移是虚位移中的一个。

例题 17-9　一质点在平面Oxy上运动,所受约束为$\dot{y}-\dot{x}+f(x,y)=0$。

在这个非完整系统中:约束是定常的,但是非齐次的,显然实位移不是虚位移中的一个。因为实位移$\mathrm{d}x,\mathrm{d}y$满足

$$dy - dx + f(x,y)\,dt = 0 \tag{g}$$

虚位移 $\delta x,\delta y$ 满足

$$\delta y - \delta x = 0 \tag{h}$$

4）等时变分

无穷小增量 $\delta x_i,\delta y_i,\delta z_i$ 称为 x_i,y_i,z_i 的变分。在 $t=t^*$ 固定时，从矢径 $\boldsymbol{r}_i^*$ 确定的位置，变化到无限接近的由矢径 $\boldsymbol{r}_i^*+\delta\boldsymbol{r}_i$ 确定的位置，称为等时变分。在等时变分中我们不考查系统的运动过程，而是比较系统在给定时刻约束允许的无限接近的位置（构形）。

虚位移定义为质点系在同一时刻、同一位置两组可能位移之差，即 $\delta\boldsymbol{r}_i = d\boldsymbol{r}_i^{(1)} - dr_i^{(2)}$（$i=1,\cdots,n$），或 $\delta x_i = dx_i^{(1)} - dx_i^{(2)}$（$i=1,\cdots,3n$）。

现在我们研究 2 个在相同时间 dt 内的可能位移。根据式(17-6)，可得

$$dx_i^{(1)} = \dot{x}_{i1}^* dt + \frac{1}{2}\ddot{x}_{i1}^*(dt)^2 + \cdots \quad (i=1,2,\cdots,3n) \tag{i}$$

$$dx_i^{(2)} = \dot{x}_{i2}^* dt + \frac{1}{2}\ddot{x}_{i2}^*(dt)^2 + \cdots \quad (i=1,2,\cdots,3n) \tag{j}$$

可能速度 $\boldsymbol{v}_{ij}^*$ 和可能加速度 $\boldsymbol{a}_{ij}^*$（$j=1,2$）满足式(17-2)～式(17-5)。将两组可能位移相减得

$$dx_i^{(1)} - dx_i^{(2)} = (\dot{x}_{i1}^* - \dot{x}_{i2}^*)dt + \frac{1}{2}(\ddot{x}_{i1}^* - \ddot{x}_{i2}^*)(dt)^2 + \cdots \quad (i=1,2,\cdots,3n) \tag{17-13}$$

（1）若丹变分

将 $t=t^*,\boldsymbol{r}_i=\boldsymbol{r}_i^*,\boldsymbol{v}_i=\boldsymbol{v}_{i1}^*$ 代入方程(17-3)并在两边同时乘以 dt，然后将 $t=t^*,\boldsymbol{r}_i=\boldsymbol{r}_i^*,\boldsymbol{v}_i=\boldsymbol{v}_{i2}^*$ 代入方程(17-3)并在两边同时乘以 dt，将得到的 2 个方程相减，得

$$\sum_{i=1}^{3n}\frac{\partial f_k}{\partial x_i}(\dot{x}_{i1}^* - \dot{x}_{i2}^*)dt = 0 \quad (k=1,2,\cdots,r) \tag{17-14}$$

类似地，由方程(17-2)可得

$$\sum_{i=1}^{3n}a_{ki}(\dot{x}_{i1}^* - \dot{x}_{i2}^*)dt = 0 \quad (k=r+1,r+2,\cdots,r+s) \tag{17-15}$$

如果 $\delta\boldsymbol{v}_i = \boldsymbol{v}_{i1}^* - \boldsymbol{v}_{i2}^* \neq 0$，则式(17-13)中的主要部分是 dt 的线性项，即 $\delta\boldsymbol{v}_i dt$，并且根据式(17-14)和式(17-15)可知，它满足方程组式(17-9)和式(17-10)，即虚位移 $\delta\boldsymbol{r}_i$ 的分量是

$$\delta x_i = \delta\dot{x}_i dt \quad (i=1,2,\cdots,3n) \tag{17-16}$$

在 $\boldsymbol{v}_{i1}^* \neq \boldsymbol{v}_{i2}^*$ 的假设下，这个等时变分称为若丹变分。

（2）高斯变分

利用相同的过程处理式(17-4)和式(17-5)［只是要代入 $\boldsymbol{a}_i=\boldsymbol{a}_{ij}^*$（$j=1,2$），乘以 $\frac{1}{2}(dt)^2$］，可以得到

$$\sum_{i=1}^{3n}\frac{\partial f_k}{\partial x_i}(\ddot{x}_{i1}^* - \ddot{x}_{i2}^*)\frac{(dt)^2}{2} + \sum_{i=1}^{3n}\sum_{j=1}^{3n}\left[\left(\frac{\partial^2 f_k}{\partial x_i\partial x_j}\dot{x}_{j1}^*\right)\dot{x}_{i1}^* - \left(\frac{\partial^2 f_k}{\partial x_i\partial x_j}\dot{x}_{j2}^*\right)\dot{x}_{i2}^*\right]\frac{(dt)^2}{2} + 2\sum_{i=1}^{3n}\frac{\partial^2 f_k}{\partial t\partial x_i}(\dot{x}_{i1}^* - \dot{x}_{i2}^*)\frac{(dt)^2}{2} = 0 \quad (k=1,2,\cdots,r) \tag{17-17}$$

$$\sum_{i=1}^{3n}a_{ki}(\ddot{x}_{i1}^* - \ddot{x}_{i2}^*)\frac{(dt)^2}{2} + \sum_{i=1}^{3n}\sum_{j=1}^{3n}\left[\left(\frac{\partial a_{ki}}{\partial x_j}\dot{x}_{j1}^*\right)\dot{x}_{i1}^* - \left(\frac{\partial a_{ki}}{\partial x_j}\dot{x}_{j2}^*\right)\dot{x}_{i2}^*\right]\frac{(dt)^2}{2} + \sum_{i=1}^{3n}\frac{\partial a_{ki}}{\partial t}(\dot{x}_{i1}^* - \dot{x}_{i2}^*)\frac{(dt)^2}{2} + \sum_{i=1}^{3n}\frac{\partial a_{k0}}{\partial x_i}(\dot{x}_{i1}^* - \dot{x}_{i2}^*)\frac{(dt)^2}{2} = 0 \quad (k=r+1,r+2,\cdots,r+s) \tag{17-18}$$

如果 $\boldsymbol{v}_{i1}^*=\boldsymbol{v}_{i2}^*$，但 $\delta\boldsymbol{a}_i=\boldsymbol{a}_{i1}^*-\boldsymbol{a}_{i2}^*\neq 0$，则式(17-13)中的主要部分等于 $\delta\boldsymbol{a}_i\dfrac{(\mathrm{d}t)^2}{2}$。当 $\boldsymbol{v}_{i1}^*=\boldsymbol{v}_{i2}^*$ 时，式(17-17)和式(17-18)除了第1项以外的所有求和项都等于零。根据式(17-17)和式(17-18)知，它满足方程组式(17-9)和式(17-10)，即虚位移 $\delta\boldsymbol{r}_i$ 的分量是

$$\delta x_i=\frac{1}{2}\delta\ddot{x}_i(\mathrm{d}t)^2\quad(i=1,2,\cdots,3n)\tag{17-19}$$

在 $\boldsymbol{v}_{i1}^*=\boldsymbol{v}_{i2}^*$，但 $\boldsymbol{a}_{i1}^*\neq\boldsymbol{a}_{i2}^*$ 的假设下，这个等时变分称为高斯变分。

17.1.4 自由度与广义坐标

1)自由度

虚位移 $\delta x_i,\delta y_i,\delta z_i(i=1,\cdots,n)$ 满足 $r+s$ 个方程(17-9)、方程(17-10)独立的虚位移数目称为系统的自由度。今后我们总是用 f 表示自由度。显然

$$f=3n-r-s\tag{17-20}$$

例题 17-10 一个质点在空间中运动有3个自由度。

例题 17-11 两个质点用杆连接在平面上运动有3个自由度。

例题 17-12 冰刀(图17-1)有2个自由度。

例题 17-13 沿着固定或运动曲面运动的质点有2个自由度。

例题 17-14 两个杆用柱铰链相连在平面内运动(剪刀)有4个自由度。

2)广义坐标

我们研究有约束式(17-1)、式(17-2)的非自由质点系，假设 r 个关于 $3n$ 个变量 x_i,y_i,z_i $(i=1,2,\cdots,n)$ 的函数 f_k 是相互独立的(这里时间 t 看作参数)，反之，约束中一定有一个是与其他矛盾或者可以从其他中得到。

确定系统可能位置的参数的最小数目称为独立广义坐标数，因为函数 $f_k(k=1,2,\cdots,r)$ 是相互独立的，广义坐标数(用 m 表示)等于 $3n-r$。广义坐标可以从 $3n$ 个笛卡尔坐标 x_i，y_i,z_i 中选取 m 个，使得方程(17-1)相对它们可以解出。然而一般来说，这样选择广义坐标的方法在实践中很少使用。可以选取任意 m 个独立的、可以确定系统位形的量 $q_1,q_2,\cdots,q_m$，它们可以是距离、角度、面积，也可以是没有直接几何意义，只需要相互独立并且可以将笛卡尔坐标 $\boldsymbol{r}_i,x_i$ 用 $q_1,q_2,\cdots,q_m$ 和 t 表示出来：

$$\boldsymbol{r}_i=\boldsymbol{r}_i(q_1,q_2,\cdots,q_m,t)\quad(i=1,2,\cdots,n)\tag{17-21a}$$

$$x_i=x_i(q_1,q_2,\cdots,q_m,t)\quad(i=1,2,\cdots,3n)\tag{17-21b}$$

将这些函数代入式(17-1)后，得到完整系统约束恒等式。

$$g_k(q_1,q_2,\cdots,q_m,t)=0\quad(k=1,2,\cdots,r)\tag{17-22}$$

下面矩阵的秩等于 m。

$$\begin{bmatrix}\partial x_1/\partial q_1 & \partial x_1/\partial q_2 & \cdots & \partial x_1/\partial q_m\\ \partial x_2/\partial q_1 & \partial x_2/\partial q_2 & \cdots & \partial x_2/\partial q_m\\ \vdots & \vdots & \ddots & \vdots\\ \partial x_{3n}/\partial q_1 & \partial x_{3n}/\partial q_2 & \cdots & \partial x_{3n}/\partial q_m\end{bmatrix}\tag{k}$$

由此可知，在式(17-21)的 $3n$ 个关于 $q_1,q_2,\cdots,q_m$ 的函数(t 为参数)x_i 中，有 m 个独立，用它们可以表示出系统的其他坐标。

我们假设选择广义坐标 $q_1,q_2,\cdots,q_m$，使得系统的任意可能位置都可以在 $q_1,q_2,\cdots,q_m$

取某些值时利用式(17-21)得到。如果不能得到所有可能位置,则局部引入广义坐标,即对于不同的可能位置集引入不同的广义坐标。

我们假设函数(17-21)对其所有自变量都是二阶连续可微的。此外,我们认为,如果系统是定常的,则通过选择广义坐标总是可以使时间 t 不显含在关系式(17-21)中。

在研究具体问题时,经常完全不需要建立约束方程(17-22),根据问题的物理意义就能知道,确定系统可能位置所必需的广义坐标数量。如果解题时需要关系式(17-22),可以借助几何意义建立。

3)广义坐标空间

对于每个时刻 t,系统的可能位置和 m 维空间($q_1,q_2,\cdots,q_m$)之间一一对应,空间($q_1,q_2,\cdots,q_m$)称为坐标空间(或构形空间)。系统的每个可能位置对应于坐标空间中的某个点,该点称为映射点。系统的运动对应于映射点在坐标空间中的运动。

坐标空间中点的距离自然地用系统相应的位置之间的距离定义,这样,在系统位置和坐标空间的点之间存在着连续的一一对应关系。

例题 17-15 (质点在平面上运动)坐标空间就是这个平面。

例题 17-16 (n 个自由质点在空间中运动)坐标空间是 $3n$ 维欧几里得空间。

例题 17-17 (单摆)将单摆看作一端固定不动的刚性杆,单摆的位置用广义坐标角 φ 确定(图 17-5),将单摆的每个位置对应于坐标为 φ 的数轴上点。由于数轴上不同的点 φ 和 $\varphi+2k\pi(k=\pm1,\pm2\cdots)$ 对应着单摆的同一个位置,因此单摆位置和数轴上的点不是一一对应。从数轴上划分出的一个半开区间 $0\leqslant\varphi<2\pi$,可以实现与单摆位置的一一对应。但这样破坏了连续性,因为单摆的 2 个邻近位置 $\varphi=0$ 和 $\varphi=2k\pi-\varepsilon$ 不是半开区间的邻近点。为了保证连续性,需要认为 $\varphi=0$ 和 $\varphi=2k\pi$ 是同一个点。直观地可以这样做:“黏接上”$\varphi=0$ 点和 $\varphi=2k\pi$ 点,得到的几何形状——圆就是单摆的坐标空间。

例题 17-18 (双摆)由 2 个刚性杆用柱铰链连接,一个自由端悬挂于固定点 A(图 17-6),另一个杆可以在一个平面内自由运动。广义坐标可以取 2 个杆与竖直方向的夹角 φ 和 ψ,双摆的每个位置对应于 2 个不超过 2π 的数 φ 和 ψ,因此如果我们取 φ,ψ 平面上边长为 2π 的正方形,并认为对边是同一条线段,则得到双摆的坐标空间。直观地可以这样做:“黏接上”正方形的对边,第一次黏接得到圆柱,此后第二次黏接得到圆环。

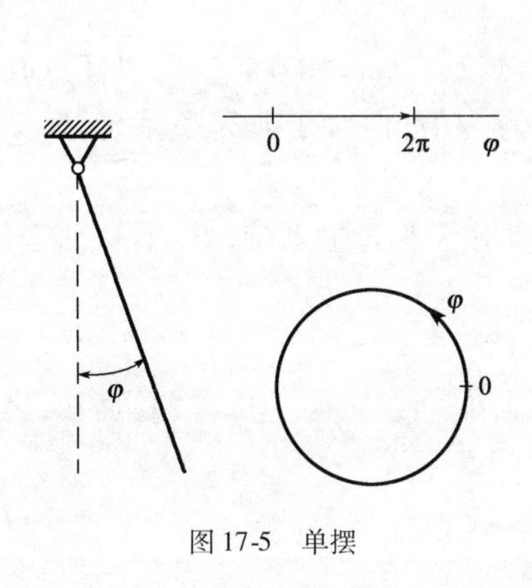

图 17-5 单摆

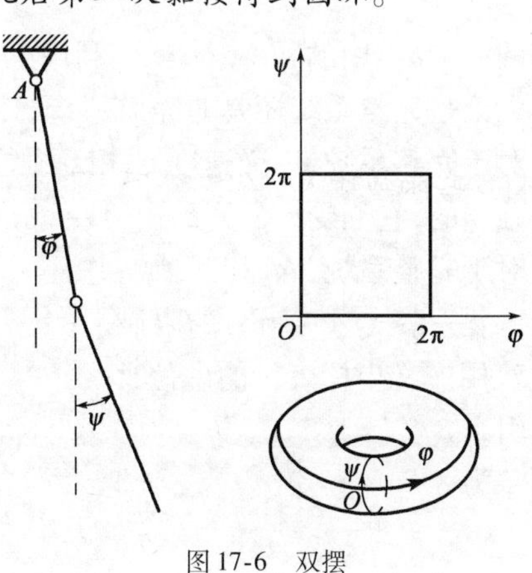

图 17-6 双摆

4)广义速度和广义加速度

在系统运动时广义坐标随时间变化。$\dot{q}_j$ 和 $\ddot{q}_j(j=1,2,\cdots,m)$ 称为广义速度和广义加速度。微分复合函数(17-21)可以求出系统各点速度 $\boldsymbol{v}_i=\dot{\boldsymbol{r}}_i$、加速度 $\boldsymbol{a}_i=\ddot{\boldsymbol{r}}_i$ 和可能位移 $\mathrm{d}\boldsymbol{r}_i$ 的笛卡尔坐标形式:

$$\dot{\boldsymbol{r}}_i=\sum_{j=1}^{m}\frac{\partial \boldsymbol{r}_i}{\partial q_j}\dot{q}_j+\frac{\partial \boldsymbol{r}_i}{\partial t}\quad (i=1,2,\cdots,n) \tag{17-23a}$$

$$\ddot{\boldsymbol{r}}_i=\sum_{j=1}^{m}\frac{\partial \boldsymbol{r}_i}{\partial q_j}\ddot{q}_j+\sum_{j=1}^{m}\sum_{k=1}^{m}\frac{\partial^2 \boldsymbol{r}_i}{\partial q_j\partial q_k}\dot{q}_j\dot{q}_k+2\sum_{j=1}^{m}\frac{\partial^2 \boldsymbol{r}_i}{\partial q_j\partial t}\dot{q}_j+\frac{\partial^2 \boldsymbol{r}_i}{\partial t^2}\quad (i=1,2,\cdots,n) \tag{17-23b}$$

$$\mathrm{d}\boldsymbol{r}_i=\sum_{j=1}^{m}\frac{\partial \boldsymbol{r}_i}{\partial q_j}\mathrm{d}q_j+\frac{\partial \boldsymbol{r}_i}{\partial t}\mathrm{d}t\quad (i=1,2,\cdots,n) \tag{17-23c}$$

这里给出后面会用到的两个等式:

$$\frac{\partial \dot{\boldsymbol{r}}_i}{\partial \dot{q}_k}=\frac{\partial \boldsymbol{r}_i}{\partial q_k}\quad (k=1,2,\cdots,m) \tag{17-24}$$

$$\frac{\mathrm{d}}{\mathrm{d}t}\left(\frac{\partial \boldsymbol{r}_i}{\partial q_k}\right)=\frac{\partial \dot{\boldsymbol{r}}_i}{\partial q_k}\quad (k=1,2,\cdots,m) \tag{17-25}$$

证明 第1个等式直接从式(17-23a)就可以得到。利用式(17-23a)以及函数 $\boldsymbol{r}_i$ 对其自变量微分的顺序可交换,第2个等式容易通过微分推导出。因为假设函数 $\boldsymbol{r}_i$ 是二阶连续可微的,微分可交换性成立,于是得

$$\frac{\mathrm{d}}{\mathrm{d}t}\left(\frac{\partial \boldsymbol{r}_i}{\partial q_k}\right)=\sum_{j=1}^{m}\frac{\partial^2 \boldsymbol{r}_i}{\partial q_k\partial q_j}\dot{q}_j+\frac{\partial^2 \boldsymbol{r}_i}{\partial q_k\partial t}=\sum_{j=1}^{m}\frac{\partial^2 \boldsymbol{r}_i}{\partial q_j\partial q_k}\dot{q}_j+\frac{\partial^2 \boldsymbol{r}_i}{\partial t\partial q_k}=\frac{\partial \dot{r}_i}{\partial q_k}$$

我们下面将非完整约束方程(17-2)写成广义坐标形式。将式(17-21b)和式(17-23)代入式(17-2)得:

$$\sum_{j=1}^{m}b_{kj}\dot{q}_j+b_{k0}=0\quad (k=r+1,r+2,\cdots,r+s) \tag{17-26a}$$

$$\sum_{j=1}^{m}b_{kj}\mathrm{d}q_j+b_{k0}\mathrm{d}t=0\quad (k=r+1,r+2,\cdots,r+s) \tag{17-26b}$$

其中 $b_{kj}=b_{kj}(q_1,q_2,\cdots,q_m,t)$、$b_{k0}=b_{k0}(q_1,q_2,\cdots,q_m,t)$ 由下面等式确定

$$b_{kj}=\sum_{i=1}^{3n}\frac{\partial x_i}{\partial q_j}a_{k,i}\quad (k=r+1,r+2,\cdots,r+s;j=1,2,\cdots,m) \tag{17-26c}$$

$$b_{k0}=\sum_{i=1}^{3n}\frac{\partial x_i}{\partial t}a_{k,i}+a_{k,0}\quad (k=r+1,r+2,\cdots,r+s) \tag{17-26d}$$

这里的 $a_{k,i}$,$a_{k,0}$ 中的 $x_1,x_2,\cdots,x_{3n}$ 利用式(17-21b)做了代换。

无论是完整系统还是非完整系统,广义坐标 $q_j(j=1,2,\cdots,m)$ 相互独立可以任意取值。

对于完整系统,广义速度 $\dot{q}_j$ 相互独立并且可以任意取值;但对于非完整系统,广义速度不是独立的,它们受 s 个关系式(17-26a)的限制。

对于完整系统,dq_j 相互独立并且可以任意取值;但对于非完整系统,dq_j 不是独立的,它们受 s 个关系式(17-26b)的限制。

5)用广义坐标表示的虚位移

引入 $\delta q_j(j=1,2,\cdots,m)$ 为广义坐标的等时变分,即同一时刻、同一位置两组广义坐标微分之差为

$$\delta q_j=\mathrm{d}q_j^{(1)}-\mathrm{d}q_j^{(2)}\quad (j=1,2\cdots,m) \tag{17-27}$$

根据式(17-23c),选择两组可能位移相减可得:

$$\delta \boldsymbol{r}_i=\sum_{j=1}^{m}\frac{\partial \boldsymbol{r}_i}{\partial q_j}\delta q_j\quad (i=1,2,\cdots,n) \tag{17-28a}$$

$$\delta x_i = \sum_{j=1}^{m} \frac{\partial x_i}{\partial q_j} \delta q_j \quad (i = 1, 2, \cdots, 3n) \tag{17-28b}$$

对于完整系统,δq_j 相互独立并且可以任意取值;但对于非完整系统,δq_j 不是独立的,它们受如下 s 个关系式的限制

$$\sum_{j=1}^{m} b_{kj} \delta q_j = 0 \quad (k = r+1, r+2, \cdots, r+s) \tag{17-29}$$

由此可知,完整系统的自由度 f 与广义坐标数 m 相等,$f = m$;非完整系统的自由度 f 小于广义坐标数 m,$f < m$,在数量上少了不可积微分约束的个数 $f = m - s$。

17.2 静力学普遍方程

17.2.1 理想约束

设 $\boldsymbol{F}_i$ 是作用在质点 $P_i(i = 1, 2, \cdots, n)$ 上的所有力的合力,$\boldsymbol{r}_i$ 是 P_i 点相对坐标原点的矢径,力系在虚位移 $\delta \boldsymbol{r}_i$ 上做的元功称作虚功,用 δW 表示,对于约束力的虚功用 δW_{N} 表示,主动力的虚功用 δW_{F} 表示。

非自由质点系在运动中受到约束力作用,设 F_i^{N} 是作用在质点 $P_i(i = 1, 2, \cdots, n)$ 上约束力的合力。

如果约束力在任意虚位移上所做虚功都等于零,即

$$\delta W_{\mathrm{N}} = 0, \sum_{i=1}^{n} \boldsymbol{F}_i^{\mathrm{N}} \cdot \delta \boldsymbol{r}_i = 0 \tag{17-30}$$

则约束称为理想约束。理想约束的条件不是由约束方程得到的,是附加条件。下面看几个理想约束的例子。

例题 17-19 [质点 P 沿着光滑(固定或运动的)曲面运动]无论是固定曲面还是运动曲面情况,虚位移 $\delta \boldsymbol{r}$ 都位于曲面的切平面内,曲面的约束力垂直于切平面(图 17-7),因此 $\delta W_{\mathrm{N}} = \boldsymbol{F}_{\mathrm{R}} \cdot \delta \boldsymbol{r} = 0$。

例题 17-20 (自由刚体)除了保证各个质点之间的距离保持不变,自由刚体没有其他约束,这些作用在刚体上的约束力是内力。由于刚体的内力,因此 $\delta W_{\mathrm{N}} = 0$。我们现在可以证明,自由刚体是受理想约束的定常完整系统。

例题 17-21 [定点运动的刚体(图 17-8)],因为 $\delta \boldsymbol{r} = 0$(约束力 $\boldsymbol{F}_{\mathrm{R}}$ 的作用点不运动),因此 $\delta W_{\mathrm{N}} = 0$。

例题 17-22 (定轴转动的刚体),$\delta W_{\mathrm{N}} = 0$ 的原因与例题 17-20 完全相同。

例题 17-23 [两个运动的刚体用铰链连接于 O 点(图 17-9)],因为 $\boldsymbol{F}_{\mathrm{R1}} = -\boldsymbol{F}_{\mathrm{R2}}, \delta \boldsymbol{r}_1 = \delta \boldsymbol{r}_2$,$\delta W_{\mathrm{N}} = \boldsymbol{F}_{\mathrm{R1}} \cdot \delta \boldsymbol{r}_1 + \boldsymbol{F}_{\mathrm{R2}} \cdot \delta \boldsymbol{r}_2 = \boldsymbol{F}_{\mathrm{R1}} \cdot (\delta \boldsymbol{r}_1 - \delta \boldsymbol{r}_2) = 0$。

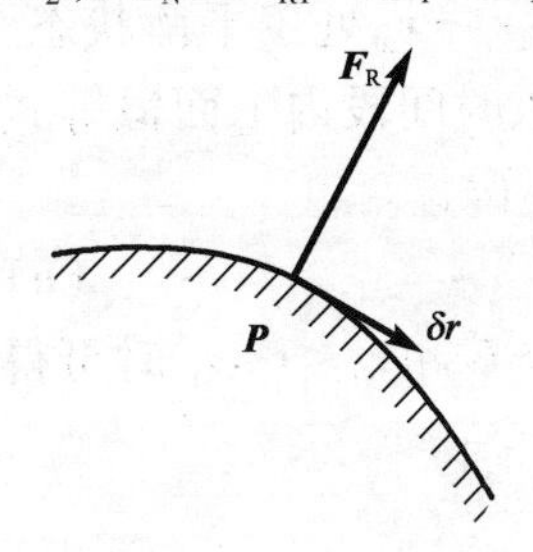

图 17-7 运动的光滑面

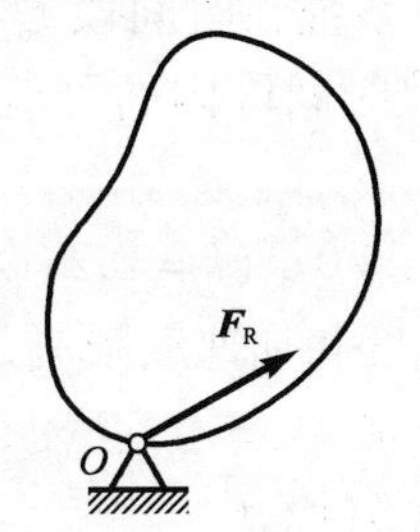

图 17-8 定点运动的刚体

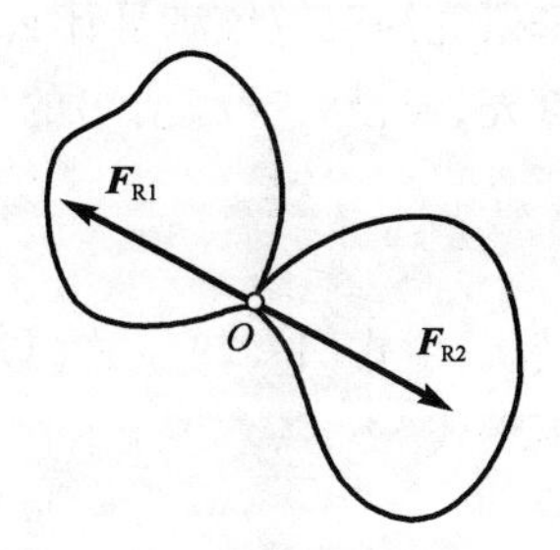

图 17-9 中间铰链

例题 17-24 ［两个运动的刚体以光滑表面相切(图 17-10)］,两个刚体的切点之间的相对速度位于公共切平面内,切点的虚位移之差 $\delta\boldsymbol{r}_1-\delta\boldsymbol{r}_2$ 也在该平面内。此外,约束力 $\boldsymbol{F}_{R1}$,$\boldsymbol{F}_{R2}$ 都垂直于这个切平面,并且 $\boldsymbol{F}_{R1}=-\boldsymbol{F}_{R2}$,因此

$$\delta W_N=\boldsymbol{F}_{R1}\cdot\delta\boldsymbol{r}_1+\boldsymbol{F}_{R2}\cdot\delta\boldsymbol{r}_2=\boldsymbol{F}_{R1}\cdot(\delta\boldsymbol{r}_1-\delta\boldsymbol{r}_2)=0$$

例题 17-25 (两个运动的刚体以粗糙表面相切),按照定义,这意味着两个刚体的切点之间的相对速度等于零,因此 $\delta(\boldsymbol{r}_1-\boldsymbol{r}_2)=0$,$\delta W_N=F_{R1}\cdot\delta\boldsymbol{r}_1+F_{R2}\cdot\delta\boldsymbol{r}_2=F_{R1}\cdot\delta(\boldsymbol{r}_1-\boldsymbol{r}_2)=0$。

例题 17-26 (两个运动的质点以理想的细绳相连),理想的细绳是指绳没有质量,不可伸长,也不能抵抗其变形。我们假设绳绕过光滑杆 A(图 17-11),因为绳没有质量,作用在 P_1 和 P_2 点的约束力 $\boldsymbol{F}_{T1}$,$\boldsymbol{F}_{T2}$ 的大小相等,即 $F_{T1}=F_{T2}=F_T$(张力处处相等)。由绳不可伸长可知 $\delta r_1\cos\alpha_1=\delta r_2\cos\alpha_2$,因此 $\delta W_N=\boldsymbol{F}_{T1}\cdot\delta\boldsymbol{r}_1+\boldsymbol{F}_{T2}\cdot\delta\boldsymbol{r}_2=\boldsymbol{F}_{T1}\delta r_1\cos\alpha_1-\boldsymbol{F}_{T2}\delta r_2\cos\alpha_2=\boldsymbol{F}_T(\delta r_1\cos\alpha_1-\boldsymbol{F}_{T2}\delta r_2\cos\alpha_2)=0$。

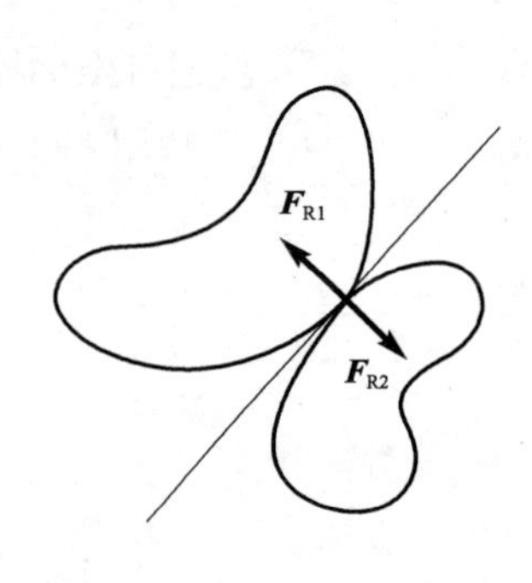

图 17-10　光滑表面相切

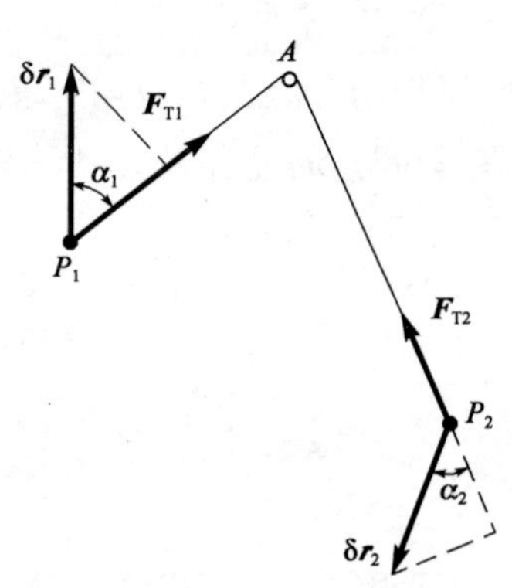

图 17-11　理想的细绳

很多机构可以看作例题 17-19～例题 17-26 中简单“零件”的组合。但是实际上不存在绝对光滑和绝对粗糙的曲面,也不存在绝对刚体和不可伸长的绳,因此实际问题中的约束力的功不等于零,通常这些功很小,可以在允许的近似意义下认为等于零。这一事实导致在理论力学中引入最重要的一类约束,即理想约束。

当然,很多情况下约束不能当作理想的。例如,刚体以表面非光滑的部分相切并且有相对滑动,这时将摩擦力看作未知的主动力,约束还可以认为是理想的。新的未知数的出现要求附加新的试验给出的定律,如摩擦定律。今后我们只研究理想约束。

17.2.2　虚位移原理

我们研究非自由质点系 $P_i(1,2,\cdots,n)$,其约束由方程(17-1)和方程(17-2)给出。我们来研究约束应该满足什么条件,可以使系统在时间段 $t_0\leqslant t\leqslant t_1$ 内在 $\boldsymbol{r}_i=\boldsymbol{r}_{i0}$ 处于平衡状态。首先,矢径 $\boldsymbol{r}_i=\boldsymbol{r}_{i0}$ 给出的位置应该是该时间段内的可能位置,即在该时间段内下面恒等式成立

$$f_k(\boldsymbol{r}_{i0},t)\equiv0\quad(k=1,2,\cdots,r)\tag{a}$$

其次,由式(17-2)～式(17-5)给出的速度和加速度限制,在 $\boldsymbol{v}_i=\boldsymbol{0}$,$\boldsymbol{a}_i=0$ 和 $t_0\leqslant t\leqslant t_1$ 时可得恒等式

$$\frac{\partial f_k(\boldsymbol{r}_{i0},t)}{\partial t}\equiv0,\frac{\partial^2 f_k(\boldsymbol{r}_{i0},t)}{\partial t^2}\equiv0\quad(k=1,2,\cdots,r)\tag{b}$$

$$a_{k0}(\boldsymbol{r}_{i0},t)\equiv 0,\frac{\partial a_{k0}(\boldsymbol{r}_{i0},t)}{\partial t}\equiv 0\quad (k=r+1,r+2,\cdots,r+s)\tag{c}$$

由式(a)、式(b)、式(c)可知,系统在 $t_0\leqslant t\leqslant t_1$ 时间段内在某个可能位置 $\boldsymbol{r}_i=\boldsymbol{r}_{i0}$ 处于平衡状态,当且仅当约束满足以下条件时成立。

$$f_k(\boldsymbol{r}_{i0},t)=0\quad (k=1,2,\cdots,r),a_{k0}(\boldsymbol{r}_{i0},t)=0\quad (k=r+1,r+2,\cdots,r+s)\tag{17-31}$$

假设等式(17-31)成立,即平衡状态 $\boldsymbol{r}_i=\boldsymbol{r}_{i0}$ 是约束允许的,又设在 $t=t_0$ 时有 $\boldsymbol{r}_i=\boldsymbol{r}_{i0},\boldsymbol{v}_i=\boldsymbol{0}$。在式(17-31)成立时系统是否处于平衡状态取决于作用其上的力。

虚位移原理或称拉格朗日原理是力学系统静力学的基础,可以叙述为定理形式。

定理 对于具有理想双面约束的质点系,在时间段 $t_0\leqslant t\leqslant t_1$ 内,质点系的可能平衡位置是真实平衡位置的充分必要条件是:在该时间段内的任意时刻,作用于质点系的所有主动力 $\boldsymbol{F}_i$ 在任意一组虚位移 $\delta\boldsymbol{r}_i$ 上所做的虚功之和等于零。即

$$\delta W_{\mathrm{F}}=0,\sum_{i=1}^{n}\boldsymbol{F}_i\cdot\delta\boldsymbol{r}_i=0\quad (t_0\leqslant t\leqslant t_1)\tag{17-32}$$

方程(17-32)称为静力学普遍方程,也称虚功原理。

虚位移原理作为分析力学的基本原理不需要证明。

17.3 广义坐标形式的静力学普遍方程

17.3.1 广义坐标形式的虚功·广义力

1)广义力

设 $\boldsymbol{F}_i$ 是作用在质点 $P_i(i=1,2,\cdots,n)$ 上的所有力的合力,$\boldsymbol{r}_i$ 是 P_i 点相对坐标原点的矢径,系统的位置由广义坐标 $q_j(j=1,2,\cdots,m)$ 确定。下面我们来求用广义坐标及其变分表示的虚功 δW。

质点 P_i 的矢径是广义坐标和时间的函数 $\boldsymbol{r}_i=\boldsymbol{r}_i(q_1,q_2,\cdots,q_m,t)$,利用式(17-28),可以将虚位移 $\delta\boldsymbol{r}_i$ 用广义坐标的变分 δq_j 表示出来,因此

$$\delta W=\sum_{i=1}^{n}\boldsymbol{F}_i\cdot\delta\boldsymbol{r}_i=\sum_{i=1}^{n}\boldsymbol{F}_i\cdot\left(\sum_{j=1}^{m}\frac{\partial\boldsymbol{r}_i}{\partial q_j}\delta q_j\right)=\sum_{j=1}^{m}\left(\sum_{i=1}^{n}\boldsymbol{F}_i\cdot\frac{\partial\boldsymbol{r}_i}{\partial q_j}\right)\delta q_j\tag{a}$$

引入

$$Q_j=\sum_{i=1}^{n}\boldsymbol{F}_i\cdot\frac{\partial\boldsymbol{r}_i}{\partial q_j}\quad (j=1,2,\cdots,m)\tag{17-33}$$

那么式(a)可写成

$$\delta W=\sum_{j=1}^{m}Q_j\delta q_j\tag{17-34}$$

Q_j 称为相应于广义坐标 $q_j(j=1,2,\cdots,m)$ 的广义力。一般情况下广义力是广义坐标、广义速度和时间的函数,即 $Q_j=Q_j(q_1,q_2,\cdots,q_m,\dot{q}_1,\dot{q}_2,\cdots,\dot{q}_m,t)$。

2)有势力的广义力

设有势力 $\boldsymbol{F}_i$ 的势能为 $V=V(\boldsymbol{r}_1,\boldsymbol{r}_2,\cdots,\boldsymbol{r}_n,t)$,那么广义力也是有势的,利用式(15-36)有

$$F_i=-\frac{\partial V}{\partial x_i}\quad (i=1,2,\cdots,3n)\tag{b}$$

将 V 中的 $\boldsymbol{r}_i$ 用广义坐标表示就得到相应的势能函数 $\tilde{V}=\tilde{V}(q_1,q_2,\cdots,q_m,t)$。由式(17-33)可得

$$Q_j = \sum_{i=1}^{3n} F_i \frac{\partial x_i}{\partial q_j} = -\sum_{i=1}^{3n} \frac{\partial V}{\partial x_i}\frac{\partial x_i}{\partial q_j} = -\frac{\partial \tilde{V}}{\partial q_j} \tag{c}$$

为书写方便,今后我们改用 V 表示 $\tilde{V}$。

$$Q_j = -\frac{\partial V}{\partial q_j} \quad (j=1,2,\cdots,m) \tag{17-35}$$

即势力场中的广义力等于势能对于相应广义坐标的偏导数的负值。

17.3.2 广义坐标下的静力学普遍方程

设 $q_1,q_2,\cdots,q_m$ 是系统的广义坐标, $Q_j=Q_j(\boldsymbol{q},t)(j=1,2,\cdots,m)$ 是相应主动力的广义力,方程(17-32)的广义坐标形式为

$$\delta W_{\mathrm{F}}=0, \sum_{j=1}^{m} Q_j \cdot \delta q_j = 0 \quad (t_0 \leqslant t \leqslant t_1) \tag{17-36}$$

这就是广义坐标下的静力学普遍方程。

定理 (虚位移原理)具有理想双面约束的质点系平衡的充分必要条件是:所有主动力与广义坐标(在平衡位置)对应的广义力在广义虚位移上所做的虚功之和等于零。

1)完整系统中的静力学普遍方程

如果系统是完整的,则广义坐标数 m 等于自由度 f, $m=f$,且方程(17-34)中的 δq_j 是独立的。令方程(17-34)中 δq_j 的系数等于零,可得系统在平衡位置 $\boldsymbol{q}=\boldsymbol{q}_0$(只有在该位置)主动力的广义力等于零:

$$Q_j = 0 \quad (j=1,2,\cdots,f) \tag{17-37}$$

这就是完整系统中的静力学普遍方程。等式(17-37)构成了关于未知数 $q_{10},q_{20},\cdots,q_{f0}$ 的 f 个方程,这些未知数确定了系统的平衡位置。

定理 受理想双面约束的完整系统,其平衡的充分必要条件为:所有主动力与广义坐标(在平衡位置处)对应的广义力均等于零。

2)势力场中的静力学普遍方程

如果所有的主动力都有势,则根据式(17-35),由方程(17-37)得

$$\frac{\partial V}{\partial q_j} = 0 \quad (j=1,2,\cdots,f) \tag{17-38}$$

其中,V 是系统的势能。由此可知:

定理1 完整系统(受双面理想约束,在有势力场中)在某位置平衡的充分必要条件就是系统(在该位置)势能取驻定值,即势能取极值的必要条件。

特别地,如果系统在均匀重力场中运动,则条件方程(17-38)可以变为 $\frac{\partial z_C}{\partial q_j}=0(j=1,2,\cdots,f)$,其中 z_C 是系统重心在以 Oz 为铅垂轴的固定坐标系的坐标,即系统平衡的充分必要条件就是系统重心高度取极值的必要条件。

进一步的研究可以证明:

定理2 (拉格朗日—狄利克雷定理)受双面理想约束,在有势力场中的完整系统,若质点系在平衡位置上的势能具有极小值,则该平衡位置是稳定的。

3)非完整系统中的静力学普遍方程

如果系统是非完整的,则方程(17-36)中的 δq_j 不是独立的,它们满足 s 个约束方程(17-29),在 m 个 δq_j 中只有 $f(f=m-s)$ 个独立。为了确定性假设 $\delta q_i(i=1,2,\cdots,f)$ 独立,从方程

(17-29)中解出 $\delta q_{f+1},\delta q_{f+2},\cdots,\delta q_m$,得

$$\delta q_{f+k}=\sum_{l=1}^{f}\alpha_{kl}\delta q_l=0\quad(k=1,2,\cdots,s)\tag{17-39}$$

其中,$\alpha_{kl}=f(b_{kj})$,b_{kj}是方程(17-29)中的系数。在方程(17-36)中代入表达式(17-39)后,合并同类项得

$$\sum_{i=1}^{f}Q'_i\cdot\delta q_i=0\tag{17-40}$$

其中:

$$Q'_i=Q_i+\sum_{p=1}^{s}\alpha_{pi}Q_{f+p}=0\quad(i=1,2,\cdots,f)\tag{17-41}$$

由于 $\delta q_i(i=1,2,\cdots,f)$独立,由式(17-40)可得

$$Q'_i=0\quad(i=1,2,\cdots,f)\tag{17-42}$$

等式(17-42)是关于 m 个未知数 $q_{10},q_{20},\cdots,q_{m0}$的$f$个方程,这些未知数确定了系统的平衡位置。由于位置数的个数超过方程数,因此一般来说可以得到平衡状态流形,其维数不小于非完整约束的数目 s。从方程(17-41)和方程(17-42)可以看出,对于在有势力场中的非完整系统,势能的某些甚至全部导数在平衡位置都可以不等于零。

17.4 虚位移原理的应用

本节将通过一些具体的例题来介绍应用虚位移原理求解各类静力学问题的方法。虚位移原理的求解步骤如下:

第一步:研究对象

研究对象是系统。确定自由度,选择广义坐标。

第二步:运动分析

运动分析要分离。

(1)先分析刚体的运动(五种运动:平行移动、定轴转动、平面运动、定点转动和一般运动);再分析点的运动(三种运动:直线运动、圆周运动和曲线运动);最后分析合成运动(包括点的合成运动和刚体的合成运动)。

(2)找出主动力作用点虚位移与广义坐标虚位移之间的关系:

①采用坐标变分法;②采用几何法(速度合成法和基点法)。

第三步:受力分析

系统受力为主动力。求出各个主动力所做的虚功。

第四步:列出方程

利用虚位移原理,列出平衡方程,并且按各个虚位移进行整理。

第五步:写出结果

令其中一个虚位移不等于零,其他虚位移等于零,解出结果。

17.4.1 主动力之间的关系问题

例题 17-27 如图 17-12a)所示曲柄导杆机构中,曲柄 OC 可绕水平轴 O 摆动,并通过套筒 A 带动导杆在铅垂槽中滑动。已知 $OC=R$,$OK=l$,作用于导杆 B 端的铅垂力为 $\boldsymbol{F}_1$,试求机构在图示位置平衡时作用于 C 点的垂直力 $\boldsymbol{F}_2$。各构件重量和摩擦略去不计。

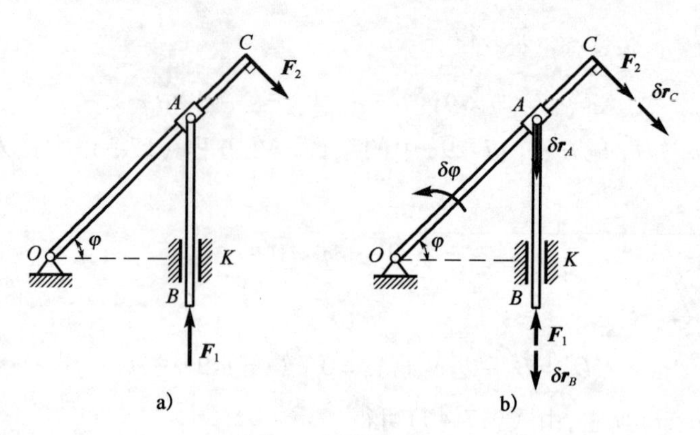

图 17-12　例题 17-27

解:①运动分析,求虚位移之间的关系[图 17-12b)]。

曲柄 OC 做定轴转动,导杆 AB 做平行移动。系统自由度 $f=1$,选择参数 φ 为广义坐标。

$$\delta r_C = -OC \cdot \delta\varphi = -R\delta\varphi \tag{1}$$

$$y_A = AK = OK\tan\varphi = l\tan\varphi$$

对上式变分,求得

$$\delta r_A = -\delta y_A = -l\sec^2\varphi\delta\varphi$$

$$\delta r_B = \delta r_A = -l\sec^2\varphi\delta\varphi \tag{2}$$

②受力分析,求主动力做的虚功[图 17-12b)]。

系统受主动力 $\boldsymbol{F}_1$、$\boldsymbol{F}_2$。主动力所做的虚功为

$$\delta W_1 = -F_1 \cdot \delta r_B, \delta W_2 = F_2 \cdot \delta r_C \tag{3}$$

③列出方程。

根据虚位移原理:

$$\delta W_{[F]} = 0, -F_1 \cdot \delta r_B + F_2 \cdot \delta r_C = 0 \tag{4}$$

将式(2)代入式(4),得到

$$F_1 l\sec^2\varphi\delta\varphi - F_2 R\delta\varphi = 0 \quad (\delta\varphi \neq 0) \tag{5}$$

$$F_2 = \frac{F_1 l}{R}\sec^2\varphi$$

讨论与练习

(1)本题采用坐标变分法,确定虚位移之间的关系;

(2)采用坐标变分法时,一定要注意各坐标的正负号保持一致;

(3)请读者采用几何法确定虚位移之间的关系。

17.4.2　系统平衡位置的确定问题

例题 17-28　机构如图 17-13a)所示,$AB=BC=l$,$BD=BE=b$。弹簧的刚度系数为 k。当 $AC=a$ 时,弹簧无变形。设在滑块 C 上作用一水平力 $\boldsymbol{F}$,试求机构处于平衡时 A 与 C 之间的距离。

解:①运动分析,求虚位移之间的关系[图 17-13b)]。

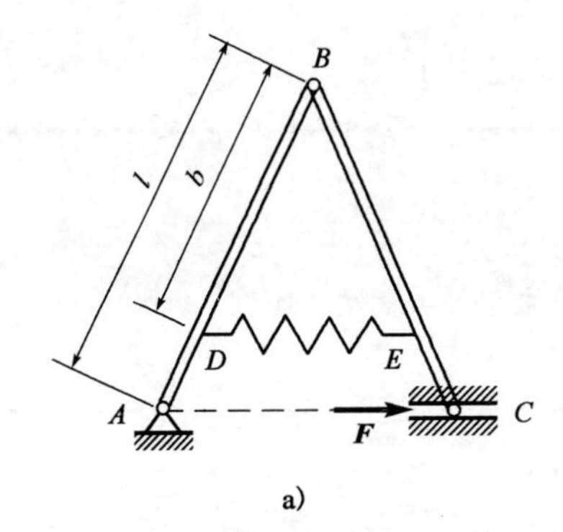

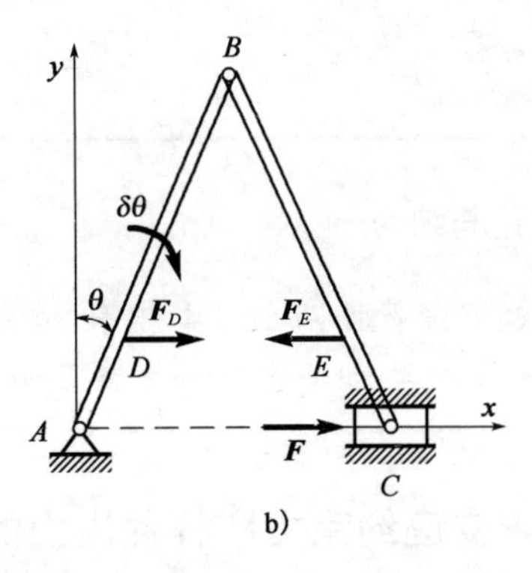

图 17-13　例题 17-28

将系统中的弹簧解除,代之以弹性力 $\boldsymbol{F}_D$ 与 $\boldsymbol{F}_E$,并把它们视为主动力,得到一个新的具有理想约束的系统。该系统自由度 $f=1$,选定 AB 杆与 y 轴正向的夹角 θ 为广义坐标。

设弹簧原长为 s_0,现长为 s,则变形量为

$$\lambda = s - s_0 = 2b\sin\theta - a\,\frac{b}{l} \tag{1}$$

弹簧力的大小为

$$F_D = D_E = k\lambda = k\left(2b\sin\theta - a\,\frac{b}{l}\right) \tag{2}$$

通过对力的作用点 C、D、E 的坐标变分可求得各处的虚位移

$$x_C = 2l\sin\theta, \delta x_C = 2l\cos\theta\delta\theta \tag{3}$$

$$s_D = (l-b)\sin\theta, \delta x_D = (l-b)\cos\theta\delta\theta \tag{4}$$

$$x_E = (l+b)\sin\theta, \delta x_E = (l+b)\cos\theta\delta\theta \tag{5}$$

②受力分析,求主动力做的虚功[图 17-13b)]。

系统受主动力 $\boldsymbol{F}, \boldsymbol{F}_D, \boldsymbol{F}_E$。主动力所做的虚功为

$$\delta W_1 = F \cdot \delta x_C, \delta W_2 = F_D \cdot \delta x_D, \delta W_3 = -F_E \cdot \delta x_E \tag{6}$$

③列出方程。

根据虚位移原理有

$$\delta W_{[\mathrm{F}]} = 0, F \cdot \delta x_C + F_D \cdot \delta x_D - F_E \cdot \delta x_C = 0 \tag{7}$$

将式(2)~式(5)代入式(7),得到

$$2Fl\cos\theta\delta\theta + \frac{kb}{l}(2l\sin\theta - a)(l-b)\cos\theta\delta\theta - \frac{kb}{l}(2l\sin\theta - a)(l+b)\cos\theta\delta\theta = 0 \tag{8}$$

整理得

$$\frac{2\cos\theta}{l}[Fl^2 - kb^2(2l\sin\theta - a)]\delta\theta = 0 \tag{9}$$

对任意 $\delta\theta \neq 0$ 有

$$\cos\theta = 0 \text{ 或 } Fl^2 - kb^2(2l\sin\theta - a) = 0 \tag{10}$$

因此系统有两个平衡位置:第一平衡位置为 $\theta = 90°$,此时 AB 和 BC 水平,A 与 C 之间的距离为

$$AC = 2l$$

第二平衡位置为 $\sin\theta = \dfrac{Fl^2 + kab^2}{2klb^2}$,此时 A 与 C 之间的距离为

$$AC = 2l\sin\theta = a + \frac{F}{k}\left(\frac{l}{b}\right)^2$$

讨论与练习

（1）截断弹簧按两个大小相等，方向相反的主动力（拉力）处理；

（2）按郑玄—胡克定律确定弹簧力大小。

17.4.3 求支座约束力和杆件内力的问题

例题 17-29 如图 17-14a）所示连续梁，其荷载及尺寸均为已知。试求 A、B、C 三处的支座约束力。

解：（1）求支座 D 处的约束力［图 17-14b）］。

解除支座 D 约束，代之以约束力 $\boldsymbol{F}_D$，系统自由度 $f=1$。

①运动分析，求虚位移之间的关系。

杆 AC 不动；杆 CD 做定轴转动。给系统以虚位移 $\delta\theta$，则

$$\delta r_D = 2l\delta\theta(\downarrow) \tag{1}$$

②受力分析，求主动力做的虚功。

系统受主动力 $\boldsymbol{F}, \boldsymbol{q}, \boldsymbol{M}, \boldsymbol{F}_D$。主动力所做的虚功为

$$\delta W_1 = 0, \delta W_2 = 2ql^2\delta\theta, \delta W_3 = M\delta\theta, \delta W_5 = -F_D\delta r_D \tag{2}$$

③列出方程

根据虚位移原理有

$$\delta W_{[F]} = 0, 2ql^2\delta\theta + M\delta\theta - F_D \cdot \delta r_D = 0 \tag{3}$$

将式（1）代入式（3），注意到 $\delta\theta \neq 0$，解出

$$F_D = ql + \frac{M}{2l}(\uparrow)$$

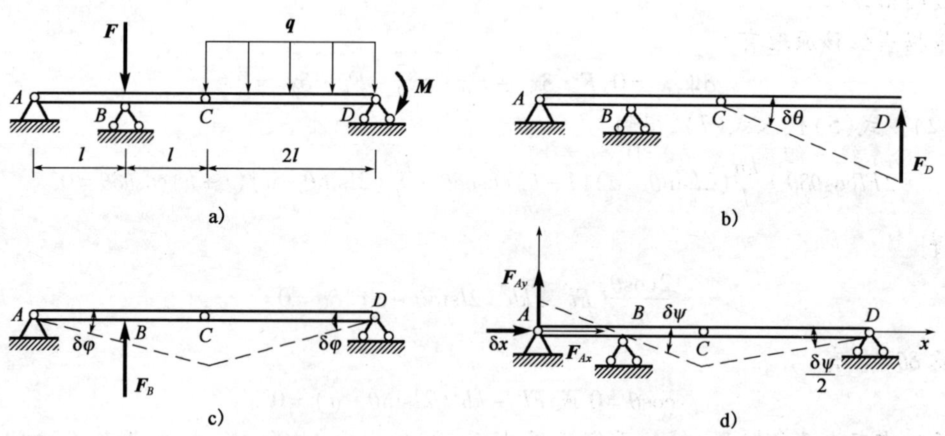

图 17-14 例题 17-29

（2）求支座 B 处的约束力［图 17-14c）］。

解除支座 B 约束，代之以约束力 $\boldsymbol{F}_B$，系统具有 1 个自由度。

①运动分析，求虚位移之间的关系。

杆 AC 定轴转动，杆 CD 做平面运动。给出虚位移 $\delta\varphi$，则

$$\delta r_B = l\delta\varphi(\downarrow) \tag{4}$$

②受力分析，求主动力做的虚功。

系统受主动力 $\boldsymbol{F},\boldsymbol{q},\boldsymbol{M},\boldsymbol{F}_B$。主动力所做的虚功为

$$\delta W_5 = F\delta r_B, \delta W_6 = 2ql^2\delta\varphi, \delta W_7 = -M\delta\varphi, \delta W_8 = -F_B\delta r_B \tag{5}$$

③列出方程。

根据虚位移原理有

$$\delta W_{[F]} = 0, F\cdot\delta r_B + 2ql^2\cdot\delta\varphi - M\cdot\delta\varphi - F_B\cdot\delta r_B = 0 \tag{6}$$

将式(4)代入式(6)，注意到 $\delta\varphi\neq 0$，解出

$$F_B = F + 2ql - \frac{M}{l}(\uparrow)$$

(3)求支座 A 处的约束力[图 17-14d)]。

解除支座 A 约束，代之以约束力 F_{Ax} 及 F_{Ay}，系统具有 2 个自由度。可给出系统的一组虚位移为 δx 及 $\delta\psi$。

①求 F_{Ax}。

设先给系统一组虚位移 $\delta x\neq 0, \delta\psi = 0$。

a. 运动分析，求虚位移之间的关系。

杆 AC 平行移动，杆 CD 做平行移动。

$$\delta x_A = \delta x(\rightarrow) \tag{7}$$

b. 受力分析，求主动力做的虚功。

系统受主动力 $\boldsymbol{F},\boldsymbol{q},\boldsymbol{M},\boldsymbol{F}_{Ax},\boldsymbol{F}_{Ay}$。主动力所做的虚功为

$$\delta W_9 = 0, \delta W_{10} = 0, \delta W_{11} = 0, \delta W_{12} = F_{Ax}\delta x_A, \delta W_{13} = 0 \tag{8}$$

c. 列出方程。

根据虚位移原理：

$$\delta W_{[F]} = 0, F_{Ax}\delta x_A = 0 \tag{9}$$

将式(7)代入式(9)，注意到 $\delta x\neq 0$，解出：

$$F_{Ax} = 0$$

②求 F_{Ay}。

再给系统一组虚位移 $\delta x = 0, \delta\psi\neq 0$。

a. 运动分析，求虚位移之间的关系。

杆 AC 平面运动，杆 CD 做平面运动。

$$\delta y_A = l\delta\psi(\uparrow) \tag{10}$$

b. 受力分析，求主动力做的虚功。

系统受主动力 $\boldsymbol{F},\boldsymbol{q},\boldsymbol{M},\boldsymbol{F}_{Ax},\boldsymbol{F}_{Ay}$。主动力所做的虚功为

$$\delta W_{14} = 0, \delta W_{15} = ql^2\delta\psi, \delta W_{16} = -M\frac{\delta\psi}{2}, \delta W_{17} = 0, \delta W_{18} = F_{Ay}\delta y_A \tag{11}$$

c. 列出方程。

根据虚位移原理：

$$\delta W_{[F]} = 0, ql^2\cdot\delta\psi - \frac{M}{2}\cdot\delta\psi + F_{Ay}\delta y_A = 0 \tag{12}$$

将式(10)代入式(12),注意到 $\delta\psi\neq0$,解出

$$F_{Ay}=\frac{M}{2l}-ql$$

讨论与练习

(1)用虚位移原理求约束力,可解除该约束而代之以约束力,从而获得相应的自由度使结构变成机构;

(2)被解除的约束力当主动力处理;

(3)分布力所做的虚功等于分布力与虚位移分布面积之积,即 $\delta W_2=q\cdot\frac{1}{2}\cdot2l\cdot2l\cdot\delta\varphi$。

17.4.4 平衡位置的稳定性判断问题

例题 17-30 半径为 R 的光滑金属丝圆周固定在铅垂面内。质量为 m 的小圆环 M 用刚度系数为 k 的弹簧与圆周上的最高点 A 连接,并可在圆周上滑动。弹簧未变形时长为 l_0,如图 17-15 所示。试求小圆环的平衡位置,并研究其稳定性。

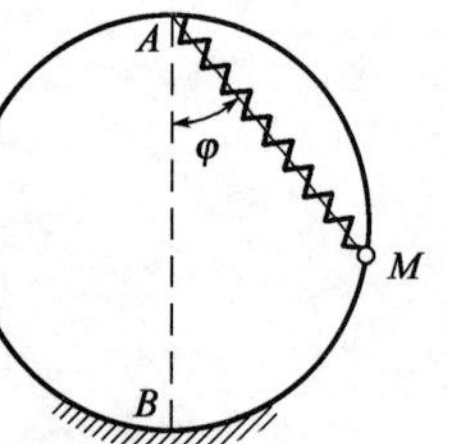

图 17-15 例题 17-30

解:金属丝是光滑的,小圆环所受约束是双面理想的。主动力,即重力和弹簧力是有势力。为研究平衡稳定性,需列写系统的势能。取 AM 与铅垂线 AB 的夹角 φ 为广义坐标。以点 B 为重力势能零点,弹簧自然长时为弹簧势能零点,则重力势能为

$$V_1=mgR(1-\cos2\varphi)=2mgR\sin^2\varphi$$

弹簧势能为

$$V_2=\frac{1}{2}k(2R\cos\varphi-l_0)^2$$

系统势能为

$$V=V_1+V_2=2mgR\sin^2\varphi+\frac{1}{2}k(2R\cos\varphi-l_0)^2$$

平衡方程为

$$\frac{\partial V}{\partial\varphi}=0$$

即

$$2R(2mg\cos\varphi-2Rk\cos\varphi+cl_0)\sin\varphi=0$$

由此得

$$\sin\varphi=0$$

$$\cos\varphi=\frac{kl_0}{2(kR-mg)}$$

因此平衡位置为

$$\varphi_1=0$$

$$\varphi_2=\arccos\frac{kl_0}{2(kR-mg)}$$

为研究上述两平衡位置的稳定性，需研究 V 的二阶导数是否大于零。因

$$\frac{\partial^2 V}{\partial \varphi^2}=4mgR\cos 2\varphi-4kR^2\cos 2\varphi+2Rkl_0\cos\varphi$$

故有

$$\left.\frac{\partial^2 V}{\partial \varphi^2}\right|_{\varphi=\varphi_1}=2R(2mg-2kR+kl_0)$$

$$\left.\frac{\partial^2 V}{\partial \varphi^2}\right|_{\varphi=\varphi_2}=\frac{4(kR-mg)^2-k^2l_0^2}{kR-mg}$$

因此，当

$$kl_0>2(kR-mg)$$

时，有

$$\left.\frac{\partial^2 V}{\partial \varphi^2}\right|_{\varphi=\varphi_1}>0$$

平衡 $\varphi=\varphi_1$ 是稳定的。而当

$$kl_0<2(kR-mg)$$

时，有

$$\left.\frac{\partial^2 V}{\partial \varphi^2}\right|_{\varphi=\varphi_2}>0$$

平衡 $\varphi=\varphi_2$ 是稳定的。

17.4.5　广义力的确定问题

将在第 18 章 18.4 节例题 18-5 中介绍广义力的计算。

17.4.6　虚位移原理的拉格朗日乘子法

用虚位移原理还可以研究有多余坐标完整系统和非完整系统的平衡问题。

有多余坐标完整系统的平衡方程可以写成拉格朗日乘子形式：

$$Q_j+\sum_{k=1}^{\bar{m}}\lambda_k\frac{\partial f_k}{\partial q_k}=0\quad(j=1,2,\cdots,f+\bar{m})\tag{17-43}$$

其中，为多余坐标数，$f_k(q_1,\cdots,q_{f+\bar{m}})=0(k=1,\cdots,\bar{m})$为约束方程。

17.5　Maple 编程示例

编程题 17-1　质量为 m、半径为 r 的均质圆盘在半径为 $R=6r$ 的铅垂圆形固定滑道上滚动[图 17-16a)]。已知圆盘与滑道的静滑动摩擦因数 $f_s=0.4$，动滑动摩擦因数 $f=0.3$。若圆盘圆心 C 与滑道中心 O 的连线与铅垂线的夹角为 θ，滑道作用在圆盘上的法向力用 $\boldsymbol{F}_{\mathrm{N}}$ 表示，摩擦力用 $\boldsymbol{F}_{\mathrm{S}}$ 表示，初始时圆盘位于 $\theta=90°$的位置无初速度释放。试建立圆盘平面运动的微分方程，并给出其数值解 $\theta(t)$、$F_{\mathrm{N}}(t)$、$F_{\mathrm{S}}(t)$(以曲线的形式表示)。

解：(1)建模

①运动分析[图 17-16a)]。

圆盘作平面运动。取 OC 与铅垂线之间的夹角 θ 为广义坐标，$s=(R-r)\theta$。

设圆盘的角速度为 $\boldsymbol{\omega}$，角加速度为 $\boldsymbol{\alpha}$，其质心 C 的切向加速度 $a_C^\tau=(R-r)\ddot{\theta}$，法向加速度

$a_C^n = (R-r)\dot{\theta}^2$。

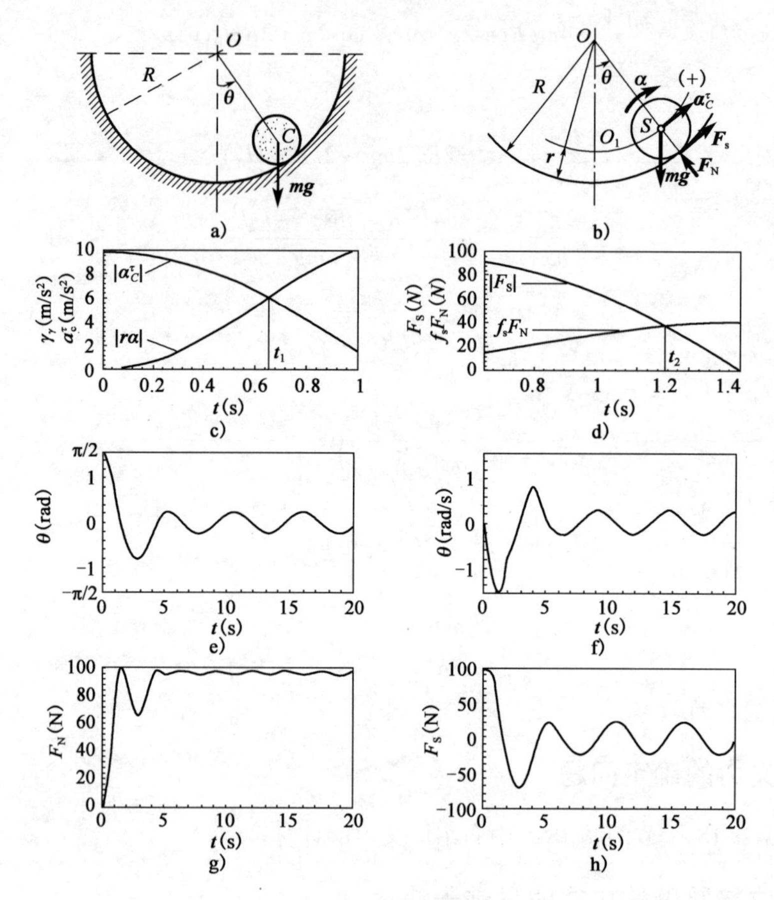

图 17-16　编程题 17-1

连滚带滑：

$$a_C^\tau \neq r\alpha$$

纯滚动：
$$a_C^\tau = r\alpha, \alpha = 5\ddot{\theta}, \omega = 5\dot{\theta} \tag{1a}$$

②受力分析。

圆盘受力有 $m\boldsymbol{g}, \boldsymbol{F}_N, \boldsymbol{F}_S$。

连滚带滑：

$$F_S = -fF_N \operatorname{sign}\dot{\theta} \tag{1b}$$

纯滚动：

$$|F_S| \leqslant f_S F_N$$

③列出方程。

由刚体平面运动微分方程，得

$$ma_C^\tau = \sum F_\tau, 5mr\ddot{\theta} = F_S - mg\sin\theta \tag{2a}$$

$$ma_C^n = \sum F_n, 5mr\dot{\theta}^2 = F_N - mg\cos\theta \tag{2b}$$

$$J_C\alpha = \sum M_C, \frac{1}{2}mr^2\alpha = -F_S r \tag{2c}$$

由式(1)和式(2)联列解得

连滚带滑：

$$\ddot{\theta}+\frac{g}{5r}\sin\theta+f\text{sign}\,\dot{\theta}\left(\dot{\theta}^{2}+\frac{g}{5r}\cos\theta\right)=0 \tag{3a}$$

纯滚动：

$$\ddot{\theta}+\frac{2g}{15r}\sin\theta=0 \tag{3b}$$

初始条件：

$$\theta(0)=\frac{\pi}{2},\dot{\theta}(0)=0 \tag{4}$$

由式(2)可解得

正压力：

$$F_{\mathrm{N}}=mg\cos\theta+5mr\,\dot{\theta}^{2} \tag{5}$$

摩擦力：

$$F_{\mathrm{S}}=mg\sin\theta+5mr\,\ddot{\theta} \tag{6}$$

角加速度：

$$\alpha=-10\,\ddot{\theta}-\frac{2g}{r}\sin\theta \tag{7}$$

质心切向加速度：

$$a_{C}^{\tau}=5r\,\ddot{\theta} \tag{8}$$

圆盘运动从连滚带滑转换为纯滚动的条件[图17-16c)]：

$$|\alpha|=\frac{a_{C}^{\tau}}{r}\text{sign}\,\ddot{\theta} \tag{9a}$$

圆盘运动从纯滚动转换为连滚带滑的条件[图17-16d)]：

$$|F_{\mathrm{S}}|=-f_{s}F_{\mathrm{N}}\text{sign}\,\dot{\theta} \tag{9b}$$

给定系统参数：$r=1\text{m},g=9.8\text{m/s}^{2},m=10\text{kg},f=0.3,f_{s}=0.4$。

第一段：连滚带滑 $0\leqslant t\leqslant t_1$；第二段：纯滚动 $t_1<t\leqslant t_2$；

第三段：连滚带滑 $t_2<t\leqslant t_3$；第四段：纯滚动 $t_3<t\leqslant t_4$；

第五段：连滚带滑 $t_4<t\leqslant t_5$；第六段：纯滚动 $t_5<t<\infty$。

$t_1=0.65\text{s},t_2=1.21\text{s},t_3=1.87\text{s},t_4=3.88\text{s},t_5=5\text{s}$。

编程序代号：$X_1\leftrightarrow\theta,X_2\leftrightarrow\dot{\theta},X_3\leftrightarrow\ddot{\theta}$。

如图17-16e)、f)、g)、h)所示分别为 $t-\theta$、$t-\dot{\theta}$、$t-F_{\mathrm{N}}$、$t-F_{\mathrm{S}}$ 的仿真曲线。

(2) Maple 程序

```
> #################################################################################
> restart:                                                  #清零。
> sys1: = diff(X1(t),t) = X2(t), diff(X2(t),t) = -g/(5*r)*sin(X1(t))
>         -f*signum(X2(t))*(X2(t)^2+g/(5*r)*cos(X1(t))):
>                                                           #连滚带滑系统微分方程。
> sys2: = diff(X1(t),t) = X2(t), diff(X2(t),t) = -2*g/(15*r)*sin(X1(t)):
>                                                           #纯滚动系统微分方程。
```

```
> fcns: = X1(t),X2(t):   #X_1↔θ,X_2↔θ̇ 。
> t0: =0:t1: =0.65: t2: =1.21:                                   #初始时间。
> t3: =1.87:t4: =3.88: t5: =5:                                   #初始时间。
> cstj1: = X1(0) = Pi/2,X2(0) =0:                                #初始条件一。
> cstj2: = X1(t1) =1.19,X2(t1) = -1.14:                          #初始条件二。
> cstj3: = X1(t2) =0.42,X2(t2) = -1.60:                          #初始条件三。
> cstj4: = X1(t3) = -0.39,X2(t3) = -0.81:                        #初始条件四。
> cstj5: = X1(t4) = -0.35,X2(t4) =0.8:                           #初始条件五。
> cstj6: = X1(t5) =0.24,X2(t5) =0:                               #初始条件六。
> ###########################################################################
> g: =9.8: r: =1: m: =10:                                        #系统参数。
> f: =0.3: fs: =0.4:                                             #系统参数。
> q1: = dsolve({sys1,cstj1},{fcns},type = numeric,method = rkf45):
>                                                                #求解连滚带滑段微分方程。
> q2: = dsolve({sys2,cstj2},{fcns},type = numeric,method = rkf45):
>                                                                #求解纯滚动段微分方程。
> q3: = dsolve({sys1,cstj3},{fcns},type = numeric,method = rkf45):
>                                                                #求解连滚带滑段微分方程。
> q4: = dsolve({sys2,cstj4},{fcns},type = numeric,method = rkf45):
>                                                                #求解纯滚动段微分方程。
> q5: = dsolve({sys1,cstj5},{fcns},type = numeric,method = rkf45):
>                                                                #求解连滚带滑段微分方程。
> q6: = dsolve({sys2,cstj6},{fcns},type = numeric,method = rkf45):
>                                                                #求解纯滚动段微分方程。
> ###########################################################################
> X31: = -g/(5*r)*sin(X1(t)) -f*signum(X2(t))*(X2(t)^2
>         +g/(5*r)*cos(X1(t))):                                  #连滚带滑: X_3↔ θ̈。
> X32: = -2*g/(15*r)*sin(X1(t)):                                 #纯滚动: X_3↔ θ̈。
> FN: =m*g*cos(X1(t)) +X2(t)^2:                                  #正压力 F_N。
> FS1: =m*g*sin(X1(t)) +X31:                                     #连滚带滑摩擦力:F_S。
> FS2: =m*g*sin(X1(t)) +X32:                                     #纯滚动摩擦力:F_S。
> alpha1: = -10*X31 -2*g/r*sin(X1(t)):                           #连滚带滑角加速度:α。
> alpha2: = -10*X32 -2*g/r*sin(X1(t)):                           #纯滚动角加速度:α。
> aCt1: =5*r*X31:                                                #连滚带滑:a_C^τ。
> aCt2: =5*r*X32:                                                #纯滚动:a_C^τ。
> ###########################################################################
```

```
> with(plots):                                                      #加载绘图库。
> tu1:=odeplot(q1,[t,-r*alpha1],0..1,view=[0..1,0..10],
>         thickness=2,tickmarks=[4,4]):                             #t-|rα|曲线。
> tu2:=odeplot(q1,[t,aCt1*signum(X31)],0..1, view=[0..1,0..10],
>         thickness=2,tickmarks=[4,4]):                             #t-|a_C^τ|曲线。
> display(tu1,tu2);                                                 #求t_1。
> tu3:=odeplot(q2,[t,-fs*FN*signum(X2(t))],t1..1.44,
>         view=[t1..1.44,0..100],thickness=2,tickmarks=[4,4]):
>                                                                   #t-f_sF_N曲线。
> tu4:=odeplot(q2,[t,FS2],t1..1.44,view=[t1..1.44,0..100],
>         thickness=2,tickmarks=[4,4]):                             #t-|F_S|曲线。
> display(tu3,tu4);                                                 #求t_2。
> ###########################################################################
> TU1:=odeplot(q1,[t,X1(t)],0..t1,view=[0..t1,-Pi/2..Pi/2],
>         thickness=2,tickmarks=[4,4]):                             #第一段t-θ曲线。
> TU2:=odeplot(q2,[t,X1(t)],t1..t2,view=[t1..t2,-Pi/2..Pi/2],
>         thickness=2,tickmarks=[4,4]):                             第二段t-θ曲线。
> TU3:=odeplot(q3,[t,X1(t)],t2..t3,view=[t2..t3,-Pi/2..Pi/2],
>         thickness=2,tickmarks=[4,4]):                             #第三段t-θ曲线。
> TU4:=odeplot(q4,[t,X1(t)],t3..t4,view=[t3..t4,-Pi/2..Pi/2],
>         thickness=2,tickmarks=[4,4]):                             #第四段t-θ曲线。
> TU5:=odeplot(q5,[t,X1(t)],t4..t5,view=[t4..t5,-Pi/2..Pi/2],
>         thickness=2,tickmarks=[4,4]):                             #第五段t-θ曲线。
> TU6:=odeplot(q6,[t,X1(t)],t5..20,view=[t5..20,-Pi/2..Pi/2],
>         thickness=2,tickmarks=[4,4]):                             #第六段t-θ曲线。
> display(TU1,TU2,TU3,TU4,TU5,TU6);                                 #系统t-θ曲线。
> TUU1:=odeplot(q1,[t,FN],0..t1,view=[0..t1,0..100],
>         thickness=2,tickmarks=[4,4]):                             #第一段t-F_N曲线。
> TUU2:=odeplot(q2,[t,FN],t1..t2,view=[t1..t2,0..100],
>         thickness=2,tickmarks=[4,4]):                             #第二段t-F_N曲线。
> TUU3:=odeplot(q3,[t,FN],t2..t3,view=[t2..t3,0..100],
>         thickness=2,tickmarks=[4,4]):                             #第三段t-F_N曲线。
> TUU4:=odeplot(q4,[t,FN],t3..t4,view=[t3..t4,0..100],
>         thickness=2,tickmarks=[4,4]):                             #第四段t-F_N曲线。
> TUU5:=odeplot(q5,[t,FN],t4..t5,view=[t4..t5,0..100],
>         thickness=2,tickmarks=[4,4]):                             #第五段t-F_N曲线。
> TUU6:=odeplot(q6,[t,FN],t5..20,view=[t5..20,0..100],
```

```
>         thickness =2,tickmarks =[4,4]):                    #第六段 t - F_N 曲线。
> display(TUU1,TUU2,TUU3,TUU4,TUU5,TUU6);
>                                                            #系统 t - F_N 曲线。
> TUUU1:=odeplot(q1,[t,FS1],0..t1,view =[0..t1, -100..100],
>         thickness =2,tickmarks =[4,4]):                    #第一段 t - F_S 曲线。
> TUUU2:=odeplot(q2,[t,FS2],t1..t2,view =[t1..t2, -100..100],
>         thickness =2,tickmarks =[4,4]):                    #第二段 t - F_S 曲线。
> TUUU3:=odeplot(q3,[t,FS1],t2..t3,view =[t2..t3, -100..100],
>         thickness =2,tickmarks =[4,4]):                    #第三段 t - F_S 曲线。
> TUUU4:=odeplot(q4,[t,FS2],t3..t4,view =[t3..t4, -100..100],
>         thickness =2,tickmarks =[4,4]):                    #第四段 t - F_S 曲线。
> TUUU5:=odeplot(q5,[t,FS1],t4..t5,view =[t4..t5, -100..100],
>         thickness =2,tickmarks =[4,4]):                    #第五段 t - F_S 曲线。
> TUUU6:=odeplot(q6,[t,FS2],t5..20,view =[t5..20, -100..100],
>         thickness =2,tickmarks =[4,4]):                    #第六段 t - F_S 曲线。
> display(TUUU1,TUUU2,TUUU3,TUUU4,TUUU5,TUUU6);
>                                                            #系统 t - F_S 曲线。
> ####################################################################
```

思考题

思考题 17-1 试用不同的方法确定如图 17-17 所示各机构中虚位移 $\delta\theta$ 与力 $\boldsymbol{F}$ 的作用点 A 虚位移的关系,并比较各种方法。

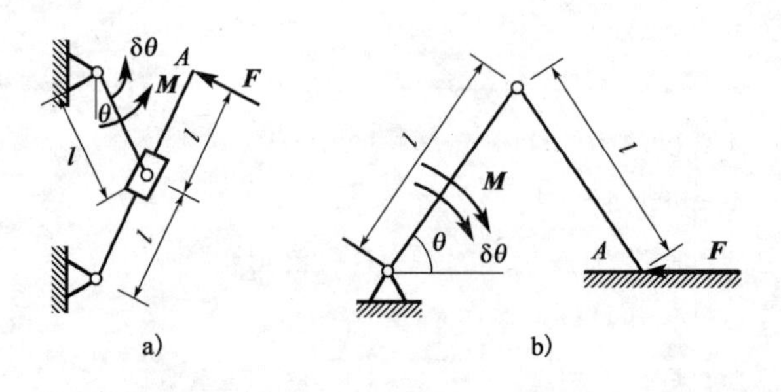

图 17-17 思考题 17-1

思考题 17-2 如图 17-18 所示中 $ABCD$ 组成一平行四边形,$FE /\!/ AB$,且 $AB = EF = l$,E 为 BC 中点;B,C,E 处为铰接。设 B 点虚位移为 δr_B,则:C 点,E 点,F 点虚位移分别是多少(应在图上画出各虚位移方向)?

思考题 17-3 质点 A,B 分别由两根长为 a,b 的刚性杆铰接,其支撑如图 17-19 所示。若系统只在 xy 面内运动,则约束方程是什么?

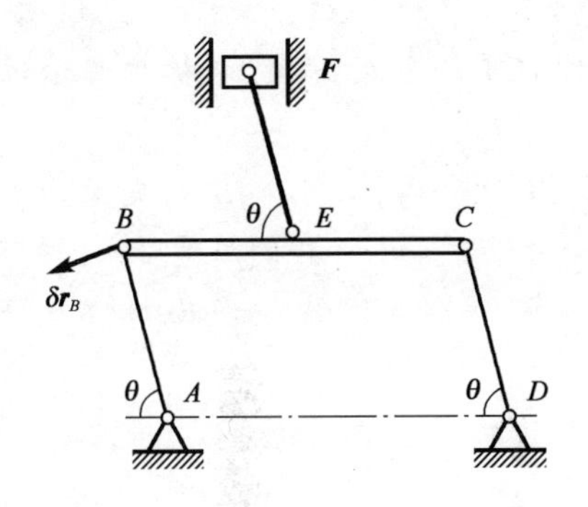

图 17-18　思考题 17-2

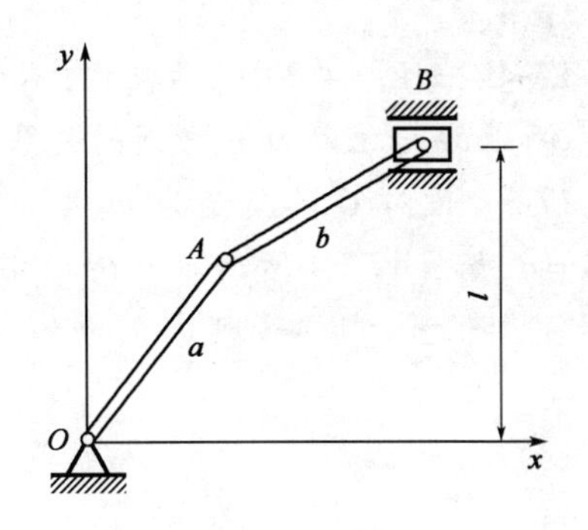

图 17-19　思考题 17-3

习题

A 类型习题

习题 17-1　如图 17-20 所示各滑轮处于平衡,试用虚位移原理求 $\boldsymbol{P}_1$: $\boldsymbol{P}_2$ 的值(不计摩擦)。

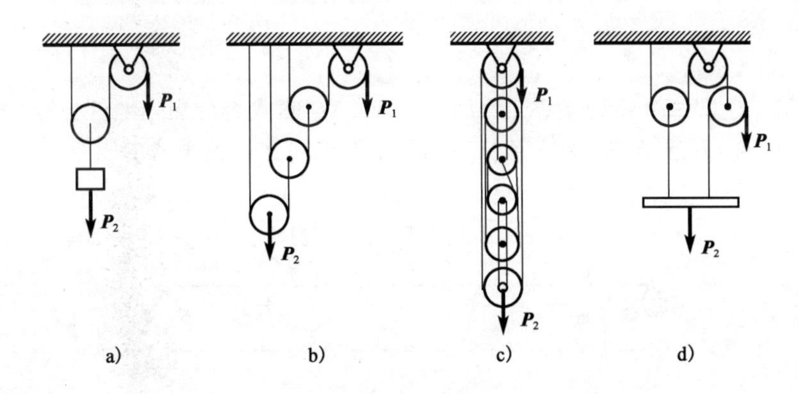

图 17-20　习题 17-1

习题 17-2　如图 17-21 所示,机构由五根连杆与固定边 AB 形成正六边形。已知:各杆长及 AB 边长均为 L,角 φ,受三力作用。试用虚位移原理求机构平衡时,力 $\boldsymbol{F}_1$ 与力 $\boldsymbol{F}_2$ 之间的关系。

习题 17-3　如图 17-22 所示平面结构中,$AB=BC=CD=AD=l$,角 $\theta=60°$。设杆重及摩擦不计,用虚位移原理求在铅直力 $\boldsymbol{F}$ 作用下 AC 杆和 CD 杆的内力应分别为多少?

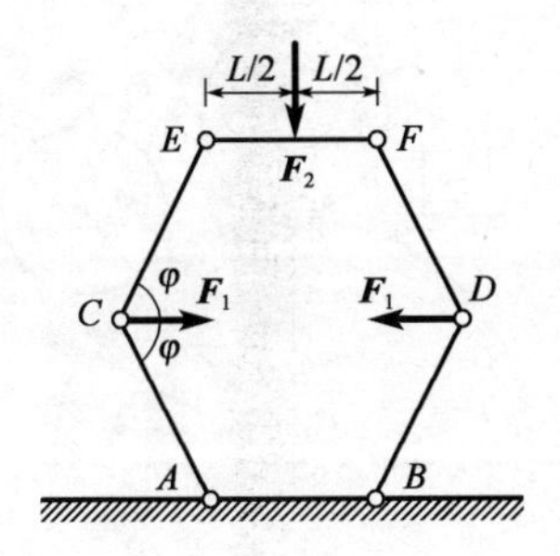

图 17-21　习题 17-2

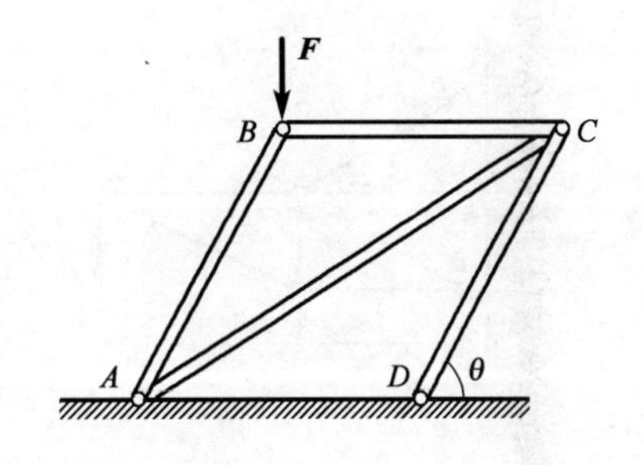

图 17-22　习题 17-3

习题 17-4　如图 17-23 所示机构，不计各构件自重与各处摩擦，求机构图示位置平衡时，主动力偶矩 $\boldsymbol{M}$ 与主动力 $\boldsymbol{F}$ 之间的关系。

习题 17-5　设灯 G 的质量为 m，A、C 为铰链，B 为套筒，AC 与 AB 的夹角为 θ。$AC = AB = l$，$AG = a$，如图 17-24 所示。当 $\theta = 180°$ 时弹簧为原长。不计杆的质量，不计摩擦。如果 $\theta = 120°$ 是平衡位置，求弹簧刚度 k 的大小，并判断两个平衡位置 $\theta = 120°$ 和 $\theta = 180°$ 的稳定性。

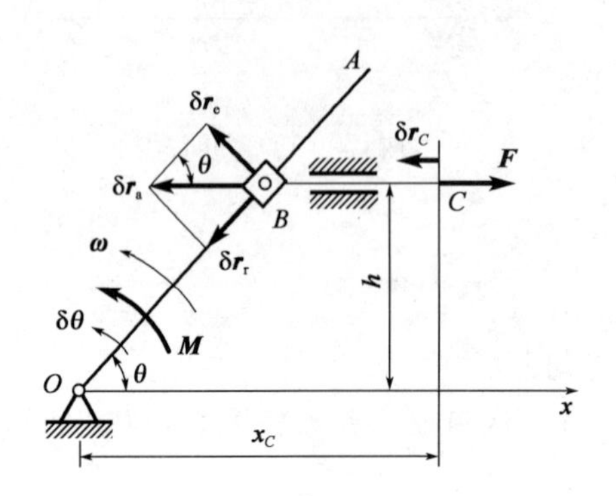

图 17-23　习题 17-4

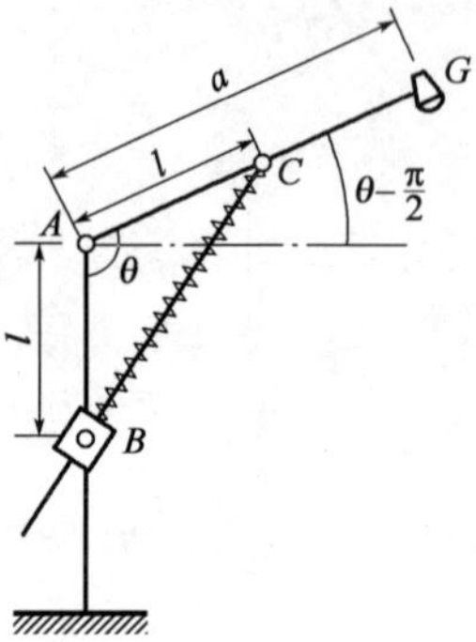

图 17-24　习题 17-5

习题 17-6　设有三跨度的联合梁，由 AM、MN、ND 组成，M、N 为光滑铰链，共有 4 个支座 A、B、C、D，如图 17-25 所示，长度单位为 m。试求支座 A 的约束力。

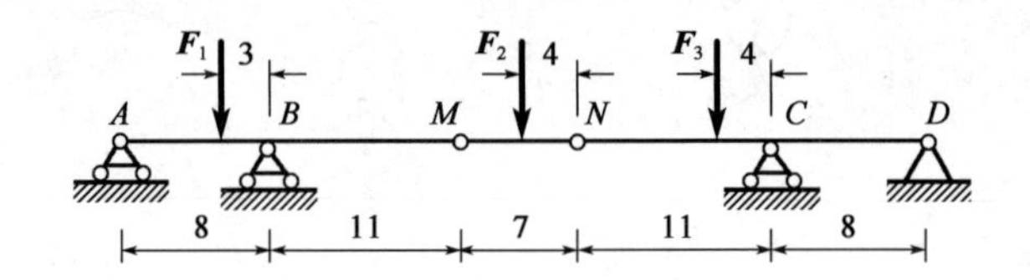

图 17-25　习题 17-6

习题 17-7　试用虚位移原理求图 17-26 所示的桁架结构中 AC 和 BC 杆的内力。

习题 17-8　半径为 r_1 的小圆球放在半径为 r_2 的大圆球顶上，接触点处有足够摩擦，不致产生滑动。小球的重心 C_1 在过接触点铅垂线的正上方距 h 处，如图 17-27 所示。试研究小球平衡位置的稳定性。

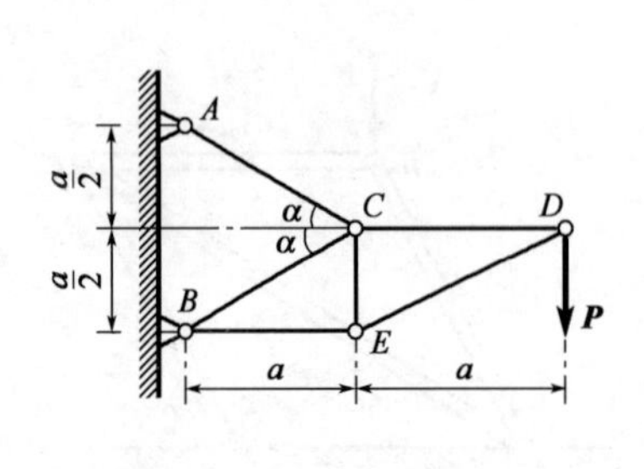

图 17-26　习题 17-7

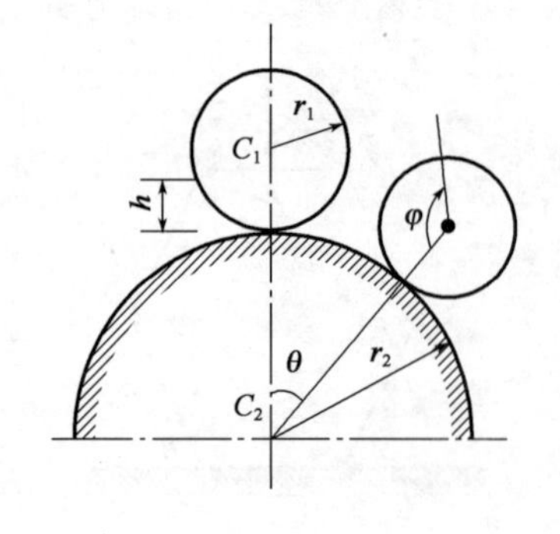

图 17-27　习题 17-8

B 类型习题

习题 17-9 罗培伐秤由两杠杆和两秤盘铰接而成,如图 17-28 所示。求平衡时 P 和 Q 的比值以及支座 A、B 处的约束力(《力学与实践》小问题,1984 年第 69 题)。

习题 17-10 在铅垂平面内三根均质细杆以铰链相连,A 端和 B 端另以铰链连接在固定水平直线 AB 上,如图 17-29 所示,已知各杆的重量与其长度成正比,$AC=a$,$CD=DB=2a$,$AB=3a$。假设铰链为理想约束,求平衡时 α,β,γ 之间的关系(《力学与实践》小问题,2016 年第 1 题)。

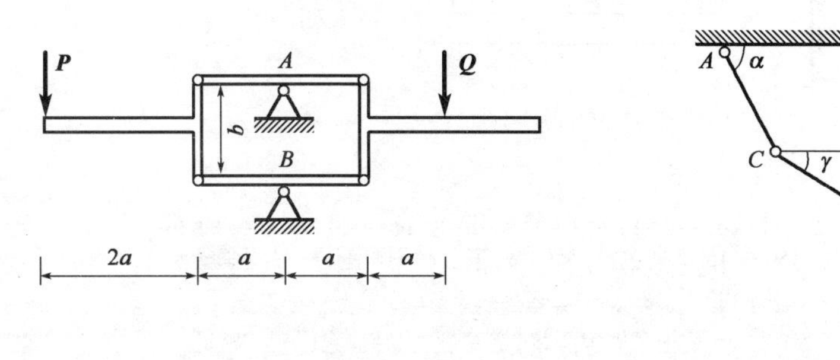

图 17-28 习题 17-9　　图 17-29 习题 17-10

C 类型习题

习题 17-11 如图 17-30 所示,若认为各铰无摩擦,曲杆挤压机中两个力之比 F_Q/F 为多大? 角度 $\alpha=\beta=8°$(用虚位移原理重解习题 3-27)。

习题 17-12 如图 17-31 所示,单边夹爪的刹车上 A 点处作用一个垂直方向的力 F_A。在已知摩擦因数 μ 的情况下,对鼓轮的两个转动方向,作用在鼓轮 T 上的刹车力矩为多大?

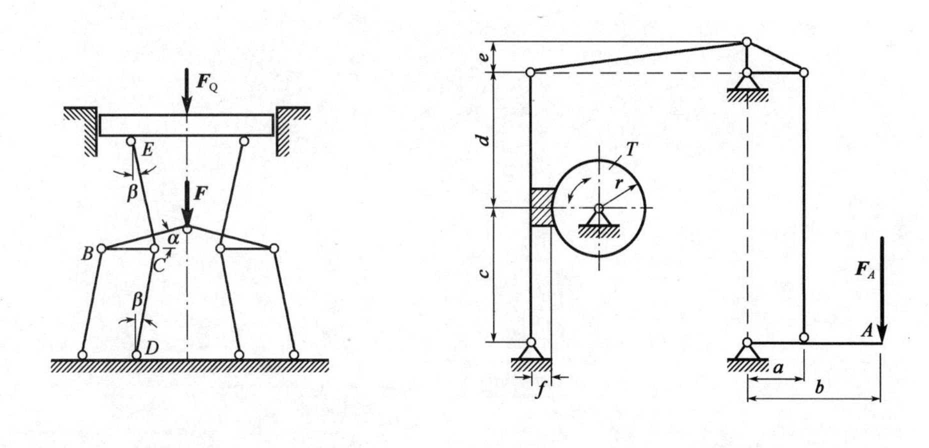

图 17-30 习题 17-11　　图 17-31 习题 17-12

习题 17-13 试用虚功原理确定铰接梁的支座约束力。

在一端固定的铰接梁上装有一台起重机,在如图 17-32 所示位置上作用一与垂直方向成角的倾斜力 $\boldsymbol{F}_2$。起重机的自重合在一起用重力 $\boldsymbol{F}_1$ 表示,起重机的底架在起重机与铰接梁之间的支座 A 处可以承受水平力。

已知数据:$a=4\text{m}$,$b=3\text{m}$,$c=3\text{m}$,$d=5\text{m}$,$e=1\text{m}$,$f=2\text{m}$,$F_1=25\text{kN}$,$F_2=30\text{kN}$,$\alpha=30°$。

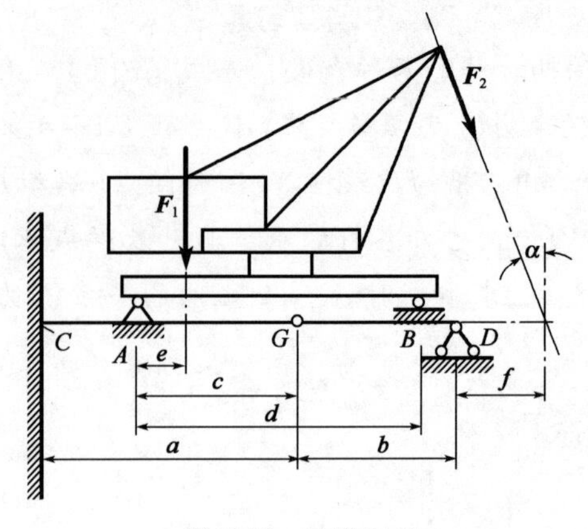

图 17-32　习题 17-13

张仲景(150—215 年),名机,字仲景,东汉南阳涅阳县(今河南省邓州市穰东镇张寨村)人。东汉末年著名医学家,被后人尊称为医圣。张仲景广泛收集医方,写出了传世巨著《伤寒杂病论》。它确立的辨证论治原则,是中医临床的基本原则,是中医的灵魂所在。

《伤寒杂病论》在方剂学方面,也做出了巨大贡献,创造了很多剂型,记载了大量有效的方剂。其所确立的六经辨证的治疗原则,受到历代医学家的推崇。这是中国第一部从理论到实践、确立辨证论治法则的医学专著,是中国医学史上影响最大的著作之一,是后学者研习中医必备的经典著作,广泛受到医学生和临床大夫的重视

《春秋》:“言之所以为言者,信也;
言而不信,何以为言?”

第 18 章　动力学普遍方程

利用达朗贝尔原理和虚位移原理推导得到达朗贝尔—拉格朗日原理。分析动力学研究非自由质点系运动的一般规律。达朗贝尔—拉格朗日原理又名动力学普遍方程,在分析动力学中是推导各种动力学方程的基础;本章介绍了动力学普遍方程的另外两个原理:若丹原理和高斯原理;动力学普遍方程表示成广义坐标形式的动力学普遍方程;最后把动能表示成广义坐标形式并介绍了确定广义力的两种方法。

18.1　动力学普遍方程

18.1.1　动力学普遍方程(达朗贝尔-拉格朗日原理)

我们研究由 n 个质点 $P_i(i=1,2,\cdots,n)$ 组成的系统,系统可以是自由的,也可以是非自由的。在非自由情况下,我们认为约束都是双面的、理想的。设 $\boldsymbol{F}_i$ 和 $\boldsymbol{F}_i^{\mathrm{N}}$ 分别是作用在 P_i 的主动力的合力和约束力的合力,由达朗贝尔原理,式(16-17)可以写成

$$\boldsymbol{F}_i-m_i\ddot{\boldsymbol{r}}_i=-\boldsymbol{F}_i^{\mathrm{N}}(i=1,2,\cdots,n) \tag{a}$$

其中,m_i 是质点 P_i 的质量,$\ddot{\boldsymbol{r}}_i$ 是质点 P_i 相对于惯性参考系的加速度。因为约束是理想的,任意虚位移 $\delta\boldsymbol{r}_i$ 都满足等式 (17-30),即

$$\sum_{i=1}^{n}\boldsymbol{F}_i^{\mathrm{N}}\cdot\delta\boldsymbol{r}_i=0 \tag{b}$$

将式(a)两边点乘 $\delta\boldsymbol{r}_i$ 后对 i 求和,并注意到式(b)得

$$\sum_{i=1}^{n}(\boldsymbol{F}_i-m_i\ddot{\boldsymbol{r}}_i)\cdot\delta\boldsymbol{r}_i=0 \tag{18-1}$$

关系式(18-1)是相应于主动力 $\boldsymbol{F}_i$ 的理想约束允许的系统运动的充分必要条件。描述了任意带理想约束的系统运动与主动力 $\boldsymbol{F}_i$ 和相应虚位移(给定时刻)之间的关系,称之为动力学普遍方程。动力学普遍方程也称为达朗贝尔—拉格朗日微分型变分原理。称之为变分原理是因为在式(18-1)中包含变分——虚位移;称之为微分原理是因为它将系统给定位置和在任意固定时刻的变分位置做比较。按这个观点,可以叙述如下:

达朗贝尔—拉格朗日微分型变分原理:对理想双面约束的系统,在给定时刻的所有可能运动中,只有真实运动使主动力和惯性力在任意虚位移上的虚功之和等于零。

例题 18-1　两个质量为 m_1 和 m_2 的质点以理想的细绳相连,绳跨过半径为 r 的光滑杆,两个质点在重力作用下在铅垂平面内运动,如图 18-1 所示。试建立系统运动微分方程。

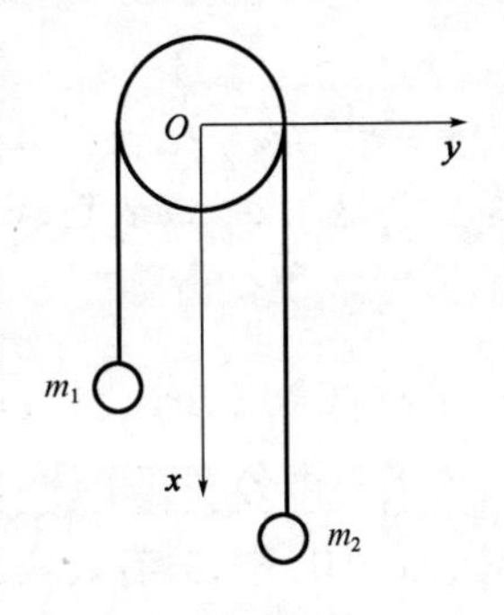

图 18-1　例 18-1

解:①运动分析,求虚位移之间的关系和惯性力(图 18-1)。

质点 1 做直线运动,质点 2 做直线运动。设(x_1, y_1)和$(x_2 y_2)$是质点 m_1 和 m_2 的坐标。约束方程为

$$x_1 + x_2 + \pi r = L, y_1 = -r, y_2 = r \tag{1}$$

进行 δ 运算,得

$$\delta x_1 + \delta x_2 = 0, \delta y_1 = 0, \delta y_2 = 0 \tag{2}$$

将第一个约束方程对时间求二阶导数,得

$$\ddot{x}_1 + \ddot{x}_2 = 0 \tag{3}$$

$$F_{I_1} = m_1 \ddot{x}_1, F_{I_2} = m_2 \ddot{x}_2 \tag{4}$$

②受力分析,求主动力和惯性力做的虚功(图 18-1)。

系统受主动力和惯性力 $m_1\boldsymbol{g}$、$m_2\boldsymbol{g}$、$\boldsymbol{F}_{I_1}$、$\boldsymbol{F}_{I_2}$。

$$\delta W_1 = (m_1 g - F_{I_1})\delta x_1 \tag{5}$$

$$\delta W_2 = (m_2 g - F_{I_2})\delta x_2 \tag{6}$$

③列出方程。

由动力学普遍方程式(18-1),得

$$(m_1 g - m_1 \ddot{x}_1)\delta x_1 + (m_2 g - m_2 \ddot{x}_2)\delta x_2 = 0 \tag{7}$$

整理后得

$$[(m_2 - m_1)g - (m_1 + m_2)\ddot{x}_2]\delta x_2 = 0 \tag{8}$$

由于 δx_2 是任意性的,我们得到运动微分方程为

$$(m_1 + m_2)\ddot{x}_2 = (m_2 - m_1)g$$

讨论与练习

(1)本题是如何建立约束方程的?

(2)如何利用约束方程建立虚位移之间的关系?

(3)如何利用约束方程建立加速度之间的关系?

18.1.2 若丹原理

我们研究从可能位置 $\boldsymbol{r}_i^*$ 出发,具有不同可能速度 $\boldsymbol{v}_i^*$ 的可能运动集合,将它们与在相同时刻从相同位置出发的真实运动进行比较,这样我们就得到了若丹变分,由式(17-16)知

$$\delta \boldsymbol{r}_i = \delta \dot{\boldsymbol{r}}_i \mathrm{d}t \tag{c}$$

其中,$\delta \dot{\boldsymbol{r}}_i = \dot{\boldsymbol{r}}_{i1}^* - \dot{\boldsymbol{r}}_{i2}^*$ 是比较运动的可能速度之差(这个值不一定是无穷小量)。

将这个 $\delta \boldsymbol{r}_i$ 的表达式(c)代入动力学普遍方程(18-1)并消去 dt,得

$$\sum_{i=1}^{n} (\boldsymbol{F}_i - m_i \ddot{\boldsymbol{r}}_i) \cdot \Delta \dot{\boldsymbol{r}}_i = 0 \tag{18-2}$$

这里我们采用 $\Delta \dot{\boldsymbol{r}}_i$ 代替 $\delta \dot{\boldsymbol{r}}_i$,体现这个值不一定是无穷小量,$\Delta$ 的运算我们称为变更。

若丹微分型变更原理:对理想双面约束的系统,在给定时刻的运动学可能运动($\boldsymbol{r}_{i1}^* = \boldsymbol{r}_{i2}^*, \Delta \dot{\boldsymbol{r}}_i \neq 0$)中,只有真实运动使主动力和惯性力在任意虚速度上的虚功率之和等于零。

将动力学普遍方程变换成基本上等价于方程(18-1)的形式方程(18-2),但具有不同的

结构,这很令人感兴趣。因为方程(18-1)已经包含了理想双面约束系统的所有运动规律,所以这些新的形式本质上不是新的原理,但是,它们可以给出新的解释,并发现受约束系统的一般性质,而这些无法直接从方程(17-1)得到。

例题 18-2 半圆柱凸轮顶杆机构如图 18-2 所示。设凸轮和杆 AB 的质量均为 m,重物质量为 $2m$,不计所有摩擦,求在图示位置,凸轮从静止开始运动时的加速度。

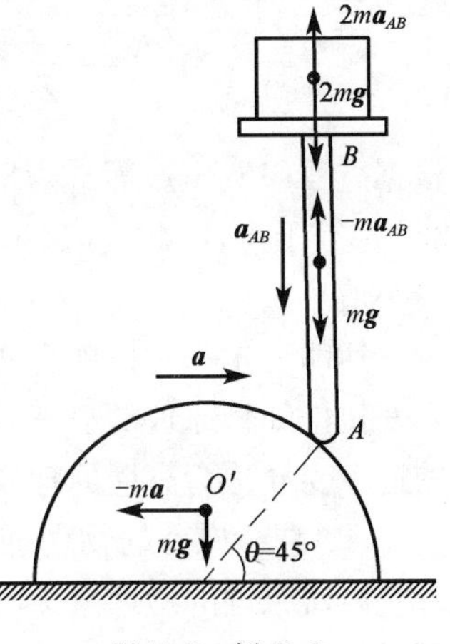

图 18-2 例 18-2

解:重物、顶杆和凸轮都作平移,作用的惯性力分别为 $-2m\boldsymbol{a}_{AB}$, $-m\boldsymbol{a}_{AB}$和 $-m\boldsymbol{a}$。由运动学分析知(例题 8-5 的计算结果),令 $v=0$,有 $a_{AB}=a\cot\theta$。取凸轮的虚速度为 Δv,则杆 AB 的虚速度为 $\Delta v_{AB}=\Delta v\cot\theta$。利用动力学普遍方程列出

$$3m(g-a_{AB})\Delta v_{AB}-ma\Delta v=0$$

$$[3(g-a_{AB})\cot\theta-a]m\Delta v=0$$

Δv 为独立变更。代入 $\theta=45°$,算出凸轮的加速度

$$a=\frac{3}{4}g$$

18.1.3 高斯原理

(1)高斯原理(最小拘束原理)的公式

我们将在某时刻具有可能位置 $\boldsymbol{r}_i^*$ 和可能速度 $\boldsymbol{v}_i^*$ 的运动同真实运动相比较。被比较的可能运动的加速度是不同的(它们之差不一定是无穷小量)。这种等时变分的方法称为高斯变分。如果将两个运动学可能运动的加速度之差用 $\delta\ddot{\boldsymbol{r}}_i=\ddot{\boldsymbol{r}}_{i1}^*-\ddot{\boldsymbol{r}}_{i2}^*$ 表示,则由式(17-19)知

$$\delta\boldsymbol{r}_i=\frac{1}{2}\delta\ddot{\boldsymbol{r}}_i(\mathrm{d}t)^2 \tag{d}$$

将这个虚位移表达式(d)代入动力学普遍方程(18-1)并消去$\frac{1}{2}(\mathrm{d}t)^2$,得

$$\sum_{i=1}^{n}(\boldsymbol{F}_i-m_i\ddot{\boldsymbol{r}}_i)\cdot\Delta\ddot{\boldsymbol{r}}_i=0 \tag{18-3a}$$

这里我们采用 $\Delta\ddot{\boldsymbol{r}}_i$ 代替 $\delta\ddot{\boldsymbol{r}}_i$ 体现这个值不一定是无穷小量,也可以写成标量形式

$$\sum_{i=1}^{3n}(F_i-m_i\ddot{x}_i)\cdot\Delta\ddot{x}_i=0 \tag{18-3b}$$

注意到 m_i 是常数,而力 $\boldsymbol{F}_i$ 不依赖于加速度,方程 (18-3)可以写成

$$\delta Z_{\mathrm{w}}=0 \tag{18-4}$$

其中

$$Z_{\mathrm{w}}=\frac{1}{2}\sum_{i=1}^{3n}m_i\left(\ddot{x}_i-\frac{F_i}{m_i}\right)^2 \tag{18-5}$$

称为拘束。

高斯原理(最小拘束原理):对理想双面约束的系统,在给定时刻的可能运动($\boldsymbol{r}_{i1}^*=\boldsymbol{r}_{i2}^*$, $\dot{\boldsymbol{r}}_{i1}^*=\dot{\boldsymbol{r}}_{i2}^*$, $\Delta\ddot{\boldsymbol{r}}_i\neq0$)中,真实运动的拘束最小。

证明 根据式(18-4)可知,可能加速度的函数 Z_{w} 在真实运动的加速度处取驻值。函数 Z_{w} 在真实运动的加速度处不仅取驻值,而且取最小值。事实上,设 $\ddot{x}_{i0}$ 为系统真实运动的加

速度分量，而 Z_{w0} 是相应的拘束值，那么，假设在真实运动相比较的运动学可能运动中，$\ddot{x}_i = \ddot{x}_{i0} + \delta\ddot{x}_{i0}$。于是有

$$Z_w - Z_{w0} = \sum_{i=1}^{3n}(m_i\ddot{x}_{i0} - F_i)\delta\ddot{x}_{i0} + \frac{1}{2}\sum_{i=1}^{3n}m_i(\delta\ddot{x}_{i0})^2 \tag{18-6}$$

根据方程(18-3b)，等式(18-6)右端第 1 个求和等于零。由于不是所有的 $\delta\ddot{x}_{i0}(i=1,2,\cdots,3n)$ 都等于零，因此式(18-6)右端第 2 个求和是严格正的，因此 Z_w 在真实运动的加速度处取最小值。

达朗贝尔—拉格朗日变分原理和若丹变分原理不涉及极值的概念。高斯提出了达朗贝尔—拉格朗日原理的显著变异，引入某个表达式的最小值概念。达朗贝尔—拉格朗日原理的这个变异称为高斯原理或者最小拘束原理。

(2)高斯原理的物理意义

高斯原理的物理意义可以把拘束广义地理解为约束。考虑到式(a) $m_i\ddot{\boldsymbol{r}}_i = \boldsymbol{F}_i + \boldsymbol{F}_i^N$，我们可以将拘束表达式写成

$$Z_w = \frac{1}{2}\sum_{i=1}^{3n}\frac{(F_i^N)^2}{m_i} \tag{18-7}$$

Z_w 真实运动取最小值的条件变为约束力的极值性质：真实运动的约束力最小[意思是式(18-7)取最小值]。

例题 18-3 试用高斯原理式(18-3)导出双面理想完整系统的采诺夫(Tzenoff)方程

$$\frac{1}{2}\left(\frac{\partial\ddot{T}}{\partial\ddot{q}_s} - 3\frac{\partial T}{\partial q_s}\right) = Q \quad (s=1,2,\cdots,n)$$

解：因 $\boldsymbol{r}_i = \boldsymbol{r}_i(q_s,t)$，故有

$$\delta\ddot{r} = \sum_{s=1}^{n}\frac{\partial\ddot{r}_i}{\partial\ddot{q}_s}\delta\ddot{q}_s = \sum_{s=1}^{n}\frac{\partial r_i}{\partial q_s}\delta\ddot{q}_s \tag{1}$$

将其代入高斯原理式(18-3)，得

$$\sum_{s=1}^{n}\sum_{i=1}^{n}(\boldsymbol{F}_i - m_i\ddot{\boldsymbol{r}}_i)\cdot\frac{\partial\ddot{\boldsymbol{r}}_i}{\partial\ddot{q}_s}\delta\ddot{q}_s = 0 \tag{2}$$

系统动能为

$$T = \frac{1}{2}\sum_{i=1}^{n}m_i\dot{\boldsymbol{r}}_i\cdot\dot{\boldsymbol{r}}_i \tag{3}$$

于是有

$$\dot{T} = \sum_{i=1}^{n}m_i\dot{\boldsymbol{r}}_i\cdot\ddot{\boldsymbol{r}}_i \tag{4}$$

$$\ddot{T} = \sum_{i=1}^{n}(m_i\ddot{\boldsymbol{r}}_i\cdot\ddot{\boldsymbol{r}}_i + m_i\dot{\boldsymbol{r}}_i\cdot\dddot{\boldsymbol{r}}_i) \tag{5}$$

注意到

$$\frac{\partial\dddot{\boldsymbol{r}}}{\partial\ddot{q}_s} = 3\frac{\partial\dot{\boldsymbol{r}}_i}{\partial q_s}, \frac{\partial T}{\partial q_s} = \sum_{i=1}^{n}m_i\dot{\boldsymbol{r}}_i\cdot\frac{\partial\dot{\boldsymbol{r}}_i}{\partial q_s} \tag{6}$$

则有

$$\frac{\partial\ddot{T}}{\partial\ddot{q}_s} = \sum_{i=1}^{n}\left(2m_i\ddot{\boldsymbol{r}}_i\cdot\frac{\partial\ddot{\boldsymbol{r}}_i}{\partial\ddot{q}_s} + m_i\dot{\boldsymbol{r}}_i\cdot 3\cdot\frac{\partial\dot{\boldsymbol{r}}_i}{\partial q_s}\right) = \sum_{i=1}^{n}2m_i\ddot{\boldsymbol{r}}_i\cdot\frac{\partial\ddot{\boldsymbol{r}}_i}{\partial\ddot{q}_s} + 3\frac{\partial T}{\partial q_s} \tag{7}$$

于是得

$$\sum_{i=1}^{n} m_i \ddot{\boldsymbol{r}}_i \cdot \frac{\partial \ddot{\boldsymbol{r}}_i}{\partial \ddot{q}_s} = \frac{1}{2}\frac{\partial \ddot{T}}{\partial \ddot{q}_s} - \frac{3}{2}\frac{\partial T}{\partial q_s} \tag{8}$$

将式(8)代入式(2),得

$$\sum_{i=1}^{n}\left(Q_s - \frac{1}{2}\frac{\partial \ddot{T}}{\partial \ddot{q}_s} + \frac{3}{2}\frac{\partial T}{\partial q_s}\right)\delta \ddot{q}_s = 0 \tag{9}$$

其中

$$Q_s = \sum_{i=1}^{n} \boldsymbol{F}_i \cdot \frac{\partial \ddot{\boldsymbol{r}}_i}{\partial \ddot{q}_s} = \sum_{i=1}^{n} \boldsymbol{F}_i \cdot \frac{\partial \boldsymbol{r}_i}{\partial q_s} \tag{10}$$

由式(9)中 $\delta \ddot{q}_s$ 的独立性,便得采诺夫方程。

18.2 广义坐标形式的动力学普遍方程

我们研究由 n 个质点 $P_i(i=1,2,\cdots,n)$ 组成的系统。如果系统是非自由的,则约束是双面理想的。设质点 P_i 的虚位移为 $\delta \boldsymbol{r}_i$,质量为 m_i,加速度为 $\ddot{\boldsymbol{r}}_i$,而 $\boldsymbol{F}_i$ 是作用在质点 P_i 的主动力的合力,那么动力学普遍方程(18-1)写成为

$$\sum_{i=1}^{n}(\boldsymbol{F}_i - m_i \ddot{\boldsymbol{r}}_i) \cdot \delta \boldsymbol{r}_i = 0 \tag{18-8}$$

在某些约束或者全部约束非理想的情况下,把非理想约束力 $\boldsymbol{F}_i^{\mathrm{N}}$ 当成主动力 $\boldsymbol{F}_i$ 处理,就可以在形式上与理想约束系统一样来研究。

动力学普遍方程(18-8)是我们推导分析动力学微分方程的基础,实际上,所有的质点系运动方程都是式(18-8)的不同形式,对应于不同性质的主动力和约束。

设系统有 r 个几何约束和 s 个不可积的微分约束,设 $q_j(j=1,2,\cdots,m)$ 是系统的广义坐标,其数目 $m=3n-r$,那么质点相对于惯性坐标系原点的矢径 $\boldsymbol{r}_i$ 可以写成 $q_1,q_2,\cdots,q_m,t$ 的函数形式

$$\boldsymbol{r}_i = \boldsymbol{r}_i(q_1,q_2,\cdots,q_m,t) \quad (i=1,2,\cdots,n) \tag{18-9}$$

这些函数是二次连续可微的。如果系统是定常的,则可以选择广义坐标 $q_1,q_2,\cdots,q_m$ 使函数 $\boldsymbol{r}_i$ 不显含时间 t。由式(18-9)可得

$$\dot{\boldsymbol{r}}_i = \sum_{j=1}^{m}\frac{\partial \boldsymbol{r}_i}{\partial q_j}\dot{q}_j + \frac{\partial \boldsymbol{r}_i}{\partial t} \quad (i=1,2,\cdots,n) \tag{18-10}$$

$$\delta \boldsymbol{r}_i = \sum_{j=1}^{m}\frac{\partial \boldsymbol{r}_i}{\partial q_j}\delta q_j \quad (i=1,2,\cdots,n) \tag{18-11}$$

我们将动力学普遍方程(18-8)写成广义坐标的形式,主动力的虚功形式为

$$\sum_{i=1}^{n}\boldsymbol{F}_i \cdot \delta \boldsymbol{r}_i = \sum_{j=1}^{m} Q_j \delta q_j \tag{18-12}$$

其中,Q_j 是主动力对应于广义坐标 q_j 的广义力,一般是 q_l、$\dot{q}_l$、$t(l=1,2,\cdots,m)$的函数。

$$Q_j = Q_j(q_1,q_2,\cdots,q_m,\dot{q}_1,\dot{q}_2,\cdots,\dot{q}_m,t) \tag{18-13}$$

我们再对惯性力在虚位移上所做的功表达式进行变换。利用公式(18-11),改变求和次序

$$\begin{aligned}
-\sum_{i=1}^{n} m_i \ddot{\boldsymbol{r}}_i \cdot \delta \boldsymbol{r}_i &= -\sum_{i=1}^{n} m_i \frac{\mathrm{d}\dot{\boldsymbol{r}}_i}{\mathrm{d}t} \cdot \sum_{j=1}^{m}\frac{\partial \boldsymbol{r}_i}{\partial q_j}\delta q_j \\
&= -\sum_{j=1}^{m}\left(\sum_{i=1}^{n} m_i \frac{\mathrm{d}\dot{\boldsymbol{r}}_i}{\mathrm{d}t} \cdot \frac{\partial \boldsymbol{r}_i}{\partial q_j}\right)\delta q_j
\end{aligned} \tag{18-14}$$

又

$$\sum_{i=1}^{n} m_i \frac{\mathrm{d}\dot{\boldsymbol{r}}_i}{\mathrm{d}t} \cdot \frac{\partial \boldsymbol{r}_i}{\partial q_j} = \frac{\mathrm{d}}{\mathrm{d}t}\left(\sum_{i=1}^{n} m_i \dot{\boldsymbol{r}}_i \cdot \frac{\partial \boldsymbol{r}_i}{\partial q_j}\right) - \sum_{i=1}^{n} m_i \dot{\boldsymbol{r}}_i \cdot \frac{\mathrm{d}}{\mathrm{d}t}\frac{\partial \boldsymbol{r}_i}{\partial q_j} \quad (j=1,2,\cdots,m) \tag{a}$$

借助两个恒等式[式(17-24)和式(17-25)]可将上式写成

$$\sum_{i=1}^{n} m_i \frac{\mathrm{d}\dot{\boldsymbol{r}}_i}{\mathrm{d}t} \cdot \frac{\partial \boldsymbol{r}_i}{\partial q_j} = \frac{\mathrm{d}}{\mathrm{d}t}\left(\sum_{i=1}^{n} m_i \dot{\boldsymbol{r}}_i \cdot \frac{\partial \dot{\boldsymbol{r}}_i}{\partial \dot{q}_j}\right) - \sum_{i=1}^{n} m_i \dot{\boldsymbol{r}}_i \cdot \frac{\partial \dot{\boldsymbol{r}}_i}{\partial q_j} \quad (j=1,2,\cdots,m) \tag{b}$$

如果利用系统动能表达式

$$T = \frac{1}{2}\sum_{i=1}^{n} m_i \dot{\boldsymbol{r}}_i^2 \tag{c}$$

则等式(b)可以写成

$$\sum_{i=1}^{n} m_i \frac{\mathrm{d}\dot{\boldsymbol{r}}_i}{\mathrm{d}t} \cdot \frac{\partial \boldsymbol{r}_i}{\partial q_j} = \frac{\mathrm{d}}{\mathrm{d}t}\frac{\partial T}{\partial \dot{q}_j} - \frac{\partial T}{\partial q_j} \quad (j=1,2,\cdots,m) \tag{18-15}$$

将式(18-15)代入式(18-14),可得惯性力虚功表达式

$$-\sum_{i=1}^{n} m_i \ddot{\boldsymbol{r}}_i \cdot \delta \boldsymbol{r}_i = -\sum_{j=1}^{m}\left(\frac{\mathrm{d}}{\mathrm{d}t}\frac{\partial T}{\partial \dot{q}_j} - \frac{\partial T}{\partial q_j}\right)\delta q_j \tag{d}$$

引入广义惯性力

$$Q_j^{\mathrm{I}} = -\left(\frac{\mathrm{d}}{\mathrm{d}t}\frac{\partial T}{\partial \dot{q}_j} - \frac{\partial T}{\partial q_j}\right) \quad (j=1,2,\cdots,m) \tag{18-16}$$

将式(18-12)和式(18-16)代入式(18-8),得广义坐标形式的动力学普遍方程

$$\sum_{j=1}^{m}(Q_j + Q_j^{\mathrm{I}}) \cdot \delta q_j = 0 \tag{18-17}$$

定理 (广义坐标形式的达朗贝尔—拉格朗日原理) 对理想双面约束的系统,在给定时刻的所有可能运动中,只有真实运动使主动力对应的广义力和惯性力对应的广义力在广义虚位移上的虚功之和等于零。

例题 18-4 重为 $\boldsymbol{P}$ 的板搁在两个半径为 r、重为 $\boldsymbol{W}$ 的滚子上,滚子可视为均质圆柱[图 18-3a)]。设接触面足够粗糙,滚子与板和水平面之间均无相对滑动。在板上作用一水平拉力 $\boldsymbol{F}$,试求板的加速度。

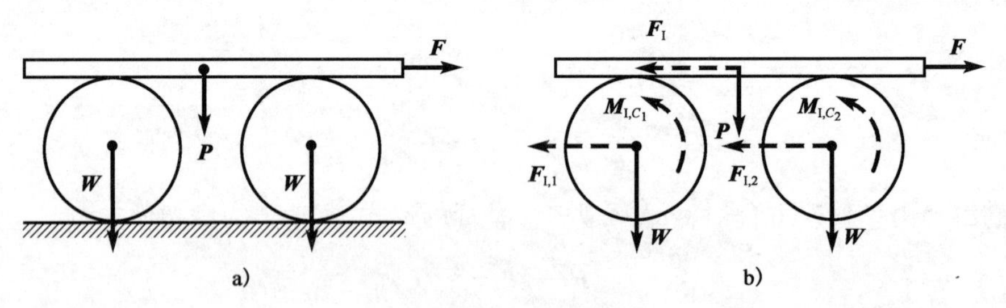

图 18-3 例题 18-3

解:①运动分析,求虚位移之间的关系和惯性力[方向如图 18-3b)所示]。

板作平行移动,滚子 1 作平面运动,滚子 2 作平面运动。系统自由度数 $f=1$。设板有水平向右虚位移 δx,滚子的中心有水平向右虚位移 δx_{C_1} 和 δx_{C_2},滚子的转动有顺时针虚位移 $\delta\varphi_1$ 和 $\delta\varphi_2$。

$$\delta x_{C_1} = \delta x_{C_2} = \frac{\delta x}{2}, \delta\varphi_1 = \delta\varphi_2 = \frac{\delta x}{2r} \tag{1}$$

设板的加速度为 $\boldsymbol{a}$,滚子的质心加速度分别为 $\boldsymbol{a}_1$ 和 $\boldsymbol{a}_2$,滚子的角加速度分别为 $\boldsymbol{\alpha}_1$

和 $\boldsymbol{\alpha}_2$。

$$a_1 = a_2 = \frac{a}{2}, \alpha_1 = \alpha_2 = \frac{a}{2r} \tag{2}$$

$$F_{\mathrm{I}} = \frac{P}{g}a, F_{\mathrm{I},1} = F_{\mathrm{I},2} = \frac{W}{g} \cdot \frac{a}{2}, M_{\mathrm{I},C_1} = M_{\mathrm{I},C_2} = \frac{Wr^2}{2g} \cdot \frac{a}{2r} \tag{3}$$

②受力分析,求主动力和惯性力做的虚功[图 18-3b)]。

系统受主动力和惯性力 $\boldsymbol{F},\boldsymbol{P},\boldsymbol{W},\boldsymbol{W},\boldsymbol{F}_{\mathrm{I}},\boldsymbol{F}_{\mathrm{I},1},\boldsymbol{M}_{\mathrm{I},C_1},\boldsymbol{F}_{\mathrm{I},2},\boldsymbol{M}_{\mathrm{I},C_2}$。

$$\delta W_1 = F\delta x - F_{\mathrm{I}}\delta x \tag{4}$$

$$\delta W_2 = -F_{\mathrm{I},1}\delta x_{C_1} - M_{\mathrm{I},C_1}\delta\varphi_1 \tag{5}$$

$$\delta W_3 = -F_{\mathrm{I},2}\delta x_{C_2} - M_{\mathrm{I},C_2}\delta\varphi_2 \tag{6}$$

③列出方程。

由动力学普遍方程式(18-17),得

$$F \cdot \delta x - F_{\mathrm{I}} \cdot \delta x - F_{\mathrm{I},1} \cdot \frac{\delta x}{2} - M_{\mathrm{I},C_1} \cdot \frac{\delta x}{2r} - F_{\mathrm{I},2} \cdot \frac{\delta x}{2} - M_{\mathrm{I},C_2} \cdot \frac{\delta x}{2r} = 0 \tag{7}$$

由此可解得板的加速度

$$a = \frac{4F}{4P + 3W}g$$

讨论与练习

(1)在本问题中,约束力不做功,要求的只是主动力与加速度之间的关系,而加速度可以通过惯性力表示,所以本题适于用动力学普遍方程求解;

(2)由于滚子作纯滚动,这是一个单自由度系统。

18.3 用广义速度表示的动能

我们来研究以广义坐标和广义速度表示的系统动能表达式的结构。利用公式(18-10),动能可以写成

$$\begin{aligned} T &= \frac{1}{2}\sum_{i=1}^{n} m_i \dot{\boldsymbol{r}}_i^2 = \frac{1}{2}\sum_{i=1}^{n} m_i \left(\sum_{j=1}^{m}\frac{\partial \boldsymbol{r}_i}{\partial q_j}\dot{q}_j + \frac{\partial \boldsymbol{r}_i}{\partial t}\right)^2 \\ &= \frac{1}{2}\sum_{j=1}^{m}\sum_{k=1}^{m} a_{jk}\dot{q}_j\dot{q}_k + \sum_{j=1}^{m} a_j\dot{q}_j + a_0 \end{aligned} \tag{18-18}$$

这里引进了记号

$$a_{jk} = \sum_{i=1}^{n} m_i \frac{\partial \boldsymbol{r}_i}{\partial q_j} \cdot \frac{\partial \boldsymbol{r}_i}{\partial q_k}, a_j = \sum_{i=1}^{n} m_i \frac{\partial \boldsymbol{r}_i}{\partial q_j} \cdot \frac{\partial \boldsymbol{r}_i}{\partial t}, a_0 = \frac{1}{2}\sum_{i=1}^{n} m_i \left(\frac{\partial \boldsymbol{r}_i}{\partial t}\right)^2 \tag{18-19}$$

其中,a_{jk}, a_j, a_0 是 $q_j(j = 1,2,\cdots,m)$ 和 t 的函数。

式(18-18)表明,一般情况下动能是广义速度的二次多项式,可以写成

$$T = T_2 + T_1 + T_0 \tag{18-20a}$$

其中

$$T_2 = \frac{1}{2}\sum_{j=1}^{m}\sum_{k=1}^{m} a_{jk}\dot{q}_j\dot{q}_k, T_1 = \sum_{j=1}^{m} a_j\dot{q}_j, T_0 = a_0 \tag{18-20b}$$

①对于完整系统，有 $m=f$，动能表达式可以写成

$$T=T_2+T_1+T_0 \tag{18-21a}$$

其中

$$T_2=\frac{1}{2}\sum_{j=1}^{f}\sum_{k=1}^{f}a_{jk}\dot{q}_j\dot{q}_k,T_1=\sum_{j=1}^{f}a_j\dot{q}_j,T_0=a_0 \tag{18-21b}$$

②对于定常系统，有 $\frac{\partial \boldsymbol{r}_i}{\partial t}=\boldsymbol{0}(i=1,2,\cdots,n)$，由式(18-19)可知 $a_j=0(\mathrm{j}=1,2,\cdots,\mathrm{m})$，$a_0=0$。

$$T=T_2=\frac{1}{2}\sum_{j=1}^{m}\sum_{k=1}^{m}a_{jk}\dot{q}_j\dot{q}_k \tag{18-22}$$

即定常系统的动能是广义速度的二次型，并且式(18-22)中的系数 a_{jk} 不显含时间。

③对于定常完整系统，动能表达式可以写成

$$T=\frac{1}{2}\sum_{j=1}^{f}\sum_{k=1}^{f}a_{jk}\dot{q}_j\dot{q}_k \tag{18-23}$$

其中，$a_{jk}=a_{jk}(q_1,q_2,\cdots,q_f)$。

18.4 广义力的计算

对于完整系统，有 $m=f$，根据式(17-33)和式(17-34)，主动力的虚功和它对应的广义力为

$$\delta W_{\mathrm{F}}=\sum_{i=1}^{n}\boldsymbol{F}_i\cdot\delta\boldsymbol{r}_i=\sum_{j=1}^{f}Q_j\delta q_j \tag{18-24}$$

$$Q_j=\sum_{i=1}^{n}\boldsymbol{F}_i\cdot\frac{\partial \boldsymbol{r}_i}{\partial q_j}\quad(j=1,2,\cdots,f) \tag{18-25}$$

具体计算主动力的广义力时，可采用以下两种方法：

方法一：对所有的广义坐标给出正向等时变分 $\delta q_j(j=1,2,\cdots,f)$，计算所有主动力所做的虚功。根据式(18-24)，δq_j 前的系数就是待求的广义力 Q_j。

方法二：取一组特定的广义坐标的变分，即除了 δq_j 不为零以外，其余变分均等于零，然后计算所有主动力所做的虚功 δW_j^{F}，则广义力 Q_j 为

$$Q_j=\frac{\delta W_j^{\mathrm{F}}}{\delta q_j} \tag{18-26}$$

例题 18-5 杆 OA 和 AB 以铰链相连，O 端挂于圆柱铰链上，如图 18-4a)所示。杆长 $OA=a$，$AB=b$，杆重和铰链的摩擦都忽略不计。今在点 A 和 B 分别作用向下的铅垂力 $\boldsymbol{F}_1$ 和 $\boldsymbol{F}_2$，又在点 B 作用一水平力 $\boldsymbol{F}_3$。试求平衡时 φ_1、φ_2 与 $\boldsymbol{F}_1$、$\boldsymbol{F}_2$、$\boldsymbol{F}_3$ 之间的关系。

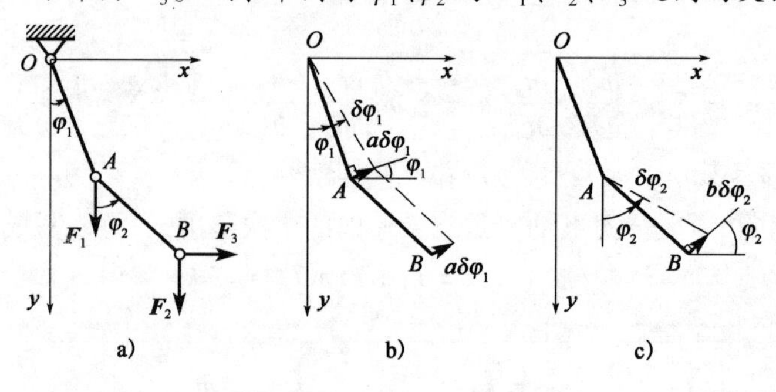

图 18-4 例题 18-5

解:杆 OA 和 AB 的位置可由点 A 和 B 的 4 个坐标 x_A, y_A 和 x_B, y_B 完全确定,由于杆 OA 和 AB 的长度一定,可列出两个约束方程:

$$x_A^2 + y_A^2 = a^2, (x_B - x_A)^2 + (y_B - y_A)^2 = b^2$$

因此系统有两个自由度。现选择 φ_1 和 φ_2 为系统的两个广义坐标,计算其对应的广义力 Q_1 和 Q_2。

用第一种方法计算:

$$Q_1 = F_1 \frac{\partial y_A}{\partial \varphi_1} + F_2 \frac{\partial y_B}{\partial \varphi_1} + F_3 \frac{\partial x_B}{\partial \varphi_1} \tag{1a}$$

$$Q_2 = F_1 \frac{\partial y_A}{\partial \varphi_2} + F_2 \frac{\partial y_B}{\partial \varphi_2} + F_3 \frac{\partial x_B}{\partial \varphi_2} \tag{1b}$$

由于

$$y_A = a\cos\varphi_1 \tag{2a}$$

$$y_B = a\cos\varphi_1 + b\cos\varphi_2 \tag{2b}$$

$$x_B = a\sin\varphi_1 + b\sin\varphi_2 \tag{2c}$$

故

$$\frac{\partial y_A}{\partial \varphi_1} = -a\sin\varphi_1, \frac{\partial y_B}{\partial \varphi_1} = -a\sin\varphi_1, \frac{\partial x_A}{\partial \varphi_1} = a\cos\varphi_1$$

$$\frac{\partial y_A}{\partial \varphi_2} = 0, \frac{\partial y_B}{\partial \varphi_2} = -b\sin\varphi_2, \frac{\partial x_B}{\partial \varphi_2} = b\cos\varphi_2$$

代入式(1),得

$$Q_1 = -(F_1 + F_2)a\sin\varphi_1 + F_3 a\cos\varphi_1 \tag{3a}$$

$$Q_2 = -F_2 b\sin\varphi_2 + F_3 b\cos\varphi_2 \tag{3b}$$

系统平衡时,应有

$$Q_1 = 0, Q_2 = 0$$

解出

$$\tan\varphi_1 = \frac{F_3}{F_1 + F_2}, \tan\varphi_2 = \frac{F_3}{F_2} \tag{4}$$

用第二种方法计算:

保持 φ_2 不变,只有 $\delta\varphi_1$ 时,如图 18-4b)所示。由式(2)的变分可得一组虚位移

$$\delta y_A = -a\sin\varphi_1\delta\varphi_1, \delta y_B = -a\sin\varphi_1\delta\varphi_1, \delta x_B = a\cos\varphi_1\delta\varphi_1 \tag{5}$$

则对应于 φ_1 的广义力

$$Q_1 = \frac{\sum \delta W_1}{\delta\varphi_1} = \frac{F_1\delta y_A + F_2\delta y_B + F_3\delta x_B}{\delta\varphi_1} \tag{6}$$

将式(5)代入式(6),得

$$Q_1 = -(F_1 + F_2)a\sin\varphi_1 + F_3 a\cos\varphi_1$$

保持 φ_1 不变,只有 $\delta\varphi_2$ 时,如图 18-4c)所示。由式(2)的变分可得一组虚位移

$$\delta y_A = -a\sin\varphi_1\delta\varphi_1, \delta y_B = -a\sin\varphi_1\delta\varphi_1, \delta x_B = a\cos\varphi_1\delta\varphi_1 \tag{7}$$

则对应于 φ_2 的广义力

$$Q_2 = \frac{\sum \delta W_2}{\delta\varphi_2} = \frac{F_1\delta y_A + F_2\delta y_B + F_3\delta x_B}{\delta\varphi_2} \tag{8}$$

将式(7)代入式(8),得

$$Q_2 = -F_2 b\sin\varphi_2 + F_3 b\cos\varphi_2$$

讨论与练习

(1)两种方法所得的广义力相同。

(2)在用第二种方法给出虚位移时,也可以直接由几何关系计算。

(3)如保持 φ_2 不变,只有 $\delta\varphi_1$ 时,杆 AB 为平行移动,A,B 两点的虚位移相等。点 A 的虚位移大小为 $a\delta\varphi_1$,方向与 OA 垂直[图 18-4b)],沿 x,y 轴的投影为

$$\delta x_A = \delta x_B = a\delta\varphi_1\cos\varphi_1, \delta y_A = \delta y_B = -a\delta\varphi_1\sin\varphi_1$$

(4)又当 φ_1 不变,只有 $\delta\varphi_2$ 时,点 A 不动,杆 AB 绕点 A 转动 $\delta\varphi_2$,点 B 的虚位移大小为 $b\delta\varphi_2$,方向与杆 AB 垂直[图 18-4c)],沿 x,y 轴的投影为

$$\delta x_B = b\delta\varphi_2\cos\varphi_2, \delta y_B = -b\delta\varphi_2\sin\varphi_2$$

(5)几何法与变分法计算虚位移结果相同。

18.5 Maple 编程示例

编程题 18-1 质量为 m_1 的机座 C 放在地面上,基座内有一个质量为 m_2 的偏心转子 A,偏心距 $AC=e$,转子以匀角速度 $\dot{\theta}=\omega$ 绕机座上的水平轴 C 转动[图 18-5a)]。若基座与地面的静滑动摩擦因数为 f_s,动滑动摩擦因数为 f。试选择一组参数(m_1,m_2,f_s,f,e,ω)使得基座沿水平地面平移,建立系统的动力学方程,并通过数值仿真给出基座移动时其位置 $x(t)$、速度 $\dot{x}(t)$、加速度 $\ddot{x}(t)$、地面支承力 $F_N(t)$ 和摩擦力 $F_S(t)$ 随时间的变化规律。

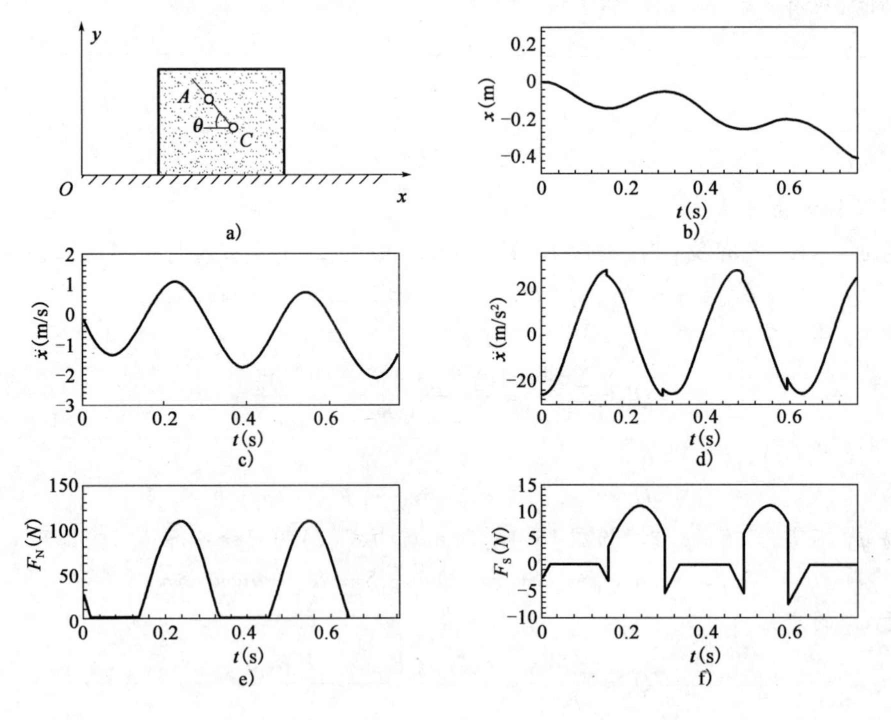

图 18-5 编程题 18-1

解:(1)建模

①运动分析,求惯性力。

基座做平行移动,转子做平面运动。

基座惯性力向 C 点简化:

$$F_{\mathrm{I}} = m_1\ddot{x}(\leftarrow) \tag{1}$$

转子惯性力向 A 点简化:

$$F_{\mathrm{I,r}}^{n} = m_2 e\omega^2(\overrightarrow{CA}) \tag{2}$$

$$F_{\mathrm{I,e}} = m_2\ddot{x}(\leftarrow) \tag{3}$$

②受力分析,受力包括主动力、约束力和惯性力。

基座受力为 $m_1\boldsymbol{g}$、$\boldsymbol{F}_{\mathrm{N}}$、$\boldsymbol{F}_{\mathrm{S}}$、$\boldsymbol{F}_{Cx}$、$\boldsymbol{F}_{Cy}$、$\boldsymbol{F}_{\mathrm{I}}$。

转子受力为 $m_2\boldsymbol{g}$、$\boldsymbol{F}_{Cx}$、$\boldsymbol{F}_{Cy}$、$\boldsymbol{F}_{\mathrm{I,r}}^{\mathrm{n}}$、$\boldsymbol{F}_{\mathrm{I,e}}$。

$$F_{\mathrm{S}} = fF_{\mathrm{N}}\mathrm{sign}\dot{x}(\leftarrow) \tag{4}$$

③列平衡方程。

根据达朗贝尔原理,可得

对基座

$$\sum F_x = 0,\ -F_{\mathrm{S}} - F_{Cx} - F_{\mathrm{I}} = 0 \tag{5}$$

$$\sum F_y = 0,\ -m_1 g + F_{\mathrm{N}} - F_{Cy} = 0 \tag{6}$$

对转子

$$\sum F_x = 0, F_{Cx} - F_{\mathrm{I,r}}^{n}\cos\theta - F_{\mathrm{I,e}} = 0 \tag{7}$$

$$\sum F_y = 0,\ -m_2 g + F_{Cy} + F_{\mathrm{I,r}}^{n}\sin\theta = 0 \tag{8}$$

$$F_{Cx} = m_2 e\omega^2\cos\theta + m_2\ddot{x} \tag{9}$$

$$F_{Cy} = m_2 g - m_2 e\omega^2\sin\theta \tag{10}$$

$$F_{\mathrm{S}} = -m_2 e\omega^2\cos\theta - (m_1 + m_2)\ddot{x} \quad (F_{\mathrm{N}} \geqslant 0) \tag{11a}$$

$$F_{\mathrm{S}} = 0 \quad (F_{\mathrm{N}} < 0) \tag{11b}$$

$$F_{\mathrm{N}} = (m_1 + m_2)g - m_2 e\omega^2\sin\theta \quad \left[\sin\theta < \frac{(m_1 + m_2)g}{m_2 e\omega^2}\right] \tag{12a}$$

$$F_{\mathrm{N}} = 0 \quad \left[\sin\theta \geqslant \frac{(m_1 + m_2)g}{m_2 e\omega^2}\right] \tag{12b}$$

$$\ddot{x} = -\frac{m_2 e\omega^2}{m_1 + m_2}\cos\theta - f\mathrm{sign}\dot{x}\left(g - \frac{m_2 e\omega^2}{m_1 + m_2}\sin\theta\right) \quad (F_{\mathrm{N}} \geqslant 0) \tag{13a}$$

$$\ddot{x} = -\frac{m_2 e\omega^2}{m_1 + m_2}\cos\theta \quad (F_{\mathrm{N}} < 0) \tag{13b}$$

其中,$\theta = \omega t + \theta_0$。

初始条件:

$$x(0) = 0, \dot{x}(0) = 0 \tag{14}$$

给定系统参数:$g = 9.8\mathrm{m/s^2}$,$m_1 = 2\mathrm{kg}$,$m_2 = 1\mathrm{kg}$,$e = 0.2\mathrm{m}$,$\omega = 20\mathrm{rad/s}$,$\theta_0 = 0$,$f = 0.1$,$f_s = 0.4$。

第一段:基座有正压力:$0 \leqslant t \leqslant t_1$;第二段:基座跳起 $t_1 < t \leqslant t_2$;第三段:基座有正压力:$t_2 < t \leqslant t_3$;第四段:基座跳起 $t_3 < t \leqslant t_4$;

如此循环，以至无穷。

$t_1=0.0188\text{s}, t_2=0.1383\text{s}, t_3=0.3330\text{s}, t_4=0.4524\text{s}, t_5=0.6471\text{s}, t_6=0.7666\text{s}$, ……

编程序代号：$X_1 \leftrightarrow x, X_2 \leftrightarrow \dot{x}, X_3 \leftrightarrow \ddot{x}$。

如图 18-7b)、c)、d)、e)、f)所示分别为 $t-x$、$t-\dot{x}$、$t-\ddot{x}$、$t-F_N$、$t-F_S$ 的仿真曲线。

(2)Maple 程序

```
> ############################################################################
> restart:                                               #清零。
> theta: = theta0 + omega * t:                           #θ = ωt + θ0。
> sys1: = diff(X1(t),t) = X2(t),
>         diff(X2(t),t) = -m2/(m1 + m2) * e * omega^2 * cos(theta)
>         -f * signum(X2(t)) * (g - m2/(m1 + m2) * e * omega^2 * sin(theta)):
>                                                        #基座有正压力系统微分方程。
> sys2: = diff(X1(t),t) = X2(t),
>         diff(X2(t),t) = -m2/(m1 + m2) * e * omega^2 * cos(theta):
>                                                        #基座跳起系统微分方程。
> fcns: = X1(t),X2(t):      #X1↔x,X2↔ẋ。
> t1: =0.0188:    t2: =0.1383:                           #初始时间。
> t3: =0.3330:    t4: =0.4524:                           #初始时间。
> t5: =0.6471:    t6: =0.7666:                           #初始时间。
> cstj1: = X1(0) =0,X2(0) =0:                            #初始条件一。
> cstj2: = X1(t1) = -0.008,X2(t1) = -0.54:               #初始条件二。
> cstj3: = X1(t2) = -0.14,X2(t2) = -0.58:                #初始条件三。
> cstj4: = X1(t3) = -0.07,X2(t3) = -0.92:                #初始条件四。
> cstj5: = X1(t4) = -0.24,X2(t4) = -0.98:                #初始条件五。
> cstj6: = X1(t5) = -0.23,X2(t5) = -1.12:                #初始条件六。
> ############################################################################
>   g: =9.8: e: =0.2:                                    #系统参数。
>   m1: =2: m2: =1:                                      #系统参数。
>   omega: =20:  theta0: =0:                             #系统参数。
> f: =0.1:    fs: =0.4:                                  #系统参数。
> q1: = dsolve({sys1,cstj1},{fcns},type = numeric,method = rkf45):
>                                                        #求解基座有正压力系统微分方程。
> q2: = dsolve({sys2,cstj2},{fcns},type = numeric,method = rkf45):
>                                                        #求解基座跳起系统微分方程。
> q3: = dsolve({sys1,cstj3},{fcns},type = numeric,method = rkf45):
>                                                        #求解基座有正压力系统微分方程。
> q4: = dsolve({sys2,cstj4},{fcns},type = numeric,method = rkf45):
```

```
>                                            #求解基座跳起系统微分方程。
> q5 := dsolve({sys1,cstj5},{fcns},type=numeric,method=rkf45):
>                                            #求解基座有正压力系统微分方程。
> q6 := dsolve({sys2,cstj6},{fcns},type=numeric,method=rkf45):
>                                            #求解基座跳起系统微分方程。
> ##################################################################
> X31 := -f*signum(X2(t))*(g-m2/(m1+m2)*e*omega^2*sin(theta))
>        -m2/(m1+m2)*e*omega^2*cos(theta):
>                                            #基座有正压力:X3↔ẍ。
> X32 := -m2/(m1+m2)*e*omega^2*cos(theta):
>                                            #基座跳起:X3↔ẍ。
> FN1 := (m1+m2)*g-m2*e*omega^2*sin(theta):
>                                            #基座有正压力 FN:
> FN2 := 0:                                  #基座无正压力 FN:
> FS1 := -m2*e*omega^2*cos(theta)-(m1+m2)*X31:
>                                            #基座有摩擦力 FS:
> FS2 := 0:                                  #基座无摩擦力 FS:
> ##################################################################
> eq1 := FN1=0:                              #基座有、无正压力条件。
> SOL1 := solve({eq1},{t}):                  #求 t1。
> t1 := evalf(subs(SOL1,t),4);               #t = t1。
> SOL2 := fsolve({eq1},{t},t=t1..0.2):       #求 t2。
> t2 := evalf(subs(SOL2,t),4);               #t = t2。
> SOL3 := fsolve({eq1},{t},t=t2..0.4):       #求 t3。
> t3 := evalf(subs(SOL3,t),4);               #t = t3。
> SOL4 := fsolve({eq1},{t},t=t3..0.5):       #求 t4。
> t4 := evalf(subs(SOL4,t),4);               #t = t4。
> SOL5 := fsolve({eq1},{t},t=t4..0.7):       #求 t5。
> t5 := evalf(subs(SOL5,t),4);               #t = t5。
> SOL6 := fsolve({eq1},{t},t=t5..0.8):       #求 t6。
> t6 := evalf(subs(SOL6,t),4);               #t = t6。
> ##################################################################
> with(plots):                               #加载绘图库。
> TU1 := odeplot(q1,[t,X1(t)],0..t1,view=[0..t1,-0.05..0.1],
>        thickness=2,tickmarks=[4,4]):       #第一段 t-x 曲线。
> TU2 := odeplot(q2,[t,X1(t)],t1..t2,view=[t1..t2,-0.2..0.2],
```

```
>          thickness =2,tickmarks =[4,4]):                  #第二段 t-x 曲线。
> TU3: =odeplot(q3,[t,X1(t)],t2..t3,view =[t2..t3, -0.2..0.3],
>          thickness =2,tickmarks =[4,4]):                  #第三段 t-x 曲线。
> TU4: =odeplot(q4,[t,X1(t)],t3..t4,view =[t3..t4, -0.2..0.3],
>          thickness =2,tickmarks =[4,4]):                  #第四段 t-x 曲线。
> TU5: =odeplot(q5,[t,X1(t)],t4..t5,view =[t4..t5, -0.3..0.3],
>          thickness =2,tickmarks =[4,4]):                  #第五段 t-x 曲线。
> TU6: =odeplot(q6,[t,X1(t)],t5..t6,view =[t5..t6, -0.5..0.3],
>          thickness =2,tickmarks =[4,4]):                  #第六段 t-x 曲线。
> display({TU1,TU2,TU3,TU4,TU5,TU6});                       #系统 t-x 曲线。
> TUU1: =odeplot(q1,[t,X2(t)],0..t1,view =[0..t1, -2..2],
> thickness =2,tickmarks =[4,4]):                           #第一段 t-ẋ 曲线。
> TUU2: =odeplot(q2,[t,X2(t)],t1..t2,view =[t1..t2, -2..2],
> thickness =2,tickmarks =[4,4]):                           #第二段 t-ẋ 曲线。
> TUU3: =odeplot(q3,[t,X2(t)],t2..t3,view =[t2..t3, -2..2],
> thickness =2,tickmarks =[4,4]):                           #第三段 t-ẋ 曲线。
> TUU4: =odeplot(q4,[t,X2(t)],t3..t4,view =[t3..t4, -2..2],
> thickness =2,tickmarks =[4,4]):                           #第四段 t-ẋ 曲线。
> TUU5: =odeplot(q5,[t,X2(t)],t4..t5,view =[t4..t5, -2..2],
> thickness =2,tickmarks =[4,4]):                           #第五段 t-ẋ 曲线。
> TUU6: =odeplot(q5,[t,X2(t)],t5..t6,view =[t5..t6, -3..2],
> thickness =2,tickmarks =[4,4]):                           #第六段 t-ẋ 曲线。
> display({TUU1,TUU2,TUU3,TUU4,TUU5,TUU6});
>                                                           #系统 t-ẋ 曲线。
> TUUU1: =odeplot(q1,[t,X31],0..t1,view =[0..t1, -30..35],
> thickness =2,tickmarks =[4,4]):                           #第一段 t-ẍ 曲线。
> TUUU2: =odeplot(q2,[t,X32],t1..t2,view =[t1..t2, -30..35],
> thickness =2,tickmarks =[4,4]):                           #第二段 t-ẍ 曲线。
> TUUU3: =odeplot(q3,[t,X31],t2..t3,view =[t2..t3, -30..35],
> thickness =2,tickmarks =[4,4]):                           #第三段 t-ẍ 曲线。
> TUUU4: =odeplot(q4,[t,X32],t3..t4,view =[t3..t4, -30..35],
> thickness =2,tickmarks =[4,4]):                           #第四段 t-ẍ 曲线。
> TUUU5: =odeplot(q5,[t,X31],t4..t5,view =[t4..t5, -30..35],
> thickness =2,tickmarks =[4,4]):                           #第五段 t-ẍ 曲线。
> TUUU6: =odeplot(q6,[t,X32],t5..t6,view =[t5..t6, -30..35],
> thickness =2,tickmarks =[4,4]):                           #第六段 t-ẍ 曲线。
> display({TUUU1,TUUU2,TUUU3,TUUU4,TUUU5,TUUU6});
```

```
>                                                    #系统t-ẍ曲线。
>TUUUU1:=odeplot(q1,[t,FN1],0..t1,view=[0..t1,0..30],
>thickness=2,tickmarks=[4,4]):                    #第一段t-F_N曲线。
>TUUUU2:=plot({FN2},t1..t2,view=[t1..t2,0..30],
>thickness=2,tickmarks=[4,4]):                    #第二段t-F_N曲线。
>TUUUU3:=odeplot(q3,[t,FN1],t2..t3,view=[t2..t3,0..120],
>thickness=2,tickmarks=[4,4]):                    #第三段t-F_N曲线。
>TUUUU4:=plot({FN2},t3..t4,view=[t3..t4,-1..1],
>thickness=2,tickmarks=[4,4]):                    #第四段t-F_N曲线。
>TUUUU5:=odeplot(q5,[t,FN1],t4..t5,view=[t4..t5,0..150],
>thickness=2,tickmarks=[4,4]):                    #第五段t-F_N曲线。
>TUUUU6:=odeplot(q6,[t,FN1],t5..t6,view=[t5..t6,0..150],
>thickness=2,tickmarks=[4,4]):                    #第六段t-F_N曲线。
>display({TUUUU1,TUUUU2,TUUUU3,TUUUU4,TUUUU5,TUUUU6});
>                                                    #系统t-F_N曲线。
>TUUUUU1:=odeplot(q1,[t,FS1],0..t1,view=[0..t1,-5..5],
>thickness=2,tickmarks=[4,4]):                    #第一段t-F_S曲线。
>TUUUUU2:=plot({FS2},t1..t2,view=[t1..t2,-1..1],
>thickness=2,tickmarks=[4,4]):                    #第一段t-F_S曲线。
>TUUUUU3:=odeplot(q3,[t,FS1],t2..t3,view=[t2..t3,-6..15],
>thickness=2,tickmarks=[4,4]):                    #第一段t-F_S曲线。
>TUUUUU4:=plot([t,FS2],t3..t4,view=[t3..t4,0..12],
>thickness=2,tickmarks=[4,4]):                    #第一段t-F_S曲线。
>TUUUUU5:=odeplot(q5,[t,FS1],t4..t5,view=[t4..t5,-10..12],
>thickness=2,tickmarks=[4,4]):                    #第一段t-F_S曲线。
>TUUUUU6:=plot([t,FS2],t5..t6,view=[t5..t6,-10..12],
>thickness=2,tickmarks=[4,4]):                    #第一段t-F_S曲线。
>display({TUUUUU1,TUUUUU2,TUUUUU3,TUUUUU4,TUUUUU5,TUUUUU6});
>                                                    #系统t-F_S曲线。
>###################################################################
```

思考题

思考题 18-1 曲柄连杆滑块机构如图 18-6 所示,曲柄 OA 长为 r。试确定系统的自由度和广义坐标,并分析该瞬时系统的虚位移 。

思考题 18-2 长方形刚板上 A、B 两点分别用销钉约束在铅垂和水平滑道内,图 18-7 所示瞬时 AB 连线与水平线的夹角为 θ,且 $AB=a$。若给 A 点一个虚位移 δr,试确定该瞬时 B 点的虚位移的方向,并分析 A、B 两点虚位移垂线的交点 O 的虚位移。

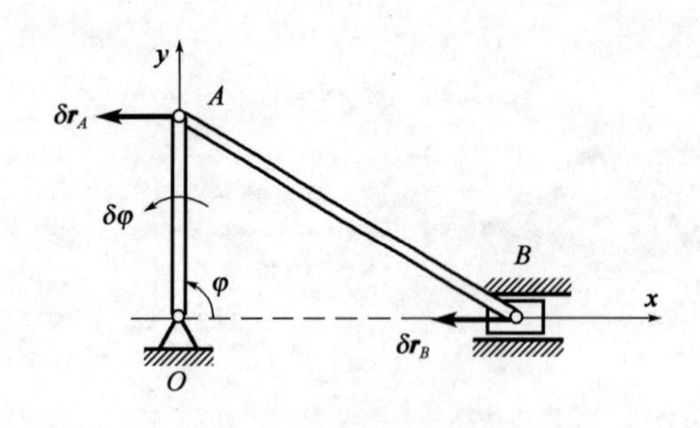

图 18-6　思考题 18-1

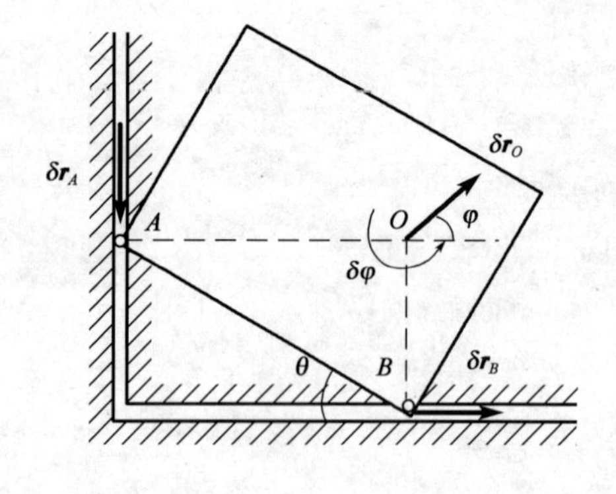

图 18-7　思考题 18-2

思考题 18-3　如图 18-8 所示，杆 OA 和杆 AB 通过铰链连接，杆 AB 可在套筒 D 中滑动，其端部 B 和套筒 D 同有一弹簧。已知 $OA = OD = L, AB = 3L/2$。试确定系统的自由度和广义坐标；当 $\varphi = 60°$，OA 杆的虚位移为 $\delta\varphi$ 时，试确定 B 点的虚位移。

思考题 18-4　如图 18-9 所示四连杆机构问题。为确定系统的位置，可选两铰链的直角坐标为 $A(x_1, y_1)$、$B(x_2, y_2)$，请写出约束方程，如果选 3 个角 φ_1、φ_2、φ_3 为坐标，请写出约束方程，如果选 φ_1 为坐标，则 φ_2、φ_3 称为什么坐标？

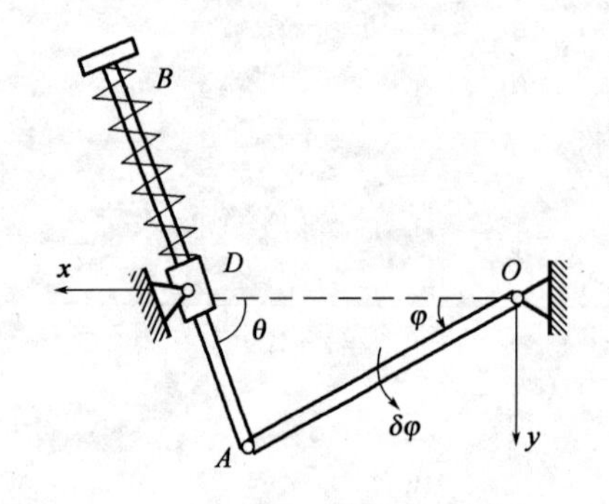

图 18-8　思考题 18-3

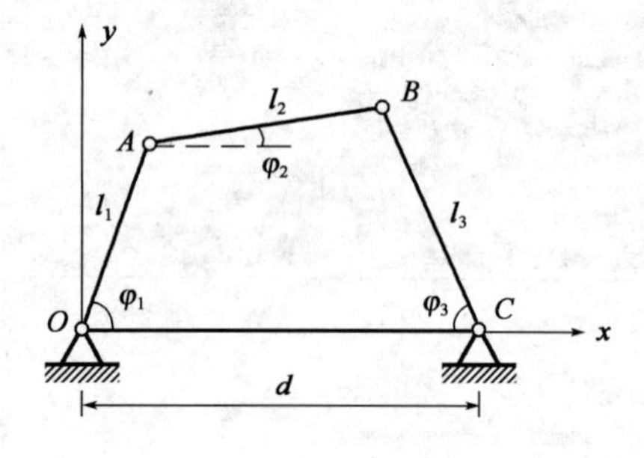

图 18-9　思考题 18-4

思考题 18-5　两质点在半径为 R 的固定球面内壁上运动，它们用长为 l 的刚性杆连接（$l \leqslant 2R$）。试列写约束方程。

思考题 18-6　列写平面追踪问题的约束方程。在平面 Oxy 上，已知一质点的运动规律为 $x_1 = x_1(t)$，$y_1 = y_1(t)$，另一质点的坐标为(x_2, y_2)，其速度始终指向前一质点。

思考题 18-7　自由刚体问题。为确定自由刚体在空间的位置，可选刚体上某一点 A 的直角坐标 x_A，y_A，z_A 及确定与刚体固连的轴 $A\xi\eta\zeta$ 相对于固定直角坐标系 $Oxyz$ 转动的三个欧拉角 ψ、θ、φ（广义坐标），如图 18-10 所示。写出刚体上点在两个坐标系中的坐标的关系？

思考题 18-8　一直杆以常角速度 ω 绕铅垂轴 Oz 转动，杆与轴 Oz 夹角 α 为常值。杆上有一小环，小环可沿杆滑动。取小环对杆与轴 Oz 交点 O 的距离 r 为坐标，如图 18-11 所示。试将小环的直角坐标用广义坐标 r 表示出来。

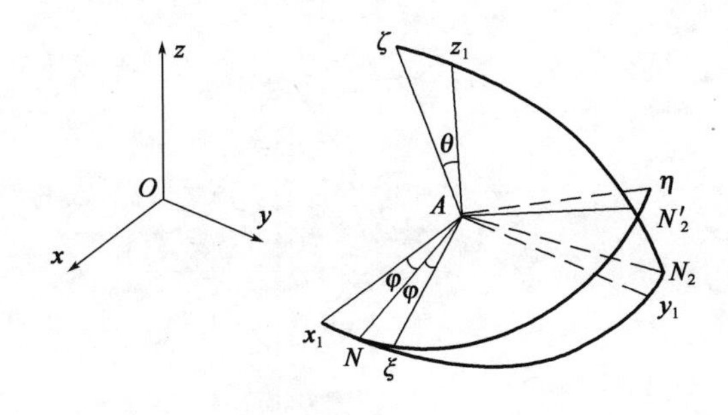

图 18-10　思考题 18-7

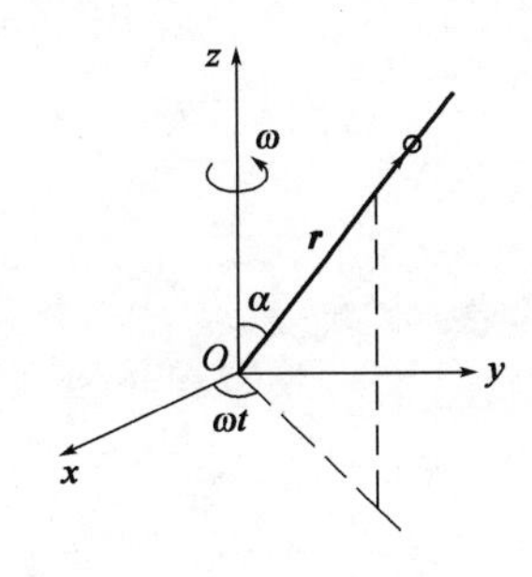

图 18-11　思考题 18-8

思考题 18-9　一质点沿一曲面 $f(x,y,z)=0$ 运动。试写出约束方程对虚位移 $\delta x,\delta y,\delta z$ 的限制方程。质点的独立坐标数目是________，独立变分的数目是________，自由度是________。

思考题 18-10　平面上两质点 A,B 由一长为 l 的刚性杆连接，运动中杆中点 C 的速度只可以沿杆向(图 18-12)。选 A 的坐标(x_1,y_1)和 B 的坐标(x_2,y_2)，试写出约束方程和它们加在虚位移 $\delta x_1,\delta x_2,\delta y_1,\delta y_2$ 上的限制方程。

若选杆中点 C 的坐标(x,y)以及杆对轴 Ox 的夹角 θ 为坐标，试写出约束方程和它们加在虚位移 $\delta x,\delta y,\delta\theta$ 上的限制方程。

系统独立坐标的数目是________，独立变分数目是________，自由度是________。

思考题 18-11　一个机械手 $ABCDEF$ 由 4 个刚体组成，如图 18-13 所示。A 是球铰链，B，C，D 是 3 个平面铰链。试计算系统的自由度数目是多少？

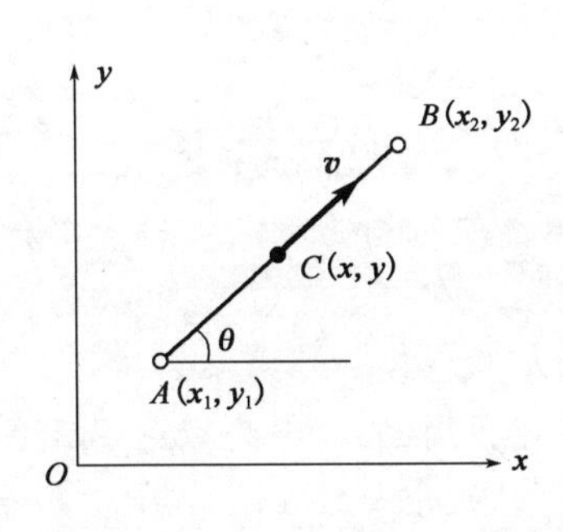

图 18-12　思考题 18-10

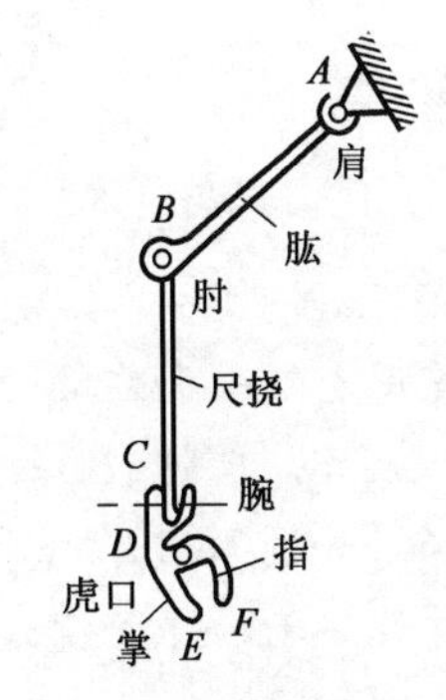

图 18-13　思考题 18-11

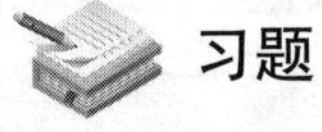

习题

A 类型习题

习题 18-1　如图 18-14 所示，试用动力学普遍方程建立平面单摆的运动微分方程。

习题 18-2　设飞球调速器的主轴 O_1y_1 以匀角速度 $\boldsymbol{\omega}$ 转动。试用动力学普遍方程求调速器两臂的张角 θ。设重锤 C 的质量为 m_0，飞球 A,B 的质量均为 m，各杆长均为 l，不计杆重和摩擦，如图 18-15 所示。

习题 18-3　椭圆规机构在水平面内由曲柄 OC 带动(图 18-16)。曲柄和规尺都可看成均质细杆，质量分别是 m 和 $2m$，且长度 $AC=BC=OC=l$，滑块 A 和 B 的质量都是 m_1。设曲柄上作用着不变转矩 $\boldsymbol{M}_O$，不计摩擦，试用动力学普遍方程求曲柄的角加速度。

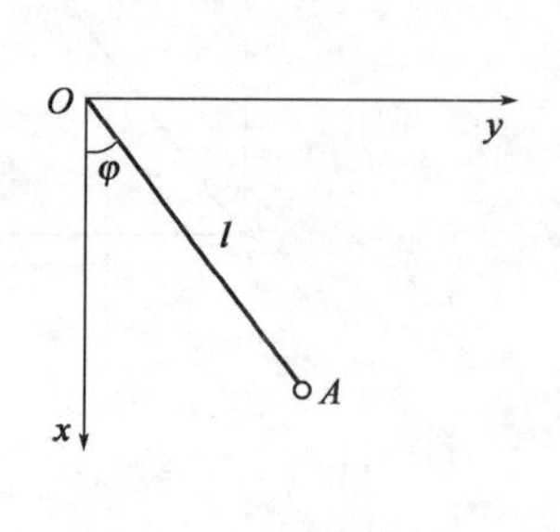

图 18-14　习题 18-1

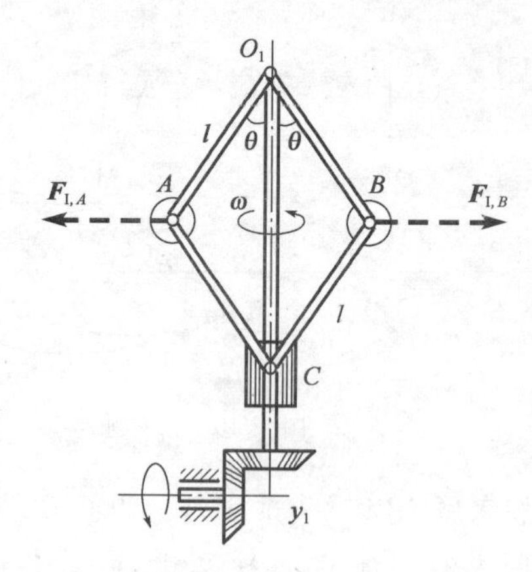

图 18-15　习题 18-2

习题 18-4　如图 18-17 所示，质量均为 m 的三个重物顺次用不可伸长的绳相连，绳子跨过定滑轮 A，两个重物放置在光滑水平面上，第三个重物铅垂悬挂。求系统的加速度和绳子断面 ab 处的张力。绳子和滑轮的质量都不计。

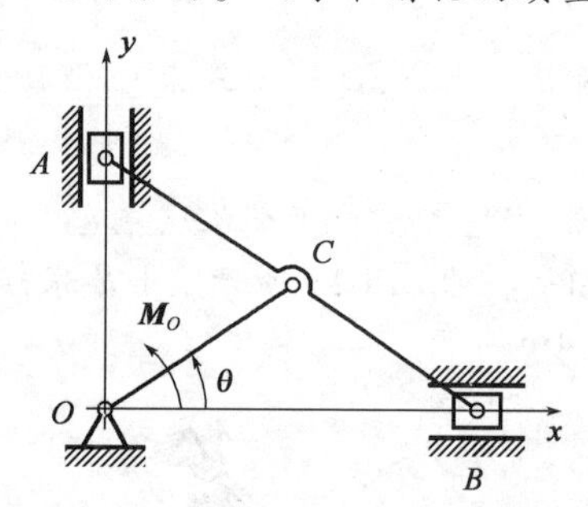

图 18-16　习题 18-3

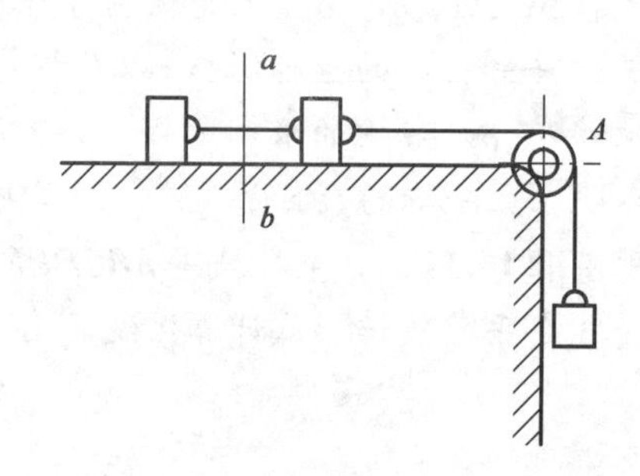

图 18-17　习题 18-4

习题 18-5　如图 18-18 所示，质量为 m_1 的杆 DE 放在质量均为 m_2 的三个滚子 A,B,C 上。在杆上作用着水平向右的力 $\boldsymbol{F}$，使杆和滚子发生运动。在杆与滚子之间以及滚子与水平面之间，都无滑动，求杆 DE 的加速度。滚子可看成均质圆柱体。

习题 18-6　如图 18-19 所示，质量为 m_1 的重物 A 在下落时，借不可伸长的绳子使轮轴 C 沿水平轨道作纯滚动。绳子绕过定滑轮 D 并缠在半径为 R 的轮子 B 上。轮 B 与半径为 r 的 C 轴固连为整体，总质量为 m_2，且对垂直于图面的轴 O 的回转半径为 ρ。求重物 A 的加速度。绳子和滑轮的质量都不计。

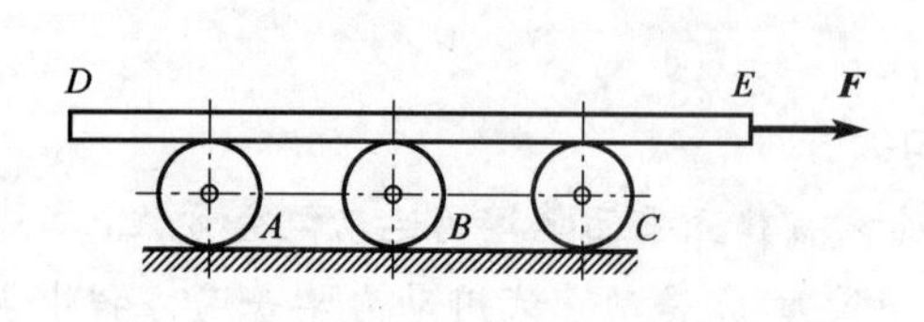

图 18-18　习题 18-5

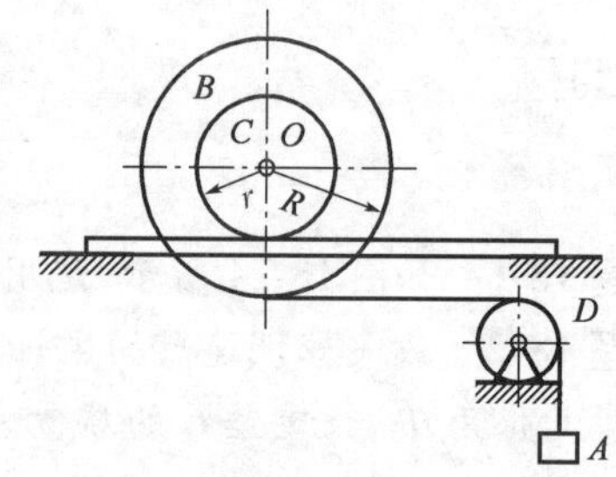

图 18-19　习题 18-6

习题 18-7　如图 18-20 所示，两相同匀质圆轮半径皆为 R，质量皆为 m。轮Ⅰ可绕轴 O 转动，轮Ⅱ绕有细绳并跨于轮Ⅰ上，当细绳直线部分为铅垂时，求轮Ⅱ中心 C 的加速度。

习题 18-8　如图 18-21 所示，试用动力学普遍方程建立液体在 U 形光滑玻璃管内的运动微分方程。

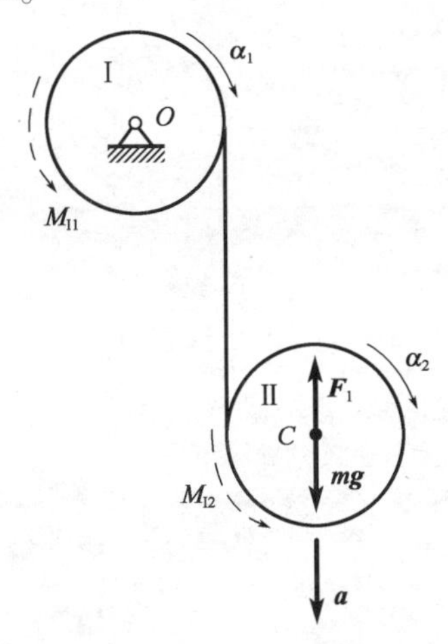

图 18-20　习题 18-7

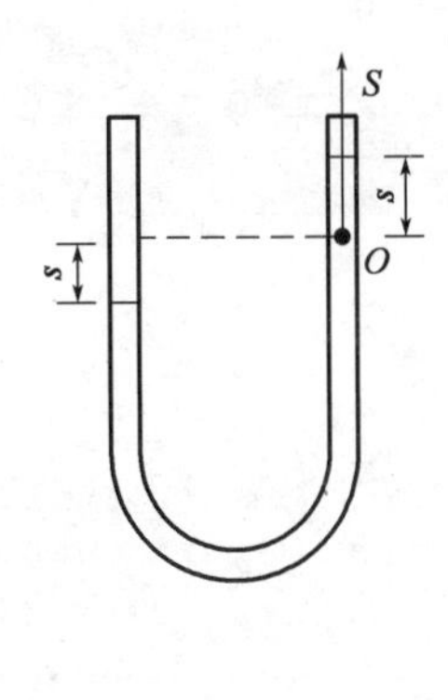

图 18-21　习题 18-8

B 类型习题

习题 18-9　如图 18-22 所示，半径为 R 的均质空心圆柱内壁足够粗糙，可绕中心水平轴 Oz 作定轴转动，绕 Oz 的转动惯量为 J_0。半径为 r、质量为 m 的均质圆球 O' 沿其内壁作纯滚动。试用动力学普遍方程写出系统的运动微分方程。

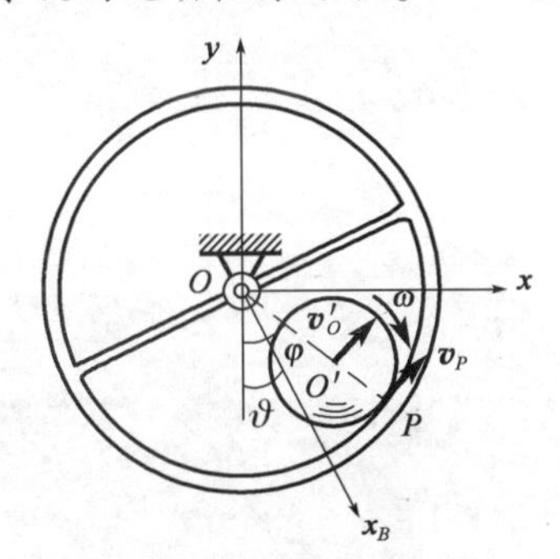

图 18-22　习题 18-9

C 类型习题

习题 18-10　如图 18-23 所示，一离心调速器。设小球 A，B 的质量为 m_1，套筒 C 的质量为 m_2，上杆长 l_1，下杆长 l_2，重量不计。求转动角速度 $\boldsymbol{\omega}$ 与偏角 φ 之间的关系。

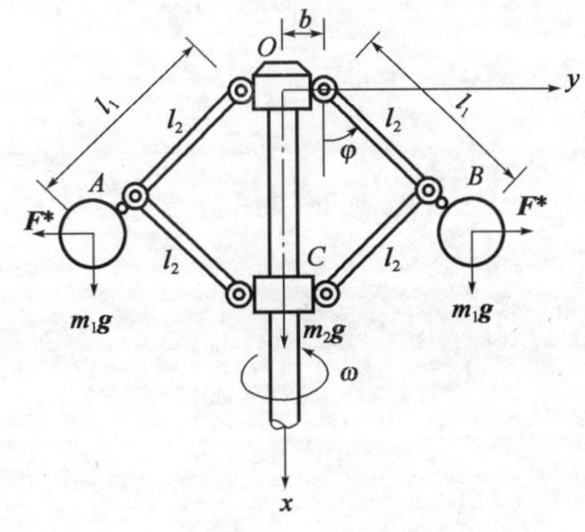

图 18-23　习题 18-10

约瑟夫·拉格朗日(Joseph-Louis Lagrange,1736—1813 年)法国著名数学家、物理学家和天文学家,分析力学的创始人。全部著作、论文、学术报告记录、学术通讯超过 500 篇。

《分析力学》(1788 年):他总结了静力学的各种原理,包括他 1764 年建立的虚速度原理的基础上提出分析静力学的一般原理,即虚功原理,并同达朗伯原理结合而得到动力学普遍方程。对于有约束的力学系统,他采用适当的变换,引入广义坐标,得到一般的运动方程,即第一类和第二类拉格朗日方程。拉格朗日研究过重刚体定点转动并对刚体的惯性椭球是旋转椭球且重心在对称轴上的情况作详细的分析。这种情况称为重刚体的拉格朗日情况。拉格朗日在 1811 年还推导得到弹性薄板的平衡方程。

居里夫人:“我们应该有恒心,

尤其要有自信力。”

第 19 章　拉格朗日方程

作为力学系统的运动规律,动力学普遍方程还需要设法甩开有很大任意性的虚位移。当然,我们可以在各个实际问题中具体进行这项工作。但是,有没有可能一劳永逸地把虚位移甩掉,得出某种一般的动力学方程?这种可能性确实存在。在完整系统的情况下,这样得出的动力学方程叫作拉格朗日方程。

本章由达朗贝尔—拉格朗日原理推导了拉格朗日方程。拉格朗日方程是一种“最小方程数”的建模方法,而且使用中操作规范,因而在工程中经常使用。

19.1　第二类拉格朗日方程

对于具有理想双面约束的完整系统,$\delta q_j(j=1,2,\cdots,m)$是相互独立的,且广义坐标数等于自由度($m=f$)。利用$\delta q_j$独立性,方程(18-10)成立。当且仅当所有$\delta q_j$的系数都等于零,所有方程(18-17)等价于下面的f个方程:

$$\frac{\mathrm{d}}{\mathrm{d}t}\left(\frac{\partial T}{\partial \dot{q}_j}\right)-\frac{\partial T}{\partial q_j}=Q_j \quad (j=1,2,\cdots,f) \tag{19-1}$$

方程(19-1)称为第二类拉格朗日方程,简称拉格朗日方程,这是关于f个函数$q_j(t)$的f个二阶微分方程。这个方程组的阶数$2f$,这是所研究系统的运动微分方程的最小可能阶数,因为$q_j,\dot{q}_j(i=1,2,\cdots,f)$的初始值可以任意选取。

为了得到拉格朗日方程,必须将系统的动能T表示成广义坐标、广义速度和时间的函数,必须求出广义力,并且如同式(19-1)那样将$T(q_j,\dot{q}_j,t)$对广义坐标、广义速度和时间求导。可以发现,拉格朗日方程的形式不依赖于广义坐标的选择,选取其广义坐标只会改变函数T和Q_j,而方程式(19-1)的形式不会改变,这就是说拉格朗日方程具有不变性。

19.2　拉格朗日函数

19.2.1　有势力情况下的拉格朗日方程

如果主动力为有势力,设广义力Q_j由下面公式计算

$$Q_j=-\frac{\partial V}{\partial q_j} \quad (j=1,2,\cdots,f) \tag{a}$$

其中,势能$V=V(q_1,q_2,\cdots,q_f,t)$。

拉格朗日方程(19-1)在有势力情况下写成

$$\frac{\mathrm{d}}{\mathrm{d}t}\left(\frac{\partial T}{\partial \dot{q}_j}\right)-\frac{\partial T}{\partial q_j}=-\frac{\partial V}{\partial q_j} \quad (j=1,2,\cdots,f) \tag{b}$$

令 $L = T - V$,那么上面方程写成

$$\frac{\mathrm{d}}{\mathrm{d}t}\left(\frac{\partial L}{\partial \dot{q}_j}\right) - \frac{\partial L}{\partial q_j} = 0 \quad (j = 1, 2, \cdots, f) \tag{19-2}$$

函数 L 称为拉格朗日函数。方程(18-21)适用于理想双面约束的完整有势系统。仅用拉格朗日函数就可以表示的动力系统称为拉格朗日系统。

利用表达式(18-21),拉格朗日函数可以写成广义速度的二阶多项式

$$L = L_2 + L_1 + L_0 \tag{19-3a}$$

其中

$$L_2 = T_2, L_1 = T_1, L_0 = T_0 - V \tag{19-3b}$$

于是列写质点系的运动微分方程归结为写出质点系的拉格朗日函数 L。一般情况下,L 是 $q_j, \dot{q}_j (j = 1, 2, \cdots, f)$ 和 t 的函数:

$$L = L(q_1, q_2, \cdots, q_f, \dot{q}_1, \dot{q}_2, \cdots, \dot{q}_f, t) \tag{19-4}$$

由于函数 L 可以完全确定质点系的运动规律,因此,可将拉格朗日函数称为质点系的特征函数。

L 对广义坐标的偏导数为

$$Q_j = \frac{\partial L}{\partial q_j} \quad (j = 1, 2, \cdots, f) \tag{19-5a}$$

其量纲为力或力矩的量纲,称为有势力的广义力。

L 对广义速度的偏导数为

$$p_j = \frac{\partial L}{\partial \dot{q}_j} \quad (j = 1, 2, \cdots, f) \tag{19-5b}$$

其量纲为动量或动量矩的量纲,称为广义动量。

19.2.2 拉格朗日函数表示的拉格朗日方程

设系统除了有势力以外还受某些非有势力作用,相应于非有势力的广义力用 Q_j^* 表示,那么有

$$Q_j = -\frac{\partial V}{\partial q_j} + Q_j^* \tag{c}$$

而拉格朗日方程式(19-1)有如下形式

$$\frac{\mathrm{d}}{\mathrm{d}t}\left(\frac{\partial T}{\partial \dot{q}_j}\right) - \frac{\partial T}{\partial q_j} = -\frac{\partial V}{\partial q_j} + Q_j^* \quad (j = 1, 2, \cdots, f) \tag{d}$$

即

$$\frac{\mathrm{d}}{\mathrm{d}t}\left(\frac{\partial L}{\partial \dot{q}_j}\right) - \frac{\partial L}{\partial q_j} = Q_j^* \quad (j = 1, 2, \cdots, f) \tag{19-6}$$

上式就是用拉格朗日函数表示的拉格朗日方程的普遍形式,适用于理想双面约束的完整系统。

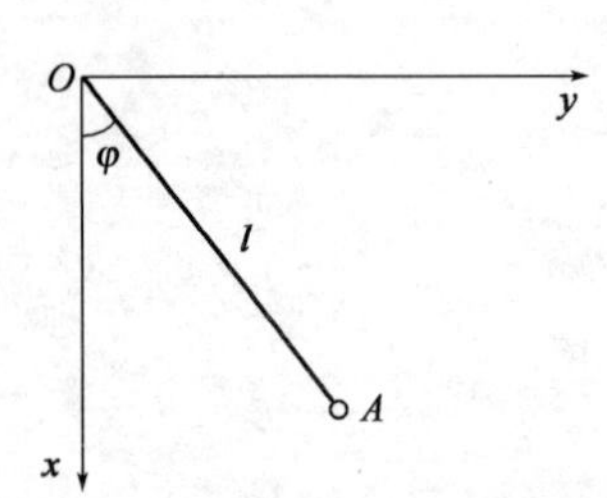

图 19-1 例题 19-1

例题 19-1 如图 19-1 所示,建立平面单摆的运动微分方程。

解:①运动分析,求系统的动能。

摆锤 A 做圆周运动。设摆锤质量为 m,与长为 l 的无质量杆固结,杆的另一端铰接在 A 点,杆可以绕 A 点在铅垂平面内无摩擦地转动。坐标系如图 19-1 所示。这是一个自由度系统,取 φ

为广义坐标,摆锤坐标写成

$$x = l\cos\varphi, y = l\sin\varphi \tag{1}$$

对时间求导,得

$$\dot{x} = -l\sin\varphi\dot{\varphi}, \dot{y} = l\cos\varphi\dot{\varphi} \tag{2}$$

动能为

$$\begin{aligned} T &= \frac{1}{2}m(\dot{x}^2 + \dot{y}^2) \quad \text{\#列式} \\ &= \frac{1}{2}ml^2\dot{\varphi}^2 \quad \text{\#统一} \end{aligned} \tag{3}$$

②受力分析,求势能。

系统受主动力 $m\boldsymbol{g}$。

势能为

$$\begin{aligned} V &= -mgx \quad \text{\#列式} \\ &= -mgl\cos\varphi \quad \text{\#统一} \end{aligned} \tag{4}$$

拉格朗日函数为

$$L = T - V = \frac{1}{2}ml^2\dot{\varphi}^2 + mgl\cos\varphi \tag{5}$$

③列出方程。

计算 L 对广义坐标和广义速度的偏导数

$$\frac{\partial L}{\partial\varphi} = -mgl\sin\varphi \tag{6}$$

$$\frac{\partial L}{\partial\dot{\varphi}} = ml^2\dot{\varphi} \tag{7}$$

计算全导数

$$\frac{\mathrm{d}}{\mathrm{d}t}\left(\frac{\partial L}{\partial\dot{\varphi}}\right) = ml^2\ddot{\varphi}$$

由

$$\frac{\mathrm{d}}{\mathrm{d}t}\left(\frac{\partial L}{\partial\dot{\varphi}}\right) - \frac{\partial L}{\partial\varphi} = 0 \tag{8}$$

得

$$ml^2\ddot{\varphi} + mgl\sin\varphi = 0 \tag{9}$$

即

$$\ddot{\varphi} + \frac{g}{l}\sin\varphi = 0$$

讨论与练习

(1)本题与例题18-2对比,利用拉格朗日方程与动力学普遍方程建立系统的运动微分方程相比有哪些优点?

(2)对于这个只有一个自由度的系统,请读者利用机械能守恒定律建立本题的运动微分方程,并与拉格朗日方程解法相比较。

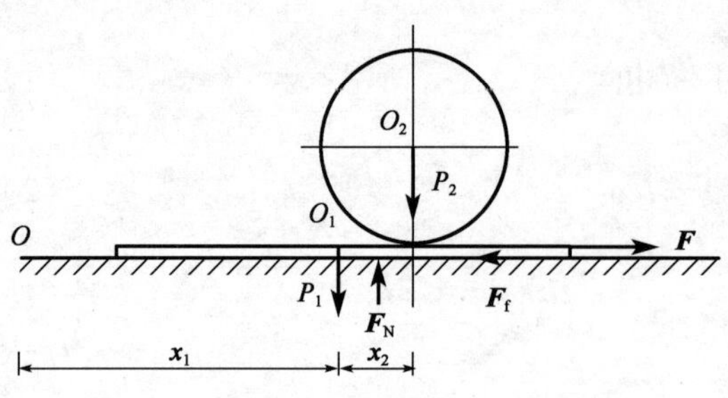

图 19-2　例题 19-2

例题 19-2　一平台放在粗糙水平固定面上。在平台上放一圆柱。某瞬时在平台上加一常力 $\boldsymbol{F}$,此力通过平台重心并通过圆柱重心在平台上的投影。假设圆柱沿平台无滑动地滚动,并忽略平台的厚度,如图 19-2 所示。已知平台重 P_1,圆柱重 P_2,半径为 R,平台与固定面之间的摩擦因数为 f。试确定系统的运动。

解:①运动分析,求系统的动能。

平台作平行移动,圆柱做平面运动(纯滚动)。取平台重心坐标 x_1,圆柱重心相对于平台重心的坐标 x_2 以及圆柱滚动的转角 φ 为坐标。因圆柱对平台没有滑动,故最后两个坐标之间存在完整约束

$$x_2 = R\varphi \tag{1}$$

因此,系统有两个自由度,令

$$q_1 = x_1, q_2 = x_2 \tag{2}$$

平台的动能为

$$T_1 = \frac{1}{2}\frac{P_1}{g}\dot{x}_1^2$$

圆柱的动能,有

$$\begin{aligned} T_2 &= \frac{1}{2}\frac{P_2}{g}(\dot{x}_1 + \dot{x}_2)^2 + \frac{1}{2}\left(\frac{1}{2}\frac{P_2}{g}R^2\right)\dot{\varphi}^2 \\ &= \frac{1}{2}\frac{P_2}{g}(\dot{x}_1 + \dot{x}_2)^2 + \frac{1}{4}\frac{P_2}{g}\dot{x}_2^2 \end{aligned}$$

因此,系统动能为

$$T = T_1 + T_2 = \frac{1}{2g}(P_1 + P_2)\dot{x}_1^2 + \frac{3}{4}\frac{P_2}{g}\dot{x}_2^2 + \frac{P_2}{g}\dot{x}_1\dot{x}_2 \tag{3}$$

②受力分析,计算广义力。

为求广义力 Q_1,给出特殊虚位移 $\delta x_2 = 0, \delta x_1 \neq 0$,计算所有力的元功之和,并将摩擦力 $F_f = (P_1 + P_2)f$ 当作主动力来处理。主动力的元功之和为

$$\delta W_1 = (-F_f + F)\delta x_1 = [-(P_1 + P_2)f + F]\delta x_1$$

因此广义力为

$$Q_1 = \frac{\delta W_1}{\delta x_1} = -(P_1 + P_2)f + F \tag{4a}$$

为求广义力 Q_2,再给出特殊虚位移 $\delta x_1 = 0, \delta x_2 \neq 0$。主动力的元功之和为

$$\delta W_2 = 0$$

于是

$$Q_2 = 0 \tag{4b}$$

③列出方程。

拉格朗日方程有形式

$$\frac{\mathrm{d}}{\mathrm{d}t}\frac{\partial T}{\partial \dot{x}_1} - \frac{\partial T}{\partial x_1} = Q_1, (P_1 + P_2)\ddot{x}_1 + P_2\ddot{x}_2 = Fg - (P_1 + P_2)fg \tag{5a}$$

$$\frac{\mathrm{d}}{\mathrm{d}t}\frac{\partial T}{\partial \dot{x}_2}-\frac{\partial T}{\partial x_2}=Q_2,\ 2\ddot{x}_1+3\ddot{x}_2=0 \tag{5b}$$

④初积分。

由式(5b)得

$$\ddot{x}_2=-\frac{2}{3}\ddot{x}_1 \tag{6}$$

将其代入式(5a),得

$$\ddot{x}_1=\frac{3[F-(P_1+P_2)f]}{3P_1+P_2}g \tag{7}$$

积分式(6),得到

$$\dot{x}_2+\frac{2}{3}\dot{x}_1=C \tag{8}$$

讨论与练习

(1)请读者利用式(19-6)推导本题的动力学运动微分方程;

(2)请读者分析方程式(8)给出的积分的物理意义。

19.3 拉格朗日方程的初积分

拉格朗日方程是一组二阶常微分方程,在一些特殊情况下这个方程组存在初积分。所谓初积分是指满足拉格朗日方程的,联系广义坐标、广义速度、时间 t 及积分常数的关系式。

设质点系的主动力有势,拉格朗日方程有式(19-2)的形式。讨论以下两种特殊情况下的初积分:

19.3.1 循环积分

如拉格朗日函数 L 不包含某个广义坐标 q_k,即$\partial L/\partial q_k=0$,这种广义坐标叫作循环坐标(或可忽略坐标)。于是,根据拉格朗日方程式(19-2)可得

$$\frac{\mathrm{d}}{\mathrm{d}t}\left(\frac{\partial L}{\partial \dot{q}_k}\right)=0 \tag{a}$$

这就是说,广义动量 $p_k=\partial L/\partial \dot{q}_k$ 是守恒的,即

$$p_k=\text{常数}\left(\text{若}\ \frac{\partial L}{\partial q_k}=0\right) \tag{19-7}$$

这叫作广义动量守恒原理。

如 q_k 是力学系统的整体平行移动坐标,则广义动量守恒原理就归结为本书上册的动量守恒原理。如 q_k 是力学系统的整体转动坐标,则广义动量守恒原理就归结为本书上册的动量矩守恒原理。但是本书上册论述动量守恒原理和动量矩守恒时,以牛顿第三定律为先决条件(内力的矢量和为零,内力的力矩和为零),而广义动量守恒原理式(19-7)并不以牛顿第三定律为先决条件。

广义动量可以是系统的动量,可以是系统的动量矩,也可以既不是动量也不是动量矩。因此,广义动量守恒或者表示动量守恒,或者表示动量矩守恒,或者不是上述两种守恒。这

里动量矩可以是对固定轴的，也可以是对动轴的。

例题 19-3 质点在有心力作用下的运动。

解：系统的拉格朗日函数为

$$L = \frac{1}{2}m(\dot{r}^2 + r^2\dot{\theta}^2) + \int_{\infty}^{r} F(r)\,\mathrm{d}r \tag{1}$$

其中，r，θ 为质点的极坐标。θ 为循环坐标，有循环积分

$$\frac{\partial L}{\partial \dot{\theta}} = C, mr^2\dot{\theta} = C \tag{19-8}$$

它代表对过力心的固定轴的动量矩守恒。

例题 19-4 质量为 m_1 的平板放在光滑平面上，平板上放一质量为 m_2，半径为 R 的圆盘，圆盘可沿平板作纯滚动(图 19-3)。

解：系统的拉格朗日函数为

$$L = \frac{1}{2}m_1\dot{x}^2 + \frac{1}{2}m_2(\dot{x} + R\dot{\theta})^2 + \frac{1}{2}\left(\frac{1}{2}m_2R^2\right)\dot{\theta}^2 - m_2gR \tag{1}$$

其中，$\dot{x}$ 为平板速度，$\dot{\theta}$ 为圆盘角速度。由式(1)知，x，θ 为循环坐标，因此有循环积分

$$\frac{\partial L}{\partial \dot{x}} = C_1,\ m_1\dot{x} + m_2(\dot{x} + R\dot{\theta}) = C_1 \tag{19-9}$$

$$\frac{\partial L}{\partial \dot{\theta}} = C_2,\ m_2R(\dot{x} + R\dot{\theta}) + \frac{1}{2}m_2R^2\dot{\theta} = C_2 \tag{19-10}$$

积分式(19-9)代表系统对固定轴 Ox 的动量守恒，而积分式(19-10)代表系统对过接触点 A 垂直于所在平面的动轴的动量矩守恒。

例题 19-5 拉格朗日陀螺如图 19-4 所示，陀螺绕定点 O 转动。

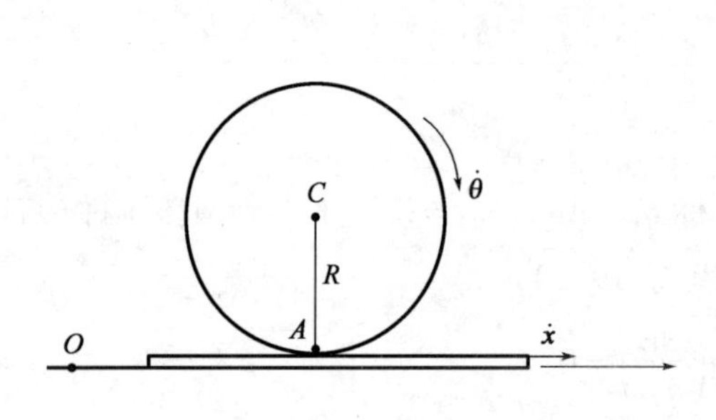

图 19-3 例题 19-4

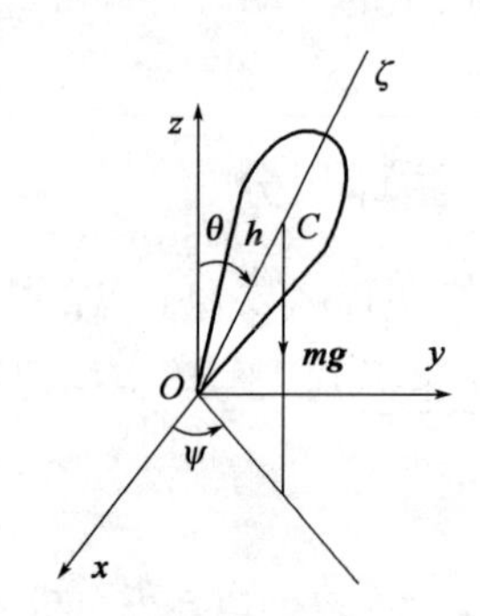

图 19-4 例题 19-5

解：拉格朗日函数有如下形式

$$L = \frac{1}{2}J_1(\dot{\theta}^2 + \dot{\psi}^2\sin^2\theta) + \frac{1}{2}J_3(\dot{\varphi} + \dot{\psi}\cos\theta)^2 - mgh\cos\theta \tag{1}$$

其中，ψ，θ，φ 为欧拉角；J_1，J_3 为陀螺在点 O 的主惯性矩。由式(1)知，φ 和 ψ 为循环坐标，因此有循环积分

$$\frac{\partial L}{\partial \dot{\varphi}} = C_1,\ J_3(\dot{\varphi} + \dot{\psi}\cos\theta) = C_1 \tag{19-11}$$

$$\frac{\partial L}{\partial \dot{\psi}} = C_2,\ J_1\dot{\psi}\sin^2\theta + J_3(\dot{\varphi} + \dot{\psi}\cos\theta)\cos\theta = C_2 \tag{19-12}$$

积分式(19-11)代表系统对动轴 $O\zeta$ 的动量矩守恒,而积分式(19-12)代表系统对过固定轴 Oz 的动量矩守恒。

19.3.2 能量积分

设拉格朗日函数 L 不是时间的显函数,则

$$L = L(q,\dot{q}) \tag{b}$$

这里已把 $q_1,q_2,\cdots,q_f$ 缩写为 q,把 $\dot{q}_1,\dot{q}_2,\cdots,\dot{q}_f$ 缩写为 $\dot{q}$。由于$\frac{\partial L}{\partial t}=0$,从而 L 的时间变化率可表示为

$$\frac{\mathrm{d}L}{\mathrm{d}t} = \sum_{j=1}^{f}\frac{\partial L}{\partial q_j}\dot{q}_j + \sum_{j=1}^{f}\frac{\partial L}{\partial \dot{q}_j}\frac{\mathrm{d}\dot{q}_j}{\mathrm{d}t} \tag{c}$$

在主动力全是势力的情况下,利用拉格朗日方程式(19-2)把$\partial L/\partial q_j$ 改写,即得

$$\frac{\mathrm{d}L}{\mathrm{d}t} = \sum_{j=1}^{f}\left(\frac{\mathrm{d}}{\mathrm{d}t}\frac{\partial L}{\partial \dot{q}_j}\right)\dot{q}_j + \sum_{j=1}^{f}\frac{\partial L}{\partial \dot{q}_j}\frac{\mathrm{d}\dot{q}_j}{\mathrm{d}t} = \frac{\mathrm{d}}{\mathrm{d}t}\left(\sum_{j=1}^{f}\frac{\partial L}{\partial \dot{q}_j}\dot{q}_j\right) \tag{d}$$

$\partial L/\partial \dot{q}_j$ 就是广义动量 p_j,这样

$$\frac{\mathrm{d}}{\mathrm{d}t}\left(\sum_{j=1}^{f}p_j\dot{q}_j - L\right) = 0 \tag{e}$$

定义哈密顿函数为

$$H \equiv \sum_{j=1}^{f}p_j\dot{q}_j - L \equiv \sum_{j=1}^{f}\frac{\partial L}{\partial \dot{q}_j}\dot{q}_j - L \tag{19-13}$$

则式(e)就是哈密顿函数 H 守恒原理,即

$$H = 常数\left(如\ \frac{\partial L}{\partial t}=0\right) \tag{19-14}$$

弄清楚哈密顿函数的意义,显然是很重要的。

势能 V 是与广义速度无关的,因此 H 的定义式(e)中$\partial L/\partial \dot{q}_j$ 可以用$\partial T/\partial \dot{q}_j$ 代替。

设变换式 $\boldsymbol{r}_i=\boldsymbol{r}_i(q)$不显含时间,即$\partial \boldsymbol{r}_i/\partial t=0$,于是由式(18-22)可得

$$T = \frac{1}{2}\sum_{i=1}^{n}\sum_{j=1}^{f}\sum_{k=1}^{f}m_i\frac{\partial \boldsymbol{r}_i}{\partial q_j}\cdot\frac{\partial \boldsymbol{r}_i}{\partial q_k}\dot{q}_j\dot{q}_k = T_2 \tag{f}$$

这是广义速度的二次齐次多项式。根据齐次函数的欧拉定理

$$\sum_{j=1}^{f}\frac{\partial L}{\partial \dot{q}_j}\dot{q}_j = 2T_2 = 2T \tag{g}$$

由此,哈密顿函数

$$H = \sum_{j=1}^{f}p_j\dot{q}_j - L = 2T - (T-V) = T+V \tag{19-15}$$

这样,在变换式 $\boldsymbol{r}_i=\boldsymbol{r}_i(q)$不显含时间的条件下,哈密顿函数 H 就是机械能。

设系统满足下面条件:

①双面,理想约束的完整定常系统,$\boldsymbol{r}_i=\boldsymbol{r}_i(q)$;

②系统所有主动力有势,$Q_j=-\dfrac{\partial V}{\partial q_j}$;

③势能不显含时间,$V=V(q)$。

满足这些条件的系统称为保守系统。对该系统有

$$\frac{\mathrm{d}E}{\mathrm{d}t}=0 \tag{19-16a}$$

即保守系统的机械能在运动中保持不变,系统有能量积分

$$E = T + V = H = \text{const} \tag{19-16b}$$

如果约束是非定常的,则变换式 $\boldsymbol{r}_i = \boldsymbol{r}_i(q,t)$ 必然显含时间 t;即使约束是定常的,也可能由于选择了某些广义坐标(例如平行移动坐标系),变换式 $\boldsymbol{r}_i = \boldsymbol{r}_i(q,t)$ 显含时间 t。在变换式显含时间的情况下,由式(18-21)

$$T = T_2 + T_1 + T_0 \tag{h}$$

根据齐次函数的欧拉定理,得

$$\sum_{j=1}^{f}\frac{\partial L}{\partial \dot{q}_j}\dot{q}_j = 0T_0 + 1T_1 + 2T_2 = T_1 + 2T_2 \tag{i}$$

由此,哈密顿函数

$$\begin{aligned} H &= \sum_{j=1}^{f} p_j \dot{q}_j - L = (T_1 + 2T_2) - (T_2 + T_1 + T_0 - V) \\ &= T_2 - T_0 + V \end{aligned} \tag{19-17}$$

这样,在变换式显含时间的条件下,哈密顿函数 H 并非机械能,只能称之为广义能量。仅用哈密顿函数表示的动力系统称为哈密顿系统。

在哈密顿系统中,如果不显含时间,则具有广义能量守恒定律

$$T_2 - T_0 + V = h \tag{19-18}$$

其中,h 是任意常数。关系式(19-18)称为雅可比积分。

例题 19-6 质量为 m、半径为 r 的圆环在圆心 A 上铰接一长度为 l、质量也为 m 的单摆 B,如图 19-5 所示。试就以下两种情况讨论拉格朗日方程的初积分:①圆环作纯滑动;②圆环作纯滚动。

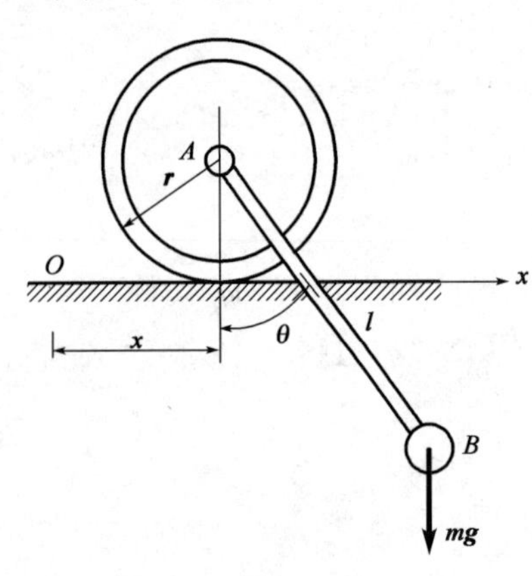

图 19-5 例题 19-6

解: 此系统为双自由度,以圆环中心 A 的坐标 x 和摆偏角 θ 为广义坐标。

①圆环作纯滑动。

以过圆环中心 A 的平面为零势能面,系统的拉格朗日函数

$$L = \frac{m}{2}(2\dot{x}^2 + l^2\dot{\theta}^2 + 2l\dot{x}\dot{\theta}\cos\theta) + mgl\cos\theta \tag{1}$$

L 中不显含 x,存在循环积分

$$\frac{\partial L}{\partial \dot{x}} = C_1,\ m(2\dot{x} + l\dot{\theta}\cos\theta) = C_1 \tag{19-19}$$

其物理意义为沿 x 方向的动量守恒。L 中不显含时间 t,且约束为定常,存在能量积分

$$T + V = C_2,\ \frac{m}{2}(2\dot{x}^2 + l^2\dot{\theta}^2 + 2l\dot{x}\dot{\theta}\cos\theta) - mgl\cos\theta = C_2 \tag{19-20}$$

②圆环作纯滚动。

系统的拉格朗日函数为

$$L = \frac{m}{2}(3\dot{x}^2 + l^2\dot{\theta}^2 + 2l\dot{x}\dot{\theta}\cos\theta) + mgl\cos\theta \tag{2}$$

系统的循环积分改为

$$\frac{\partial L}{\partial \dot{x}} = C_3,\ m(3\dot{x} + l\,\dot{\theta}\cos\theta) = C_3 \tag{19-21}$$

虽然广义动量守恒,但按矢量力学观点,由于接触处存在摩擦力,系统沿 x 轴的动量不守恒。

系统的能量积分改为

$$T + V = C_4,\ \frac{m}{2}(3\dot{x}^2 + l^2\dot{\theta}^2 + 2l\dot{x}\,\dot{\theta}\cos\theta) - mgl\cos\theta = C_4 \tag{19-22}$$

广义动量守恒或循环积分,可以是对固定轴的动量守恒,如式(19-9)和式(19-19)所示;可以是对固定轴的动量矩守恒,如式(19-8)和式(19-12)所示;可以是对动轴的动量矩守恒,如式(19-10)和式(19-11)所示;可以不是动量守恒,如式(19-21)所示。

拉格朗日函数表征系统固有的动力学性质:

(1) $\partial L/\partial x = 0$,说明坐标原点在 x 方向的平移不影响系统的动力性质,这反映了空间在 x 方向的均匀性;

(2) $\partial L/\partial \varphi = 0$,说明坐标旋转一个角度不影响系统的动力学性质,这反映了空间的各向同性;

(3) $\partial L/\partial t = 0$ 则反映了时间的均匀性。可见,经典力学中时间、空间的 3 个基本属性——空间的均匀性和各向同性以及时间的均匀性,通过 3 个基本守恒得到了反映。

19.4 分析力学与矢量力学的对比

19.4.1 分析力学与矢量力学的对比

矢量力学是以牛顿和欧拉为主,由许多力学家共同完成的。牛顿力学方法是以质点或刚体为研究对象,将系统拆分成单个质点或刚体,利用牛顿定律或动力学普遍定理写出各个质点和各个刚体的运动微分方程,再与约束方程共同组成封闭方程组。这些方程中包含未知约束力,约束方程中包含代数方程。所以封闭方程组中既有常微分方程又有代数方程,属于微分—代数方程(在计算上比单纯的微分方程更难处理)。方程数大于自由度。列方程过程中,受力分析需要考虑约束力,运动分析中需要进行加速度分析。对于学习理论力学的学生来说,这种方法涉及的基本概念和原理,从中学就开始有所了解,困难不大,听课容易。但是,这种方法有很大的灵活性,学生感到做题难,因为选择定理(定律)、受力分析、加速度分析、消去未知的约束力等,都不同程度地需要经验和技巧,对学生的数学和物理水平都有较高的要求。

分析力学方法(如利用拉格朗日方程)是以系统整体为研究对象,无须拆分。用广义坐标描述系统运动,运动微分方程数目最少,等于自由度。封闭方程组由单纯的常微分方程组成,不包含约束力,不包含约束方程。列方程的过程中,受力分析只需考虑主动力,不需考虑约束力,运动分析中只需分析速度,不需要分析加速度。对于学习理论力学的学生来说,这种方法涉及的基本概念和原理,都是第一次接触,比较抽象,数学推导比较繁琐,因此听课比较困难。然而,这种方法具有程式化、规范化的优点,不需要解题经验和技巧,只要掌握高等数学的基本运算,做题比较容易(更像是做数学题)。

正是这些原因,理论力学课程让学生感到:"牛顿力学部分,听课容易做题难;分析力学部分,做题容易听课难"。

19.4.2　拉格朗日方程的解题步骤

表 19-1 列出了达朗贝尔原理、虚位移原理和拉格朗日方程的主要解题公式。

分析力学三大方法　　表 19-1

原理	条 件	方 程 形 式	守 恒 形 式	
达朗贝尔原理	引入惯性力 $\boldsymbol{F}_i^{\mathrm{I}} = -m\boldsymbol{a}_i$	$\boldsymbol{F}_i + \boldsymbol{F}_i^{\mathrm{N}} + \boldsymbol{F}_i^{\mathrm{I}} = \boldsymbol{0}$ $(i=1,2,\cdots,n)$	动平衡	
虚位移原理	理想,双面约束的一般系统	$\sum_{i=1}^{n}\boldsymbol{F}_i\cdot\delta\boldsymbol{r}_i=0$ $(t_0\leqslant t\leqslant t_1)$	平衡	
	理想,双面约束的完整系统	$Q_j=0\quad(j=1,2,\cdots,f)$		
	理想,双面,完整约束的有势系统	$\dfrac{\partial V}{\partial q_j}=0\quad(j=1,2,\cdots,f)$		
拉格朗日方程	理想,双面约束的完整系统	$\dfrac{\mathrm{d}}{\mathrm{d}t}\left(\dfrac{\partial T}{\partial\dot{q}_j}\right)-\dfrac{\partial T}{\partial q_j}=Q_j$ $(j=1,2,\cdots,f)$	广义动量守恒 $p_k=C_k$,或 $\dfrac{\partial L}{\partial\dot{q}_k}=C_k$,或 $\dfrac{\partial T}{\partial\dot{q}_k}=C_k$	广义能量守恒 $T_2-T_0+V=h$
	理想,双面,完整约束的有势系统	$\dfrac{\mathrm{d}}{\mathrm{d}t}\left(\dfrac{\partial L}{\partial\dot{q}_j}\right)-\dfrac{\partial L}{\partial q_j}=0$ $(j=1,2,\cdots,f)$		

拉格朗日方程的解题步骤如下:

第一步:研究对象

研究对象是系统。确定自由度数,选择广义坐标。

第二步:运动分析

运动分析要分离,求出系统的动能。

(1)先分析点的运动(三种运动:直线运动、圆周运动和曲线运动);

(2)再分析刚体的运动(五种运动:平行移动、定轴转动、平面运动、定点转动和一般运动);

(3)最后分析合成运动(包括点的合成运动和刚体的合成运动)。

第三步:受力分析

系统受力为主动力。求出系统的势能、拉格朗日函数和广义力。

第四步:列出方程

利用拉格朗日方程,列出系统动力学微分方程。

第五步:分析结果

(1)分析系统是否存在初积分;

(2)将系统在平衡点附近线性化进行定性分析;

(3)将系统微分方程标准化进行数值仿真求解。

例题 19-7　质量为 m,半径为 r 的均质半圆柱(质心在 C 点,$OC=e=\dfrac{4}{3}\dfrac{r}{\pi}$,$J_{OZ}=\dfrac{1}{2}mr^2$),分别放在①粗糙;②光滑的水平面上。在①,②两种情况下,求半圆柱:

(1)在图 19-6a)中,建立运动微分方程;

(2)在平衡位置处作微摆动的周期之比 $\tau_2:\tau_1$;

(3)在图 19-6b)中,静止释放的瞬时,角加速度之比 $\alpha_2:\alpha_1$;

(4)达到平衡位置时的角速度之比 $\omega_2:\omega_1$;

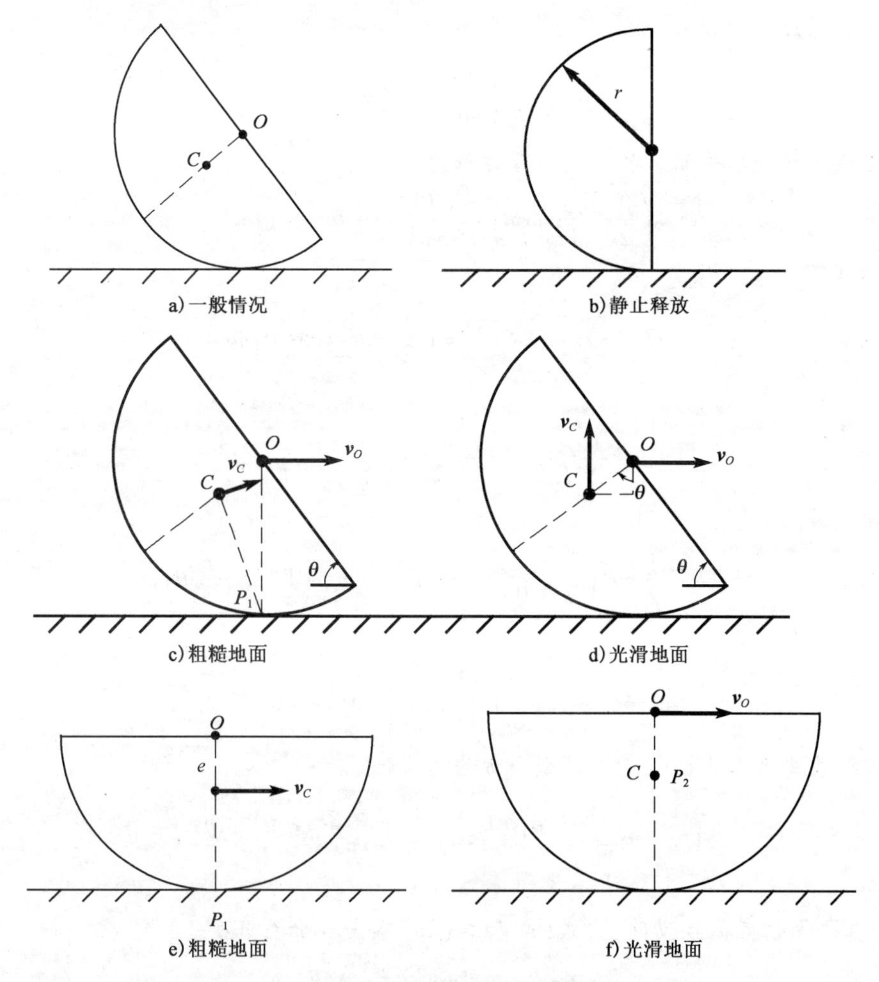

图 19-6　例题 19-7

(5)系统的平衡位置是属于哪一类平衡位置(稳定平衡、不稳定平衡和随遇平衡)?

解:分析力学方法

粗糙时:自由度 $f=1$,取广义坐标 θ。

光滑时:自由度 $f=2$,取广义坐标 θ, x_C。光滑时,显然有 $\ddot{x}_C=0$。

(1)$J_C=J_O-me^2=\left(\dfrac{1}{2}-\dfrac{16}{9\pi^2}\right)mr^2$。

粗糙时:速度瞬心为 P_1。

$$J_{P1}=J_C+m\,\overline{CP_1}^2=\left(\frac{3}{2}-\frac{8}{3\pi}\cos\theta\right)mr^2$$

动能

$$T=\frac{1}{2}J_{P1}\dot{\theta}^2=\frac{1}{2}\left(\frac{3}{2}-\frac{8}{3\pi}\cos\theta\right)mr^2\,\dot{\theta}^2$$

势能

$$V = mgr\left(1 - \frac{4}{3\pi}\cos\theta\right)（以地面为零势面）$$

$$L = T - V = \frac{1}{2}mr^2\left(\frac{3}{2} - \frac{8}{3\pi}\cos\theta\right)\dot{\theta}^2 - mgr\left(1 - \frac{4}{3\pi}\cos\theta\right)$$

由拉格朗日方程

$$\frac{\mathrm{d}}{\mathrm{d}t}\left(\frac{\partial L}{\partial \dot{\theta}}\right) - \frac{\partial L}{\partial \theta} = 0$$

可得半圆柱在粗糙水平面上的运动微分方程为

$$\left(\frac{3}{2} - \frac{8}{3\pi}\cos\theta\right)\ddot{\theta} + \frac{4}{3\pi}\left(\frac{g}{r} + \dot{\theta}^2\right)\sin\theta = 0 \tag{1}$$

光滑时：速度瞬心为 P_2。

$$J_{P2} = J_C + m\,\overline{CP_2}^2 = \left(\frac{1}{2} - \frac{16}{9\pi^2}\cos^2\theta\right)mr^2$$

动能

$$T = \frac{1}{2}J_{P2}\dot{\theta}^2 = \frac{1}{2}\left(\frac{1}{2} - \frac{16}{9\pi^2}\cos^2\theta\right)mr^2\theta^2$$

势能同粗糙时

$$L = \frac{1}{2}mr^2\left(\frac{1}{2} - \frac{16}{9\pi^2}\cos^2\theta\right)\dot{\theta}^2 - mgr\left(1 - \frac{4}{3\pi}\cos\theta\right)$$

由拉格朗日方程

$$\frac{\mathrm{d}}{\mathrm{d}t}\left(\frac{\partial L}{\partial \dot{\theta}}\right) - \frac{\partial L}{\partial \theta} = 0$$

可得半圆柱在光滑水平面上的运动微分方程为

$$\left(\frac{1}{2} - \frac{16}{9\pi^2}\cos^2\theta\right)\ddot{\theta} + \frac{4}{3\pi}\left(\frac{g}{r} + \frac{4}{3\pi}\dot{\theta}^2\cos\theta\right)\sin\theta = 0 \tag{2a}$$

$$\ddot{x}_C = 0 \tag{2b}$$

（2）在平衡位置微摆动时，由式（1）和式（2a）略去二阶无穷小

$$\sin\theta \approx \theta, \cos\theta \approx 1, \dot{\theta}^2 \approx 0, \theta^2 \approx 0$$

粗糙时

$$\left(\frac{3}{2} - \frac{8}{3\pi}\right)\ddot{\theta} + \frac{4}{3\pi}\ \frac{g}{r}\theta = 0 \tag{3}$$

$$\tau_1 = 2\pi\sqrt{\frac{9\pi - 16}{8}\ \frac{r}{g}}$$

光滑时

$$\left(\frac{1}{2} - \frac{16}{9\pi^2}\right)\ddot{\theta} + \frac{4}{3\pi}\ \frac{g}{r}\theta = 0 \tag{4}$$

$$\tau_2 = 2\pi\sqrt{\frac{9\pi^2 - 32}{24\pi}\ \frac{r}{g}}$$

$$\tau_2 : \tau_1 = \sqrt{\frac{9\pi^2 - 32}{27\pi^2 - 48\pi}} = 0.7009$$

(3) $t=0,\dot{\theta}=0,\theta=90°$ 由式(1)和式(2)知

粗糙时

$$\ddot{\theta}=-\frac{8}{9\pi}\frac{g}{r},\alpha_1=\frac{8}{9\pi}\frac{g}{r}(\text{逆时针方向})$$

光滑时

$$\ddot{\theta}=-\frac{8}{3\pi}\frac{g}{r},\alpha_2=\frac{8}{3\pi}\frac{g}{r}(\text{逆时针方向})$$

$$\alpha_2:\alpha_1=3$$

(4) L 中不显含时间 t,因此存在能量积分 $T+V=C$(C 由 $t=0$ 时确定)。

粗糙时

$$\frac{1}{2}\left(\frac{3}{2}-\frac{8}{3\pi}\cos\theta\right)mr^2\dot{\theta}^2+mgr\left(1-\frac{4}{3\pi}\cos\theta\right)=mgr \tag{5}$$

平衡位置 $\theta=0$ 时

$$\dot{\theta}=-\sqrt{\frac{16g}{(9\pi-16)r}},\omega_1=4\sqrt{\frac{g}{(9\pi-16)r}}(\text{逆时针方向})$$

光滑时

$$\frac{1}{2}mr^2\left(\frac{1}{2}-\frac{16}{9\pi^2}\cos^2\theta\right)\dot{\theta}^2+mgr\left(1-\frac{4}{3\pi}\cos\theta\right)=mgr \tag{6}$$

平衡位置 $\theta=0$ 时

$$\dot{\theta}=-\sqrt{\frac{48g}{9\pi^2-32r}\frac{g}{r}},\omega_2=4\sqrt{\frac{3\pi g}{(9\pi^2-32)r}}(\text{逆时针方向})$$

$$\omega_2:\omega_1=\sqrt{\frac{27\pi^2-48\pi}{9\pi^2-32}}=1.4268$$

(5)地面为粗糙和光滑两种情况下,半圆柱有相同的势能:

$$V=mgr\left(1-\frac{4}{3\pi}\cos\theta\right)$$

$$\frac{\partial V}{\partial\theta}=\frac{4}{3\pi}mgr\sin\theta=0,\text{得平衡位置},\theta=0$$

$$\left.\frac{\partial^2V}{\partial\theta^2}\right|_{\theta=0}=\frac{4}{3\pi}mgr>0,\text{故为稳定平衡}$$

19.5 拉格朗日方程乘子法

19.5.1 第一类拉格朗日方程

设质点系由 n 个质点 $P_i(i=1,2,\cdots,n)$ 组成。且存在 r 个几何约束和 s 个一阶不可积线性微分约束。我们可以将式(17-1)和式(17-2)写成统一的表达式

$$\sum_{i=1}^{3n}A_{ki}\mathrm{d}x_i+A_{k0}\mathrm{d}t=0\quad(k=1,2,\cdots,r+s) \tag{19-23}$$

其中

$$A_{ki}=\frac{\partial f_k}{\partial x_i},A_{k0}=\frac{\partial f_k}{\partial t}\quad(k=1,2,\cdots,r;i=1,2,\cdots,3n) \tag{19-24a}$$

$$A_{ki}=a_{ki},A_{k0}=a_{k0}\quad(k=r+1,r+2,\cdots,r+s;i=1,2,\cdots,3n)\tag{19-24b}$$

前 r 个为可积微分约束，后 s 个为不可积线性微分约束。各个约束加在坐标变分上的约束条件统一写作

$$\sum_{i=1}^{3n}A_{ki}\delta x_i=0\quad(k=1,2,\cdots,r+s)\tag{19-25}$$

由式(18-1)可知具有理想双面约束的系统各质点必须满足动力学普遍方程，即

$$\sum_{i=1}^{3n}(F_i-m_i\ddot{x}_i)\cdot\delta x_i=0\tag{19-26}$$

在 $3n$ 个直角坐标变分 $\delta x_i(i=1,2,\cdots,3n)$ 中，由于存在 $r+s$ 个约束式(19-23)，只有 $f=3n-r-s$ 个独立变量，至于在这 $3n$ 个坐标变分中哪些是独立的，则可以任意指定。

引入 $r+s$ 个未定乘子 λ_k，分别与式(19-25)中标号相同的各式相乘，然后将它们的和与式(19-26)相加，得到

$$\sum_{i=1}^{3n}(F_i-m_i\ddot{x}_i+\sum_{k=1}^{r+s}\lambda_kA_{ki})\delta x_i=0\tag{19-27}$$

如果选择适当的 $r+s$ 个未定乘子 λ_k，令 $r+s$ 个事先指定为不独立的坐标变分前的系数等于零，可得到 $r+s$ 个方程。于是在方程 (19-27)中只包含与独立坐标变分有关的 f 项和式。这 f 个坐标变分既然是独立变量，则方程(19-27)成立的充分必要条件就是各坐标变分前的系数等于零，共得到 f 个方程，连同已得到的 $r+s$ 个方程，总共可列出 $f+r+s=3n$ 个方程：

$$F_i-m_i\ddot{x}_i+\sum_{k=1}^{r+s}\lambda_kA_{ki}=0\quad(i=1,\cdots,3n)\tag{19-28}$$

包含 $r+s$ 个未定乘子的方程组(19-28)称为第一类拉格朗日方程。未定乘子 $\lambda_k(k=1,2,\cdots,r+s)$ 称为拉格朗日乘子。由于方程中除待定的各质点坐标 $x_i(i=1,\cdots,3n)$ 以外，又增加了待定的拉格朗日乘子 $\lambda_k(k=1,2,\cdots,r+s)$，共有 $3n+r+s$ 个未知变量，因此在具体求解时，还必须补充列出 r 个几何约束方程(17-1)和 s 个不可积线性微分约束方程(17-2)，才能使方程组封闭。

19.5.2 拉格朗日乘子的物理意义

下面用一个具体例子说明拉格朗日乘子的物理意义。设一质点在固定曲面 $f(x_1,x_2,x_3)=0$ 上运动，取 λ 为拉格朗日乘子，其第一类拉格朗日方程为

$$F_i-m_i\ddot{x}_i+\lambda\left(\frac{\partial f}{\partial x_i}\right)=0\quad(i=1,2,3)\tag{a}$$

或者写成

$$m_i\ddot{x}_i=F_i+\lambda\left(\frac{\partial f}{\partial x_i}\right)\quad(i=1,2,3)\tag{b}$$

将上式与牛顿第二定律[式(c)]比较可得式(d)。

$$m_i\ddot{x}_i=F_i+F_i^{\mathrm{N}}\quad(i=1,2,3)\tag{c}$$

$$\lambda\left(\frac{\partial f}{\partial x_i}\right)=F_i^{\mathrm{N}}\quad(i=1,2,3)\tag{d}$$

由此可以看出拉格朗日乘子正比于约束力。这表明在动力学普遍方程中被消去的理想约束力通过拉格朗日乘子又被引回来了。因此利用第一类拉格朗日方程可同时解出系统的约束力。虽然这种方法的未知变量和方程都增多，但由于过程极为程式化，因此在计算机高

度发展的今天,第一类拉格朗日方程又重新受到重视,在工程技术中得到实际应用。

19.5.3 劳思方程

在分析实际工程问题时,采用广义坐标代替直角坐标可使未知变量明显减少。对于用广义坐标表示的完整系统,前面导出的拉格朗日方程以十分优美、简明的形式描述系统的运动。但在实际问题中可能出现以下两种情况:①非完整系统;②带有复杂几何约束的完整系统。前一种情况拉格朗日方程适用;后一种情况由于广义坐标与多余坐标之间复杂的几何关系,以致拉格朗日方程的列写过程非常繁琐。对于这两种情况,均可以利用拉格朗日乘子对拉格朗日方程加以改造,以扩大其适用范围,或简化其列写过程。

讨论由 n 个质点 $P_i(i=1,2,\cdots,n)$ 组成的质点系,选择 m 个坐标 $q_j(j=1,2,\cdots,m)$,以确定各质点的位置。系统内存在 r 个几何约束式(17-22)和 s 个一阶不可积线性微分约束式(17-26),可写出统一形式的约束条件:

$$\sum_{j=1}^{m}B_{kj}\mathrm{d}q_j+B_{k0}\mathrm{d}t=0\quad(k=1,\cdots,r+s)\tag{19-29}$$

其中

$$B_{kj}=\frac{\partial g_k}{\partial q_j},B_{k0}=\frac{\partial g_k}{\partial t}\quad(k=1,\cdots,r;j=1,2,\cdots,m)\tag{19-30a}$$

$$B_{kj}=b_{kj},B_{k0}=b_{k0}\quad(k=r+1,r+2,\cdots,r+s;j=1,2,\cdots,m)\tag{19-30b}$$

各坐标的等时变分 $\delta q_j(j=1,2,\cdots,m)$ 应满足的约束条件为

$$\sum_{j=1}^{m}B_{kj}\delta q_j=0\quad(k=1,2,\cdots,r+s)\tag{19-31}$$

将式(19-31)中每个方程乘以标号相同的未定乘子 λ_k,叠加后与用动能表示的动力学普遍方程(18-17)相加,得到

$$\sum_{j=1}^{m}\left[Q_j-\frac{\mathrm{d}}{\mathrm{d}t}\left(\frac{\partial T}{\partial\dot{q}_j}\right)+\frac{\partial T}{\partial q_j}+\sum_{k=1}^{r+s}\lambda_kB_k\right]\delta q_j=0\tag{19-32}$$

虽然上式中的 m 个变分 $\delta q_j(j=1,2,\cdots,m)$ 中有 $r+s$ 个是不独立的,但可以适当选择 $r+s$ 个未定乘子 $\lambda_k(k=1,\cdots,r+s)$,使得式(19-32)中全部 δq_j 的系数都等于零,从而导出以下方程组:

$$\frac{\mathrm{d}}{\mathrm{d}t}\left(\frac{\partial T}{\partial\dot{q}_j}\right)-\frac{\partial T}{\partial q_j}=Q_j+\sum_{k=1}^{r+s}\lambda_kB_{kj}\quad(j=1,2,\cdots,m)\tag{19-33}$$

以上 m 个方程与 $r+s$ 个约束条件式(19-30)联立,总共 $m+r+s$ 个方程,可以确定 m 个坐标 $q_j(j=1,2,\cdots,m)$ 和 $r+s$ 未定乘子 λ_k $(k=1,2,\cdots,r+s)$。方程式(19-33)为劳思(Routh,E. J.,1830—1907 年)于 1884 年导出,称为劳思方程,可看作是拉格朗日方程的扩展。方程右边含拉格朗日乘子的附加项可以理解为与 q_j 坐标对应的由理想约束力构成的广义力。

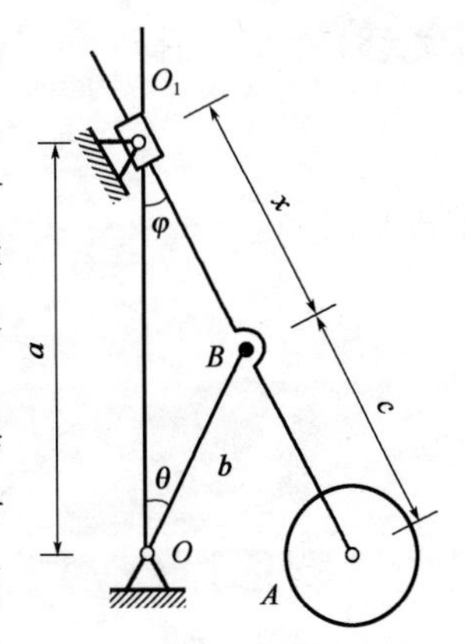

图 19-7 例题 19-8

例题 19-8 如图 19-7 所示为某测振仪的示意图,系统处于铅垂面内。小珠 A 的质量为 m,对中心的转动惯量为 J_A。不计各杆质量。令 $bc>(a-b)^2$,试求系统在铅垂位置附近作微振动的周期。

解:系统仅有一个自由度,但是选两个坐标 φ 和 x 带有一个

约束方程较方便。坐标 x,φ 之间的关系由 ΔOO_1B 给出

$$f(x,\varphi)=0, f(x,\varphi)=a^2+x^2-2ax\cos\varphi-b^2 \tag{1}$$

系统的动能,即小珠的动能为

$$\begin{aligned} T &= \frac{1}{2}mv_A^2+\frac{1}{2}J_A\dot{\varphi}^2 \\ &= \frac{1}{2}m[\dot{x}^2+(x+c)^2\dot{\varphi}^2]+\frac{1}{2}J_A\dot{\varphi}^2 \end{aligned} \tag{2}$$

势能为

$$V=mg[a-(x+c)\cos\varphi] \tag{3}$$

如果应用第二类拉格朗日方程,必须借助约束方程式(1)在 T 中消去 $x,\dot{x}$(或 $\varphi,\dot{\varphi}$),仅保留 $\varphi,\dot{\varphi}$(或 $x,\dot{x}$)。然而,这样做并不方便。

第一类拉格朗日方程式(19-32)给出

$$\frac{\mathrm{d}}{\mathrm{d}t}\frac{\partial L}{\partial\dot{\varphi}}-\frac{\partial L}{\partial\varphi}=\lambda\frac{\partial f}{\partial\varphi} \tag{4a}$$

$$\frac{\mathrm{d}}{\mathrm{d}t}\frac{\partial L}{\partial\dot{x}}-\frac{\partial L}{\partial x}=\lambda\frac{\partial f}{\partial x} \tag{4b}$$

将式(1)~式(3)代入式(4),得

$$m(x+c)^2\ddot{\varphi}+2m(x+c)\dot{x}\dot{\varphi}+J_A\ddot{\varphi}=-mg(x+c)\sin\varphi+2\lambda ax\sin\varphi \tag{5a}$$

$$m\ddot{x}-m(x+c)\dot{\varphi}^2=mg\cos\varphi+2\lambda(x-a\cos\varphi) \tag{5b}$$

方程(5)联合约束(1)就可确定 x,φ 和 λ。

对微振动情形,有

$$\sin\varphi\approx\varphi, \cos\varphi\approx 1 \tag{6}$$

这样,式(1)成为

$$a^2+x^2-2ax-b^2=0$$

即

$$x=a-b \tag{7}$$

将式(6)、式(7)代入方程式(5),得到

$$[m(a-b+c)^2+J_A]\ddot{\varphi}=-mg(a-b+c)\varphi+2\lambda a(a-b)\varphi \tag{8a}$$

$$0=mg-2\lambda b \tag{8b}$$

由式(8)消去 λ,得到

$$[m(a-b+c)^2+J_A]\ddot{\varphi}+mg\left[c-\frac{(a-b)^2}{b}\right]\varphi=0 \tag{9}$$

写成标准形式

$$\ddot{\varphi}+\omega_0^2\varphi=0$$

其中

$$\omega_0^2=\frac{mg[bc-(a-b)^2]}{b[m(a-b+c)^2+J_A]}$$

微振动的周期为

$$T=\frac{2\pi}{\omega_0}=\sqrt{\frac{b[m(a-b+c)^2+J_A]}{mg[bc-(a-b)^2]}} \tag{10}$$

讨论与练习

(1)显然第一类拉格朗日方程引入拉格朗日乘子后比第二类拉格朗日方程具有更广泛的应用范围；

(2)请用 Maple 编程练习求解本题。

19.6 相对非惯性参考系运动的拉格朗日方程

获得系统相对非惯性坐标系运动的运动方程有多种不同的方法，下面介绍其中两种。

第一种方法与相对运动理论无关，无须引入惯性力。将系统绝对运动的动能用相对广义坐标和相对速度表示，计算广义力时只考虑主动力。在这种方法中惯性力将在计算拉格朗日方程过程中自动计入。

第二种方法以相对运动理论为基础。引入牵连惯性力和科里奥利惯性力，动能要用相对运动来计算，而计算广义力时除了给定主动力以外还要考虑牵连惯性力和科里奥利惯性力。

如果在第一种方法和第二种方法中取同样的广义坐标，则得到的运动方程也相同。在具体问题中可以看出哪种方法更方便。

例题 19-9 半径为 R 的大圆环以常角速度 $\boldsymbol{\omega}$ 绕竖直轴 Oy 转动，转动惯量为 J，质量为 m 的小环可在圆环上自由滑动，如图 19-8 所示。忽略摩擦力，试建立小环相对大圆环运动的拉格朗日方程并分析首次积分。

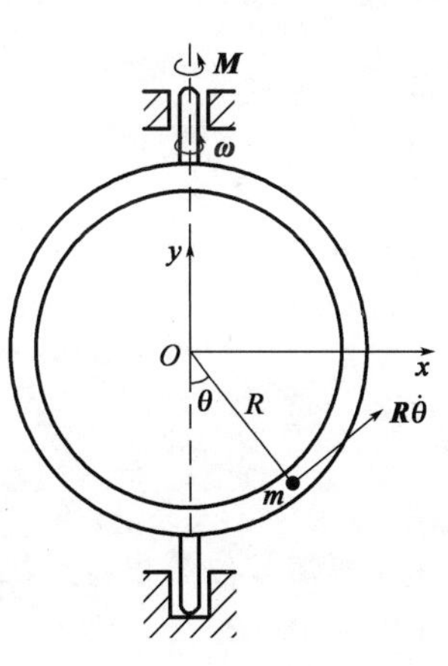

图 19-8 例题 19-9

解法一：取大圆环和小环组成的系统为研究对象。

系统只有一个自由度，取 θ 为广义坐标。在这种情况下 $\boldsymbol{M}$ 是约束力偶矩，不是主动力偶矩，它的虚功 $M\delta\varphi$ 为零（因为 φ 给定，$\delta\varphi\equiv0$），是理想约束。系统的动能为

$$T=\frac{1}{2}J\dot{\varphi}^2+\frac{1}{2}m[(R\sin\theta)^2\dot{\varphi}^2+R^2\dot{\theta}^2]$$

取 O 点为零势能点，系统的势能为

$$V=-mgR\cos\theta$$

系统的拉格朗日函数为

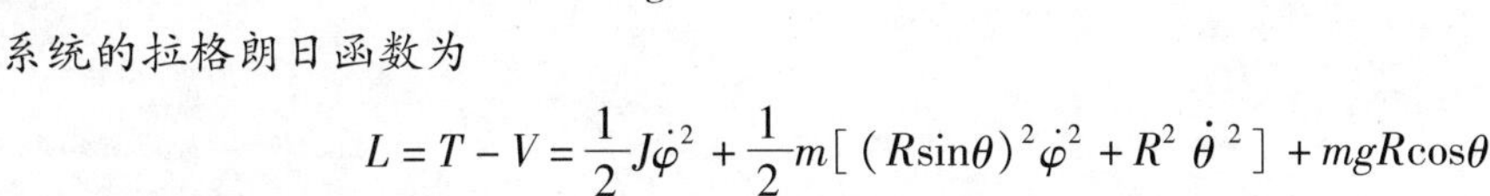

$$L=T-V=\frac{1}{2}J\dot{\varphi}^2+\frac{1}{2}m[(R\sin\theta)^2\dot{\varphi}^2+R^2\dot{\theta}^2]+mgR\cos\theta$$

计算偏导数

$$\frac{\partial L}{\partial\theta}=mR^2\dot{\varphi}^2\sin\theta\cos\theta-mgR\sin\theta$$

$$\frac{\partial L}{\partial\dot{\theta}}=mR^2\dot{\theta}$$

代入拉格朗日方程中得系统运动微分方程

$$mR^2\ddot{\theta}-mR^2\dot{\varphi}^2\sin\theta\cos\theta+mgR\sin\theta=0$$

对于一般的转动规律 $\varphi=\varphi(t)$，拉格朗日函数显含时间 t，不存在广义能量积分。如果转动是匀速的，即 $\dot{\varphi}=\omega=\text{const}$，则拉格朗日函数不显含时间 t，系统有广义能量积分

$$T_2 - T_1 + V = E\ ,\frac{1}{2}mR^2\ \dot{\theta}^2 - \frac{1}{2}(J + mR^2\sin^2\theta)\omega^2 - mgR\cos\theta = E$$

解法二:取与圆环固连的坐标系 $Oxyz$,在这个非惯性系中,小环的动能为

$$T = \frac{1}{2}mR^2\ \dot{\theta}^2$$

牵连惯性力(即离心力)为

$$\boldsymbol{S} = mx\omega^2\boldsymbol{i}$$

牵连惯性力是有势力,其势能为

$$V_{\mathrm{S}} = -\frac{1}{2}m\omega^2x^2$$

容易验证:$\mathrm{d}V_{\mathrm{S}}/\mathrm{d}x = -S$。将牵连惯性力的势能用广义坐标表示为

$$V_{\mathrm{S}} = -\frac{1}{2}mR\omega^2\sin^2\theta$$

重力势能为

$$V_{\mathrm{g}} = -mgR\cos\theta$$

系统总势能为

$$V = V_{\mathrm{S}} + V_{\mathrm{g}} = -\frac{1}{2}mR\omega^2\sin^2\theta - mgR\cos\theta$$

拉格朗日函数为

$$L = T - V = \frac{1}{2}mR\ \dot{\theta}^2 + \frac{1}{2}mR\omega^2\sin^2\theta + mgR\cos\theta$$

计算偏导数

$$\frac{\partial L}{\partial \theta} = mR^2\omega^2\sin\theta\cos\theta - mgR\sin\theta$$

$$\frac{\partial L}{\partial \dot{\theta}} = mR^2\ \dot{\theta}$$

代入拉格朗日方程中得系统运动微分方程

$$mR^2\ \ddot{\theta} - mR\omega^2\sin\theta\cos\theta + mgR\sin\theta = 0$$

与第一种方法得到的完全一致。

拉格朗日函数不显含时间 t,系统有广义能量积分

$$T + V = E,\frac{1}{2}mR^2\ \dot{\theta}^2 - \frac{1}{2}mR\omega^2\sin^2\theta - mgR\cos\theta = E$$

其物理意义是在相对运动中机械能守恒。

讨论与练习

(1)系统广义能量守恒,但机械能并不守恒。事实上,由于存在非定常约束 $\varphi = \varphi_0 + \omega t$,约束力偶矩 $\boldsymbol{M}$ 在实位移 $\mathrm{d}\varphi = \omega\mathrm{d}t$ 上做功不为零,使得系统的机械能不断在变化,因此机械能不守恒;

(2)系统在惯性参考系中机械能不守恒,但在固连参考系中机械能守恒;

(3)在不同的坐标系中系统广义能量守恒表达式完全相同。

19.7 Maple 编程示例

编程题 19-1 长为 L,质量为 m 的均质杆 AB 悬挂在以加速度 $a_A = A\sin(\Omega t)$ 铅垂平移的框架上(图 19-9)。不计空气阻力和所有摩擦,试建立系统的动力学方程,并通过数值仿真分析杆 AB 的运动特性[$\theta(t)$随时间的变化规律]。

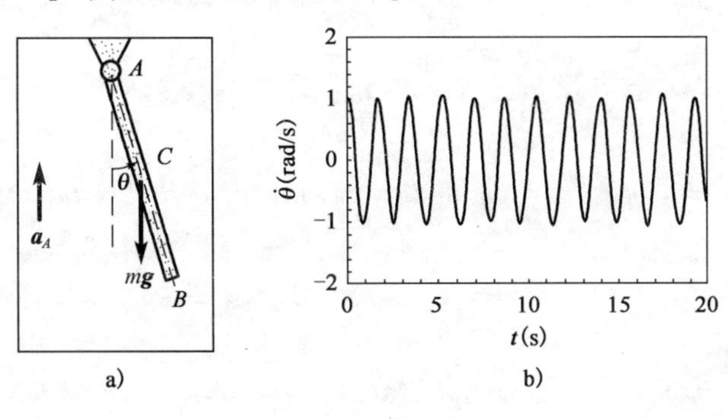

图 19-9 编程题 19-1

解:(1)建模

$$x_C = \frac{L}{2}\sin\theta, y_C = y_A - \frac{L}{2}\cos\theta \tag{1}$$

$$\dot{x}_C = \frac{L}{2}\dot{\theta}\cos\theta, \dot{y}_B = \dot{y}_A + \frac{L}{2}\dot{\theta}\sin\theta \tag{2}$$

$$\begin{aligned} T &= \frac{1}{2}m(\dot{x}_C^2 + \dot{y}_C^2) + \frac{1}{2}\cdot\frac{1}{12}mL^2\dot{\theta}^2 \\ &= \frac{1}{2}m\left[\frac{L^2}{4}\dot{\theta}^2\cos^2\theta + \left(\dot{y}_A + \frac{L}{2}\dot{\theta}\sin\theta\right)^2\right] + \frac{1}{24}mL^2\dot{\theta}^2 \\ &= \frac{1}{6}mL^2\dot{\theta}^2 + \frac{1}{2}m\dot{y}_A^2 + \frac{1}{2}mL\dot{y}_A\dot{\theta}\sin\theta \end{aligned} \tag{3}$$

$$V = mgy_C = mg\left(y_A - \frac{L}{2}\cos\theta\right) \tag{4}$$

$$\begin{aligned} L &= T - V \\ &= \frac{1}{6}mL^2\dot{\theta}^2 + \frac{1}{2}m\dot{y}_A^2 + \frac{1}{2}mL\dot{y}_A\dot{\theta}\sin\theta - mgy_A + \frac{1}{2}mgL\cos\theta \end{aligned} \tag{5}$$

$$\frac{\mathrm{d}}{\mathrm{d}t}\left(\frac{\partial L}{\partial\dot{\theta}}\right) - \frac{\partial L}{\partial\theta} = 0$$

$$\frac{1}{3}mL^2\ddot{\theta} + \frac{1}{2}mL\ddot{y}_A\sin\theta + \frac{1}{2}mgL\sin\theta = 0$$

$$2L\ddot{\theta} + 3A\sin\Omega t\sin\theta + 3g\sin\theta = 0 \tag{6}$$

初始条件

$$\theta(0) = \frac{\pi}{3}, \dot{\theta}(0) = 0 \tag{7}$$

(2)Maple 程序

```
> ##########################################################################
> restart:                                        #清零。
> sys: = diff(X1(t),t) = X2(t),
```

```
>         diff(X2(t),t) = -3 * A * sin(Omega * t) * sin(X1(t))/(2 * L)
>         -3 * g * sin(X1(t))/(2 * L):                   #系统运动微分方程。
>fcns: = X1(t),X2(t):                                   #X_1↔θ,X_2↔θ̇ 。
>cstj: = X1(0) = Pi/3,X2(0) = 0:                        #初始条件。
>##########################################################################
>A: = 1: Omega: = 1: L: = 1: g: = 9.8:                  #系统参数。
>q1: = dsolve({sys,cstj},{fcns},type = numeric,method = rkf45):
>                                                       #求解系统运动微分方程。
>##########################################################################
>with(plots):                                           #加载绘图库。
>odeplot(q1,[t,X1(t)],0..20,view = [0..20, -2..2],thickness = 2,
>  tickmarks = [4,4]);                                  #t-θ 曲线。
>##########################################################################
```

思考题

思考题 19-1 如图 19-10 所示，下述质点系各有几个自由度？

(1)平面四连杆机构[图 19-10a)]；

(2)在固定铅垂面内运动的双摆[图 19-10b)]；

(3)在平面内沿直线作纯滚动的轮[图 19-10c)]；

(4)一端由球铰链约束的杆[图 19-10d)]；

(5)在水平面内运动的球[图 19-10e)]；

(6)平面机构[图 19-10f)]。

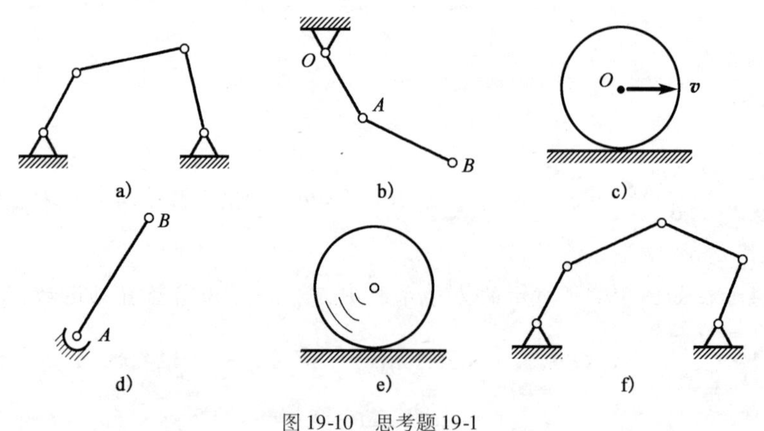

图 19-10 思考题 19-1

思考题 19-2 如图 19-11 所示的双摆系统，下述哪组坐标可作为广义坐标？

A. x_1, y_2　　B. x_1, x_2　　C. φ_1, x_2　　D. φ_1, φ_2　　E. φ_2, y_1　　F. φ_1, y_2

思考题 19-3 如图 19-12 所示的系统，无摩擦，杆重不计，系统有几个自由度？属于下述约束中的哪一类？

A. 理想约束　　B. 非理想约束　　C. 完整约束

D. 非完整约束　　E. 定常约束　　F. 非定常约束

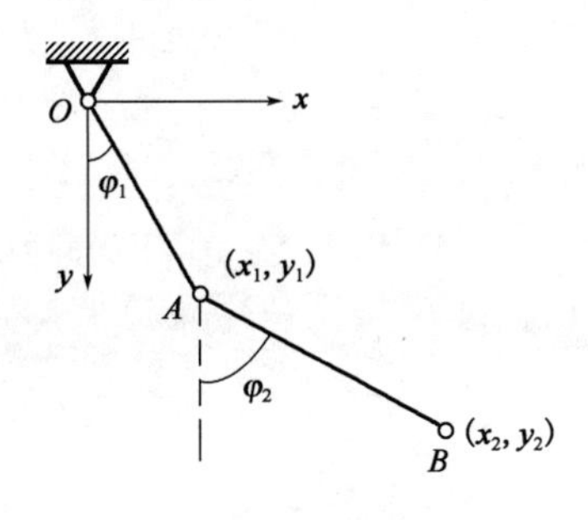

图 19-11　思考题 19-2

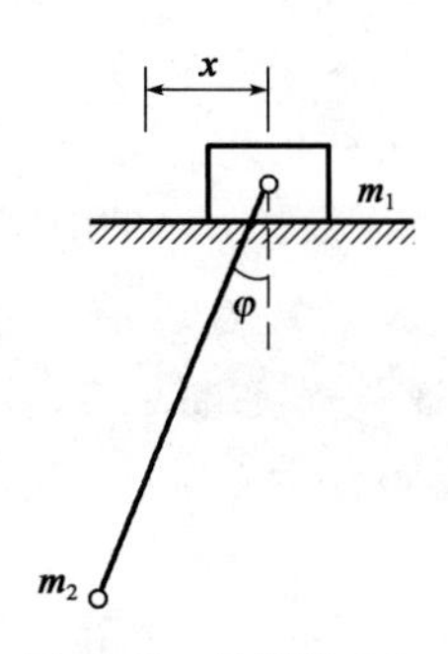

图 19-12　思考题 19-3

思考题 19-4　(是非题)拉氏二类方程的适用范围是完整,理想约束,而动力学普遍方程则没有这些限制。(　　)

思考题 19-5　(是非题)刚性圆球在平面上作纯滚动时,其自由度数目为 3。(　　)

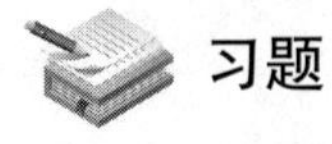

习题

A 类型习题

习题 19-1　如图 19-13 所示,在匀重力场中的平面双摆,求系统的拉格朗日函数。

习题 19-2　如图 19-14 所示在匀重力场中,质量为 m_2 的平面摆,其悬挂点(质量为 m_1)可以沿着水平直线运动,求系统的拉格朗日函数。

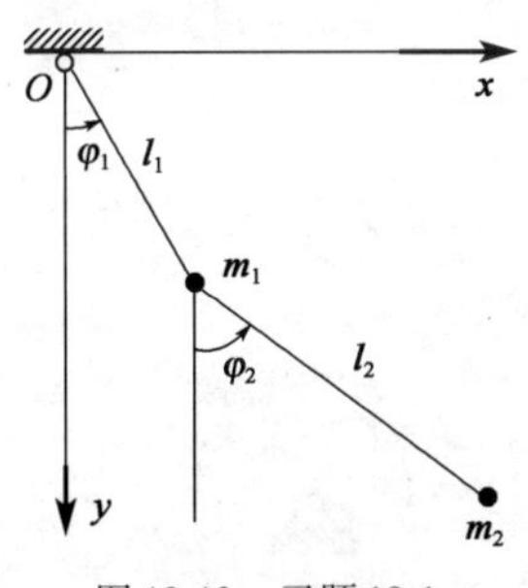

图 19-13　习题 19-1

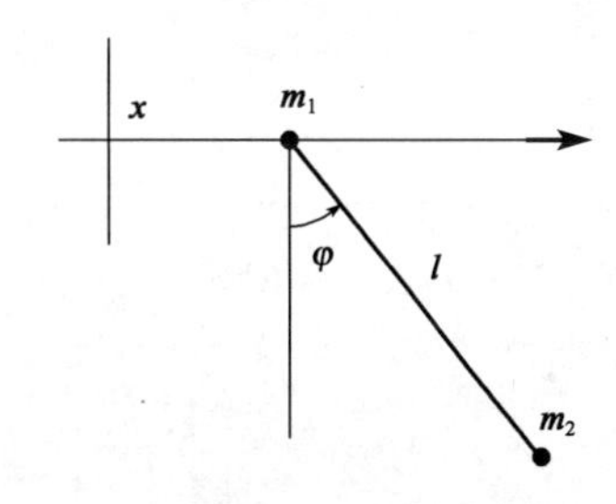

图 19-14　习题 19-2

习题 19-3　求下列系统的拉格朗日函数。在匀重力场中的设有一平面摆,其悬挂点:

(1)沿着竖直圆以定常圆频率 Ω 运动(图 19-15);

(2)按规律 $a\cos\Omega t$ 水平振动;

(3)按规律 $a\cos\Omega t$ 竖直振动。

习题 19-4　在如图 19-16 所示的力学系统中,质点 m_2 沿着竖直轴运动,整个系统以常角速度 Ω 绕该轴转动,求系统的拉格朗日函数。

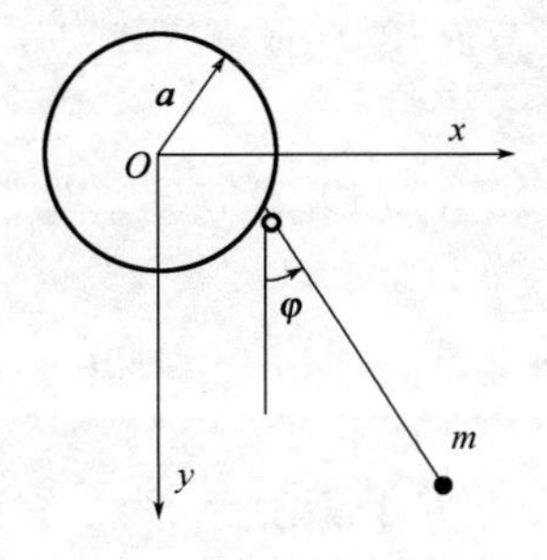

图 19-15　习题 19-3

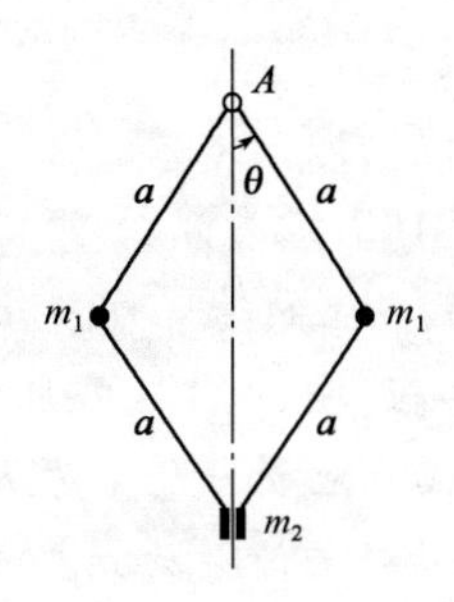

图 19-16　习题 19-4

习题 19-5 两个质量为 m_1 和 m_2 的质点以理想的细绳相连，绳跨过半径为 r 的光滑杆，两个质点在重力作用下在铅垂平面内运动，如图 19-17 所示。试建立系统运动微分方程。

习题 19-6 如图 19-18 所示的系统中，轮 A 沿水平面纯滚动，轮心以水平弹簧连于墙上，质量为 m_1 的物块 C 以细绳跨过定滑轮 B 连于点 A。A、B 两轮皆为匀质圆盘，半径为 R，质量为 m_2。弹簧刚度为 k，质量不计。当弹簧较软时，在细绳能始终保持张紧的条件下，求此系统的运动微分方程。

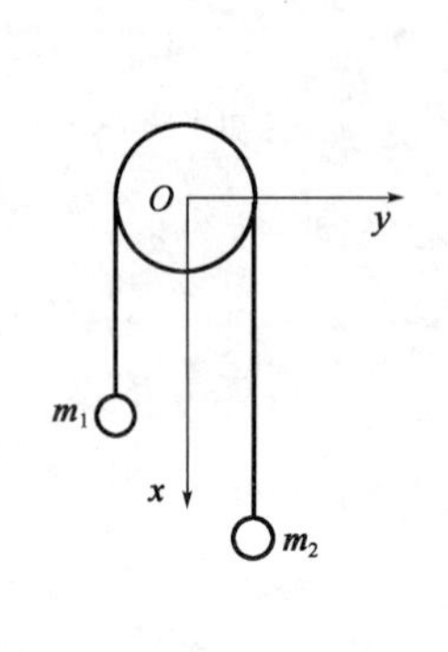

图 19-17 习题 19-5

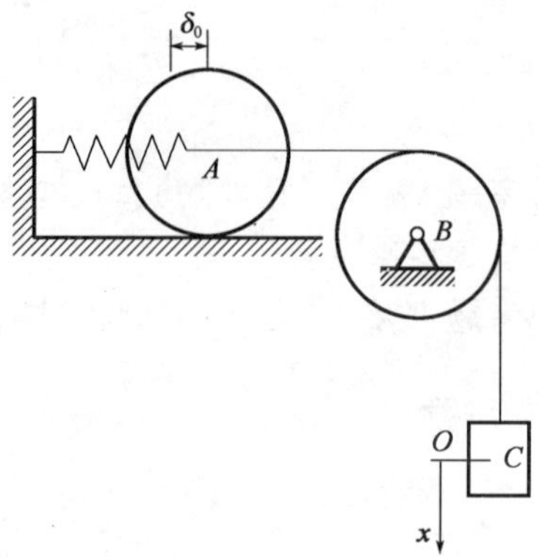

图 19-18 习题 19-6

习题 19-7 如图 19-19 所示一 U 形管，内盛液体，液体密度为 ρ，设液柱的质量为 m，长度为 l，初始时两液面的高度差为 h，无初速度。由于重力的作用，液体在管内运动。设液体与管之间无摩擦，试求液面的运动规律。

习题 19-8 一重物重 P，悬于绳上。绳长为 l、重为 P_1，绳的一部分绕在鼓轮上。鼓轮半径为 a，重为 P_2，转轴 O 水平。在初始时刻，系统静止，绳下垂长为 l_0，如图 19-20 所示。假设鼓轮的质量均匀分布在边缘上，不计摩擦，试求重物的运动。

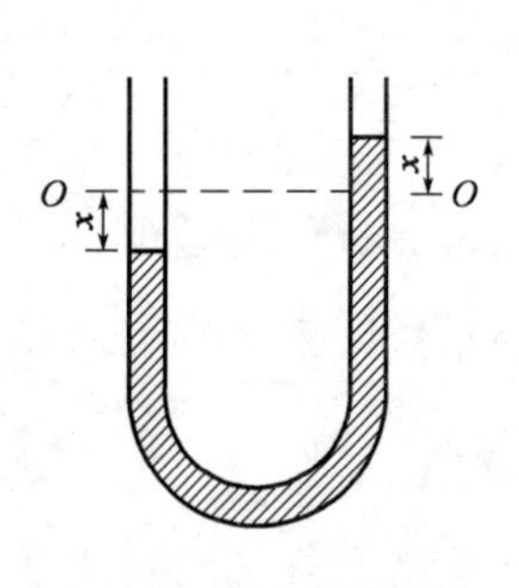

图 19-19 习题 19-7

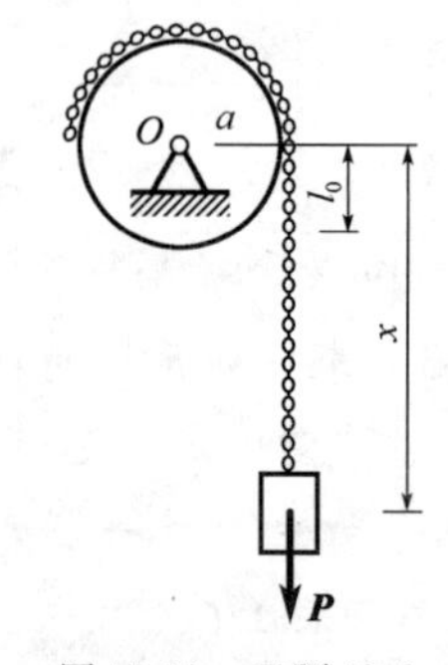

图 19-20 习题 19-8

习题 19-9 质量为 m、半径为 r 的粗糙小圆柱体，在一空心薄圆柱体内表面上无滑动地滚动，如图 19-21 所示。这个空心圆柱的质量为 m_0，半径为 R，能绕自身水平轴 O 转动。试列写系统的运动微分方程。

习题 19-10 质量分别为 m_1，m_2 和 m_3 的 3 个匀质齿轮，如图 19-22 所示。给第一个轮以力矩 $\boldsymbol{M}_1$，另两轮上的约束力偶矩为 $\boldsymbol{M}_2$，$\boldsymbol{M}_3$。试求每个轮的角加速度以及每两轮间的作用力。

习题 19-11 如图 19-23 所示，质量为 m_A 的直角三角块 A 沿光滑水平面作直线滑动，在它的光滑斜面上放置一质量为 m_B 的均质圆柱 B，圆柱 B 上绕有不可伸长的绳索，绳索通过理想滑轮 C 悬挂一质量为 m_D 的物块 D。滑轮的质量及大小不计，试建立系统的运动微分方程。

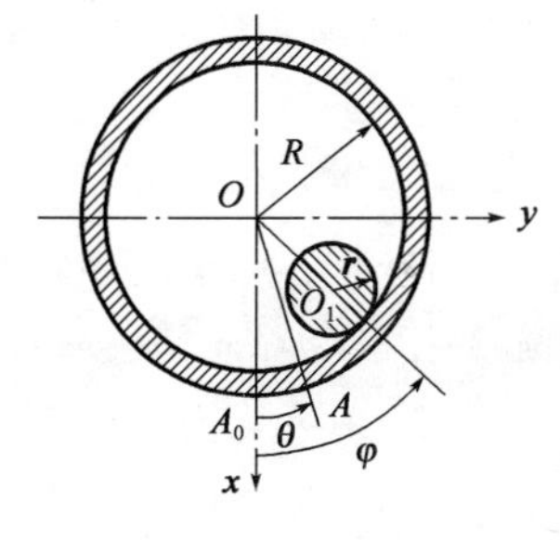

图 19-21　习题 19-9

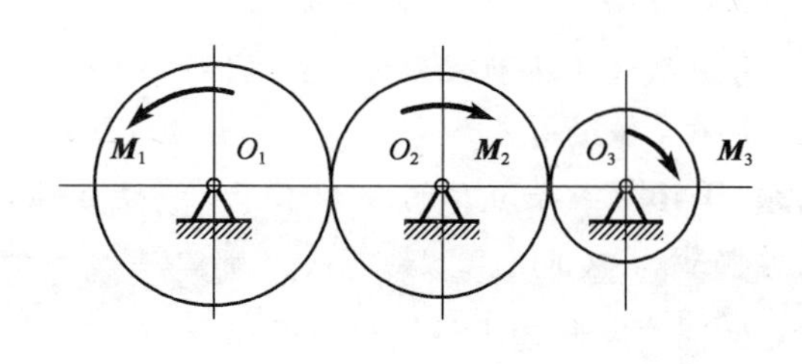

图 19-22　习题 19-10

习题 19-12　离心式调速器以匀角速度 $\boldsymbol{\omega}$ 绕铅垂轴转动，如图 19-24 所示。每个均质杆长为 l，质量为 m_1，每个球质量为 m_2，忽略球径，套筒质量为 m_3。试求：

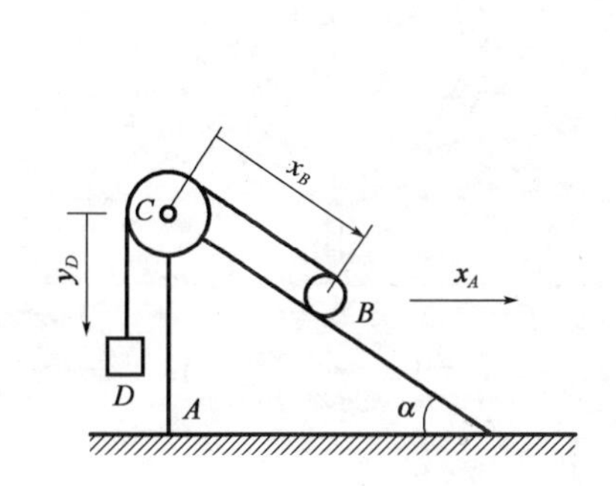

图 19-23　习题 19-11

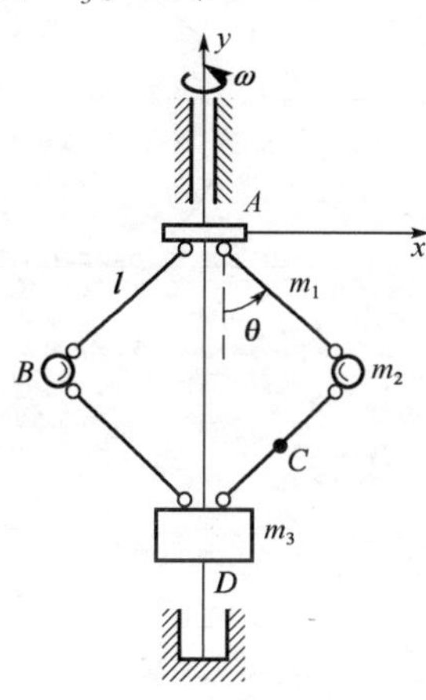

图 19-24　习题 19-12

(1) 系统的运动微分方程；

(2) 相对平衡时系统的位形；

(3) 维持系统匀角速度转动所需的控制力偶。

习题 19-13　考虑如图 19-25 所示的系统，设质量块 A、B 的质量分别为 m_1、m_2，弹簧的刚度系数分别为 k_1、k_2，质量块所受的(空气)阻力与其速度成正比，比例系数为 c。试建立系统的运动微分方程。

习题 19-14　如图 19-26 所示的小车的车轮在水平地面上作纯滚动，每个轮子的质量为 m_1，半径为 r，车架质量不计。车上有一个质量弹簧系统，弹簧刚度为 k，物块质量为 m_2。试分析拉格朗日方程的首次积分及其物理意义。

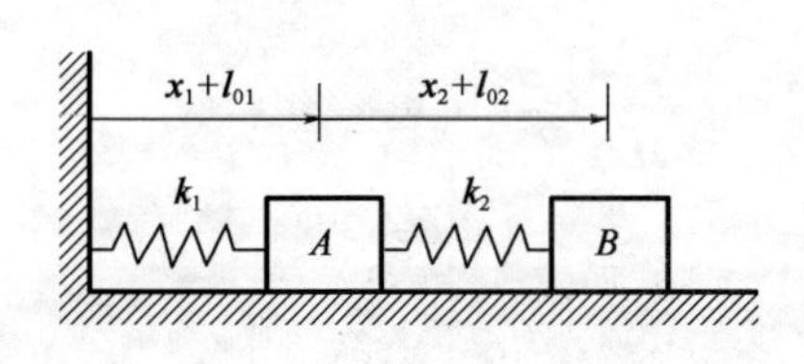

图 19-25　习题 19-13

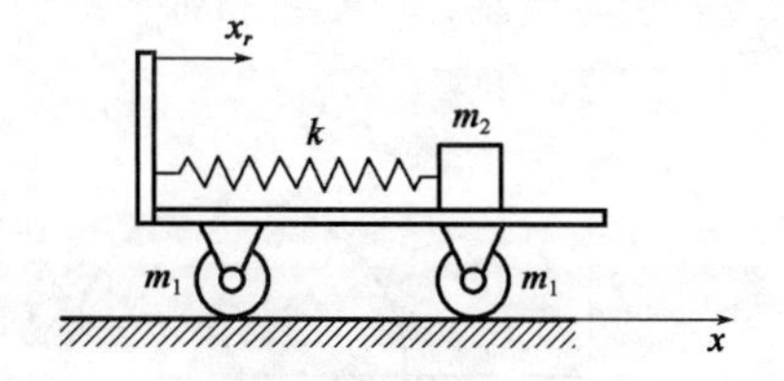

图 19-26　习题 19-14

习题 19-15　质量为 m、半径为 r 的均质薄圆环沿水平直线轨道作无滑动的滚动，如图 19-27 所示。一质量为 m_0、长为 $l=\sqrt{2}r$ 的均质细杆 AB 可在圆环内滑动。忽略圆环与杆间的

摩擦。试:

(1)写出系统的运动微分方程;

(2)给出系统的首次积分。

习题 19-16 半径为 R 的大圆环可以绕竖直轴 Oy 转动,转动惯量为 J,$\boldsymbol{M}$ 是作用在大圆环上的力偶矩,其方向与 Oy 轴相同。质量为 m 的小环可在圆环上自由滑动,如图 19-28 所示。忽略摩擦力。在以下两种情况下,试建立系统的运动微分方程,分析首次积分及其物理意义。

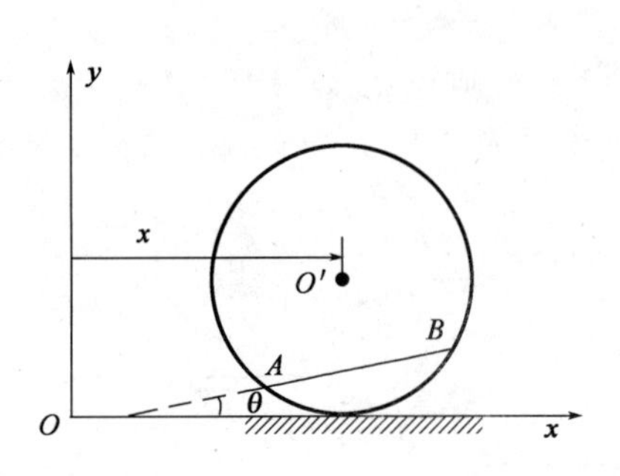

图 19-27 习题 19-15

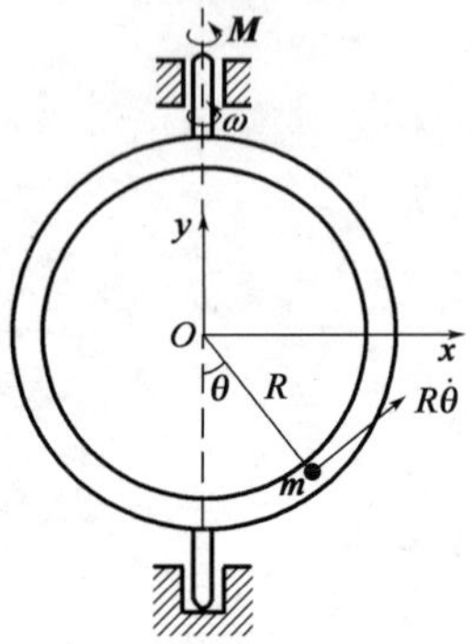

图 19-28 习题 19-16

(1)力偶矩 $\boldsymbol{M}$ 是圆环转角 φ 的给定函数,即 $M=M(\varphi)$;

(2)圆环转角 φ 是 t 的给定函数,即 $\varphi=\varphi(t)$。

B 类型习题

习题 19-17 如图 19-29 所示,质量为 m、半径为 r 的均质薄圆环沿水平直线轨道作无滑动的滚动。一质量为 m_0、长为 $l=\sqrt{2}r$ 的均质细杆 AB 可在圆环内滑动。忽略圆环与杆间的摩擦。分别取圆环中心在水平方向上的位移 x、细杆质心的坐标(x_C,y_C)和细杆与水平线的夹角 θ 为位置参数,试用第一类拉格朗日方程写出系统的运动微分方程。

习题 19-18 弹簧摆。如图 19-30 所示,一弹簧摆在某一铅垂面内运动,已知质点质量为 m,弹簧不计质量,弹性系数为 k,设弹簧原长为 l_0,变形为 X,摆角为 θ,$X=x+\delta_{\rm st}$,$l=l_0+\delta_{\rm st}$,$\delta_{\rm st}=\dfrac{mg}{k}$,给定参数 $\delta_{\rm st}=l_0$ 和初始条件:$x(0)=0$,$\theta(0)=\dfrac{\pi}{6}$,$\dot{x}(0)=0$,$\dot{\theta}(0)=0$,求:

(1)建立弹簧摆的运动微分方程;

(2)利用计算机画出时程曲线和相平面图。

(《力学与实践》小问题,1997 年第 307 题。)

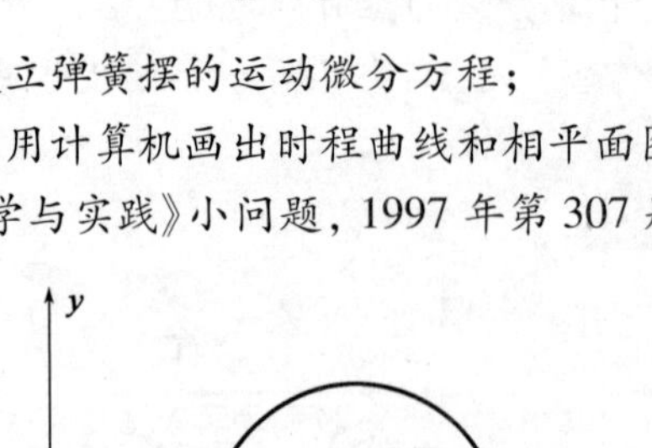

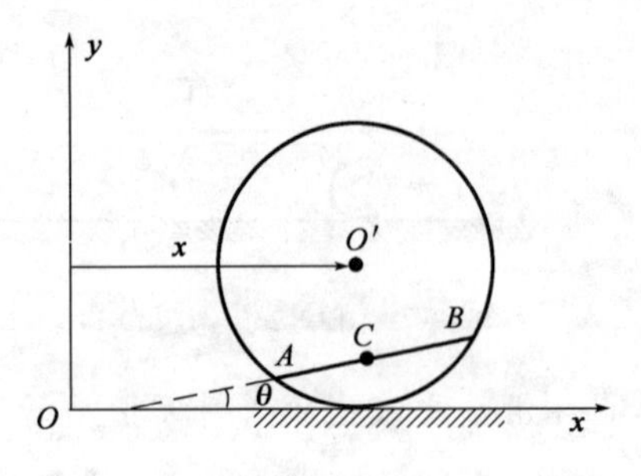

图 19-29 习题 19-17

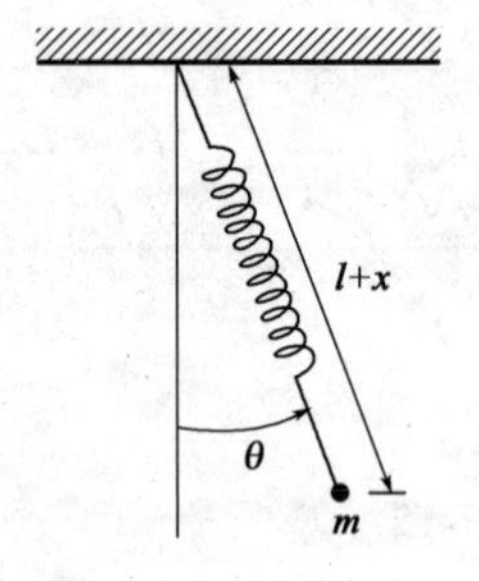

图 19-30 习题 19-18

C 类型习题

习题 19-19 如图 19-31 所示，钟表里的摆可用图示振动结构来代替：一无弹性带子缠绕在质量为 $m_W = 6\text{kg}$ 的均质滚轮上，且此带子用两个相等质量的重物（单个质量 $m = 2\text{kg}$）张紧，并通过两个压紧的拉伸弹簧与地基相连。试借助于第二类拉格朗日方程列出滚轮 W 的运动方程。

习题 19-20 如图 19-32 所示，试用第二类拉格朗日方程列出摆的运动方程。

离心调节器的两个摆绕着平行于 x 轴的两个轴摆动。它们可被看作是具有质量 m，摆长为 L 的单摆。在调节器静止（$\omega = 0$）时，连同弹簧约束（弹簧常数为 k）一起摆的固有频率 $\dfrac{\nu_0}{2\pi} = 40\text{Hz}$，设静止状态（$\omega = 0$）时，$\varphi = \varphi_0 = 0$。摆角可看作很小（$\varphi \ll 1$）。设 $d = 2b = 0.2L$。

设求摆角 φ 的运动方程。

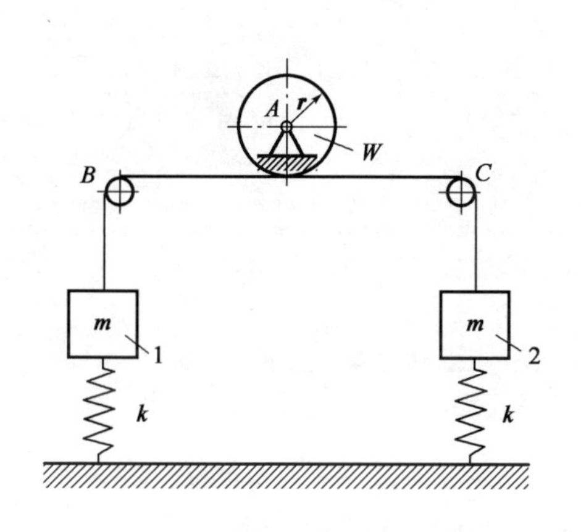

图 19-31　习题 19-19

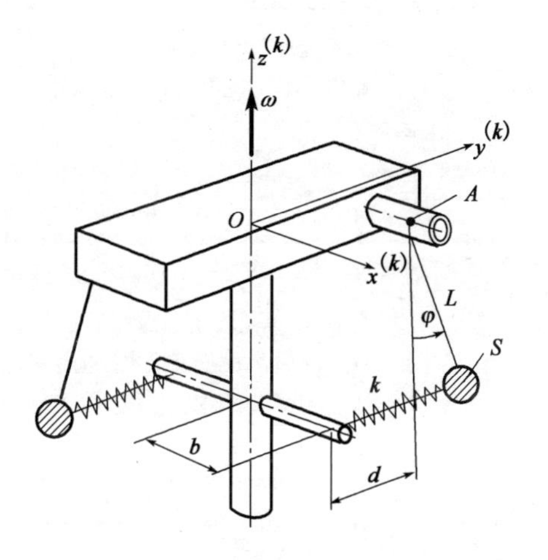

图 19-32　习题 19-20

（1）试求摆角 φ 的运动方程。

（2）试求摆的平衡位置 $\varphi_0(\omega)$ 及自振圆频率 $\nu(\omega)$。

（3）如果先将摆在 $\varphi = 0$ 位置束缚住。在调节器角速度达到 $\omega = 90\text{rad/s}$ 之后将其无冲击释放，$\varphi(t)$ 会出现什么样的振动？

（4）在按照（3）振动时，摆的轴套承受的最大力矩是多大？此力矩比处于静止摆平衡状态的力矩增大的因子 K 是多大？

习题 19-21 如图 19-33 所示，试借助第二类拉格朗日方程确定系统的运动方程。

机械系统包括：两个滑轮（均匀圆盘，半径是 r，质量为 m），一绳子绕过滑轮并通过一弹簧（弹簧常数为 k）在 A 点固定，$x_A = X_A(t)$ 在滑轮 2 上通过一相同弹簧常数 k 的弹簧又挂一质量为 m 的物体。忽略所有摩擦的影响。

习题 19-22 如图 19-34 所示，一教堂的钟和钟舌的质量分别是 m_G 与 m_K，钟对于其悬挂点 A 的转动惯量为 J_G，钟舌对于它的悬挂点 B 的转动惯量为 J_K。以上各量及距离 s_G、s_K 和 h 均已知。

（1）系统自由振动时，也就是没有敲钟舌时的运动方程是什么？

（2）如果该系统像一单个刚体那样振动，钟就不会发出声音，为此 h 应满足什么条件？

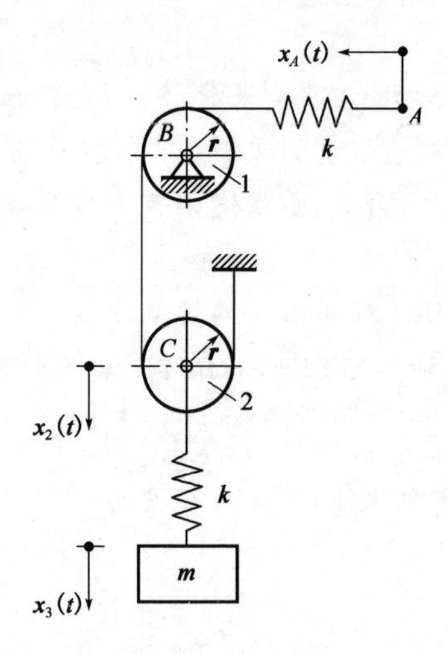

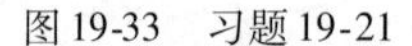
图 19-33　习题 19-21

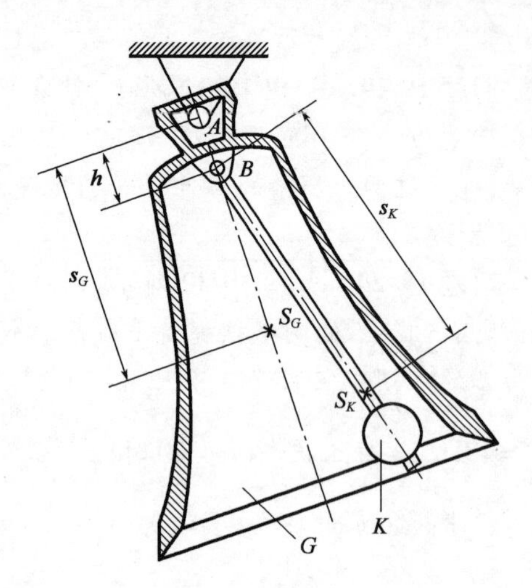

图 19-34　习题 19-22

蔡伦(63—121 年)字敬仲,东汉桂阳郡人。蔡伦总结以往人们的造纸经验革新造纸工艺,终于制成了“蔡侯纸”。元兴元年(公元 105 年)奏报朝廷 ,汉和帝下令推广他的造纸法。

蔡伦的造纸术被列为中国古代“四大发明”,对人类文化的传播和世界文明的进步做出了杰出的贡献,千百年来备受人们的尊崇 。被纸工奉为造纸鼻祖、“纸神” 。麦克 · 哈特的《影响人类历史进程的 100 名人排行榜》中,蔡伦排在第七位。美国《时代》周刊公布的“有史以来的最佳发明家”中蔡伦上榜。2008 年北京奥运会开幕式,特别展示了蔡伦发明的造纸术。

《周易·象》曰："地势坤，
君子以厚德载物。"

第 20 章 哈密顿原理与正则方程

本章介绍哈密顿对分析力学的发展,包括哈密顿原理和哈密顿正则方程,是哈密顿在1834 年和 1835 年发表的两篇长论文中提出的。哈密顿力学是继拉格朗日力学之后分析力学的第二个发展阶段。哈密顿力学有极丰富的内容,主要包括哈密顿原理、哈密顿正则方程及其积分方法。最后简单介绍泛函极值的必要条件——欧拉方程。

20.1 最小作用量原理

积分变分原理是研究力学系统在一段有限时间内真实运动与可能运动之间的比较。比较结果表明,对真实运动来说,某个泛函取极值。积分变分原理包括哈密顿原理和拉格朗日原理。积分变分原理以哈密顿原理——最小作用量原理为代表。

20.1.1 哈密顿原理(等时变分原理)

1)势力场中的哈密顿原理

研究具有双面理想完整约束的力学系统,所受广义力是有势的。系统的位形由 f 个广义坐标 $q_j(j=1,2,\cdots,f)$ 来确定。哈密顿引进一个积分

$$S = \int_{t_0}^{t_1} L(q_1,q_2,\cdots,q_f;\dot{q}_1,\dot{q}_2,\cdots,\dot{q}_f;t)\,\mathrm{d}t \tag{20-1}$$

其中,L 为拉格朗日函数。这个积分称为哈密顿作用量,它是 $q_1,q_2,\cdots,q_f$ 的泛函。

哈密顿原理(最小哈密顿作用量原理):在相同的时间、相同的起始和终了位置和相同的约束条件下,双面理想完整、广义力有势的系统,在所有可能的各种运动中,真实运动使哈密顿作用量具有极值,即

$$\delta S = 0,\delta\int_{t_0}^{t_1} L(\boldsymbol{q},\dot{\boldsymbol{q}},t)\,\mathrm{d}t = 0 \tag{20-2}$$

哈密顿原理是力学的基本原理,并且它把力学原理归结为更一般的形式。同时,它和坐标选择无关,因此更具普遍性,并在多方面应用上更为方便。

下面我们通过哈密顿原理来推导拉格朗日方程。

$$\begin{aligned}\delta S &= \int_{t_0}^{t_1}\Big[\sum_{j=1}^{f}\Big(\frac{\partial L}{\partial q_j}\delta q_j + \frac{\partial L}{\partial \dot{q}_j}\delta \dot{q}_j\Big)\Big]\mathrm{d}t \\ &= \int_{t_0}^{t_1}\Big[\sum_{j=1}^{f}\Big(\frac{\partial L}{\partial q_j} - \frac{\mathrm{d}}{\mathrm{d}t}\frac{\partial L}{\partial \dot{q}_j}\Big)\delta q_j\Big]\mathrm{d}t + \sum_{j=1}^{f}\Big(\frac{\partial L}{\partial \dot{q}_j}\delta q_j\Big)\Big|_{t_0}^{t_1} \\ &= \int_{t_0}^{t_1}\Big[\sum_{j=1}^{f}\Big(\frac{\partial L}{\partial q_j} - \frac{\mathrm{d}}{\mathrm{d}t}\frac{\partial L}{\partial \dot{q}_j}\Big)\delta q_j\Big]\mathrm{d}t\end{aligned} \tag{a}$$

注意到 $\delta\dot{q}_j=\frac{\mathrm{d}}{\mathrm{d}t}\delta q_j$，这里用到分部积分法

$$\frac{\partial L}{\partial \dot{q}_j}\frac{\mathrm{d}}{\mathrm{d}t}(\delta q_j)=\frac{\mathrm{d}}{\mathrm{d}t}\left(\frac{\partial L}{\partial \dot{q}_j}\delta q_j\right)-\delta q_j\frac{\mathrm{d}}{\mathrm{d}t}\left(\frac{\partial L}{\partial \dot{q}_j}\right) \tag{b}$$

d，δ 运算等时变分交换关系

$$\mathrm{d}\delta q_j=\delta\mathrm{d}q_j \tag{c}$$

和端点条件

$$\delta q_j\big|_{t=t_0}=\delta q_j\big|_{t=t_1}=0 \quad (j=1,2,\cdots,f) \tag{d}$$

由积分区间 $[t_0,t_1]$ 的任意和 δq_j 的彼此独立性，利用式(20-2)便可导出拉格朗日方程。

$$\frac{\mathrm{d}}{\mathrm{d}t}\frac{\partial L}{\partial \dot{q}_j}-\frac{\partial L}{\partial q_j}=0 \quad (j=1,2,\cdots,f) \tag{20-3}$$

2）一般完整系统的哈密顿原理

对于受非有势力的完整系统，**哈密顿原理**有形式

$$\int_{t_0}^{t_1}(\delta T+\sum_{j=1}^{f}Q_j\delta q_j)\mathrm{d}t=0 \tag{20-4}$$

一般来说，原理式(20-4)不是一个稳定作用量原理，因为它不能表示为某个泛函的极值。

哈密顿原理式(20-2)表示哈密顿作用量在真实运动中取极值，那么这个极值是极大还是极小呢？有如下**命题**：如果积分区间充分小，那么在定常约束下，哈密顿原理的泛函在真实路径上具有极小值。

完整系统的哈密顿原理可以在广义坐标下写出，也可以在准坐标下写出。对于非完整系统也可以建立哈密顿原理。

各个质点从初位置移动到末位置的轨迹形成了质点系的真实路径，称为质点系的**正路**；在不破坏约束的条件下，我们对正路上每个质点（端点除外）的矢径 $\boldsymbol{r}_i$ 进行等时变分（即进行 δ 运算）得到 $\delta\boldsymbol{r}_i$，由矢径为 $\boldsymbol{r}_i+\delta\boldsymbol{r}_i$ 的点构成系统的**旁路**。

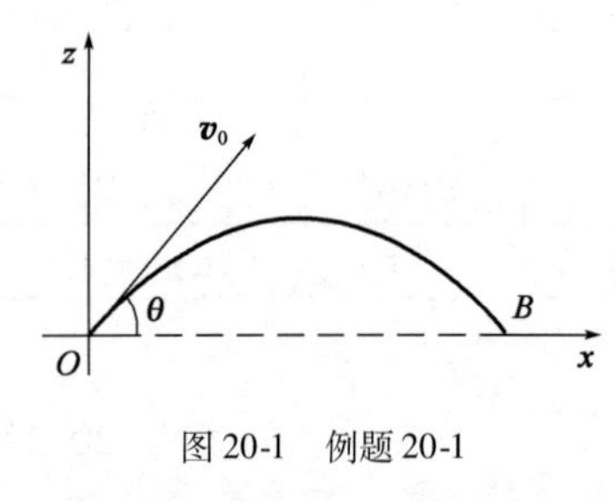

图 20-1 例题 20-1

例题 20-1 设以初速度 $\boldsymbol{v}_0$ 沿着与水平成 θ 角的正方抛出一质量为 m 的质点，如图 20-1 所示。假设运动在平面 Oxz 内，请分别计算正路（真实运动）与从 O 到 B 的匀速直线运动的哈密顿作用量。

解：质量的真实运动轨迹（正道）是抛物线

$$x=v_0t\cos\theta,z=v_0t\sin\theta-\frac{1}{2}gt^2$$

在时刻 t_1 质点与 Ox 轴交于 B 点，沿着 Ox 轴走过的距离为 OB，有

$$t_1=\frac{2v_0}{g}\sin\theta$$

$$OB=\frac{v_0^2}{g}\sin2\theta$$

其中，g 是重力加速度。

我们比较真实运动与从 O 到 B 的匀速直线运动，旁路是 Ox 轴上的线段 OB，由于在哈密顿原理中沿着正路和旁路从初位置到末位置的运动时间应该是相同的，直线运动的速度应该等于 $v_0\cos\theta$。

对于抛物线运动

$$L=T-V=\frac{1}{2}m(\dot{x}^2+\dot{z}^2)-mgz=\frac{1}{2}m(v_0^2-4v_0gt\sin\theta+2g^2t^2)$$

对于直线运动

$$L=T-V=\frac{1}{2}mv^2=\frac{1}{2}mv_0^2\cos^2\theta$$

对于抛物线运动

$$S=\int_0^{t_1}L\mathrm{d}t=\frac{mv_0^3\sin\theta}{g}\left(1-\frac{4}{3}\sin^2\theta\right)$$

而对于直线运动

$$S=\frac{mv_0^3\sin\theta}{g}(1-\sin^2\theta)$$

对于任意的 θ,沿着正路的哈密顿作用量小于沿着旁路。

讨论与练习

(1)正路和旁路都是质点系约束允许的可能路径。旁路有无穷多条,它们无限接近正路,并且与正路有完全相同的初位置和末位置;

(2)哈密顿原理就是在正路与旁路的比较中,从无穷多可能路径中选出正路。

例题 20-2 试用哈密顿原理导出如图 20-2 所示的弹簧摆锤运动微分方程。

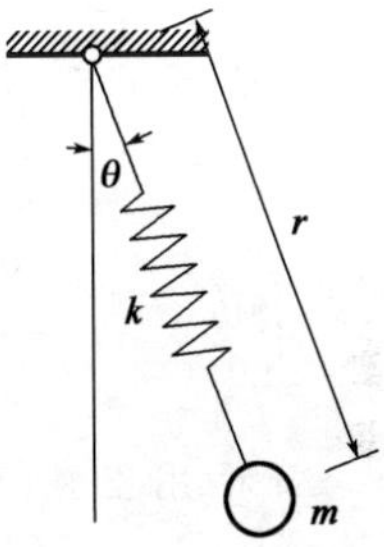

解:取如图 20-2 所示的极坐标系,摆锤的悬挂点为坐标原点。摆锤的动能为

$$T=\frac{1}{2}m(\dot{r}^2+r^2\dot{\theta}^2)$$

势能为

$$V=-mgr\cos\theta+\frac{1}{2}k(r-r_0)^2$$

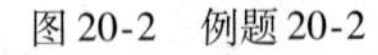

图 20-2 例题 20-2

式中,r_0 为弹簧原长。

拉格朗日函数为

$$L=T-V=\frac{1}{2}[m(\dot{r}^2+r^2\dot{\theta}^2)+2mgr\cos\theta-k(r-r_0)^2]$$

根据哈密顿原理建立泛函为

$$S=\frac{1}{2}\int_{t_0}^{t_1}[m(\dot{r}^2+r^2\dot{\theta}^2)+2mgr\cos\theta-k(r-r_0)^2]\mathrm{d}t$$

变分 $\delta S=0$,可得拉格朗日方程组

$$m\ddot{r}-mr\dot{\theta}^2-mg\cos\theta+k(r-r_0)=0 \tag{1a}$$

$$mr^2\ddot{\theta}+2mr\dot{r}\dot{\theta}+mgr\sin\theta=0 \tag{1b}$$

或

$$\ddot{r}-r\dot{\theta}^2-g\cos\theta+\frac{k}{m}(r-r_0)=0 \tag{2a}$$

$$r\ddot{\theta}+2\dot{r}\dot{\theta}+g\sin\theta=0 \tag{2b}$$

讨论与练习

(1)请读者写出推导过程中利用的分部积分具体表达式和端点条件；

(2)注意利用 δr 与 $\delta\theta$ 的独立性。

例题 20-3 单位质量的质点在平面 Oxy 上运动，外力的势能由 $V=xy$ 给出。在 $t=0$ 时，它在原点；在 $t=1$ 时，它在点(2,0)。试求质点的运动规律。

解：先求精确解，以便与近似解作比较。问题的拉格朗日函数是

$$L=\frac{1}{2}(\dot{x}^2+\dot{y}^2)-xy$$

拉格朗日方程给出问题的微分方程为

$$\ddot{x}+y=0,\ddot{y}+x=0$$

其通解是

$$x=C_1\sin t+C_2\cos t+C_3\text{sh}t+C_4\text{ch}t$$
$$y=C_1\sin t+C_2\cos t-C_3\text{sh}t-C_4\text{ch}t$$

满足问题端点条件的特解为

$$x=\frac{\sin t}{\sin 1}+\frac{\text{sh}t}{\text{sh}1},y=\frac{\sin t}{\sin 1}-\frac{\text{sh}t}{\text{sh}1} \tag{1}$$

这是精确解。这个解使哈密顿作用量

$$S=\int_0^1\left[\frac{1}{2}(\dot{x}+\dot{y}^2)-xy\right]\mathrm{d}t \tag{2}$$

取极小值

$$S_{\min}=\cot 1+\text{ch}1\approx 1.955128 \tag{3}$$

下面用里兹(Ritz)法求其近似解。在 $x-t$ 图和 $y-t$ 图上连接两给定端点的直线为

$$x=2t,y=0$$

现在再加上两端均为零的函数，这种在 $t=0$ 和 $t=1$ 都等于零的最简单的函数是 $t(1-t)$，因而可取式(4)作为可能运动的集合(图 20-3)。

$$x=2t+\alpha t(1-t),y=\beta t(1-t) \tag{4}$$

这里 α,β 是参数，它们是 $x(t)$ 和 $y(t)$ 偏离直线的一种度量。

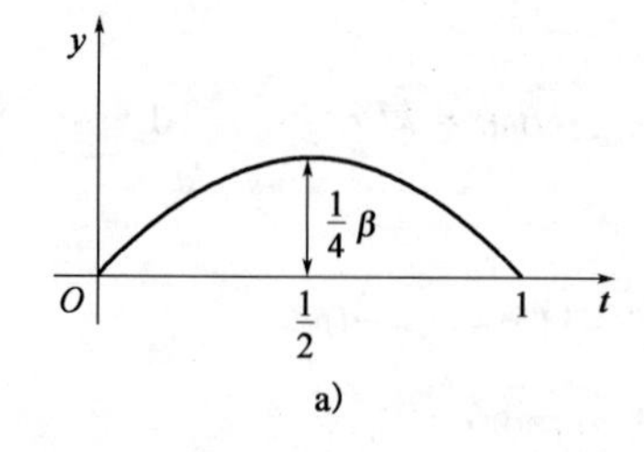

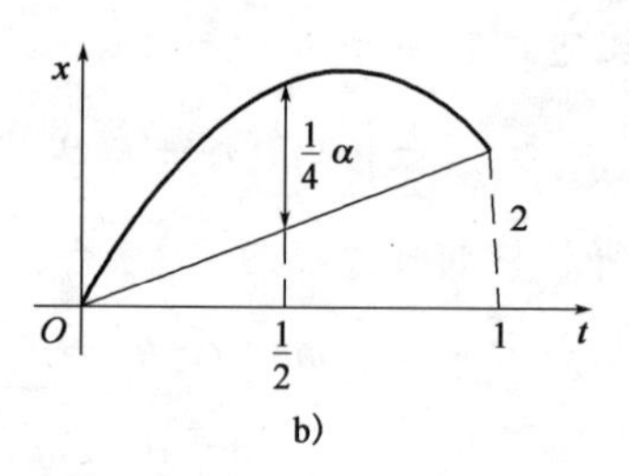

图 20-3 例题 20-3

将式(4)代入式(3)，求得哈密顿作用量为

$$S = S(\alpha,\beta)$$
$$= \frac{1}{2}\int_0^1 [(2+\alpha-2\alpha t)^2 + \beta^2(1-2t)^2 - 2\beta t(1-t)(2t+\alpha t-\alpha t^2)]\mathrm{d}t$$

下面求使 $S(\alpha,\beta)$ 取极值的参数 α 和 β。令

$$\frac{\partial S}{\partial \alpha}=0,\frac{\partial S}{\partial \beta}=0$$

得

$$\int_0^1 [(2+\alpha-2\alpha t)(1-2t) - \beta t(1-t)(t-t^2)]\mathrm{d}t = 0$$

$$\int_0^1 [\beta(1-2t)^2 - (2t+\alpha t-\alpha t^2)t(1-t)]\mathrm{d}t = 0$$

积分得

$$\frac{1}{3}\alpha - \frac{1}{30}\beta = 0,\ -\frac{1}{30}\alpha + \frac{1}{3}\beta = \frac{1}{6}$$

解得

$$\alpha = \frac{5}{99},\beta = \frac{50}{99}$$

代回式(4),求得近似解为

$$x = 2t + \frac{5}{99}t(1-t),y = \frac{50}{99}t(1-t) \tag{5}$$

这组近似解(5)与精确解(1)在时间的大范围内性质极不一样,但在所关心的时间间隔(0,1)内,两者差别很小,相应于式(5)的 S 值为 12793/6534≈1.957912。

如果将 y 改为

$$y = \beta t(1-t^2)$$

则精确度就可以提高。

20.1.2 拉格朗日原理(等能量全变分原理)

将动能的 2 倍在时间 t_0 至 t_1 积分

$$S_{\mathrm{M}} = \int_{t_0}^{t_1} 2T\mathrm{d}t \tag{20-5}$$

称为莫佩尔蒂(Maupertuis)作用量。

假如力体系是保守的,即拉格朗日函数中不显著地包含时间 t,则运动方程式(20-3)有一能量不灭的积分式(19-16b)

$$T + V = E \tag{20-6}$$

其中,E 是一积分常数,等于力体系的总能量。若以此消去哈密顿原理式(20-2)中的位能 V,则得

$$\delta S_{\mathrm{H}} = \delta\int_{t_0}^{t_1} L\mathrm{d}t = \delta\int_{t_0}^{t_1}(T-V)\mathrm{d}t = \delta\int_{t_0}^{t_1}2T\mathrm{d}t - E\delta\int_{t_0}^{t_1}\mathrm{d}t = \delta\int_{t_0}^{t_1}2T\mathrm{d}t = \delta S_{\mathrm{M}} = 0 \tag{e}$$

莫佩尔蒂以力体系的动能量的两倍 $2T$ 的积分名为"作用量",故哈密顿的原理表达式(20-2)的形式称作"最小作用量原理"。据历史记载,最小作用量原理莫佩尔蒂是 1744 年发现的,而哈密顿的原理到 1834 年才发表。

以雅可比函数 P 作为拉格朗日函数,广义坐标 q_1 作为自变量。类似于哈密顿作用量,

引入拉格朗日作用量：

$$S_L = \int_{q_1^{(0)}}^{q_1^{(1)}} P(q_2, q_3, \cdots, q_f; q_2', q_3', \cdots, q_f') \mathrm{d}q_1 \tag{20-7}$$

其中，$q_j' = \mathrm{d}q_j / \mathrm{d}q_1$。

如果系统是广义保守的，则雅可比函数

$$P = \frac{1}{\dot{q}_1}(L + H) \tag{20-8}$$

如果系统是保守的，则雅可比函数

$$P = \frac{2T}{\dot{q}_1} \tag{20-9}$$

显然，在保守系统中拉格朗日作用量［式(20-7)］与莫佩尔蒂(Maupertuis)作用量［式(20-5)］是等价的。

$$S_L = \int_{q_1^{(0)}}^{q_1^{(2)}} \frac{2T}{\dot{q}_1} \mathrm{d}q_1 = \int_{t_0}^{t_1} 2T \mathrm{d}t = S_M \tag{f}$$

研究定常完整约束力的力学系统，广义力有势，因此在运动过程中系统的总机械能，即哈密顿函数保持为常数 h

$$H = h \tag{20-10}$$

这个关系在连接真实路径上两固定位置 $q_j^{(0)}$ 和 $q_j^{(1)}$ 的所有邻近路径上成立。既然式(20-10)是对系统在邻近运动中加在点的速度上的某个限制，那么，把与真实路径上的位形 q_j 相应的邻近路径上的 q_j^* 当作属于同一瞬时就不对了，具体地说，不可要求系统沿邻近路径由初始位置到终了位置的过渡同沿真实路径在同一时间间隔 $t_1 - t_0$ 内完成。于是，对式(20-10)必须采用全变分

$$\tilde{\delta} H = \delta H + \dot{H} \tilde{\delta} t = \delta H = \tilde{\delta} h = \delta h = 0 \tag{g}$$

拉格朗日原理(最小拉格朗日作用量原理)为：在系统的两个固定位置之间，拉格朗日作用量在真实路径上与具有同一机械能常数的邻近路径上相比较而具有稳定值。拉格朗日原理的数学表达为

$$\tilde{\delta} S_L = 0, \tilde{\delta} \int_{q_1^{(0)}}^{q_1^{(1)}} P \mathrm{d}q_1 = 0 \tag{20-11}$$

拉格朗日原理式(20-11)的条件是：

①约束是双面、理想、定常的完整系统，广义力是有势的；

②可比较的运动具有同样的能量常数 h，而 $\tilde{\delta} h = 0$；

③在端点坐标的全变分等于零，即

$$\tilde{\delta} q_j \big|_{q_1 = q_1^{(0)}} = 0, \tilde{\delta} q_j \big|_{q_1 = q_1^{(1)}} = 0 \quad (j = 2, 3, \cdots, f) \tag{h}$$

拉格朗日的《*Mecanique Analytique*》(1788 年)包含了拉格朗日方程(20-3)的运动方程组。拉格朗日写下了 $L = T - V$，在今天我们称之为拉格朗日函数。但拉格朗日并未认识到这些运动方程(20-3)与变分原理 $\delta \int L \mathrm{d}t = 0$ 等价。这件事情仅在几十年后就被哈密顿(1843 年)发现了。特别的是拉格朗日确实知道变分问题的微分方程的一般形式，而且他确实评论了欧拉对此的证明，欧拉十分佩服他在 1759 年对此的早期工作。他立即用它给出了莫佩尔蒂Maupertuis 最小作用量原理的一个证明，作为牛顿运动方程的结果。可以发现，在积分式(20-7)中完全没有时间，而原理(20-11)中只包含几何元素，这种形式的最小作用量原理继

莫佩尔蒂、拉格朗日后雅可比(1804—1851 年)做了系统研究,因此拉格朗日原理又称为莫佩尔蒂雅原理或雅可比原理。

20.2 正则方程

20.2.1 哈密顿正则方程

1)勒让德变换

在 19.2 节中,我们已经指出,拉氏函数 L 是 $q_i, \dot{q}_i (i=1,2,\cdots,f)$ 及 t 的函数,并可由此得出拉格朗日方程式(19-2)。但拉格朗日是二阶常微分方程组。如果我们把 L 中的广义速度 $\dot{q}_i (i=1,2,\cdots,f)$ 换成广义动量 $p_i (i=1,2,\cdots,f)$ 就可使方程组降阶,即由二阶变为一阶,而且还可具有其他的一些优点。我们现在就来进行这种变换。

在式(19-2)中,如果令

$$p_i = \frac{\partial L}{\partial \dot{q}_i} = \frac{\partial T}{\partial \dot{q}_i} \quad (i=1,2,\cdots,f) \tag{20-12}$$

作为独立变量,则由式(19-2),可得

$$\dot{p}_i = \frac{\partial L}{\partial q_i} \quad (i=1,2,\cdots,f) \tag{20-13}$$

而由式(20-12),又可解出 $\dot{q}_i$,使 $\dot{q}_i$ 是 $p_j, q_j (j=1,2,\cdots,f)$ 及 t 的函数,即

$$\dot{q}_i = \dot{q}_i (p_1, p_2, \cdots, p_f; q_1, q_2, \cdots, q_f; t) \tag{20-14}$$

这是因为 L 原是 $q_i, \dot{q}_i, t$ 的函数,而 $\partial L/\partial \dot{q}_i$ 也仍然是 $q_i, \dot{q}_i, t$ 的函数。

如果把式(20-14)中的 $\dot{q}_i$ 代入拉氏函数 L 中,则 L 也将变为 p, q, t 的函数,现以 $\overline{L}$ 表示,即

$$\overline{L} = \overline{L}(p_1, p_2, \cdots, p_f; q_1, q_2, \cdots, q_f, t) \tag{20-15}$$

这时方程式(20-13)及式(20-14)一共是 $2f$ 个一阶微分方程组,是拉格朗日方程式(19-2)的另一表达形式。但这两组方程形式并不对称,计算也不方便。进一步的研究表明,当独立变量改变时,函数本身也宜随之改变为另一形式的函数才好计算。这种由一组独立变量变为另一组独立变数的变换,在数学上叫作勒让德变换。

2)哈密顿方程

下面我们通过著名的勒让德变换,来推导哈密顿方程。

拉格朗日函数是坐标和速度的函数,其全微分等于

$$\mathrm{d}L = \sum_{i=1}^{f} \frac{\partial L}{\partial q_i} \mathrm{d}q_i + \sum_{i=1}^{f} \frac{\partial L}{\partial \dot{q}_i} \mathrm{d}\dot{q}_i \tag{a}$$

因为按定义 $\partial L/\partial \dot{q}_i = p_i$ 是广义动量,又根据拉格朗日方程有 $\partial L/\partial q_i = \dot{p}_i$,所以上面这个表达式可以写成

$$\mathrm{d}L = \sum_{i=1}^{f} \dot{p}_i \mathrm{d}q_i + \sum_{i=1}^{f} p_i \mathrm{d}\dot{q}_i \tag{20-16}$$

现在将式(20-16)的第二项写成

$$\sum_{i=1}^{f} p_i \mathrm{d}\dot{q}_i = \mathrm{d}\left(\sum_{i=1}^{f} p_i \dot{q}_i\right) - \sum_{i=1}^{f} \dot{q}_i \mathrm{d}p_i \tag{b}$$

将全微分 $\mathrm{d}(\sum p_i \dot{q}_i)$ 移到等式左端并改变所有符号,由式 (20-16)可得

$$\mathrm{d}\left(\sum_{i=1}^{f}p_i\dot{q}_i - L\right) = -\sum_{i=1}^{f}\dot{p}_i\mathrm{d}q_i + \sum_{i=1}^{f}\dot{q}_i\mathrm{d}p_i \tag{c}$$

微分号下的量是用广义坐标和广义动量表示的系统能量式(19-18),称为系统的哈密顿函数

$$H(\boldsymbol{p},\boldsymbol{q},t) = \sum_{j=1}^{f}p_j\dot{q}_j - L \tag{20-17}$$

由微分等式

$$\mathrm{d}H = -\sum_{i=1}^{f}\dot{p}_i\mathrm{d}q_j + \sum_{i=1}^{f}\dot{q}_i\mathrm{d}p_i \tag{20-18}$$

得出方程

$$\dot{q}_i = \frac{\partial H}{\partial p_i}, \dot{p}_i = -\frac{\partial H}{\partial q_i} \quad (i=1,2,\cdots,f) \tag{20-19}$$

这就是用变量 p 和 q 表示的运动方程,称为哈密顿方程。它们构成 $2f$ 个未知函数的 $2f$ 一阶微分方程组,代替拉格朗日方法的 f 个二阶方程。由于这些方程的形式简单并且对称,称之为正则方程。

对非有势力的拉格朗日方程可以表示为如下正则形式

$$\dot{q}_i = \frac{\partial H}{\partial p_i}, \dot{p}_i = -\frac{\partial H}{\partial q_i} + \tilde{Q}_i \quad (i=1,2,\cdots,f) \tag{20-20}$$

其中

$$\tilde{Q}_i(\boldsymbol{q},\boldsymbol{p},t) = Q_i[\boldsymbol{q},\dot{\boldsymbol{q}}(\boldsymbol{q},\boldsymbol{p},t,t)] \quad (i=1,2,\cdots,f) \tag{20-21}$$

为正则变量表示的广义力。

20.2.2 研究正则方程的意义

前面导出的系统运动的正则方程(20-19)是 $2f$ 个一阶微分方程。在解决实际问题时和拉格朗日方程(19-11)是等价的。但是,首先,正则方程形式上比拉格朗日方程要简单,结构上又对称,在解决许多复杂的力学问题时,如天体力学、振动问题,更便于作普遍讨论。其次,与正则方程相联系所引进的新概念,如正则变量,在力学和物理学中,如统计物理学、量子力学,有很多用途。再者,由正则方程出发建立了一整套积分方法,如泊松括号、哈密顿——雅可比方法等。最后,由正则方程出发发展了辛几何学和辛几何动力学。

20.2.3 正则方程的应用

利用正则方程求解运动的步骤如下:

(1)根据所论力学系统的物理条件和特点,分析其自由度,选取适当的广义坐标。

(2)写出动能 T 和势能 V 的表达式。

(3)写出广义动量,并将广义速度表示为广义坐标、广义动量和时间的函数。

(4)求出哈密顿函数 H。

(5)将 H 代入方程(20-19),得到 $2f$ 个一阶微分方程,求方程的积分,解出

$$\dot{q}_i = q_i(t,C_\nu), \dot{p}_i = p_i(t,C_\nu) \quad (i=1,2,\cdots,f;\nu=1,2,\cdots,2f) \tag{d}$$

例题 20-4 如图 20-4 所示的小车的车轮在水平地面上作纯滚动,每个轮子的质量为 m_1,半径为 r,车架质量不计。车上有一个质量—弹簧系统,弹簧刚度为 k,物块质量为 m_2。试写出哈密顿正则方程并分析首次积分。

解：该系统有两个自由度，选取 x 和 x_r 为广义坐标。拉格朗日函数为

$$L = T - V = \frac{3}{2}m_1\dot{x}^2 + \frac{1}{2}m_2(\dot{x}+\dot{x}_r)^2 - \frac{1}{2}m_1 k x_r^2$$

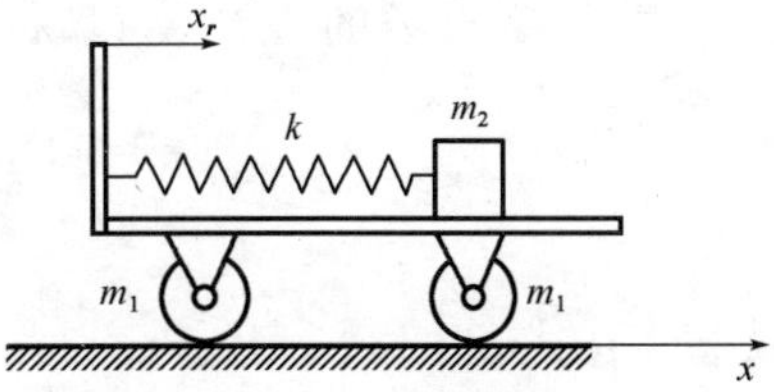

图 20-4　例题 20-4

广义动量为

$$p_x = 3m_1\dot{x} + m_2(\dot{x}+\dot{x}_r)$$

$$p_{x_r} = m_2(\dot{x}+\dot{x}_r)$$

解出

$$\dot{x} = \frac{p_x - p_{x_r}}{3m_1},\dot{x}_r = \frac{p_{x_r}}{m_2} - \frac{p_x - p_{x_r}}{3m_1}$$

哈密顿函数为

$$H = \frac{(p_x - p_{x_r})^2}{6m_1} + \frac{p_{x_r}^2}{2m_2} + \frac{1}{2}kx_r^2$$

正则方程为

$$\dot{x} = \frac{p_x - p_{x_r}}{3m_1} \tag{1a}$$

$$\dot{p}_x = 0 \tag{1b}$$

$$\dot{x}_r = \frac{p_{x_r}}{m_2} - \frac{p_x - p_{x_r}}{3m_1} \tag{1c}$$

$$\dot{p}_{x_r} = -kx_r \tag{1d}$$

哈密顿函数不显含广义坐标 x，故 x 为循环坐标，正则方程有广义动量积分

$$p_x = 3m_1\dot{x} + m_2(\dot{x}+\dot{x}_r) = \text{const}$$

这个首次积分也可以从正则方程直接得到。

哈密顿函数不显含时间 t，存在广义能量积分

$$H = \frac{(p_x - p_{x_r})^2}{6m_1} + \frac{p_{x_r}^2}{2m_2} + \frac{1}{2}kx_r^2 = \text{const}$$

其物理意义是系统的机械能守恒。

20.3　正则关系和正则变换

20.3.1　正则关系

哈密顿函数对时间的全导数为

$$\frac{\mathrm{d}H}{\mathrm{d}t} = \frac{\partial H}{\partial t} + \sum_{i=1}^{f}\frac{\partial H}{\partial q_i}\dot{q}_j + \sum_{i=1}^{f}\frac{\partial H}{\partial p_i}\dot{p}_j \tag{a}$$

将方程(20-19)的 $\dot{q}_i$，$\dot{p}_i$ 代入，上式后两项相互抵消，因此

$$\frac{\mathrm{d}H}{\mathrm{d}t} = \frac{\partial H}{\partial t} \tag{20-22}$$

特别地，如果哈密顿函数不显含时间，则 $\mathrm{d}H/\mathrm{d}t = 0$，即得到能量守恒定律。

除了动力学变量 q_i，p_i，拉格朗日函数和哈密顿函数还包含各种参数，这些参数描述力学

系统本身或者外场的性质。设 λ 是这样的参数，我们将它看作变量，则代替表达式(20-16)，有

$$\mathrm{d}L = -\sum_{i=1}^{f}\dot{p}_i\mathrm{d}q_i + \sum_{i=1}^{f}p_i\mathrm{d}\dot{q}_i + \frac{\partial L}{\partial \lambda}\mathrm{d}\lambda \tag{b}$$

而代替表达式(20-18)，有

$$\mathrm{d}L = -\sum_{i=1}^{f}\dot{p}_i\mathrm{d}q_i + \sum_{i=1}^{f}\dot{q}_i\mathrm{d}p_i - \frac{\partial L}{\partial \lambda}\mathrm{d}\lambda \tag{c}$$

由此可得拉格朗日函数和哈密顿函数对参数 λ 的偏导数之间的关系

$$\left(\frac{\partial H}{\partial \lambda}\right)_{p,q} = -\left(\frac{\partial L}{\partial \lambda}\right)_{\dot{q},q} \tag{20-23}$$

下标表示，在对 H 求导时 p,q 是不变的，对 L 求导时 $q,\dot{q}$ 是不变的。

这个结果可以表示为另一种形式。设拉格朗日函数的形式为 L'是基本函数 L_0 很小的附加项。哈密顿函数 $H=H_0+H'$的相应附加项与 L'的关系为

$$(H')_{p,q} = -(L')_{\dot{q},q} \tag{20-24}$$

可以发现，在从式(20-16)到式 (20-18)的变换中，我们没有写出带 $\mathrm{d}t$ 的项，即没有考虑拉格朗日函数可能显含时间的情况。这是因为在给定情况下时间仅仅是一个参数，与所做的变换无关。类似于公式(20-23)，拉格朗日函数和哈密顿函数对时间的偏导数之间的关系为

$$\left(\frac{\partial H}{\partial t}\right)_{p,q} = -\left(\frac{\partial L}{\partial t}\right)_{\dot{q},q} \tag{20-25}$$

20.3.2 正则变换

如果由一组正则变数 p_i,q_i 变换到另一组正则变数 $P_i,Q_i(i=1,2,\cdots,f)$，而且

$$\sum_{i=1}^{f}(p_i\mathrm{d}q_i - P_i\mathrm{d}Q_i) + (H^* - H)\mathrm{d}t = \mathrm{d}U \tag{20-26}$$

式(20-26)是一恰当微分，那么这种变换叫作正则变换。正则变换不改变正则方程(20-19)的形式，即

$$\dot{Q}_i = \frac{\partial H^*}{\partial P_i}, \dot{P}_i = -\frac{\partial H^*}{\partial Q_i} \quad (i=1,2,\cdots,f) \tag{20-27}$$

这里，H^* 可称之为用新变量 P_i,Q_i 所表示的“哈密顿函数”。

通过正则变换，如果可以使某些变数成为循环坐标，那么，问题便得到简化。

20.4 古典变分问题

在科学技术上，常常需要确定某一函数 $z=f(x)$ 的极大值或极小值，这种计算分析是微积分里大家所熟知的。但是，我们经常还要去确定一类特殊的量(即所谓泛函)的极大值或极小值，这就是变分法所处理的范围。为了便于理解变分命题，便于理解所谓泛函，我们将介绍历史上有名的三个变分命题。

20.4.1 最速降线(Brachistochrone)问题

例题 20-5 设有两点 A 和 B，不在同一铅垂线上，设在 A,B 两点上联结着某一曲线，有一重物沿曲线从 A 到 B 受重力作用自由下滑。如果略去重物和线之间的摩擦阻力，从 A 到

B 自由下滑所需时间随这一曲线的形状不同而各不相同，问下滑时间最短的曲线是那一条曲线？它就是最速降线（图 20-5）。显而易见，最快的路线绝不是联结 A,B 两点的直线段，当然，这条直线段在 A,B 两点间的路程最短，但沿这条直线自由下落时，运动速率的增长是比较慢的。如果我们取一条较陡的路程，则虽然路程是加长了，但在路程相当大的一部分中，物体运动的速度较大，所需总时间反而较少。

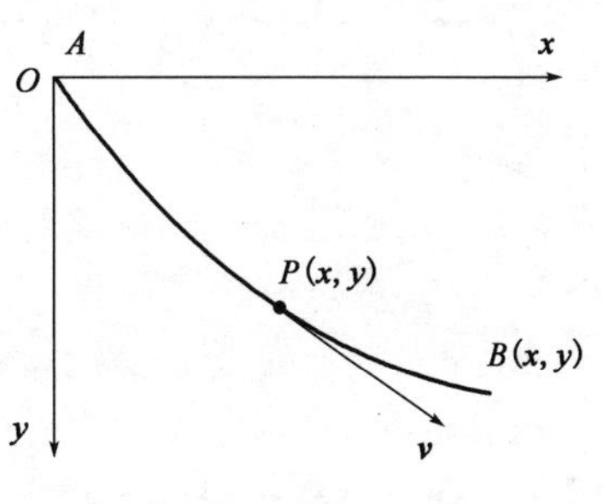

图 20-5 最速降线问题

现在让我们把最速降线问题，写成数学形式。

设 A 点和原点重合，B 点的坐标为 (x_1,y_1)，重体从 A 点下滑到 $P(x,y)$ 点时，其速度为 $\boldsymbol{v}$。如果重体的质量为 m，引力加速度为 $\boldsymbol{g}$，则重体从 A 到 P 失去势能 mgy，而获得动能 $\frac{1}{2}mv^2$，由能量守恒定律

$$mgy=\frac{1}{2}mv^2 \text{ 或 } v=\sqrt{2gy} \tag{1}$$

如果以 s 表示曲线从点算起的弧长，则

$$\frac{\mathrm{d}s}{\mathrm{d}t}=\sqrt{2gy} \tag{20-28}$$

而且弧长元素为

$$\mathrm{d}s=\sqrt{\mathrm{d}x^2+\mathrm{d}y^2}=\sqrt{1+\left(\frac{\mathrm{d}y}{\mathrm{d}x}\right)^2}\mathrm{d}x \tag{20-29}$$

于是，由式(20-28)和式(20-29)，有

$$\mathrm{d}t=\frac{\mathrm{d}s}{\left(\frac{\mathrm{d}s}{\mathrm{d}t}\right)}=\sqrt{\frac{1+\left(\frac{\mathrm{d}y}{\mathrm{d}x}\right)^2}{2gy}}\mathrm{d}x \tag{20-30}$$

从 A 到 B 积分，设总降落时间为 T，即得

$$T=\int_0^T \mathrm{d}t=\int_0^{x_1}\sqrt{\frac{1+\left(\frac{\mathrm{d}y}{\mathrm{d}x}\right)^2}{2gy}}\mathrm{d}x \tag{20-31}$$

对于不同的 $y(x)$，T 也不同。所以，T 是 $y(x)$ 的某种广义的函数，人们称这一类型的广义函数为**泛函**，即 T 是 $y(x)$ 的一种泛函。凡变量的值是由一个或多个函数的选取而确定的，这个变量称为这些函数的泛函。最速降线问题，于是可以说成：

在满足 $y(0)=0,y(x_1)=y_1$ 的一切 $y(x)$ 函数中，选取一个函数，使式(20-31)的泛函 T 为最小值。这个特定的函数就是最速降线的函数表达式。这就是最速降线问题的变分命题。所以，变分命题在实质上就是求泛函的极大值或极小值的问题。在这里我们应该指出下列各点：

（甲）在泛函的积分线上，$x=0,x=x_1$ 都是定值，也即是说，在变分中，$y(x)$ 的两端界限已定不变，其端值也不变，即 $y(0)=0,y(x_1)=y_1$。这种变分称为边界已定的变分。

（乙）在式(20-31)中，$\frac{\mathrm{d}y}{\mathrm{d}x}$ 不言而喻应该是存在的，至少是逐段连续的。

（丙）这种变分，除端点为定值的边界条件外，没有其他条件，这是一种最简单的变分。

讨论与练习

(1)最速降线问题是约翰·伯努利(Johann Bernoulli)在1696年以公开信的形式提出来的,曾引起广泛的注意;

(2)历经莱布尼兹(Leibniz)、牛顿(Newton)和雅可比·伯努利(Jacob Bernoulli)等的多方努力,才得到较完善的解答。

归纳起来,我们可以把最简单的边界已定不变的变分命题写为:

在通过 $y(x_1)=y_1, y(x_2)=y_2$ 两点的条件下,选取 $y(x)$,使泛函 Π 为极值。

$$\Pi = \int_{x_1}^{x_2} F[x, y(x), y'(x)]\mathrm{d}x \tag{20-32}$$

20.4.2 变分法的基本预备定理

本节的主要目的是对简单的变分问题建立与函数极值类似的必要条件,即给出简单泛函取得极小的必要条件。为此,我们先证明以下的引理。

变分学的基本引理 如果函数 $F(x)$ 在线段 (x_1, x_2) 上连续,且对于只满足某些一般条件的任意选定的函数 $\delta y(x)$,有

$$\int_{x_1}^{x_2} F(x)\delta y(x)\mathrm{d}x = 0 \tag{20-33}$$

则在线段 (x_1, x_2) 上,有

$$F(x)=0 \tag{20-34}$$

$\delta y(x)$ 的一般条件为:

(1)一阶或若干阶可微分;

(2)在线段 (x_1, x_2) 的端点处为0;

(3)$|\delta y(x)|<\varepsilon$,或 $|\delta y(x)|$ 及 $|\delta y'(x)|<\varepsilon$ 等。

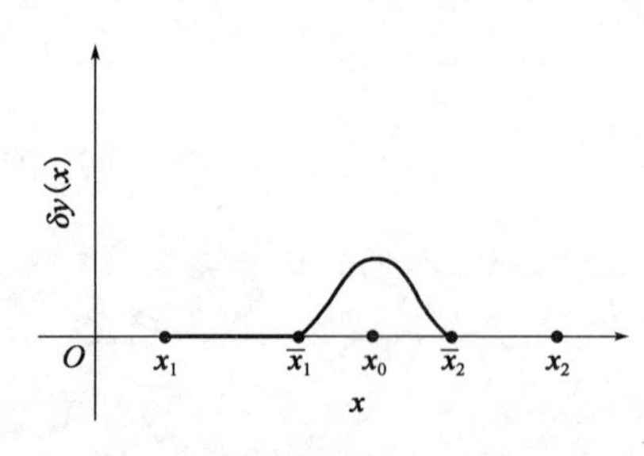

图20-6 证明预备定理所选取的函数 $\delta y(x)$

证明 用反证法。假设 $F(x)$ 在点 $x=\bar{x}$ 处不等于零,则我们可以选取区域 $\bar{x}_1 \leqslant \bar{x} \leqslant \bar{x}_2$,使得在这个区域内,$F(x)$ 正负号不变。

如图20-6所示。选取函数 $\delta y(x)$,使

$$\delta y(x)=0, x_1 \leqslant x \leqslant \bar{x}_1, \bar{x}_2 \leqslant x \leqslant x_2 \tag{20-35a}$$

$$\delta y(x)=k(x-\bar{x}_1)^{2n}(\bar{x}_2-x)^{2n}, \bar{x}_1 \leqslant x \leqslant \bar{x}_2 \tag{20-35b}$$

这个函数 $\delta y(x)$ 在 (x_1, x_2) 内,除 $x=\bar{x}$ 附近(即 $\bar{x}_1 \leqslant \bar{x} \leqslant \bar{x}_2$)外,都等于零。满足:

(1)到处都 $2n-1$ 阶可导;

(2)在 (x_1, x_2) 的端点等于零;

(3)如果选取一个很小的 k,则一定能使 $|\delta y(x)|<\varepsilon$,或 $|\delta y(x)|$ 及 $|\delta y'(x)|<\varepsilon$ 得到满足,于是有

$$\int_{x_1}^{x_2} f(x)\delta y(x)\mathrm{d}x = \int_{x_1}^{x_2} F(x)k(x-\bar{x}_1)^{2n}(\bar{x}_2-x)^{2n}\mathrm{d}x > 0 \tag{20-36}$$

这和式(20-33)矛盾。因此 $F(x)$ 在 $x=\bar{x}$ 处一定等于零,但 $x=\bar{x}$ 的任意选取的,所以 $F(x)$ 到处都等于零,但 $x=\bar{x}$ 是任意选取的,所以 $F(x)$ 到处都等于零。即

$$F(x)\equiv 0, x_1\leqslant x\leqslant x_2, \tag{20-37}$$

这就证明了变分法的基本预备定理。

20.4.3 泛函极值的必要条件——欧拉方程

现在研究最简单的泛函式(20-32)的极值问题所得到的欧拉方程,其中能够确定泛函的极值曲线 $y=y(x)$ 的边界是已定不变的,而且 $y(x_1)=y_1, y(x_2)=y_2$,泛函 $F(x,y,y')$ 将认为是三阶可微的。

基本定理 设泛函式(20-32),其中函数 F 是三个独立变量的已知函数,且具有二阶连续偏导数,其可取函数的集合为

$$A=\{y(x)\mid y(x)\in C^{(2)}_{[x_1,x_2]}, y(x_1)=y_1, y(x_2)=y_2\}$$

$y(x)\in A$,使泛函(20-32)取得极小的必要条件是:$y(x)$ 是微分方程(20-38)的解。

$$F_y-\frac{\mathrm{d}}{\mathrm{d}x}F_{y'}=0 \tag{20-38}$$

方程式(20-38)就是著名的**欧拉**(Euler)**方程**,将 $\frac{\mathrm{d}}{\mathrm{d}x}F_{y'}$ 展开,方程式(20-38)就是下列二阶微分方程

$$F'_y-F''_{xy'}-y'F''_{yy'}-y''F''_{y'y'}=0 \tag{20-38a}$$

证明 首先让我们用拉格朗日法来求泛函变分

$$\Pi(y+\varepsilon\delta y)=\int_{x_1}^{x_2}F(x,y+\varepsilon\delta y,y'+\varepsilon\delta y')\mathrm{d}x \tag{20-39}$$

于是有

$$\begin{aligned}\frac{\partial}{\partial\varepsilon}\Pi(y+\varepsilon\delta y)=&\int_{x_1}^{x_2}\Big[\frac{\partial}{\partial y}F(x,y+\varepsilon\delta y,y'+\varepsilon\delta y')\,\delta y+\\&\int_{x_1}^{x_2}\frac{\partial}{\partial y'}F(x,y+\varepsilon\delta y,y'+\varepsilon\delta y')\delta y'\Big]\mathrm{d}x\end{aligned} \tag{20-40}$$

让 $\varepsilon\to 0$,得

$$\delta\Pi=\frac{\partial}{\partial\varepsilon}\Pi(y+\varepsilon\delta y)\bigg|_{\varepsilon=0}=\int_{x_1}^{x_2}\left(\frac{\partial F}{\partial y}\delta y+\frac{\partial F}{\partial y'}\delta y'\right)\mathrm{d}x \tag{20-41}$$

其中

$$\frac{\partial F}{\partial y}=\frac{\partial}{\partial y}F(x,y,y'),\ \frac{\partial F}{\partial y'}=\frac{\partial}{\partial y'}F(x,y,y') \tag{20-42}$$

而且

$$\int_{x_1}^{x_2}\frac{\partial F}{\partial y'}\delta y'\mathrm{d}x=\int_{x_1}^{x_2}\left[\frac{\mathrm{d}}{\mathrm{d}x}\left(\frac{\partial F}{\partial y'}\delta y\right)-\frac{\mathrm{d}}{\mathrm{d}x}\left(\frac{\partial F}{\partial y'}\right)\delta y\right]\mathrm{d}x \tag{20-43}$$

但是 $\delta y(x_2)=\delta y(x_1)=0$,这是固定的边界条件,所以,得

$$\int_{x_1}^{x_2}\frac{\partial F}{\partial y'}\delta y'\mathrm{d}x=-\int_{x_1}^{x_2}\frac{\mathrm{d}}{\mathrm{d}x}\left(\frac{\partial F}{\partial y'}\right)\delta y\mathrm{d}x \tag{20-44}$$

最后,从式(20-41)、式(20-44)得变分极值条件,所以,得

$$\delta\Pi=\int_{x_1}^{x_2}\left[\frac{\partial F}{\partial y}-\frac{\mathrm{d}}{\mathrm{d}x}\left(\frac{\partial F}{\partial y'}\right)\right]\delta y\mathrm{d}x \tag{20-45}$$

根据变分法的基本预备定理，求得欧拉方程

$$\frac{\partial F}{\partial y}-\frac{\mathrm{d}}{\mathrm{d}x}\left(\frac{\partial F}{\partial y'}\right)=0$$

式(20-38)是1744年欧拉所得出的著名方程。欧拉原著(1744年)用了很迂回繁琐的推导过程，拉格朗日用了现在称为拉格朗日法的方法简捷地得到了相同的结果(1755年)，所以现在也有人称这个方程为**欧拉—拉格朗日方程**。

20.4.4 最速降线问题求解

现在让我们求解最速降线问题。

在满足 $y(0)=0, y(x_1)=y_1$ 的一切 $y(x)$ 函数中求泛函(20-46)为极值的函数。

$$T=\frac{1}{\sqrt{2g}}\int_0^{x_1}\sqrt{\frac{1+[y'(x)]^2}{y(x)}}\mathrm{d}x \tag{20-46}$$

泛函的极值条件可以写成

$$\delta T=\frac{1}{\sqrt{2g}}\int_0^{x_1}\left[\frac{y'}{\sqrt{y(1+y'^2)}}\delta y'-\frac{1}{2y}\sqrt{\frac{1+y'^2}{y}}\delta y\right]\mathrm{d}x=0 \tag{20-47}$$

式(20-47)还可以进一步简化，因为

$$\int_0^{x_1}\frac{y'}{\sqrt{y(1+y'^2)}}\delta y'\mathrm{d}x=\int_0^{x_1}\frac{\mathrm{d}}{\mathrm{d}x}\left[\frac{y'}{\sqrt{y(1+y'^2)}}\delta y\right]\mathrm{d}x-\int_0^{x_1}\frac{\mathrm{d}}{\mathrm{d}x}\left[\frac{y'}{\sqrt{y(1+y'^2)}}\right]\delta y\mathrm{d}x \tag{20-48}$$

而且

$$\int_0^{x_1}\frac{\mathrm{d}}{\mathrm{d}x}\left[\frac{y'}{\sqrt{y(1+y'^2)}}\delta y\right]\mathrm{d}x=\frac{y'(x_1)}{\sqrt{y(x_1)[1+y'^2(x_1)]}}\delta y(x_1)-\frac{y'(0)}{\sqrt{y(0)[1+y'^2(0)]}}\delta y(0) \tag{20-49}$$

由于 $y(0)=0, y(x_1)=y_1$，所以 $\delta y(0)=\delta y(x_1)=0$。于是式(20-49)恒等于零。而式(20-48)可化为

$$\int_0^{x_1}\frac{y'}{\sqrt{y(1+y'^2)}}\delta y'\mathrm{d}x=-\int_0^{x_1}\frac{\mathrm{d}}{\mathrm{d}x}\left[\frac{y'}{\sqrt{y(1+y'^2)}}\right]\delta y\mathrm{d}x \tag{20-50}$$

泛函的极值条件式(20-47)要求 $y(x)$ 满足

$$\delta T=-\frac{1}{\sqrt{2g}}\int_0^{x_1}\left\{\frac{1}{2y}\sqrt{\frac{1+y'^2}{y}}+\frac{\mathrm{d}}{\mathrm{d}x}\left[\frac{y'}{\sqrt{y(1+y'^2)}}\right]\right\}\delta y\mathrm{d}x \tag{20-51}$$

其中，{…}中是连续函数，同时还有一个因子 $\delta y(x)$，它是任意选取的，只满足端点条件 $\delta y(0)=\delta y(x_1)=0$，当然，$\delta y(x)$ 和 $\delta y'(x)$ 的绝对值都很小。

根据预备定理，由式(20-51)得**欧拉方程**

$$\frac{1}{2y}\sqrt{\frac{1+y'^2}{y}}+\frac{\mathrm{d}}{\mathrm{d}x}\left[\frac{y'}{\sqrt{y(1+y'^2)}}\right] \tag{20-52}$$

很易证明式(20-52)可以写成

$$\frac{\mathrm{d}}{\mathrm{d}x}\left[\frac{y'}{\sqrt{y(1+y'^2)}}-\sqrt{\frac{1+y'^2}{y}}\right] \tag{20-53}$$

也可以写成

$$\frac{\mathrm{d}}{\mathrm{d}x}\left[\frac{1}{\sqrt{y(1+y'^2)}}\right] \tag{20-54}$$

因此,一次积分得

$$y(1+y'^2)=C \tag{20-55}$$

C 为积分常数,为了进一步积分,引进参数 t,使 $y'=\cot t$,就得

$$y=\frac{C}{1+y'^2}=\frac{C}{1+\cot^2 t}=C\sin^2 t=\frac{C}{2}(1-\cos 2t) \tag{20-56}$$

而

$$\mathrm{d}x=\frac{\mathrm{d}y}{y'}=\frac{2C\sin t\cos t}{\cot t}=2C\sin^2 t\mathrm{d}t=C(1-\cos 2t)\mathrm{d}t \tag{20-57}$$

积分得

$$x=\frac{C}{2}(2t-\sin 2t)+C_1 \tag{20-58}$$

引入起始条件,$y=0,x=0$,则得 $C_1=0$;再用新的参数 $\theta=2t$,式(20-56),式(20-58)得最速降线的解的参数方程

$$x=\frac{C}{2}(\theta-\sin\theta) \tag{20-59a}$$

$$y=\frac{C}{2}(1-\cos\theta) \tag{20-59b}$$

这是一组圆滚线族。$\frac{C}{2}$为滚圆半径,常数 C 是由圆滚线通过点 $B(x_1,y_1)$这个条件来决定的,所以最速降线是圆滚线。

从这个最速降线的泛函变分极值问题上我们可以看到变分法的几个主要步骤:

(1)从物理问题上建立泛函及其条件;

(2)通过泛函变分,利用变分法基本预备定理求得欧拉方程;

(3)求解欧拉方程,这是微分方程求解问题。

我们在这里必须指出,变分法和欧拉方程代表同一个物理问题,从欧拉方程求近似解和从变分法求近似解有相同的效果。欧拉方程求解常常是困难的,但从泛函变分求近似解常常并不困难,这就是变分法所以被重视的原因。

我们在上面指出了物理问题的微分方程(即欧拉方程)是怎样从泛函变分中求得的。也有一些问题,微分方程是已知的,但求解很困难,如果能把它们化成相当的泛函变分求极值的问题,并用近似方法(如有限元法)求解,则就能迎刃而解了。但是并不是所有微分方程都能找到相当的泛函的,碰到这类问题时,我们只能借助于其他方法(如伽辽金法、最小二乘方法、权余法等)求得近似解。

20.5 Maple 编程示例

编程题 20-1 如图 20-7a)所示,质量为 $m=4\text{kg}$ 的非均质杆被两个刚度系数均为 k 的弹

簧支承,杆相对质心 C 的转动惯量 $J_C=1.4\text{kg}\cdot\text{m}^2$,弹簧的支承点到杆几何中心 O 的距离均为 L,$OC=10\text{mm}$。初始时杆被两个绳索系住,使得弹簧的初始压缩量均为 28mm,杆保持水平,当两个绳索同时被剪断后,弹簧将杆弹起。若使 AB 杆在与弹簧分离后的瞬时,以 $v=2.0\text{m/s}$的初始速度沿铅垂平移(分离后 AB 杆角速度为零)。试确定弹簧支承点到 O 点的距离 L 以及弹簧刚度系数 k,并通过数值仿真给出 AB 杆在分离过程中其角速度以及质心速度随时间的变化规律。

解:(1)建模

①由机械能守恒,求弹簧的刚度。

取弹簧自由长度时为 $y_C=0$,坐标原点取在杆几何中心 O 点。$OC=e$。

$T_1=\dfrac{1}{2}mv^2, T_0=0, V_1=0, V_0=-mg\delta_0+2\cdot\dfrac{1}{2}k\delta_0^2$。

$$T_1+V_1=T_0+V_0, \frac{1}{2}mv^2=-mg\delta_0+k\delta_0^2 \tag{1}$$

$$k=\frac{mv^2+2mg\delta_0}{2\delta_0^2}$$

$$=\frac{4\times2^2+2\times4\times9.8\times28\times10^{-3}}{2\times28^2\times10^{-6}}=11.60(\text{kN/m})$$

$$\delta_{\text{st}}=\frac{mg}{2k}=\frac{4\times9.8}{2\times11.60\times10^3}=1.690(\text{mm})$$

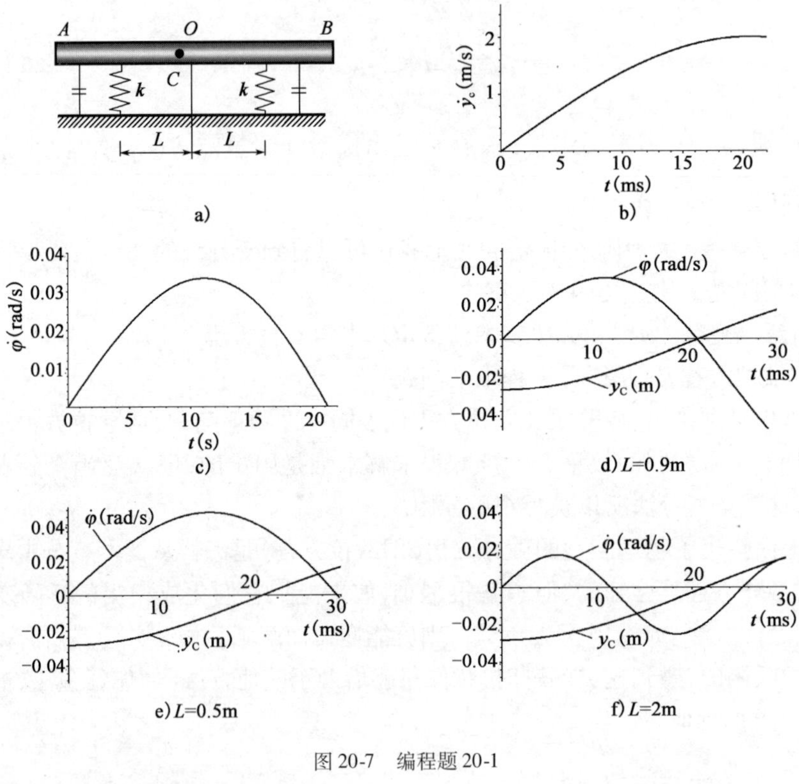

图 20-7　编程题 20-1

②运动分析,求系统的动能。

系统二自由度 $f=2$,取广义坐标 y_C,φ。

$$T=\frac{1}{2}m\dot{y}_C^2+\frac{1}{2}J_C\dot{\varphi}^2 \tag{2}$$

③受力分析，求系统的势能。

杆受力有 $m\boldsymbol{g},\boldsymbol{F}_{k1},\boldsymbol{F}_{k2}$。

$$V=mgy_C+\frac{1}{2}k[y_C+(L+e)\varphi]^2+\frac{1}{2}k[y_C-(L-e)\varphi]^2 \tag{3}$$

④列出方程，利用拉格朗日方程，列运动微分方程。

$$L=T-V=\frac{1}{2}m\dot{y}_C^2+\frac{1}{2}\cdot J_C\dot{\varphi}^2-mgy_C-\frac{1}{2}k[y_C+(L+e)\varphi]^2-\frac{1}{2}k[y_C-(L-e)\varphi]^2$$

$$=\frac{1}{2}m\dot{y}_C^2+\frac{1}{2}\cdot J_C\dot{\varphi}^2-mgy_C-ky_C^2-2ky_Ce\varphi-k(L^2+e^2)\varphi^2$$

$$\frac{\mathrm{d}}{\mathrm{d}t}\left(\frac{\partial L}{\partial \dot{y}_C}\right)-\frac{\partial L}{\partial y_C}=0,m\ddot{y}_C+2ky_C+2ke\varphi+mg=0 \tag{4a}$$

$$\frac{\mathrm{d}}{\mathrm{d}t}\left(\frac{\partial L}{\partial \dot{\varphi}}\right)-\frac{\partial L}{\partial \varphi}=0,J_C\ddot{\varphi}+2k(L^2+e^2)\varphi+2key_C=0 \tag{4b}$$

初始条件：

$$y_C(0)=-\delta_0,\dot{y}_C(0)=0,\varphi(0)=0\ ,\dot{\varphi}(0)=0 \tag{5}$$

⑤通过计算机仿真，确定距离 L。

找 $y_C(t)=0$ 的零点 P_1，找 $\dot{\varphi}_C(t)=0$ 的零点 P_2，当零点 P_1 与零点 P_2 重合时的 L 值，就是所要求的 $L=0.9\mathrm{m}$。

(2) Maple 程序

```
> ########################################################################
> restart:                                          #清零。
> sys: = diff(X1(t),t) = X2(t),
>        diff(X2(t),t) = -2*k*X1(t)/m - 2*k*e*Y1(t)/m - g,
>        diff(Y1(t),t) = Y2(t),
>        diff(Y2(t),t) = -2*k*(L^2+e^2)*Y1(t)/JC - 2*k*e*X1(t)/JC:
>                                                   #系统运动微分方程。
> fcns: = X1(t), X2(t), Y1(t), Y2(t):               #X1↔yC, X2↔ẏC;
>                                                   #Y1↔φ, Y2↔φ̇。
> cstj: = X1(0) = -28e-3, X2(0) = 0, Y1(0) = 0, Y2(0) = 0:
>                                                   #初始条件。
> ########################################################################
>   m: = 4:   g: = 9.8:  k: = 11.60e3:               #系统参数。
> JC: = 1.4:  e: = 10e-3:   L: = 0.9:               #系统参数。
> q1 : = dsolve( {sys, cstj}, {fcns}, type = numeric, method = rkf45):
>                                                   #求解系统运动微分方程。
> ########################################################################
> with(plots):                                      #加载绘图库。
> odeplot(q1, [t, X2(t)], 0..0.2, view = [0..0.022, 0..3],
```

```
>    thickness = 2,tickmarks = [4,4]);                    #t - ẏC 曲线。
> odeplot(q1,[t,Y2(t)],0..0.2,view = [0..0.022,0..0.05],
> thickness = 2,tickmarks = [4,4]);                      #t - φ̇ 曲线。
> tu1: = odeplot(q1,[t,X1(t)],0..0.2,view = [0..0.03, -0.05..0.05],
>    thickness = 2,tickmarks = [4,4]):                    #t - yC 曲线。
> tu2: = odeplot(q1,[t,Y2(t)],0..0.2,view = [0..0.03, -0.1..0.1],
>    thickness = 2,tickmarks = [4,4]):                    #t - φ̇ 曲线。
>    display(tu1,tu2);                                    #合并图形,确定 L 值。
> ##################################################################
```

思考题

思考题 20-1　试分析自由刚体的自由度,选择广义坐标。

思考题 20-2　滑块 A 可以沿水平面自由滑动,小球 B 用长度为 l 的刚性杆与滑块相连,刚性杆可以在竖直平面内自由转动,如图 20-8 所示。判断小球与滑块组成的质点系的自由度,并选择描述质点系运动的广义坐标。

思考题 20-3　如图 20-9 所示,试分析冰刀的自由度,选择广义坐标。

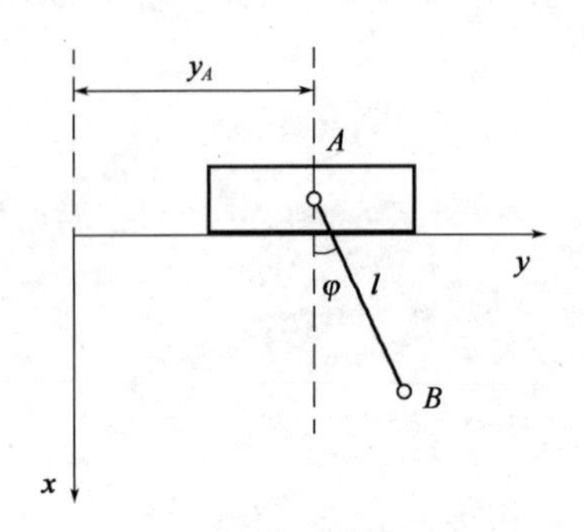

图 20-8　思考题 20-2

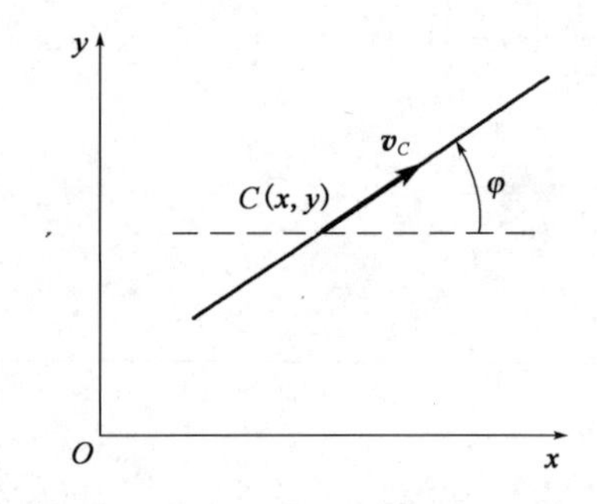

图 20-9　思考题 20-3

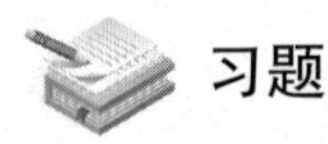

习题

A 类型习题

习题 20-1　写出不受主动力作用的自由质点的哈密顿函数。

习题 20-2　如图 20-10 所示,设单摆的摆臂长度为 l,摆锤质量为 m。忽略摆臂质量,试用哈密顿原理建立单摆的运动微分方程。

习题 20-3　如图 20-11 所示,管子 AB 以角速度 $\boldsymbol{\omega}$ 绕铅垂轴 CD 匀速转动,管子与 CD 轴夹角为 θ。管内放有刚度系统为 k 的弹簧。弹簧的一端固定在 A 点,另一端系有质量为 m 的物体 M。物体在管内可无摩擦地滑动,弹簧的原长为 $OA=l$。以物体 M 到 O 的距离 x 为广义坐标,求物体的动能 T 和广义能量积分。

习题 20-4　设一个质点的质量 $m=1\text{kg}$,沿着 Ox 轴运动,受到沿着 Ox 轴正向作用的常力 $F=2\text{N}$。已知 $t=0$ 和 $t=1\text{s}$ 时质点的位置分别为 $x(0)=0$ 和 $x(1)=1$,求质点的运动方

程。试写出拉格朗日函数和哈密顿作用量。如果假设解曲线由 n 个直线段构成,直线段端点对应的 x 值为 $0,\alpha_1,\cdots,\alpha_{n-1},1$,试计算近似的哈密顿作用量。

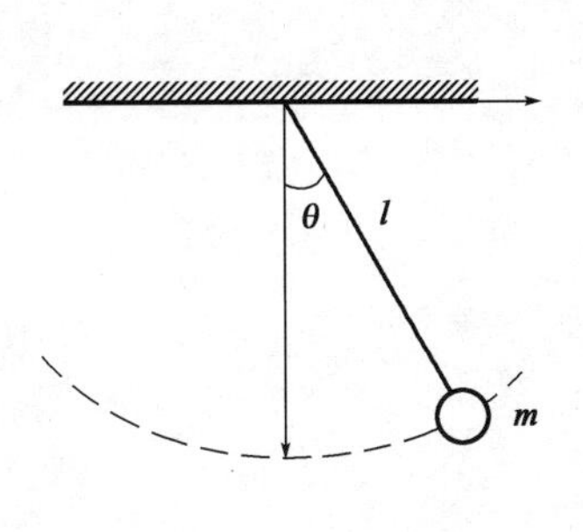

图 20-10　习题 20-2

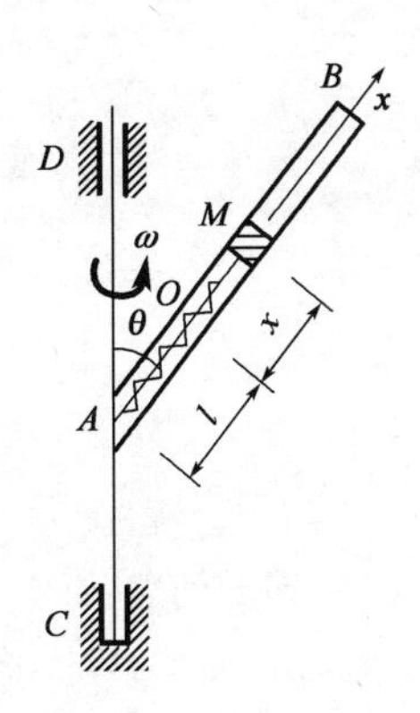

图 20-11　习题 20-3

习题 20-5　如图 20-12 所示,设质量分别为 m_1 和 m_2 的物体 A 和 B 用三根弹簧串联连在一起组成一个质点系,该系统无摩擦力且弹簧质量可忽略不计。三根弹簧的刚度分别为 k_1,k_2 和 k_3。试求物体 A 和 B 运动微分方程。

习题 20-6　如图 20-13 所示,求摆长为 l 的球摆运动的第一积分,摆的位置用角 θ 和 ψ 确定。

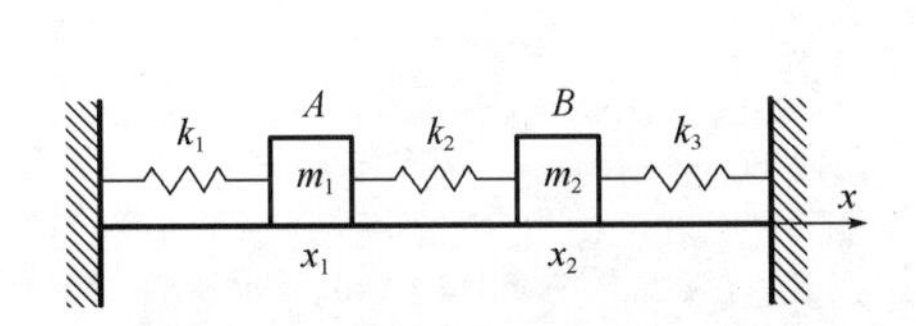

图 20-12　习题 20-5

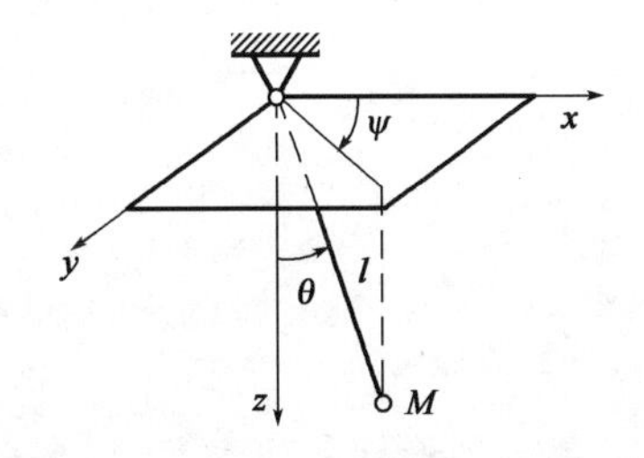

图 20-13　习题 20-6

B 类型习题

习题 20-7　如图 20-14 所示,对称陀螺在重力作用下绕固定点 O 转动,陀螺的对称轴相对于铅垂线的位置由角 α 和 β 确定。已知陀螺的质量为 m。从质心到点 O 的距离为 l,对于对称轴 z 的转动惯量为 J_C,对于 x 轴和 y 轴的转动惯量都为 J_A。试消去循环坐标 φ(自转角),写出关于角 α 和 β 的劳斯函数和哈密顿函数。

习题 20-8　试利用上题所得结果,按哈密顿正则变量写出陀螺在铅垂位置附近微振动的微分方程。

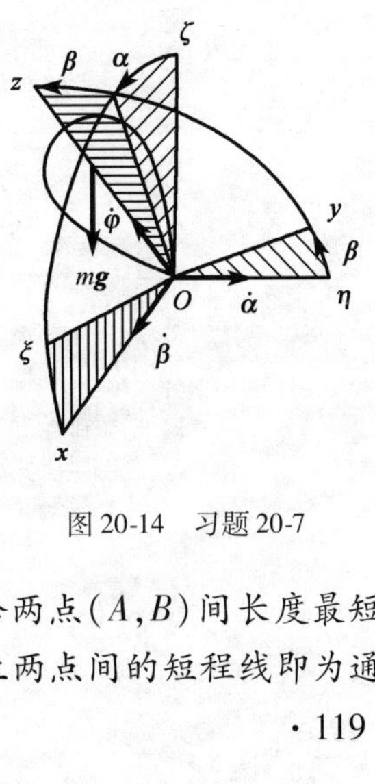

图 20-14　习题 20-7

C 类型习题

习题 20-9　短程线(Geodesic Line)问题

设 $\varphi(x,y,z)=0$ 为一已知曲面,求曲面 $\varphi(x,y,z)=0$ 上所给两点(A,B)间长度最短的曲线。这个最短曲线叫短程线(图 20-15)。球面(如地球表面)上两点间的短程线即为通过两点的大圆。这是一个典型的古典变分问题。

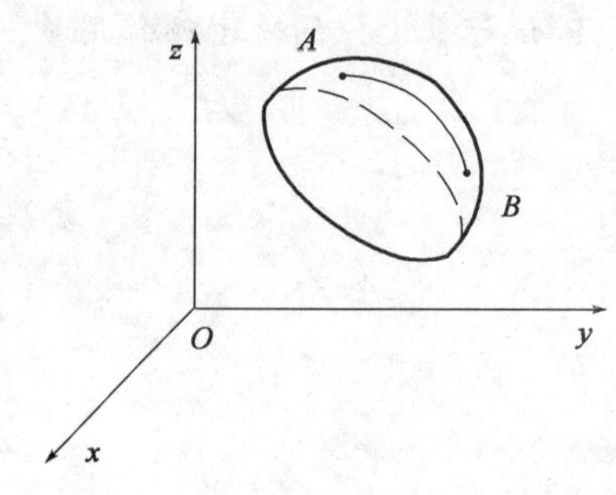

图 20-15　习题 20-9

习题 20-10　等周问题(Isoperimetric Problem)

在长度一定的封闭曲线中,什么曲线所围面积最大?这个问题在古希腊时已经知道答案是一个圆,但它的变分特性直到 1744 年才被欧拉察觉出来的。

将所给曲线用参数形式表达为 $x=x(s)$,$y=y(s)$,因为这条曲线是封闭的,所以 $x(s_0)=x(s_1)$,$y(s_0)=y(s_1)$,这条曲线的周长为:

$$L=\int_{s_0}^{s_1}\sqrt{\left(\frac{\mathrm{d}x}{\mathrm{d}s}\right)^2+\left(\frac{\mathrm{d}y}{\mathrm{d}s}\right)^2}\mathrm{d}s \tag{1}$$

其所围面积为[根据格林(Green)公式]:

$$R=\iint_S \mathrm{d}x\mathrm{d}y=\frac{1}{2}\oint_c(x\mathrm{d}y-y\mathrm{d}x)$$

$$=\frac{1}{2}\int_{s_0}^{s_1}\left(x\frac{\mathrm{d}y}{\mathrm{d}s}-y\frac{\mathrm{d}x}{\mathrm{d}s}\right)\mathrm{d}s \tag{2}$$

等周问题于是可以写成:

在满足 $x(s_0)=x(s_1)$,$y(s_0)=y(s_1)$ 和式(1)条件下,从一切 $x=x(s)$,$y=y(s)$ 的函数中选取一对 $x=x(s)$,$y=y(s)$ 函数,使泛函 R[即式(2)]为最大。

这也是一个条件变分命题,但其条件本身也是一个泛函[即式(1)],同时,其边界(这里是端点)也是已定不变的;而且它是两个函数 $x=x(s)$,$y=y(s)$ 所确定的泛函。

> **哈密顿**(Hamilton ,Sir William Rowan 1805 ~ 1865 年),爱尔兰数学家、力学家、物理学家和天文学家。生卒于都柏林。哈密顿对分析力学的发展做出了重要贡献,在 1834 年发表的《动力学的一般方法》中提出了最小作用量原理。建立了光学的数学理论,并把这种理论用于动力学中。1843 年发现了"四元数"并建立了其运算法则。在微分方程和泛函分析方面取得了成就。
>
> **哈密顿原理**。使各种动力学定律都可以从一个变分式推出。这一原理可推广到物理学的许多领域,如电磁学等。把广义坐标和广义动量都作为独立变量来处理动力学方程并获得成功,这种方程现称哈密顿正则方程。建立了一个与能量有密切联系的哈密顿函数。

第5篇　专　　题

本篇是理论力学的专题或应用部分,包括碰撞、微振动、刚体空间动力学、变质量动力学四章内容。

两运动物体相碰撞时,其运动状态将有急剧的变化,相互间有很大的作用力,这是一个工程中有重要意义的动力学问题。碰撞过程相当复杂,本篇将在一定的简化条件下,应用动量、动量矩定理分析碰撞问题。由于很难计算碰撞力所做的功,还将借用恢复因数这一试验数据,补充方程计算碰撞过程中的动能损失,以解决实际问题。第21章讨论碰撞问题。

任何力学系统,只要它具有弹性和惯性,都可能发生振动。这种力学系统称为振动系统。振动是指物体经过它的平衡位置所做的往复运动或系统的物理量在其平均值(或平衡值)附近的来回变动。一个系统受到激励,会呈现一定的响应。激励作为系统的输入,响应作为系统的输出,二者与系统特性的联系如下:

激励(输入)→系统特性→响应(输出)

振动系统可分为两大类,离散系统和连续系统。连续系统具有连续分布的参量,但可通过适当方式化为离散系统。按自由度划分,振动系统可分为有限多自由度系统和无限多自由度系统。前者与离散系统相对应,后者与连续系统相对应。振动通常按振动剧烈程度和振幅大小分成微振动、弱非线性振动和强非线性振动。第22章讨论有限自由度系统的微振动问题。

刚体的运动通常分为平行移动、定轴转动、平面运动、定点转动和一般运动五种。第3篇讨论了前三种运动的动力学问题。刚体的一般运动可以分解为随质心的平行移动和绕质心的定点转动。在工程中刚体做定点转动和一般运动的动力学问题有着广泛的应用,例如航天器动力学包含两个方面,即轨道力学及姿态动力学。轨道力学研究在地球引力及其他摄动力作用下质心的运动规律,这时航天器可以作为质点看待。姿态动力学则研究航天器绕质心的转动运动及各部分之间的相对运动,这时把航天器作为刚体看待时就是刚体的一般运动。工程中把具有一个固定点,并绕自身的对称轴高速转动的刚体称为陀螺。为了有效利用或控制陀螺现象,了解这种现象的本质和基本规律是十分必要的。第23章讨论刚体做定点转动和一般运动的动力学问题。

通常物体在运动中质量是不变的。但是在工程中,也有质量不断增加或减少的物体,例如火箭在飞行时不断地喷出燃料燃烧后产生的气体,使火箭的质量不断减小,因此飞行中的火箭是质量变化的物体;又如不断吸进空气又喷出燃气的喷气式飞机、投掷载荷的飞机或气球、在农业收割机旁不断接收粮食的汽车,以及江河中不断凝聚或溶化的浮冰等等,都是变质量的物体。当变质量物体作平动,或只研究它们的质心的运动时,可简化为变质量质点来研究。第24章讨论变质量动力学问题。

《周易·象》曰："随风巽，
君子以申命行事。"

第21章　碰　　撞

本章叙述碰撞运动的特征和基本假定，应用矢量力学和分析学两种方法研究碰撞问题。

21.1　碰撞的特征和基本假定

21.1.1　碰撞的特征

碰撞是指机械系统的运动状态在一个极短的时间内发生突然变化的现象。其特点是在极短的时间间隔内（时间数量级往往是百分之一秒或千分之一秒），物体的速度发生急剧的改变；加速度很大，即出现了巨大的碰撞力。例如：击球、敲钉子、锻压、打桩、爆炸或对系统突加外部约束等。在巨大的碰撞力作用下，物体的碰撞部位发生变形。如果物体是完全弹性的，则碰撞过后变形可以完全恢复；如果物体是部分弹性的，则一部分不能恢复，成为永久变形，即塑性变形，且一部分碰撞动能转化为热能、声能、光能而散失。

碰撞导致系统形状发生显著变化或使系统构形发生改变。根据碰撞前后系统所受到的约束形式，可以将机械系统的碰撞划分为如下4种类型：

(1)约束在碰撞前、碰撞中和碰撞后一直存在，碰撞并不改变原有的约束条件。例如，当系统受到冲击力作用时即是这类情况。

(2)碰撞时有新的约束出现，并在碰撞后持久保持。例如，两质点发生完全非弹性碰撞，碰撞后结合在一起。

(3)在受到一定约束的部件之间发生可恢复的弹性碰撞。例如，机械系统的往复碰撞振动即是这种情况。

(4)碰撞期间系统受到约束的限制，在碰撞结束时约束自行消失。例如，弹跳小球对刚性壁的碰撞即是这种情况。

上述第1和第2类型的碰撞称为持久碰撞；第3和第4类型的碰撞称为非持久碰撞。可将4种类型的碰撞表示在表21-1中。表中τ为碰撞时间。对于持久碰撞问题，基于分析力学方法可以完全确定碰撞后的运动状态，如碰撞后的速度、约束冲量等；对于非持久碰撞，碰撞后系统的状态，既取决于碰撞前的状态又与碰撞接触的物理过程如恢复因数、碰撞冲量等因素密切相关，需要综合应用分析力学、结构动力学、非线性动力学等方法。

碰撞的分类（$t_2 = t_1 + \tau$）　　表21-1

类　型		碰撞前 $t < t_1$	碰撞中 $t_1 < t < t_2$	碰撞后 $t > t_2$
持久碰撞	1	√	√	√
	2		√	√

续上表

类　型		碰撞前 $t < t_1$	碰撞中 $t_1 < t < t_2$	碰撞后 $t > t_2$
非持久碰撞	3	√	√	
	4		√	

21.1.2　碰撞的基本假定

碰撞过程是一个十分复杂的物理过程，在研究过程的动力学时，必须进行简化。通常假设：

（1）碰撞过程中，碰撞力极大，因而忽略常规的非碰撞力（重力、弹性力等）。

（2）巨大的碰撞力在极短暂的时间内对物体的冲量是有限值，称为碰撞冲量，定义为

$$\boldsymbol{I}_i = \int_{t_0}^{t_0+\tau} \boldsymbol{F}_i \mathrm{d}t \quad (i = 1, 2, \cdots, n) \tag{21-1}$$

计算碰撞问题时，通常以碰撞冲量表示碰撞的强烈程度，不考虑碰撞力 $\boldsymbol{F}$ 在微小时间间隔 τ 内的急骤变化，其平均值 $\boldsymbol{F}_{\mathrm{a}}$ 可作为碰撞力的近似估计，即

$$\boldsymbol{F}_{\mathrm{a}} = \frac{\boldsymbol{I}}{\tau} \tag{a}$$

（3）碰撞过程极短，因此可认为碰撞前后物体的位置不变。各质点来不及产生明显的位移，此极微小的位移可以忽略不计。但碰撞力的功（巨大的碰撞力与微小位移的乘积）是有限值，不能忽略。

（4）碰撞时物体的变形局限于相撞点附近的微小区域内，物体中的各质点几乎在同一瞬时实现相同的速度变化。这种简化模型称为局部变形的刚体碰撞，以区别于弹性体碰撞。整个碰撞过程可以划分为两个阶段，即压缩变形阶段和恢复阶段。

（5）一般只研究碰撞前后物体速度的变化及碰撞过程中碰撞力的冲量，不考虑碰撞过程中物体运动的细节及碰撞力变化的细节，因而多使用动力学各普遍定理的有限形式。

21.1.3　恢复因数

（1）恢复因数的定义

在力学中，研究两物体的碰撞常常引入恢复因数的概念来表示碰撞过程中碰撞冲量的传递。仔细研究各种球的碰撞，发现不同材料的球碰撞后的相离速度是不同的。例如，两个钢球碰后相离速度大，两个铅球相离速度小，而两个泥球碰后连成一体无相离速度。将两球碰后的相离速度与碰前的接近速度之比定义为恢复因数 e，它主要与球的材料有关，反映了碰撞过程中材料变形的恢复能力。

$$e = \frac{v_2 - v_1}{v_{10} - v_{20}} \tag{b}$$

其中，v_{10}，v_{20}，v_1，v_2 分别为两物体在碰撞开始与结束瞬时质心的速度。

当两物体作对心正碰撞时，其恢复因数 e 等于两物体在碰撞结束瞬时质心的相对速度 $v_2 - v_1$ 与碰撞开始时质心相对速度 $v_{10} - v_{20}$ 的比值。

当然，恢复因数并非只在对心正碰撞中引入，而是在任何碰撞中都可以引入的。因此，严格地讲，恢复因数 e 应该是两物体在碰撞结束瞬时质心的相对速度 $v_2 - v_1$ 与碰撞开始时

质心相对速度 $v_{10}-v_{20}$ 在法线方向上投影的比值。

$$\frac{v_2^n - v_1^n}{v_{20}^n - v_{10}^n} = -e \tag{21-2}$$

这个关系式叫作牛顿公式,也可以把它作为恢复因数的定义。一般来说,对于各种实际的材料 $0 \leqslant e \leqslant 1$。恢复因数 e 值的范围为 $0<e<1$ 的碰撞,称为弹塑性碰撞。$e=0$ 及 $e=1$ 都是理想情况,分别称为完全塑性碰撞(或非弹性碰撞)及完全弹性碰撞。

(2)恢复因数取值范围的扩充

现分析一个任意碰撞,如图 21-1 所示。设在整个碰撞过程中,A 对 B 的碰撞总冲量大小为 I,则由动量定理

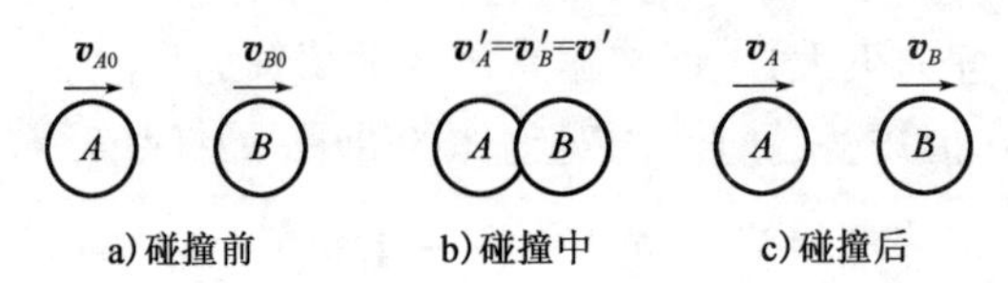

图 21-1 恢复因数

$$I = m_B(v_B - v_{B0}) \tag{c}$$

同理, B 对 A 的碰撞总冲量大小为 $-I$,则

$$-I = m_A(v_A - v_{A0}) \tag{d}$$

由式(c)和式(d),可得

$$I\left(\frac{1}{m_A} + \frac{1}{m_B}\right) = (v_B - v_A) + (v_{A0} - v_{B0}) \tag{e}$$

当物体达到完全压缩状态时,有

$$v'_A = v'_B = v' \tag{f}$$

此时,A 对 B 的完整压缩冲量设为 I_1,仿照式(e),有

$$I_1\left(\frac{1}{m_A} + \frac{1}{m_B}\right) = (v'_B - v'_A) + (v_{A0} - v_{B0}) = v_{A0} - v_{B0} \tag{g}$$

由式(e)和式(g),可得

$$\frac{I - I_1}{I_1} = \frac{v_B - v_A}{v_{A0} - v_{B0}} \tag{h}$$

令 $\Delta I = I - I_1$,则由式(21-2)可知

$$e = \frac{\Delta I}{I_1} \tag{21-3}$$

式中,$\Delta I = I - I_1$ 表示剩余冲量,由于式(21-3)是从任意碰撞中推导得到的,故适用于任何碰撞过程,即恢复因数等于碰撞的剩余冲量与完整压缩冲量之比。根据式(21-3)可将恢复因数的取值范围分为如下几段:

①$e=0$,即 $\Delta I=0$,$I=I_1$。碰撞总冲量等于完整压缩冲量,表明碰撞过程刚好进行到完整压缩状态就结束了,无恢复过程,碰撞为完全塑性碰撞;

②$0<e<0$,即 $0<\Delta I<I_1$,$I_1<I<2I_1$。碰撞总冲量大于完整压缩冲量,但小于两倍完整压缩冲量,表明碰撞进行到完整压缩状态后,还有一个不完整的恢复过程,碰撞为弹塑性碰撞;

③$e=1$,即 $\Delta I=I_1$,$I=2I_1$。碰撞总冲量等于两倍完整压缩冲量,表明碰撞不但有一个完整压缩过程,还有一个完整的恢复过程,碰撞为完全弹性碰撞。

在以上三种取值范围中，碰撞过程都有一个完整压缩过程，即 $I \geqslant I_1$，剩余冲量就是恢复冲量，$\Delta I = I_2$，在这三种情况下式(21-3)，可以表达为

$$e = \frac{I_2}{I_1} \tag{21-4}$$

即恢复因数等于恢复冲量与完整压缩冲量的比值。

④当 $-1 < e < 0$，即 $-I_1 < \Delta I < 0, 0 < I < I_1$。碰撞总冲量小于完整压缩冲量，表明在碰撞过程尚未进行到完整压缩状态就已结束，整个碰撞过程是一个不完整的压缩过程，穿透就是这类碰撞。

⑤当 $e > 1$，即 $\Delta I > I_1, I > 2I_1$。碰撞总冲量大于两倍完整压缩冲量，表明在碰撞过程有新能量补充进来，爆炸就对应这类碰撞。

(3)恢复因数的测定

例题 21-1 研究两球的正碰撞。

在光滑的水平轨道上有质量分别为 m_1 及 m_2 的两个小球运动(两球没有转动，相当于两个质点)，由于 $v_1 > v_2$，两球将接近发生碰撞(图 21-2)，即在很短的时间间隔内两球的速度发生剧烈的变化。碰撞后两球的速度分别为 v_1' 及 v_2'，且 $v_2' > v_1'$，两球相离。已知碰撞前的速度 v_1 及 v_2，现欲求碰撞后的速度 v_1' 及 v'_2。

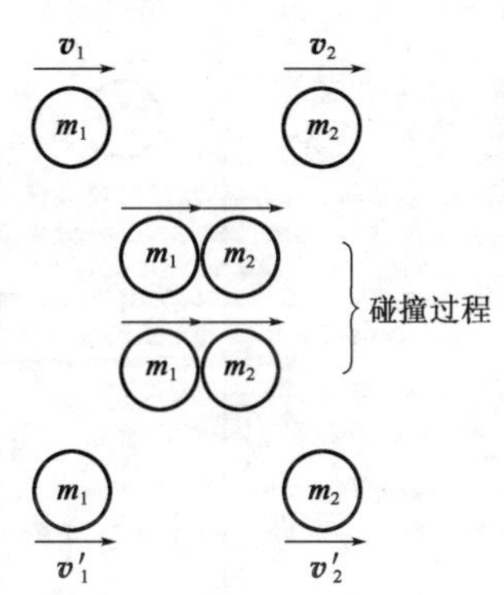

图 21-2 两球的正碰撞

考虑两球组成的系统，碰撞前后动量守恒(注意：即使轨道倾斜，此结论仍成立，因为在碰撞过程中可以忽略常规的重力分量)。

$$m_1 v_1' + m_2 v_2' = m_1 v_1 + m_2 v_2 \tag{i}$$

系统有两个自由度，只有一个动力学方程，不能求解。式(21-2)是物理条件，也是求解动力学问题的补充条件

$$v_2' - v_1' = e(v_1 - v_2) \tag{j}$$

联立求解式(i)及式(j)，得

$$v_1' = v_1 - (1+e)\frac{m_2}{m_1 + m_2}(v_1 - v_2) \tag{21-5a}$$

$$v_2' = v_2 + (1+e)\frac{m_1}{m_1 + m_2}(v_1 - v_2) \tag{21-5b}$$

在 $m_1 = m_2$ 及 $e = 1$ 的情况下，由式(21-5)可得 $v_1' = v_2, v_2' = v_1$，即碰撞后两球的速度交换。在台球运动中，常能观察到这种现象：被击球静止，母球前进；碰撞后母球静止，被击球前进。

当球与固定平面碰撞时，可以认为 $m_2 = \infty, v_2 = 0$。由式(21-5)得

$$v_1' = -ev_1 \tag{21-6}$$

式中，负号表示碰撞后球的速度方向相反。上式可用来测定恢复因数。令小球从高度 h_1 无初速度落下，落于平面时的速度为 v_1(图 21-3)，碰撞后反弹的速度为 v_1' 反弹高度为 h_2，则球对平面的恢复因数按下式计算：

$$v_1 = \sqrt{2gh_1},\ v_1' = \sqrt{2gh_2},\ e = \frac{|v_1'|}{v_1} = \sqrt{\frac{h_2}{h_1}} \tag{21-7}$$

e 值由试验测定，表 21-2 是一些常见材料恢复因数的实测值。

常见材料恢复因数的实测值 表 21-2

碰撞材料	铁对铅	木对胶木	木对木	钢对钢	象牙对象牙	玻璃对玻璃
恢复因数 e	0.14	0.26	0.50	0.56	0.87	0.94

例题 21-2 如图 21-4 所示，弹性球自高 h 处无初速地下落在水平冰面上，碰撞恢复因数为 e。试证：

(1) 经过时间 $t=\frac{1+e}{1-e}\sqrt{\frac{2h}{g}}$ 后，此球将停止跳动；

(2) 在整个弹跳过程中，球所经过的路程为 $s=\frac{1+e^2}{1-e^2}h$。

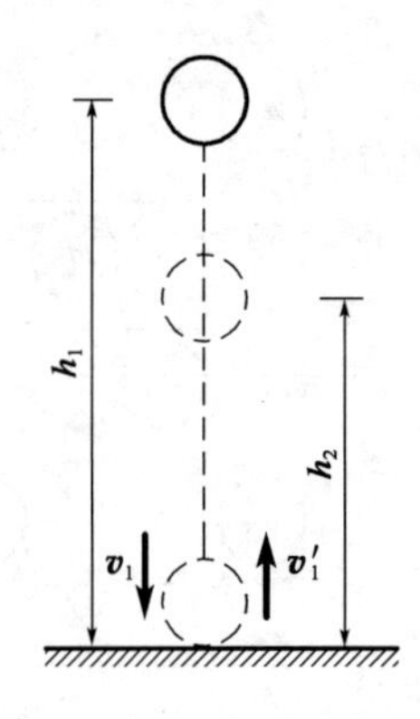

图 21-3 测定恢复因数

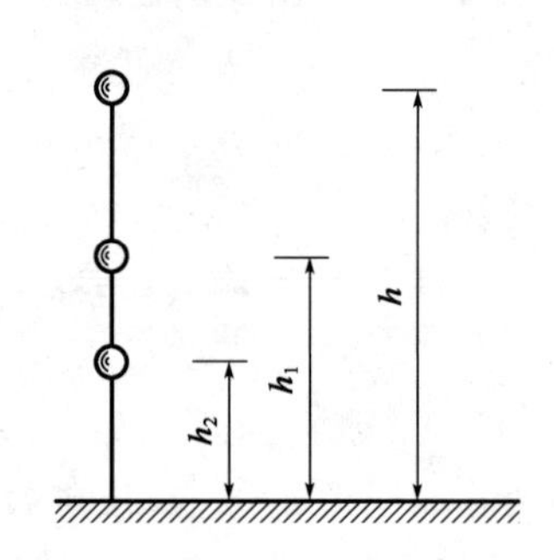

图 21-4 例题 21-2

证明 (1) 球从高 h 处下落时间为 $\sqrt{\frac{2h}{g}}$。第一次碰后跳起高度为 h_1，所用时间为 $\sqrt{\frac{2h_1}{g}}$，再落下 h_1，所用时间仍为 $\sqrt{\frac{2h_1}{g}}$。因此，在第二次碰撞前所用时间为

$$\sqrt{\frac{2h}{g}}+2\sqrt{\frac{2h_1}{g}}$$

第二次碰后跳起高度为 h_2，第三次碰撞前所用时间为

$$\sqrt{\frac{2h}{g}}+2\sqrt{\frac{2h_1}{g}}+2\sqrt{\frac{2h_2}{g}}$$

这样，第 n 次碰撞前所用时间为

$$t=\sqrt{\frac{2h}{g}}+2\sqrt{\frac{2h_1}{g}}+2\sqrt{\frac{2h_2}{g}}+\cdots+2\sqrt{\frac{2h_{n-1}}{g}}$$

由恢复因数定义，有

$$h_1=e^2h, h_2=e^2h_1, \cdots, h_n=e^2h_{n-1}$$

于是第 n 次碰撞前所用时间为

$$t=\sqrt{\frac{2h}{g}}+2e\sqrt{\frac{2h}{g}}+2e^2\sqrt{\frac{2h}{g}}+\cdots+2e^{n-1}\sqrt{\frac{2h}{g}}$$

按几何级数求和，有

$$t=\sqrt{\frac{2h}{g}}+2\sqrt{\frac{2h}{g}}\frac{e(1-e^{n-2})}{1-e}$$

当 $n\to\infty$ 时,有

$$t\to\sqrt{\frac{2h}{g}}+\sqrt{\frac{2h}{g}}\frac{2e}{1-e}=\frac{1+e}{1-e}\sqrt{\frac{2h}{g}}。$$

(2)走过路程为

$$s=h+2(h_1+\cdots+h_{n-1})=h+2h(e^2+\cdots+e^{2n-2})=h+2he^2\ \frac{1-e^{2n-4}}{1-e^2}$$

当 $n\to\infty$ 时,有

$$s\to h+2h\ \frac{e^2}{1-e^2}=\frac{1+e^2}{1-e^2}h$$

21.2 研究碰撞的矢量力学方法

21.2.1 碰撞的动量、动量矩和动能定理

在矢量中力学中,动力学普遍定理适用于一切运动。用来讨论碰撞问题时,只需根据基本假定,认为在发生碰撞的短暂过程中,各质点的位置不变,略去除碰撞力以外的所有有限力,碰撞力的作用由碰撞冲量体现。

(1)碰撞的动量定理

对质点系情形,可根据质点系的动量定理(13-9)导出以下结论:

质点系在碰撞前后动量的改变等于作用于系统的外碰撞冲量的矢量和,即

$$\boldsymbol{p}-\boldsymbol{p}_0=\boldsymbol{I}^{(e)} \tag{21-8a}$$

其中,$\boldsymbol{I}^{(e)}=\sum_{i=1}^{n}\boldsymbol{I}_i^{(e)}$ 为系统内任意质点 $P_i(i=1,2,\cdots,n)$ 上作用的外碰撞力冲量的矢量和。根据式(13-15),利用系统质心 C 的速度 $\boldsymbol{v}_C$ 表示系统的动量,导出碰撞的质心运动定理:

$$m\boldsymbol{v}_C-m\boldsymbol{v}_C^{(0)}=\boldsymbol{I}^{(e)} \tag{21-8b}$$

其中,$m=\sum_{i=1}^{n}m_i$ 为质点系的总质量。可叙述为:质点系在碰撞前后的质心运动规律等同于一个质点的运动规律,该质点在质心处集中了整个系统的质量,且受到作用于质点的所有外碰撞冲量的作用。

(2)碰撞的动量矩定理

同样可根据质点系对于定点 O 及质心 C 的动量矩定理,导出以下结论:

质点系在碰撞前后对定点 O(或定轴 O_z)或质心 C(或平移轴 C_z)的动量矩的改变等于作用于系统的外碰撞冲量对同一点(或轴)之矩的矢量(或代数)和,即

$$\boldsymbol{L}_O-\boldsymbol{L}_O^{(0)}=\boldsymbol{\Gamma}_O^{(e)} \tag{21-9a}$$

$$\boldsymbol{L}_C-\boldsymbol{L}_C^{(0)}=\boldsymbol{\Gamma}_C^{(e)} \tag{21-9b}$$

$$\boldsymbol{L}_z-\boldsymbol{L}_z^{(0)}=\boldsymbol{\Gamma}_z^{(e)} \tag{21-9c}$$

其中,z 轴可以是定轴 Oz,也可以是过质心的平移轴 Cz,$\boldsymbol{\Gamma}^{(e)}=\sum_{i=1}^{n}\boldsymbol{r}_i\times\boldsymbol{I}_i^{(e)}$。

(3)碰撞的动能定理

根据基本假定,在碰撞过程中只有碰撞力的功 $W_i^{(I)}(i=1,2,\cdots,n)$ 为有限值,于是根据

式(15-34)写出碰撞时质点系的动能定理:质点系在碰撞前后动能的改变等于所有碰撞力的功,即

$$T - T_0 = W_{0\to1}^{(I)} \tag{21-10}$$

其中,$W_{0\to1}^{(I)} = \sum_{i=1}^{n} W_i^{(I)}$。由于位移极微小,难以确定其具体值,因此碰撞力的功不能按常力的功那样计算。直接利用式(21-10)可导出

$$\begin{aligned}\sum_{i=1}^{n} W_{0\to1}^{(I)} &= \sum_{i=1}^{n}\frac{1}{2}m_i(\boldsymbol{v}_i \cdot \boldsymbol{v}_i) - \sum_{i=1}^{n}\frac{1}{2}m_i(\boldsymbol{v}_{i0} \cdot \boldsymbol{v}_{i0}) \\ &= \sum_{i=1}^{n}\frac{1}{2}(\boldsymbol{v}_i + \boldsymbol{v}_{i0}) \cdot m_i(\boldsymbol{v}_i - \boldsymbol{v}_{i0})\end{aligned} \tag{a}$$

根据质点碰撞的动量定理 (13-6),有

$$m_i(v_i - v_{i0}) = I_i \tag{b}$$

于是导出碰撞力功的计算公式:

$$W_{0\to1}^{(I)} = \sum_{i=1}^{n}\frac{1}{2}(\boldsymbol{v}_i + \boldsymbol{v}_{i0}) \cdot \boldsymbol{I}_i \tag{21-11}$$

即:碰撞力的功等于所有对应的碰撞冲量与其作用点在碰撞中的平均速度的标积之和。注意这里的碰撞冲量既包括外碰撞冲量,也包括内碰撞冲量,但理想约束的内碰撞冲量不必考虑。

例题 21-3 质量均为 m 的两个光滑小球 B 和 C,由长为 L 的不可伸长的软绳相连,小球 C 约束在光滑水平桌面上的光滑直槽内,它可以在槽中自由滑动,开始时,小球 C 静止地放在槽内,小球 B 静止地放在桌面上,BC 垂直于直槽且距离为 $L/2$(图 21-5)。现有一质量为 m 的光滑小球 A,以速度 $\boldsymbol{v}_A$ 沿距离槽为 $L/2$ 且平行于槽的直线运动,并与小球 B 相撞,其恢复因数 $e=0.5$。试求小球 C 开始运动时的速度,绳子受到的冲量和槽的反作用冲量。

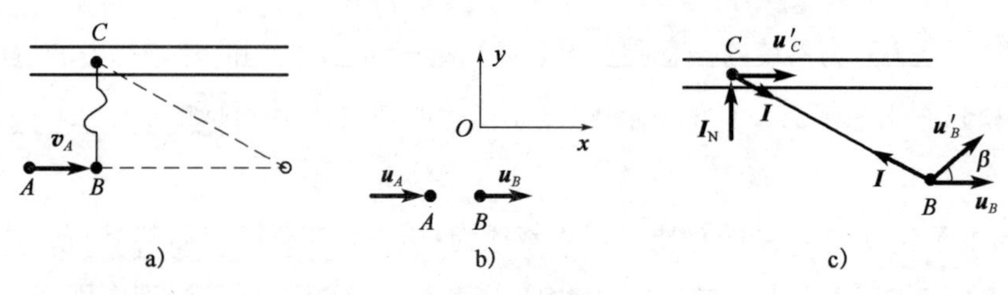

图 21-5 例题 21-3

解:①以小球 A 和 B 为研究对象,作为质点系。

由于它们在碰撞过程中只受常规外力的作用,因此在碰撞过程中系统的动量守恒,设小球 A 和 B 碰撞后的速度分别为 $\boldsymbol{u}_A$ 和 $\boldsymbol{u}_B$[图 21-5b)]。因此有

$$m v_A = m u_A + m u_B$$

由于小球 A 和 B 在碰撞过程中沿 y 轴主向没有任何力的作用,因此 u_A 和 u_B 沿 x 轴方向,将上式在 x 轴上投影并消去 m,可得

$$v_A = u_A + u_B \tag{1}$$

根据式(21-2),有

$$0.5 = -\frac{u_A - u_B}{v_A - v_B} \tag{2}$$

由于 $v_B = 0$,所以由式(1)和式(2),可求出

$$u_B=\frac{3v_A}{4},u_A=\frac{v_A}{4}$$

碰撞后两个小球以速度 $\boldsymbol{u}_A$ 和 $\boldsymbol{u}_B$ 继续沿直线运动。

当小球 B 运动到如图 21-5c)所示位置时，绳子拉紧，并产生冲击力，分别作用在小球 B 和 C 上，由于小球 C 被约束在槽内运动，槽壁对小球 C 也作用有一冲击力。这时发生第二次碰撞。

②取小球 B 和 C 组成的质点系为研究对象。

在这次碰撞过程前后，小球 B 和 C 的速度将发生突变。设碰撞过程刚结束时，小球 B 和 C 的速度分别为 $\boldsymbol{u}'_B$ 和 $\boldsymbol{u}'_C$，由于软绳不可伸长，且处于拉紧状态，所以小球 B 和 C 的速度在 BC 上的投影相等，即

$$u'_B\cos(\beta+30°)=u'_C\cos30° \tag{3}$$

小球 B 和 C 组成的质点系沿轴 x 方向的外碰撞力冲量为零，所以系统在碰撞过程中沿 x 方向上动量守恒，即

$$mu_B=mu'_B\cos\beta+mu'_C \tag{4}$$

③以小球 B 为研究对象。

小球 B 受到绳子的冲击力作用，设绳子作用在小球 B 上的冲量为 $\boldsymbol{I}$，根据式(21-8a)，有

$$m\boldsymbol{u}'_B-m\boldsymbol{u}_B=\boldsymbol{I}$$

将上式在垂直于 $\boldsymbol{I}$ 的方向上投影，有

$$mu'_B\sin(\beta+30°)-mu_B\sin30°=0 \tag{5}$$

式(3)～式(5)联立求解，可得

$$\tan\beta=\frac{\sqrt{3}}{4}$$

$$u'_C=\frac{3u_B}{7}=\frac{9v_A}{28}$$

④以小球 C 为研究对象。

小球 C 在碰撞过程中所受冲量如图 21-5c)所示，$\boldsymbol{I}$ 为绳子作用在小球 C 上的冲量，$\boldsymbol{I}_{\mathrm{N}}$ 为直槽作用在小球 C 上的冲量，根据式(21-8a)，有

$$m\boldsymbol{u}'_C=\boldsymbol{I}_{\mathrm{N}}+\boldsymbol{I}$$

将其在轴 x 和 y 上投影，可求得

$$I=\frac{mu'_C}{\cos30°}=\frac{3\sqrt{3}mv_A}{14}$$

$$I_{\mathrm{N}}=I\sin30°=\frac{3\sqrt{3}mv_A}{28}$$

21.2.2 碰撞冲量作用下刚体动力学方程

本章仅讨论作平行移动以及可以简化为刚性截面来研究的作定轴转动和平面运动三种情形的刚体在碰撞冲量作用下的动力学方程。

(1)对于平行移动刚体

以 v_{Cx0},v_{Cy0},v_{Cz0} 和 v_{Cx},v_{Cy},v_{Cz} 分别表示碰撞前后的刚体质心 C 的速度，则由式(21-8b)导出以下动力学方程：

$$m_\mu v_{C_x} - m_\mu v_{C_{x0}} = \sum I_x \tag{21-12a}$$

$$m_\mu v_{C_y} - m_\mu v_{C_{y0}} = \sum I_y \tag{21-12b}$$

$$m_\mu v_{C_z} - m_\mu v_{C_{z0}} = \sum I_z \tag{21-12c}$$

(2)对于定轴转动刚体

设其角速度由 ω_0 突变为 ω，对定轴 Oz 的转动惯量为 J_z，Γ_z 表示对定轴 Oz 的冲量矩，则由式(21-9c)，有以下动力学方程：

$$J_z\omega - J_z\omega_0 = \sum \Gamma_z \tag{21-13}$$

作用在刚体上的外碰撞冲量 $\boldsymbol{I}_i$ 可分为两类，一类是主动力的碰撞冲量，一类是轴承 O 处约束力的碰撞冲量，后者显然不出现在方程(21-13)中，其值可通过碰撞的质心运动定理(21-8b)计算。

(3)对于平面运动刚体

以 $v_{C_{x0}}, v_{C_{y0}}, \omega_0$ 和 v_{C_x}, v_{C_y}, ω 分别表示碰撞前后的刚体质心 C 的速度沿 x，y 的分量及刚体角速度，Γ_C 表示对质心轴 Cz 的冲量矩，则由式(21-8b)和式(21-9c)导出以下动力学方程：

$$m_\mu v_{C_x} - m_\mu v_{C_{x0}} = \sum I_x \tag{21-14a}$$

$$m_\mu v_{C_y} - m_\mu v_{C_{y0}} = \sum I_y \tag{21-14b}$$

$$J_C\omega - J_C\omega_0 = \sum \Gamma_C \tag{21-14c}$$

21.2.3 撞击中心

如图21-6所示的定轴转动刚体受碰撞冲量 $\boldsymbol{I}$ 作用时，轴承 O 上会产生相应的约束碰撞力。这种巨大的约束碰撞力可能引起轴承损坏。下面研究碰撞冲量作用在何处可避免或减轻这种有害的轴承碰撞力。

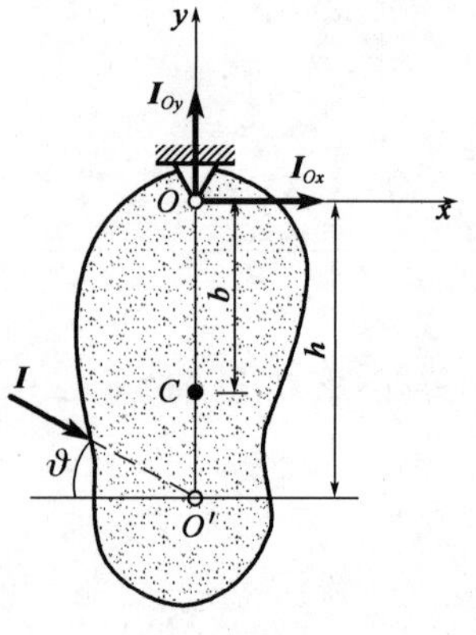

图21-6　撞击中心

以轴承 O 为原点，建立沿摆动平面的坐标系(Oxy)，y 轴沿刚体质心 C 至点 O 的连线。设碰撞冲量 $\boldsymbol{I}$ 与 OC 的延长线交于点 O'，与 x 轴的交角为 ϑ，质心 C 和点 O' 至点 O 的距离分别为 b 和 h。轴承 O 处的约束力碰撞冲量的投影为 I_{Ox} 和 I_{Oy}。首先由方程(21-13)求出碰撞后的刚体角速度 ω：

$$\omega = \omega_0 + \frac{Ih}{J_O}\cos\vartheta \tag{c1}$$

然后应用碰撞的质心运动定理(21-8b)，得到

$$m_\mu(v_{C_x} - v_{C_{x0}}) = I_{Ox} + I\cos\vartheta \tag{c2}$$

$$m_\mu(v_{C_y} - v_{C_{y0}}) = I_{Oy} - I\sin\vartheta \tag{c3}$$

将 $v_{C_{x0}} = b\omega_0, v_{C_x} = b\omega, v_{C_{y0}} = v_{C_y} = 0$ 代入上式，解出

$$I_{Ox} = I\left(\frac{\mu bh}{J_O} - 1\right)\cos\vartheta \tag{d1}$$

$$I_{Oy} = I\sin\vartheta \tag{d2}$$

要使 I_{Ox} 和 I_{Oy} 均为零，以下两式必须满足：

$$\vartheta = 0 \tag{21-15a}$$

$$h = \frac{J_O}{m_\mu b} \tag{21-15b}$$

满足此条件时，$\boldsymbol{I}$ 与 OC 的交点 O' 称为撞击中心。打垒球时，必须打击在棒的撞击中心处，手

上才不会感到冲击而避免震疼。

例题 21-4 如图 21-7a)所示的定轴转动刚体受碰撞冲量 $\boldsymbol{I}$ 的作用。已知刚体对定轴 O 的转动惯量为 J,质量为 m,质心 C 距轴 O 的距离为 a,冲量 $\boldsymbol{I}$ 与 OC 的延长线的交点 A 距轴 O 的距离为 l。求碰撞后质心 C 的速度 $\boldsymbol{u}_C$ 和轴承 O 处的约束碰撞冲量 $\boldsymbol{I}_O$。

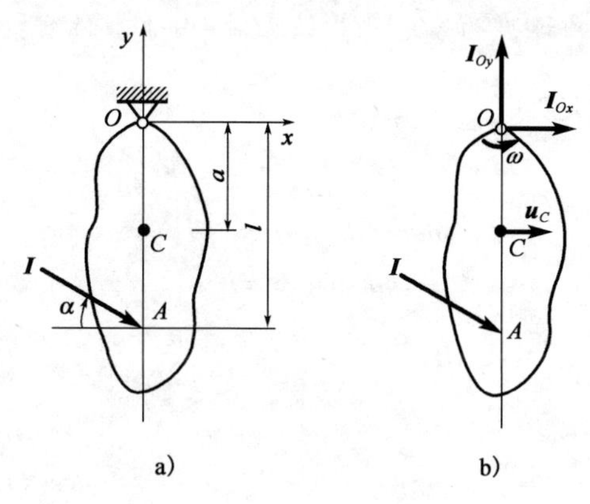

图 21-7 例题 21-4

解:刚体在碰撞冲量 $\boldsymbol{I}$ 的作用下作定轴转动,刚体的受力图(冲量图)如图 21-7b)所示。由对 O 轴的动量矩定理的有限形式(21-9)得

$$\omega=\frac{Il\cos\alpha}{J} \tag{1}$$

其中,ω 为碰撞后刚体转动的角速度,由运动学关系可以得到质心 C 的速度为

$$u_C=\frac{Ial\cos\alpha}{J},v_C=0 \tag{2}$$

由质心运动定理的有限形式(21-8)得

$$\begin{aligned} mu_C&=I_{Ox}+I\cos\alpha \\ mv_C&=I_{Oy}-I\sin\alpha \end{aligned} \tag{3}$$

将式(2)代入式(3)得

$$\begin{aligned} I_{Ox}&=I\cos\alpha\left(\frac{mal}{J}-1\right) \\ I_{Oy}&=I\sin\alpha \end{aligned} \tag{4}$$

讨论与练习

(1)碰撞问题的解题思路和非碰撞问题的解题思路类似,即先由动量矩定理求解刚体的运动,再由动量定理求约束反力;

(2)由式(4)可以看出,当 $\alpha=0$ 且 $l=J/ma$ 时,轴承 O 处的约束碰撞力为零,此时碰撞冲量与 OC 延长线的交点 A 称为**撞击中心**;

(3)若主动力碰撞冲量作用在刚体的撞击中心,且与轴 O 至质心 C 的连线垂直,则轴承 O 处将不引起撞击力;

(4)在打垒球时,如果打击的地方恰好是杆的撞击中心,则打击时手上不会感到冲击。否则,手会感到强烈的冲击。同理,用锤子钉钉子时,手握在锤柄上适当的位置就不会感到震手。

例题 21-5 如图 21-8a)所示,平板以匀速 $\boldsymbol{v}$ 沿水平路轨运动,其上放置匀质正方形物块 $ABED$,其边长为 a,质量为 m。当平台车突然停住时,物块由于惯性,其角 B 与车面上凸起物相碰撞,并假设为塑性碰撞。试求物块绕 B 转动的角速度及角 B 受到的碰撞冲量。

解:以物块为研究对象。

碰撞前质心速度为 $\boldsymbol{v}$,角速度为零。碰撞结束时,由于塑性碰撞,因此点 B 的速度为零。设碰后角速度为 ω,则质心速度为 $u=\dfrac{\sqrt{2}}{2}a\omega$,方向如图 21-8b)所示。设点 B 的碰撞冲量为 $\boldsymbol{I}_x,\boldsymbol{I}_y$,由式(21-14)得

$$mu\cos45^\circ - v = -I_x \tag{1}$$

$$mu\sin45^\circ = I_y \tag{2}$$

$$J_C\omega = I_x\cdot\frac{a}{2} - I_y\cdot\frac{a}{2} \tag{3}$$

其中

$$J_C=\frac{1}{6}ma^2,u=\frac{\sqrt{2}}{2}a\omega$$

可解得

$$\omega=\frac{3v}{4a},I_x=\frac{5}{8}mv,I_y=\frac{3}{8}mv$$

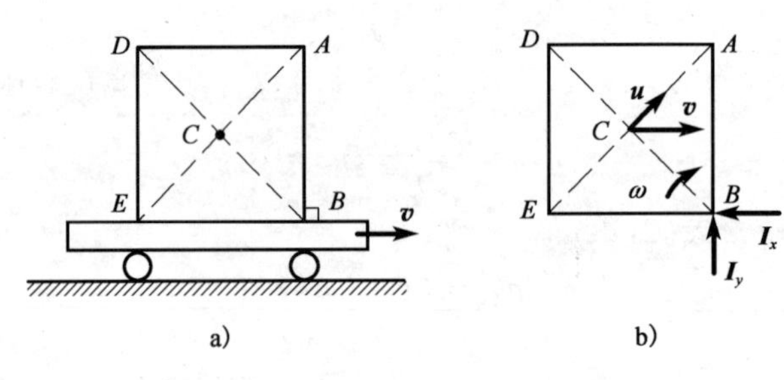

图 21-8 例题 21-5

讨论与练习

(1)碰撞前,物块做平行移动;

(2)碰撞后,物块做定轴转动;

(3)列动力学方程按平面运动。

21.3 研究碰撞的分析力学方法

21.3.1 广义冲量

我们研究双面、理想约束的完整系统 $P_i(i=1,2,\cdots,n)$。设系统有 f 个自由度,$q_1,q_2,\cdots,q_f$ 是广义坐标。在某时刻 t_0 系统受到撞击冲量 $\boldsymbol{I}_i(i=1,2,\cdots,n)$,其作用时间为 τ。系统的撞击运动问题用广义坐标表示为:已知撞击前广义速度 $\dot{q}_j^-$,撞击后广义速度 $\dot{q}_j^+$。可以利

用第二类型拉格朗日方程求解这个问题。

引入类似于广义力的广义冲量概念,我们研究撞击冲量在虚位移上的元功

$$\delta\widetilde{W}=\sum_{i=1}^{n}\boldsymbol{I}_i\cdot\delta\boldsymbol{r}_i \tag{21-16}$$

利用式(17-28a),将 $\delta\boldsymbol{r}_i$ 用广义坐标变分 δq_j 表示,于是(21-16)可以写成:

$$\delta\widetilde{W}=\sum_{j=1}^{f}\left(\sum_{i=1}^{n}\boldsymbol{I}_i\cdot\frac{\partial\boldsymbol{r}_i}{\partial q_j}\right)\delta q_j \tag{a}$$

引入记号

$$\widetilde{I}_j=\sum_{i=1}^{n}\boldsymbol{I}_i\cdot\frac{\partial\boldsymbol{r}_i}{\partial q_j} \tag{21-17}$$

等式(a)可以写成

$$\delta\widetilde{W}=\sum_{j=1}^{f}\widetilde{I}_j\delta q_j \tag{21-18}$$

$\widetilde{I}_j$ 称为相应于广义坐标 q_j 的广义撞击冲量($j=1,2,\cdots,f$)。

注意到式(21-1),由公式(21-17)可得广义撞击冲量表达式

$$\widetilde{I}_j=\sum_{i=1}^{n}\int_{t_0}^{t_0+\tau}\boldsymbol{F}_i\mathrm{d}t\cdot\frac{\partial\boldsymbol{r}_i}{\partial q_j} \tag{b}$$

由于$\frac{\partial\boldsymbol{r}_i}{\partial q_j}$在撞击时的改变量非常小,可以忽略不计,在积分时可以看成常数,所以上面等式可以写成

$$\widetilde{I}_j=\int_{t_0}^{t_0+\tau}\left(\sum_{i=1}^{n}\boldsymbol{F}_i\cdot\frac{\partial\boldsymbol{r}_i}{\partial q_j}\right)\mathrm{d}t \tag{c}$$

根据式(17-33),上面等式中圆括号表达式为相应于广义坐标 q_j 的广义力 Q_j,于是有

$$\widetilde{I}_j=\int_{t_0}^{t_0+\tau}Q_j\mathrm{d}t\quad(j=1,2,\cdots,f) \tag{21-19}$$

21.3.2 拉格朗日方程

将方程(18-11)两边对时间在撞击时间 τ 内积分,考虑到公式(21-17)以及 $\partial T/\partial q_j$ 在撞击时间内的积分是可以忽略不计的小量,可得:

$$\left(\frac{\partial T}{\partial\dot{q}_j}\right)^{+}-\left(\frac{\partial T}{\partial\dot{q}_j}\right)^{-}=\widetilde{I}_j\quad(j=1,2,\cdots,f) \tag{21-20}$$

其中,上标 - 和 + 表示撞击前后的值。

关系式(21-20)构成了撞击运动的 f 个第二类拉格朗日方程,未知数是 $\dot{q}_1^{+},\dot{q}_2^{+},\cdots,\dot{q}_f^{+}$。与有限力作用下的方程(18-11)不同的是,式(21-20)是线性代数方程而不是微分方程。

例题 21-6 两个长均为 l 质量均匀 m 的均质杆在 A 点铰接后悬挂在 O 轴上,在 B 端受到冲量 $\boldsymbol{I}$ 的作用,如图 21-9a)所示。求碰撞后两杆的角速度。

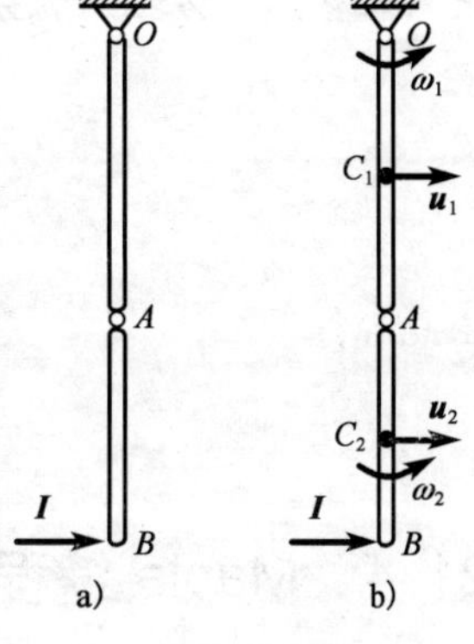

图 21-9 例题 21-6

解:取 OA 杆的转角 φ_1 和 AB 杆的转角 φ_2 为广义坐标。碰撞前两杆的角速度均为零,碰撞后两杆的角速度分别为 $\boldsymbol{\omega}_1$ 和 $\boldsymbol{\omega}_2$。

杆 OA 作定轴转动,其动能为

$$T_1=\frac{1}{2}\left(\frac{1}{3}ml^2\right)\dot{\varphi}_1^2=\frac{1}{6}ml^2\dot{\varphi}_1^2$$

杆 OA 和杆 AB 的质心速度分别为

$$u_1=\frac{1}{2}l\dot{\varphi}_1, u_2=l\dot{\varphi}_1+\frac{1}{2}l\dot{\varphi}_2$$

杆 AB 作平面运动，其动能为

$$T_2=\frac{1}{2}mu_2^2+\frac{1}{2}\left(\frac{1}{12}ml^2\right)\dot{\varphi}_2^2=\frac{1}{2}ml^2\left(\dot{\varphi}_1^2+\dot{\varphi}_1\dot{\varphi}_2+\frac{1}{3}\dot{\varphi}_2^2\right)$$

系统的动能为

$$T=T_1+T_2=\frac{1}{6}ml^2(4\dot{\varphi}_1^2+3\dot{\varphi}_1\dot{\varphi}_2+\dot{\varphi}_2^2)$$

计算广义动量

$$p_{\varphi_1}=\frac{\partial T}{\partial\dot{\varphi}_1}=\frac{4}{3}ml^2\dot{\varphi}_1+\frac{1}{2}ml^2\dot{\varphi}_2$$

$$p_{\varphi_2}=\frac{\partial T}{\partial\dot{\varphi}_2}=\frac{1}{2}ml^2\dot{\varphi}_1+\frac{1}{3}ml^2\dot{\varphi}_2$$

碰撞前广义动量都是零，碰撞后的广义动量为

$$p_{\varphi_1}(\tau)=\frac{4}{3}ml^2\omega_1+\frac{1}{2}ml^2\omega_2$$

$$p_{\varphi_2}(\tau)=\frac{1}{2}ml^2\omega_1+\frac{1}{3}ml^2\omega_2$$

冲量作用点 B 的水平坐标为

$$x_B=l\sin\varphi_1+l\sin\varphi_2$$

冲量 $\boldsymbol{I}$ 的虚功为

$$I\delta x_B=Il(\cos\varphi_1\delta\varphi_1+\cos\varphi_2\delta\varphi_2)$$

设广义冲量分别为 $\tilde{I}_1$ 和 $\tilde{I}_2$，则

$$\tilde{I}_1=Il\cos\varphi_1$$

$$\tilde{I}_2=Il\cos\varphi_2$$

注意到发生碰撞的位置为 $\varphi_1=0,\varphi_2=0$，广义冲量为

$$\tilde{I}_1=Il, \tilde{I}_2=Il$$

代入拉格朗日方程的积分形式(21-20)，得

$$\frac{4}{3}ml^2\omega_1+\frac{1}{2}ml^2\omega_2=Il$$

$$\frac{1}{2}ml^2\omega_1+\frac{1}{3}ml^2\omega_2=Il$$

由此解得

$$\omega_1=-\frac{6I}{7ml}, \omega_2=-\frac{30I}{7ml}$$

21.4 Maple 编程示例

编程题 21-1 如图 21-10a)所示，质量为 $m=2\text{kg}$、半径为 $R=0.25\text{m}$ 的均质圆盘中心通

过柱铰链与长为 $4R$、质量为 m 的均质杆 AB 铰链，圆盘在水平地面上纯滚动（不计滚动摩擦力偶），系统在铅垂面内运动。初始时杆位于水平位置，系统无初速释放。试建立系统的动力学方程，并给出轮心水平坐标 $x(t)$ 和杆与铅垂线夹角 $\theta(t)$ 随时间的变化规律；若保证圆盘始终在地面上纯滚动，试确定圆盘与地面间的静滑动摩擦因数的最小值 $f_{\min}$。

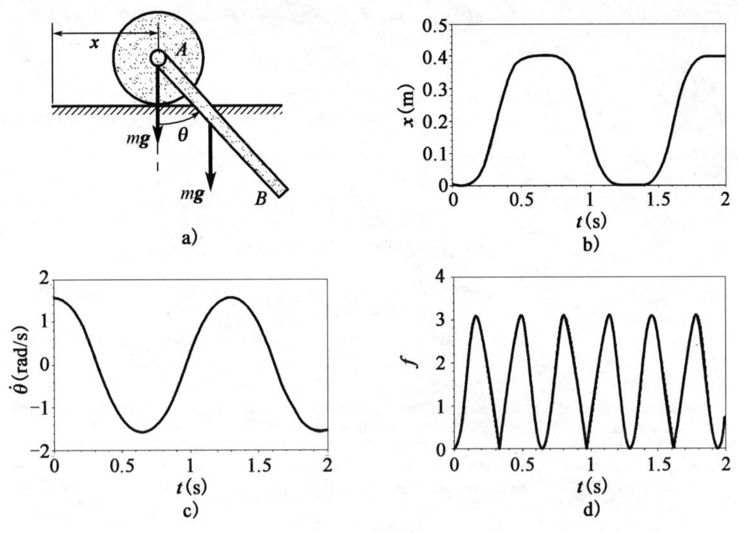

图 21-10　编程题 21-1

解：1）建模

（1）运动分析，求系统的动能。

圆盘作平面运动，杆 AB 作平面运动。系统二自由度 $f=2$，取广义坐标 x,θ。

$$x_C = x + \frac{1}{2}L\sin\theta, y_C = -\frac{1}{2}L\cos\theta \tag{1}$$

$$\dot{x}_C = \dot{x} + \frac{1}{2}L\dot{\theta}\cos\theta, \dot{y}_C = \frac{1}{2}L\dot{\theta}\sin\theta \tag{2}$$

$$\begin{aligned} v_C^2 &= \dot{x}_C^2 + \dot{y}_C^2 = \left(\dot{x} + \frac{1}{2}L\dot{\theta}\cos\theta\right)^2 + \left(\frac{1}{2}L\dot{\theta}\sin\theta\right)^2 \\ &= \dot{x}^2 + L\dot{\theta}\dot{x}\cos\theta + \frac{1}{4}L^2\dot{\theta}^2 \end{aligned} \tag{3}$$

$$\omega_1 = \frac{v_A}{R} = \frac{\dot{x}}{R}, \omega_2 = \dot{\theta}, J_A = \frac{1}{2}mR^2, J_C = \frac{1}{12}mL^2 \tag{4}$$

$$\begin{aligned} T &= \frac{1}{2}mv_A^2 + \frac{1}{2}J_A\omega_1^2 + \frac{1}{2}mv_C^2 + \frac{1}{2}J_C\omega_2^2 \\ &= \frac{5}{4}m\dot{x}^2 + \frac{1}{2}mL\dot{\theta}\dot{x}\cos\theta + \frac{1}{6}mL^2\dot{\theta}^2 \end{aligned} \tag{5}$$

（2）受力分析，求系统的势能。

系统受主动力 $m\boldsymbol{g}$，$m\boldsymbol{g}$。取 A 为零势能点。

$$V = -\frac{1}{2}mgL\cos\theta \tag{6}$$

（3）列出方程，利用拉格朗日方程列运动微分方程。

$$L = T - V = \frac{5}{4}m\dot{x}^2 + \frac{1}{2}mL\dot{\theta}\dot{x}\cos\theta + \frac{1}{6}mL^2\dot{\theta}^2 + \frac{1}{2}mgL\cos\theta$$

$$\frac{\mathrm{d}}{\mathrm{d}t}\left(\frac{\partial L}{\partial \dot{x}}\right)-\frac{\partial L}{\partial x}=0,\frac{5}{2}m\ddot{x}+\frac{1}{2}mL\ddot{\theta}\cos\theta-\frac{1}{2}mL\dot{\theta}^{2}\sin\theta=0 \tag{7}$$

$$\frac{\mathrm{d}}{\mathrm{d}t}\left(\frac{\partial L}{\partial \dot{\theta}}\right)-\frac{\partial L}{\partial \theta}=0,\frac{1}{2}mL\ddot{x}\cos\theta+\frac{1}{3}mL^{2}\ddot{\theta}+\frac{1}{2}mgL\sin\theta=0 \tag{8}$$

初始条件：　$x(0)=0,\dot{x}(0)=0,\theta(0)=\frac{\pi}{2},\dot{\theta}(0)=0$　(9)

(4)求对地面的约束力。

①运动分析，求惯性力。

圆盘作平面运动，杆 AB 作平面运动。

$$\boldsymbol{a}_C=\boldsymbol{a}_A+\boldsymbol{a}_{C|A}^{n}+\boldsymbol{a}_{C|A}^{\tau}$$

$$F_{\mathrm{I1}}=ma_A,F_{\mathrm{I1}}=m\ddot{x} \tag{10a}$$

$$M_A^{\mathrm{I}}=J_A\alpha_1,M_A^{\mathrm{I}}=\frac{1}{2}mR\ddot{x} \tag{10b}$$

$$F_{\mathrm{I2},A}=ma_A,F_{\mathrm{I2},A}=m\ddot{x} \tag{11a}$$

$$F_{\mathrm{I2}}^{n}=ma_C^{n},F_{\mathrm{I2}}^{n}=\frac{1}{2}mL\dot{\theta}^{2} \tag{11b}$$

$$F_{\mathrm{I2}}^{\tau}=ma_C^{\tau},F_{\mathrm{I2}}^{\tau}=\frac{1}{2}mL\ddot{\theta} \tag{11c}$$

$$M_C^{\mathrm{I}}=J_C\alpha_2,M_C^{\mathrm{I}}=\frac{1}{12}mL^{2}\ddot{\theta} \tag{11d}$$

②受力分析，受力包括主动力、约束力和惯性力。

系统受力 $m\boldsymbol{g},m\boldsymbol{g},\boldsymbol{F}_{\mathrm{N}},\boldsymbol{F}_{\mathrm{S}},\boldsymbol{F}_{\mathrm{I1}},\boldsymbol{M}_A^{\mathrm{I}},\boldsymbol{F}_{\mathrm{I2},A},\boldsymbol{F}_{\mathrm{I2}}^{n},\boldsymbol{F}_{\mathrm{I2}}^{\tau},\boldsymbol{M}_C^{\mathrm{I}}$。

③列出方程，按达朗贝尔原理列平衡方程。

$$\sum F_x=0,F_{\mathrm{S}}-F_{\mathrm{I1}}-F_{\mathrm{I2},A}+F_{\mathrm{I2}}^{n}\sin\theta-F_{\mathrm{I2}}^{\tau}\cos\theta=0 \tag{12}$$

$$F_{\mathrm{S}}=-2m\ddot{x}-\frac{1}{2}mL\dot{\theta}^{2}\sin\theta+\frac{1}{2}mL\ddot{\theta}\cos\theta(\rightarrow)$$

$$\sum F_y=0,-mg-mg+F_{\mathrm{N}}-F_{\mathrm{I2}}^{n}\cos\theta-F_{\mathrm{I2}}^{\tau}\sin\theta=0 \tag{13}$$

$$F_{\mathrm{N}}=2mg+\frac{1}{2}mL\dot{\theta}^{2}\cos\theta+\frac{1}{2}mL\ddot{\theta}\sin\theta(\uparrow)$$

轮心水平坐标 t-x 曲线如图 21-10b）所示，杆与铅垂线夹角 t-θ 曲线如图 21-10c）所示，圆盘与地面间的滑动摩擦因数 t-f 曲线如图 21-10d）所示。

$$f_{\min}=\max\left\{\left|\frac{F_{\mathrm{S}}}{F_{\mathrm{N}}}\right|\right\}=3.1 \tag{14}$$

2）Maple 程序

```
> ##########################################################################
> restart:                                         #清零。
> sys: = diff(X1(t),t) = X2(t),
>         diff(X2(t),t) = -2 * sin(X3(t)) * (3 * g * cos(X3(t)) + L * X4(t)^2)
>         /(3 * cos(X3(t))^2 - 10),
>         diff(X3(t),t) = X4(t),
>         diff(X4(t),t) = 3/L * sin(X3(t)) * (L * X4(t)^2 * cos(X3(t)) + 10 * g)
```

```
>         /(3*cos(X3(t))^2-10):                    #系统运动微分方程。
>fcns:=X1(t),X2(t),X3(t),X4(t):                     #X1↔x,X2↔ẋ,
>                                                   #X3↔θ,X4↔θ̇,
>cstj:=X1(0)=0,X2(0)=0,X3(0)=Pi/2,X4(0)=0:
>                                                   #初始条件。
>####################################################################
>m:=2:      g:=9.8:                                 #系统参数。
>L:=4*R:  R:=0.25:                                  #系统参数。
>q1:=dsolve({sys,cstj},{fcns},type=numeric,method=rkf45):
>                                                   #求解系统运动微分方程。
>####################################################################
>with(plots):                                       #加载绘图库。
>odeplot(q1,[t,X1(t)],0..20,view=[0..2,0..0.5],
>    thickness=2,tickmarks=[4,4]);                  #t-x 曲线。
>odeplot(q1,[t,X3(t)],0..20,view=[0..2,-2..2],
>thickness=2,tickmarks=[4,4]);                      t-θ 曲线。
>####################################################################
```

思考题

思考题 21-1 如图 21-11 所示，下列各物体碰撞时均做平移，判断各属于什么碰撞？

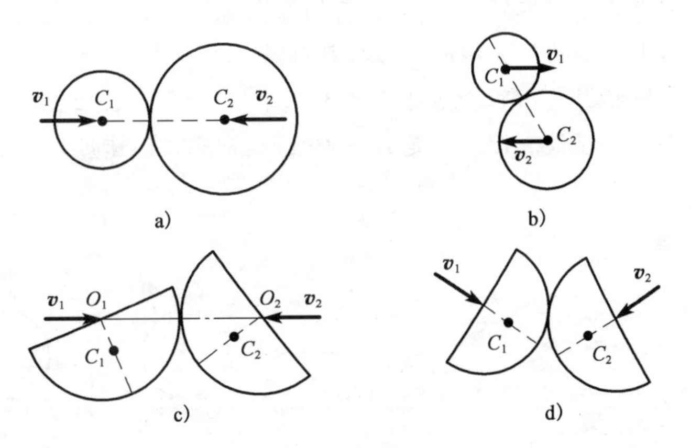

图 21-11 思考题 21-1

思考题 21-2 如图 21-12 所示，a)、b) 两图中各球质量与半径均相同，球 A 以速度 $\boldsymbol{v}_0$ 在水平面上纯滚动，其余各球均静止。发生碰撞时为完全弹性碰撞，各球间摩擦不计。

(1) 只有 A,B 两球时，求碰撞后各球的速度；

(2) 有 A,B,C,D,E 五个球时，求碰撞后各球的速度；

(3) 若在图 a) 中，球 B 有速度 $\boldsymbol{v}_B$，且 $v_B < v_0$，碰撞后各球速度如何？

思考题 21-3 如图 21-13 所示，绳索 OA 铅直悬挂一均质木杆 AB，C 为其质心，初始系统处于静止状态。

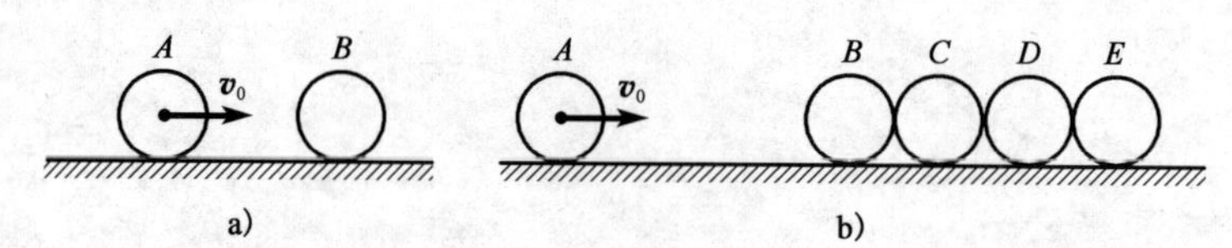

图 21-12　思考题 21-2

(1)子弹水平射入 C 点,碰撞后瞬时,A,B 两点速度大小与方向是否相同?

(2)子弹水平射入 D 点,碰撞后瞬时,质心 C 的速度方向如何?

思考题 21-4　如图 21-14 所示,小球以初速 $\boldsymbol{v}_0$ 运动,其与墙和地面间的恢复因数均为 k,不计重力和摩擦,墙与地面垂直,求小球碰墙与地面后速度的方向。小球运动的平面与墙和地面形成的平面垂直。

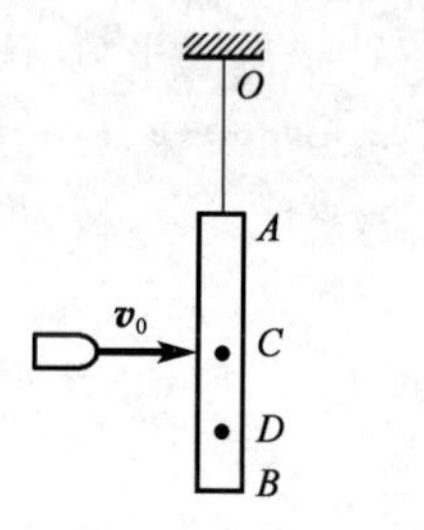

图 21-13　思考题 21-3

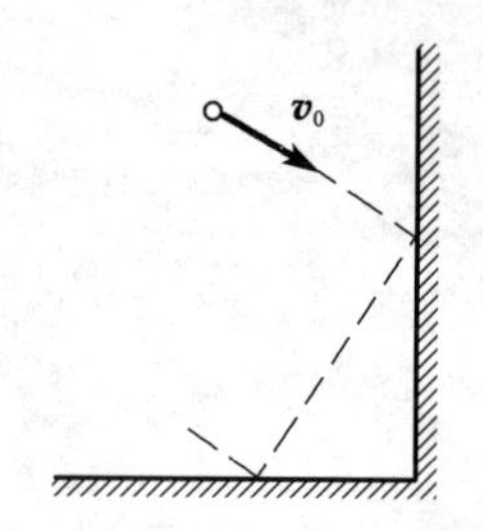

图 21-14　思考题 21-4

思考题 21-5　如图 21-15 所示,OB 连线水平,均质杆 OA 可绕轴 O 转动,其由静止开始向下摆动与固定点 B 碰撞后又向上弹起。弹起的高度 A'与下述哪些因素有关?(　　)

A. 与恢复因数有关,与点 B 在水平线上的位置无关

B. 与点 B 在水平线上的位置有关,与恢复因数无关

C. 与点 B 在水平线上的位置和恢复因数都有关

思考题 21-6　如图 21-16 所示,水平面上有三个球,球 2,3 静止,球 1 以速度 $\boldsymbol{v}_1$ 运动,与球 2 碰撞,球 2 又与球 3 碰撞。设碰撞是完全弹性的,问球 3 的速度与球 2 的质量是否有关?

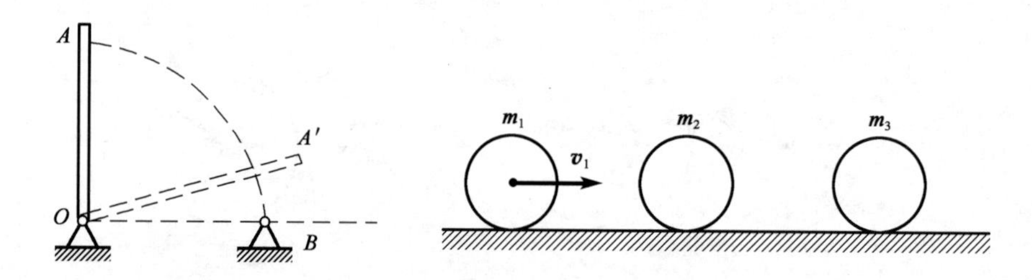

图 21-15　思考题 21-5　　　图 21-16　思考题 21-6

习题

A 类型习题

习题 21-1　两物体的质量分别为 m_1 和 m_2,恢复因数为 e,产生对心正碰撞,如图 21-17 所示。求碰撞结束时各自质心的速度和碰撞过程中动能的损失。

习题 21-2　枪弹的质量为 m_1,木块的质量为 m_2,枪弹以速度 $t = 50\text{m/s}$ 打入木块

(图 21-18),此木块与刚度系数为 k 的弹簧相连,不计木块与水平面的摩擦。试求弹簧的最大变形 δ_{max}。

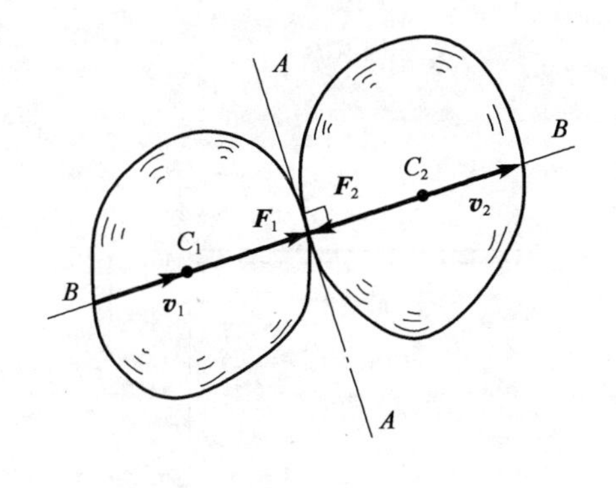

图 21-17　习题 21-1

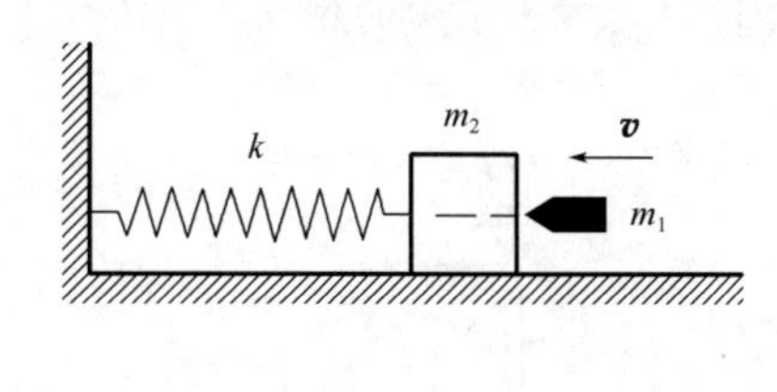

图 21-18　习题 21-2

习题 21-3　图 21-19 所示为一测量子弹速度的装置,称为射击摆,其是一个悬挂于水平轴的 O 填满砂土的筒。当子弹水平射入砂筒后,使筒绕轴 O 转过一偏角 φ,测量偏角的大小即可求出子弹的速度。已知摆的质量为 m_1,对于轴 O 的转动惯量为 J_0,摆的重心 C 到轴 O 的距离为 h。子弹的质量为 m_2,子弹射入砂筒时子弹到轴 O 的距离为 d。悬挂索的重量不计,求子弹的速度。

习题 21-4　设有两个重物 W_0 和 W_1,以柔软而不可伸长的轻绳连接,如图 21-20 所示,绳长为 l。若将重物 W_0 自 W_1 上面以初速 v_0 竖直上抛,开始时图中 $x=0$,W_1 放在地面上。试求重物 W_0 上抛的最大距离 H。

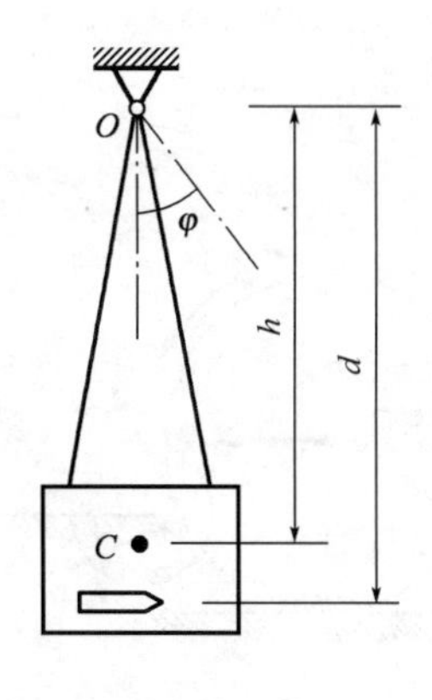

图 21-19　习题 21-3

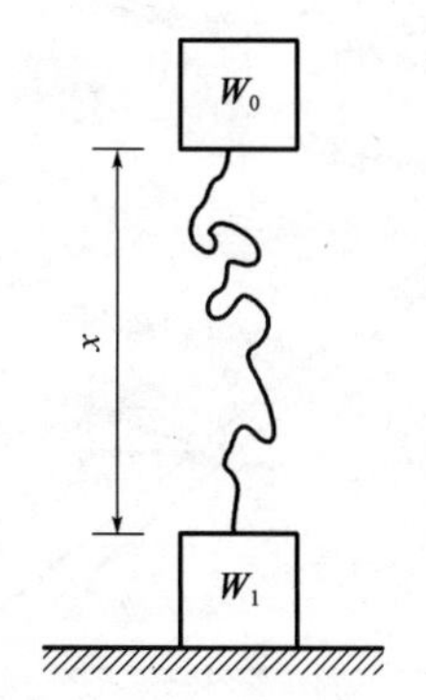

图 21-20　习题 21-4

习题 21-5　蒸汽锤的锤头质量为 $m_1=3000\text{kg}$,以速度 $v=5\text{m/s}$ 落到锻件上,锻件和砧块质量为 $m_2=24000\text{kg}$,试求铁块所吸收的功 W_1,消耗于基础振动的功 W_2 以及汽锤的效率 η。设碰撞是塑性的。

习题 21-6　匀质杆 OA 质量为 m,长为 l,可绕端点 O 处的水平轴转动(图 21-21)。欲使杆从铅垂位置的静止状态转到与铅垂线成 α 角的位置,试问在另一端点 A 应施加多大的水平碰撞冲量?这时在轴承 O 处所引起的约束冲量等于多大?

习题 21-7　匀质杆 AB 的质量为 m，长为 $2a$，其上一端 A 由光滑铰链固定（图 21-22）。杆由水平位置无初速地落下，撞上一固定物块 D。设恢复因数为 e。试求：

（1）杆弹回的角速度；

（2）轴承的约束碰撞冲量；

（3）杆的撞击中心的位置。

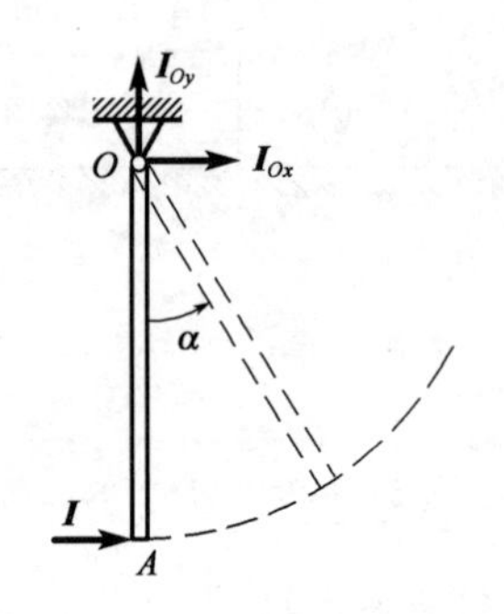

图 21-21　习题 21-6

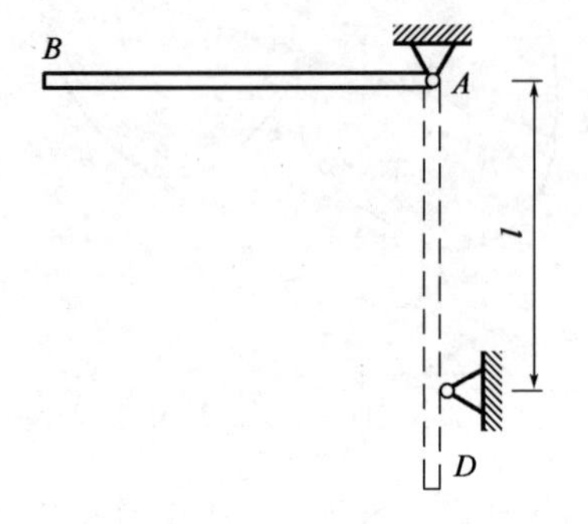

图 21-22　习题 21-7

B 类型习题

习题 21-8　匀质细杆长 l，质量为 m，速度 $\boldsymbol{v}$ 平行于杆，杆与地面成 θ 角，斜撞于光滑地面，如图 21-23所示。如为完全弹性碰撞，求撞后杆的角速度。

习题 21-9　沿水平面作纯滚动的匀质圆盘的质量为 m，半径为 r，其中心 C 以匀速 $\boldsymbol{v}$ 前进。圆盘突然与一高度为 $h(h<r)$ 的凸台碰撞，如图 21-24 所示。设碰撞为完全塑性，试求圆盘碰撞后的角速度及碰撞冲量。

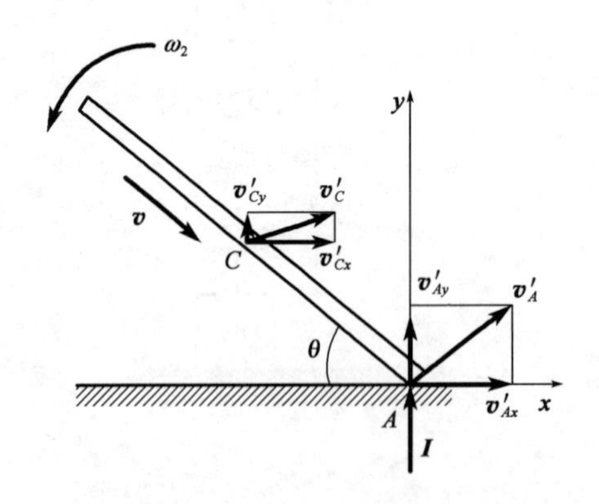

图 21-23　习题 21-8

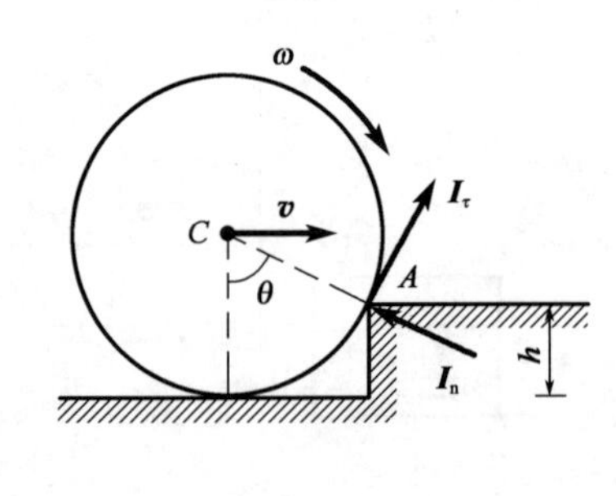

图 21-24　习题 21-9

C 类型习题

习题 21-10　如图 21-25 所示，两辆车在十字路口以角 α 相互撞在一起，碰撞后车轮刹住一起滑行了一段距离 s_{AB} 而静止。摩擦因数为 $f=0.5$。

（1）碰撞后两车以何角度 β 滑行？

(2)滑行距离 s_{AB} 多长?

(3)碰撞时能量损失的百分率?在后续滑行时能量损失多大?

(4)对于一车追尾碰撞另一车以及两车正面碰撞能量损失各为多少?

已知数据:$\alpha=60°$,$m^{\mathrm{I}}=1200\mathrm{kg}$,$m^{\mathrm{II}}=800\mathrm{kg}$,$v_0^{\mathrm{I}}=36\mathrm{km/h}$,$v_0^{\mathrm{II}}=18\mathrm{km/h}$。

习题 21-11 如图 21-26 所示,一均质薄圆盘半径为 r,质量为 m,用一可转球铰固定于 P 点。如果在 Q 点垂直于盘平面作用一个冲击力,问此圆盘受冲击后围绕哪个轴旋转?

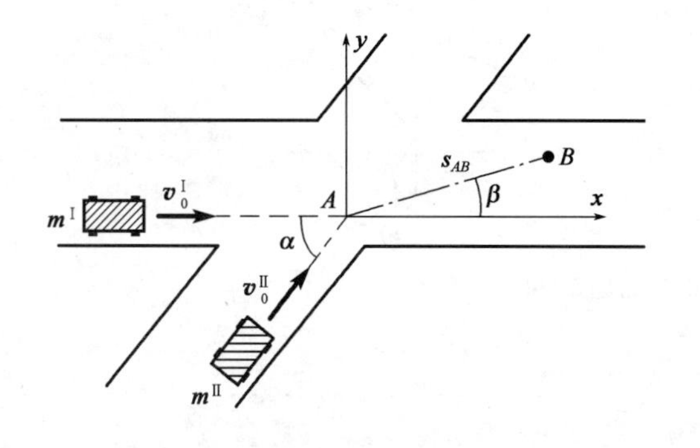

图 21-25 习题 21-10

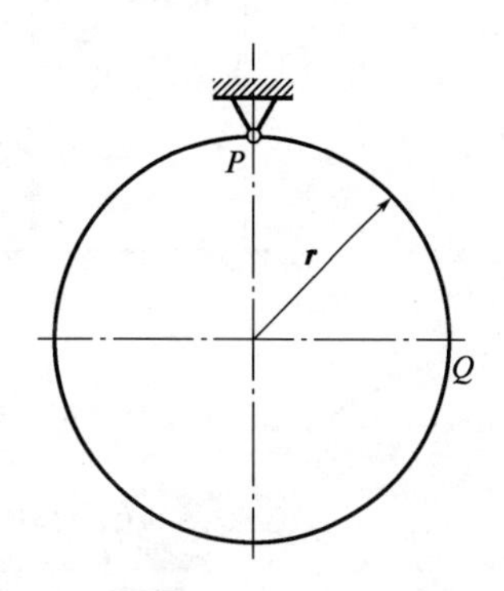

图 21-26 习题 21-11

习题 21-12 如图 21-27 所示,具有相等质量 m 的两均质杆Ⅰ与Ⅱ在 B 点铰接,悬挂于 A 点,且可转动,有一质量为 m_K 的小球,以速度 $\boldsymbol{v}$ 撞到杆Ⅱ离悬挂点为 h 的 C 点。对于部分塑性碰撞来说恢复因数为 e。

(1)距离 h 为多大,才能使碰撞后两杆以相同的角速度($\dot{\varphi}^{\mathrm{I}}=\dot{\varphi}^{\mathrm{II}}$)运动?

(2)小球撞在何处,才能使碰撞后 $\dot{\varphi}^{\mathrm{II}}=0$,此时支座 B 所受的冲击力为多大?

习题 21-13 如图 21-28 所示,有一种高弹性人造球(所谓"超球"),用这种球可以直观演示粗糙物的弹性碰撞。如果将超球斜着抛向桌下,问超球的轨迹是怎样的?由于重力引起的轨道的曲率可以不考虑。

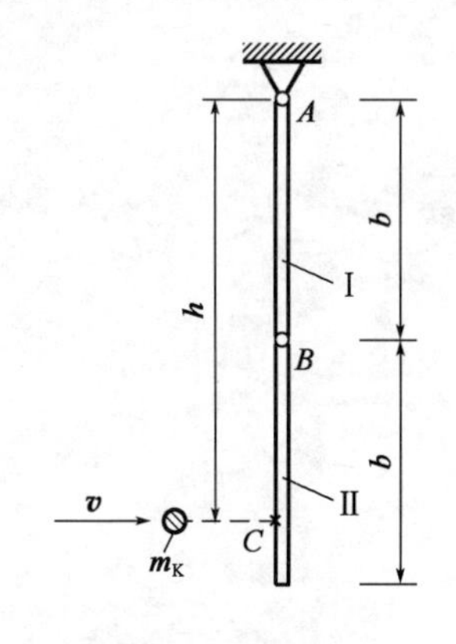

图 21-27 习题 21-12

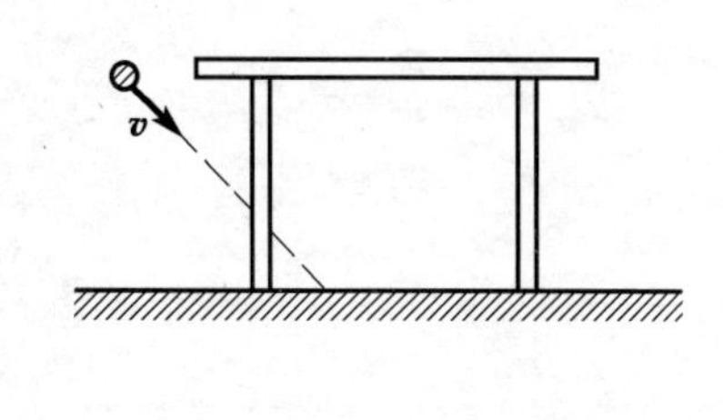

图 21-28 习题 21-13

习题 21-14 研究图 21-29 中的第 2 类碰撞问题。四根长 L、质量为 m 的匀质刚杆通过铰接成棱形。

(1)设初始时系统处于静止状态,若在 A 点作用一垂直外力冲量 $\boldsymbol{I}_0$,计算点 A 在冲击后的速度;

(2)若棱形以速度 v_0 垂直落下，若恢复因数为 e，计算碰撞冲量 $\boldsymbol{I}$ 的大小，系统的动能变化及系统的广义速度 $\dot{q}_1$ 和 $\dot{q}_2$。

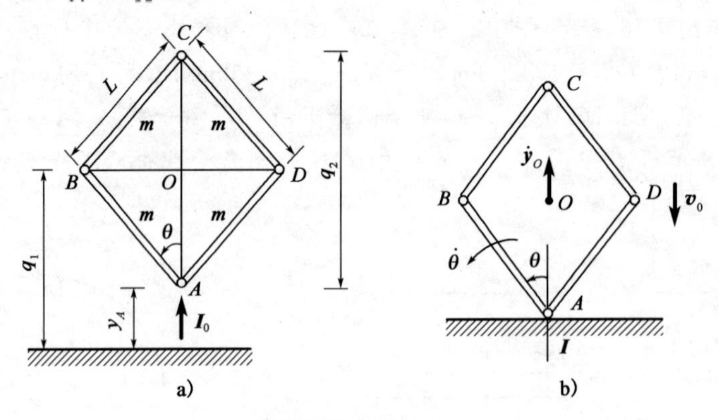

图 21-29 习题 21-14

毕昇(970—1051 年)北宋歙州人，我国伟大的古代发明家。宋初为书肆刻工，宋庆历年间，他根据实践经验，发明胶泥活字印刷技术，即在胶泥片上刻字，一字一印，用火烧硬后，便成活字。他的字印为沈括家人收藏，事迹见于沈括的《梦溪笔谈》。毕昇活字印刷术的发明，是印刷史上的一次伟大革命，它为中国文化经济的发展开辟了广阔的道路，为推动世界文明的发展做出了重大贡献。

活字印刷术具有一字多用、重复使用、印刷多且快、省时省力、节约材料等优点，比整版雕刻经济方便，是印刷技术史上的一次质的飞跃，对后世印刷术乃至世界文明的进步有着巨大而深远的影响，称为中国古代四大发明之一。

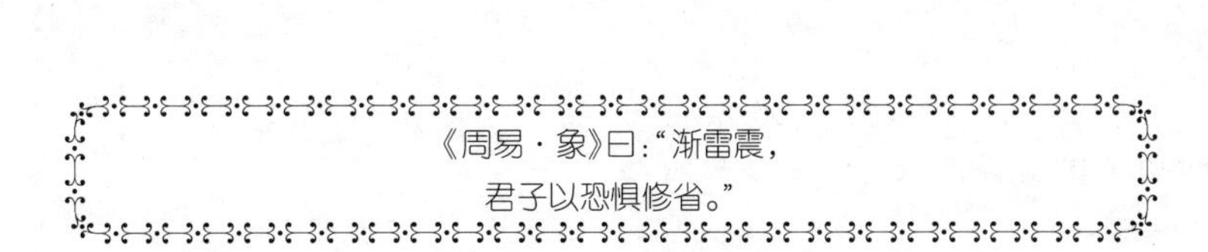

第22章　微　振　动

本章主要讲述单自由度系统的自由振动(含无阻尼自由振动和有阻尼自由振动)及单自由度系统的强迫振动;并以两个自由度系统为例,简要介绍多自由度系统的自由振动;介绍振动的线性化方程。

22.1　振动的线性化方程

22.1.1　引言

物体在平衡位置附近作往复运动的现象称为振动。振动是工程中常见的重要现象;车辆行驶在不平的路面上时,车厢会产生振动;旋转机械(电动机、发电机、汽轮机等)的转子有不平衡量时,会引起基础的振动;甚至风吹旗帜哗哗作响、向瓶口吹气引起发声等也都是振动。振动能使机械的构件疲劳破坏,或者导致装置的工作不正常,这是振动有害的一面;但振动也可利用,如工程中的振动打桩、振动传送等。振动系统的最简单物理模型是质量弹簧系统。研究质量弹簧系统的直线振动有重要意义,一方面它是研究复杂振动问题的基础,同时,工程上许多重要振动系统都可简化为质量弹簧系统。当质点只在弹簧的弹性恢复力作用下振动时,称为自由振动;如果还有阻尼力作用,称为阻尼振动;如果还有其他激励力作用,则称为受迫振动。当研究质点的微幅振动时,大多数情况下其运动微分方程可线性化,用线性的数学工具可完满求解。

22.1.2　单自由度振动的线性化方程

微振动是指质点系在稳定平衡位形附近的微幅振动。由于描述微振动的微分方程通常是线性微分方程,因此也称为**线性振动**。

我们利用拉格朗日方程建立单自由度系统微振动的运动微分方程。

设 q 是单自由度定常系统的广义坐标,非势力不做功,其平衡位形由式(22-1)的根 $q=q_0$ 给出,其中 $V=V(q)$ 为质点系的势能。考虑微振动时可以认为 $q-q_0$ 和 $\dot{q}$ 都是一阶小量。

$$\frac{\partial V}{\partial q}=0,V'(q)=0 \tag{22-1}$$

对于单自由度定常约束系统,其动能只含有广义速度的二次齐次式,即

$$T=\frac{1}{2}m(q)\dot{q}^2 \tag{a}$$

其中,$m(q)$表示一个与广义坐标 q 有关的系数,它不一定指质量。将 $m(q)$ 在平衡位形 $q=q_0$ 附近做泰勒展开,有

$$m(q)=m(q_0)+m'(q_0)(q-q_0)+\cdots \tag{b}$$

略去二阶以上的高阶小量后，动能 T 可写成

$$T=\frac{1}{2}m(q_0)\dot{q}^2 \tag{22-2}$$

同样，势能 $V(q)$ 也可展开成为

$$V(q)=V(q_0)+V'(q_0)(q-q_0)+\frac{1}{2}V''(q_0)(q-q_0)^2+\cdots \tag{c}$$

q_0 是平衡位形的广义坐标，即 $V'(q_0)=0$。在上式中略去二阶以上的高阶小量，得

$$V(q)=V(q_0)+\frac{1}{2}k(q-q_0)^2 \tag{22-3}$$

其中，$k(q_0)=V''(q_0)$。将式(22-2)和式(22-3)代入拉格朗日方程，得单自由度系统微振动方程

$$m(q_0)\ddot{q}+k(q_0)(q-q_0)=0 \tag{22-4}$$

其中，$m(q_0)$称为**广义惯性系数(等效质量)**，$k(q_0)$称为**广义刚度系数(等效刚度)**。如果取系统的平衡位形为广义坐标的原点，即 $q_0=0$，上式简化为

$$m(0)\ddot{q}+k(0)q=0 \tag{22-5}$$

上式可以写成标准形式

$$\ddot{q}+\omega_0^2 q=0 \tag{22-6}$$

其中

$$\omega_0=\sqrt{\frac{k}{m}}=\sqrt{\frac{V''(q_0)}{m(q_0)}}=\sqrt{\frac{V''(0)}{m(0)}} \tag{22-7}$$

最简单的单自由度振动系统是质量弹簧系统，称作**谐振子**，如图 22-1所示。设质点的质量为 m，弹簧质量不计，其刚度系数为 k。取 x 为广义坐标，以平衡位置 O 为其原点，铅垂向下为正。弹簧原长为 l_0，在重力作用下的静变形为 $\delta_{st}=mg/k$。系统的动能和势能分别为

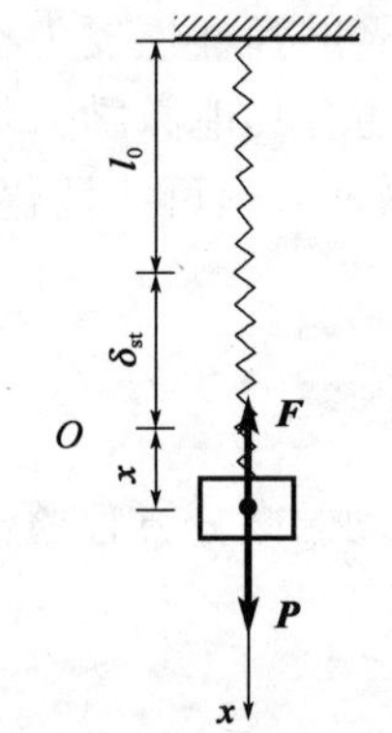

图 22-1　质量—弹簧系统

$$T=\frac{1}{2}m\dot{x}^2 \tag{d}$$

$$V=\frac{1}{2}k[(x+\delta_{st})^2-\delta_{st}^2]-mgx=\frac{1}{2}kx^2 \tag{e}$$

代入拉格朗日方程中，可得到系统的运动微分方程

$$\ddot{x}+\omega_0^2 x=0 \tag{22-8}$$

其中

$$\omega_0=\sqrt{\frac{k}{m}} \tag{22-9}$$

在工程实际中，一些比较简单的振动系统可以抽象为上述质量—弹簧系统，具有与上式形式相同的运动微分方程。

例题 22-1　质量为 m 长为 l 的均质杆 OA 悬挂在 O 点处，可绕 O 轴摆动。质量为 m_0 的滑块用刚度系数为 k 的弹簧连接，并可沿杆 OA 滑动。如图 22-2 所示。当杆 OA 位于铅直位置时，系统处于平衡状态。忽略摩擦力，试建立系统微幅振动的运动微分方程。

解：这是一个单自由度定常系统，取 θ 为广义坐标，$\theta=0$ 为系统的平衡位置。由几何关系可得

$$x = h\tan\theta, \dot{x} = h\dot{\theta}\sec^2\theta \tag{1}$$

系统的动能(保留二阶小量)为

$$T = \frac{1}{2}\frac{1}{3}ml^2\dot{\theta}^2 + m_0h^2\dot{\theta}^2\sec^4\theta \approx \frac{1}{6}(ml^2 + 3m_0h^2)\dot{\theta}^2 \tag{2}$$

取杆在铅垂位置时的质心位置为重力势能零点,系统的势能(保留到二阶小量)为

$$V = \frac{1}{2}kh^2\tan^2\theta + mg\frac{1}{2}l(1 - \cos\theta) \approx \frac{1}{4}(2kh^2 + mgl)\theta^2 \tag{3}$$

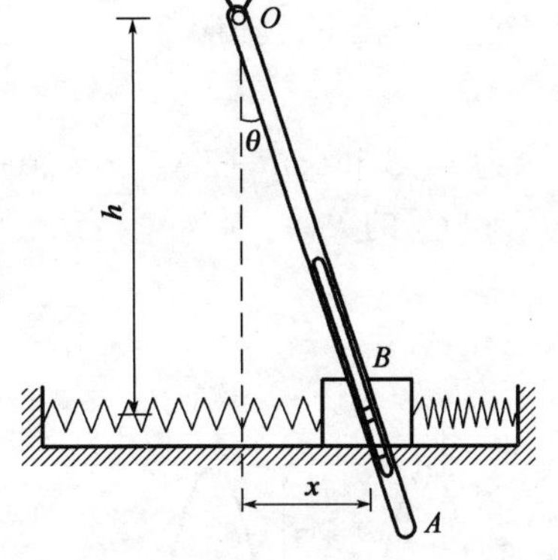

图 22-2　例题 22-1

代入拉格朗日方程,得

$$(2ml^2 + 6m_0h^2)\ddot{\theta} + (6kh^2 + 3mgt)\theta = 0 \tag{4}$$

写成标准形式为

$$\ddot{\theta} + \omega_0^2\theta = 0 \tag{5}$$

其中

$$\omega_0 = \sqrt{\frac{6kh^2 + 3mgl}{2ml^2 + 6m_0h^2}}$$

22.1.3　多自由度振动的线性化方程

例题 22-2　试求平面双摆的微振动(图 19-13)。

解:对于微振动($\varphi_1 \ll 1, \varphi_2 \ll 1$),在习题 19-1 中得到的拉格朗日函数写成

$$L = \frac{m_1 + m_2}{2}l_1^2\dot{\varphi}_1^2 + \frac{m_2}{2}l_2^2\dot{\varphi}_2^2 + m_2l_1l_2\dot{\varphi}_1\dot{\varphi}_2 - \frac{m_1 + m_2}{2}gl_1\varphi_1^2 - \frac{m_2}{2}gl_2\varphi_2^2 \tag{1}$$

运动方程为

$$(m_1 + m_2)l_1\ddot{\varphi}_1 + m_2l_2\ddot{\varphi}_2 + g(m_1 + m_2)\varphi_1 = 0 \tag{2a}$$

$$l_1\ddot{\varphi}_1 + l_2\ddot{\varphi}_2 + g\varphi_2 = 0 \tag{2b}$$

将

$$\varphi_k = A_k e^{i\omega t}\ (k = 1,2) \tag{3}$$

代入式(2)可得

$$A_1(m_1 + m_2)(g - l_1\omega^2) - A_2\omega^2m_2l_2 = 0 \tag{4a}$$

$$-A_1l_1\omega^2 + A_2(g - l_2\omega^2) = 0 \tag{4b}$$

特征方程的根为

$$\omega_{1,2}^2 = \frac{g}{2m_1l_1l_2}\left\{(m_1 + m_2)(l_1 + l_2) \pm \sqrt{(m_1 + m_2)[(m_1 + m_2)(l_1 + l_2)^2 - 4m_1l_1l_2]}\right\} \tag{5}$$

当 $m_1 \to \infty$ 时,角频率趋于极限值 $\sqrt{g/l_1}$ 和 $\sqrt{g/l_2}$,相应于两个单摆独立振动。

22.2　单自由度系统的自由振动

22.2.1　自由振动的解

线性微分方程(22-8)的两个线性无关的解为:$\cos\omega_0 t$ 和 $\sin\omega_0 t$,因此方程的通解为

$$x = C_1\cos\omega_0 t + C_2\sin\omega_0 t \tag{22-10}$$

这个表达式可以写成

$$x = A\sin(\omega_0 t + \theta) \tag{22-11}$$

因为 $x = A\sin(\omega_0 t + \theta) = \sin\omega_0 t\cos\theta + \cos\omega_0 t\sin\theta$，比较式(22-10)可得任意常数 A 和 θ 与常数 C_1 和 C_2 的关系：

$$A = \sqrt{C_1^2 + C_2^2},\ \tan\theta = \frac{C_1}{C_2} \tag{22-12}$$

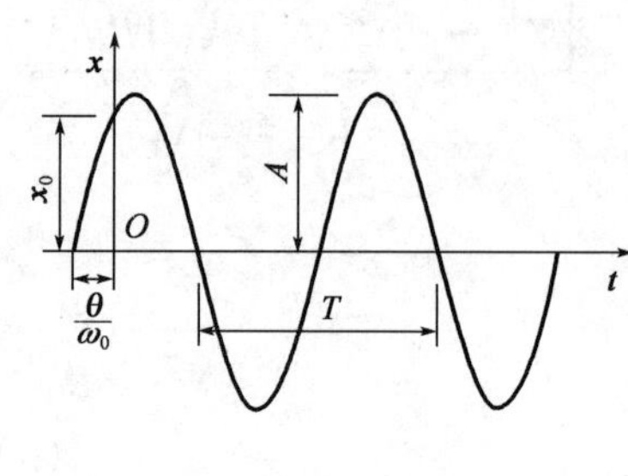

图 22-3　简谐振动

于是，系统在稳定平衡位置附近的运动是简谐运动(图 22-3)。式(22-11)中周期因子前面的系数 A 称为振幅，而余弦幅角称为振动的相位，θ 是相位的初始值，称为初相位，显然依赖于初始时间的选择。物理量 ω_0 是振动的基本特征量，不依赖于运动初始条件。根据公式(22-9)，它完全由力学系统本身的性质决定，称为系统的固有角频率(或固有圆频率)。但是应该指出，这个特点与小幅振动假设相关，对于大幅振动不成立。从数学角度看，通常它与势能是坐标的二次函数有关。固有角频率 ω_0、振幅 A 和初相角 θ 称为**振动三要素**。

微振动系统的能量为

$$E = \frac{m\dot{x}^2}{2} + \frac{kx^2}{2} = \frac{m}{2}(\dot{x}^2 + \omega_0^2 x^2) \tag{a}$$

或者，将式(20-11)代入式(a)得

$$E = \frac{1}{2}m\omega_0^2 A^2 \tag{22-13}$$

微振动系统与振幅平方成正比。

振动系统坐标对时间的依赖关系经常写成复数表达式的实部形式：

$$x = \mathrm{Re}\{\bar{A}\mathrm{e}^{\mathrm{i}\omega_0 t}\} \tag{22-14}$$

其中，$\bar{A}$ 是复常数，写成下面形式：

$$\bar{A} = A\mathrm{e}^{\mathrm{i}\theta} \tag{22-15}$$

则我们又回到式(22-11)了。常数 $\bar{A}$ 称为复振幅，它的模就是通常的振幅，而幅角就是初始相位。

在数学上，指数函数运算比三角函数简单，因为指数函数的微分不改变形式。当我们进行线性运算时(加法、数乘、微分和积分)，一般可以不写出取实部的记号，只需对最后的计算结果取实部。

固有角频率是振动理论中的重要概念，它反映了振动系统的动力学特性，计算系统的固有角频率是研究系统振动问题的重要课题之一。将 $\delta_{st} = mg/k$ 代入式(22-9)，得

$$\omega_0 = \sqrt{\frac{g}{\delta_{st}}} \tag{22-16}$$

自由振动频率和周期分别为

$$f = \frac{\omega_0}{2\pi},\ T = \frac{2\pi}{\omega_0} \tag{b}$$

在国际单位制中,周期的单位为秒(s),量纲为T;频率的单位为赫兹(Hz),量纲为T^{-1}。频率表示每秒钟振动的次数;固有角频率的单位是弧度/秒(rad/s)。

可见,对单自由度系统,只要知道重力作用下的静变形,就可求得系统的固有角频率,这种计算系统固有角频率的方法称为**静变形法**。例如,可以根据车厢下面弹簧的压缩量来估算车厢上下振动的频率。

例题 22-3 如图 22-4 所示,质量为 m 的电动机固定在水平梁的中部,已知安装后梁的中点的向下位移为 d,忽略梁的质量,试求系统的固有角频率。

图 22-4 例题 22-3

解:考虑电动机在铅垂方向上的振动,这是一个单自由度振动系统。水平梁可以看成一个弹性支承,在电动机偏离静平衡位置时提供恢复力,相当于一个弹簧。所以如图 22-4 所示的系统可简化成如图 22-1 所示的质量—弹簧振动系统。

对于如图 22-1 所示的系统,其固有角频率 ω_0 也可表示成

$$\omega_0=\sqrt{\frac{k}{m}}=\sqrt{\frac{kg}{mg}}=\sqrt{\frac{g}{\delta_{st}}} \tag{1}$$

其中,δ_{st}为质量块的重力作用下弹簧的静变形。在如图 22-3 所示的系统中,电动机在重力作用下系统对应的 $\delta_{st}=d$,所以,本问题中的固有角频率为 $\omega_0=\sqrt{\frac{g}{d}}$。

讨论与练习

(1)实际上,连续梁的振动问题是一个无穷自由度问题,本题把无穷自由度问题看作单自由度问题只不过是满足工程的一种近似解法;

(2)由材料力学可知,集中力作用下简支梁的静变形 $\delta_{st}=\frac{mgL^3}{48EI}$,其中 L 是梁的跨度,E 是弹性模量,I 是截面惯性矩。

22.2.2 能量法求固有角频率

也可以用无阻尼自由振动系统的机械能守恒来求得固有角频率。质点在任意位置处的动能为

$$T=\frac{1}{2}m\omega_0^2A^2\cos(\omega_0t+\theta) \tag{c}$$

取平衡位置为势能零点,系统的势能为

$$V=\frac{1}{2}kx^2=\frac{1}{2}kA^2\sin(\omega_0t+\theta) \tag{d}$$

当质点处于平衡位置时,其速度达到最大值,系统势能为零,质点具有最大动能

$$T_{\max}=\frac{1}{2}m\omega_0^2A^2 \tag{22-17}$$

当质点处于偏离振动中心的极端位置时,其位移最大,质点的动能为零,系统具有最大势能

$$V_{\max}=\frac{1}{2}kA^2 \tag{22-18}$$

由机械能守恒定律有

$$T_{\max}=V_{\max} \tag{22-19}$$

将式(22-17)和式(22-18)代入式(22-19),即可得到系统的固有角频率 ω_0。这种计算系统固有角频率的方法称为**能量法**。

例题 22-4 试计算串联和并联弹簧的等效刚度系数。

解:①讨论弹簧刚度系数分别为 k_1 和 k_2 的串联弹簧[图 22-5a)]。

设 A 点的位移为 x,两弹簧的伸长分别为 x_1 和 x_2,则有

$$x=x_1+x_2 \tag{1}$$

根据 B 点的静力学平衡条件列出

$$k_1x_1=k_2x_2 \tag{2}$$

从式(1)和式(2)解出

$$x_1=\frac{k_2}{k_1+k_2}x,x_2=\frac{k_1}{k_1+k_2}x \tag{3}$$

弹性势能为

$$V=\frac{1}{2}k_1x_1^2+\frac{1}{2}k_2x_2^2=\frac{1}{2}\left(\frac{k_1k_2}{k_1+k_2}\right)x^2=\frac{1}{2}k^*x^2 \tag{4}$$

k^* 为串联弹簧的等效刚度系数

$$k^*=\frac{k_1k_2}{k_1+k_2} \tag{5}$$

②对于并联弹簧[图 22-5b)]。

设固定在 A 点处的物体平移,使两弹簧的伸长均等于 A 点的位移 x,导出

$$V=\frac{1}{2}k_1x^2+\frac{1}{2}k_2x^2=\frac{1}{2}(k_1+k_2)x^2=\frac{1}{2}k^*x^2 \tag{6}$$

则并联弹簧的等效刚度系数 k^* 为

$$k^*=k_1+k_2 \tag{7}$$

设物体的质量为 m,动能为

$$T=\frac{1}{2}m\dot{x}^2 \tag{8}$$

不计弹簧的质量,利用式(22-9)计算系统的固有角频率,得到

$$\omega_0=\sqrt{\frac{k^*}{m}}$$

例题 22-5 如图 22-6 所示为一质量为 m、半径为 r 的圆柱体,在一半径为 R 的圆弧槽上作无滑动的滚动。求圆柱体在平衡位置附近微振动的固有角频率。

解:取圆柱体中心 O_1 和圆槽中心 O 的连线 OO_1 与铅直线 OA 的夹角 θ 为广义坐标。圆柱体中心 O_1 的线速度 $v_{O_1}=(R-r)\dot{\theta}$,其角速度为 $\omega=(R-r)\dot{\theta}/r$,系统的动能为

$$T=\frac{1}{2}m[(R-r)\dot{\theta}]^2+\frac{1}{2}\left(\frac{mr^2}{2}\right)\left[\frac{(R-r)\dot{\theta}}{r}\right]^2$$

$$= \frac{3}{4}m(R-r)^2\dot{\theta}^2 \tag{1}$$

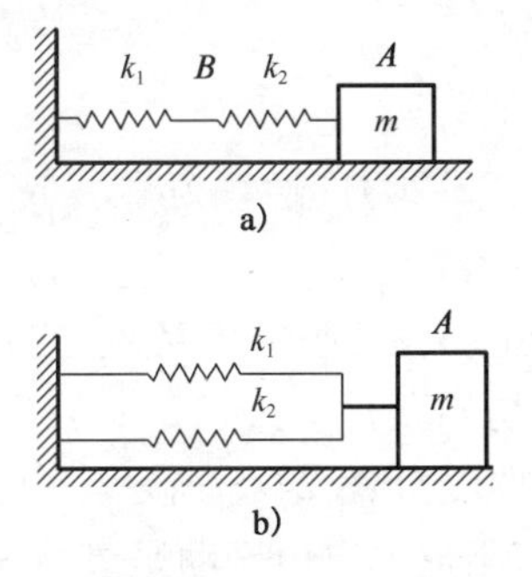

图22-5　例题22-4

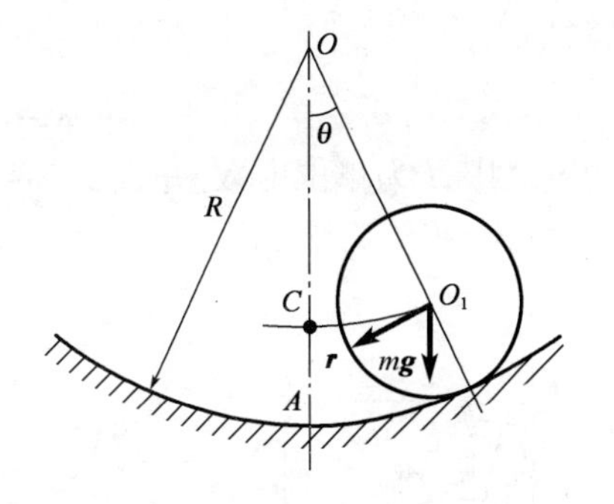

图22-6　例题22-5

取圆柱体在平衡位置处的圆心位置 C 为势能零点，系统有势能为

$$V = mg(R-r)(1-\cos\theta)$$

$$\approx \frac{1}{2}mg(R-r)\theta^2 \tag{2}$$

系统作微振动时其运动方程为 $\theta = A\sin(\omega_0 t+\theta)$，系统的最大动能为

$$T_{\max} = \frac{3}{4}m(R-r)^2\omega_0^2A^2 \tag{3}$$

系统的最大势能为

$$V_{\max} = \frac{1}{2}mg(R-r)A^2 \tag{4}$$

由机械能守恒解得系统的固有圆频率为

$$\omega_0 = \sqrt{\frac{2g}{3(R-r)}}$$

22.3　单自由度系统的有阻尼自由振动

无阻尼自由振动是一种理想情况，它忽略了系统在振动过程中所受到的各种阻力，如接触面间的摩擦力、气体或液体介质的阻力和弹性材料中分子的内阻力等。这些阻力统称为阻尼。当振动速度不大时，由于介质黏性引起的阻力近似与速度成正比，即

$$\boldsymbol{F}_{\mathrm{d}} = -c\boldsymbol{v}, \boldsymbol{F}_{\mathrm{d}} = -c\dot{x}\boldsymbol{i} \tag{a}$$

这样的阻尼称为**黏性阻尼**或线性阻尼。系数 c 称为黏性阻力系数(简称阻力系数)。质量 m、弹簧刚度 k 和阻力系数 c 称为**振动的三元件**，如图22-7所示。本节只研究黏性阻尼对自由振动的影响。那么运动微分方程式(22-8)改变成

$$m\ddot{x} = -kx - c\dot{x} \tag{b}$$

或写成

$$\ddot{x} + 2\delta\dot{x} + \omega_0^2 x = 0 \tag{22-20}$$

其中常量

$$\delta = \frac{c}{2m}, \zeta = \frac{\delta}{\omega_0} \tag{22-21}$$

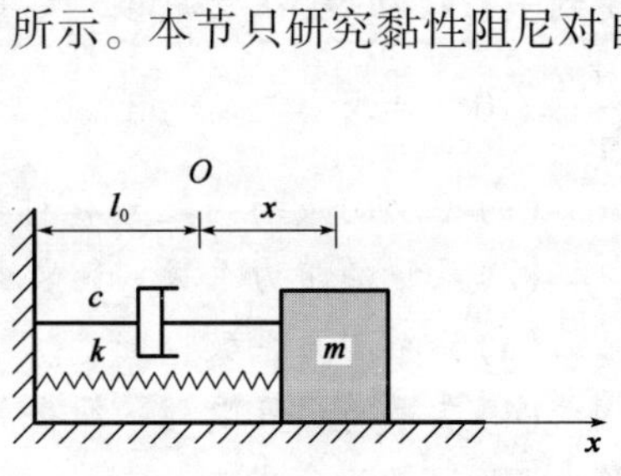

图22-7　振动的三元件

式中，ζ 称为阻尼比，微分方程(22-20)的特征方程是

$$\lambda^{2}+2\delta\lambda+\omega_{0}^{2}=0 \tag{c}$$

特征根

$$\lambda=-\delta\pm\omega_{\mathrm{d}}I,\ \omega_{\mathrm{d}}=\sqrt{\omega_{0}^{2}-\delta^{2}} \tag{22-22}$$

式中，I 为单位虚数，并设 $\delta<\omega_0$，即 $\zeta<1$。方程(22-20)的通解为

$$x=A\mathrm{e}^{-\delta t}\sin(\omega_{\mathrm{d}}t+\alpha) \tag{22-23}$$

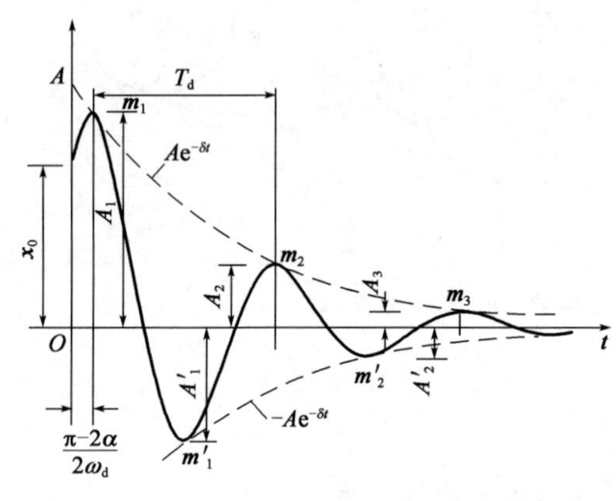

图 22-8 衰减振动的时间历程曲线

式中，$\delta,\omega_{\mathrm{d}}$ 取决于系统参数，而 A,α 取决于运动初始条件。式(22-23)所表示的 x 的时间历程曲线如图 22-8 所示。由于振幅不断衰减，故有阻尼的自由振动是衰减振动，由图可以总结出衰减振动的运动特性如下：

(1)严格地讲，在小阻尼 $\zeta<1$ 的情况下，运动不再是周期的。但由于式(22-23)中含 $\sin(\omega_{\mathrm{d}}t+\alpha)$ 的因子，故仍可定义衰减振动的频率 ω_{d} 及衰减振动的周期 $T_{\mathrm{d}}=2\pi/\omega_{\mathrm{d}}$，且知其频率小于无阻尼自由振动频率，$\omega_{\mathrm{d}}<\omega_0$。

(2)振幅按几何级数衰减，每经过一个周期 T_{d}，振幅的衰减率均相同：

$$\eta=\frac{A_{i}}{A_{i+1}}=\frac{A\mathrm{e}^{-\delta t_{i}}}{A\mathrm{e}^{-\delta(t_{i}+T_{\mathrm{d}})}}=\mathrm{e}^{\delta T_{\mathrm{d}}} \tag{22-24}$$

η 称为减幅系数，有时用其对数 $\Lambda=\ln\eta=\delta T_{\mathrm{d}}$ 表示称为对数减缩。如果阻尼比为 $\zeta=0.05$，则可算出：

$$\omega_{\mathrm{d}}=\sqrt{1-\zeta^{2}}\,\omega_{0}=0.995\omega_{0}$$

$$\eta=\mathrm{e}^{2\pi\zeta/\sqrt{1-\zeta^{2}}}=1.37,\ \frac{1}{\eta}=0.73$$

可以看出，衰减振动的频率只与自由振动的频率相差 0.5%，但每经过一个周期，振动幅要衰减 27%；亦即小阻尼对振动的频率与周期影响很小，甚至可以忽略，但对振幅衰减的作用却十分显著。

(3)对大阻尼 $\zeta>1$ 及临界阻尼 $\zeta=1$，由特征根式(22-22)的分析可知，衰减运动不再有往复性质。

例题 22-6 已知质量 $m=2450\mathrm{kg}$，弹簧刚度系数 $k=1.6\times10^{5}\mathrm{N/m}$ 的质量—弹簧系统，受到一初扰动后，作衰减振动。经测试，经过两次振动后其振幅减少到原来的 0.1 倍，即 $\dfrac{A_i}{A_{i+2}}=10$。试求：

(1)振动的减缩因数 η 和对数减缩 Λ；

(2)系统的阻力系数 c 和衰减振动周期 T_{d}；

(3)临界阻力系数；

(4)在平衡位置受到一冲击并获得初速度 $v_0=0.12\mathrm{m/s}$ 的初扰动，系统离开平衡位置的最大距离 $x_{\max}$ 为多少？

解：(1)系统振动的固有角频率为

$$\omega_0 = \sqrt{\frac{k}{m}} = \sqrt{\frac{1.6\times10^5}{2.45\times10^3}} = 8.08(\text{rad/s})$$

减缩因数为

$$\eta = \frac{A_i}{A_{i+1}} = \frac{A_{i+1}}{A_{i+2}}$$

因

$$\eta^2 = \frac{A_i}{A_{i+2}} = 10$$

故有

$$\eta = \sqrt{10} = 3.162$$

对数减缩为

$$\Lambda = \ln\eta = 1.151$$

(2)求 c 和 T_d。

由式(22-22)得

$$T_d = \frac{2\pi}{\sqrt{\omega_0^2 - \delta^2}} \tag{1}$$

与

$$\Lambda = \delta T_d \tag{2}$$

代入 $\omega_0 = 8.08, \Lambda = 1.151$,联列解得

$$T_d = 0.788\text{s}, \delta = 1.459\text{s}^{-1}$$

于是有

$$c = 2m\delta = 2\times2.45\times10^3\times1.459 = 7.149\times10^3(\text{N}\cdot\text{s/m})$$

(3)求临界阻尼时的阻力系数。

在临界阻尼下 $\delta = \omega_0$,相应的阻力系数为

$$c_{cr} = 2m\delta = 2m\omega_0 = 2\sqrt{mk}$$
$$= 2\sqrt{2.45\times10^3\times1.6\times10^5} = 3.96\times10^4(\text{N}\cdot\text{s/m})$$

(4)求 x_{max}。

因小阻尼情形的衰减振动有式(22-23),即

$$x = A\exp(-\delta t)\sin(\sqrt{\omega_0^2 - \delta^2}\,t + \alpha)$$

因 $t = 0$ 时,$x(0) = 0, \dot{x}(0) = \dot{x}_0 = 0.12$,故有

$$A = \sqrt{\frac{\dot{x}_0^2}{\omega_0^2 - \delta^2}} = \frac{0.12}{\sqrt{8.08^2 - 1.459^2}} = 0.0151(\text{m})$$
$$\alpha = 0$$

于是有

$$x = 0.0151\times\exp(-1.459t)\sin(7.947t)\text{m}$$

因此

$$\dot{x} = 0.0151\times\exp(-1.459t)(-1.459\sin7.947t + 7.947\cos7.947t)$$

由 $\dot{x} = 0$,解得

$$\tan(7.947t_1) = 5.447$$

$$t_1 = 0.175\text{s}$$

$$x_{max} = x|_{t=t_1} = 0.0151 \times \exp(-1.459 \times 0.175)\sin(7.947 \times 0.175) = 0.0115(\text{m})$$

22.4 单自由度系统的受迫振动

设质点除受弹性恢复力、线性阻尼力作用外，还有外界激励力。现只研究激励力为简谐变化的情况（图22-9）。即

$$F = H\sin(\Omega t) \tag{a}$$

则质点的运动微分方程为

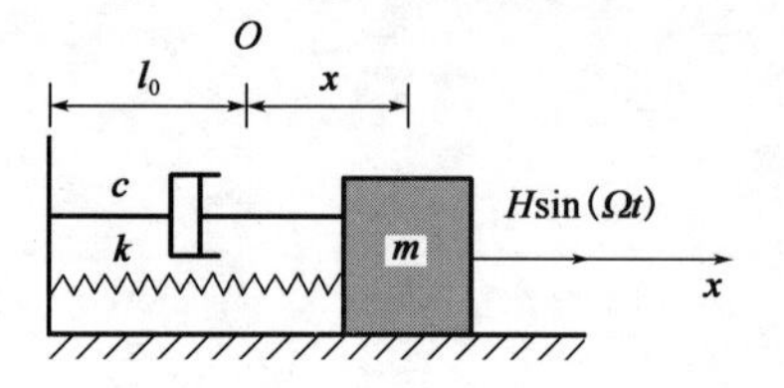

图22-9 受激励的质量弹簧系统

$$m\ddot{x} + c\dot{x} + kx = H\sin(\Omega t) \tag{22-25}$$

或化为标准形式

$$\ddot{x} + 2\delta\dot{x} + \omega_0^2 x = h\sin(\Omega t) \tag{22-26}$$

式中

$$\delta = \frac{c}{2m},\ \omega_0^2 = \frac{k}{m},\ h = \frac{H}{m} \tag{b}$$

式(22-26)为线性非齐次微分方程，其解由两部分组成

$$x(t) = x_1(t) + x_2(t) \tag{22-27}$$

$$x_1(t) = A\mathrm{e}^{-\delta t}\sin(\omega_d t + \alpha) \tag{22-28}$$

$$x_2(t) = B\sin(\Omega t - \varphi) \tag{22-29}$$

其中，$x = x_1(t)$为齐次部分的通解，$x = x_2(t)$为非齐次方程的特解；将式(22-29)代入方程式(22-26)，可解出B与φ。

$$B = \frac{h}{\sqrt{(\omega_0^2 - \Omega^2)^2 + 4\delta^2\Omega^2}},\ \tan\varphi = \frac{2\delta\Omega}{\omega_0^2 - \Omega^2} \tag{22-30}$$

在简谐激励力作用下，质点位移的时间历程如图22-10所示。由图可清楚看出，时间历程有过渡过程及稳态过程两个阶段；稳态过程又称系统对激励力的稳态响应，它是一个由$x_2(t)$代表的稳定的振动，且只与系统及激励力的参数有关，与运动初始条件无关；过渡过程又称系统对激励力的瞬态响应，它是衰减振动与稳态振动的叠加，且与初始条件有关。一般情况下，过渡过程很快结束，所以我们有兴趣的主要是稳态过程，除非特别指明研究瞬态响应。

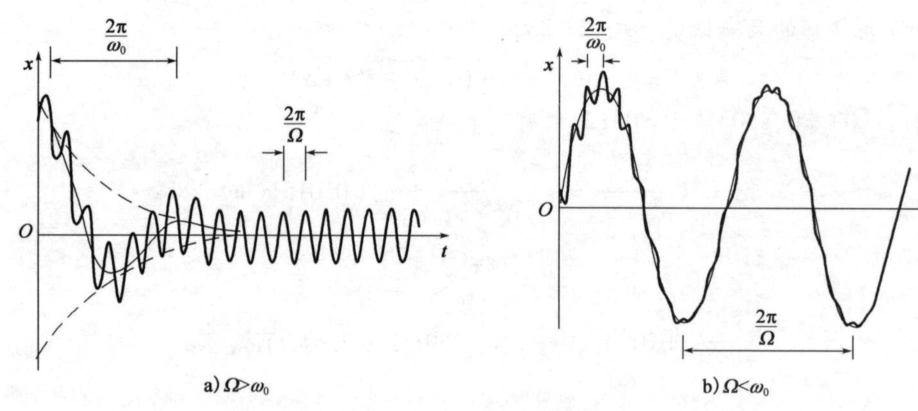

图22-10 瞬态响应与稳态响应

相对自由振动、衰减振动而言，$x = x_2(t)$所代表的稳态过程又称受迫振动。为研究受迫振动的特性，首先使式(22-30)量纲为一。引入量纲为一的参数β, z, ζ

$$\beta = \frac{B}{B_0},\ z = \frac{\Omega}{\omega_0},\ \zeta = \frac{\delta}{\omega_0} \tag{22-31}$$

其中 $B_0 = H/k$，B_0 表示在常力 H 作用下弹簧的位移，称为质点的静力偏移；β 是在幅值为 H 的激励力作用下质点的振幅与静力偏移之比，称为放大因子；z 是激励力角频率与固有角频率之比，称为角频率比；ζ 是阻尼比。这时确定质点受迫振动振幅及位相差的式(22-30)可量纲为一化，如下

$$\beta = \frac{1}{\sqrt{(1-z^2)^2 + 4\zeta^2 z^2}},\ \tan\varphi = \frac{2\zeta z}{1-z^2} \tag{22-32}$$

上式可用图形表示，曲线 β-z 称为幅频特性曲线，φ-z 称为相频特性曲线[图 22-11a)，b)]。

由式(22-32)及图 22-11 可以归纳出受迫振动的一些特性。

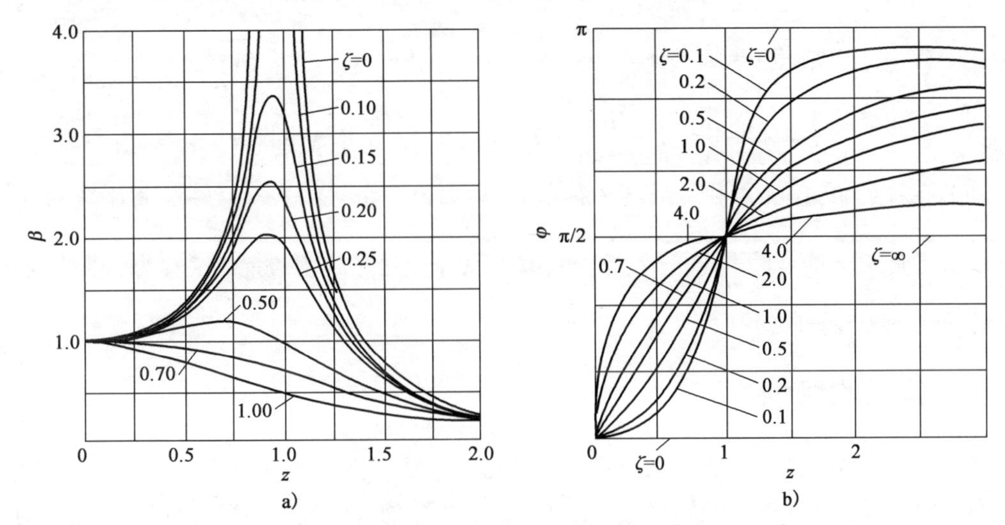

图 22-11　幅频特性曲线与相频特性曲线

(1)受迫振动是振幅恒定的振动，其频率与激励力的频率相同，但有相位差。受迫振动的振幅与相位差只取决于系统及激励力的参数，与运动的初始条件无关。

(2)当激励力的频率与系统的固有频率接近时，受迫振动的振幅急剧增加，这种现象称为共振；因此，幅频特性曲线又称共振曲线。对无阻尼受迫振动，共振频率准确等于固有频率；阻尼很小时，共振频率略低于固有频率。在共振区，阻尼的增加可以显著降低共振振幅。

(3)在幅频特性曲线上，除共振区($z \approx 1$)外，还有低频区($z \ll 1$)及高频区($z \gg 1$)。在低频区，激励力的频率远小于固有频率，即振动系统受到"低频"的外部扰动，这时受迫振动振幅接近静力偏移。在高频区，激励力的频率远大于固有频率，即振动系统受到"高频"的外力扰动，这时受迫振动振幅几近于零，其物理意义是：在高频扰动下，质点来不及振动，因而振幅很小。

(4)在相频特性曲线上可以看到，在小阻尼 $\zeta \ll 1$ 情况下，对 $z \ll 1$ 有 $\varphi \approx 0$，对 $z \gg 1$ 有 $\varphi \approx \pi$；亦即在低频激励时，受迫振动与激励力同相，而在高频激励时，受迫振动与激励力反相。当 $z = 1$，即共振时，不管阻尼如何，相位差总为 $\varphi = \pi/2$。

例题 22-7　旋转设备在运行时，基础不可能是绝对刚性的。考虑一简化的电机的纵向振动模型，基础可看成弹性支承，如图 22-12 所示。记其刚度系数为 k，电机转子有偏心距 e，设定子部分质量为 m_0，转子质量为 m，转子的角速度为 Ω，试求其受迫振动规律。

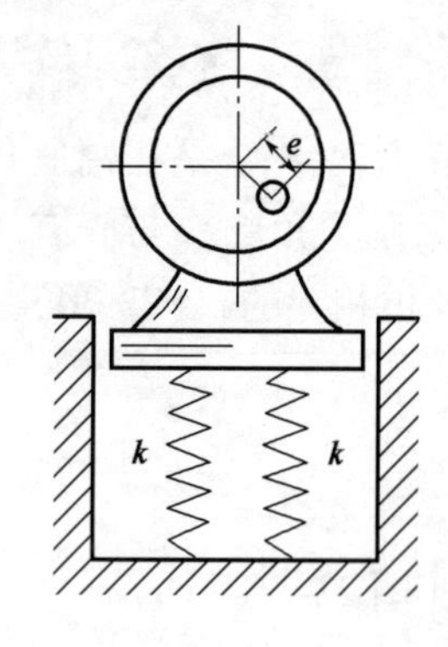

图 22-12　例题 22-7

解:取定子的垂直方向的位移为 x,坐标轴正向向下,原点在静平衡位置。系统的运动微分方程可由质心运动定理推导得到。

系统的质心在 x 方向的位置为

$$x_C = \frac{m_0 x + m(x - e\sin\Omega t)}{m_0 + m} \tag{1}$$

由质心运动定理,有

$$(m_0 + m)\ddot{x}_C = -2k(x + \delta_{st}) + (m_0 + m)g \tag{2}$$

整理之,注意到 $2k\delta_{st} = (m_0 + m)g$,最后有

$$\ddot{x} + \frac{2k}{m_0 + m}x = -\frac{me\Omega^2}{m_0 + m}\sin\Omega t \tag{3}$$

可见,当 $\Omega \neq \sqrt{\dfrac{2k}{m_0 + m}}$ 时,其受迫振动规律为

$$x = A\sin\left(t\sqrt{\frac{2k}{m_0 + m}} + \theta\right)\frac{me\Omega^2}{(m_0 + m)(\omega_0^2 - \Omega^2)}\sin\Omega t \tag{4}$$

以上分析表明,弹性基础上的转子偏心时,将引起受迫振动。当转子的角速度 Ω 等于系统的固有角频率 $\omega_0 = \sqrt{\dfrac{2k}{m_0 + m}}$ 时,系统将发生共振。这时转子的角速度称为临界角速度,相应的转速称为**临界转速**。

22.5　模态的概念

多自由度系统指的是具有有限个自由度的振动系统。许多工程振动系统都可简化为这一模型。即使弹性体系统(也称连续系统或分布参数系统),经过适当离散化后,也可以近似地表示为多自由度系统。所以,多自由度系统振动的理论是解决工程振动问题的基础。

单自由度系统的振动分析是多自由度系统振动分析的基础,在单自由度系统振动分析中已经形成的一些重要基本概念和分析结果,只需稍加引申即可适用于多自由度系统。

在单自由度线性系统的振动分析中,无论是时域分析,还是频域分析,都是以叠加原理作为基础的。多自由度线性系统的振动分析仍是如此。

单自由度系统与多自由度系度总称集中参数系统(也称离散系统)。一般说来,一个 f 自由度系统,它的位移可以用 f 个独立坐标来描述,而其运动规律通常可由 f 个二阶常微分方程确定。

可以这样说,多自由度线性系统振动分析中唯一新增加的重要基本概念是模态这一概念。

模态(也称固有振动模态,或主模态)是多自由度线性系统的一种固有属性,可由系统的特征值(也称固有值)与特征矢量(也称固有矢量,或主振型)二者共同来表示;它们分别从时空两个方面来刻画系统的振动特性。分析表明,多自由度线性系统的振动(不论是自由振动,还是强迫振动)都可以由各个模态振动叠加而成。

分析表明,一方面,系统特征值确定了各个模态振动的固有角频率与阻尼率,从而也就确定了模态脉冲响应函数以及模态频率响应函数。这些正是决定模态运动时间历程的主要因素(内因)。另一方面,系统特征矢量规定了一种空间模式,它确定在模态运动中各个位移

分量之间的相对振幅与相位。由此可见,每个特征值与相应的特征矢量构成一个特征对,由它来刻画相应模态运动的时空动态特性。

在振动分析中,随着系统自由度的增大,计算工作更加繁复,矩阵既可以为多变量问题提供简洁而又物理概念清晰的表示方式,同时又可以为解题提供系统而又规则的算法。所以,矩阵是分析多自由度系统振动问题的有力工具。多自由度振动系统的特征值问题通常归结为矩阵特征值问题,它是多自由度系统振动分析的重点之一。

单自由度系统基本上是单输入/单输出系统,只需要单个脉冲响应函数或频率响应函数就足以描述其动态特征。而多自由度系统本质上是多输入/多输出系统,因此需要用脉冲响应函数矩阵或频率响应函数矩阵来描述它的全部动态响应特性。这些动态特性矩阵既可以从系统本身直接得出,也可以通过模态分析,由各个模态的动态响应特性得出。

本章所考察的系统限于常参数线性系统。常参数(即非时变)系统是指系统本身的特性(例如质量、阻尼、刚度,或模态参数等)不随时间变化的情形。线性系统是指叠加原理适用的情形。线性系统的这一假设为振动分析带来极大的方便。

基于叠加原理,可以将一个任意的激励分划成一系列冲量微元之和,分别求出系统对每个冲量微元的响应,再叠加后得到系统总的响应。

基于叠加原理,也可以将一个任意的激励用傅里叶分析展开为一系列谐和分量之和,分别求出系统对每个谐和分量的响应,再叠加后得到系统总的响应。

同样还是基于叠加原理,一个多自由度系统的运动,可以通过所谓模态变换,分解为若干个独立的模态运动,其中每个模态运动相当于一个单自由度系统的运动,因此,可以方便地分别求出各个模态运动,再叠加后得到系统总的运动,这就是系统动力响应分析中的模态分析法,也是本章的重点所在。

22.6 两个自由度系统的自由振动

根据实际情况和要求,同一物体的振动可以简化为不同的振动模型。例如图 22-13a)所示汽车,如果只研究汽车车身作为刚体的上下平移的振动,那么只要简化为一个自由度系统就可以了。如果还要研究车身在铅垂面内相对重心的摆动,那么必须简化为两个自由度的模型,如图 22-13b)所示。如果再要研究车身的左右晃动,那就要简化为多个自由度的模型。

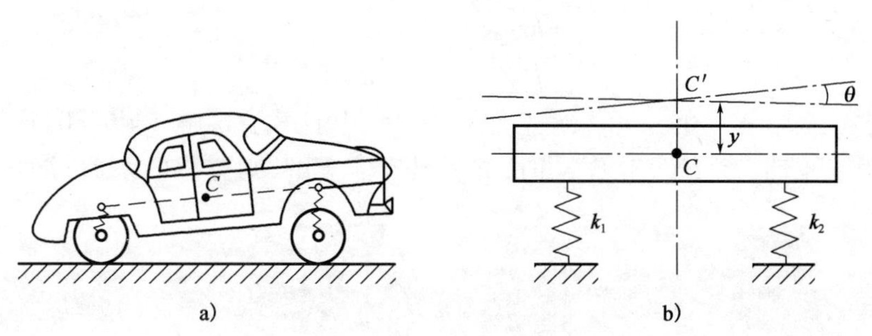

图 22-13 汽车振动模型

先讨论两个自由度系统的无阻尼自由振动。图 22-14a)所示的两个自由度的振动系统,两个物块质量各为 m_1 和 m_2,质量 m_1 与一端固定的刚度系数为 k_1 的弹簧连接,质量 m_2 用刚度系数为 k_2 的弹簧与 m_1 连接。物块可以在水平方向运动,摩擦等阻力都忽略不计。

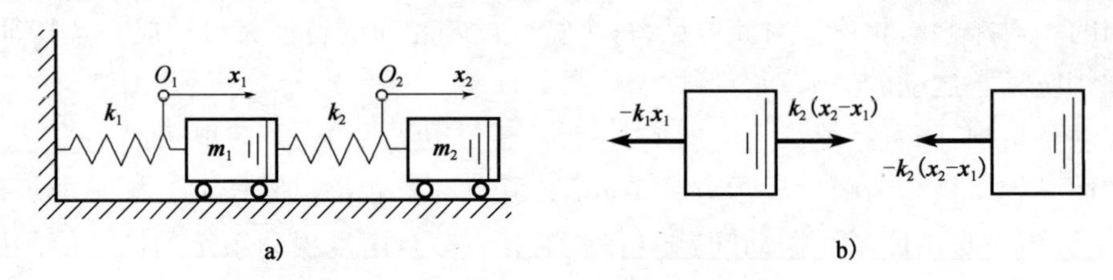

图 22-14　两个自由度系统的无阻尼自由振动

现建立系统的振动微分方程。选取两物块的平衡位置 O_1,O_2 分别为两物块的坐标原点,取两块物块离平衡位置的位移 x_1 和 x_2 为系统的坐标。在平衡位置上两弹簧的弹性恢复力为零,当系统发生运动时,两物体所受的弹簧力如图 22-14b)所示。可列出两物块的运动微分方程,具体如下:

$$m_1\ddot{x}_1 = -k_1x_1 + k_2(x_2 - x_1) \tag{a1}$$

$$m_2\ddot{x}_2 = -k_2(x_2 - x_1) \tag{a2}$$

移项后得

$$m_1\ddot{x}_1 + (k_1 + k_2)x_1 - k_2x_2 = 0 \tag{22-33a}$$

$$m_2\ddot{x}_2 - k_2x_1 + k_2x_2 = 0 \tag{22-33b}$$

上式是一个二阶线性齐次微分方程组。

为简化上式,令

$$b = \frac{k_1 + k_2}{m_1}, c = \frac{k_2}{m_1}, d = \frac{k_2}{m_2} \tag{b}$$

于是式(22-33)可改写为

$$\ddot{x}_1 + bx_1 - cx_2 = 0 \tag{22-34a}$$

$$\ddot{x}_2 - dx_1 + dx_2 = 0 \tag{22-34b}$$

根据微分方程理论,可设上列方程组的解为

$$x_1 = A\sin(\omega t + \theta), x_2 = B\sin(\omega t + \theta) \tag{22-35}$$

其中,A,B 是振幅;ω 为角频率;θ 为初相角。将上式代入式(22-34),得

$$-A\omega^2\sin(\omega t + \theta) + bA\sin(\omega t + \theta) - cB\sin(\omega t + \theta) = 0 \tag{c1}$$

$$-B\omega^2\sin(\omega t + \theta) - dA\sin(\omega t + \theta) + dB\sin(\omega t + \theta) = 0 \tag{c2}$$

整理后得

$$(b - \omega^2)A - cB = 0 \tag{22-36a}$$

$$-dA + (d - \omega^2)B = 0 \tag{22-36b}$$

上式是关于振幅 A,B 的二元一次齐次代数方程组,此式有零解 $A = B = 0$,这相当于系统在平衡位置静止不动。系统发生振动时,方程具有非零解,则方程的系数行列式必须等于零,即

$$\begin{vmatrix} b - \omega^2 & -c \\ -d & d - \omega^2 \end{vmatrix} = 0 \tag{22-37}$$

此行列式称为角频率行列式,展开行列式后得一代数方程

$$\omega^4 - (b + d)\omega^2 + d(b - c) = 0 \tag{22-38}$$

上式是系统的本征方程,称为角频率方程。角频率方程是关于 ω^2 的一元二次代数方程,可解出它的两个根为

$$\omega_{1,2}^2=\frac{b+d}{2}\mp\sqrt{\left(\frac{b+d}{2}\right)^2-d(b-c)} \tag{22-39}$$

整理得

$$\omega_{1,2}^2=\frac{b+d}{2}\mp\sqrt{\left(\frac{b-d}{2}\right)^2+cd} \tag{22-40}$$

由以上两式可见,ω^2 的两个根都是实数,而且都是正数。其中第一根 ω_1 较小,称为第一固有角频率;第二个根 ω_2 较大,称为第二固有角频率。由此得出结论;两个自由度系统具有两个固有角频率,这两个固有角频率只与系统的质量和刚度等参数有关,而与振动的初始条件无关。

下面研究自由振动振幅的特点。将式(22-40)的两个角频率 ω_1 和 ω_2 分别代入式(22-36),可解出对应于角频率 ω_1 的振幅为 A_1,B_1,对应于角频率 ω_2 的振幅为 A_2,B_2。由式(22-36)可以证明振幅 A,B 具有两组确定的比值,即对应于第一固有角频率为

$$\frac{A_1}{B_1}=\frac{c}{b-\omega_1^2}=\frac{d-\omega_1^2}{d}=\frac{1}{\gamma_1} \tag{22-41}$$

对应于第二固有角频率为

$$\frac{A_2}{B_2}=\frac{c}{b-\omega_2^2}=\frac{d-\omega_2^2}{d}=\frac{1}{\gamma_2} \tag{22-42}$$

其中,γ_1 和 γ_2 为比例常数。从上面两式可以看出:这两个常数只与系统的质量、刚度等参数有关。由此可见,对一确定的两个自由度系统,两组振幅 A 与 B 的比值是两个定值。对应于第一固有角频率 ω_1 的振动称为第一主振动,它的运动规律为

$$x_1^{(1)}=A_1\sin(\omega_1 t+\theta_1),x_2^{(1)}=\gamma_1 A_1\sin(\omega_1 t+\theta_1) \tag{22-43}$$

对应于第二固有角频率 ω_2 的振动称为第二主振动,它的运动规律为

$$x_1^{(2)}=A_2\sin(\omega_2 t+\theta_2),x_2^{(2)}=\gamma_2 A_2\sin(\omega_2 t+\theta_2) \tag{22-44}$$

将式(22-40)代入式(22-41)和式(22-42)中,可得到各个主振动中两个物块的振幅比:

$$\gamma_1=\frac{B_1}{A_1}=\frac{b-\omega_1^2}{c}=\frac{1}{c}\left[\frac{b-d}{2}+\sqrt{\left(\frac{b-d}{2}\right)^2+cd}\right]>0 \tag{d1}$$

$$\gamma_2=\frac{B_2}{A_2}=\frac{b-\omega_2^2}{c}=\frac{1}{c}\left[\frac{b-d}{2}-\sqrt{\left(\frac{b-d}{2}\right)^2+cd}\right]<0 \tag{d2}$$

上两式说明,当系统作第一主振动时,振幅比 γ_1 为正,表示 m_1 和 m_2 总是同相位,即作同方向的振动;当系统作第二主振动时振幅比 γ_2 为负,表示 m_1 和 m_2 反相位,即作反方向振动。图 22-15b)表示在第一主振动中振动的形状,称为第一主振型;图 22-15c)表示在第二主振动中振动的形状,称为第二主振型。在第二主振动中,由于 m_1 和 m_2 始终作反相振动,其位移 $x_1^{(2)}$ 和 $x_2^{(2)}$ 的比值为确定的比值,所以在弹簧 k_2 上始终有一点不发生振动,这一点称为节点。图 22-15c)中的点 C 就是始终不振动的节点。

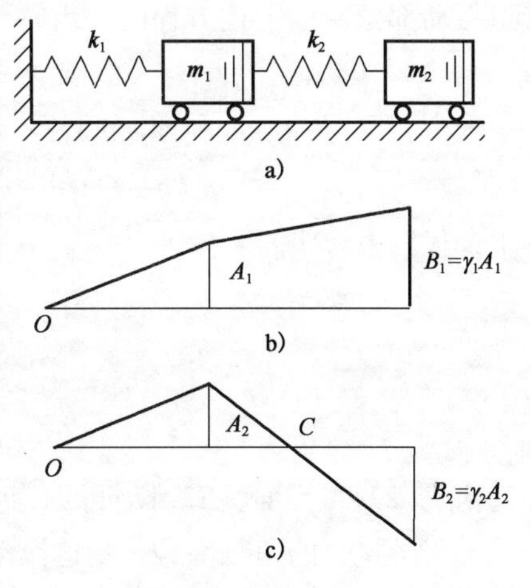

图 22-15　主振动和振型

对于确定的系统,振幅比 γ_1 和 γ_2 只与系统的参数有关,是确定的值,所以各阶主振型具有确定的形状,即主振型和固有频率一样都只与系统本身的参数

有关,而与振动的初始条件无关,因此主振型也叫固有振型。

根据微分方程理论,自由振动微分方程(22-33)的全解应为第一主振动[式(22-43)]与第二主振动[式(22-44)]的叠加,即

$$x_1 = A_1\sin(\omega_1 t+\theta_1)+A_2\sin(\omega_2 t+\theta_2) \tag{e1}$$

$$x_2 = \gamma_1 A_1\sin(\omega_1 t+\theta_1)+\gamma_2 A_2\sin(\omega_2 t+\theta_2) \tag{e2}$$

其中,包含4个待定常数 A_1,A_2,θ_1 和 θ_2,它们应由运动的4个初始条件 x_{10},x_{20},$\dot{x}_{10}$ 和 $\dot{x}_{20}$ 确定。

由上式所示表示的振动是由两个不同角频率的谐振动的合成振动。在一般情况下,它不是谐振动,也不一定是周期振动,只有当两个谐振动角频率 ω_1 和 ω_2 之比是有理数时才是周期振动。

22.7 两个自由度系统的受迫振动

如图22-16所示是一个无阻尼系统,在主质量 m_1 上作用有激振力,$H\sin\Omega t$。小质量 m_2 以刚度系数为 k_2 的弹簧与主质量连接,可用来减小 m_1 的振动,称为**动力减振器**。

用 x_1 和 x_2 表示 m_1 和 m_2 两个质量相对各自平衡位置的位移,可建立两个质量的运动微分方程为

$$m_1\ddot{x}_1 = -k_1x_1+k_2(x_2-x_1)+H\sin\Omega t \tag{a1}$$

$$m_2\ddot{x}_2 = -k_2(x_2-x_1) \tag{a2}$$

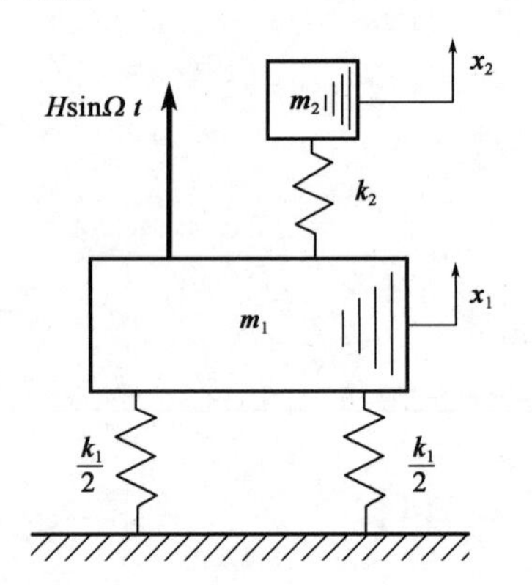

图22-16 两个自由度系统的受迫振动

令

$$b=\frac{k_1+k_2}{m_1},c=\frac{k_2}{m_1},d=\frac{k_2}{m_2},h=\frac{H}{m_1} \tag{22-45}$$

则上式可简化为

$$\ddot{x}_1+bx_1-cx_2=h\sin\Omega t \tag{22-46a}$$

$$\ddot{x}_2-dx_1+dx_2=0 \tag{22-46b}$$

与单自由度系统的受迫振动相似,上述方程的全解应由其齐次方程的通解及其特解组成。其中齐次通解就是22.6节中的自由振动,在阻尼作用下将很快衰减掉;因而下面着重分析其特解,即受迫振动部分。设上述方程的一组特解为

$$x_1=A\sin\Omega t,\ x_2=B\sin\Omega t \tag{22-47}$$

式中,A 和 B 为 m_1 和 m_2 的振幅,是待定常数。将式(22-47)代入方程(22-46)中得

$$(b-\Omega^2)A-cB=h,\ -dA+(d-\Omega^2)B=0 \tag{b}$$

解上述代数方程组,得

$$A=\frac{h(d-\Omega^2)}{(b-\Omega^2)(d-\Omega^2)-cd} \tag{22-48a}$$

$$B=\frac{hd}{(b-\Omega^2)(d-\Omega^2)-cd} \tag{22-48b}$$

由式(22-48)和式(22-47)可见,此振动系统中两个物体的受迫振动都是谐振动,其角频率都等于激振力的角频率 Ω。受迫振动的两个振幅由式(22-48)确定,它们都与激振力的大小、激振力的频率和系统的参数有关。

下面分析受迫振动的振幅与激振频率之间的关系。

(1)当激振频率 $\Omega \to 0$ 时,周期 $T \to \infty$,表示激振力变化极其缓慢,实际上相当于静力作用。可从式(24-48)解得

$$A = B = \frac{h}{b-c} = \frac{H}{k_1} = b_0 \tag{22-49}$$

式中,b_0 相当于在力的大小等于力幅 H 的作用下主质量 m_1 的静位移,这时两个质量有相同的位移。

(2)系统的角频率方程为

$$\begin{vmatrix} b-\omega_0^2 & -c \\ -d & d-\omega_0^2 \end{vmatrix} = (b-\omega_0^2)(d-\omega_0^2) - cd = 0 \tag{22-50}$$

由此可解得系统的固有角频率 ω_1 和 ω_2。而式(22-48)的分母部分正和式(22-50)左端相同,所以当激振频率 $\Omega = \omega_1$ 或 $\Omega = \omega_2$ 时,振幅 A 和 B 都成为无穷大,即系统发生共振。由此可见两个自由度系统有两个共振频率。

(3)由式(22-48)有,$\dfrac{A}{B} = \dfrac{d-\Omega^2}{d}$,即两物块振幅之比与干扰力角频率有关,不再是自由振动的主振型。但是,当 $\Omega = \omega_1$ 或 ω_2 时,$\dfrac{A}{B} = \dfrac{d-\omega_1^2}{d}$或$\dfrac{d-\omega_2^2}{d}$,与式(22-41)或式(22-42)相同。这表明,当系统发生各阶共振时,受迫振动的形式就是各阶主振型。应用这个特点,可以通过试验逐渐改变激振力的频率。当发生共振时,激振力的频率就等于固有频率,此时的振型就是固有振型。严格讲,由于实际系统中都有阻尼,不可能实现无阻尼的共振;而且当 $\Omega = \omega_1$(或 ω_2)时,式(22-48)的分母为零,没有意义,受迫振动的特解不再是式(22-47)的形式,因而上述试验测定的固有频率和振型也只能是近似的。

(4)为了清楚表示系统受迫振动振幅与激振频率之间的关系,可取一个例子,画出两个物体的振幅频率曲线。设图 22-17 所示系统中,$k_1 = k_2$,$m_1 = 2m_2$,由式(22-45)有 $b = d = 2\omega_0^2$,$c = \omega_0^2$。其中 $\omega_0 = \sqrt{k_1/m_1}$ 是没有 m_2 时,主质量系统的固有角频率。由式(22-50)可计算出两个固有角频率为

$$\omega_1^2 = 0.586\omega_0^2, \omega_2^2 = 3.14\omega_0^2$$

由式(22-48)和 $b_0 = H/k_1$,可得两物块的振幅比

$$\alpha = \frac{A}{b_0} = \frac{1-\frac{1}{2}\left(\frac{\Omega}{\omega_0}\right)^2}{2\left[1-\frac{1}{2}\left(\frac{\Omega}{\omega_0}\right)^2\right]^2 - 1} \tag{c1}$$

$$\beta = \frac{B}{b_0} = \frac{1}{2\left[1-\frac{1}{2}\left(\frac{\Omega}{\omega_0}\right)^2 - 1\right]} \tag{c2}$$

振幅比 α,β 随频率比 Ω/ω_0 变化的关系曲线如图 22-18 所示。由图可知,当 $\Omega = 0$ 时,$\alpha = \beta = 1$,即 $A = B = b_0$。当 Ω 增大时,两个物体的振幅也随着增大,在 Ω 等于第一个固有频率 ω_1 时,振幅 A,B 均趋于无穷大,即发生共振。在这段区间内,两个振幅均为正值,即振动位移与激振力同相位。

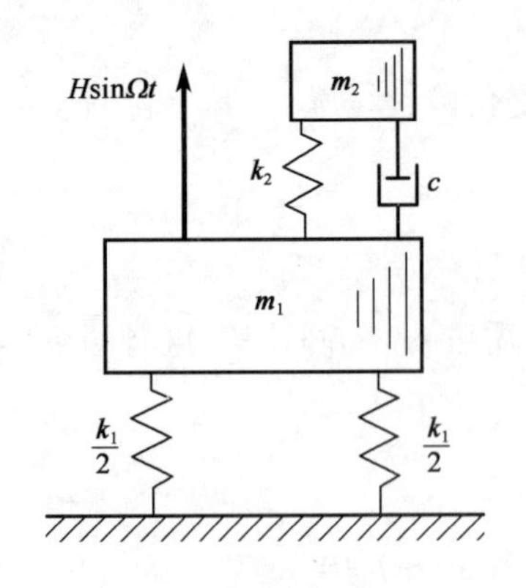

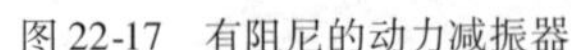

图 22-17　有阻尼的动力减振器

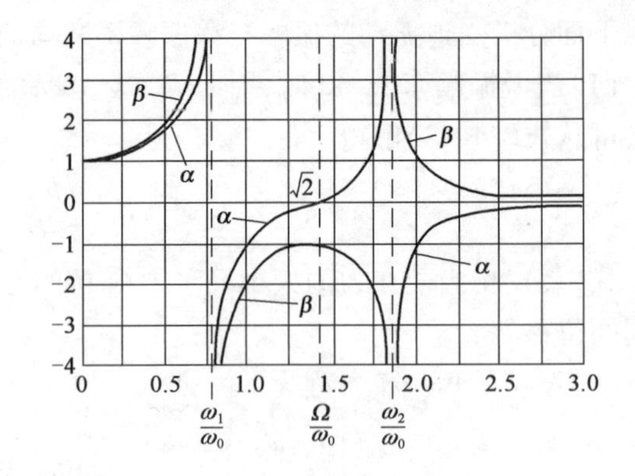

图 22-18　动力减振器幅频曲线

当 Ω 比 ω_1 略大时，振幅 A,B 仍很大，但均为负值，即振动位移与激振力反相位。再继续增大 Ω 值时，振幅 A,B 均减小；一直到 $\Omega=\sqrt{d}=\sqrt{k_2/m_2}$ 时，即激振力频率等于减振器 ω_2 本身的固有频率时，振幅 $A=0$，而振幅 $B=b_0$，但与激振力反相位。此时质量 m_2 振动而主质量 m_1 不动，故称为动力减振。

当 $\Omega>\sqrt{d}$ 时，振幅 $A>0$，而 $B<0$，即两物体振动反相位，而 m_1 的振动位移与激振力同相位。当 Ω 趋于第二个固有频率 ω_2 时，两振幅又无限增大，出现第二个共振。

当 $\Omega>\omega_2$，又继续增大时，两物体的振动彼此还是反向的，但振幅逐渐减小，最后随 Ω 增大而趋于零。

当激振角频率 $\Omega=\sqrt{d}=\sqrt{k_2/m_2}$ 时，主质量的振幅 A 等于零这一特点具有实际意义。如果一个振动系统受到一个频率不变的激振力作用而发生振动，则可以在这个振动系统上安装一个动力减振器来减少、甚至消除这种振动，这个动力减振器自身的固有频率 $\sqrt{k_2/m_2}$ 应设计得与激振频率 Ω 相等。

动力减振器的减振作用可以这样来解释：从图 22-18 可以看到，当激振频率 $\Omega=\sqrt{d}=\sqrt{2}\omega_0$ 时，$\beta=-1$，即减振器质量 m_2 的振幅为 $-b_0=-H/k_2$。这时弹簧 k_2 加在主质量上的力 $-k_2x_2=H\sin\Omega t$，这个力正好与加在主质量 m_1 上的激振力相平衡，这样主质量就如同不受激振力作用一样，将保持静止不动，因而达到减振的目的。

上述动力减振器是无阻尼动力减振器，由于减振器的固有角频率 $\sqrt{k_2/m_2}$ 是固定的，它只能减小接近于这个角频率的受迫振动，因而只对于激振角频率基本不变的激振力是有效的。当激振角频率变动范围较宽时，常使用有阻尼的动力减振器。这种减振器是在主质量与减振器质量之间，除了装有弹性元件外，还装有阻尼元件，如图 22-17 所示，它的减振作用主要是靠阻尼元件在振动过程中吸收振动能量来达到减振的目的。

22.8　Maple 编程示例

编程题 22-1　用 Maple 进行单自由的度系统机械振动计算分析。

本题试图从 Maple 编程角度出发，对单自由度振动系统特性进行分析，产生极好的仿真效果，并以期为实际工作提供一定的借鉴，当然运用 Matlab/SIMULINK 仿真工具可进行一些系统仿真，但编程更能发挥人们的想象力和创造力，能方便地解决工程上多变的实际问题。

由振动理论可知，在不同阻尼条件下，受迫振动的幅频特性是不同的，且阻尼对振幅的影响与频率有关。下面将探讨用 Maple 仿真在相同阻尼下、不同激振力频率 Ω 的有阻尼受迫振动。这里取阻尼比 $\zeta=0.2, \omega_0=1, h=1, x_0=0, v_0=1$。

已知:$\zeta=0.2, \omega_0=1, h=1, x_0=0, v_0=1$。

①$\Omega=0.02$;②$\Omega=0.999$;③$\Omega=5$。

求:(1)$x=x(t)$。

(2)绘幅频特性曲线、相频特性曲线和幅—频—阻尼曲面。

解:(1)建模一

单自由度阻尼受迫振动方程为

$$m\ddot{x}+c\dot{x}+kx=H\sin(\Omega t)$$

化成

$$\ddot{x}+2\zeta\omega_0\dot{x}+\omega_0^2x=h\sin(\Omega t)$$

得

$$x=Ae^{-\zeta\omega_0 t}\sin(\omega_d t+\alpha)+B\sin(\Omega t-\theta)$$

其中参数:固有角频率 $\omega_0=\sqrt{\dfrac{k}{m}}$,阻尼比 $\zeta=\dfrac{c}{2\sqrt{mk}}$,有阻尼自由振动角频率 $\omega_d=\omega_0\sqrt{1-\zeta^2}$,$h=\dfrac{H}{m}$,$\theta=\arctan\dfrac{2\zeta\omega_0\Omega}{\omega_0^2-\Omega^2}$,$B=\dfrac{h}{\sqrt{(\omega_0^2-\Omega^2)^2+4\zeta^2\omega_0^2\Omega^2}}$,

$$\alpha=\arctan\frac{\omega_d(x_0+B\sin\theta)}{v_0-B\Omega\cos\theta+\zeta\omega_0(x_0+B\sin\theta)}, A=\frac{x_0+B\sin\theta}{\sin\alpha}。$$

①当 $\Omega=0.02(\ll\omega_0)$ 时,振动方程为 $\ddot{x}+0.4\dot{x}+x=\sin(0.02t)$,计算结果为

$$x=1.002e^{-0.2t}\sin(0.9798t+0.07989)+\sin(0.02t-0.008004)$$

该结果由两部分组成,第一部分是衰减自由振动,第二部分是受迫振动、稳态解。用 Maple 编程可求得上述结果并可仿真输出振动波形。

执行此程序即可得计算结果与图 22-19 所示的振动曲线。该波形直接反映了整个受迫振动的过程,由振动方程的解和振动曲线均可见振幅 $B=1$,相位 $\theta=0.008$。显然用 Maple 编程能较方便地解出振动方程的解,并快速地输出振动曲线。当振动方程参数不同时,只需在 Maple 程序中改变相应变量初始化值即可。下面给出的是 Ω 取另外两个值时的情况。

②当 $\Omega=0.999(\approx\omega_0)$ 时,振动方程为 $\ddot{x}+0.4\dot{x}+x=\sin(0.999t)$,计算结果为:

$$x=2.927e^{-0.2t}\sin(0.9798t+1.025)+2.502\sin(0.999t-1.566)$$

在 Maple 程序中需改变 Ω 初始化值,令 $\Omega=0.999$ 再运行该程序,输出见图 22-20,可见这时振幅较大,$B\approx2.5$,相位 $\theta=1.566$ 接近 $\pi/2$。

③当 $\Omega=5(\gg\omega_0)$ 时,振动方程为 $\ddot{x}+0.4\dot{x}+x=\sin(5t)$,计算结果为

$$x=1.233e^{-0.2t}\sin(0.9798t+0.002813)+0.04153\sin(5t-3.058)$$

在 Maple 程序中改变 Ω 初始化值,令 $\Omega=5$ 再运行该程序,输出波形如图 22-21 所示,可见这时振幅 $B\approx0.04$,相位 $\theta=3.058$ 接近 π,激振力与位移反向。

由上述这些试验结果可见,单自由度阻尼系统振动输出由衰减项和稳定项两部分组成,当激振角频率 Ω 取不同值时,阻尼对振幅 B 和相位 θ 的影响是不同的。从这些 Maple 输出的振动曲线显然可见,在阻尼比 ζ 相同情况下的幅频特性,当激振角频率接近系统的固有角

频率 ω_0 时,振幅明显增大,从图 22-19 ~ 图 22-21 中均可见有阻尼受迫振动整个过渡阶段的衰减和稳态过程。以上方法可适用于各种初始条件下阻尼振动给出精确的解析解和几何描述。

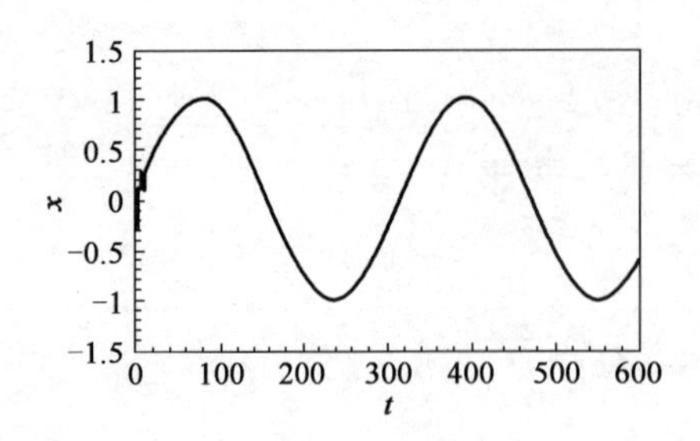

图 22-19　低频激励时程曲线

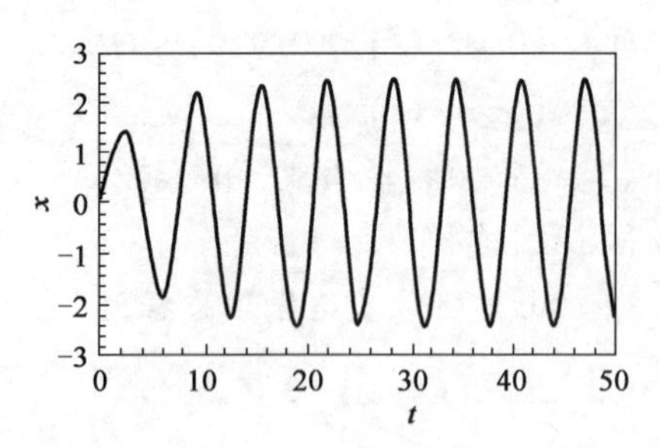

图 22-20　共振时程曲线

(2)建模二

对受迫振动在不同阻尼条件下的幅频关系曲线进行仿真,较方便地对振动方程求解,并画出相应的振动波形,精确地分析系统固有振动特性。振幅比和相位

$$\lambda = \frac{1}{\sqrt{(1-z^2)^2 + 4\zeta^2 z^2}},\ \theta = \arctan\frac{2\zeta z}{1-z^2}$$

图 22-22 所示为幅频关系曲线,图 22-23 所示为相频关系曲线,并可输出图 22-24 所示的三维幅—频—阻尼曲面。

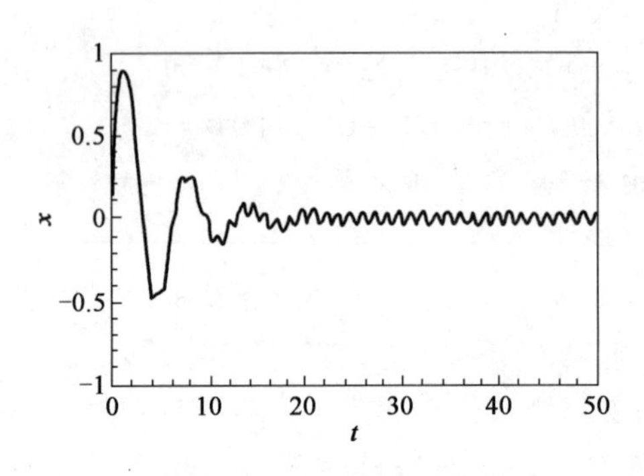

图 22-21　高频激励时程曲线

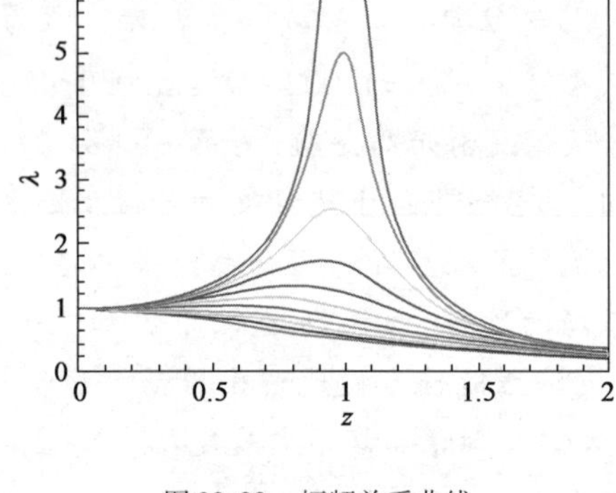

图 22-22　幅频关系曲线

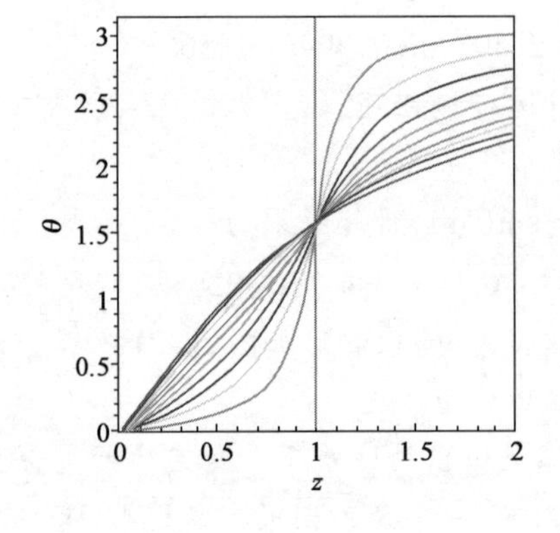

图 22-23　相频关系曲线

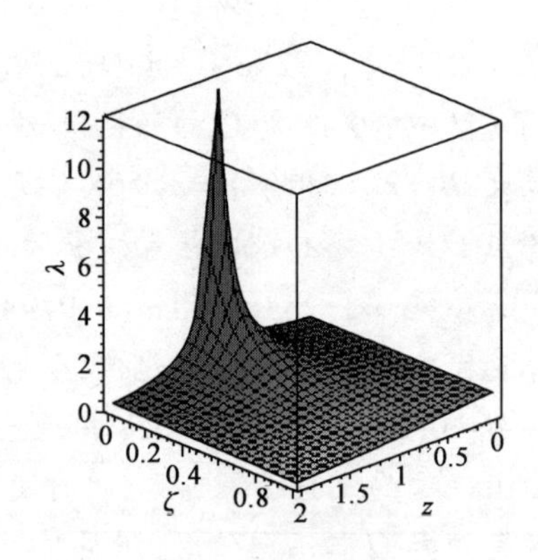

图 22-24　三维幅—频—阻尼曲面

（3）Maple 程序一

```
> ##########################################################################
> restart:                                              #清零。
> x: = A * exp( - zeta * omega[0] * t) * sin(omega[d] * t + alpha)
>          + B * sin(Omega * t - theta):                #单自由度阻尼受迫振动方程的全解。
> A: = (x0 + B * sin(theta))/sin(alpha):              #衰减自由振动的振幅。
> alpha: = arctan(temp1,temp2):                       #衰减自由振动的相位。
> temp1: = omega[d] * (x0 + B * sin(theta)):          #相位的分子参数。
> temp2: = v0 - B * Omega * cos(theta) + zeta * omega[0] * (x0 + B * sin(theta)):
>                                                       #相位的分母参数。
> omega[d]: = omega[0] * sqrt(1 - zeta^2):            #有阻尼自由振动频率。
> B: = h/sqrt((omega[0]^2 - Omega^2)^2 + (2 * zeta * omega[0] * Omega)^2):
>                                                       #受迫振动的振幅。
> theta: = arctan(2 * zeta * omega[0] * Omega,omega[0]^2 - Omega^2):
>                                                       #受迫振动的相位。
> omega[0]: = 1: zeta: = 0.2:                         #已知条件。
> x0: = 0:   v0: = 1:   h: = 1:                       #已知条件。
> Omega: = 0.02 #or Omega: = 0.999 or Omega: = 5     #已知条件。
> x: = evalf(x,4);                                    #受迫振动全解的数值。
> plot({x},t = 0..600,view = [0..600, -1.5..1.5], numpoints = 10,
>          tickmarks = [4,6]);                        #绘时程曲线。
> ##########################################################################
```

（4）Maple 程序二

```
> ##########################################################################
> restart:                                           #清零。
> for k from 0 to 10 do                              #按阻尼循环开始。
> zeta[k]: = 0.1 * k:                                #阻尼比。
> lambda[k]: = 1/sqrt((1 - z^2)^2 + 4 * zeta[k]^2 * z^2):
>                                                    #振幅比。
> theta[k]: = arctan(2 * zeta[k] * z,1 - z^2):       #相位。
> od:                                                #按阻尼循环结束。
> plot([seq(lambda[k],k = 0..10)],z = 0..10, view = [0..2,0..6],
>          tickmarks = [4,6]);                       #绘幅频关系曲线。
> plot([seq(theta[k],k = 0..10)],z = 0..2, view = [0..2,0..Pi],
> tickmarks = [4,6]);                                #绘相频关系曲线。
> plot3d(1/sqrt((1 - z^2)^2 + 4 * zeta^2 * z^2),z = 0..2,zeta = 0..1);
>                                                    #绘三维幅—频—阻尼曲面。
> ##########################################################################
```

思考题

思考题 22-1 如图 22-25 所示各物块的质量均为 m,每根弹簧的弹性系数均为 k,弹簧质量不计。图 a)弹簧与水平面成 φ 角;图 b)中物块可沿半径为 R 的圆弧作圆周运动,图中弹簧为原长,与铅垂线夹角 θ,在图示位置将物块无初速释放。图 c)中弹簧与圆柱中心铰接,且在任何情况下圆柱均保持纯滚动。所有各图中[除图 c)外]均无摩擦。试问:各系统自由振动的固有角频率为多少?

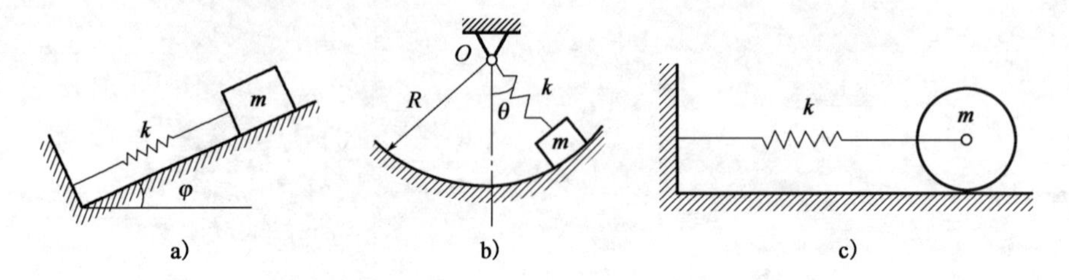

图 22-25 思考题 22-1

思考题 22-2 如图 22-26 所示在光滑的水平面上,两个质量皆为 m 的质点由一刚度系数为 k 的无重弹簧相连。若将两质点拉开一段距离再同时释放,两者将发生振动,求此振动的固有角频率和周期。

思考题 22-3 如图 22-27 所示复摆,可绕定轴 O 摆动,C 为刚体质心。问:当 OC 的距离为多大时,复摆的振动周期为最小值?

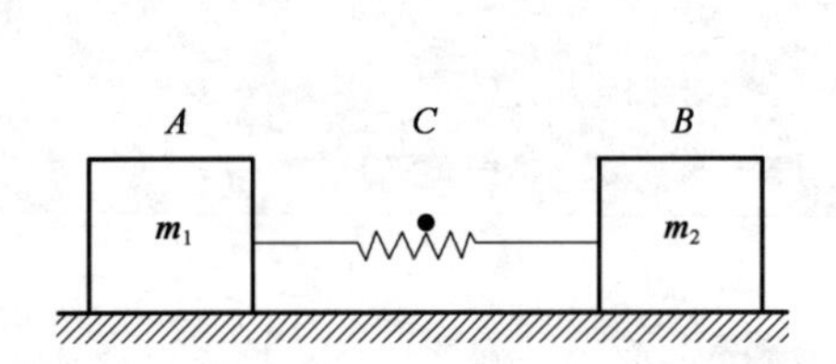

图 22-26 思考题 22-2

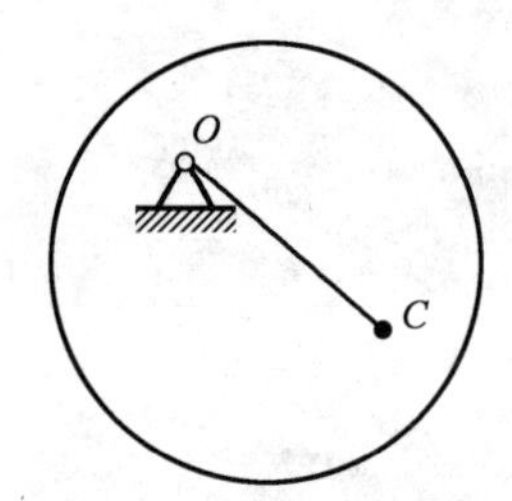

图 22-27 思考题 22-3

思考题 22-4 如图 22-28 所示中摆的质量皆为 m,弹簧刚度系数皆为 k,摆杆长皆为 l,C 为其中点,不计弹簧质量,各摆微振动的固有角频率有何不同?

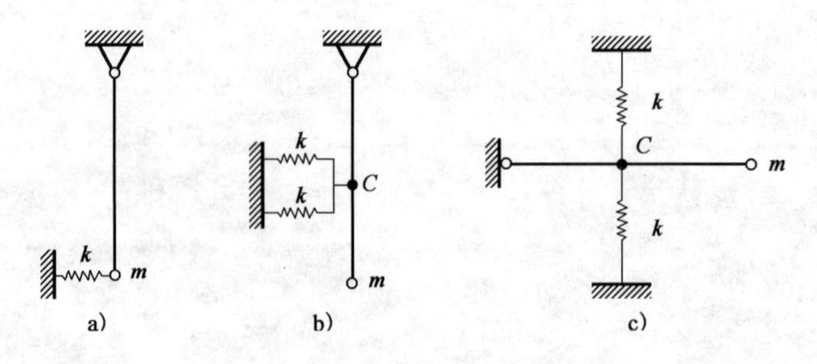

图 22-28 思考题 22-4

思考题 22-5 刚度系数为 k 的弹簧一端固定,另一端悬挂质量为 m 的物体,此系统的固有角频率等于( );若把弹簧原长的中点 O 固定,则系统的固有角频率等于( )。

思考题 22-6 在如图 22-29a)、b)所示的质量弹簧系统中，物块质量均为 $m=3\text{kg}$，各弹簧刚度均为 $k=100\text{N/m}$，设周期干扰力 $F=0.2\sin\left(5\sqrt{2}t+\dfrac{\pi}{3}\right)$，则图[　　]系统的振幅较大？为什么？

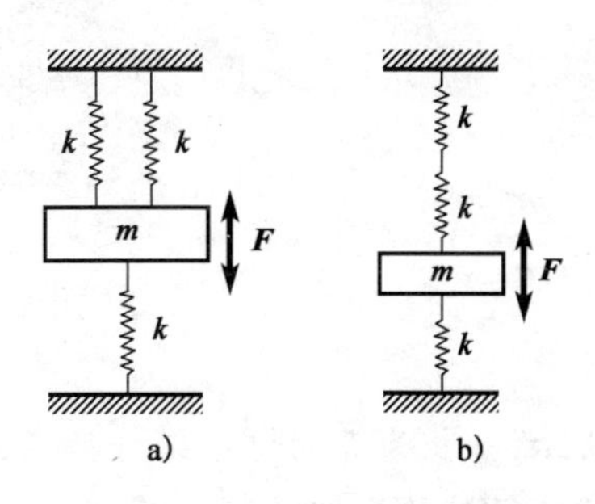

图 22-29　思考题 22-6

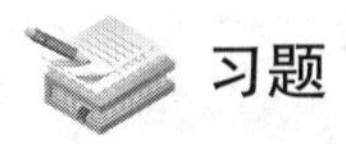

习题

A 类型习题

习题 22-1 试用坐标和速度的初始值 $x(0)=x_0$ 和 $\dot{x}(0)=v_0$ 表示振幅和初始相位。

习题 22-2 工程中常遇到质点在铅垂方向的振动，这时质点还受重力作用，如图 22-30 所示，试建立振动方程并分析求解。

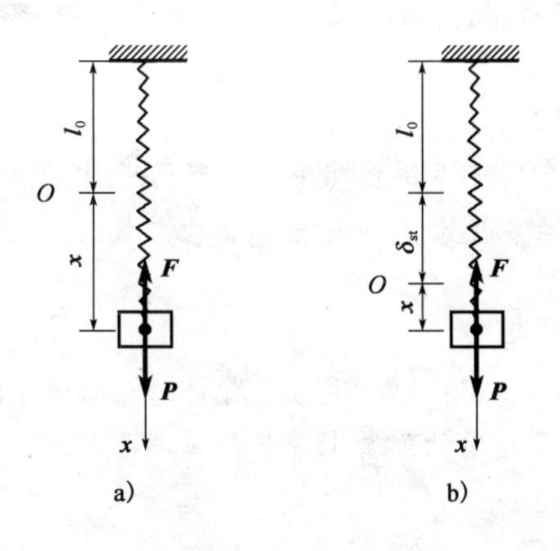

图 22-30　习题 22-2

习题 22-3 设质量为 m 的质点沿着直线运动，弹簧一端连在质点上，另一端固定于 A 点(图 22-31)。A 点到直线的距离为 l，弹簧长度为 l 时受力为 F，试求微振动角频率。

习题 22-4 在如图 22-32 所示振动系统中，已知：匀质杆 AB 的长 $L=40\text{cm}$，其单位长度的质量为 $\gamma=0.3\text{kg/cm}$，可绕水平轴 O 作微幅摆动，B 端固结一集中质量 $m=100\text{kg}$，弹簧的刚性系数分别为 $k_1=20\text{kN/cm}$ 和 $k_2=10\text{kN/cm}$。试求：

(1)该系统的振动周期 T；

(2)若再在杆中点 C 固结一集中质量 $m'=100\text{kg}$，此系统的自由振动周期 T' 比 T 小还是比 T 大？

习题 22-5 在如图 22-33 所示系统中，一飞轮搁在摩擦力很小的刀刃上。已知：轮的重量为 $\boldsymbol{W}$，绕支点微小摆动的周期为 T。试求轮绕重心 C 的转动惯量。

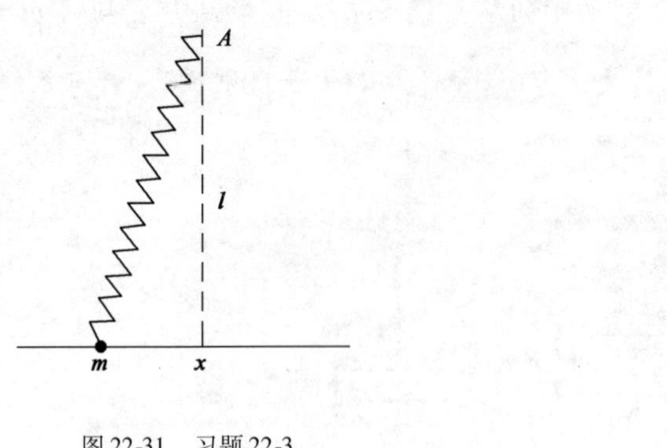

图 22-31　习题 22-3

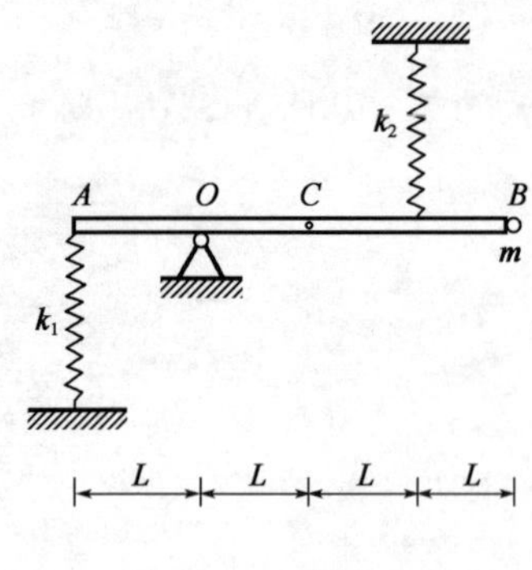

图 22-32　习题 22-4

习题 22-6　如图 22-34 所示,一长为 L 的匀质细杆搁在半径为 r 的粗糙的半圆柱上,该半圆柱与地面固定。试求杆作微振动的周期。

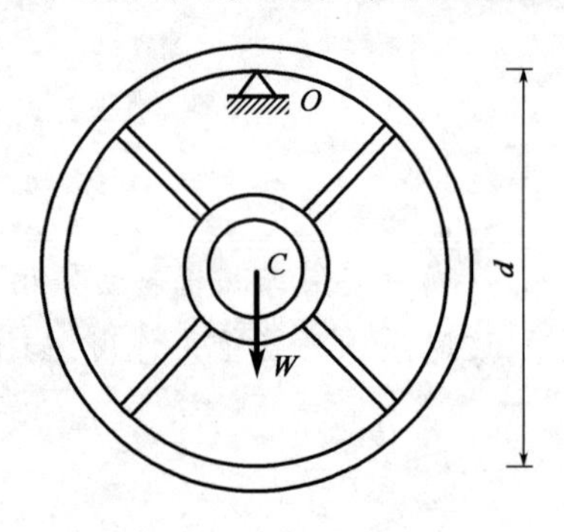

图 22-33　习题 22-5

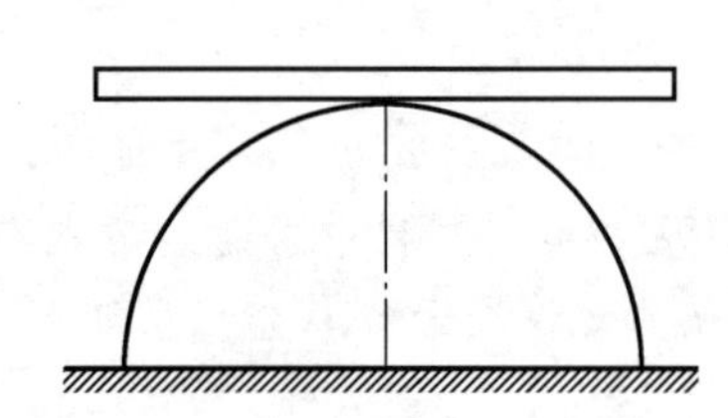

图 22-34　习题 22-6

习题 22-7　如图 22-35 所示系统在其平衡位置附近作微幅振动。已知:匀质杆 OA 的长为 L,质量为 m,弹簧的刚性系数为 k,阻尼器有阻力系数为 c。试求:

(1)临界阻力系数 c_{cr};

(2)衰减振动的固有周期。

习题 22-8　质量为 $m=0.5\text{kg}$ 的物块沿光滑斜面无初速下滑,如图 22-36 所示。当物块下落高度 $h=0.1\text{m}$ 时撞于无质量的弹簧上并与弹簧不再分离。弹簧刚度 $k=0.8\text{kN/m}$,倾角 $\beta=30°$,求物块的运动规律。

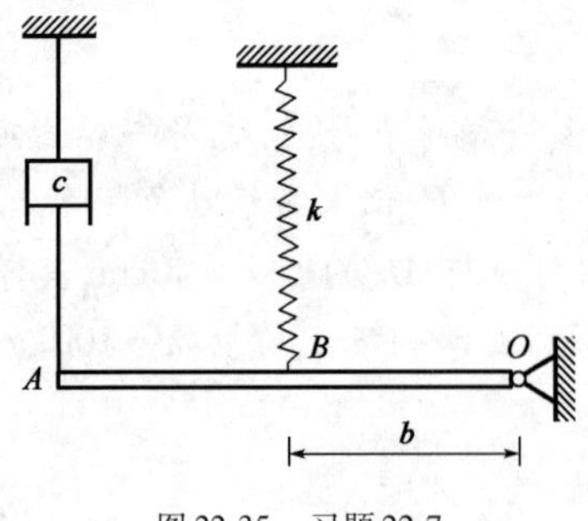

图 22-35　习题 22-7

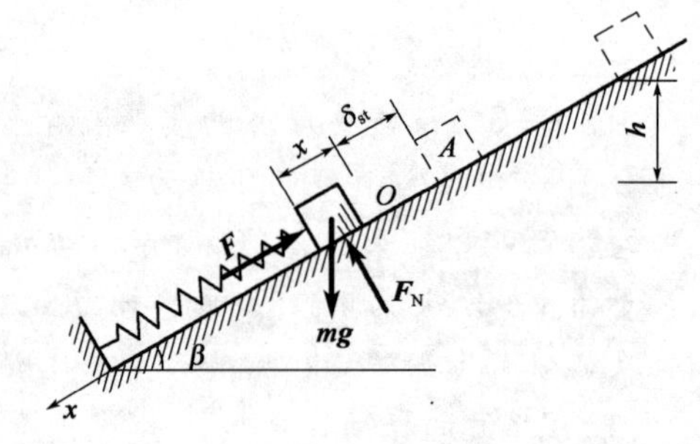

图 22-36　习题 22-8

习题 22-9　质量—弹簧系统在线性阻尼介质中振动时,其周期为 0.32s。如果该质量为 1kg、弹簧的刚性系数为 850N/m。试求阻力系数 c。

习题 22-10　一振动系统,在无阻尼时测得它的固有频率为 f,在黏滞阻力的条件下测得的频率为f_1,试求阻尼系数n。

习题 22-11 一个具有黏滞阻尼的质量—弹簧系统,在自由振动了$N=10$周后其振幅减为原来的50%。求其阻尼比ζ。

B 类型习题

习题 22-12 如图 22-37 所示,钟表里的摆可用图示振动结构来代替:一无弹性带子缠绕在质量为$m_W=6\text{kg}$的均质滚轮上,且此带子用两个相等质量的重物(单个质量$m=2\text{kg}$)张紧,并通过两个压紧的拉伸弹簧与地基相连。为使滚轮W在受到一个小的冲击作用后能进行周期$T_S=2\text{s}$的旋转振动,弹簧常数k必须为多大?

习题 22-13 如图 22-38 所示,离心调节器的两个摆绕着平行于x轴的两个轴摆动。它们可被看作是具有质量m,摆长为L的单摆。在调节器静止时($\Omega=0$)连同弹簧约束(弹簧常数为k)一起摆的固有频率$f_0=40\text{Hz}$,设静止状态($\Omega=0$)时$\varphi=\varphi_0=0$。

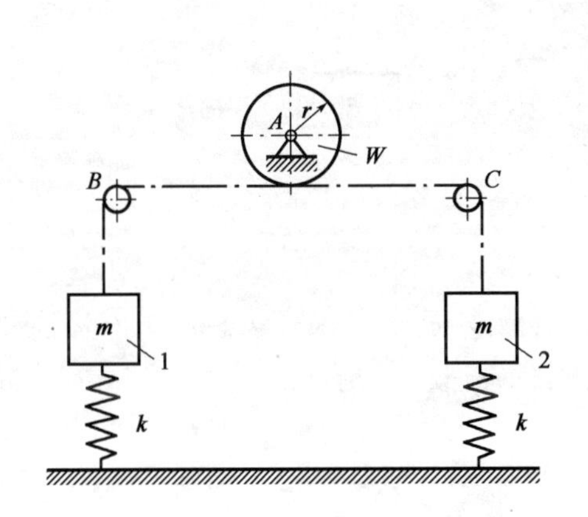

图 22-37 习题 22-12

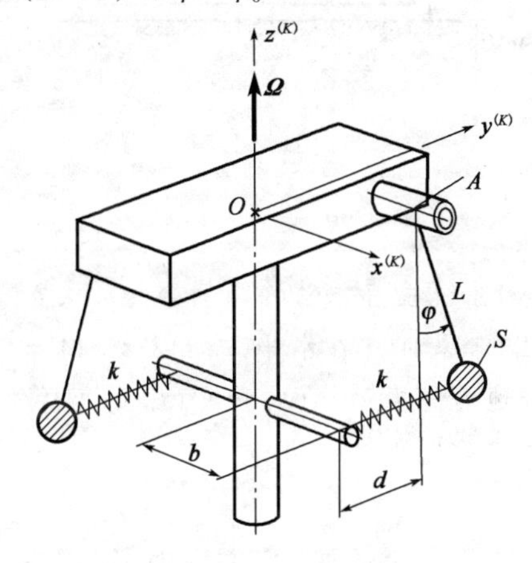

图 22-38 习题 22-13

摆角可看作很小($\varphi \ll 1$)。设$d=2b=0.2L$。

(1)试求摆角φ的运动方程。

(2)试求摆的平衡位置$\varphi_0(\Omega)$及自振圆频率$\omega(\Omega)$。

(3)如果先将摆在$\varphi=0$位置束缚住。在调节器角速度达到$\Omega=90\text{rad/s}$之后,将其无冲击释放,$\varphi(t)$会出现什么样的振动?

(4)在按照(3)振动时,摆的轴套承受的最大力矩是多大?此力矩比处于静止摆平衡状态的力矩增大的因子K是多大?

习题 22-14 从一个线性的阻尼振动$x(t)$测得三个相邻的返回点:$x_1=8.6\text{mm}$,$x_2=-4.1\text{mm}$,$x_3=4.3\text{mm}$。该振动的平衡位置x_0是什么位置?理论阻尼率ζ为多大?

C 类型习题

习题 22-15 如图 22-39 所示,振动测量仪由一框架和挂在一弹簧(弹簧常数为k)上的质量块m组成。质量块上装有一支铅笔,它可在旋转滚筒上记录框架与质量块之间的垂直位移。通过一个与速度成比例的阻尼机构(阻力系数为c)使质量块的固有振动受到阻尼。

(1)如果此仪器放在一个以$x_U=K\cos\Omega t$垂直方向振动的底座上,铅笔将画出什么样的$x_P(t)$曲线?

(2)为使无阻尼自振频率$f_0=7\text{Hz}$的仪器显示底座以$f\geq 18\text{Hz}$振动时的振幅偏差$\delta \leq 6\%$,问理论阻尼比ζ必须多大?

习题 22-16 如图 22-40 所示，机械系统包括：两个滑轮（均匀圆盘，半径是 r，质量为 m），一绳子绕过滑轮并通过一弹簧（弹簧常数为 k）在 A 点固定，在滑轮 2 上通过一相同弹簧常数 k 的弹簧又挂一质量为 m 的物体。忽略所有摩擦的影响。

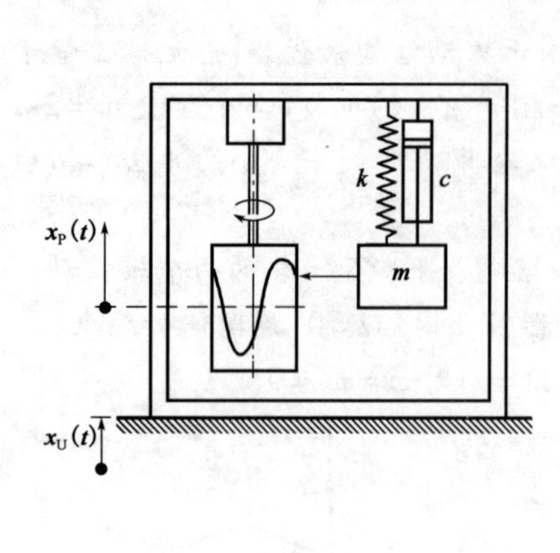

图 22-39 习题 22-15

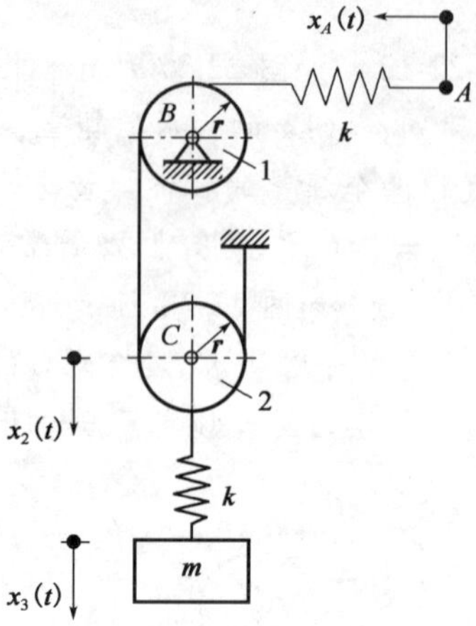

图 22-40 习题 22-16

（1）系统垂直振动的圆频率为多大？

（2）如果 A 点在水平方向以 $x_A(t)=K\cos\Omega t$ 作周期运动，那么滑轮 2 和质量为 m 的物体的强迫垂直振动 $x_2(t)$ 和 $x_3(t)$ 是怎样的？在什么激励圆频率 Ω 情况下，滑轮 2 在固有振动衰减完后处于静止状态？

罗伯特·胡克（Robert Hooke，1635—1703 年），英国物理学家，发明家。他提出了描述材料弹性的基本定律——胡克定律，在机械制造方面，他设计制造了真空泵、显微镜和望远镜，并将自己用显微镜观察所得写成《显微术》一书，细胞一词即由他命名。他协助玻意耳发现了玻意耳定律。他曾为研究开普勒学说做出了重大成绩。胡克做了大量实验工作认为引力和磁力相类似。在 1679 年给牛顿的信中正式提出了引力与距离平方成反比的观点。胡克还在城市设计和建筑方面有着重要的贡献。

胡克定律建立了弹性体变形与力成正比的定律，由于郑玄与胡克分别独立发明此定律，所以称为郑玄—胡克定律。胡克同惠更斯各自独立发现了螺旋弹簧的振动周期的等时性等。

《周易·象》曰："善如水，
君子以做事谋始。"

第 23 章　刚体空间动力学

我们已经研究讨论了刚体的平行移动、定轴转动和平面运动的动力学问题。在这一章中将研究刚体动力学的普遍规律：定点转动和一般运动。由于刚体的一般运动可分解为质心的运动及相对质心的转动，而刚体的质心运动可直接利用质心运动定理转化为质点动力学问题，因此刚体绕定点或动点的转动是刚体动力学的主要研究内容。

刚体动力学的研究起始于 18 世纪。欧拉对刚体动力学的发展做出了特殊的贡献，他在 1758 年导出的欧拉动力学方程为刚体绕定点运动确定了精确的数学表达形式，奠定了经典刚体动力学的基础。随着工程技术的进步，刚体动力学已成为陀螺仪、航天器、车辆、机构和机器人等研究领域的理论基础。对于更复杂的实际工程对象，还必须研究由多个刚体组成的系统，于是在刚体动力学的基础上又发展了以刚体系为研究对象的多体系统动力学，成为一个发展的新的动力学分支。

23.1　刚体定点运动时的动量矩和动能

23.1.1　刚体的动量矩

在质点动力学与质点系动力学中，我们都曾经遇到动量矩定理，并把它作为三大基本定理之一。在刚体动力学中，已经运用动量矩定理研究了定轴转动和平面运动；对于定点转动和一般运动，大量篇幅是研究刚体的转动问题，因此，就经常要用到动量矩定理。

在还没有研究动量矩定理在刚体动力学的作用以前，让我们先研究一下，在转动问题中，动量矩的表达式是怎样的。

讨论绕定点 O 转动的刚体，设 $\boldsymbol{\omega}$ 为瞬时角速度，组成刚体的任意质点 P_i 的质量为 m_i，相对点 O 的矢径为 $\boldsymbol{r}_i$（图 23-1）。利用式(14-13)和式(10-13)计算刚体对定点 O 的动量矩 $\boldsymbol{L}_O$：

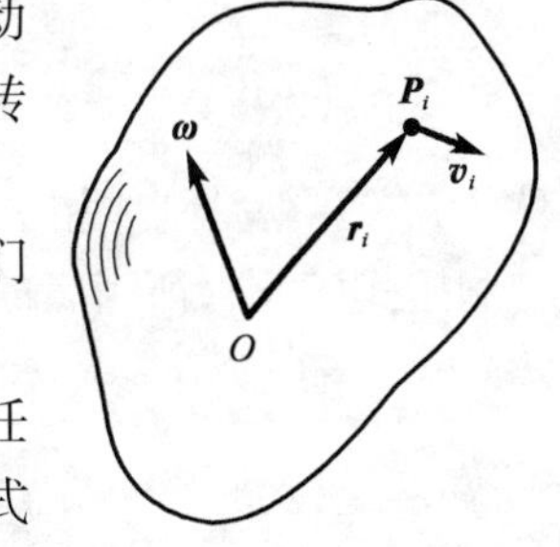

图 23-1　刚体对定点的动量矩

$$\boldsymbol{L}_O = \sum_{i=1}^{n} \boldsymbol{r}_i \times m_i \boldsymbol{v}_i = \sum_{i=1}^{n} m_i [\boldsymbol{r}_i \times (\boldsymbol{\omega} \times \boldsymbol{r}_i)] \tag{23-1}$$

即

$$\boldsymbol{L}_O = \sum_{i=1}^{n} m_i [r_i^2 \boldsymbol{\omega} - \boldsymbol{r}_i (\boldsymbol{r}_i \cdot \boldsymbol{\omega})] \tag{23-2}$$

式(23-2)告诉我们，动量矩 $\boldsymbol{L}_O$ 一般并不与角速度 $\boldsymbol{\omega}$ 共线。在平行移动中，动量 $\boldsymbol{p}$ 与线速度 $\boldsymbol{v}$ 总是共线的。

在取定直角坐标系以后，就可以分别写出 $\boldsymbol{L}_O$ 的分量表达式。在刚体定点运动学10.2节中已经定义坐标系,直角坐标系可以取固定系$[O,\boldsymbol{i}_0,\boldsymbol{j}_0,\boldsymbol{k}_0]$,即$O\xi\eta\zeta$系,或固连系$[O,\boldsymbol{i},\boldsymbol{j},\boldsymbol{k}]$即$Oxyz$系。在目前情况下取固连系比较方便,因为刚体上任何一点的矢径在固连系中表示为

$$\boldsymbol{r}_i = x_i\boldsymbol{i} + y_i\boldsymbol{j} + z_i\boldsymbol{k} \tag{a}$$

不管刚体怎样运动,上式x_i,y_i,z_i是不随时间变化的常量。

角速度矢量$\boldsymbol{\omega}$在固连系中的表达式为

$$\boldsymbol{\omega} = \omega_x\boldsymbol{i} + \omega_y\boldsymbol{j} + \omega_z\boldsymbol{k} \tag{b}$$

故得$\boldsymbol{L}_O$在x方向的分量L_{Ox}为

$$\begin{aligned} L_{Ox} &= \sum_{i=1}^{n} m_i[\omega_x(x_i^2 + y_i^2 + z_i^2) - (x_i\omega_x + y_i\omega_y + z_i\omega_z)x_i] \\ &= \omega_x\sum_{i=1}^{n} m_i(y_i^2 + z_i^2) - \omega_y\sum_{i=1}^{n} m_i x_i y_i - \omega_z\sum_{i=1}^{n} m_i x_i z_i \end{aligned} \tag{23-3a}$$

同理

$$L_{Oy} = -\omega_x\sum_{i=1}^{n} m_i y_i x_i + \omega_y\sum_{i=1}^{n} m_i(z_i^2 + x_i^2) - \omega_z\sum_{i=1}^{n} m_i y_i z_i \tag{23-3b}$$

$$L_{Oz} = -\omega_x\sum_{i=1}^{n} m_i z_i x_i - \omega_y\sum_{i=1}^{n} m_i z_i y_i + \omega_z\sum_{i=1}^{n} m_i(x_i^2 + y_i^2) \tag{23-3c}$$

令

$$J_x = J_{xx} = \sum_{i=1}^{n} m_i(y_i^2 + z_i^2) \tag{23-4a}$$

$$J_y = J_{yy} = \sum_{i=1}^{n} m_i(z_i^2 + x_i^2) \tag{23-4b}$$

$$J_z = J_{zz} = \sum_{i=1}^{n} m_i(x_i^2 + y_i^2) \tag{23-4c}$$

及

$$J_{yz} = J_{zy} = \sum_{i=1}^{n} m_i y_i z_i \tag{23-4d}$$

$$J_{zx} = J_{xz} = \sum_{i=1}^{n} m_i z_i x_i \tag{23-4e}$$

$$J_{xy} = J_{yx} = \sum_{i=1}^{n} m_i x_i y_i \tag{23-4f}$$

显然J_x,J_y,J_z就是刚体相对x,y,z轴的转动惯量,J_{xy},J_{yz},J_{zx}就是刚体的惯性积。

利用式(23-4)所引入的符号,式(23-3)可简写为

$$L_{Ox} = J_{xx}\omega_x - J_{xy}\omega_y - J_{xz}\omega_z \tag{c1}$$

$$L_{Oy} = -J_{yx}\omega_x + J_{yy}\omega_y - J_{yz}\omega_z \tag{c2}$$

$$L_{Oz} = -J_{zx}\omega_x - J_{zy}\omega_y + J_{zz}\omega_z \tag{c3}$$

$$\boldsymbol{L}_O = L_{Ox}\boldsymbol{i} + L_{Oy}\boldsymbol{j} + L_{Oz}\boldsymbol{k} \tag{23-5}$$

写成矩阵形式为

$$\begin{bmatrix} L_{Ox} \\ L_{Oy} \\ L_{Oz} \end{bmatrix} = \begin{bmatrix} J_x & -J_{xy} & -J_{xz} \\ -J_{yx} & J_y & -J_{yz} \\ -J_{zx} & -J_{zy} & J_z \end{bmatrix} \begin{bmatrix} \omega_x \\ \omega_y \\ \omega_z \end{bmatrix} \tag{23-6}$$

或者

$$\underline{L_O} = \underline{J_O}\,\underline{\omega} \tag{23-7}$$

23.1.2 刚体的转动动能

现在来求刚体对定点 O 的转动动能,由图 23-2,知

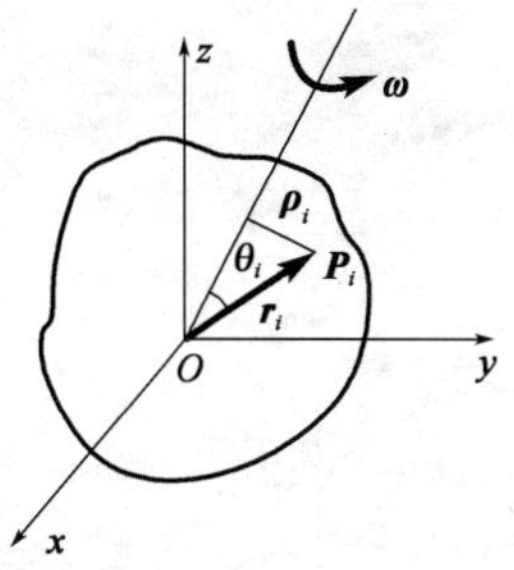

$$
\begin{aligned}
T &= \frac{1}{2}\sum_{i=1}^{n} m_i \dot{\boldsymbol{r}}_i^2 \\
&= \frac{1}{2}\sum_{i=1}^{n} m_i \boldsymbol{v}_i \cdot \boldsymbol{v}_i \\
&= \frac{1}{2}\sum_{i=1}^{n} m_i \boldsymbol{v}_i \cdot (\boldsymbol{\omega} \times \boldsymbol{r}_i) \\
&= \frac{1}{2}\boldsymbol{\omega} \cdot \sum_{i=1}^{n} (\boldsymbol{r}_i \times m_i \boldsymbol{v}_i) \\
&= \frac{1}{2}\boldsymbol{\omega} \cdot \boldsymbol{L}_O \\
&= \frac{1}{2}(\omega_x \boldsymbol{i} + \omega_y \boldsymbol{j} + \omega_z \boldsymbol{k}) \cdot (L_{Ox}\boldsymbol{i} + L_{Oy}\boldsymbol{j} + L_{Oz}\boldsymbol{k}) \qquad \text{(d)}
\end{aligned}
$$

图 23-2 刚体定点转动的动能

将式(23-5)中的 L_{Ox},L_{Oy} 和 L_{Oz} 的表达式代入上式,就得到

$$
T = \frac{1}{2}(J_x\omega_x^2 + J_y\omega_y^2 + J_z\omega_z^2 - 2J_{yz}\omega_y\omega_z - 2J_{zx}\omega_z\omega_x - 2J_{xy}\omega_x\omega_y) \tag{23-8}
$$

23.1.3 刚体定点转动对瞬轴的转动惯量

刚体对定点 O 的转动动能也可写为

$$
\begin{aligned}
T &= \frac{1}{2}\sum_{i=1}^{n} m_i (\boldsymbol{\omega} \times \boldsymbol{r}_i) \cdot (\boldsymbol{\omega} \times \boldsymbol{r}_i) \\
&= \frac{1}{2}\sum_{i=1}^{n} m_i \omega^2 r_i^2 \sin^2\theta_i \\
&= \frac{1}{2}\omega^2 \sum_{i=1}^{n} m_i \rho_i^2 \\
&= \frac{1}{2}J_p\omega^2
\end{aligned} \tag{23-9}
$$

式中,θ_i 为 P_i 的位矢 $\boldsymbol{r}_i$ 与角速度矢量 $\boldsymbol{\omega}$ 之间的夹角;ρ_i 为自 P_i 至转动瞬轴(即矢量 $\boldsymbol{\omega}$ 的作用线)的垂直距离(图 23-2),而 J_p 称为刚体绕转动瞬轴的转动惯量。

23.2 刚体的质量几何

23.2.1 惯量张量和惯量椭球

1)刚体对瞬轴的转动惯量

对质量均匀分布(或按一定规律分布)且形状规则的刚体,我们可把式(23-4)改写为定积分形式(一般是重积分),即

$$
J_x = J_{xx} = \int (y^2 + z^2)\,\mathrm{d}m \tag{23-10a}
$$

$$
J_y = J_{yy} = \int (z^2 + x^2)\,\mathrm{d}m \tag{23-10b}
$$

$$J_z = J_{zz} = \int (x^2 + y^2) \mathrm{d}m \tag{23-10c}$$

及

$$J_{yz} = J_{zy} = \int yz \mathrm{d}m \tag{23-10d}$$

$$J_{zx} = J_{xz} = \int zx \mathrm{d}m \tag{23-10e}$$

$$J_{xy} = J_{yx} = \int xy \mathrm{d}m \tag{23-10f}$$

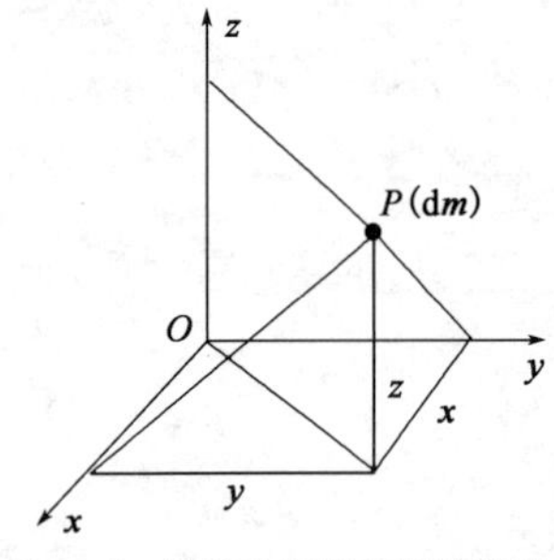

图 23-3　轴转动惯量和惯性积定义

式(23-10)中的(y^2+z^2)、(z^2+x^2)和(x^2+y^2)是质点 P 离 x 轴、y 轴和 z 轴的垂直距离的平方(图 23-3)。故 J_x、J_y 和 J_z 就叫作刚体对 x、y 和 z 轴的轴转动惯量,至于 J_{yz}、J_{zx}和 J_{xy}则叫作刚体的惯性积。

通过空间某一点 O,我们可以做出无数轴线转动时,转动惯量也将不同。这样,对通过 O 的许多轴线,如果需要知道绕这些轴线的转动惯量,就得计算好多次。是不是也有类似如平行轴定理那样的简单公式呢?我们说:这个公式也是存在的,我们现在就来推导这个公式。

结合式(23-8)和式(23-9),并因

$$\omega_x = \alpha\omega, \omega_y = \beta\omega, \omega_z = \gamma\omega \tag{a}$$

故得

$$J_p = J_x\alpha^2 + J_y\beta^2 + J_z\gamma^2 - 2J_{yz}\beta\gamma - 2J_{zx}\gamma\alpha - 2J_{xy}\alpha\beta \tag{23-11}$$

式中,α,β,γ 为任一转动瞬轴相对于坐标轴的方向余弦。故只要一次算出三个轴转动惯量和三个惯性积,则通过 O 点的任一轴线的转动惯量就可由式(23-11)算出,只要把该轴线的方向余弦代入式(23-11)即可。

2)刚体的惯量张量

三个轴转动惯量和六个惯性积(由于对称关系,实际上也只有三个是互相独立的)作为统一的一个物理量,来代表刚体转动时惯性的量度,可以排成下列矩阵的形式

$$\underline{\boldsymbol{J}}_O = \begin{bmatrix} J_x & -J_{xy} & -J_{xz} \\ -J_{yx} & J_y & -J_{yz} \\ -J_{zx} & -J_{zy} & J_z \end{bmatrix} \tag{23-12}$$

并且把它叫作对 O 点而言的惯量张量,而这一惯性矩阵的每个元素(轴转动惯量和惯性积)则叫作惯量张量的组元,也叫惯量系数。

利用矩阵乘法,亦可得出式(23-11),因

$$\begin{bmatrix} J_x & -J_{xy} & -J_{xz} \\ -J_{yx} & J_y & -J_{yz} \\ -J_{zx} & -J_{zy} & J_z \end{bmatrix} \begin{bmatrix} \alpha \\ \beta \\ \gamma \end{bmatrix} = \begin{bmatrix} J_x\alpha - J_{xy}\beta - J_{xz}\gamma \\ -J_{yx}\alpha + J_y\beta - J_{yz}\gamma \\ -J_{zx}\alpha - J_{zy}\beta + J_z\gamma \end{bmatrix} \tag{b}$$

而

$$\begin{bmatrix} \alpha & \beta & \gamma \end{bmatrix} \begin{bmatrix} J_x & -J_{xy} & -J_{xz} \\ -J_{yx} & J_y & -J_{yz} \\ -J_{zx} & -J_{zy} & J_z \end{bmatrix} \begin{bmatrix} \alpha \\ \beta \\ \gamma \end{bmatrix}$$

$$=J_x\alpha^2+J_y\beta^2+J_z\gamma^2-2J_{yz}\beta\gamma-2J_{zx}\gamma\alpha-2J_{xy}\alpha\beta=J_p \tag{23-13}$$

引入并矢的概念，我们还可把式(23-1)写为

$$\boldsymbol{L}_O=\boldsymbol{J}_O\cdot\boldsymbol{\omega} \tag{23-14}$$

其中

$$\boldsymbol{J}_O=\sum_{i=1}^{n}m_i(\boldsymbol{r}_i^2\boldsymbol{E}-\boldsymbol{r}_i\boldsymbol{r}_i) \tag{c}$$

或

$$\boldsymbol{J}_O=J_{xx}\boldsymbol{ii}+J_{yy}\boldsymbol{ij}+J_{zz}\boldsymbol{kk}-2J_{xy}\boldsymbol{ij}-2J_{yz}\boldsymbol{jk}-2J_{zx}\boldsymbol{ki} \tag{23-15}$$

由于惯量系数都是点坐标的函数，所以如果取用静止的坐标系，那么刚体转动时，惯量系数亦将随之而变，这显然是很不方便的，因此，通常都选取固连在刚体上，并随着刚体一同转动的动坐标系，这样，惯量系数都将是常数。

3)刚体的惯量椭球

动坐标系的原点和坐标轴只需固定在刚体上即可，坐标轴的取向则完全可以任意选取。因此，我们可以利用这一性质，来同时消去转动惯量中的惯量中的惯量积，以使问题更为简化。

为了消去惯性积，一般采用下面所介绍的方法。如果我们在转动轴上，截取一线段$\overline{OQ}$，并且使$\overline{OQ}=\dfrac{1}{\sqrt{J_p}}=R$，$J_p$ 为刚体绕该轴的转动惯量，则 Q 点的坐标将是

$$x=\alpha R, y=\beta R, z=\gamma R \tag{d}$$

因为通过 O 点有很多转轴，按照上面所讲的方法，就应有很多的 Q 点，这些点的轨迹方程将是[利用 R^2J_p 及式(23-13)]

$$J_xx^2+J_yy^2+J_zz^2-2J_{yz}yz-2J_{zx}zx-2J_{xy}xy=1 \tag{23-16}$$

这是中心在 O 点的二次曲面方程，一般来讲是一闭合曲面，因为 J_p 不等于零($J_p=0$ 时，R 将趋于无限大)，故式(23-16)代表一个中心在 O 点的椭球，通常叫作惯量椭球。按式(23-16)画出椭球后，就可根据 $R=\dfrac{1}{\sqrt{J_p}}$的关系，由某轴上矢径 R 的长，求出刚体绕该轴转动时的转动惯量 J_p。

23.2.2　惯量矩阵的移心公式

在一般情况下，定点 O 与刚体的质心 C 不重合。以 $\boldsymbol{r}_C$ 和 $\boldsymbol{\rho}_i$ 表示 C 相对 O 和 P_i 相对 C 的矢径(图 23-4)，则有

$$\boldsymbol{r}_i=\boldsymbol{r}_C+\boldsymbol{\rho}_i \tag{e}$$

将上式代入式(c)，利用

$$\sum_{i=1}^{n}m_i\boldsymbol{\rho}_i=\boldsymbol{0},\ \sum_{i=1}^{n}m_i=\mu \tag{f}$$

导出

$$\boldsymbol{J}_O=\sum_{i=1}^{n}m_i[(\boldsymbol{r}_C+\boldsymbol{\rho}_i)\cdot(\boldsymbol{r}_C+\boldsymbol{\rho}_i)\boldsymbol{E}-(\boldsymbol{r}_C+\boldsymbol{\rho}_i)\cdot(\boldsymbol{r}_C+\boldsymbol{\rho}_i)]$$

$$=\sum_{i=1}^{n}m_i(\rho_i^2\boldsymbol{E}-\boldsymbol{\rho}_i\boldsymbol{\rho}_i)+\mu(r_C^2\boldsymbol{E}-\boldsymbol{r}_C\boldsymbol{r}_C) \tag{g}$$

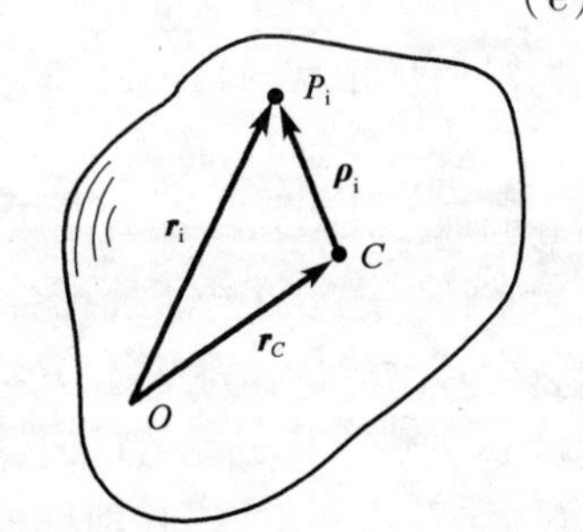

图 23-4　刚体对不同点的惯量矩阵

以并矢 $\boldsymbol{J}_C$ 表示刚体对质心的惯量张量：

$$\boldsymbol{J}_C=\sum_{i=1}^{n}m_i(\rho_i^2\boldsymbol{E}-\boldsymbol{\rho}_i\boldsymbol{\rho}_i) \tag{23-17}$$

则从式(g)导出

$$\boldsymbol{J}_O=\boldsymbol{J}_C+m_\mu(r_C^2\boldsymbol{E}-\boldsymbol{r}_C\boldsymbol{r}_C) \tag{23-18}$$

将上式展开,可得

$$J_x=J_{Cx}+m_\mu(y_C^2+z_C^2) \tag{23-19a}$$

$$J_y=J_{Cy}+m_\mu(z_C^2+x_C^2) \tag{23-19b}$$

$$J_z=J_{Cz}+m_\mu(x_C^2+y_C^2) \tag{23-19c}$$

$$J_{xy}=J_{Cxy}+m_\mu x_C y_C \tag{23-19d}$$

$$J_{yz}=J_{Cyz}+m_\mu y_C z_C \tag{23-19e}$$

$$J_{zx}=J_{Czx}+m_\mu z_C x_C \tag{23-19f}$$

其中,J_{Cx},J_{Cy}和J_{Cz}分别为刚体对Cx,Cy和Cz轴的转动惯量;J_{Cxy},J_{Cyz}和J_{Czx}分别为刚体对Cxy,Cyz和Czx的惯性积。由式(23-19)可见,转动惯量的平行轴定理是惯量矩阵移心公式的特例。式(23-19)说明,在若干平行轴中,刚体对通过质心之轴的转动惯量最小。

23.2.3 惯量矩阵的转轴公式、惯量主轴

1)惯量主轴

利用惯量椭球虽然可以求出转动惯量J_p,但我们的主要目的并不在此。我们的主要目的,是如何利用它来消去惯量积。我们知道:每一椭球都有三条相互垂直的主轴。如果以此三主轴为坐标轴,则椭球方程中含有异坐标相乘的项统统消失(实际上是它们前面的系数等于零,而这些系数正好就是惯性积)。惯量椭球的主轴叫惯量主轴,而对惯量主轴的转动惯量叫主转动惯量,并改用J_1,J_2,J_3表示,因为惯量积已全部等于零,无须再用两个下角标。如果取O点上的惯量主轴的坐标轴,则惯量椭球的方程将简化为

$$J_1x^2+J_2y^2+J_3z^2=1 \tag{23-20}$$

此时系数J_1,J_2,J_3就是O点上的主转动惯量,而惯量积J_{yz},J_{zx},J_{xy}统统等于零。故选惯量主轴为坐标轴,问题就能得到简化。这时,刚体的动量矩$\boldsymbol{L}_O$的表达式(23-5)和转动动能T的表达式(23-8)也将简化为

$$\boldsymbol{L}_O=J_1\omega_x\boldsymbol{i}+J_2\omega_y\boldsymbol{j}+J_3\omega_z\boldsymbol{k} \tag{23-21}$$

$$T=\frac{1}{2}(J_1\omega_x^2+J_2\omega_y^2+J_3\omega_z^2) \tag{23-22}$$

刚体相对不同参考点有不同的惯量主轴和主转动惯量,其中对质心的惯量主轴和主转动惯量称为刚体的中心惯量主轴和中心主转动惯量。

2)惯量矩阵的转轴公式

求惯量主轴时,常从这一事实出发,即对惯量主轴来讲,椭球与主轴交点的位矢$\boldsymbol{R}$的方向和椭球上该点法线的方向重合。这就是解析几何里求二次曲面主轴的方法,或线性代数里求本征值的方法。下面结合惯量张量的物理意义,用矩阵特征值的方法来求主轴和主惯量,这种计算对于对称张量具有普遍的意义。如上所说惯量张量$\boldsymbol{J}$是一个线性变换,它将角速度$\boldsymbol{\omega}$矢量变换成动量矩矢量$\boldsymbol{L}$,一般地说$\boldsymbol{L}$与$\boldsymbol{\omega}$不共线。现在我们要问,是否存在这样的轴,如果$\boldsymbol{\omega}$沿此方向(即这根轴是刚体的瞬时转动轴p),则动量矩$\boldsymbol{L}$也正好沿此方向?如果有,则应满足关系

$$L = \lambda \boldsymbol{\omega} \tag{h}$$

其中,λ 是一个待求的标量。因为 $\boldsymbol{L} = \boldsymbol{J}\boldsymbol{\omega}$,固有

$$\boldsymbol{J}\boldsymbol{\omega} = \lambda \boldsymbol{\omega} \tag{i}$$

或

$$\begin{bmatrix} J_x - \lambda & -J_{xy} & -J_{zx} \\ -J_{xy} & J_y - \lambda & -J_{yz} \\ -J_{zx} & -J_{yz} & J_z - \lambda \end{bmatrix} \begin{bmatrix} \omega_x \\ \omega_y \\ \omega_z \end{bmatrix} = \begin{bmatrix} 0 \\ 0 \\ 0 \end{bmatrix} \tag{j}$$

$\omega_x,\omega_y,\omega_z$ 不能全为零(否则 $\boldsymbol{\omega}=0$,这与我们讨论的前提矛盾),因而上式中矩阵的行列式应为零,即得到一个决定 λ 值的方程

$$\begin{vmatrix} J_x - \lambda & -J_{xy} & -J_{zx} \\ -J_{xy} & J_y - \lambda & -J_{yz} \\ -J_{zx} & -J_{yz} & J_z - \lambda \end{vmatrix} = 0 \tag{23-23}$$

这就是特征方程。所以求 λ 的问题就化成求矩阵 $\boldsymbol{J}$ 的特征值问题。下面将看到,与此特征值相对应的特征矢量的方向就是我们要求的惯量主轴的方向,简称主方向。

在以后的讨论中,我们将用到矩阵理论的一些结果:

(1)实对称矩阵的所有特征值是实数,所有特征矢量也都是实的。

(2)如果实对称矩阵有两个特征值 λ_1 和 λ_2 不相等,则相应的两个特征矢量正交。

(3)主轴坐标系也可通过惯量张量 $\boldsymbol{J}$ 的坐标变换导出。以下标 s,r 表示过 O 点的不同坐标系,$\boldsymbol{A}_s^r$ 为二坐标系之间的方向余弦矩阵,利用附录 C 中关于并矢的变换公式得到

$$\boldsymbol{J}^{(s)} = \boldsymbol{C}_s^r \boldsymbol{J}^{(r)} \boldsymbol{C}_r^s \tag{k}$$

(4)对于任何实对称的 3×3 矩阵 $\boldsymbol{J}$,存在一个正交矩阵 $\boldsymbol{P}$,使得 $\boldsymbol{A}^{\mathrm{T}}\boldsymbol{J}\boldsymbol{A}$ 成为对角矩阵,即

$$\boldsymbol{A}^{\mathrm{T}}\boldsymbol{J}\boldsymbol{A} = \begin{bmatrix} \lambda_1 & 0 & 0 \\ 0 & \lambda_2 & 0 \\ 0 & 0 & \lambda_3 \end{bmatrix} \tag{l}$$

其中,$\lambda_1,\lambda_2,\lambda_3$ 是 $\boldsymbol{A}$ 的特征值。

现在把这些数学结果用于惯量张量。特征方程式(23-23)有三个实根,记作 J_1,J_2 和 J_3。有了特征根就可以求出相应的三个特征矢量。于是我们得到以下的结论:经过刚体上的固定点 O,一定存在三个相互垂直的特征矢量,与它们对应的单位矢量记作 $\bar{\boldsymbol{i}},\bar{\boldsymbol{j}}$ 和 $\bar{\boldsymbol{k}}$,相对于坐标架$[O,\bar{\boldsymbol{i}},\bar{\boldsymbol{j}},\bar{\boldsymbol{k}}]$,刚体的惯量矩阵是对角矩阵,即有

$$\underline{\boldsymbol{J}}_O = \begin{bmatrix} J_1 & 0 & 0 \\ 0 & J_2 & 0 \\ 0 & 0 & J_3 \end{bmatrix} \tag{m}$$

所以,特征矢量的方向就是惯量椭球的主方向。

如果 J_1,J_2,J_3 互不相等,那么三个主方向是唯一确定的;如果 $J_1=J_2\neq J_3$,这时惯量椭球是一个旋转椭球,那么对应于 J_3 的主方向 $\bar{\boldsymbol{k}}$ 是唯一确定的,而在垂直于 $\bar{\boldsymbol{k}}$ 的平面内任何两个互相垂直的方向都可以取作主方向 $\bar{\boldsymbol{i}}$ 和 $\bar{\boldsymbol{j}}$;如果 $J_1=J_2=J_3$,此时惯量椭球是一个圆球,则任何方向都是主方向,相应的张量叫作球张量。

在分析具体问题时,也可不经过上述数学演算,而直接根据刚体的几何形状判断匀质刚

体的惯量主轴位置：

（1）如刚体有对称轴，则必为轴上各点的惯量主轴，称为极轴。过极轴上一点且与极轴垂直的任意轴也是该点的惯量主轴，称为赤道轴。

（2）如刚体有对称平面，则平面上各点的法线必为该点的惯量主轴。

（3）球对称刚体过对称点的任意轴均为对称点的惯量主轴。

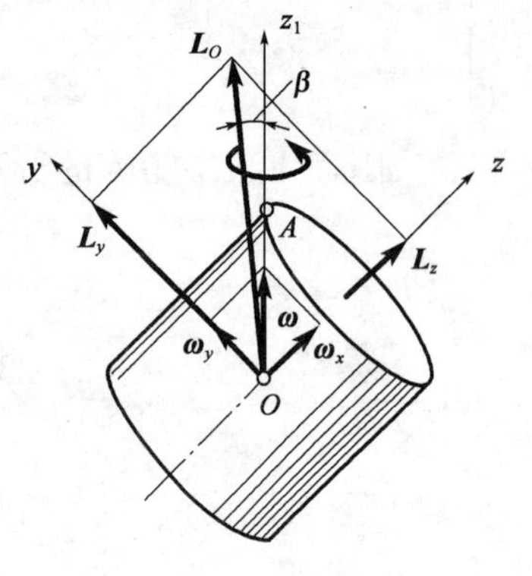

图 23-5　例题 23-1

（4）刚体的中心惯量主轴上各点的惯量主轴必与中心惯量主轴平行。

例题 23-1　匀质圆柱体的高和底圆直径相等，轴 Oz_1 过圆柱体中心 O 以及底圆边缘上一点 A，如图 23-5 所示。当圆柱体绕轴 Oz_1 转动时，试求动量矩矢量 $\boldsymbol{L}_O$ 与角速度矢量 $\boldsymbol{\omega}$ 之间的夹角 β。

解：对称轴 Oz 是一主轴，另一主轴 Oy 可在垂直于 Oz 的平面内任意选取。为简单起见，取轴 Ox 垂直于平面 Oz_1z，轴 Oy 在平面 Oz_1z 内。设圆柱体质量为 m，高为 h，半径为 $\dfrac{h}{2}$，则可算出三个主惯量

$$J_x = J_y = \frac{m}{12}(3r^2 + h^2) = \frac{7}{48}mh^2$$

$$J_z = \frac{1}{2}mr^2 = \frac{1}{8}mh^2$$

即

$$J_x : J_y : J_z = 7:7:6$$

设沿轴 Oz_1 的角速度为 $\boldsymbol{\omega}$，它在三个主轴上的投影大小之比为

$$\omega_x : \omega_y : \omega_z = 0:1:1$$

因此，动量矩沿主轴分量大小之比为

$$L_x : L_y : L_z = J_x\omega_x : J_y\omega_y : J_z\omega_z = 0:7:6$$

由此可知，$\boldsymbol{L}_O$ 在平面 Oz_1z 内，与轴 Oz 夹角为 $\arctan\left(\dfrac{7}{6}\right)$，而 $\boldsymbol{L}_O$ 与 Oz_1 的夹角为

$$\beta = \arctan\left(\frac{7}{6}\right) - 45° = 4°24'$$

23.3　刚体定点运动的动力学方程

23.3.1　欧拉动力学方程

设刚体绕固定点 O 运动，取 O 为坐标原点，右手直角固连坐标架$[O,\bar{\boldsymbol{i}},\bar{\boldsymbol{j}},\bar{\boldsymbol{k}}]$与 O 点的主轴重合。于是动量矩与加速度之间的关系为

$$\begin{bmatrix} L_x \\ L_y \\ L_z \end{bmatrix} = \begin{bmatrix} J_1 & 0 & 0 \\ 0 & J_2 & 0 \\ 0 & 0 & J_3 \end{bmatrix} \begin{bmatrix} \omega_x \\ \omega_y \\ \omega_z \end{bmatrix} \tag{a}$$

应用动量矩定理式（14-14）可知

$$\frac{\mathrm{d}\boldsymbol{L}_O}{\mathrm{d}t}=\boldsymbol{M}_O \tag{b}$$

其中,对 t 求导是相对惯性参考系的绝对导数,它与相对固连参考系的导数 $\mathrm{d}\boldsymbol{L}_O/\mathrm{d}t$ 之间有关系式[式(10-24)]

$$\frac{\mathrm{d}\boldsymbol{L}_O}{\mathrm{d}t}=\frac{\tilde{\mathrm{d}}\boldsymbol{L}_O}{\mathrm{d}t}+\boldsymbol{\omega}\times\boldsymbol{L}_O \tag{c}$$

其中,$\boldsymbol{\omega}$ 是固连坐标系的角速度,也就是刚体绕定点运动的瞬时角速度。于是动量矩定理写成

$$\frac{\tilde{\mathrm{d}}\boldsymbol{L}_O}{\mathrm{d}t}+\boldsymbol{\omega}\times\boldsymbol{L}_O=\boldsymbol{M}_O \tag{d}$$

在固连坐标系$[O,\bar{\boldsymbol{i}},\bar{\boldsymbol{j}},\bar{\boldsymbol{k}}]$中可以得到三个分量方程

$$J_1\dot{\omega}_x+(J_3-J_2)\omega_y\omega_z=M_x \tag{23-24a}$$

$$J_2\dot{\omega}_y+(J_1-J_3)\omega_z\omega_x=M_y \tag{23-24b}$$

$$J_3\dot{\omega}_z+(J_2-J_1)\omega_x\omega_y=M_z \tag{23-24c}$$

这就是刚体定点运动的动力学方程,称为欧拉动力学方程。应该注意,在利用这个方程时,所取的坐标架必须是过刚体上定点 O 且方向和主轴一致的固连坐标架。如果取其他的坐标架,比如固定坐标架或任意的别的固连坐标架,则所得动力学方程在形式上都不能像这样简单。

根据欧拉运动学方程(10-19)有

$$\omega_x=\dot{\psi}\sin\theta\sin\varphi+\dot{\theta}\cos\varphi \tag{23-25a}$$

$$\omega_y=\dot{\psi}\sin\theta\cos\varphi-\dot{\theta}\sin\varphi \tag{23-25b}$$

$$\omega_z=\dot{\psi}\cos\theta+\dot{\varphi} \tag{23-25c}$$

这样,求解刚体定点运动的问题就归结为求解 2 个包含一阶微分方程的方程组。一般情况下 M_x,M_y,M_z 依赖于时间、欧拉角及其导数的函数,这时方程组式(23-24)和式(23-25)必须同时积分。

欧拉动力学方程是 $\omega_x,\omega_y,\omega_z$(时间 t 的函数)的一组非线性微分方程。即使力矩 M_x,M_y,M_z 很简单,这组方程的分析解的求法也是比较复杂的。历史上曾经引起了许多数学家和力学家的兴趣,但也只能对某些特殊情况做出完整的解答。

23.3.2 用欧拉角表示的刚体定点运动动力学方程

取欧拉角为广义坐标,将刚体的角速度式(23-25)代入刚体的动能公式(23-22),得到

$$\begin{aligned}T=&\frac{1}{2}J_1(\dot{\psi}\sin\theta\sin\varphi+\dot{\theta}\cos\varphi)^2+\\&\frac{1}{2}J_2(\dot{\psi}\sin\theta\cos\varphi-\dot{\theta}\sin\varphi)^2+\frac{1}{2}J_3(\dot{\psi}\cos\theta+\dot{\varphi})^2\end{aligned} \tag{e}$$

将 T 代入拉格朗日方程(19-1),与广义坐标 ψ、θ、φ 对应的广义力分别用 M_ψ、M_θ、M_φ 表示,导出用欧拉角表示的刚体定点运动动力学微分方程:

$$\begin{aligned}&\frac{\mathrm{d}}{\mathrm{d}t}[\dot{\psi}(J_1\sin^2\theta\sin^2\varphi+J_2\sin^2\theta\cos^2\varphi+J_3\cos^2\theta)+\\&\dot{\theta}(J_1-J_2)\cos\varphi\sin\theta\sin\varphi+J_3\dot{\varphi}\cos\theta]=M_\psi\end{aligned} \tag{23-26a}$$

$$\frac{\mathrm{d}}{\mathrm{d}t}[\dot{\theta}(J_1\cos^2\varphi + J_2\sin^2\varphi) + \dot{\psi}(J_1 - J_2)\sin\theta\sin\varphi\cos\varphi] -$$

$$\dot{\psi}[\dot{\psi}(J_1\sin^2\varphi + J_2\cos^2\varphi)\sin\theta\cos\theta + \dot{\theta}(J_1 - J_2)\cos\theta\sin\varphi\cos\varphi -$$

$$J_3(\dot{\psi}\cos\theta + \dot{\varphi})\sin\theta] = M_\theta \tag{23-26b}$$

$$\frac{\mathrm{d}}{\mathrm{d}t}[J_3(\dot{\varphi} + \dot{\psi}\cos\theta)] - J_1(\dot{\psi}\sin\theta\sin\varphi + \dot{\theta}\cos\varphi)(\dot{\psi}\sin\theta\cos\varphi - \dot{\theta}\sin\varphi) +$$

$$J_2(\dot{\psi}\sin\theta\cos\varphi - \dot{\theta}\sin\varphi)(\dot{\psi}\sin\theta\sin\varphi + \dot{\theta}\cos\varphi) = M_\varphi \tag{23-26c}$$

23.4 无力矩刚体的定点转动

23.4.1 欧拉情形刚体定点转动

最简单也是最重要的情况是外力对固定点的主矩等于零,这时称为刚体定点运动的欧拉情况。显然,当刚体完全不受外力,或者所受外力的合力通过固定点时,就是这种情况。在欧拉情况下方程组(23-24)的形式为

$$J_1\dot{\omega}_x + (J_3 - J_2)\omega_y\omega_z = 0 \tag{23-27a}$$

$$J_2\dot{\omega}_y + (J_1 - J_3)\omega_z\omega_x = 0 \tag{23-27b}$$

$$J_3\dot{\omega}_z + (J_2 - J_1)\omega_x\omega_y = 0 \tag{23-27c}$$

下面我们详细讨论欧拉情况下刚体的运动。

1)初积分之一:动量矩积分

因为欧拉情况下外力对点 O 的主矩 $\boldsymbol{M}_O^{(e)}$ 等于零,由方程(14-14)得

$$\boldsymbol{L}_O = \text{const} \tag{a}$$

即刚体对点 O 的动量矩 $\boldsymbol{L}_O$ 在固定坐标系中方向不变,大小为常数。

因为 $J_1\omega_x, J_2\omega_y, J_3\omega_z$ 是矢量 $\boldsymbol{L}_O$ 在主轴 Ox, Oy, Oz 上的投影,而 L_O^2 是矢量 $\boldsymbol{L}_O$ 的大小的平方,由式(a)得下面的第一积分

$$L_O^2 = \text{const}, J_1^2\omega_x^2 + J_2^2\omega_y^2 + J_3^2\omega_z^2 = L^2 \tag{23-28}$$

2)初积分之二:能量积分

由动能定理可得,刚体的动能也是常数。事实上,因为

$$\mathrm{d}T = \boldsymbol{M}_O^{(e)} \cdot \boldsymbol{\omega}\mathrm{d}t + \boldsymbol{R}^{(e)} \cdot \boldsymbol{v}_O\mathrm{d}t \tag{b}$$

又有 $\boldsymbol{M}_O^{(e)} = \boldsymbol{0}, \boldsymbol{v}_O = \boldsymbol{0}$,所以存在第一积分

$$T = \text{const}, J_1\omega_x^2 + J_2\omega_y^2 + J_3\omega_z^2 = 2T \tag{23-29}$$

第一积分式(23-28)和式(23-29)可以直接由式(23-27)得到。事实上,如果将式(23-27)的第1个方程乘以 $J_1\omega_x$,第2个方程乘以 $J_2\omega_y$,第3个方程乘以 $J_3\omega_z$,然后相加起来可得

$$J_1^2\omega_x\dot{\omega}_x + J_2^2\omega_y\dot{\omega}_y + J_3^2\omega_z\dot{\omega}_z = 0 \tag{c}$$

由此可得第一积分式(23-28)。如果将式(23-27)中的第1,2,3个方程分别乘以 $\omega_x, \omega_y, \omega_z$ 再相加得

$$J_1\omega_x\dot{\omega}_x + J_2\omega_y\dot{\omega}_y + J_3\omega_z\dot{\omega}_z = 0 \tag{d}$$

由此可得第一积分式(23-29)。

23.4.2 潘索的几何解释

1834 年潘索(L. Poinsot)对欧拉情形刚体定点运动做出直观的几何解释。设 P 为刚体瞬时角速度 $\boldsymbol{\omega}$ 的矢量端点,其相对主轴坐标系($O-xyz$)的坐标为

$$x=\omega_x, y=\omega_y, z=\omega_z \tag{e}$$

将上式代入后,初积分式(23-28)、式(23-29)写作

$$J_1^2x^2+J_2^2y^2+J_3^2z^2=L^2 \tag{23-30}$$

$$J_1x^2+J_2y^2+J_3z^2=2T \tag{23-31}$$

式(23-30)表示的椭球面,称为动量矩椭球。式(23-31)表示的椭球面,称为能量椭球,即前面提到的惯性椭球。在刚体转动过程中,由于动能和动量矩均守恒,P 点必须沿两个椭球面的交线移动。将惯性椭球方程(23-31)改写为

$$F(x,y,z)=J_1x^2+J_2y^2+J_3z^2-2T=0 \tag{23-32}$$

函数 F 对 x,y,z 的偏导数在 P 点的值表示 P 点处椭球切平面 Π 的一组法线方向的方向导数

$$\left(\frac{\partial F}{\partial x}\right)_P=2J_1\omega_x, \left(\frac{\partial F}{\partial y}\right)_P=2J_2\omega_y, \left(\frac{\partial F}{\partial z}\right)_P=2J_3\omega_z \tag{f}$$

将上式与式(23-21)对照,可看出 Π 平面的法线方向即动量矩 $\boldsymbol{L}_O$ 的方向。由于动量矩守恒,Π 平面在惯性空间中必保持确定的方位不变。定点 O 与 Π 平面的距离 d 等于 $\boldsymbol{\omega}$ 矢量沿 Π 平面法线方向的投影。利用 23.1.2 节中式(d)导出

$$d=\boldsymbol{\omega}\cdot\frac{\boldsymbol{L}_O}{L_O}=\frac{2T}{L_O}=\text{const} \tag{23-33}$$

因此 Π 平面不仅方位不变,而且与定点 O 的距离也不变,成为惯性空间中的固定平面。由于瞬时旋转轴通过 P 点处的线速度必等于零。根据此分析结果,潘索对刚体运动做出以下形象化解释:无力矩的刚体定点运动为对固定点的惯性椭球沿着空间中固定平面作无滑动的滚动,这个平面垂直于动量矩,刚体的角速度正比于切点的矢径;称之为刚体的欧拉—潘索运动(图 23-6)。

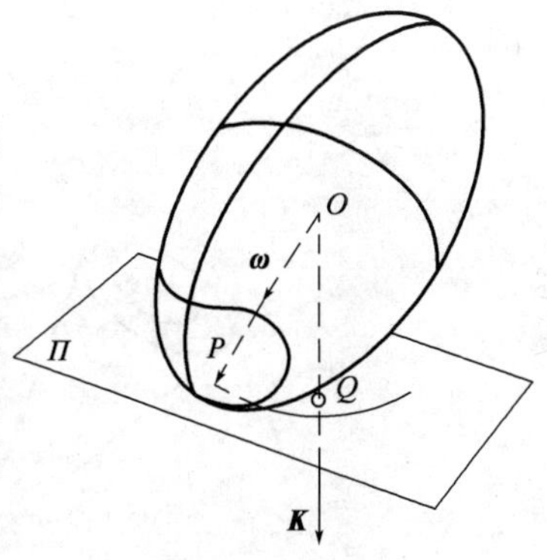

图 23-6 惯性椭球的滚旋运动

P 点在惯性椭球表面的轨迹称为本体极迹,即惯性椭球与动量矩椭球的交线,P 点在 Π 平面上的轨迹称为空间极迹。也可以形象化地认为,欧拉—潘索运动是本体极迹沿空间极迹的无滑动滚动。

23.4.3 轴对称刚体的惯性运动

对于轴对称刚体 $J_1=J_2\neq J_3$,无力矩作用时,$M_\psi=M_\theta=M_\varphi=0$,代入以欧拉角为广义坐标的刚体定点运动动力学方程(23-26),得到

$$\frac{\mathrm{d}}{\mathrm{d}t}[\dot{\psi}(J_1\sin^2\theta+J_3\cos^2\theta)+J_3\dot{\varphi}\cos\theta]=0 \tag{23-34a}$$

$$J_1\ddot{\theta}+[(J_3-J_1)\dot{\psi}\cos\theta+J_3\dot{\varphi}]\dot{\psi}\sin\theta=0 \tag{23-34b}$$

$$\frac{\mathrm{d}}{\mathrm{d}t}[J_3(\dot{\varphi}+\dot{\psi}\cos\theta)]=0 \tag{23-34c}$$

方程式(23-34a)与式(23-34c)提供两个循环积分：

$$\dot{\psi}(J_1\sin^2\theta + J_3\cos^2\theta) + J_3\dot{\varphi}\cos\theta = \text{const} \tag{23-35a}$$

$$\dot{\varphi} + \dot{\psi}\cos\theta = \text{const} \tag{23-35b}$$

不难看出，若 θ、$\dot{\psi}$、$\dot{\varphi}$ 均为常数，则以上两个积分必自行满足。令 $\theta=\theta_0$、$\dot{\psi}=\nu$、$\dot{\varphi}=n$，方程式(23-34b)限制三个常数 θ_0、ν、n 必须满足以下条件中的任意一个：

$$n = \left(\frac{\nu}{\lambda}\right)(1-\lambda)\cos\theta_0 \tag{23-36a}$$

$$\theta_0 = 0 \text{ 或 } \pi \tag{23-36b}$$

$$\nu = 0 \tag{23-36c}$$

其中，参数 $\lambda = J_3/J_1$ 为刚体的主惯量矩比，通常在 0 与 2 之间变动。

θ、$\dot{\psi}$、$\dot{\varphi}$ 保持不变的这种特殊的刚体运动，在运动学中称作规则进动。因此无力矩作用时，轴对称刚体运动的一般形式就是规则运动。由于是借惯性维持的自由运动，故可称作自由规则进动。刚体规则进动时，瞬时转动轴与 z 轴和 ζ 轴都保持确定的夹角不变，因此动、定瞬时转动轴迹面分别是以 z 轴和 ζ 轴为对称轴的圆锥面，动锥在定锥上作无滑动的滚动(图 23-7)。根据式(23-36a)给出的自转角速度 n 与参数 ν、λ、θ_0 之间的关系，可知：

(1)当 $\lambda<1$ 时，极轴为最小惯量矩主轴，n 与 ν 同号，进动与自转方向一致，称为正进动[图 23-7a)]；

(2)当 $\lambda>1$ 时，极轴为最大惯量矩主轴，n 与 ν 反号，进动与自转方向相反，称为逆进动[图 23-7b)]；

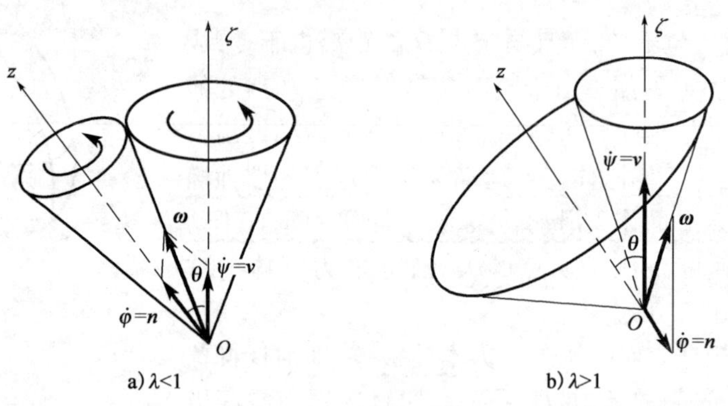

图 23-7　自由规则进动

(3)$\lambda=1$ 时刚体为球对称体，$n=0$，自旋角不变，进动角的变化表现为刚体绕任意轴的永久转动。

条件(23-36b)要求 $\theta_0=0$ 或 π，对应于刚体绕与惯量主轴 z 重合的 ζ 轴作匀速定轴转动。条件(23-36c)要求 $\dot{\psi}=0$，即 ψ 保持常数 ψ_0，对应于刚体绕在惯性空间中保持方位 θ_0、ψ_0 不变的惯量主轴 z 作匀速定轴转动。这两种运动的共同特征是，刚体绕惯量主轴之一做匀速转动，且转动轴在惯性空间中保持方位不变。这种运动称为刚体的永久转动，也可看作是规则进动的一种特殊情形。宇宙中所有自转的天体，包括地球在内，其运动均为永久转动或接近于永久转动，其自转轴保持在惯性空间中指向不变。在工程技术中，常利用永久转动现象来实现在惯性空间中的定向，例如自由陀螺仪和自旋卫星。

23.5 重力场中轴对称刚体的定点转动

23.5.1 拉格朗日情形刚体定点转动

1)动力学方程的初积分

固定点 O 与质心 C 不重合但均在对称轴上的轴对称刚体称为拉格朗日刚体,也称为重刚体。地面上滚动的玩具陀螺和受空气动力作用的旋转弹丸是最常见的重刚体(图 23-8)。重刚体的运动称为拉格朗日情形刚体定点运动。

设刚体的质量为 $m, J_1 = J_2$,点 C 与点 O 的距离为 l, ζ 轴为向上的垂直轴。应该指出,利用对称刚体惯性主轴 x, y 方向选择的任意性,可以更简单地得到动能表达式。如果认为 x 轴沿着节线 ON,即 $\varphi = 0$,可得角速度分量的简单表达式

$$\omega_x = \dot{\theta}\ ,\ \omega_y = \dot{\psi}\sin\theta, \omega_z = \dot{\varphi} + \dot{\psi}\cos\theta \tag{23-37}$$

将上式代入刚体的动能公式(23-22)得到

$$T = \frac{1}{2}[J_1(\dot{\theta}^2 + \dot{\psi}^2\sin^2\theta) + J_3(\dot{\varphi} + \dot{\psi}\cos\theta)^2] \tag{23-38}$$

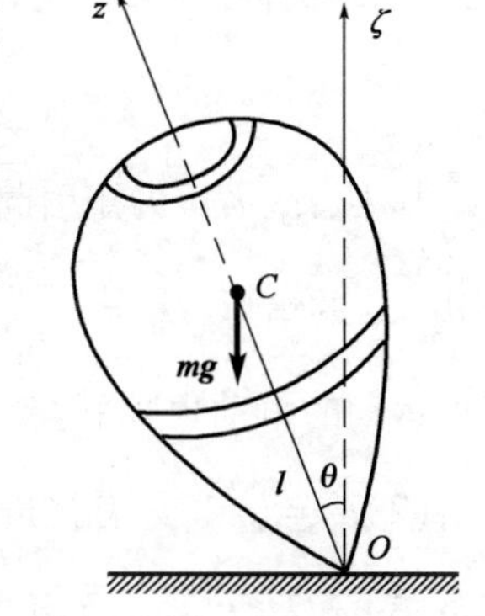

图 23-8 重力场中的轴对称刚体

刚体的势能可写作

$$V = mgl\cos\theta \tag{23-39}$$

系统的拉格朗日函数

$$L = \frac{1}{2}[J_1(\dot{\theta}^2 + \dot{\psi}^2\sin^2\theta) + J_3(\dot{\varphi} + \dot{\psi}\cos\theta)^2] - mgl\cos\theta \tag{23-40}$$

L 函数不含广义坐标 ψ, φ,此保守系统存在两个循环积分

$$\frac{\partial L}{\partial \dot{\psi}} = \text{const}, J_1\dot{\psi}\sin^2\theta + J_3(\dot{\varphi} + \dot{\psi}\cos\theta)\cos\theta = \text{const} \tag{23-41}$$

$$\frac{\partial L}{\partial \dot{\varphi}} = \text{const}, \dot{\varphi} + \dot{\psi}\cos\theta = \text{const} \tag{23-42}$$

由于力矩 $\boldsymbol{M}_O$ 与 ζ 轴和 z 轴均正交,初积分式(23-41)和式(23-42)的物理意义为动量矩 $\boldsymbol{L}_O$ 沿 ζ 轴和 z 轴的投影守恒。又由于 L 函数不显含时间 t,存在广义能量积分。

$$T + V = \text{const}, J_1(\dot{\theta}^2 + \dot{\psi}^2\sin^2\theta) + J_3(\dot{\varphi} + \dot{\psi}\cos\theta)^2 + 2mgl\cos\theta = \text{const} \tag{23-43}$$

与前述惯性运动情形相同,θ、$\dot{\psi}$、$\dot{\varphi}$ 若为常数,则式(23-41)和式(23-42)两个积分必自行满足。

2)受迫规则进动

令 $\theta = \theta_0, \dot{\psi} = \Omega, \dot{\varphi} = n$,以常数 ω_0 表示刚体绕 z 轴的绝对角速度 $n + \Omega\cos\theta_0$,则方程(23-43)对于参数 θ_0、Ω、ω_0 的限制条件为

$$J_1\cos\theta_0\Omega^2 - J_3\omega_0\Omega + mgl = 0 \tag{23-44}$$

从上式解出 Ω,得到

$$\Omega_{1,2} = \frac{J_3\omega_0}{2J_1\cos\theta_0}\left(1 \mp \sqrt{1 - \frac{4J_1 mgl\cos\theta_0}{J_3^2\omega_0^2}}\right) \tag{23-45}$$

讨论几种特殊情形:

(1) $0\leqslant\theta_0<\pi/2$，定义临界角速度：

$$\omega_{0,\mathrm{cr}}=\frac{2}{J_3}\sqrt{mglJ_1\cos\theta_0} \tag{23-46}$$

仅当 $\omega_0\geqslant\omega_{0,\mathrm{cr}}$ 时，Ω 存在实根，可能发生规则进动。与刚体的惯性运动不同，这种规则进动是在重力作用下受迫发生的，称为受迫规则进动。

若刚体绕对称轴的速度极高，以致 $\omega_0\gg\omega_{0,\mathrm{cr}}$ 时，将式(23-45)中的根式展成 $\omega_{0,\mathrm{cr}}/\omega_0$ 的幂级数，略去高阶项，得到 Ω 的两个根的近似值：

$$\Omega_1=\frac{mgl}{J_3\omega_0},\Omega_2=\frac{J_3\omega_0}{J_1\cos\theta_0} \tag{23-47}$$

其中，Ω_1 为重力矩引起的慢进动；Ω_2 是与重力矩无关的快进动，为惯性作用的表现。对于 $\theta_0=0$ 的情形，$\Omega_2=\nu=\dfrac{J_3}{J_1}\omega_0$，即 Ω_2 与自由规则进动角速度 ν 完全相同，即欧拉情形刚体定点运动的章动角频率。

(2) $\theta_0=\pi/2$，只有慢进动角速度 $\Omega=\dfrac{mgl}{J_3\omega_0}$，不存在快进动。

(3) $\pi/2<\theta_0<\pi$，不论 ω_0 取何值，Ω 都存在符号相反的两个实根。表明重心支点下方的重陀螺在任何转速下均能发生受迫规则进动。慢进动与快进动方向相反。

23.5.2 柯娃列夫斯卡娅情形刚体定点转动

1) 重刚体定点运动的一般提法

下面研究刚体在重力场中绕固定点 O 的运动，固定坐标系的 $O\zeta$ 轴竖直向上，$Oxyz$ 是与刚体一起运动的固连坐标系，其坐标轴为刚体对固定点 O 的惯性主轴。刚体重心 C 在 $Oxyz$ 中的坐标为 a,b,c，刚体相对固定坐标系的方向借助欧拉角 ψ,θ,φ 确定，欧拉角按通常的方式定义(图 23-9)。

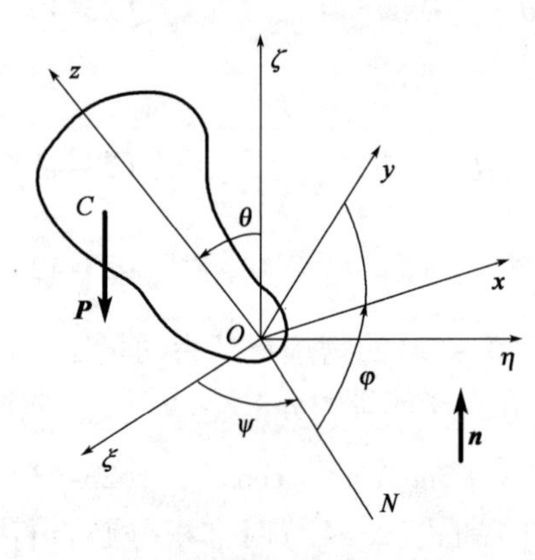

图 23-9 任意重刚体定点运动

刚体相对 Ox,Oy,Oz 轴的惯性矩用 J_1,J_2,J_3 表示，而重力用 $\boldsymbol{P}$ 表示。

设竖直轴 $O\zeta$ 的单位矢量 $\boldsymbol{n}$ 在固连坐标系 $Oxyz$ 中的分量为 $\gamma_1,\gamma_2,\gamma_3$，在欧拉运动学方程式(10-19)中 $\omega_x,\omega_y,\omega_z$ 的表达式 $\dot\psi$ 的系数就是 $\gamma_1,\gamma_2,\gamma_3$。

$$\gamma_1=\sin\theta\sin\varphi,\gamma_2=\sin\theta\cos\varphi,\gamma_3=\cos\theta \tag{23-48}$$

矢量 $\boldsymbol{n}$ 在固连坐标系 $Oxyz$ 中是常量，所以其绝对导数等于零：

$$\frac{\mathrm{d}\boldsymbol{n}}{\mathrm{d}t}=\boldsymbol{0} \tag{a}$$

考虑到绝对导数和相对导数的关系式(10-24)，上面的方程可以写成

$$\frac{\tilde{\mathrm{d}}\boldsymbol{n}}{\mathrm{d}t}+\boldsymbol{\omega}\times\boldsymbol{n}=\boldsymbol{0} \tag{23-49}$$

其中，$\boldsymbol{\omega}$ 是刚体角速度，方程(23-49)称为泊松方程。用 $\omega_x,\omega_y,\omega_z$ 表示 $\boldsymbol{\omega}$ 在 Ox,Oy,Oz 轴的投影，泊松矢量方程可以写成下面 3 个标量方程：

$$\frac{d\gamma_1}{dt}=\omega_z\gamma_2-\omega_y\gamma_3,\frac{d\gamma_2}{dt}=\omega_x\gamma_3-\omega_z\gamma_1,\frac{d\gamma_3}{dt}=\omega_y\gamma_1-\omega_x\gamma_2 \tag{23-50}$$

作用在刚体上的外力是重力和 O 点的约束力，约束力对 O 点没有矩，而重力 $\boldsymbol{P}$ 对 O 点的矩 $\boldsymbol{M}_O$ 等于$\overrightarrow{OC}\times\boldsymbol{P}$。考虑到 $\boldsymbol{P}=-P\boldsymbol{n}$，有

$$\boldsymbol{M}_O=P\boldsymbol{n}\times\overrightarrow{OC} \tag{23-51}$$

如果 M_x,M_y,M_z 是 $\boldsymbol{M}_O$ 在 Ox,Oy,Oz 上的投影，则由式(23-51)得

$$M_x=P(c\gamma_2-b\gamma_3),M_y=P(a\gamma_3-c\gamma_1),M_z=P(b\gamma_1-a\gamma_2) \tag{23-52}$$

于是，动力学方程(23-24)有如下形式

$$J_1\dot{\omega}_x+(J_3-J_2)\omega_y\omega_z=P(c\gamma_2-b\gamma_3) \tag{23-53a}$$

$$J_2\dot{\omega}_y+(J_1-J_3)\omega_z\omega_x=P(a\gamma_3-c\gamma_1) \tag{23-53b}$$

$$J_3\dot{\omega}_z+(J_2-J_1)\omega_x\omega_y=P(b\gamma_1-a\gamma_2) \tag{23-53c}$$

方程式(23-50)和式(23-53)构成了封闭方程组，包含描述刚体定点运动的6个微分方程。

如果从方程组式(23-50)和式(23-53)求出 $\omega_x,\omega_y,\omega_z,\gamma_1,\gamma_2,\gamma_3$ 作为时间的函数，则由方程式(23-48)求出 $\theta(t),\varphi(t)$，而求 $\psi(t)$ 需要利用欧拉运动学方程(23-25)中的任意一个。

这样，积分方程组式(23-50)和式(23-53)称为基本问题，这个封闭方程组的分析是重刚体定点运动问题的主要困难。

我们将给出方程组式(23-50)和式(23-53)的3个第一积分，其中一个是矢量 $\boldsymbol{n}$ 的模，等于1，即

$$\gamma_1^2+\gamma_2^2+\gamma_3^2=1 \tag{23-54}$$

还有一个积分由动量矩定理得到。事实上，因为外力——重力和约束力对竖直轴没有矩，则动量矩 $\boldsymbol{L}_O$ 在竖直轴上的投影为常数，即

$$\boldsymbol{L}_O\cdot\boldsymbol{n}=\text{const} \tag{b}$$

在固定坐标系中 $\boldsymbol{L}_O$ 的分量为 $J_1\omega_x,J_2\omega_y,J_3\omega_z$，因此上面方程可写作

$$L_\zeta=\text{const},J_1\omega_x\gamma_1+J_2\omega_y\gamma_1+J_3\omega_z\gamma_3=\text{const} \tag{23-55}$$

进一步可以发现，O 点的约束力的功等于零，重力有势且势能不显含时间，因此在运动过程中机械能 $E=T+V$ 守恒。

注意到当重心位于水平面 $O\xi\eta$ 上时势能等于零，可得 $V=Ph$，其中 h 是重心到平面 $O\xi\eta$ 的距离，$h=\overrightarrow{OC}\cdot\boldsymbol{n}=a\gamma_1+b\gamma_2+c\gamma_3$。由动能公式(23-22)，能量积分可以写成

$$E=\text{const},\frac{1}{2}(J_1\omega_x^2+J_2\omega_y^2+J_3\omega_z^2)+P(a\gamma_1+b\gamma_2+c\gamma_3)=\text{const} \tag{23-56}$$

如果利用雅可比乘子理论，则可以证明，为了在任何初始条件下将式(23-50)和式(23-53)完全积分，除了上面的3个第一积分式(23-54)~式(23-56)以外，还需要一个独立于它们的第一积分。

现在我们证明，对于 $\omega_x,\omega_y,\omega_z,\gamma_1,\gamma_2,\gamma_3$ 的第4个代数第一积分只有在下面3种情况下存在，就是欧拉情况、拉格朗日情况和柯娃列夫斯卡娅情况。

(1)在欧拉情况下，刚体是任意的，即重力矩为零情况。这出现在两种情况中：①不计重力，即 $P=0$；②固定点就是质心，即 $a=b=c=0$。动量矩沿 $O\xi$ 和 $O\eta$ 轴的投影也是守恒的，即

$$L_\xi = \text{const}, L_\eta = \text{const} \tag{23-57}$$

(2)在拉格朗日情况下,刚体对固定点的惯性椭球是旋转椭球,重心位于旋转轴 Oz 上,例如 $J_1 = J_2, a = b = 0$。由式(23-53c)可知,在这种情况下,还有角速度积分:

$$\omega_z = \text{const} \tag{23-58}$$

2)柯娃列夫斯卡娅情况

在柯娃列夫斯卡娅情况下刚体对固定点 O 的惯性椭球是旋转椭球,例如 Oz 轴旋转,惯性矩满足关系式 $J_1 = J_2 = 2J_3$,而重心位于惯性椭球的赤道面上,即 $c = 0$。

对于旋转惯性椭球,任何过 O 点并位于赤道面内的轴都是惯性主轴,所以为了计算简单,我们假设 Ox 轴通过重心,即 $b = 0$,那么欧拉动力学方程(23-53)在柯娃列夫斯卡娅情况下写成

$$2\dot{\omega}_x - \omega_y\omega_z = 0, 2\dot{\omega}_y + \omega_z\omega_x = \kappa^2\gamma_3, \dot{\omega}_z = -\kappa^2\gamma_2\left(\kappa^2 = \frac{Pa}{J_3}\right) \tag{23-59}$$

不难借助方程组式(22-50)、式(22-59)直接通过微分验证,第4个代数第一积分是

$$(\omega_x^2 - \omega_y^2 - \kappa^2\gamma_1)^2 + (2\omega_x\omega_y - \kappa^2\gamma_2)^2 = \text{const} \tag{23-60}$$

呼松(Husson,1905年)和波加梯(Burgatti,1910年)等人证明了除欧拉、拉格朗日和柯娃列夫斯卡娅三种情况外,对于其他情况再也找不出适合任何初条件的普遍的代数积分。当然,这并不排除在某些特殊的初始条件下存在第三个首次积分。

23.6 刚体一般运动的动力学方程

设刚体的质量 m_μ,质心在 C 处, $O\xi\eta\zeta$ 或$[O, \boldsymbol{i}_0, \boldsymbol{j}_0, \boldsymbol{k}_0]$是惯性参考系,$Cxyz$ 或$[C, \bar{\boldsymbol{i}}, \bar{\boldsymbol{j}}, \bar{\boldsymbol{k}}]$是过质心的固连坐标系,且 x, y, z 是刚体的主轴。所有外力的主矢量是 $\boldsymbol{F}$,对 C 点的主矩是 $\boldsymbol{M}_C$。

根据质心运动定理,质心的动力学方程在坐标系$[O, \boldsymbol{i}_0, \boldsymbol{j}_0, \boldsymbol{k}_0]$中的投影式为

$$m_\mu\ddot{\xi}_C = F_\xi \tag{23-61a}$$

$$m_\mu\ddot{\eta}_C = F_\eta \tag{23-61b}$$

$$m_\mu\ddot{\zeta}_C = F_\zeta \tag{23-61c}$$

又根据对质心的动量矩定理式(14-23),刚体绕质心运动的动力学方程在$[C, \bar{\boldsymbol{i}}, \bar{\boldsymbol{j}}, \bar{\boldsymbol{k}}]$中的投影式为

$$J_1\dot{\omega}_x + (J_3 - J_2)\omega_y\omega_z = M_x \tag{23-62a}$$

$$J_2\dot{\omega}_y + (J_1 - J_3)\omega_z\omega_x = M_y \tag{23-62b}$$

$$J_3\dot{\omega}_z + (J_2 - J_1)\omega_x\omega_y = M_z \tag{23-62c}$$

其中,M_x, M_y, M_z 是 $\boldsymbol{M}_C$ 沿主轴的分量;$\omega_x, \omega_y, \omega_z$ 是角速度 $\boldsymbol{\omega}$ 沿主轴的分量。它们与欧拉角 ψ, θ, φ 的关系是式(10-19)

$$\omega_x = \dot{\psi}\sin\theta\sin\varphi + \dot{\theta}\cos\varphi \tag{23-63a}$$

$$\omega_y = \dot{\psi}\sin\theta\cos\varphi - \dot{\theta}\sin\varphi \tag{23-63b}$$

$$\omega_z = \dot{\psi}\cos\theta + \dot{\varphi} \tag{23-63c}$$

联合式(23-61)、式(23-62)和式(23-63)三组方程就是刚体一般运动的全部动力学方程。式(23-63)代入式(23-62)得到三个以 ψ, θ, φ 表达的二阶微分方程。自由刚体在空间

中有 6 个自由度,这里正好有 6 个二阶微分方程,在给定了 12 个初始条件以后,就可以解出全部运动规律。一般情况下方程组式(23-61)和式(23-62)的右端依赖于 $\xi_C,\eta_C,\zeta_C,\psi,\theta,\varphi$ 以及它们的一阶导数和时间,这种情况下方程组式(23-61)~式(23-63)必须同时求解。

在简单的情况下单独积分方程组式(23-61)和式(23-62)~式(23-63),例如自由刚体在均匀重力场中运动,作用在刚体上的唯一外力是重力,它作用在重心上,方向竖直向下。如果轴 $O\zeta$ 的方向竖直向上,则方程组式(23-61)的形式为

$$\ddot{\xi}_C=0,\ \ddot{\eta}_C=0,\ \ddot{\zeta}_C=-g \tag{23-64}$$

其中,g 为重力加速度。由此可知,对任意初始条件,质心都是沿着抛物线运动。又由于重力对质心的力矩等于零,这时刚体绕质心的运动称为欧拉—泊松运动。

如果刚体不是自由的,则 $\xi_C,\eta_C,\zeta_C,\psi,\theta,\varphi$ 以及它们的一阶导数和时间可能满足某些关系式,方程组还是具有式(23-61)~式(23-63)的形式,但式(23-61)和式(23-62)的右边包含约束力。

23.7 陀螺基本公式

惯性椭球是旋转椭球的定点运动刚体称为陀螺。在 23.4 节中我们已经看到,如果外力对固定点 O 的主矩为零,则陀螺绕不变的动量矩 $\boldsymbol{L}_O$ 作规则运动。

但是为了使陀螺作规则运动,不一定要外力对固定点的主矩为零,我们来详细研究这个问题。设 $O\xi\eta\zeta$ 是以固定点 O 为原点的固定坐标系,而 $Oxyz$ 的坐标轴沿着刚体对 O 点的惯性主轴,又设 J_1,J_2,J_3 是刚体对 Ox,Oy,Oz 轴的惯性矩并且 $J_1=J_2$ 这种情况下欧拉动力学方程(23-24)可以写成

$$J_1\frac{\mathrm{d}\omega_x}{\mathrm{d}t}+(J_3-J_1)\omega_y\omega_z=M_x \tag{23-65a}$$

$$J_1\frac{\mathrm{d}\omega_y}{\mathrm{d}t}+(J_1-J_3)\omega_z\omega_x=M_y \tag{23-65b}$$

$$J_3\frac{\mathrm{d}\omega_z}{\mathrm{d}t}=M_z \tag{23-65c}$$

欧拉角 ψ,θ,φ 按通常的定义,欧拉运动学方程的形式为式(10-19)。

下面我们来求陀螺规则进动的条件。在该条件下刚体绕 $O\zeta$ 轴规则进动,章动角保持常数($\theta=\theta_0$),自转角速度 $\dot{\varphi}=\omega_1$ 和进动角速度 $\dot{\psi}=\omega_2$ 也都是常数。换句话说,我们来求外力对 O 点的主矩 $\boldsymbol{M}_O$ 使陀螺以给定的 $\theta_0,\omega_1,\omega_2$ 作规则进动。

对于给定的 $\theta,\dot{\varphi},\dot{\psi}$ 欧拉运动学方程(10-19)有如下形式

$$\omega_x=\omega_2\sin\theta_0\sin\varphi \tag{23-66a}$$

$$\omega_y=\omega_2\sin\theta_0\cos\varphi \tag{23-66b}$$

$$\omega_z=\omega_2\cos\theta_0+\omega_1 \tag{23-66c}$$

由式(23-66c)可知,$\omega_z=\text{const}$,所以由式(23-65c)的第 3 个方程给出

$$M_z=0 \tag{23-67}$$

将式(23-66)中的 $\omega_x,\omega_y,\omega_z$ 代入式(23-65a),可以求出

$$M_x=J_1\omega_2\sin\theta_0\cos\varphi\frac{\mathrm{d}\varphi}{\mathrm{d}t}+(J_3-J_1)\omega_2\sin\theta_0\cos\varphi(\omega_2\cos\theta_0+\omega_1) \tag{a}$$

将导数$\frac{\mathrm{d}\varphi}{\mathrm{d}t}$代替为$\dot{\varphi}=\omega_1$得

$$M_x=\omega_1\omega_2\sin\theta_0\cos\varphi\left[J_3+(J_3-J_1)\frac{\omega_2}{\omega_1}\cos\theta_0\right] \tag{23-68}$$

类似地,由式(23-66)和式(23-65b)得

$$M_y=-\omega_1\omega_2\sin\theta_0\sin\varphi\left[J_3+(J_3-J_1)\frac{\omega_2}{\omega_1}\cos\theta_0\right] \tag{23-69}$$

注意到在坐标系$Oxyz$中矢量$\boldsymbol{\omega}_1$和$\boldsymbol{\omega}_2$的分量分别为$0,0,\omega_1$和$\omega_2\sin\theta_0\sin\varphi,\omega_2\sin\theta_0\cos\varphi,\omega_2\cos\theta_0$,式(23-68)和式(23-69)可以写成一个矢量等式

$$\boldsymbol{M}_O=\boldsymbol{\omega}_2\times\boldsymbol{\omega}_1\left[J_3+(J_3-J_1)\frac{\omega_2}{\omega_1}\cos\theta_0\right] \tag{23-70}$$

由此可见,矢量$\boldsymbol{M}_O$的大小为常数,方向沿着节线ON。

式(23-70)称为陀螺基本公式。在已知惯性矩J_1,J_3,章动角θ_0和角速度矢量$\boldsymbol{\omega}_1,\boldsymbol{\omega}_2$的情况下,用陀螺基本公式可以给出规则进动所需的力矩$\boldsymbol{M}_O$。

可以发现,与23.4节讨论的欧拉情况不同,这里的动量矩$\boldsymbol{L}_O$不是常量,根据动量矩定理,它满足

$$\frac{\mathrm{d}\boldsymbol{L}_O}{\mathrm{d}t}=\boldsymbol{M}_O \tag{23-71}$$

这个公式可以给出非常方便和广泛使用的解释:矢量$\boldsymbol{L}_O$端点的速度等于$\boldsymbol{M}_O$(莱沙尔定理)。

例题23-2 如图23-10a)所示的研磨机碾子重为W,半径为r,对其自转轴的转动惯量$J_z=C$。碾子自转轴又绕竖直轴以匀角速度ω转动,设碾子作纯滚动,求碾子对盘面的压力大小。

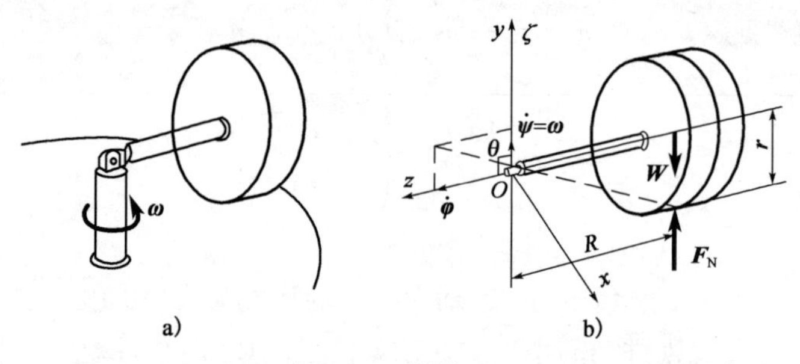

图23-10 例题23-2

解:以O为原点,建立动坐标系$Oxyz$,Oz轴固结在碾子的轴上,Oy轴固结在竖直轴上,如图23-10b)所示。碾子作规则进动,$\theta_0=90°$,碾子的进动角速度为$\boldsymbol{\omega}_2=\omega\boldsymbol{j}$,碾子的自转角速度为$\boldsymbol{\omega}_1=(R\omega/r)\boldsymbol{k}$,根据陀螺基本公式(23-70),得外力$O$的主矩为

$$\boldsymbol{M}_O=C\boldsymbol{\omega}_2\times\boldsymbol{\omega}_1=\frac{CR\omega^2}{r}\boldsymbol{i}$$

提供这个力矩的是重力和盘面的约束反力$\boldsymbol{F}_\mathrm{N}$,于是有

$$\boldsymbol{M}_O=(F_\mathrm{N}-mg)R\boldsymbol{i}$$

比较上面两个式子,得碾子对盘面的压力大小

$$F_\mathrm{N}=mg+\frac{C\omega^2}{r}$$

由此可以看出,碾子转动越快,对盘面的压力就越大。

23.8 陀螺基本理论

现代技术中使用的陀螺的自转角速度通常远大于进动角速度,即 $\omega_1 \gg \omega_2$,如果忽略公式(23-70)中方括号内的二次项,则有

$$\boldsymbol{M}_O = J_3\boldsymbol{\omega}_2 \times \boldsymbol{\omega}_1 \tag{23-72}$$

这个公式是陀螺基本理论或近似理论的基础,称为陀螺近似公式[如果章动角 $\theta_0 = \pi/2$,则公式(23-72)对 $\boldsymbol{M}_O$ 不是近似的,而是精确的,无论不等式 $\omega_1 \gg \omega_2$ 是否成立]。

在陀螺基本理论的假设下,公式(23-72)可以由莱沙尔定理立刻得到。这个基本假设是:高速转动的陀螺在任意时刻的瞬时角速度与动量矩都沿着动力学对称轴,并且

$$\boldsymbol{L}_O = J_3\boldsymbol{\omega}_1 \tag{23-73}$$

我们可以看到高速转动的陀螺有一些性质。设陀螺的重心与固定点重合,这种陀螺称为平衡陀螺。设陀螺绕对称轴转动的角速度为 ω_1,由于这种情况下对称轴是中心惯性主轴,陀螺的动量矩 $\boldsymbol{L}_O$ 沿着对称轴并且 $\boldsymbol{L}_O = J_3\boldsymbol{\omega}_1$。这个等式不是近似的而是精确的。如果外力对重重心的主矩为零,则矢量 $\boldsymbol{L}_O$ 是常量,陀螺轴在固定坐标系中保持其初始方向。

假设在陀螺轴上作用一个力 $\boldsymbol{F}$,它对 O 点的主矩等于 $\boldsymbol{M}$(图 23-11)。根据公式(23-71),矢量 $\boldsymbol{L}_O$(以及陀螺对称轴)将发生偏移,但不是偏向力的作用方向,而是偏向力矩 $\boldsymbol{M}$ 的方向(即垂直于力的方向),这是高速转动陀螺的一个有趣的性质。

设在高速转动陀螺上在很短的时间段 τ 内作用力 $\boldsymbol{F}$,且 $F\tau$ 是有限值,矢量 $\boldsymbol{L}_O$ 的端点有速度 $\boldsymbol{v}_A$,根据莱沙尔定理,该速度大小等于 Fh。点 A 在 τ 时间内的位移 $AA' = v_A\tau = Fh\tau$。考虑到 OA 等于 $J_3\omega_1$ 可得,陀螺轴在 τ 的时间内转动的角度 β 为

$$\beta = \frac{AA'}{OA} = \frac{Fh\tau}{J_3\omega_1} \tag{23-74}$$

因为 $Fh\tau$ 是有限值,而 $J_3\boldsymbol{\omega}_1$ 很大,所以角 β 很小。

可见,当力的作用时间很短时,陀螺轴实际上能保持自己的初始空间位置。

当力长时间作用时,陀螺的上述性质就不会继续保持了,陀螺动量矩 $J_3\boldsymbol{\omega}_1$ 的增大只会增加陀螺轴偏离初始位置到一定值所需的时间。

在工程技术中陀螺在长期存在常值或慢变力矩的条件下工作,当陀螺动量矩足够大时陀螺进行缓慢的进动。这种陀螺轴的缓慢变化是陀螺的最重要的(但不是唯一的)性质,在实践中也得到广泛应用。

我们研究以角速度 $\boldsymbol{\omega}_1$ 绕自己的轴转动的陀螺。由于在陀螺上安装了以角速度 $\boldsymbol{\omega}_2$ 转动的刚体,陀螺产生进动。进动所需的力矩 $\boldsymbol{M}_O$ 由陀螺上刚体的压力提供,这个力矩可以用陀螺基本公式(23-70)计算。根据牛顿第三定律,陀螺也对安装其上的刚体作用大小相等方向相反的力,这些力形成作用在刚体上的力矩 $\boldsymbol{M}_{\mathrm{g}}$,保证陀螺的进动,这个力矩称为陀螺力矩。显然 $\boldsymbol{M}_{\mathrm{g}} = -\boldsymbol{M}_O$。利用陀螺近似理论有

$$\boldsymbol{M}_{\mathrm{g}} = J_3\boldsymbol{\omega}_1 \times \boldsymbol{\omega}_2 \tag{23-75}$$

最后,我们根据陀螺基本理论来研究重刚体定点运动的拉格朗日情况。设重为 P 的动力学对称刚体有固定点 O(图 23-12),在初始时刻刚体对称轴 Oz 与竖直方向成 θ 角。设刚体以角速度 $\boldsymbol{\omega}_1$ 绕对称轴旋转,如图 23-12 所示。无论 Oz 在什么方向,重力 P 的力矩 $\boldsymbol{M}_O$ 总是沿着水平方向,因此竖直轴 $O\zeta$ 是进动轴。陀螺轴在顶角为 2θ 的圆锥面上运动,运动方向在图 23-2 上用箭头表示。

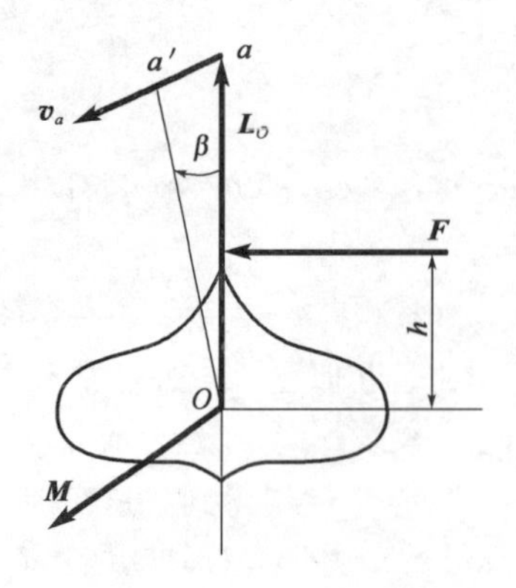

图 23-11　高速转动陀螺

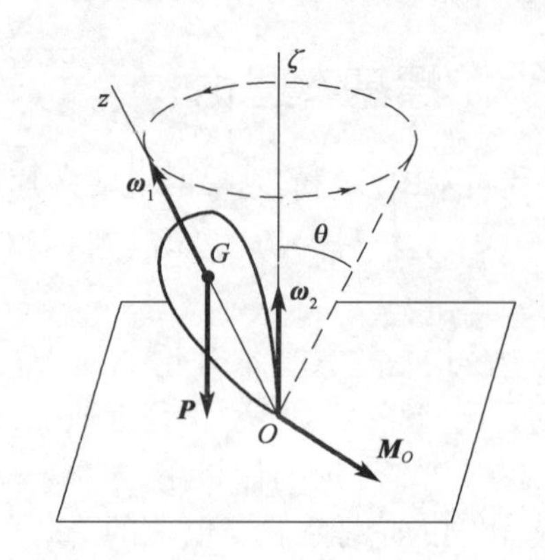

图 23-12　重刚体定点运动的拉格朗日情况

进动角速度可以由公式(23-72)求得。力矩 $\boldsymbol{M}_O$ 的大小为 $P \cdot \overline{OC} \cdot \sin\theta$,根据公式(23-72)这个值应该等于 $J_3\omega_1\omega_2\sin\theta$,由此可得

$$\boldsymbol{\omega}_2 = \frac{P \cdot \overline{OC}}{J_3\boldsymbol{\omega}_1} \tag{23-76}$$

由式(23-76)可知,进动角速度不依赖于角 θ。

可见,高速转动重刚体在拉格朗日情况下作规则进动,这个结论是近似的,是在陀螺基本理论的假设下得到的。陀螺的实际运动不同于规则进动,特别是角 θ 不一定是常数,可以在某个区间内变化。陀螺对称轴的振动称为章动。

23.9　高速自转陀螺的近似理论

通常将具有固定点的、绕对称轴高速自转的旋转对称刚体称为陀螺,对称轴(自转轴)就称为陀螺主轴,其物理模型如图 23-13 所示。有的定点运动特别简单,例如玩具陀螺在铅垂状态下的稳定高速自转(图 23-14)。如果陀螺的自转角速度大大地大于陀螺主轴在空间的进动角速度,则可用陀螺的自转动量矩 $\boldsymbol{L}$ 近似代替陀螺对固定点 O 的全部动量矩。

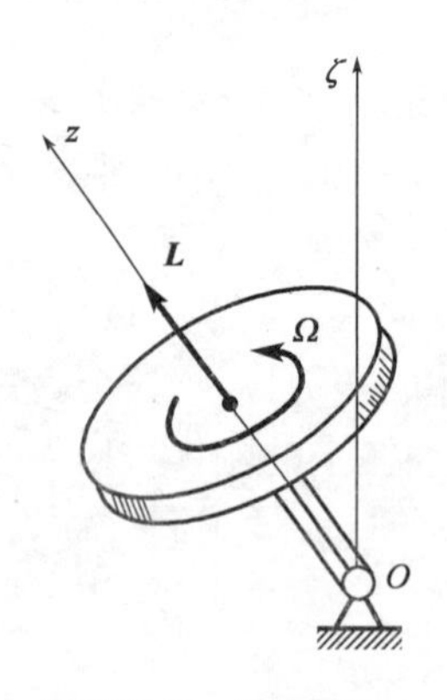

图 23-13　陀螺模型

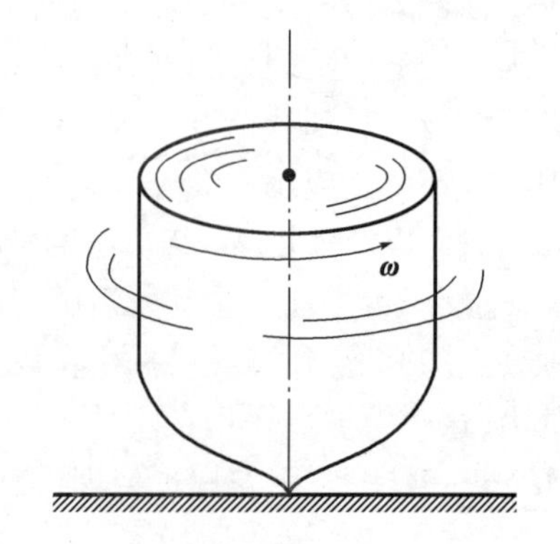

图 23-14　永久转动

$$\boldsymbol{L} = J_3\Omega\boldsymbol{k} \tag{23-77}$$

式中,$\boldsymbol{k}$ 为沿陀螺主轴 Oz 的单位矢量;J_3 为陀螺对主轴的转动惯量;Ω 为自转角速度,由陀螺马达维持为常量。因此,陀螺自转动量矩 $\boldsymbol{L}$ 的大小是常量,方向恒与主轴一致(图 23-13)。

这时,对 O 点的动量矩定理可近似写为

$$\frac{\mathrm{d}\boldsymbol{L}}{\mathrm{d}t}=\boldsymbol{M}_O \tag{23-78}$$

变矢量 $\boldsymbol{L}$ 对时间的导数的物理意义是变矢量 $\boldsymbol{L}$ 端点的速度 $\boldsymbol{v}_L$，因而有

$$\boldsymbol{v}_L=\boldsymbol{M}_O \tag{23-79}$$

即，陀螺自转动量矩 $\boldsymbol{L}$ 端点的速度矢量等于陀螺所受的外力矩矢量。在此基础上建立的陀螺运动理论称为陀螺进动理论，其中最主要的是陀螺的 3 个力学特性：

（1）定轴性：如果陀螺不受任何外力矩，$\boldsymbol{M}_O=\boldsymbol{0}$ 则其主轴在惯性空间保持方向不变。许多陀螺仪表利用此特性提供导航的方位基准。

（2）进动性：如果陀螺受到外力矩作用，则主轴的运动并不在力矩作用平面内发生，而是垂直于此平面发生，陀螺主轴的这种特殊运动称为陀螺的进动。如图 23-15 所示，力 $\boldsymbol{F}$ 作用于陀螺主轴，对 O 点产生力矩 $\boldsymbol{M}_O$，$\boldsymbol{L}$ 的端点有速度 $\boldsymbol{v}_L=\boldsymbol{M}_O$，于是主轴绕 y 轴转动，即垂直于力 $\boldsymbol{F}$ 与支点 O 形成的铅垂平面而运动。进动角速度的数值为

$$\omega=\frac{v_L}{L}=\frac{M}{L} \tag{23-80}$$

或用矢量式表达：

$$\boldsymbol{v}_L=\boldsymbol{\omega}\times\boldsymbol{L},\boldsymbol{\omega}\times\boldsymbol{L}=\boldsymbol{M}_O \tag{23-81}$$

为防止炮弹在空中翻跟斗，在炮筒内制有螺旋形的膛线，因而炮弹飞出炮筒后绕对称的纵轴高速自转。当炮弹纵轴偏离飞行方向时，空气动力的合力 $\boldsymbol{F}_{\mathrm{R}}$ 作用于压力中心 D，它在炮弹质心 C 的前面（图 23-16）；如果炮弹不自旋，它将绕质心 C 向后翻倒。但炮弹高速自转，沿纵轴有自转动量矩 $\boldsymbol{L}$，根据陀螺的进动性，炮弹纵轴将做微小的圆锥运动而不会翻倒。

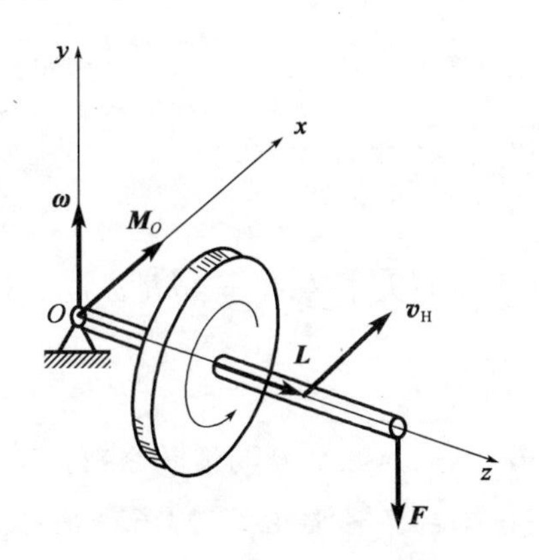

图 23-15　陀螺的进动性

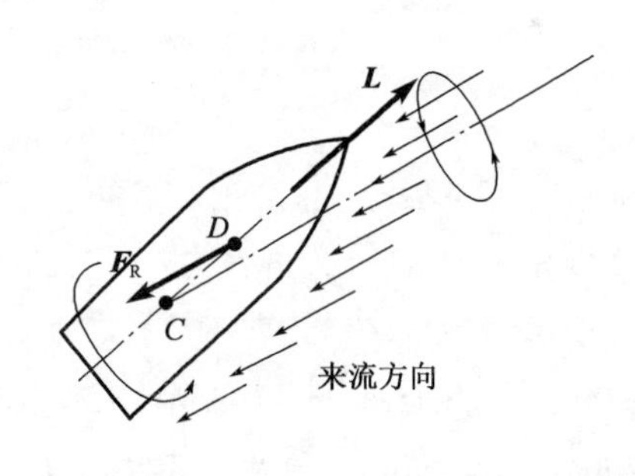

图 23-16　炮弹的稳定性

（3）陀螺效应：如果强制陀螺以角速度 $\boldsymbol{\omega}$ 进动，则陀螺必给施力者一个反力偶，其力矩 $\boldsymbol{M}_g$ 为

$$\boldsymbol{M}_g=-\boldsymbol{M}_O$$

或

$$\boldsymbol{M}_g=\boldsymbol{L}\times\boldsymbol{\omega} \tag{23-82}$$

这个力矩与一般刚体的反力矩也不相同，称为陀螺力矩；与陀螺力矩有关的现象称为陀螺效应。

例题 23-3 定点运动刚体如图 23-17 所示，在图 23-17a) 所示情况，4 个质量均为 m 的质点分别固连在无质量杆 AB、CD 的顶端，AB、CD 两杆又与轴 EF 垂直固连于 O 点，每个质点到 O 点的距离均为 R。轴 EF 相对于长方形框架作定轴转动，框架绕铅垂轴 z 转动。图 23-17b) 所示则是去掉 CD 杆的情况。若不计各杆和长方形框架的质量，并忽略所有摩擦与阻力，对于给定的初始条件：$\varphi=0$、$\dot{\varphi}_0=\omega_1$、$\dot{\psi}_0=\omega_2$，分别求出两种情况，使定点运动刚体按 $\dot{\psi}=\omega_2$ 做规则进动所需要的外力矩。

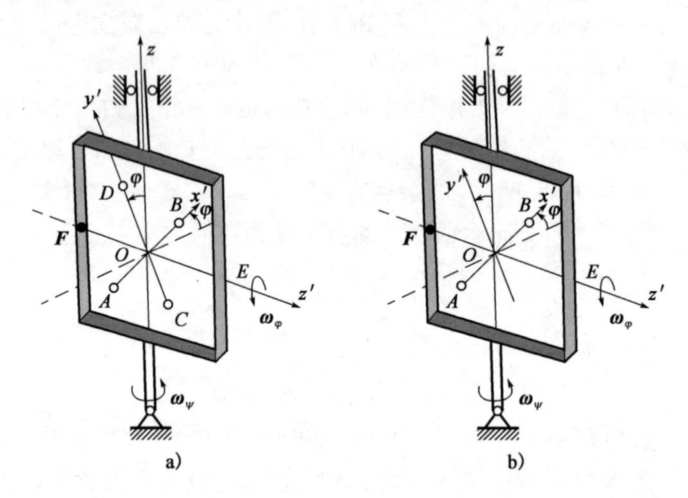

图 23-17 例题 23-3

解：对于第一种情况。

建立如图 23-17a) 所示随体坐标系，三个轴均为惯量主轴，其中 $J_{x'}=J_{y'}=2mR^2$，$J_{z'}=4mR^2$，该刚体为动力学对称刚体，由于 $\theta=90°$，$M_{z'}=0$，由式(23-65)和式(23-66)，可得

$$4mR^2\dot{\varphi}\dot{\psi}=M_n \tag{1a}$$

$$0=M_b \tag{1b}$$

$$\ddot{\varphi}=0 \tag{1c}$$

由此可知，$\dot{\varphi}=\dot{\varphi}_0=\omega_1$；维持刚体作规则进动所需的外力矩的大小为 $M_n=4mR^2\omega_1\omega_2$，其方向沿着节线 $\boldsymbol{n}$，该力矩由作用在 EF 轴上的约束力提供。

对于第二种情况。

随体坐标系如图 23-17b) 所示，三个轴也均为惯量主轴，对应的转动惯量分别为 $J_{x'}=0$，$J_{y'}=2mR^2$，$J_{z'}=2mR^2$。但是由于 $J_{y'}\neq J_{x'}$，该刚体规则进动的条件要由式(23-62)确定，将上列条件代入式(23-62)可得

$$4mR^2\dot{\varphi}\omega_2\sin\varphi=M_n \tag{2a}$$

$$-2mR^2\dot{\varphi}\omega_2\sin2\varphi=M_b \tag{2b}$$

$$2\ddot{\varphi}+\omega_2^2\sin2\varphi=0 \tag{2c}$$

将式进行首次积分，并代入初始条件，可得

$$\dot{\varphi}^2=\omega_1^2-(\omega_2\sin\varphi)^2 \tag{3}$$

由此可见，此时刚体的自转角速度的大小不能保持为常量。并且，若要维持规则进动，还要在长方形框架上施加一个主动力偶矩 $\boldsymbol{M}_b=-2mR^2\dot{\varphi}\omega_2\sin(2\varphi)\boldsymbol{b}$，其中单位矢量 $\boldsymbol{b}$ 与 Oz 的单位向量 k 同向，另一个力矩 $\boldsymbol{M}_n$ 由约束力提供，它在节线方向上的投影为 $M_n=4mR^2\dot{\varphi}\omega_2\sin^2\varphi$。

23.10 例题编程

编程题 23-1 如图 23-18 所示，均质长方形框架可绕铅垂轴 z 转动，对该轴的转动惯量 $J=mR^2$。刚性十字架 $ABDE$ 通过轴承与长方形框架连接，且可绕 DE 轴（Oz'轴）转动，十字架 A、B 两个端点各固连一个质量为 m 的质点，十字架的 O 点在转轴 z 上。已知 $OA=OB=OD=OE=R=0.25\text{m}$，$m=0.5\text{kg}$。若不计所有摩擦和空气阻力，初始时 $\varphi_0=30°$，$\dot{\varphi}_0=0$，$\dot{\psi}_0=20\text{rad/s}$，试建立系统的动力学方程，并通过数值仿真给出 $\dot{\psi}(t)$、$\dot{\varphi}(t)$ 随时间的变化规律以及轴承 D、E 处约束力的大小随时间的变化规律。

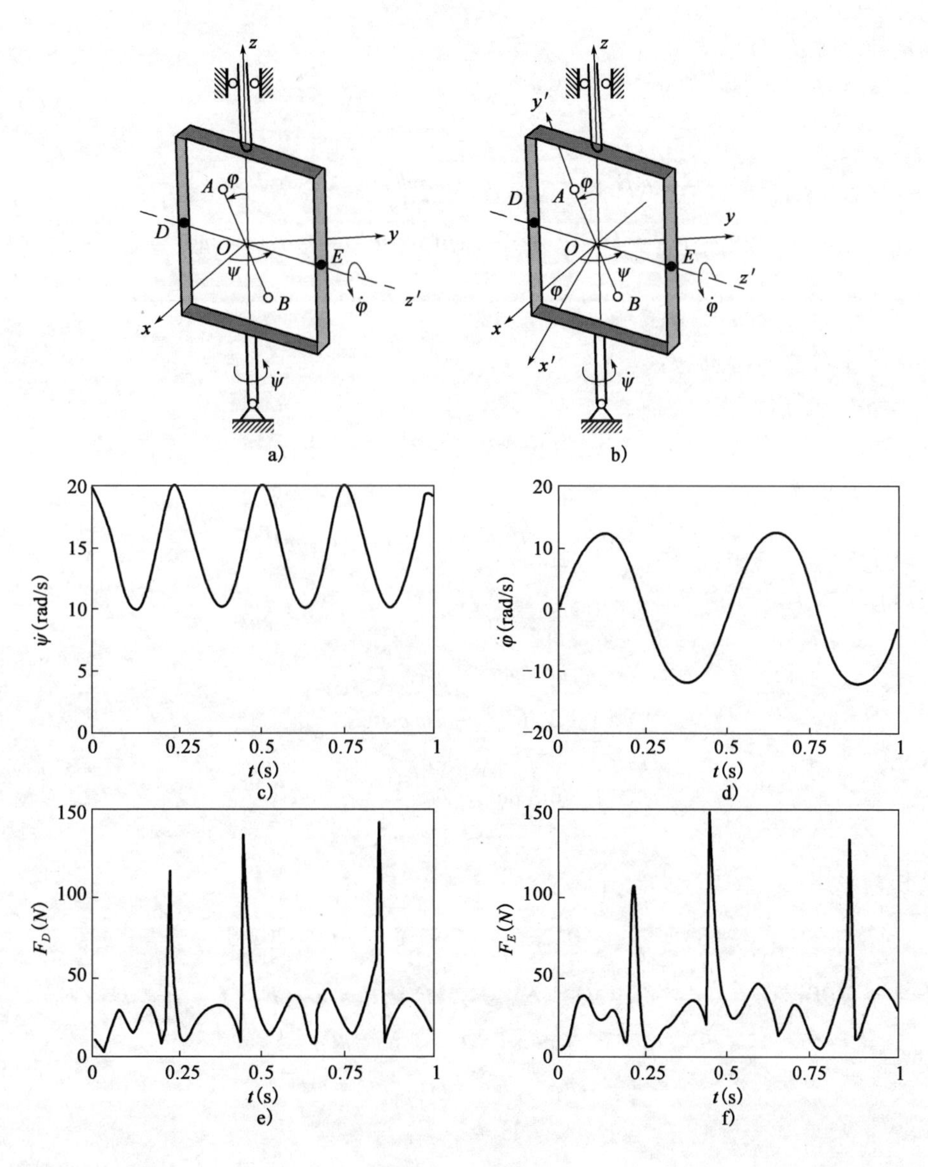

图 23-18 编程题 23-1

解：(1) 建模

如图 23-18b) 所示建立，刚性十字架 $ABDE$ 的随体坐标系 $Ox'y'z'$，长方形框架的随体坐标系 $Ozz'z''$和固定坐标系 $Oxyz$。

均质长方形框架做定轴转动,A、B 两个端点做曲线运动。系统两个自由度,取广义坐标 ψ 和 φ。

$x_A = R\cos\psi\sin\varphi, y_A = R\sin\psi\sin\varphi, z_A = R\cos\varphi$。

$\dot{x}_A = -R\dot{\psi}\sin\psi\sin\varphi + R\dot{\varphi}\cos\psi\cos\varphi$,

$\dot{y}_A = R\dot{\psi}\cos\psi\sin\varphi + R\dot{\varphi}\sin\psi\cos\varphi$,

$\dot{z}_A = -R\dot{\varphi}\sin\varphi$。

$x_B = -x_A, y_B = -y_A, z_B = -z_A$。

$\dot{x}_B = -\dot{x}_A, \dot{y}_B = -\dot{y}_A, \dot{z}_B = -\dot{z}_A$。

$\ddot{x}_B = -\ddot{x}_A, \ddot{y}_B = -\ddot{y}_A, \ddot{z}_B = -\ddot{z}_A$。

系统的动能为

$$\begin{aligned} T &= \frac{1}{2}J\omega_z^2 + 2\times\frac{1}{2}m(\dot{x}_A^2 + \dot{y}_A^2 + \dot{z}_A^2) \\ &= \frac{1}{2}mR^2\dot{\psi}^2 + mR^2(-\dot{\psi}\sin\psi\sin\varphi + \dot{\varphi}\cos\psi\cos\varphi)^2 + \\ &\quad mR^2(\dot{\psi}\cos\psi\sin\varphi + \dot{\varphi}\sin\psi\cos\varphi)^2 + mR^2(\dot{\varphi}\sin\varphi)^2 \\ &= \frac{1}{2}mR^2\dot{\psi}^2(1+2\sin^2\varphi) + mR^2\dot{\varphi}^2 \end{aligned}$$

系统受主动力 $m_A\boldsymbol{g}, m_B\boldsymbol{g}$。

系统的势能为

$$V = mgR\cos\varphi - mgR\cos\varphi = 0$$

系统的拉格朗日函数为

$$L = T - V = \frac{1}{2}mR^2\dot{\psi}^2(1+2\sin^2\varphi) + mR^2\dot{\varphi}^2$$

代入拉格朗日方程

$$\frac{\mathrm{d}}{\mathrm{d}t}\left(\frac{\partial L}{\partial\dot{\psi}}\right) - \frac{\partial L}{\partial\psi} = 0,$$

$$\ddot{\psi}(1+2\sin^2\varphi) + 2\dot{\psi}\dot{\varphi}\sin2\varphi = 0 \tag{1}$$

$$\frac{\mathrm{d}}{\mathrm{d}t}\left(\frac{\partial L}{\partial\dot{\varphi}}\right) - \frac{\partial L}{\partial\varphi} = 0,$$

$$2\ddot{\varphi} - \dot{\psi}^2\sin2\varphi = 0 \tag{2}$$

初始条件:

$$\varphi(0) = \frac{\pi}{6}, \dot{\varphi}(0) = 0, \psi(0) = 0, \dot{\psi}(0) = 20\mathrm{rad/s}。$$

刚性十字架 $ABDE$ 受力:$m_A\boldsymbol{g}, m_B\boldsymbol{g}; \boldsymbol{F}_{Dz''}, \boldsymbol{F}_{Dz}, \boldsymbol{F}_{Ez'}, \boldsymbol{F}_{Ez''}, \boldsymbol{F}_{Ez}, \boldsymbol{F}_{Ax}^{\mathrm{I}}, \boldsymbol{F}_{Ay}^{\mathrm{I}}, \boldsymbol{F}_{Az}^{\mathrm{I}}, \boldsymbol{F}_{Bx}^{\mathrm{I}}, \boldsymbol{F}_{By}^{\mathrm{I}}, \boldsymbol{F}_{Bz}^{\mathrm{I}}$。

$$\boldsymbol{F}_A^{\mathrm{I}} = -m(\ddot{x}_A\boldsymbol{i} + \ddot{y}_A\boldsymbol{j} + \ddot{z}_A\boldsymbol{k})$$

$$F_{Ax}^{\mathrm{I}} = m\ddot{x}_A,\ F_{Ay}^{\mathrm{I}} = m\ddot{y}_A, F_{Az}^{\mathrm{I}} = m\ddot{z}_A \tag{3}$$

$$\boldsymbol{F}_B^{\mathrm{I}} = -\boldsymbol{F}_A^{\mathrm{I}}$$

$$\boldsymbol{F}_{Bx}^{\mathrm{I}} = m\ddot{x}_A,\ \boldsymbol{F}_{By}^{\mathrm{I}} = m\ddot{y}_A, \boldsymbol{F}_{Bz}^{\mathrm{I}} = m\ddot{z}_A \tag{4}$$

由达朗贝尔原理得

$$\sum F_x = 0,\ F_{Ez'}\cos\psi + F_{Ax}^{\mathrm{I}} - F_{Bx}^{\mathrm{I}} = 0 \tag{5}$$

$$\sum F_y = 0,\ F_{Dz''}\cos\psi + F_{Ez''}cos\psi + F_{Ay}^{\mathrm{I}} - F_{By}^{\mathrm{I}} = 0 \tag{6}$$

$$\sum F_z = 0,\ F_{Dz} + F_{Ez} - 2mg + F^{\mathrm{I}}_{Az} - F^{\mathrm{I}}_{Bz} = 0 \tag{7}$$

$$\sum M_{Ex} = 0,\ -F^{\mathrm{I}}_{Ay} 2z_A \cdot - F^{\mathrm{I}}_{Az} \cdot 2y_A + F_{Dz} \cdot 2R\sin\psi = 0 \tag{8}$$

$$\sum M_{Ez} = 0,\ -F^{\mathrm{I}}_{Ax} \cdot 2y_A - F^{\mathrm{I}}_{Ay} \cdot 2x_A + F_{Dz''} \cdot 2R = 0 \tag{9}$$

图 23-18c)给出 $\dot{\psi}(t)$ 随时间的变化规律；图 23-18d)给出 $\dot{\varphi}(t)$ 随时间的变化规律；图 23-18e)给出轴承 D 处约束力的大小随时间的变化规律；图 23-18f)给出轴承 E 处约束力的大小随时间的变化规律。

(2)Maple 程序

```
> ############################################################################
> restart:                                                   #清零。
> sys:= diff(X1(t),t) = X2(t),
>         diff(X2(t),t) = -2 * X2(t) * Y2(t) * sin(2 * Y1(t))/(1 +2 * (sin(Y1(t)))^
          2),
>         diff(Y1(t),t) = Y2(t),
>         diff(Y2(t),t) = X2(t)^2 * sin(2 * Y1(t))/2:        #系统运动微分方程。
> fcns:= X1(t),X2(t),Y1(t),Y2(t):                            #X1↔ψ,X2↔ψ̇,
>                                                            #Y1↔φ,X4↔φ̇。
> cstj:= X1(0) =0,X2(0) =20,Y1(0) = Pi/6,Y2(0) =0:           #初始条件。
> ############################################################################
> q1:= dsolve({sys,cstj},{fcns},type = numeric,method = rkf45):
>                                                            #求解系统运动微分方程。
> with(plots):                                               #加载绘图库。
> odeplot(q1,[t,X2(t)],0..2,view = [0..1,0..30],thickness =2,tickmarks = [4,4]);
>                                                            #t - ψ̇ 曲线。
> odeplot(q1,[t,Y2(t)],0..2,view = [0..1, -20..20],thickness =2,tickmarks = [4,4]);
>                                                            #t - φ̇ 曲线。
> ############################################################################
> ddXt1:= -2 * X2(t) * Y2(t) * sin(2 * Y1(t))/(1 +2 * (sin(Y1(t)))^2):
>                                                            #ψ̈ 的表达式。
> ddYt1:= X2(t)^2 * sin(2 * Y1(t))/2:                        #φ̈ 的表达式。
> FIAx:= m * ddxAt:                                          #F^I_Ax的大小。
> FIAy:= m * ddyAt:                                          #F^I_Ay的大小。
> FIAz:= m * ddzAt:                                          #F^I_Az的大小。
> FIBx:= m * ddxAt:                                          #F^I_Bx的大小。
> FIBy:= m * ddyAt:                                          #F^I_By的大小。
> FIBz:= m * ddzAt:                                          #F^I_Bz的大小。
> ############################################################################
> eq1:= FEz1 * cos(X1(t)) + FIAx - FIBx =0:                  #ΣFx =0。
> eq2:= FDz2 * cos(X1(t)) + FEz2 * cos(X1(t)) + FIAy - FIBy =0:
```

```
>                                                         #∑F_y =0。
> eq3: = FDz + FEz - 2 * m * g + FIAz - FIBz = 0:          #∑F_z =0。
> eq4: = - FIAy * 2 * zA - FIAz * 2 * yA + FDz * 2 * R * sin( X1( t) ) = 0:
>                                                         #∑M_Ex =0。
> eq5: = - FIAx * 2 * yA - FIAy * 2 * xA + FDz2 * 2 * R = 0: #∑M_Ez =0。
> SOL: = solve( {eq1, eq2, eq3, eq4, eq5}, {FDz, FDz2, FEz, FEz1, FEz2} ):
>                                                         #求轴承 D、E 处约束力的大小。
> FDz: = subs( SOL, FDz):                                 #F_Dz 的大小。
> FDz2: = subs( SOL, FDz2):                               #F_Dz'' 的大小。
> FEz: = subs( SOL, FEz):                                 #F_Ez 的大小。
> FEz1: = subs( SOL, FEz1):                               #F_Ez' 的大小。
> FEz2: = subs( SOL, FEz2):                               #F_Ez'' 的大小。
> FD: = sqrt( (FDz)^2 + (FDz2)^2):                        #F_D 的大小。
> FE: = sqrt( (FEz)^2 + (FEz1)^2 + (FEz2)^2):             #F_E 的大小。
> ###########################################################################
> xA: = R * cos( X1( t) ) * sin( Y1( t) ):                #x_A。
> yA: = R * sin( X1( t) ) * sin( Y1( t) ):                #y_A。
> zA: = R * cos( Y1( t) ):                                #z_A。
> dxAt: = diff( xA, t):                                   #ẋ_A。
> dyAt: = diff( yA, t):                                   #ẏ_A。
> dzAt: = diff( zA, t):                                   #ż_A。
> ddxAt: = diff( xA, t $ 2):                              #ẍ_A。
> ddyAt: = diff( yA, t $ 2):                              #ÿ_A。
> ddzAt: = diff( zA, t $ 2):                              #z̈_A。
> ddxAt: = subs( diff( X1( t), $ ( t,2) ) ) = ddXt1,
>               diff( Y1( t), $ ( t,2) ) = ddYt1,
>               diff( X1( t), t) = X2( t),
>               diff( Y1( t), t) = Y2( t), ddxAt):        #用广义坐标 ψ 和 φ 表示 ẍ_A。
> ddyAt: = subs( diff( X1( t), $ ( t,2) ) = ddXt1,
>               diff( Y1( t), $ ( t,2) ) = ddYt1,
>               diff( X1( t), t) = X2( t),
>               diff( Y1( t), t) = Y2( t), ddyAt):        #用广义坐标 ψ 和 φ 表示 ÿ_A。
> ddzAt: = subs( diff( X1( t), $ ( t,2) ) = ddXt1,
>               diff( Y1( t), $ ( t,2) ) = ddYt1,
>               diff( X1( t), t) = X2( t),
>               diff( Y1( t), t) = Y2( t), ddzAt):        #用广义坐标 ψ 和 φ 表示 z̈_A。
> ###########################################################################
```

```
> R:=0.25:      m:=0.5:    g:=9.8:                          #系统参数。
> odeplot(q1,[t,FDz],0..2, view=[0..1,-200..200],thickness=2,tickmarks=[4,4]);
>                                                              #t-F_{Dz}曲线。
> odeplot(q1,[t,FDz2],0..2, view=[0..1,-50..50],thickness=2,tickmarks=[4,4]);
>                                                              #t-F_{Dz''}曲线。
> odeplot(q1,[t,FEz],0..2,view=[0..1,-200..200],thickness=2,tickmarks=[4,4]);
>                                                              #t-F_{Ez}曲线。
> odeplot(q1,[t,FEz1],0..2, view=[0..1,-10..40],thickness=2,tickmarks=[4,4]);
>                                                              #t-F_{Ez'}曲线。
> odeplot(q1,[t,FEz2],0..2,view=[0..1,-50..50],thickness=2,tickmarks=[4,4]);
>                                                              #t-F_{Ez''}曲线。
> odeplot(q1,[t,FD],0..2,    view=[0..1,0..150],thickness=2,tickmarks=[5,5]);
>                                                              #t-F_D 曲线。
> odeplot(q1,[t,FE],0..2,    view=[0..1,0..150],thickness=2,tickmarks=[5,5]);
>                                                              #t-F_E 曲线。
>##############################################################################
```

思考题

思考题 23-1　如图 23-19 所示,均质圆盘固结在水平杆 AB 中间,AB 杆两端是球铰链,圆盘以高速绕轴 AB 旋转。如果突然撤掉 B 端的约束,问:AB 杆将怎样运动(不计摩擦)?

思考题 23-2　如图 23-20 所示陀螺以较高速度自转,为什么在重力 $\boldsymbol{P}$ 作用下不倒下去?当由于摩擦等原因使自转速度降低时,为什么陀螺的晃动(进动)反而加快,直至倒下?

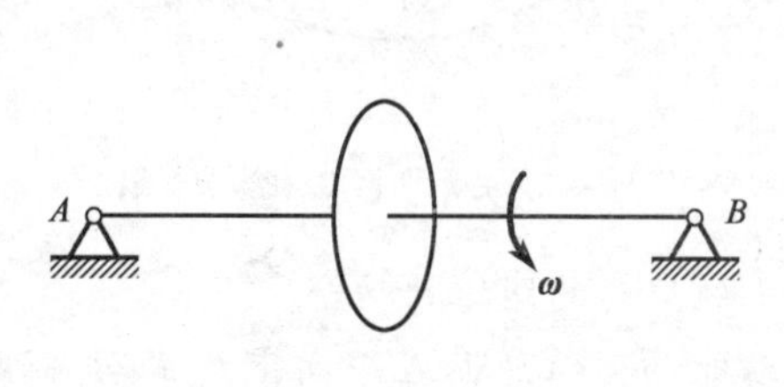

图 23-19　思考题 23-1

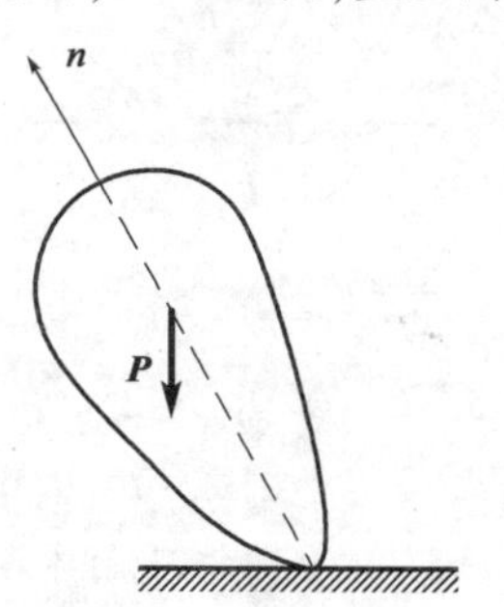

图 23-20　思考题 23-2

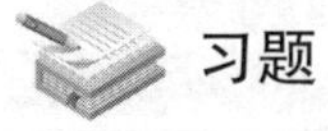

习题

A 类型习题

习题 23-1　试求均匀连续体的中心主转动惯量。

(1)长为 l 的细长杆。

(2)半径为 R 的球体。

(3)半径为 R 高为 h 的圆柱体。

(4)棱边为 a,b,c 的长方体。

(5)高为 h 底面半径为 R 的圆锥体(图 23-21)。

(6)主轴为 a,b,c 的三轴椭球体。

习题 23-2 试求物理摆(在重力场中绕着水平轴摆动的刚体)的微振动角频率。

习题 23-3 试求如图 23-22 所示系统的动能,其中 OA 和 AB 是长为 l 的匀质细杆,铰接于 A 点。杆 OA 绕 O 点(在图示平面内)转动,杆 AB 的端点 B 沿着 Ox 轴运动。

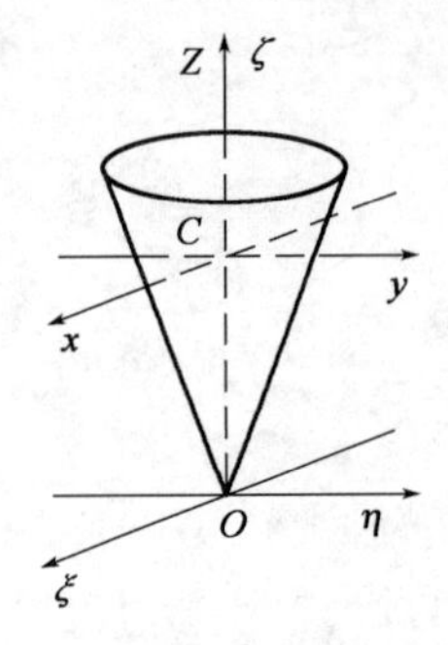

图 23-21 圆锥体的惯性主轴

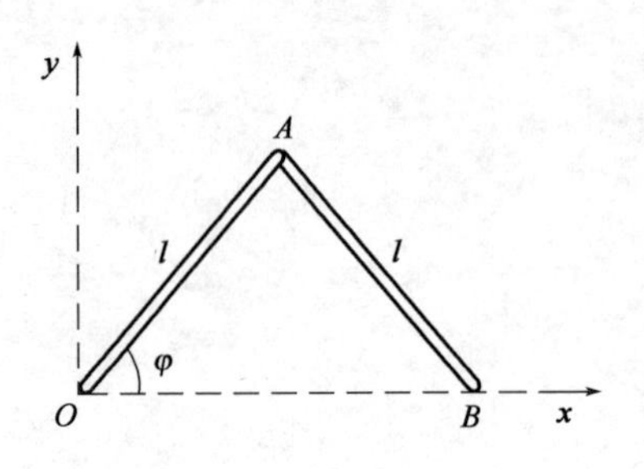

图 23-22 两杆机构运动

习题 23-4 如图 23-23 所示试求在平面上纯滚动的偏心圆柱(半径为 R)的动能。圆柱的质量分布使得其惯性主轴之一平行于圆柱轴,相距为 a,圆柱对该中心惯性主轴的转动惯量为 J。

习题 23-5 半径为 a 的匀质圆柱在半径为 R 的圆柱形曲面内纯滚动,试求圆柱的动能(图 23-24)。

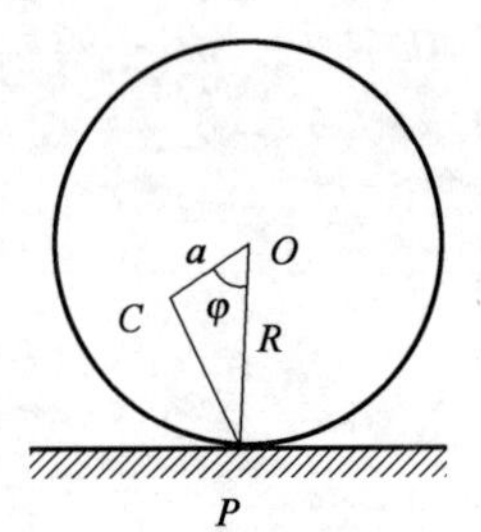

图 23-23 纯滚动的偏心圆柱

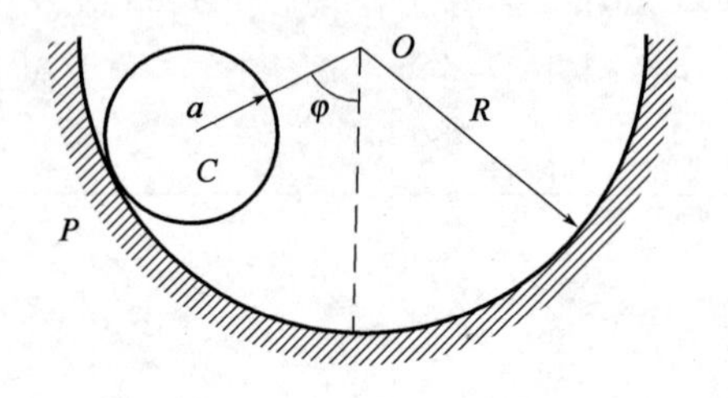

图 23-24 圆柱形曲面内纯滚动的圆柱

习题 23-6 如图 23-25 所示试求在平面上纯滚动的圆锥的动能。

习题 23-7 如图 23-26 所示试求圆锥的动能。圆锥底面在平面上纯滚动,而顶点与平面的距离始终等于圆锥底面半径(因而圆锥轴平行于平面)不动。

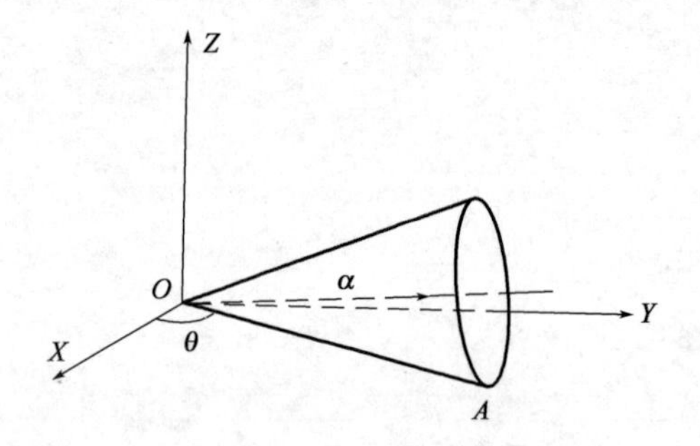

图 23-25 平面上纯滚动的圆锥

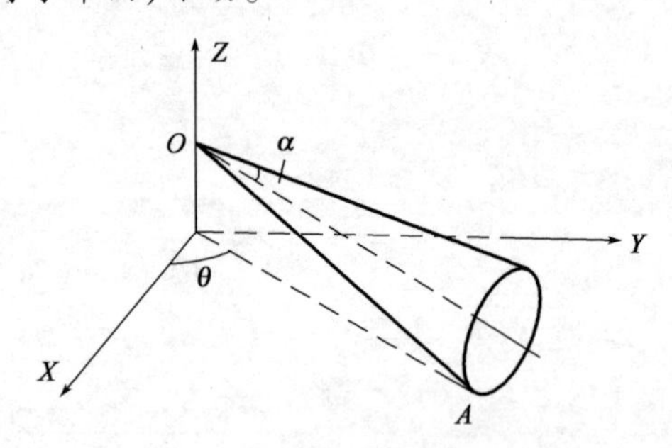

图 23-26 轴平行于平面纯滚动的圆锥

习题 23-8 均匀二轴椭球绕自己的一个轴(AB,如图 23-27 所示)旋转,并且这个轴本身又绕着过椭球中心的垂直线 CD 转动。试求椭球的动能。

习题 23-9 同上题,假定 AB 轴是倾斜的(图 23-28),椭球相对这个轴对称。

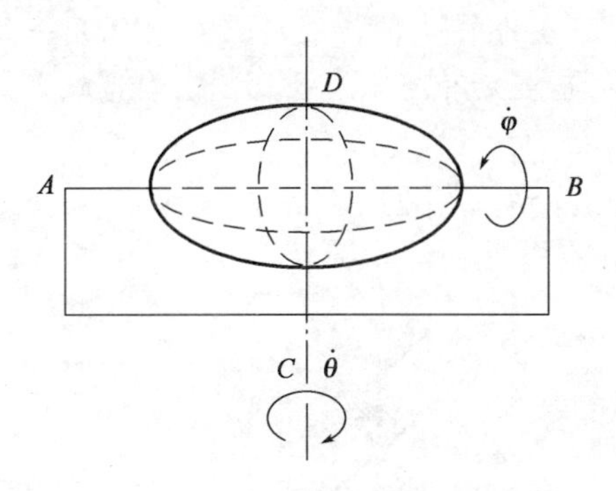

图 23-27 正二轴椭球

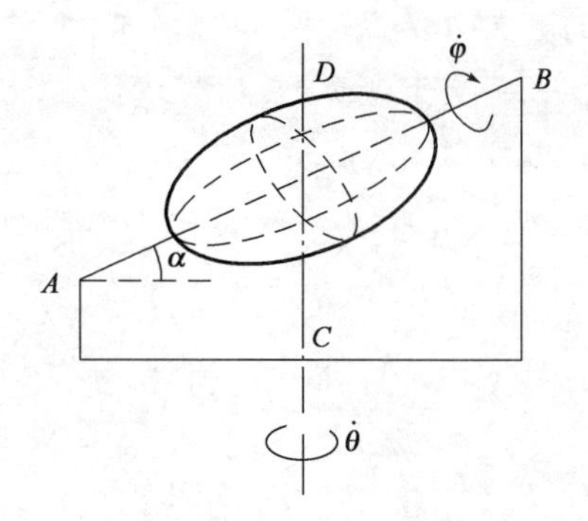

图 23-28 斜二轴对称椭球

B 类型习题

习题 23-10 均质直角三角形 OO_1A 以直角边 $OO_1=a$ 绕竖直轴转动,如图 23-29 所示。试问转动角速度多大时下支撑点 O 处的侧向压力等于零?直角三角形为均质的薄板。

习题 23-11 如图 23-30 所示的转子框架系统安装在飞机上,框架与飞机之间附加一个弹簧。转子绕对称轴 Oz 以匀角速度 $\boldsymbol{\omega}$ 转动,它对 Oz 轴的转动惯量为 J_z。当飞机绕 y 轴以匀角速度 $\boldsymbol{\omega}'$转动时,求框架与飞机相对平衡时的转角。

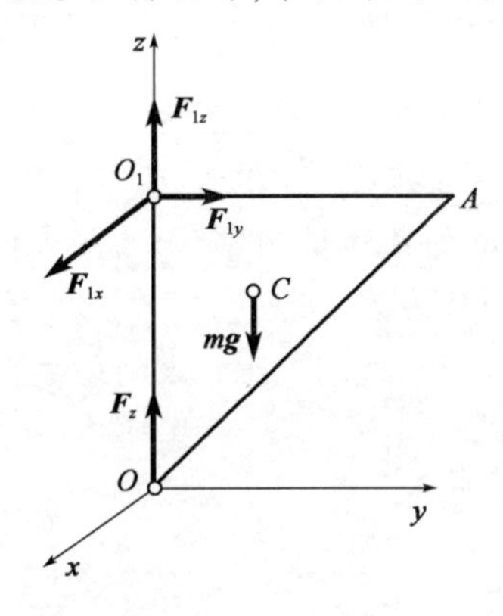

图 23-29 习题 23-10

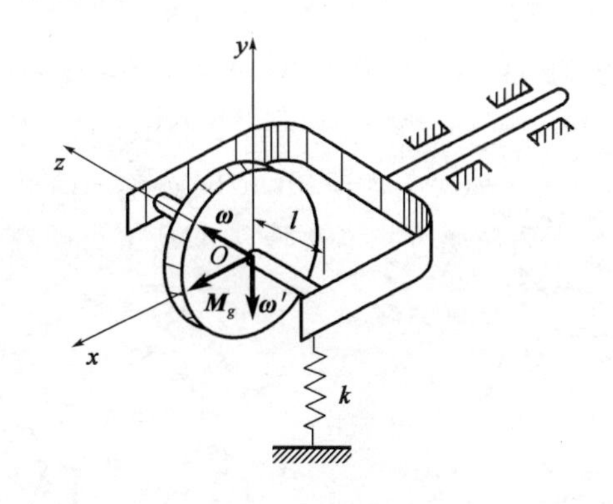

图 23-30 习题 23-11

习题 23-12 一刚体的主惯量 $J_x=J_y\neq J_z$,它绕质心作定点运动。已知作用在刚体上的阻尼力矩为一力偶,力偶所在平面与瞬时转动轴相垂直,力偶矩的大小与瞬时角速度成正比,比例系数为 λJ_z,试求证刚体的瞬时角速度在三根主轴上的分量为

$$\omega_x=a\exp\left(-\lambda\frac{J_z t}{J_x}\right)\sin\left[\frac{n}{\lambda}\exp(-\lambda t)+\varepsilon\right]$$

$$\omega_y=a\exp\left(-\lambda\frac{J_z t}{J_x}\right)\cos\left[\frac{n}{\lambda}\exp(-\lambda t)+\varepsilon\right]$$

$$\omega_z=\omega_{z0}\exp(-\lambda t)$$

其中 $a,\omega_{z0},\varepsilon,n$ 为常量,且 $n=\dfrac{(J_z-J_x)\omega_{z0}}{J_x}$。

习题 23-13 匀质薄圆盘质量为 m,半径为 r,绕轴 AB 以匀角速度 ω 转动。由于安装误差,盘的旋转对称轴与转轴成 β 角,如图 23-31 所示。圆盘质心 O 在转轴上,分别距 A,B 的距离为 a 和 b。试求轴承 A,B 处的附加动约束力。

习题 23-14 如图 23-32 所示,半径为 r 的匀质圆盘的中心 C 与固定点 O 之间用一细杆相连,OC 垂直于盘面,点 O 为球铰链,且圆盘在水平面上无滑动地滚动。试证在接触点 A 处的动压力可由下式表示

其中 ω' 为对称轴 OC 绕铅垂轴的转动角速度,$b = OC$,a,h 如图 23-32 所示,J_y 和 J_z 为圆盘对点 O 的主转动惯量,$R^2 = b^2 + r^2$。

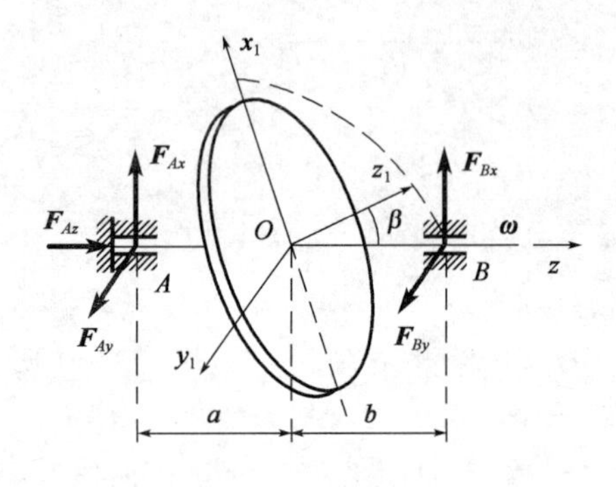

图 23-31 习题 23-13

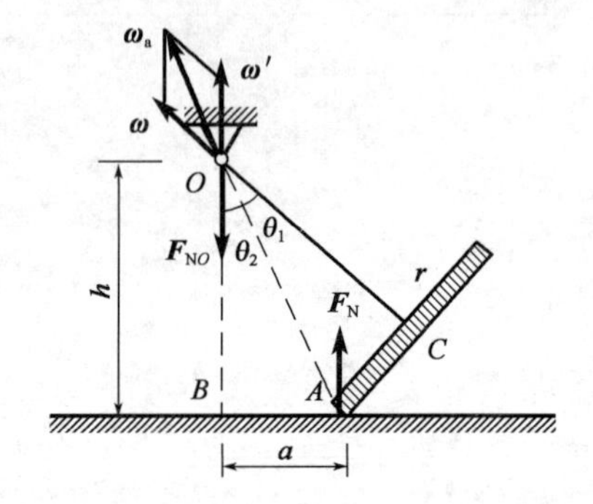

图 23-32 习题 23-14

$$F_{\mathrm{N}} = \frac{ab + hr}{arR^4}[J_z(ab + hr)b - J_y(hb - ar)r]\omega'^2$$

习题 23-15 如图 23-33 所示,喷气发动机转子的质量 $m = 90\text{kg}$,对自转轴 z 的回转半径 $\rho = 0.23\text{m}$,绕轴 z 的转速 $n = 12000\text{r/min}$。转轴沿飞机的纵轴安装,轴承 A、B 间的距离 $l = 1.2\text{m}$。设飞机速度 $v = 720\text{km/h}$,在水平面沿半径 $r = 1200\text{m}$ 的圆弧进行左盘旋,试求这时发动机转子的陀螺力矩以及轴承 A、B 上由陀螺力矩引起的动压力。

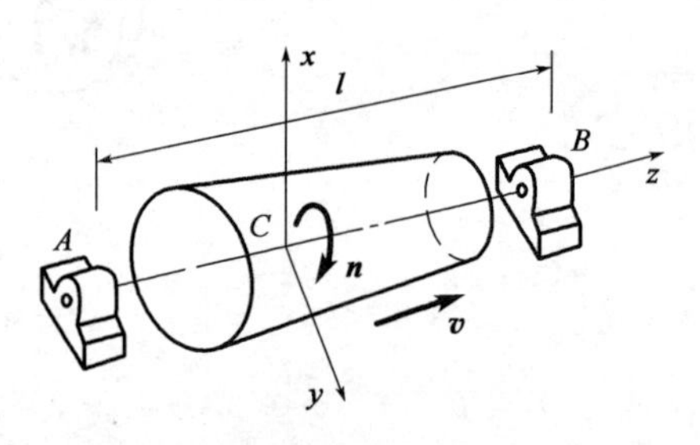

图 23-33 习题 23-15

C 类型习题

习题 23-16 如图 23-34 所示,一个均质直圆锥(质量为 m)在一水平面上滚动。圆锥的对称轴绕铅垂轴转动的角速度设为常数,$\omega_p = \text{const}$。

(1)计算圆锥对于其顶点 P 的动量矩。

(2)地面和锥之间的作用力的合力 $\boldsymbol{F}_{\mathrm{N}}$ 作用在何处,其数值有多大?

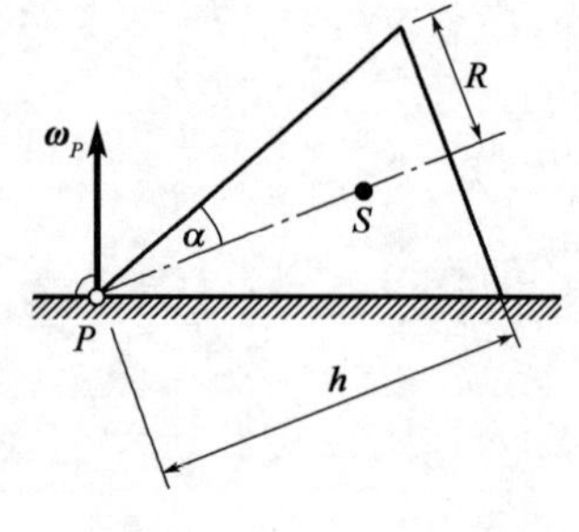

图 23-34 习题 23-16

习题 23-17 要对如图 23-35 所示的机器转子进行平衡。

(1)确定转子在图示坐标系中的惯性张量$\overline{\overline{J}}_P$。

(2)在转子的U面和V面处附加两个点状的用于平衡的质量m_U和m_V,它们的角度位置为φ_U,φ_V以便转子的中心在z轴上,同时z轴也是主轴。计算m_U,m_V,φ_U和φ_V。

已知数据:$r_1=0.35\text{m}$,$r_2=0.11\text{m}$,$r_3=0.07\text{m}$,$h=0.5\text{m}$,$b=0.3\text{m}$,$c=0.2\text{m}$,$e=0.12\text{m}$,$f=0.16\text{m}$,$g=0.15\text{m}$,$\rho=2.7\text{kg/dm}^3$。

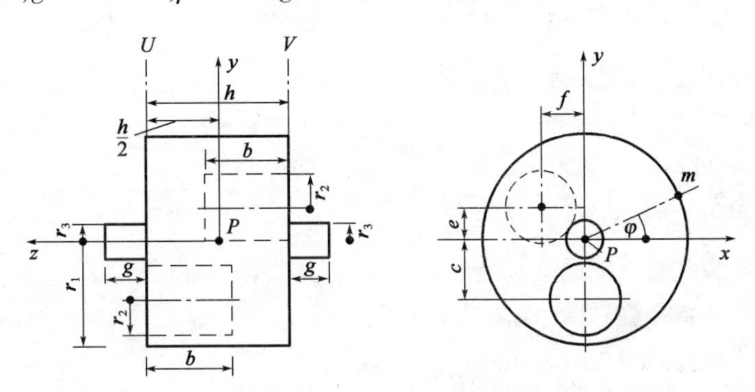

图23-35 习题23-17

习题23-18 对于如图23-36所示的曲柄轴,计算:

(1)相对于重心的主惯性矩;

(2)通过S点的主惯性轴的位置;

(3)在轴的转速为$n=1500\text{r/min}$时在支座平面U和V处的力。

已知数据:$\rho=7.85\text{kg/dm}^3$,$r_1=210\text{mm}$,$r_2=50\text{mm}$,$r_3=45\text{mm}$,$a=20\text{mm}$,$b=155\text{mm}$,$c=90\text{mm}$,$d=110\text{mm}$,$e=165\text{mm}$,$f=200\text{mm}$。

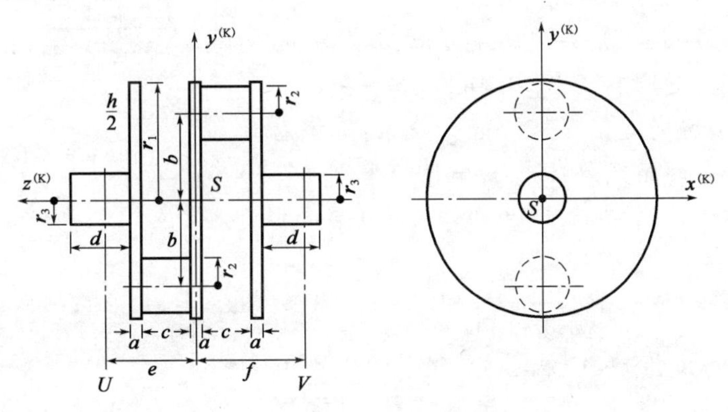

图23-36 习题23-18

习题23-19 如图23-37所示,由于制造误差,一个转子(质量为m)在安装到轴上时装斜了,使转子的对称轴与转动轴成α角,但转子的重心S还是在转动轴上。

(1)相对于以S为原点的随体坐标系(K)的惯性张量的元素怎样?

(2)为了将转子平衡,应在其端面U和V配置点式的附加质量。其质量应为多大,应配置在什么位置?

习题23-20 如图23-38所示,一圆柱形的均质盘,质量为m,作为轮子装在一根轴上,该轴以恒定转数n绕通过固定点P的垂直轴转动。轮子无滑动地沿地面滚动(磨煤机原理)。轴的质量忽略不计。

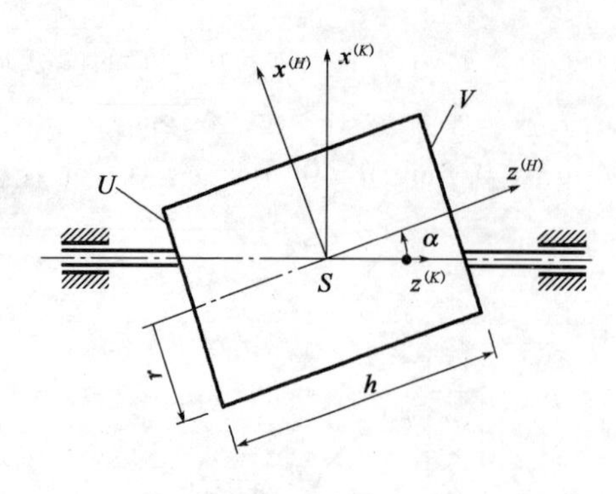

图 23-37　习题 23-19

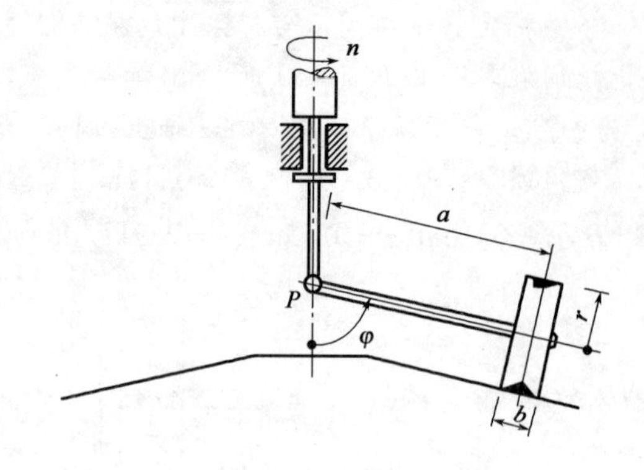

图 23-38　习题 23-20

(1)确定轮子和地面之间的法向力 F_N 与角度 $\varphi(0<\varphi<\pi)$ 之间的关系。

(2)在什么样的角度 φ_0 下法向力最大?

已知数据:$n=150\text{r/min}$,$m=60\text{kg}$,$r=0.3\text{m}$,$a=0.7\text{m}$,$b=0.15\text{m}$。

习题 23-21　如图 23-39 所示,一辆四轮的轨道车以速度 v 在一圆形轨道上行驶。假定轮子是质量为 m_R 的扁平均质盘,而位于轴的高度的车底板是质量为 m_L 的均质板。

(1)车辆相对于以中心 S 为原点固定于车辆的坐标系(F)的动量矩矢量 $\boldsymbol{L}_S^{(F)}$。

(2)在多大速度 $v_{\max}$ 下内轮开始抬起?

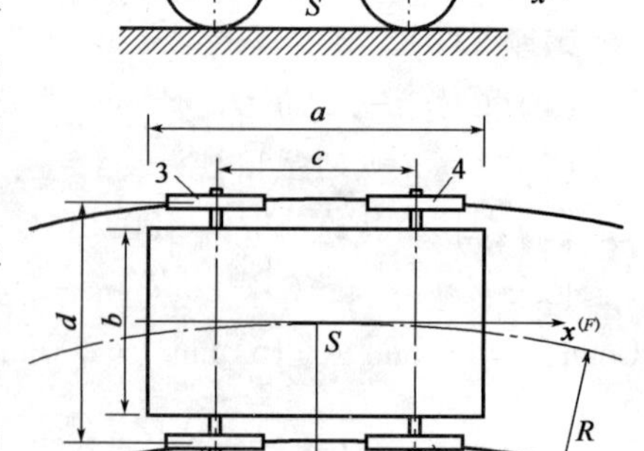

图 23-39　习题 23-21

习题 23-22　一轮船用一汽轮机驱动,其转子的质量 $m=2800\text{kg}$,惯性半径 $k=0.4\text{m}$。其转速 $n=3000\text{r/min}$,转子支座的间距 $a=2.5\text{m}$。试求:当轮船绕着与转子轴垂直的轴线以幅度 $\varphi_0=10°$、周期 $T=18\text{s}$ 摆动时,由转子的陀螺效应产生的作用于支座的力的最大值。

火药的发明:中国在唐朝时期就已发明了火药,并最早用于军事。10 世纪初的唐末,出现了火炮、火箭,宋时火器普遍用于战争。蒙古人从与宋、金作战中学会了制造火药、火器的方法,阿拉伯人从与蒙古人作战中学会了制造火器。欧洲人大约于 13 世纪后期,又从阿拉伯人的书籍中获得了火药知识,到 14 世纪前期,又从对伊斯兰国家战争中学到了制造火药、使用火器的方法。火器在欧洲城市市民反对君主专制中发挥了巨大作用。火药的发明大大地推进了历史发展的进程,是欧洲文艺复兴的重要支柱之一。

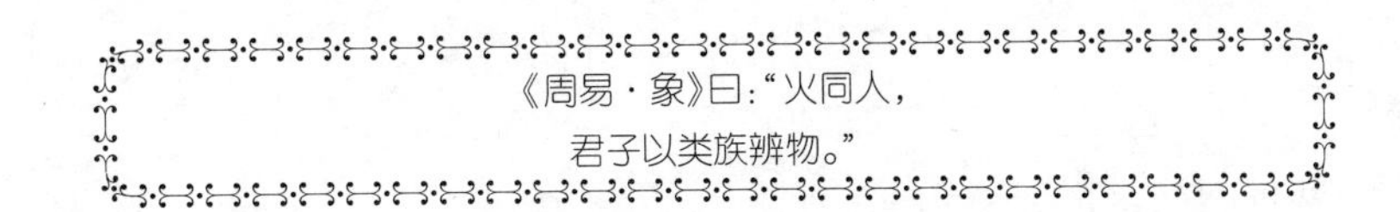

第 24 章　变质量动力学

变质量动力学研究质点系质量变化过程中的动力学问题，它的理论是在经典力学基本定律上建立的，属于经典力学范畴。本章将研究变质量物体的运动微分方程、动量定理、动量矩定理及动能定理。

24.1　基本概念与基本定理

24.1.1　变质量系统的概念

至今为止，我们都是认为组成质点系的质点 P_i 的质量 $m_i(i=1,2,\cdots,n)$ 是不变的，质点数目 n 也是不变的。但是，在自然界和工程技术中也有这样的情况，在某时刻有一些质点离开或者进入我们所研究的系统，结果使系统的成分，即组成给定系统的质点的集合，随着时间变化而改变质量。

如果系统的质量或者组成系统的质点，或者两者同时随着时间变化，我们称该系统为变质量系统。

在很多自然现象中都有变质量系统运动情况，例如，地球的质量因陨石降落而增加，下降的陨石由于空气的作用发生破碎或者燃烧使质量减少；浮冰由于溶化而减少质量，又由于结冰或者降雪到其表面而增加质量。变质量系统的例子在工程技术中也有很多：运动的传送带在某时刻添加或者取走货物；火箭在燃料燃烧中质量发生变化；喷气飞机的质量因空气进入发动机而增加，又因燃烧的燃料喷出而减少；在农业收割机旁不断接收粮食的汽车；商场里扶手电梯上的所有乘客也构成一个变量系统。

由于牛顿第二定律只有对常质量质点才成立，基于牛顿第二定律得到的动力学普遍定理以及其他结论，都不能用来研究变质量系统动力学，因此必须重新推导适合描述变质量系统的动量定理和动量矩定理。为此，我们研究变质量系统的抽象模型：假设并入质点系的质量 $m_1(t)$ 和离开质点系的质量 $m_2(t)$ 都是时间的连续可微函数。如果在初始时刻 $t=0$ 时质点系的质量为 m_0，则任意时刻质点系的质量为

$$m(t)=m_0-m_1(t)+m_2(t) \tag{a}$$

显然，$m_1(t)$ 和 $m_2(t)$ 是非负的单调递增的，$m(t)$ 是连续可微的函数。

24.1.2　变质量系统的动量定理

在严格推导变质量系统的动量定理之前，我们先通过一个简单的例子说明推导思路。我们研究变质量质点系 $S(t)$ 和常质量质点系 $\bar{S}(t)$ 分别在时刻 t^* 和时刻 $t^*+\Delta t$ 的动量。假

如在时刻 t^*，变质量系和常质量质点系包含 4 个相同的质点 b,c,d,e，即

$$S(t^*)=\bar{S}(t^*)=\{b,c,d,e\} \tag{b}$$

该时刻 $S(t)$ 和 $\bar{S}(t)$ 的动量也应该相等，即

$$\boldsymbol{p}(t^*)=\bar{\boldsymbol{p}}(t^*) \tag{24-1}$$

在时刻 $t^*+\Delta t$，变质量系统变为

$$S(t^*+\Delta t)=\{a,b,c\} \tag{c}$$

即并入了一个质点 a，离开了两个质点 d 和 e。该时刻 $S(t)$ 和 $\bar{S}(t)$ 的动量分别为

$$\boldsymbol{p}(t^*+\Delta t)=\boldsymbol{p}(t^*)+\Delta\boldsymbol{p} \tag{24-2}$$

和

$$\bar{\boldsymbol{p}}(t^*+\Delta t)=\bar{\boldsymbol{p}}(t^*)+\Delta\bar{\boldsymbol{p}} \tag{24-3}$$

在 $t^*+\Delta t$ 时刻再比较 $S(t)$ 和 $\bar{S}(t)$ 的动量，应该有关系

$$\boldsymbol{p}(t^*+\Delta t)=\bar{\boldsymbol{p}}(t^*+\Delta t)-\Delta\boldsymbol{p}_1+\Delta\boldsymbol{p}_2 \tag{24-4}$$

其中，$\Delta\boldsymbol{p}_1$ 是离开变质量质点系的动量，即质点 d 和 e 的动量；$\Delta\boldsymbol{p}_2$ 是并入变质量质点系的动量，即质点 a 的动量。

比较式(24-2)～式(24-4)，可得变质量质点系的动量变化量

$$\Delta\boldsymbol{p}=\Delta\bar{\boldsymbol{p}}-\Delta\boldsymbol{p}_1+\Delta\boldsymbol{p}_2 \tag{24-5}$$

可见，变质量系统 $S(t)$ 的动量变化量，等于常质量系统 $\bar{S}(t)$ 的动量变化量与质量增减引起的动量变化之和。

将式(24-5)两边同时除以 Δt，并令 $\Delta t\to 0$ 取极限，得

$$\left.\frac{\mathrm{d}\boldsymbol{p}}{\mathrm{d}t}\right|_{t=t^*}=\left.\frac{\mathrm{d}\bar{\boldsymbol{p}}}{\mathrm{d}t}\right|_{t=t^*}+\lim_{\Delta t\to 0}\left(-\frac{\Delta\boldsymbol{p}_1}{\Delta t}+\frac{\Delta\boldsymbol{p}_2}{\Delta t}\right) \tag{24-6}$$

对于常质量系统 $\bar{S}(t)$，由质点系动量定理[式(13-8)]，因此有

$$\dot{\boldsymbol{p}}(t^*)=\boldsymbol{R}^{(e)}(t^*)+\lim_{\Delta t\to 0}\left(-\frac{\Delta\boldsymbol{p}_1}{\Delta t}+\frac{\Delta\boldsymbol{p}_2}{\Delta t}\right) \tag{24-7}$$

从这个推导过程可以看出，我们的思路是：选择一个常质量系统，在不同的时刻比较它与变质量系统的动量，从而得到变质量系统动量随时间的变化规律。

下面我们来严格推导变质量系统的动量定理。设 S 是惯性系中运动的封闭曲面，在运动(包括变形)中有质点并入或离开 S 围成的区域，这是个变质量系统。记 Q 为任意时刻 S 内质点构成的变质量质点系，其动量为 $\boldsymbol{p}(t)$。在某时刻 t^*，S 内的质点构成的常质量系统为 Q^*，动量为 $\boldsymbol{p}(t^*)=\boldsymbol{p}^*$。经过时间 Δt 后，S 内质点系 Q 的动量变化为 $\boldsymbol{p}^*+\Delta\boldsymbol{p}$，而在 t^* 时刻在 S 内的常质量质点系 Q^* 的动量变为 $\boldsymbol{p}^*+\Delta\boldsymbol{p}^*$。比较 $t^*+\Delta t$ 时刻变质量质点系和常质量质点系的动量，得

$$\Delta\boldsymbol{p}=\Delta\boldsymbol{p}^*-\Delta\boldsymbol{p}_1+\Delta\boldsymbol{p}_2 \tag{d}$$

其中，$\Delta\boldsymbol{p}_1$ 是 Δt 内离开变质量质点系的质点的动量；$\Delta\boldsymbol{p}_2$ 是 Δt 内并入变质量质点系的质点的动量。将上式两边同时除以 Δt，并令 $\Delta t\to 0$ 取极限，得

$$\left.\frac{\mathrm{d}\boldsymbol{p}}{\mathrm{d}t}\right|_{t=t^*}=\left.\frac{\mathrm{d}\boldsymbol{p}^*}{\mathrm{d}t}\right|_{t=t^*}+\lim_{\Delta t\to 0}\left(-\frac{\Delta\boldsymbol{p}_1}{\Delta t}+\frac{\Delta\boldsymbol{p}_2}{\Delta t}\right) \tag{e}$$

应用常质量质点系动量定理，上式变为

$$\dot{\boldsymbol{p}}=\boldsymbol{R}^{(e)}+\boldsymbol{F}_{\Phi_a} \tag{24-8}$$

其中，$\boldsymbol{R}^{(e)}$ 是 t^* 时刻作用在质点系上的外力的主向量；$\boldsymbol{F}_{\Phi_a}=\boldsymbol{F}_1+\boldsymbol{F}_2$ 可以称作并入(和

放出)质量的绝对速度引起的反推力;$\boldsymbol{F}_1 = -\lim\limits_{\Delta t\to 0}\dfrac{\Delta \boldsymbol{p}_1}{\Delta \mathrm{t}}$和$\boldsymbol{F}_2 = \lim\limits_{\Delta t\to 0}\dfrac{\Delta \boldsymbol{p}_2}{\Delta t}$,$\boldsymbol{F}_1$ 是由于有质点离开质量质点系引起的,$\boldsymbol{F}_2$ 是由于有质点并入变质量质点系引起的。式(24-8)就是变质量质点系动量定理:变质量质点系的动量对时间的导数,等于作用于其上的外力与由于并入(或放出)绝对速度而引起的反推力的矢量和。

24.1.3　变质量系统的动量矩定理

设惯性空间不动点为 O(或者质心为 C),与上面推导动量定理过程类似,我们可以得到变质量系统动量矩定理:

$$\dot{\boldsymbol{L}}_O = \boldsymbol{M}_O^{(\mathrm{e})} + \boldsymbol{M}_O^{(\Phi_\mathrm{a})} \tag{24-9a}$$

$$\dot{\boldsymbol{L}}_C = \boldsymbol{M}_C^{(\mathrm{e})} + \boldsymbol{M}_C^{(\Phi_\mathrm{a})} \tag{24-9b}$$

其中,$\boldsymbol{M}_O^{(\mathrm{e})}$ 是 t^* 时刻作用在质系上的外力对 O 点的主矩;$\boldsymbol{M}_O^{(\Phi_\mathrm{a})} = \boldsymbol{M}_O^{(1)} + \boldsymbol{M}_O^{(2)}$ 可以称作并入(或放出)质量的绝对速度引起的反推力矩,$\boldsymbol{M}_O^{(1)} = -\lim\limits_{\Delta t\to 0}\dfrac{\Delta \boldsymbol{L}_{O1}}{\Delta t}$和 $\boldsymbol{M}_O^{(2)} = \lim\limits_{\Delta t\to 0}\dfrac{\Delta \boldsymbol{L}_{O2}}{\Delta t}$,$\boldsymbol{M}_O^{(1)}$ 是由于有质点离开变质量质点系引起的,$\boldsymbol{M}_O^{(2)}$ 是由于有质点并入变质量质点系引起的。变质量质点系的动量矩定理:变质量质点系对某定点(或质心)的动量矩对时间的导数,等于作用于质点系上外力的合力对该点之矩与由于并入(或放出)质量的绝对速度引起的反推力对该点力矩的矢量和。

24.2　变质量质点的运动

24.2.1　变质量质点的运动微分方程

当变质量物体作平行移动,或只研究它们的质心的运动时,可简化为变质量质点来研究。变质量质点是变质量系统的一个简单模型,如果变质量质点系的位置和运动的确定与其尺寸无关,我们就可以认为它是一个变质量质点。

设变质量质点在瞬时 t 的质量为 m,速度为 $\boldsymbol{v}$;在瞬时 $t+dt$,有微小质量 $\mathrm{d}m$ 并入,这时质点的质量为 $m+\mathrm{d}m$,速度为 $\boldsymbol{v}+\mathrm{d}\boldsymbol{v}$;微小质量 $\mathrm{d}m$ 在尚未并入的瞬时 t,它的速度为 $\boldsymbol{v}_1$,如图 24-1 所示。

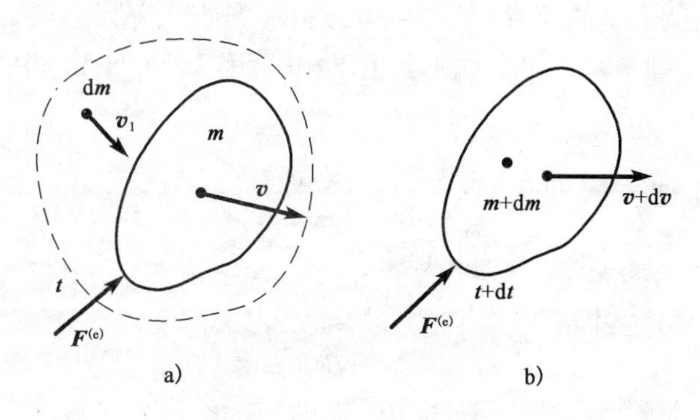

图 24-1　变质量质点的运动

以原质点与并入的微小质量组成质点系。设作用于质点系的外力为 $\boldsymbol{F}^{(\mathrm{e})}$。质点系在瞬时 t 的动量为

$$\boldsymbol{p}_1 = m\boldsymbol{v} + \mathrm{d}m \cdot \boldsymbol{v}_1 \tag{a}$$

质点系在瞬时 $t + \mathrm{d}t$ 的动量为

$$\boldsymbol{p}_2 = (m + \mathrm{d}m)(\boldsymbol{v} + \mathrm{d}\boldsymbol{v}) \tag{b}$$

根据动量定理 $\mathrm{d}\boldsymbol{p} = \boldsymbol{F}^{(e)}\mathrm{d}t$,

$$\boldsymbol{p}_2 - \boldsymbol{p}_1 = \boldsymbol{F}^{(e)}\mathrm{d}t \tag{c}$$

得

$$(m + dm)(\boldsymbol{v} + \mathrm{d}\boldsymbol{v}) - (m\boldsymbol{v} + \mathrm{d}m \cdot \boldsymbol{v}_1) = \boldsymbol{F}^{(e)}\mathrm{d}t \tag{d}$$

将上式展开得

$$m\mathrm{d}\boldsymbol{v} + \mathrm{d}m \cdot \boldsymbol{v} + \mathrm{d}m \cdot \mathrm{d}\boldsymbol{v} - \mathrm{d}m \cdot \boldsymbol{v}_1 = \boldsymbol{F}^{(e)}\mathrm{d}t \tag{e}$$

略去高阶微量 $\mathrm{d}m \cdot \mathrm{d}\boldsymbol{v}$,并以 $\mathrm{d}t$ 除各项,得

$$m\frac{\mathrm{d}\boldsymbol{v}}{\mathrm{d}t} + \frac{\mathrm{d}m}{\mathrm{d}t}\boldsymbol{v} - \frac{\mathrm{d}m}{\mathrm{d}t}\boldsymbol{v}_1 = \boldsymbol{F}^{(e)} \tag{f}$$

或

$$m\frac{\mathrm{d}\boldsymbol{v}}{\mathrm{d}t} - \frac{\mathrm{d}m}{\mathrm{d}t}(\boldsymbol{v}_1 - \boldsymbol{v}) = \boldsymbol{F}^{(e)} \tag{24-10}$$

式中,$(\boldsymbol{v}_1 - \boldsymbol{v})$是微小质量 $\mathrm{d}m$ 在并入前对于质点 m 的相对速度 $\boldsymbol{v}_r$,令

$$\boldsymbol{F}_\Phi = \frac{\mathrm{d}m}{\mathrm{d}t}\boldsymbol{v}_r \tag{24-11}$$

则式(24-10)改写为

$$m\frac{\mathrm{d}\boldsymbol{v}}{\mathrm{d}t} = \boldsymbol{F}^{(e)} + \boldsymbol{F}_\Phi \tag{24-12}$$

上式称为变质量质点的运动微分方程,也称为**密歇尔斯基方程**。式中 m 是变量,$\mathrm{d}m/\mathrm{d}t$ 是代数量。

变质量质点的运动微分方程是求解变质量质点运动规律的基本方程,在形式上与常质量质点运动微分方程相似,只是在右端多了一项 $\boldsymbol{F}_\Phi$。当 $\mathrm{d}m/\mathrm{d}t > 0$,$\boldsymbol{F}_\Phi$ 与 $\boldsymbol{v}_r$ 同向。对于像火箭等质量不断减小的物体,$\mathrm{d}m/\mathrm{d}t < 0$,$\boldsymbol{F}_\Phi$ 的方向与燃气喷出火箭的相对速度 $\boldsymbol{v}_r$ 方向相反,或 $\boldsymbol{F}_\Phi$ 与火箭发射的方向一致。因 $\boldsymbol{F}_\Phi$ 具有力的量纲且与喷气方向相反,常称为反推力。火箭就是靠反推力而加速度的。

如果并入或放出的质量的相对速度 $v_r = 0$,则式(24-12)变为牛顿第二定律的形式。即使是这种情况,它与牛顿第二定律在本质上也不相同,因为式(24-12)中的 $m = m(t)$是时间 t 的函数。

24.2.2 常用的几种质量变化规律

这里介绍两种应用最广的质量变化规律:

(1)质量按线性规律变化。设变化规律为

$$m = m_0(1 - \beta t), \beta t < 1 \tag{24-13}$$

式中,m_0,β 皆为常数,该式代表质量时间呈线性变化。由

$$\frac{\mathrm{d}m}{\mathrm{d}t} = -m_0\beta \tag{24-14}$$

可知,其反推力为

$$\boldsymbol{F}_{\Phi}=\frac{\mathrm{d}m}{\mathrm{d}t}\boldsymbol{v}_{\mathrm{r}}=-m_0\beta\boldsymbol{v}_{\mathrm{r}} \tag{24-15}$$

可见,当 $\boldsymbol{v}_{\mathrm{r}}$ 为常量时,反推力也为常量,且与 $\boldsymbol{v}_{\mathrm{r}}$ 方向相反。

(2)质量按指数规律变化。设变化规律为

$$m=m_0\mathrm{e}^{-\beta t} \tag{24-16}$$

式中,m_0,β 皆为常数。由$\frac{\mathrm{d}m}{\mathrm{d}t}=-\beta m_0\mathrm{e}^{-\beta t}$知,其反推力为

$$\boldsymbol{F}_{\Phi}=\frac{\mathrm{d}m}{\mathrm{d}t}\boldsymbol{v}_{\mathrm{r}}=-\beta m_0\mathrm{e}^{-\beta t}\boldsymbol{v}_{\mathrm{r}} \tag{24-17}$$

令 $\boldsymbol{a}_{\Phi}$ 表示仅在反推力 $\boldsymbol{F}_{\Phi}$ 作用下变质量质点的加速度

$$\boldsymbol{a}_{\Phi}=\frac{\boldsymbol{F}_{\Phi}}{m}=-\beta\boldsymbol{v}_{\mathrm{r}} \tag{24-18}$$

则当 $\boldsymbol{v}_{\mathrm{r}}$ 为常量时,$\boldsymbol{a}_{\Phi}$ 也是常量,即由反推力而引起的加速度为常量。

24.2.3 变质量质点的动能定理

变质量质点系动量定理的(24-8)可以写为

$$m\frac{\mathrm{d}\boldsymbol{v}}{\mathrm{d}t}+\boldsymbol{v}\frac{\mathrm{d}m}{\mathrm{d}t}=\boldsymbol{F}^{(\mathrm{e})}+\frac{\mathrm{d}m}{\mathrm{d}t}\boldsymbol{v}_1 \tag{24-19}$$

将上式各项点乘 $\mathrm{d}\boldsymbol{r}$,得

$$m\boldsymbol{v}\cdot\mathrm{d}\boldsymbol{v}+\mathrm{d}m\boldsymbol{v}\cdot\boldsymbol{v}=\boldsymbol{F}^{(\mathrm{e})}\cdot\mathrm{d}\boldsymbol{r}+\mathrm{d}m\boldsymbol{v}_1\cdot\boldsymbol{v} \tag{g}$$

由于 $m\boldsymbol{v}\cdot\mathrm{d}\boldsymbol{v}=\mathrm{d}\left(\frac{1}{2}mv^2\right)-\frac{v^2}{2}\mathrm{d}m$,因此上式可写为

$$\mathrm{d}\left(\frac{1}{2}mv^2\right)+\frac{1}{2}v^2\mathrm{d}m=\boldsymbol{F}^{(\mathrm{e})}\cdot\mathrm{d}\boldsymbol{r}+(\boldsymbol{v}_1\cdot\boldsymbol{v})\mathrm{d}m \tag{24-20}$$

或

$$\mathrm{d}\left(\frac{1}{2}mv^2\right)+\frac{1}{2}v^2\mathrm{d}m=\boldsymbol{F}^{(\mathrm{e})}\cdot\mathrm{d}\boldsymbol{r}+\boldsymbol{F}_{\Phi_{\mathrm{a}}}\cdot\mathrm{d}\boldsymbol{r} \tag{24-21}$$

式(24-20)或式(24-21)称变质量质点的动能定理:变质量质点动能的微分与放出(或并入)的元质量由于其牵连速度而具有的动能的代数和,等于作用于质点上外力合力的元功与由于并入(或放出)质量的绝对速度引起的反推力所做的元功之和。

由于 $\boldsymbol{v}_1=\boldsymbol{v}+\boldsymbol{v}_{\mathrm{r}}$,即 $\boldsymbol{v}_1\cdot\boldsymbol{v}=\mathrm{v}^2+\boldsymbol{v}_{\mathrm{r}}\cdot\boldsymbol{v}$,因此式(24-20)也可以写为

$$\mathrm{d}\left(\frac{1}{2}mv^2\right)-\frac{1}{2}v^2\mathrm{d}m=\boldsymbol{F}^{(\mathrm{e})}\cdot\mathrm{d}\boldsymbol{r}+\boldsymbol{F}_{\Phi}\cdot\mathrm{d}\boldsymbol{r} \tag{24-22}$$

因此变质量质点的动能定理也可以这样叙述:变质量质点动能的微分与并入(或放出)的元质量由于牵连运动而具有的动能之差,等于作用于质点上外力的合力与反推力所做的元功之和。

例题 24-1 雨滴开始自由下落时质量为 m_0,在下落过程中,单位时间内凝结在它上面的水汽的质量 λ 为常数。不计空气阴力,求雨滴在 t 时刻的速度。

解:根据式(24-12),写出沿竖直方向的标量方程为

$$m\frac{\mathrm{d}v}{\mathrm{d}t}=mg+(-v)\frac{\mathrm{d}m}{\mathrm{d}t} \tag{1}$$

式(1)可写成

$$\frac{d}{dt}(mv) = mg \tag{2}$$

由已知条件

$$\frac{dm}{dt} = \lambda = \text{const} \tag{3}$$

可得

$$m = m_0 + \lambda t \tag{4}$$

代入方程式(2)得

$$mv = \int_0^t (m_0 + \lambda t)\,dt \tag{5}$$

由此求出

$$v = \frac{1}{2}\left(1 + \frac{m_0}{m_0 + \lambda t}\right)gt \tag{6}$$

讨论与练习

(1)如果不考虑水汽凝结,即 $\lambda = 0$,则雨滴下降速度为 gt;

(2)可见,水汽凝结使雨滴降落速度减小。

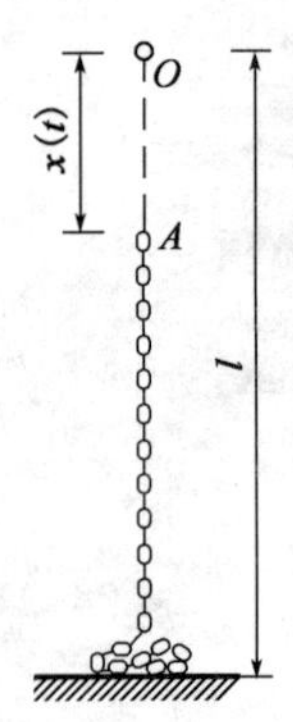

图 24-2　例题 24-2

例题 24-2　用手拿住长为 l,质量为 m_0 的均质链条的上端,使下端刚好着地。突然将手放开,使链条竖直下落,如图 24-2 所示。求链条下落过程中对地面的压力。

解:设在链条运动过程中,链条上端下落距离为 x,考虑在空中的那一段链条,它的质量为

$$m = \frac{(l - x)m_0}{l} \tag{1}$$

这是一个变质量质点系。由于它作平行移动,可以当作变质量质点。设其下落速度大小为 v,根据式(24-12)有

$$m\frac{dv}{dt} = mg \tag{2}$$

即

$$\dot{v} = g \tag{3}$$

这与自由落体的方程形式一样,因此有

$$v^2 = 2gx \tag{4}$$

再以整个链条为研究对象,这是一个常质量质点系。由于已经落在地面上的部分链条动量为零,所以该质点系的动量大小为

$$p = mv = \frac{l - x}{l}m_0 v \tag{5}$$

利用常质量质点系动量定理得

$$\dot{p} = m_0 g - F_N \tag{6}$$

其中,F_N 是地面对链条的反力大小,方向竖直向上。由此可得

$$F_N = m_0 g - \dot{p} = m_0 g - \dot{m}v - m\dot{v} = (m_0 - m)g + m_0 v\frac{\dot{x}}{l} \tag{7}$$

由 $\dot{x} = v$ 得

$$F_N = \frac{x}{l}m_0 g + \frac{1}{l}m_0 v^2 = \frac{3x}{l}m_0 g \tag{8}$$

讨论与练习

(1)由此可见,链条对地面的压力是已经落到地上那部分链条重量的3倍;

(2)在链条完全落到地面上的那一瞬时,链条对地面的压力为$3m_0g$,而当链条完全落到地面以后,对地面的压力又变为m_0g;

(3)请读者考虑如何解释这个结果。

例题24-3 如图24-3所示为传送砂子的装置。砂子从漏斗铅直流下,以速度$\boldsymbol{v}_1$流入倾角为θ的传送带上并沿斜面下滑l长度,然后流出斜面。设砂子以流量q=常数(q以kg/s计)从大漏斗中流下,斜面上砂子是定常流动,其质量保持不变,不计摩擦。若使砂子在斜面上的速度为$\boldsymbol{v}$为常数,求倾角θ应等于多少?

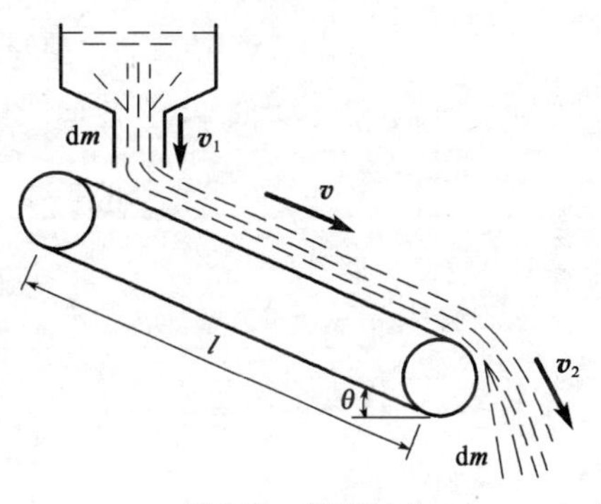

图24-3 例题24-3

解:研究传送带上的砂子,由变质量质点的动能定理式(24-20),有

$$\mathrm{d}\left(\frac{1}{2}mv^2\right) + \frac{1}{2}v^2\mathrm{d}m = \boldsymbol{F}\cdot\mathrm{d}\boldsymbol{r} + \mathrm{d}m_1(\boldsymbol{v}_1\cdot\boldsymbol{v}) + \mathrm{d}m_2(\boldsymbol{v}_2\cdot\boldsymbol{v}) \tag{1}$$

式中,$\mathrm{d}m_1$为漏斗流入到传送带上的砂子质量元,$\mathrm{d}m_2$为从传送带上流出的砂子质量元,$\boldsymbol{v}_2$为$\mathrm{d}m_2$流出时的绝对速度。由题意可知,有

$$\frac{1}{2}mv^2 = \mathrm{const}, \frac{\mathrm{d}m_1}{\mathrm{d}t} = -\frac{\mathrm{d}m_2}{\mathrm{d}t} = q \tag{2}$$

$$\boldsymbol{v}_2 = \boldsymbol{v}, \mathrm{d}m = \mathrm{d}m_1 + \mathrm{d}m_2 = 0 \tag{3}$$

将式(2)和式(3)代入式(1),得

$$0 = mg\sin\theta\cdot\mathrm{d}s + q\mathrm{d}t\cdot v_1 v\sin\theta - q\mathrm{d}tv^2 \tag{4}$$

式中,s为沙子沿传送带方向的位移。由于流量q、质量m及斜面长度l之间有关系:

$$q = v\frac{m}{l}\text{或}\ m = \frac{l}{v}q \tag{5}$$

因此有

$$\frac{l}{v}qg\sin\theta\frac{\mathrm{d}s}{\mathrm{d}t} + qv_1 v\sin\theta - qv^2 = 0 \tag{6}$$

即

$$v^2 = (lg + v_1 v)\sin\theta \tag{7}$$

得

$$\theta = \arcsin\frac{v^2}{gl + v_1 v} \tag{8}$$

24.3 变质量刚体的运动

24.3.1 变质量刚体的定轴转动

如果刚体内至少有一个质点是变质量质点，则称为变质量刚体，我们利用变质量质系动量矩定理来研究变质量刚体的定轴转动。设刚体上的变质量质点 $P_i(i=1,2,\cdots,n)$ 到转动轴 Oz 的距离为 r_i，Δm_{1i} 和 Δm_{2i} 是分离质量和并入质量，ω 是刚体的角速度大小，u_{1i} 和 u_{2i} 是分离质量和并入质量的绝对速度在垂直 Oz 轴的平面内沿切向的分量，$u_{1i}^{(r)}=u_{1i}-\omega r_i$ 和 $u_{2i}^{(r)}=u_{2i}-\omega r_i$ 是分离质量和并入质量相对质点 P_j 的相对速度在垂直 Oz 轴的平面内沿切向的分量。则在时间 Δt 内分离质量和并入质量对转动轴的动量矩为

$$\Delta L_z^{(1)}=\sum_{i=1}^{n}\Delta m_{1i}r_iu_{1i}=\omega\sum_{i=1}^{n}\Delta m_{1i}r_i^2+\sum_{i=1}^{n}\Delta m_{1i}r_iu_{1i}^{(r)} \tag{a}$$

$$\Delta L_z^{(2)}=\sum_{i=1}^{n}\Delta m_{2i}r_iu_{2i}=\omega\sum_{i=1}^{n}\Delta m_{2i}r_i^2+\sum_{i=1}^{n}\Delta m_{2i}r_iu_{2i}^{(r)} \tag{b}$$

设变质量刚体对转动轴 Oz 的转动惯量用 J_z 表示，则

$$\lim_{\Delta t\to 0}\frac{\Delta L_z^{(2)}}{\Delta t}-\lim_{\Delta t\to 0}\frac{\Delta L_z^{(1)}}{\Delta t}=\omega\frac{\mathrm{d}J_z}{\mathrm{d}t}+M_z^{(\Phi)} \tag{c}$$

其中，$M_z^{(\Phi)}=-\sum\limits_{i=1}^{n}\dfrac{\mathrm{d}m_{1i}}{\mathrm{d}t}r_iu_{1i}^{(r)}+\sum\limits_{i=1}^{n}\dfrac{\mathrm{d}m_{2i}}{\mathrm{d}t}r_iu_{2i}^{(r)}$ 是反推力对 Oz 的合力矩。

将式(c)代入变质量质点系动量矩定理式(24-9a)，得

$$\frac{\mathrm{d}(J_z\omega)}{\mathrm{d}t}=M_z^{(e)}+\omega\frac{\mathrm{d}J_z}{\mathrm{d}t}+M_z^{(\Phi)} \tag{d}$$

于是变质量刚体定轴转动运动微分方程为

$$J_z\dot{\omega}=M_z^{(e)}+M_z^{(\Phi)} \tag{24-23}$$

例题 24-4 半径为 r 的环形刚体在常力矩 $\boldsymbol{M}$ 作用下绕竖直轴作定轴转动，转动轴与刚体的对称轴重合。当刚体角速度为 $\boldsymbol{\omega}_0$ 时，需要制动。为此在刚体的外缘安装两个反推力喷嘴，喷气速度大小为 u，方向沿着环的切向；每秒燃料消耗为 q，初始时包括燃料的刚体转动惯量为 J_0。试求完全制动刚体所需的燃料。

解：根据式(24-23)，有

$$(J_0-qr^2t)\dot{\omega}=M-qur \tag{1}$$

显然只有在 $qur>M$ 时才有可能制动。假设制动所用时间为 T，求解上面微分方程，得

$$\omega(T)=\omega_0+\frac{qur-M}{qr^2}\ln\left(1-\frac{qr^2}{J_0}T\right) \tag{2}$$

由 $\omega(T)=0$，解出制动所需时间 T，利用 $m=qT$ 得制动所需燃料为

$$m=\frac{J_0}{r^2}\left[1-\exp\left(-\frac{qr^2\omega_0}{qur-M}\right)\right] \tag{3}$$

24.3.2 变质量刚体的定点转动

如果在微粒离开和并入过程中 Ox,Oy,Oz 轴还是刚体的惯性主轴，则方程(24-9a)可以写成类似欧拉动力学方程的标准形式

$$J_1\dot{\omega}_x+(J_3-J_2)\omega_y\omega_z=M_x^{(e)}+M_x^{(\Phi)} \tag{24-24a}$$

$$J_2\dot{\omega}_y + (J_1 - J_3)\omega_z\omega_x = M_y^{(e)} + M_y^{(\Phi)} \tag{24-24b}$$

$$J_3\dot{\omega}_z + (J_2 - J_1)\omega_x\omega_y = M_z^{(e)} + M_z^{(\Phi)} \tag{24-24c}$$

其中,J_1,J_2,J_3 是刚体对 Ox,Oy,Oz 轴的惯性矩(依赖于时间),而 $M_x^{(e)}$,$M_y^{(e)}$,$M_z^{(e)}$ 和 $M_x^{(\Phi)}$,$M_y^{(\Phi)}$,$M_z^{(\Phi)}$ 分别是外力主矩和反推力主矩在 Ox,Oy,Oz 轴上的投影。

24.4 火箭的运动

24.4.1 火箭在均匀重力场中的竖直运动

设火箭在均匀重力场中竖直向上运动,不考虑介质阻力,将火箭看作质点,初始速度为零,初始质量为 m_0,燃料分离的相对速度 $\boldsymbol{u}_r$ 大小是常数,方向竖直向下,假设火箭质量随时间的变化规律已知,求火箭速度和上升高度随时间变化的函数。

在火箭上作用的外力为重力,方向竖直向下,取火箭运动的直线为 Oz 轴(图 24-4),将方程式(24-12)的两边向 Oz 轴投影,得

$$m\frac{\mathrm{d}v}{\mathrm{d}t} = -mg - \frac{\mathrm{d}m}{\mathrm{d}t}u_r \tag{a}$$

将该方程积分后可得火箭速度

$$v = u_r \ln\frac{m_0}{m(t)} - gt \tag{24-25}$$

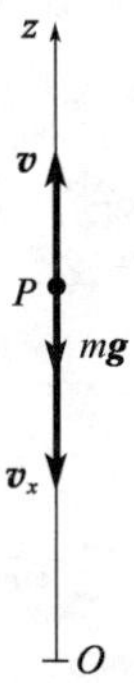

图 24-4 火箭在均匀重力场中的竖直运动

如果设 $t=0$ 时 $z=0$,则积分方程(24-25)可得火箭上升高度随时间变化的公式

$$z = u_r\int_0^t \ln\frac{m_0}{m(t)}\mathrm{d}t - \frac{gt^2}{2} \tag{24-26}$$

设火箭质量按指数规律变化

$$m = m_0 \mathrm{e}^{-\beta t} \tag{24-27}$$

其中,β 是正常数,描述燃料消耗的快慢。燃料消耗质量 m_1 的增加规律为

$$m_1 = m_0(1 - \mathrm{e}^{-\beta t}) \tag{b}$$

根据式(24-11)可得反推力 $\boldsymbol{F}_\Phi$ 的表达式

$$F_\Phi = \beta m_0 \mathrm{e}^{-\beta t}u_r = m\beta u_r \tag{c}$$

即 βu_r 是火箭反推力产生的加速度。

对于质量变化规律式(24-27),由式(24-25)和式(24-26)得

$$v = (\beta u_r - g)t, z = \frac{1}{2}(\beta u_r - g)t^2 \tag{24-28}$$

由此可知,只有在 $\beta u_r > g$ 时火箭才会竖直上升,这就是说,火箭反推力产生的加速度应该大于重力加速度。

设燃料质量 m_T 给定,由式(24-27)可得燃料耗尽时刻 t_K。因为在燃烧结束时 $m=m_K$,所以由式(24-27)得

$$m_K = m_0 \mathrm{e}^{-\beta t_K} \tag{d}$$

考虑到 $m_0 = m_T + m_K$ 并引入记号 $\alpha = \ln(1 + m_T/m_K)$,得

$$t_K = \frac{\alpha}{\beta} \tag{24-29}$$

由式(24-28)可知,在燃料耗尽时火箭的速度 v_K 和火箭主动段轨迹长度 z_K 由下面公式确定

$$v_K = \alpha\left(u_r - \frac{g}{\beta}\right), z_K = \frac{\beta u_r - g}{2\beta^2}\alpha^2 \tag{24-30}$$

燃料耗尽后,即 $t > t_K$,火箭质量保持常数,在 $t = t_K$ 时有速度 v_K,火箭此后上升的最大高度为

$$s = \frac{v_K^2}{2g} = \frac{\alpha^2}{2g}\left(u_r - \frac{g}{\beta}\right)^2 \tag{24-31}$$

由式(24-30)和式(24-31)可得火箭上升的总高度 $h = z_K + s$ 的表达式

$$h = \frac{\alpha^2 u_r}{2}\left(\frac{u_r}{g} - \frac{1}{\beta}\right) \tag{24-32}$$

由此可知,随着 β 增加,火箭上升最大高度也增加。在 $\beta = \infty$,即燃料瞬间消耗完的情况下,相应的火箭上升最大高度为

$$h_{max} = \frac{\alpha^2 u_r^2}{2g} \tag{24-33}$$

下面我们求使火箭主动段上升最高的 β 值。由式(24-30)得

$$\frac{\partial z_K}{\partial \beta} = \alpha^2 \frac{2g - \beta u_r}{2\beta^3}, \frac{\partial^2 z_K}{\partial \beta^2} = \alpha^2 \frac{\beta u_r - 3g}{\beta^4} \tag{24-34}$$

由此可知,当 $\beta = 2g/u_r$ 时,即火箭反推力产生的加速度是重力加速度的 2 倍时,z_K 取最大值,由式(24-30)得

$$z_{Kmax} = \frac{\alpha^2 u_r^2}{8g} \tag{e}$$

根据式(24-32)得火箭在这种情况下上升的高度

$$h = \frac{\alpha^2 u_r^2}{4g} \tag{f}$$

即火箭主动段最长时,火箭上升高度是公式(24-33)给出的 1/2。

24.4.2 火箭在引力场外的运动

变质量质点 P 在重力场外的真空中运动,如果将火箭看作质点并忽略宇宙介质阻力、引力和光压等,这样的变质量质点可以作为宇宙空间中运动的火箭的模型(图 24-5),那么 $\boldsymbol{F}^{(e)} = \boldsymbol{0}$,由方程(24-12)可得火箭运动的向量方程

$$m\frac{\mathrm{d}v}{\mathrm{d}t} = \frac{\mathrm{d}m}{\mathrm{d}t}\boldsymbol{u}_r \tag{24-35}$$

其中,$\boldsymbol{u}_r$ 是燃料分离相对速度。假设 $\boldsymbol{u}_r$ 的大小是常数并且方向与火箭速度 $\boldsymbol{v}$ 相反,那么火箭将沿着矢量 $\boldsymbol{v}$ 的方向做直线运动,我们取这个直线为 Ox 轴,将方程(24-35)向 Ox 轴投影得

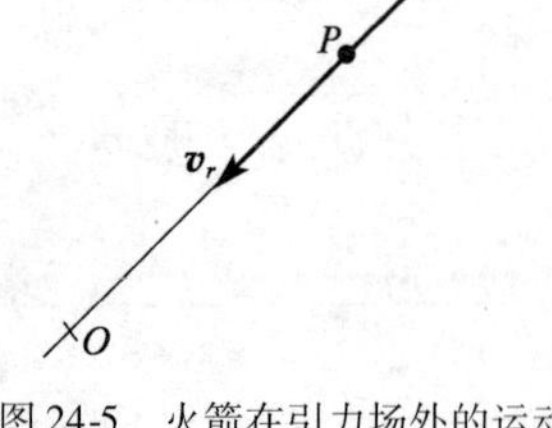

图 24-5 火箭在引力场外的运动

$$m\frac{\mathrm{d}v}{\mathrm{d}t} = -\frac{\mathrm{d}m}{\mathrm{d}t}u_r \tag{24-36}$$

其中,u_r 是相对速度 $\boldsymbol{u}_r$ 的大小。假设 $t = 0$ 时火箭质量等于 m_0,速度等于 v_0,积分方程(24-36)得

$$v(t) = v_0 + u_r \ln\frac{m_0}{m(t)} \tag{24-37}$$

由此可见，在给定时刻火箭的速度依赖于火箭初始质量与当前质量之比，设 m_T 是燃料的初始质量，而 m_K 是燃料耗尽后火箭的质量（即火箭结构、有效荷载和设备的质量），那么 $m_0 = m_T + m_K$，在燃料耗尽时火箭的速度可由式(24-37)得到

$$v_K = v_0 + u_r \ln\left(1 + \frac{m_T}{m_K}\right) \tag{24-38}$$

这就是齐奥尔科夫斯基公式，由此公式可知，火箭的极限速度仅依赖于燃料的相对储备和燃烧物相对速度，火箭极限速度不依赖于质量变化规律（发动机工作机制）；如果给定关系式 $m_T/m_K = Z$（称为齐奥尔科夫斯基数），则极限速度与燃料消耗快慢完全无关。

火箭在轨迹主动段走过的路径依赖于燃料消耗规律，假设在 $t=0$ 时 $x=0$，则由式(24-37)得

$$x = v_0 t + u_r \int_0^t \ln \frac{m_0}{m(t)} \mathrm{d}t \tag{24-39}$$

例题 24-5 单级火箭。运载火箭在太空中运动，初始速度大小为 v_0。火箭中燃料的质量为 m_f，其他部分质量为 m_s。假设燃料喷出的相对速度大小 u_r 为常数，方向始终与火箭速度 v 相反。求燃料完全喷出时火箭速度的大小。

解：当燃料完全燃烧后，由式(24-38)有

$$v = v_0 + u_r \ln\left(1 + \frac{m_f}{m_s}\right) \tag{1}$$

按照目前技术水平，$u_r < 4\text{km/s}$，$m_f/m_s < 5$（鸡蛋内液体与蛋壳质量之比约为 8）。如果按 $u_r = 3\text{km/s}$，$m_f/m_s = 4$，假设从火箭静止开始运动，当燃料完全燃烧后，火箭的速度约为 4.8km/s，不能达到第一宇宙速度(7.8km/s)。因此用单级火箭无法将卫星送入轨道，必须采用多级火箭，例如二级火箭。如果各级火箭都取 $u_r = 3\text{km/s}$，$m_f/m_s = 4$，则二级火箭工作结束后，火箭的速度为

$$v = 2u_r \ln\left(1 + \frac{m_f}{m_s}\right) = 9.6\text{km/s}$$

超过了第一宇宙速度。

如果火箭在重力场中竖直向上运动，容易验证，式(1)变为

$$v = v_0 + u_r \ln\left(1 + \frac{m_f}{m_s}\right) - gT \tag{2}$$

其中，T 为火箭发动机工作时间。

24.5 Maple 编程示例

编程题 24-1 二级火箭。单级火箭具有重大的缺陷，那就是：燃料装的越多其壳体也就越大，任何时候火箭的反推力不仅要使有效载荷产生加速度，而且也要使庞大的壳体产生同样的加速度，这就限制了火箭速度的提高。多级火箭可以克服这一缺陷，当前一级火箭燃料燃烧终了时，连同其壳体一起抛掉，后一级火箭开始工作。二级火箭由 3 部分组成：第一级火箭、第二级火箭和荷载。

已知：$v_0 = 0, v_r, m, \varepsilon, k, x$。

求：v, N。

解：(1)建模

设第一级火箭总质量为 m_1，其内携带燃料的质量为 m_{1c}，且 $m_{1c}=\varepsilon m_1$；第二级火箭总质量为 m_2，其内携带燃料的质量为 m_{2c}，且 $m_{2c}=\varepsilon m_2$；荷载的质量为 m_P，$m_P=km$。燃料从火箭喷出的相对速度 $v_r=\text{const}$，方向与火箭速度方向相反，每秒喷出的燃料质量也为常数。火箭由静止开始运动，略去重力。二级火箭的总质量为 m，$m=m_1+m_2$ 为常量，则 m_1，m_2 的不同分配将影响火箭的速度，$x=m_2/m$。

答：$m_1=m_2$ 时，$v_2=6000\text{m/s}$；$m_1\approx 9m_2$ 时，$v_{2\max}=7494\text{m/s}$。

(2) Maple 程序

```
> ##########################################################################
> restart:                                                      #清零。
> v[1]:=v[r]*ln((m[1]+m[2]+m[P])/(m[1]+m[2]+m[P]-epsilon*m[1])):
>                                                               #第一级火箭燃料喷完时的速度。
> v[2]:=v[1]+v[r]*ln((m[2]+m[P])/(m[2]+m[P]-epsilon*m[2])):
>                                                               #第二级火箭燃料喷完时的速度。
> m[1]:=50*m[P]:   m[2]:=m[1]:                                  #已知条件。
> epsilon:=0.8: v[r]:=300*g: g:=9.8:                            #已知条件。
> v[2]:=evalf(v[2],4);                                          #第二级火箭燃料喷完时速度数值。
> restart:                                                      #清零。
> v[1]:=v[r]*ln((m[1]+m[2]+m[P])/(m[1]+m[2]+m[P]-epsilon*m[1])):
>                                                               #第一级火箭燃料喷完时速度。
> v[2]:=v[1]+v[r]*ln((m[2]+m[P])/(m[2]+m[P]-epsilon*m[2])):
>                                                               #第二级火箭燃料喷完时速度。
> v[2]:=subs(m[1]=M-m[2],m[P]=k*M,v[2]):                        #代换。
> eq1:=diff(v[2],m[2])=0:                                       #求一阶导数,得驻点。
> eq1:=subs(m[2]=M*x, m[P]=M*k,eq1):                            #代换。
> SOL1:=solve({eq1},{x}):                                       #解方程求极值点。
> v[2,max]:=subs(m[2]=M*(-k+(k^2+k)^(1/2)),v[2]):
>                                                               #代换。
> v[2,max]:=simplify(v[2,max]);                                 #化简。
> k:=1/100: epsilon:=0.8: v[r]:=300*g: g:=9.8:
>                                                               #已知条件。
> v[2,max]:=evalf(v[2,max],4);                                  #第二级燃料喷完时最大速度数值。
> ##########################################################################
```

思考题

思考题 24-1　一串链条放在光滑水平面上，以不变的力 $\boldsymbol{F}$ 沿水平直线拉住链条的一端。将链条逐渐拉动。问下述说法是否正确：

(1) 被拉住的一端做匀加速运动；

(2) 被拉住的一端做变加速运动。

思考题 24-2　多级火箭燃料喷出的相对速度相同，为达到给定的最终速度，各级火箭净增加的速度应怎样分配能使火箭的总质量为最小?

思考题 24-3　火箭的总质量按几何级数增加时,判断下述说法是否正确:

(1)火箭的特征速度也按几何级数改变;

(2)火箭的特征速度按算术级数改变;

(3)火箭的特征速度既不按几何级数改变,也不按算术级数改变,而是按其他规律改变。

思考题 24-4　变质量质点的运动微分方程 $m\dfrac{\mathrm{d}v}{\mathrm{d}t}=\boldsymbol{F}^{(e)}+\dfrac{\mathrm{d}m}{\mathrm{d}t}\boldsymbol{v}_{\mathrm{r}}$ 与质点动量定理 $\dfrac{\mathrm{d}}{\mathrm{d}t}(m\boldsymbol{v})=\boldsymbol{F}$(即 $m\dfrac{\mathrm{d}v}{\mathrm{d}t}+\dfrac{\mathrm{d}m}{\mathrm{d}t}\boldsymbol{v}=\boldsymbol{F}$)之间有何区别?

思考题 24-5　反推力 $\boldsymbol{F}_{\Phi}$ 与 $\boldsymbol{F}_{\Phi_{\mathrm{a}}}$ 有何异同? 它们是怎样产生的?

思考题 24-6　要达到较高的速度,多级火箭为什么比单级火箭优越?

思考题 24-7　变质量质点的动量定理、动量矩定理与动能定理和定质量质点的三大定理有何区别? 这一区别是怎样产生的?

思考题 24-8　变质量质点对定点 O 的动量矩定理为:

$$\frac{\mathrm{d}\boldsymbol{L}_O}{\mathrm{d}t}=\boldsymbol{r}\times\boldsymbol{F}+\boldsymbol{r}\times\boldsymbol{F}_{\Phi_{\mathrm{a}}},\text{即}\frac{\mathrm{d}}{\mathrm{d}t}(\boldsymbol{r}\times m\boldsymbol{v})=\boldsymbol{r}\times\boldsymbol{F}+\boldsymbol{r}\times\boldsymbol{F}_{\Phi_{\mathrm{a}}}$$

式中,$\boldsymbol{L}_O$ 为质点对定点 O 的动量矩,$\boldsymbol{r}$ 为以 O 为原点的质点的矢径,$\boldsymbol{F}$ 为作用在质点上的合力。试解释式中 $\boldsymbol{F}_{\Phi_{\mathrm{a}}}$ 的物理意义。

习题

A 类型习题

习题 24-1　试写出变质量单摆在阻尼介质中的运动微分方程,摆的质量按给定规律 $m=m(t)$ 变化,质量分离时相对速度等于零。摆线长度为 l,摆的阻力与角速度成正比:$F_{\mathrm{R}}=-\beta\dot{\varphi}$。

习题 24-2　初速度为零的变质量质点以不变的加速度 $\boldsymbol{a}$ 沿水平方向运动,燃气喷射的有效速度 v_{e} 为常数,不计阻力,求质量减为 $1/k$ 时质点走过的路程。

习题 24-3　变质量物体沿着铺设在赤道上的特殊导轨运动,切向加速度 $a_{\tau}=a$ 为常量,不计运动阻力,假设燃气喷射的有效速度 $v_{\mathrm{e}}=$ 常量。求物体绕地球环行一周质量减为多少? 为使物体绕地球环行一周后获得第一宇宙速度,求加速度 a(地球半径为 R)。

习题 24-4　物体沿水平轨道滑行,燃气以不变的有效速度 v_{e} 铅直向下排出。物体的初速度为 v_0。设物体的质量按规律 $m=m_0-at$ 变化,滑动摩擦因数为 f。求物体速度以及运动规律。

习题 24-5　质量为 m_0 的飞机在北极地带的机场以速度 $\boldsymbol{v}_0$ 着陆,由于结冰,飞机的质量在着陆后按公式 $m=m_0+at$ 增加,式中 $a=$ 常量。在机场上飞机运动所受的阻力与飞机重量成正比(比例系数为 f)。

(1)考虑飞机质量变化,求飞机停下所需的时间 T_1。

(2)不考虑飞机质量变化,求飞机停下所需的时间 T_2,及速度随时间变化规律。

习题 24-6　变质量体以不变加速度 $\boldsymbol{a}$ 沿粗糙的直线导轨向上运动,导轨与水平面夹角为 α。可认为重力场是均匀的,大气阻力与速度的一次方成正比(比例系数为 b),求物体的质量变化规律。燃气喷射的有效速度 $\boldsymbol{v}_{\mathrm{e}}$ 不变,物体与导轨间的滑动摩擦因数等于 f。

习题 24-7 重为 Q 的气球铅直上升，拖起一条堆放在地面上的绳子，在气球上作用着升力 $\boldsymbol{F}_P$、重力以及与速度平方成正比的阻力：$F_R = -\beta \dot{x}^2$。单位长度绳子的重量为 γ。试写出气球的运动微分方程。

习题 24-8 球形雨滴在大气中下落，沿途有水汽凝聚，雨滴的质量增加速率与表面积成正比（比例系数为 α）。在初始瞬时，雨滴的半径为 r_0，速度为 v_0，高度为 h_0，求雨滴的速度及高度随时间的变化规律（忽略运动阻力）。

提示：注意 $\mathrm{d}r = \alpha \mathrm{d}t$，再变换到 r。

习题 24-9 均质链条聚成一团放在水平桌台的边缘，有一链节从桌上静止下落。取 x 轴铅直向下，在初始瞬时有 $x(0) = 0, \dot{x}(0) = 0$，求链条的运动。

习题 24-10 水流由龙头射入质量为 m_0 的水车内，射入速度的大小为常数 u，方向与水平线夹角为 θ，每秒射入质量为 q，如图 24-6 所示。水车开始处于静止，可以在水平道上自由运动，不计摩擦力，求水车的运动速度。

习题 24-11 总质量为 m_0、总长度为 l 的一排小方块放在如图 24-7 所示的水平桌面上。设小方块长度极短、数量很多，相邻的小方块互相接触而不连接。初始静止，小方块最外端在桌边。如图示加一水平的常力 $\boldsymbol{F}$，求在如下两种情况下，当小方块已经有一半离开桌面时，留在桌面上的小方块的速度。

(1) 忽略桌面上的摩擦力；

(2) 桌面与小方块间的动滑动摩擦因数为 f。

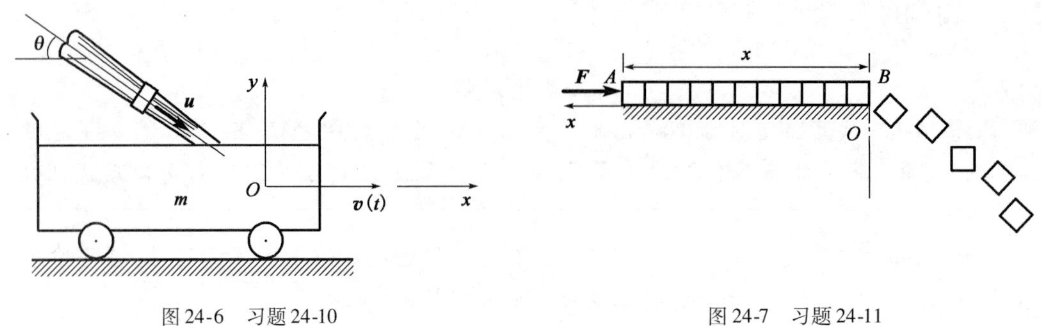

图 24-6　习题 24-10　　　　图 24-7　习题 24-11

B 类型习题

习题 24-12 试写出火箭上升运动的微分方程。设燃气喷射的有效速度 $\boldsymbol{v}_e$ 不变（反冲发动机的推力公式 $F = -\frac{\mathrm{d}m}{\mathrm{d}t}v_e$，式中 v_e 为有效喷射速度）。火箭的质量按规律 $m = m_0 f(t)$（燃烧规律）变化，空气阻力为火箭的速度和位置的已知函数：$\boldsymbol{F}_R(x, \dot{x})$。

习题 24-13 火箭自月面铅直发射。喷射的有效速度为 $v_e = 2000\text{m/s}$，齐奥尔可夫斯基数（齐奥尔可夫斯基数为火箭起飞质量与耗尽燃料后的质量之比值。）为 $z = 5$。为使火箭达到速度 $v = 3000\text{m/s}$，求燃料的燃烧时间。假设在月球附近引力速度不变，等于 1.62m/s^2。

习题 24-14 已知火箭的起始质量 m_0 和每秒消耗率 β，在真空与无引力的情况下做直线运动，以零初始速度出发，速度逐渐增加到与燃气喷射有效速度 $\boldsymbol{v}_e$ 相等。求火箭在这个主动飞行段的飞行路程。

习题 24-15 假定三级火箭各级的齐奥尔可夫斯基数与喷射有效速度 $\boldsymbol{v}_e$ 都相同，在 $v_e = 2.4\text{km/s}$ 的情况下，当燃料全部烧完后，火箭速度等于 9km/s，试计算齐奥尔可夫斯基数（引力场和大气阻力的影响都不计)。

C 类型习题

习题 24-16 一火箭以恒定加速度 $a_0=3g$ 由地面铅垂升空。燃气从喷管喷出的相对速度为 $v_{rel}=2000\text{m/s}$。

(1)当重力加速度看成恒定不变时,火箭的质量是如何改变的?

(2)经过多长时间 t_1 后,火箭质量减小到初始值 m_0 的一半?

习题 24-17 一飞机模型以恒定加速度 $\boldsymbol{a}_0$ 铅垂升高,下方用一固定于地面的控制缆绳系住。缆绳的线密度为 ρ(单位为 kg/m)。飞机高度为时在飞机上测得缆绳张力为 $\boldsymbol{F}_z$,$\boldsymbol{a}_0$ 为多大?

习题 24-18 **多级火箭质量分配问题**。设火箭级数为 n,火箭总质量为 m_{min} 与载荷质量 m_P 之比为 $\zeta=m/m_P$,欲将人造地球卫星送入轨道,火箭的最终速度应达到 $v_n=7.8\text{km/s}$,设 $\varepsilon=0.8$,$u_r/g=300\text{s}$。求 $\zeta-n$ 关系曲线。

库仑(Charles Augustin de Coulomb 1736 —1806 年),法国物理学家、军事工程师。

《简单机械理论》(1779 年):库仑总结其早年关于静力学和机械学的论文集,描述了摩擦力与正压力之间成比例的关系,即人们熟知的库仑摩擦定律。1784 年他得到了弹性体微幅扭振问题的准确解。他因提出电磁力的计算公式而广为人知。在国际单位制中,电荷的单位库仑就是用他的名字命名的。

第6篇　高级应用

人造天体的运动理论是现代天体力学的主要内容之一。根据不同的研究对象，又分为人造地球卫星运动理论、月球火箭运动理论和行星际火箭运动理论。由于星际航行事业的迅速发展，已形成一门新的学科——星际航行动力学，人造天体的运动理论是它的一部分。精确掌握太阳系自然天体和人造天体的运动规律，可以为飞机、海船和远程导弹的导航服务，也是大地测量和研究地球形状及内部结构的基础。第25章讨论宇宙飞行动力学。

运动的稳定性问题起源于力学。拉格朗日于1788年最早提出了关于平衡稳定性的一般性定理：势能极小的平衡是稳定的。李雅普诺夫于1892年发表的论文开创了稳定性理论的新的一页，给出了关于稳定性概念的严格数学定义，并提出了解决稳定性问题的方法，从而奠定了现代稳定性理论的基础。早期关于运动稳定性的理论，主要是针对力学问题的，其后由于调节原理、控制理论的需要，大大推动了运动稳定性理论的发展。现代很多学科领域中，特别是自然科学、工程技术以及在社会、生态、管理等领域，运动稳定性都是它们所研究的主要问题之一。第26章讨论运动稳定性。

与车、船、农机、建筑、机床、管道、飞机、导弹、卫星等有关静力学，运动学和动力学问题，大多是不确定的随机变量，其位移、速度、加速度等各种力学量作随机（不确定）波动，它们是由地面不平、海浪波动、阻力不匀、地壳振动、风力不匀、流体扰动、喷气噪声等种种内外因素产生的。第27章讨论理论力学中的概率问题。

“混沌”是近代非常引人注目的热点研究，它掀起了继相对论和量子力学以来基础科学的第三次大革命。科学中的混沌概念不同于古典哲学与日常语言中的理解，简单地说，混沌是一种确定的系统中出现的无规则的运动。混沌理论所研究的是非线性动力学混沌，目的是要揭示貌似随机现象背后可能隐藏的简单规律，以求发现一大类复杂问题普通遵循的共同规律。第28章讨论非线性振动、分岔和混沌的简单典型问题。

《周易·象》曰："步泽履，
君子以辨民安志。"

第25章　宇宙飞行动力学

有心力场是自然界中最具普遍性的力场。宏观物体相互吸引的万有引力、电荷或磁极之间的静电或磁作用力都构成有心力场。万有引力场中天体运动规律的研究在力学发展史中曾占有重要的地位。天体或航天器的运动可简化为质心运动和刚体绕质心的转动，即轨道运动和姿态运动。忽略轨道运动和姿态运动之间的耦合作用时，可分别独立地研究这两种运动。只考虑行星与太阳之间或航天器与地球之间的万有引力时，轨道运动可简化为两个质点在相互万有引力作用下的运动，即经典力学中的二体问题。二体问题的运动微分方程存在解析积分，可对开普勒总结出的行星运动规律做出完美的解释。在此基础上讨论小质量物体在二体的共同万有引力场中的运动称为限制性三体问题。讨论刚体相对轨道坐标系的姿态运动时，必须同时考虑万有引力场与轨道坐标系转动所引起的离心力场的共同影响。对自旋和非自旋两种类型刚体绕质心转动规律的研究构成航天器姿态控制的理论基础。

25.1　有心力场的普遍性质

25.1.1　有心力场

若质点所受力 $\boldsymbol{F}$ 的作用线始终通过惯性空间的固定点 O，则称此力为**有心力**，点 O 为**力心**，有心力构成的力场称为**有心力场**。将点 O 至质点的矢径记作 $\boldsymbol{r}$，有心力 $\boldsymbol{F}$ 的作用线与 $\boldsymbol{r}$ 共线，如图25-1所示。$\boldsymbol{F}$ 的模是质点与力心距离 r 的单值函数，可表示为

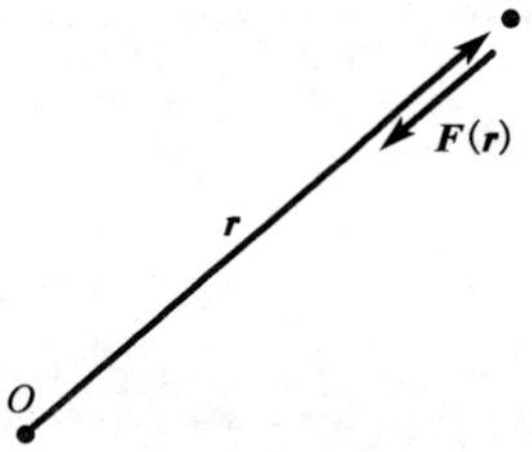

$$\boldsymbol{F}(\boldsymbol{r})=F(r)\frac{\boldsymbol{r}}{r} \tag{25-1}$$

有心力的方向取决于 $F(r)$ 的符号，$F(r)<0$ 时有心力指向力心，称为**引力**；若 $F(r)>0$，则称为**斥力**。质量为 m 的质点在有心力作用下的动力学方程为

图25-1　有心力

$$m\ddot{\boldsymbol{r}}-\frac{F(r)}{r}\boldsymbol{r}=0 \tag{25-2}$$

25.1.2　能量积分

引力质点速度 $\boldsymbol{v}=\dot{\boldsymbol{r}}$，将方程式(25-2)中的 $\ddot{\boldsymbol{r}}$ 以 $\dot{\boldsymbol{v}}$ 代替，令各项与 $\boldsymbol{v}$ 点积，得到

$$m\boldsymbol{v}\cdot\dot{\boldsymbol{v}}-\frac{F(r)}{r}\boldsymbol{r}\cdot\dot{\boldsymbol{r}}=0 \tag{25-3}$$

由于对任意矢量 $\boldsymbol{a}$ 有 $\boldsymbol{a}\cdot\dot{\boldsymbol{a}}=a\dot{a}$ 关系式存在,上式化作

$$mv\dot{v}-F(r)\dot{r}=0 \tag{25-4}$$

从而导出积分

$$\frac{1}{2}v^2+\frac{1}{m}V(r)=E \tag{25-5}$$

式中,$V(r)$ 为质点在有心力场内的势函数,即质点的势能,定义为

$$V(r)=-\int_{\infty}^{r}F(r)\mathrm{d}r \tag{25-6}$$

$V(r)$ 的等势面是以力心为中心的球面,零等势面在无限远处。初积分式(25-5)即 19.3 节中叙述的能量积分,其物理意义为保守力场中质点的机械能守恒。积分常数 E 为单位质量质点的机械能,取决于起始运动状态。

25.1.3 面积积分

令 $\boldsymbol{r}$ 与方程式(25-2)各项叉积,得到

$$m\boldsymbol{r}\times\dot{\boldsymbol{v}}-\frac{F(r)}{r}\boldsymbol{r}\times\boldsymbol{r}=\boldsymbol{0},m\frac{\mathrm{d}}{\mathrm{d}t}(\boldsymbol{r}\times\boldsymbol{v})=\boldsymbol{0} \tag{25-7}$$

导出的初积分表示质点相对力心 O 的动量矩守恒,称为**动量矩积分**。

$$\boldsymbol{r}\times\boldsymbol{v}=\boldsymbol{L} \tag{25-8}$$

矢量形式的积分常数 $\boldsymbol{L}$ 垂直于矢量 $\boldsymbol{r}$ 和 $\boldsymbol{v}$,其物理意义为单位质量的质点相对点 O 的动量矩。由于 $\boldsymbol{L}$ 为常矢量,$\boldsymbol{r}$ 与 $\boldsymbol{v}$ 组成在惯性空间中方位不变的平面,质点的运动必限制在此平面内,称为质点的轨道平面。采用极坐标 r,ϑ 确定质点在轨道平面内的位置,则积分的标量式为

$$r^2\dot{\vartheta}=L \tag{25-9}$$

由于质点的动能和势能均不显含 ϑ,ϑ 为循环坐标,因此积分式(25-8)即 19.3 节中叙述的循环积分。设 t 和 $t+\mathrm{d}t$ 时刻质点的矢径分别为 $\boldsymbol{r}$ 和 $\boldsymbol{r}+\mathrm{d}\boldsymbol{r}$,矢径转过的角度为 $\mathrm{d}\vartheta$,如图 25-2 所示。质点的矢径在 $\mathrm{d}t$ 时间内扫过的面积为

$$\mathrm{d}A=\frac{1}{2}r^2\mathrm{d}\vartheta \tag{25-10}$$

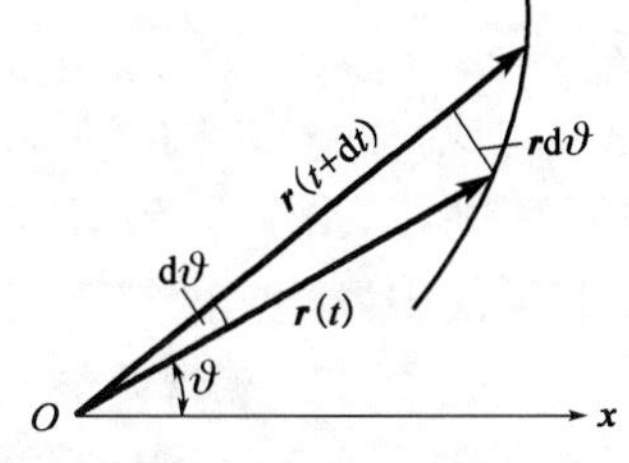

图 25-2　矢径的转动

则有

$$A=\frac{1}{2}r^2\dot{\vartheta}=\frac{1}{2}L \tag{25-11}$$

即质点矢径扫过的面积速度保持常数。因此,动量矩积分也称为面积积分。将能量积分也用极坐标表示,写作

$$\frac{1}{2}(\dot{r}^2+r^2\dot{\vartheta}^2)+\frac{1}{m}V(r)=E \tag{25-12}$$

式(25-9)与式(25-12)组成封闭的方程组,方程组的解 $r(t)$,$\vartheta(t)$ 完全确定质点在有心力作用下的平面运动规律。但在一般情况下,只能作数值积分。

例题 25-1　试利用拉格朗日方程推导有心力场内质点的动力学方程和初积分。

解: 将极坐标 r,ϑ 作为广义坐标,写出质点的动能和有心力场势能

$$T=\frac{m}{2}(\dot{r}^2+r^2\dot{\vartheta}^2),V(r)=-\int_{\infty}^{r}F(r)\mathrm{d}r \tag{1}$$

代入拉格朗日方程,得到

$$\ddot{r}-r\dot{\vartheta}^2=\frac{F(r)}{m} \tag{2a}$$

$$\frac{\mathrm{d}}{\mathrm{d}t}(r^2\dot{\vartheta})=0 \tag{2b}$$

此系统存在循环积分和能量积分

$$r^2\dot{\vartheta}=h \tag{3}$$

$$\frac{1}{2}(\dot{r}^2+r^2\dot{\vartheta}^2)+\frac{1}{m}V(r)=E \tag{4}$$

25.2 二体问题

25.2.1 万有引力场

牛顿的万有引力定律阐明,宇宙间任意二质点之间均存在相互吸引力,即**万有引力**。万有引力的值与二质点的质量乘积成正比,与质点之间的距离平方成反比,方向沿二质点的连线。以 m_e 和 m 表示二质点的位置和质量,$\boldsymbol{r}$ 为 m_e 至 m 的矢径,则 m_e 作用于 m 的万有引力 $\boldsymbol{F}$ 为

$$\boldsymbol{F}=-G\frac{mm_e}{r^2}\left(\frac{\boldsymbol{r}}{r}\right) \tag{25-13}$$

m 作用于 m_e 的万有引力为 $-\boldsymbol{F}$。系数 G 称作万有引力常数,$G=6.67\times10^{-11}\mathrm{m}^3/(\mathrm{kg}\cdot\mathrm{s}^2)$。将 $\boldsymbol{F}$ 的模 $F(r)=-Gmm_e/r^2$ 代入式(25-6),积分得到质点 m 在 m_e 的万有引力场内的势函数。

$$V(r)=-\frac{Gmm_e}{r} \tag{25-14}$$

组成封闭系统的二质点 m_e 和 m 在相互万有引力作用下的运动,称为**二体问题**。如图25-3所示,由于系统的质心 O 在 m_e 与 m 的连线上,且由于无系统外的力作用,质心 O 在惯性空间中静止或做匀速直线运动,因此万有引力 $\boldsymbol{F}$ 和 $-\boldsymbol{F}$ 都是有心力。

例题 25-2 单位面积质量为 ρ,半径为 R 的均质薄球壳如图 25-4 所示。试证明此球壳对壳外点 P 处质量为 m 的质点的万有引力等于球壳质量集中于球心 O 的质点对质点 P 的引力,若质点 P 在球壳内,则引力等于零。

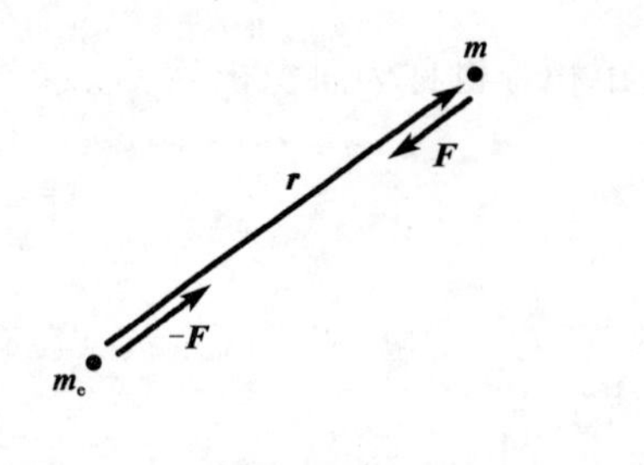

图25-3 二体系统

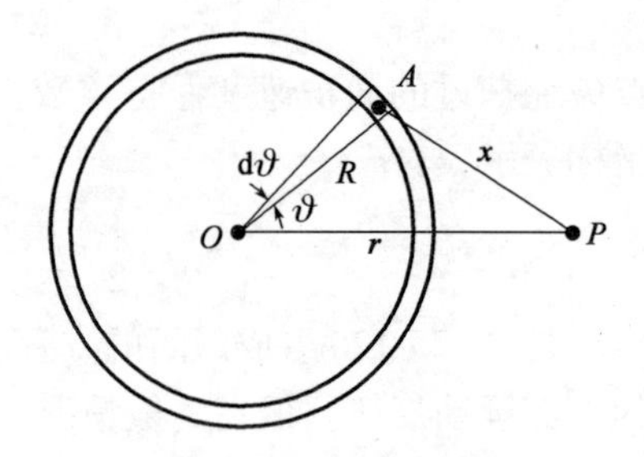

图25-4 例题25-2

解:设 A 为球壳上任意点,连接 OP,AP,OA,令 $OP=r,AP=x,OA=R,OA$ 相对 OP 的倾角为 ϑ,则有

$$x^2 = R^2 + r^2 - 2Rr\cos\vartheta \tag{1}$$

以过点 A 的微元弧长 $Rd\vartheta$ 为母线的环壳上各点与点 P 之间的距离均为 x，将式(25-14)中的 m_e 以环壳质量代替，计算环壳在点 P 处的万有引力场势函数，得到

$$\mathrm{d}V = -\frac{Gm\rho 2\pi R^2 \sin\vartheta \mathrm{d}\vartheta}{x} \tag{2}$$

求式(1)对 t 的微分，得到 $Rr\sin\vartheta \mathrm{d}\vartheta = x\mathrm{d}x$，代入式(2)，并对全球壳积分，积分上下限为 $r-R$ 至 $r+R$，令 $m_e = \rho 4\pi R^2$ 为球壳的总质量，导出

$$V = -\int_{r-R}^{r+R} \frac{Gm\rho 2\pi R}{r}\mathrm{d}x = -\frac{Gmm_e}{r} \tag{3}$$

与质量集中于球心 O 的质点在点 P 处的万有引力势函数式(25-14)完全相同，所产生的万有引力必相同。若质点 P 在球壳内部，则将积分上下限改为 $R-r$ 至 $R+r$，导出

$$V = -\int_{R-r}^{R+r} \frac{Gm\rho 2\pi R}{r}\mathrm{d}x = -\frac{Gmm_e}{R} \tag{4}$$

由于 V 为常数，对应的万有引力必等于零。

由此推论：均质球体对球外质点 P 的万有引力等于球体质量集中于球心 O 的质点对点 P 的引力；对球内质点 P 的引力等于过点 P 的球面所包围球体对点 P 的引力。

将地球和航天器均视作均质球体，根据例题 25-2 的分析，可以质量集中于球心的质点 m_e 和 m 分别表示地球和航天器。由于 $m_e \gg m$，可足够精确地认为系统的质心 O 与地球的球心 O_e 重合。二体问题简化为只需研究质点 m 在静止的 m_e 的万有引力作用下的运动。将地球质量 $m_e = 5.976 \times 10^{24}\mathrm{kg}$ 代入 $\mu = Gm_e = 3.986 \times 10^5 \mathrm{km}^3/\mathrm{s}^2$，$\mu$ 称为地球的引力参数。式(25-13)的模可写作

$$F(r) = -\frac{\mu m}{r^2} = -mg \tag{25-15}$$

式中，常数 $g = \mu/r^2$ 为质点 m 所在位置的重力加速度。在地球表面处，令 r 等于地球的平均半径 6371km，算出 $g = 9.82\mathrm{m/s}^2$。利用式(25-14)写出质点在地球万有引力场内的势函数

$$V(r) = -\frac{\mu m}{r} \tag{25-16}$$

25.2.2 动力学方程与初积分

将式(25-15)代入式(25-2)，列出二体问题的动力学方程

$$\ddot{\boldsymbol{r}} + \frac{\mu}{r^3}\boldsymbol{r} = 0 \tag{25-17}$$

二体问题的能量积分和面积积分可直接从有心力场的式(25-5)和式(25-8)得出

$$\frac{v^2}{2} - \frac{\mu}{r} = E \tag{25-18}$$

$$\boldsymbol{r} \times \boldsymbol{v} = \boldsymbol{L} \tag{25-19}$$

此外，二体问题还存在另一个初积分。将方程式(25-17)中的 $\ddot{\boldsymbol{r}}$ 写作 $\dot{\boldsymbol{v}}$，令各项与 $\boldsymbol{L}$ 叉积，并利用式(25-19)和式(1-12)化作全微分

$$\begin{aligned} \dot{\boldsymbol{v}} \times \boldsymbol{L} + \frac{\mu}{r^3}\boldsymbol{r} \times \boldsymbol{L} &= \frac{\mathrm{d}}{\mathrm{d}t}(\boldsymbol{v} \times \boldsymbol{L}) + \frac{\mu}{r^3}[\boldsymbol{r} \times (\boldsymbol{r} \times \dot{\boldsymbol{r}})] \\ &= \frac{\mathrm{d}}{\mathrm{d}t}\left(\boldsymbol{v} \times \boldsymbol{L} - \frac{\mu}{r}\boldsymbol{r}\right) = 0 \end{aligned} \tag{25-20}$$

导出的初积分称为**拉普拉斯**(Laplace P. S.)**积分**

$$\frac{1}{\mu}\left(\boldsymbol{v}\times\boldsymbol{L}-\frac{\mu}{r}\boldsymbol{r}\right)=\boldsymbol{e} \tag{25-21}$$

矢量形式的积分常数 e 称为**偏心率矢量**。计算 $\boldsymbol{e}$ 的模可导出 e 与积分常数 E,L 之间的关系,有

$$e^2=\frac{1}{\mu^2}\left(\boldsymbol{v}\times\boldsymbol{L}-\frac{\mu}{r}\boldsymbol{r}\right)^2=1+\frac{L^2}{\mu^2}\left(v^2-\frac{2\mu}{r}\right)=1+\frac{2EL^2}{\mu^2} \tag{25-22}$$

面积积分式(25-19)表明质点 m 的轨道平面为惯性空间中的固定平面,且面积速度为常数。此结论被开普勒(Kepler J.)的观测结果所证实,归纳为开普勒关于行星运动的第一和第二定律。为确定轨道平面的位置,以 O 为原点建立惯性参考坐标系($OX_0Y_0Z_0$),其中 Z_0 沿地球极轴,(X_0,Y_0) 为**赤道平面**。轴 X_0 沿地球公转轨道的春分点,在轨道平面与赤道平面相交的两个交点中,对应于航天器 m 上升的交点称为**升交点**,记作 N,ON 与 OX_0 的夹角 Ω 称为**升交点赤经**,轨道面与赤道面的倾角 i 称为**轨道面倾角**。Ω 与 i 是确定轨道平面的空间方位的两个独立的角度坐标(图 25-5)。由于式(25-21)表示的组成拉普拉斯积分的两项 $\boldsymbol{v}\times\boldsymbol{L}$ 和 $\boldsymbol{r}$ 都在轨道平面内,因此偏心率矢量 $\boldsymbol{e}$ 亦位于轨道平面内。关系式(25-22)的存在表明拉普拉斯积分只能提供一个独立的标量式。将矢量 $\boldsymbol{e}$ 与 ON 的夹角 ω 作为唯一的积分常数,称为**近地点幅角**。

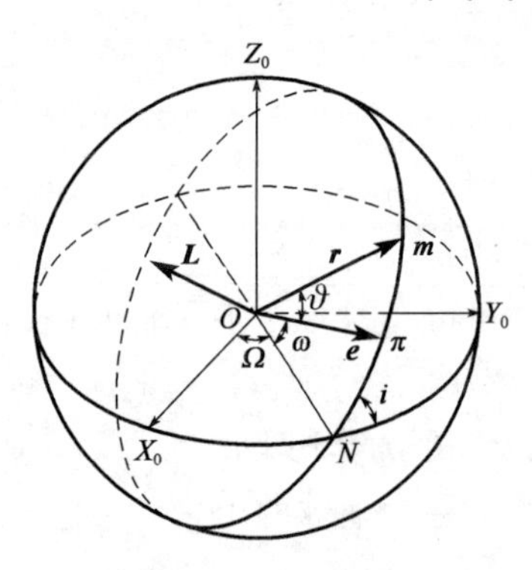

图 25-5　轨道面的空间方位

将偏心率矢量 $\boldsymbol{e}$ 与矢径 $\boldsymbol{r}$ 点积,令 ϑ 为 $\boldsymbol{e}$ 与 $\boldsymbol{r}$ 的夹角,利用式(25-19)化作

$$\boldsymbol{r}\cdot\boldsymbol{e}=\boldsymbol{r}\cdot\left(\frac{1}{\mu}\boldsymbol{v}\times\boldsymbol{L}-\frac{1}{\mathrm{r}}\boldsymbol{r}\right)=\frac{L^2}{\mu}-r=re\cos\vartheta \tag{25-23}$$

从而导出极坐标形式的轨道方程

$$r=\frac{p}{1+e\cos\vartheta} \tag{25-24}$$

式中,参数 p 称为**半轴参数**,定义为

$$p=\frac{L^2}{\mu} \tag{25-25}$$

将轨道方程式(25-24)代入动量矩积分式(25-9)并分离变量,得到

$$\mathrm{d}t=\sqrt{\frac{p^3}{\mu}}\frac{\mathrm{d}\vartheta}{(1+e\cos\vartheta)^2} \tag{25-26}$$

上式的积分为

$$t=\tau+\sqrt{\frac{p^3}{\mu}}\int_0^{\vartheta}\frac{\mathrm{d}\vartheta}{(1+e\cos\vartheta)^2} \tag{25-27}$$

式中,积分常数 τ 为 $\vartheta=0$,即矢径 $\boldsymbol{r}$ 与 $\boldsymbol{e}$ 重合的时刻,称为**过近地点时间**。

轨道平面的方位和偏心率矢量 $\boldsymbol{e}$ 的方位确定以后,轨道方程式(25-24)和时间积分式(25-27),即完全确定二体问题的运动规律。以上积分过程中出现的 8 个积分常数,$E,L,\Omega,i,\omega,p,e,\tau$ 称为**轨道根数**,由于关系式(25-22)和式(25-25)的存在,其中只有 6 个是独立的。通常选择 Ω,i,ω,p,e,τ 作为独立的轨道根数。

25.2.3 开普勒运动

二体问题的解析积分所描述的运动称为**开普勒运动**，因为它正确解释了开普勒在天文观测基础上总结出的行星运动规律。从轨道方程式(25-24)可以看出，轨道曲线是以 O 为焦点，且相对偏心率矢量 $\boldsymbol{e}$ 对称的圆锥曲线。曲线的类型取决于偏心率 e 的值：$e<1$，椭圆；$e=1$，抛物线；$e>1$，双曲线。

利用式(25-22)判断，$e<1$ 或 $e>1$ 分别对应于 $E<0$ 或 $E>0$。在能量积分式(25-18)中，如 $E<0$，则 r 只有在 $r\leqslant\mu/|E|$ 范围以内才能保证 v^2 为正值；如 $E>0$，则 r 的取值不受限制。表明椭圆轨道与双曲线轨道的根本区别在于：前者在空间中有界而后者无界。与 $E=0$ 对应的抛物线轨道为介于两种类型轨道之间的临界情形，对应的速度称为**抛物线速度**或**逃逸速度**，记作 v_{p}

$$v_{\mathrm{p}}=\sqrt{\frac{2\mu}{r}} \tag{25-28}$$

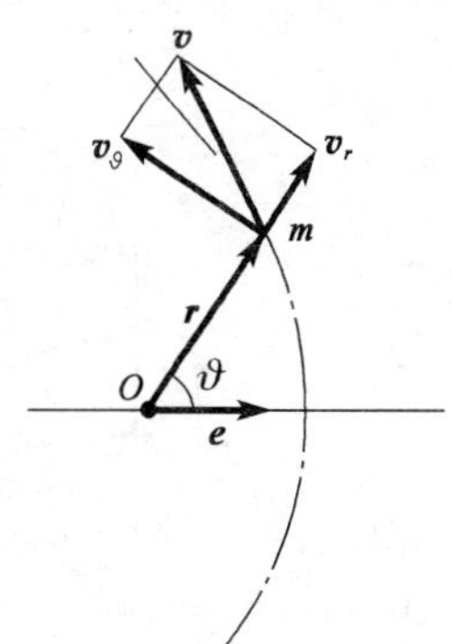

图 25-6 速度的分解

将质点 m 的速度 $\boldsymbol{v}$ 沿周向和径向分解为 v_ϑ 和 v_r（图 25-6）。其中周向速度 v_ϑ 可直接从动量矩积分式(25-11)导出，并可利用式(25-24)和式(25-25)化作 ϑ 的函数。

$$v_\vartheta=r\dot{\vartheta}=\frac{L}{r}=\frac{L}{p}(1+e\cos\vartheta)=\sqrt{\frac{\mu}{p}}(1+e\cos\vartheta) \tag{25-29}$$

径向速度 v_r 则利用式(25-24)的导数得出

$$v_r=\dot{r}=\frac{\mathrm{d}r}{\mathrm{d}\vartheta}\dot{\vartheta}=\frac{\mathrm{d}r}{\mathrm{d}\vartheta}\frac{L}{r^2}=\sqrt{\frac{\mu}{p}}e\sin\vartheta \tag{25-30}$$

则点 m 的速度的模为

$$v=\sqrt{v_\vartheta^2+v_r^2}=\sqrt{\frac{\mu}{p}}\sqrt{1+e^2+2e\cos\vartheta} \tag{25-31}$$

太阳系中的行星轨道或地球附近的航天器轨道都是椭圆轨道。在椭圆轨道中，质点 m 与点 O 的最小和最大距离发生于 $\vartheta=0$ 和 $\vartheta=\pi$ 处，分别记作 r_π 和 r_α。

$$r_{\min}=r_\pi=r(0)=\frac{p}{1+e} \tag{25-32a}$$

$$r_{\max}=r_\alpha=r(\pi)=\frac{p}{1-e} \tag{25-32b}$$

因此 $r(0)$ 和 $r(\pi)$ 对应于轨道上的两个特殊位置，分别称为**近地点**和**远地点**，记作 π 和 α（如图 25-7 所示）。由于 $r(\pi/2)=p$，半轴参数 p 的几何意义为 $\vartheta=\pi/2$ 处质点 m 与点 O 的距离。从式(25-32)可导出椭圆的长半轴 a

$$a=\frac{1}{2}(r_\pi+r_\alpha)=\frac{p}{1-e^2} \tag{25-33}$$

利用式(25-32)和式(25-33)计算椭圆中点 O' 至 O 的距离

$$O'O=a-r_\pi=\frac{pe}{1-e^2}=ae \tag{25-34}$$

过点 O' 的纵轴与椭圆交于点 C，点 C 与点 O 的距离等于长轴 a，可用于计算椭圆的短半轴 b

$$b = \sqrt{a^2 - (ae)^2} = a\sqrt{1 - e^2} \tag{25-35}$$

近地点速度 v_π 和远地点速度 v_α 分别为速度的最大值和最小值,可利用式(25-31)导出

$$v_{\max} = v_\pi = v(0) = \sqrt{\frac{\mu}{p}}(1+e) \tag{25-36a}$$

$$v_{\min} = v_\alpha = v(\pi) = \sqrt{\frac{\mu}{p}}(1-e) \tag{25-36b}$$

圆轨道为 $e=0$ 的特殊情形,有 $r = r_\pi = r_\alpha = a = b = p$,导出**圆速度** v_c 和矢径 $\boldsymbol{r}$ 的转动角速度 ω_c 为

$$v_c = \sqrt{\frac{\mu}{r}}, \omega_c = \frac{v_c}{r} = \sqrt{\frac{\mu}{r^3}} \tag{25-37}$$

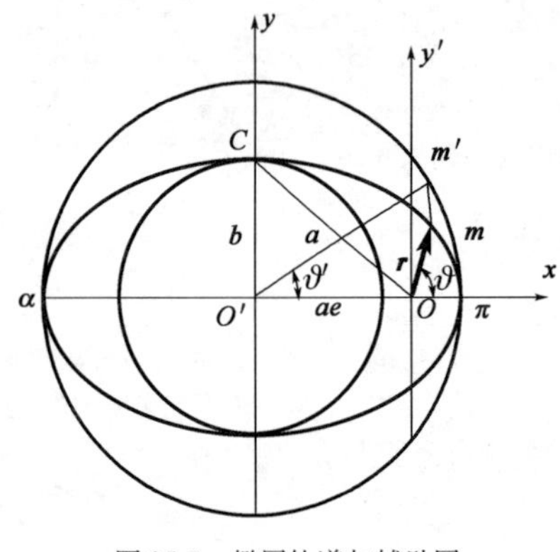

图 25-7 椭圆轨道与辅助圆

为使时间积分式(25-27)可积分,以椭圆中心 O' 为原点,沿长轴和短轴建立坐标系($O'xy$),并以长轴为半径作辅助圆。设 m' 为辅助圆上与点 m 横坐标相同的对应点,将 $\angle \pi O'm'$ 作为确定点 m 位置的另一角度坐标,记作 ϑ'(图 25-7)。点 m 在($O'xy$)中的坐标 x,y 可表示为

$$x = a\cos\vartheta', y = b\sin\vartheta' \tag{25-38}$$

过点 O 作轴 y' 与轴 y 平行,计算点 m 在 x 和 y' 轴上的投影,得到

$$r\cos\vartheta = x - ae = a(\cos\vartheta' - e) \tag{25-39a}$$

$$r\sin\vartheta = y = a\sqrt{1-e^2}\sin\vartheta' \tag{25-39b}$$

将上面二式平方后相加,导出以 ϑ' 为变量的轨道方程

$$r = a(1 - e\cos\vartheta') \tag{25-40}$$

代至式(25-39),得到

$$\cos\vartheta = \frac{\cos\vartheta' - e}{1 - e\cos\vartheta'}, \sin\vartheta = \frac{\sqrt{1-e^2}\sin\vartheta'}{1 - e\cos\vartheta'} \tag{25-41}$$

对上式两边微分,导出

$$\mathrm{d}\vartheta = \frac{\sqrt{1-e^2}}{1 - e\cos\vartheta'}\mathrm{d}\vartheta' \tag{25-42}$$

将式(25-41)和式(25-42)代入时间积分式(25-27),并利用式(25-33)将 p 改为用 a 表示,积分得到

$$t - \tau = \sqrt{\frac{a^3}{\mu}}\int_0^{\vartheta'}(1 - e\cos\vartheta')\mathrm{d}\vartheta' = \sqrt{\frac{a^3}{\mu}}(\vartheta' - e\sin\vartheta') \tag{25-43}$$

令 $\vartheta' = 2\pi$,导出质点 m 的椭圆运动周期 T_0 为

$$T_0 = t\big|_{\vartheta' = 2\pi} - \tau = 2\pi\sqrt{\frac{a^3}{\mu}} \tag{25-44}$$

从而证明了**开普勒第三定律**,即行星运动周期的平方与轨道长半轴的立方成正比。

例题 25-3 试计算地球表面处的圆速度 v_c 和抛物线速度 v_p 以及圆轨道运动的周期 T_0(忽略空气阻力)。

解:地球的平均半径为 $R = 6371\mathrm{km}$,$\mu = 3.986 \times 10^5 \mathrm{km^3/s^2}$,代入式(25-28)和式

(25-37),算出

$$v_c=\sqrt{\frac{\mu}{R}}=7.91\text{km/s},v_p=\sqrt{\frac{2\mu}{R}}=11.19\text{km/s} \tag{1}$$

利用式(25-44)计算周期,得到

$$T_0=2\pi\sqrt{\frac{R^3}{\mu}}=5061\text{s}=84.4\text{min} \tag{2}$$

25.2.4　轨道的射入和转移

设航天射入轨道的起始位置和速度为 $\boldsymbol{r}_0$ 和 $\boldsymbol{v}_0$,起始速度沿水平方向,如图 25-8 所示,则积分常数 E,L 为

$$E=\frac{v_0^2}{2}-\frac{\mu}{r_0},L=r_0v_0 \tag{25-45}$$

代入式(25-22)和式(25-25),导出

$$e=\left|1-\left(\frac{v_0}{v_c}\right)^2\right|,p=r_0\left(\frac{v_0}{v_c}\right)^2 \tag{25-46}$$

不同起始速度 v_0 对应的轨道类型在表 25-1 和图 25-9 中表示出,其中 $v_c=\sqrt{\mu/r_0}$ 为以 r_0 为半径的圆速度,$v_p=\sqrt{2\mu/r_0}$ 为与点 O 距离 r_0 处的抛物线速度。

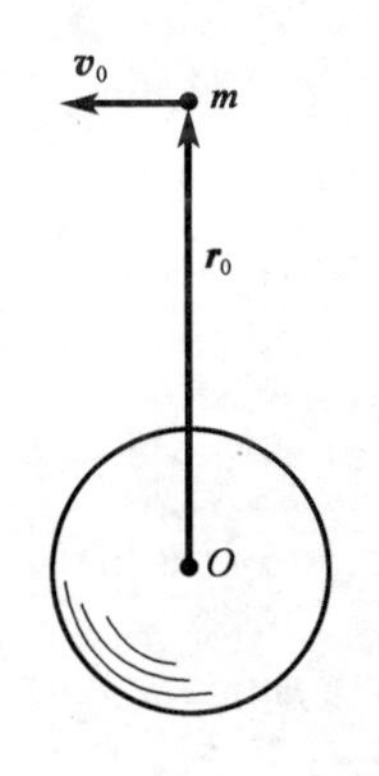

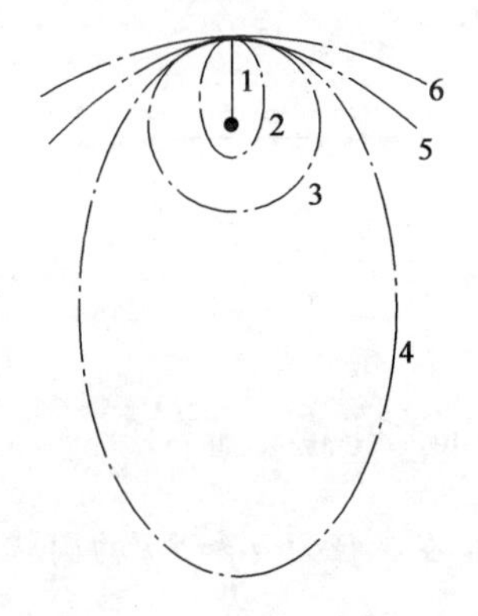

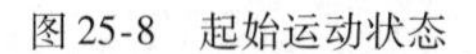

图 25-8　起始运动状态　　　图 25-9　不同类型的轨道曲线

起始速度 v_0 对应的轨道类型　　表 25-1

编号	v_0	e	p	轨道
1	0	1	0	直线
2	$0<v_0<v_c$	$0<e<1$	$0<p<r_0$	椭圆(O_e 为远地点)
3	v_c	0	r_0	圆
4	$v_c<v_0<v_p$	$0<e<1$	$r_0<p<2r_0$	椭圆(O_e 为近地点)
5	v_p	1	$2r_0$	抛物线
6	$v_0>v_p$	>1	$p>2r_0$	双曲线

在质点 m 上作用冲量,使速度产生突变,则轨道根数随之改变,质点 m 转移至另一轨道。为分析速度变化引起偏心率改变的变化率。将式(25-21)表示的偏心率矢量对 v 求偏导,得到

$$\mu\frac{\partial \boldsymbol{e}}{\partial v}=\frac{\mathrm{d}\boldsymbol{v}}{\mathrm{d}v}\times(\boldsymbol{r}\times\boldsymbol{v})+\boldsymbol{v}\times\left(\boldsymbol{r}\times\frac{\mathrm{d}\boldsymbol{v}}{\mathrm{d}v}\right) \tag{25-47}$$

由于 $\mathrm{d}\boldsymbol{v}/\mathrm{d}v$ 与 $\boldsymbol{v}/v$ 相等，从上式导出矢量 $\boldsymbol{e}$ 的增量 $\delta\boldsymbol{e}$

$$\delta\boldsymbol{e}=\frac{\partial \boldsymbol{e}}{\partial v}\delta v=\frac{2\delta v}{\mu}(\boldsymbol{v}^0\times\boldsymbol{L}) \tag{25-48}$$

其中，$\boldsymbol{v}^0=\boldsymbol{v}/v$ 为沿速度 $\boldsymbol{v}$ 方向的单位矢量。式(25-48)表明偏心率矢量的增量 $\delta\boldsymbol{e}$ 在轨道平面内垂直于速度方向。可以推断，在近地点处 $\delta\boldsymbol{e}$ 与 $\boldsymbol{e}$ 方向一致，$|\partial\boldsymbol{e}/\partial\boldsymbol{v}|$ 有最大值。在远地点处 $\delta\boldsymbol{e}$ 与 $\boldsymbol{e}$ 方向相反，$|\partial\boldsymbol{e}/\partial\boldsymbol{v}|$ 有最小值。因此在近地点施加冲量使偏心率增大，在远地点施加冲量使偏心率减小，可取得最佳效果。利用此原理，同步地球卫星的发射过程设计为卫星先进入近地圆轨道，然后施加冲量，转移至以地球为近焦点的椭圆轨道，最后在远地点施加冲量，转移至以远地点距离为半径的同步圆轨道。此过程中起过渡作用的椭圆轨道称为**霍曼**(Hohmann W.)**转移轨道**(图 25-10)，它与转移前后的两个圆轨道地近地点和远地点处相切。

例题 25-4 一质量为 m 的航天器从环绕地球的半径为 a 的圆轨道经过霍曼轨道转移到半径为 $2a$ 的圆轨道，如图 25-11 所示，求霍曼转移轨道的轨道根数 p,e，在转移点 A,B 处所需施加的冲量以及在转移轨道内的运行时间。

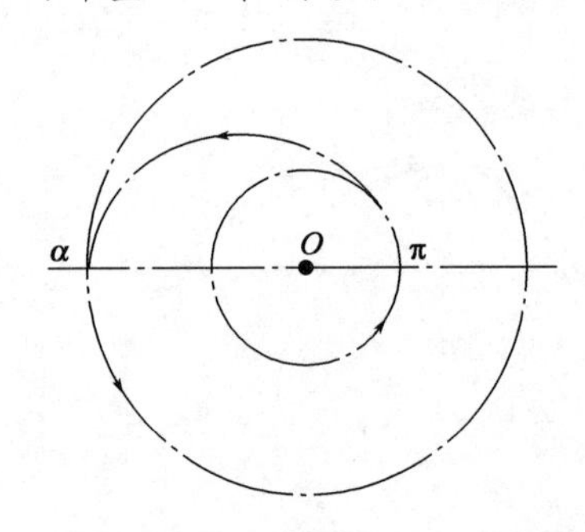

图 25-10　霍曼转移轨道

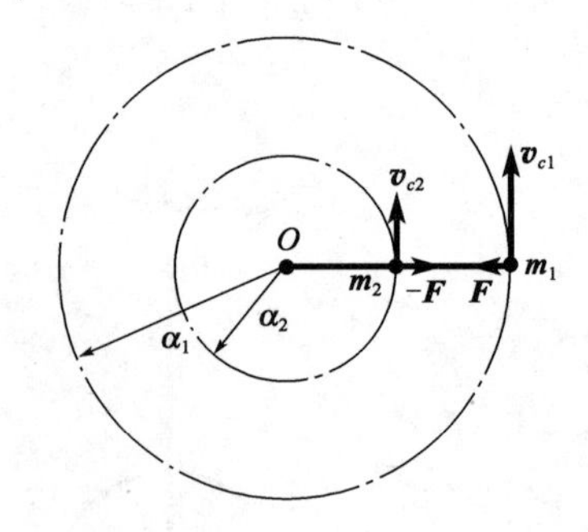

图 25-11　例题 25-4

解：航天器 m 在半径为 a 和 $2a$ 的圆轨道中的运动速度 v_{c1} 和 v_{c2} 可利用式(25-37)算出

$$v_{c1}=\sqrt{\frac{\mu}{a}},v_{c2}=\sqrt{\frac{\mu}{2a}} \tag{1}$$

霍曼转移轨道的近地点和远地点距离分别为 a 和 $2a$，利用式(25-32)解出

$$p=\frac{4a}{3},e=\frac{1}{3} \tag{2}$$

利用式(25-36)计算霍曼轨道的近地点和远地点速度，得到

$$v_\pi=2\sqrt{\frac{\mu}{3a}},v_\alpha=\sqrt{\frac{\mu}{3a}} \tag{3}$$

航天器在转移点 A,B 处的速度增量为

$$\Delta v_A=v_\pi-v_{c1}=0.1547\sqrt{\frac{\mu}{a}} \tag{4a}$$

$$\Delta v_B=v_{c2}-v_\alpha=0.1298\sqrt{\frac{\mu}{a}} \tag{4b}$$

需施加的冲量分别为

$$P_A = m\Delta v_A, P_B = m\Delta v_B \tag{5}$$

航天器在转轨道内的运行时间 t_H 为周期的一半，将轨道长半轴 $3a/2$ 代入式(25-44)，导出

$$t_H = \frac{T_0}{2} = \pi\sqrt{\frac{27a^3}{8\mu}} \tag{6}$$

25.3 限制性三体问题

上节讨论的二体问题是多体问题中唯一可导出解析积分的最简单情况。三体问题，即三个相互以万有引力吸引的质点运动，就不存在解析积分。若三体中有一体的质量 m 远小于另外两体 m_1 和 m_2 的质量，以至于它对后者运动的影响可以忽略不计，则可认为 m_1, m_2 作独立的二体运动，只需讨论 m 在 m_1, m_2 的共同引力场中的运动。这种简化了的三体问题称为**限制性三体问题**。考虑地球和月球引力共同作用的航天器运动就是典型的限制性三体问题。

25.3.1 地月轨道

设三个质点 m, m_1, m_2 分别表示航天器、地球和月球，满足 $m \ll m_1, m \ll m_2$。m_1 与 m_2 组成二体系统(m_1, m_2)，各自绕系统的质心 O 作开普勒运动。与上节讨论的航天器运动不同，由于月球质量 m_2 比航天器大得多，系统的质心 O 与 m_1 不重合。

设 $\boldsymbol{r}_1, \boldsymbol{r}_2$ 为点 O 至 m_1, m_2 的矢径(图 25-12)，满足

$$m_1\boldsymbol{r}_1 + m_2\boldsymbol{r}_2 = 0 \tag{25-49}$$

m_1 作用于 m_2 的万有引力 $\boldsymbol{F}$ 为

$$\boldsymbol{F} = -G\frac{m_1m_2}{r_2}\left(\frac{\boldsymbol{r}}{r}\right) \tag{25-50}$$

式中，$\boldsymbol{r} = \boldsymbol{r}_2 - \boldsymbol{r}_1$ 为 m_1 至 m_2 的矢径，可利用式(25-49)化作

$$\boldsymbol{r} = -\left(1 + \frac{m_1}{m_2}\right)\boldsymbol{r}_1 = \left(1 + \frac{m_1}{m_2}\right)\boldsymbol{r}_2 \tag{25-51}$$

m_1 和 m_2 的动力学方程分别为

$$m_1\ddot{\boldsymbol{r}}_1 = -\boldsymbol{F}, m_2\ddot{\boldsymbol{r}}_2 = \boldsymbol{F} \tag{25-52}$$

利用式(25-50)和式(25-51)可将式(25-52)化作 $\boldsymbol{r}$ 的微分方程

$$\ddot{\boldsymbol{r}} + \frac{\mu}{r^3}\boldsymbol{r} = 0 \tag{25-53}$$

也可化作 $\boldsymbol{r}_1$ 或 $\boldsymbol{r}_2$ 的微分方程

$$\ddot{\boldsymbol{r}}_1 + \frac{\mu_1^*}{r_1^3}\boldsymbol{r}_1 = 0, \ddot{\boldsymbol{r}}_2 + \frac{\mu_2^*}{r_2^3}\boldsymbol{r}_2 = 0 \tag{25-54}$$

式中，常数 μ, μ_1^*, μ_2^* 分别定义为

$$\mu = G(m_1 + m_2), \mu_1^* = \frac{Gm_2^3}{(m_1 + m_2)^2}, \mu_2^* = \frac{Gm_1^3}{(m_1 + m_2)^2} \tag{25-55}$$

三种动力学方程式(25-53)和式(25-54)均与上节的方程形式相同。表明 m_2 相对 m_1 的运动是以 m_1 为焦点的开普勒运动，而 m_1 和 m_2 相对质心 O 的运动也分别是以 O 为焦点的开普勒运动。由于月球轨道的偏心率极小，$e = 0.055$，可以认为这三种开普勒运动都是圆运动(图 25-13)。因此 m_1, m_2 和 O 三个点的相对距离均保持恒定，即 $r_1 = a_1, r_2 = a_2, r = a_1 +$

$a_2 = a$,且有

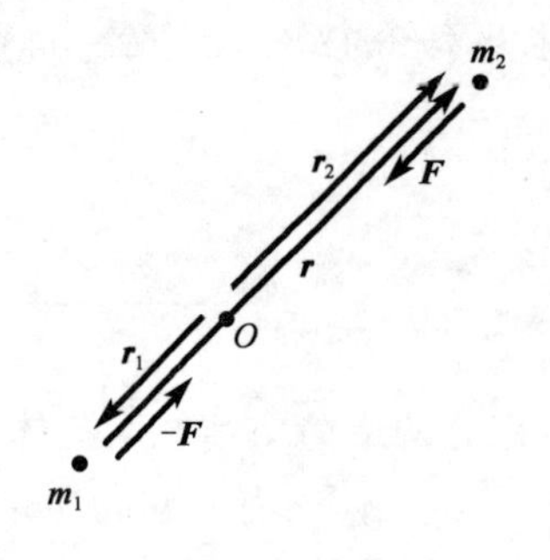

图 25-12　二体系统

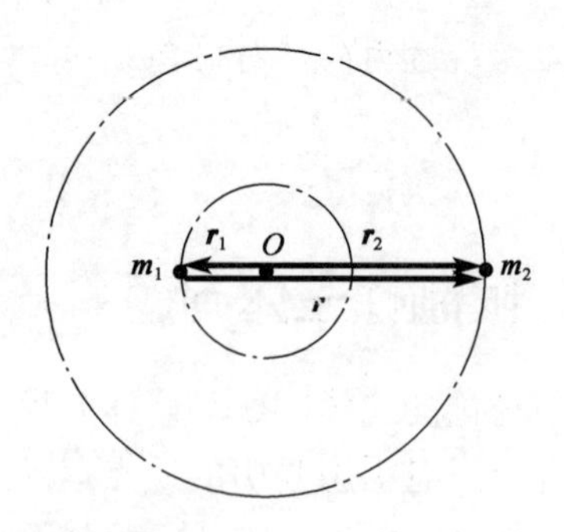

图 25-13　二体的轨道

$$a_1 = \left(\frac{m_2}{m_1 + m_2}\right)a, a_2 = \left(\frac{m_1}{m_1 + m_2}\right)a \tag{25-56}$$

由于 m_1, m_2 与 O 三点保持共线,因此以 a, a_1, a_2 为半径的三种圆运动有相同的周期 T_0。从式(25-44)导出

$$T_0 = 2\pi\sqrt{\frac{a^3}{\mu}} = 2\pi\sqrt{\frac{a_1^3}{\mu_1^*}} = 2\pi\sqrt{\frac{a_2^3}{\mu_2^*}} \tag{25-57}$$

25.3.2　万有引力场势函数

以 O 为原点建立动坐标系($Oxyz$),令轴 x 沿 m_2 至 m_1 的连线,轴 z 沿轨道平面法线。m_1, m_2 在轴 x 上的坐标分别为 a_1 和 $-a_2$(图 25-14)。此坐标系随同 m_1, m_2 的圆轨道运动而绕轴 z 匀速转动,角速度 ω_c 为

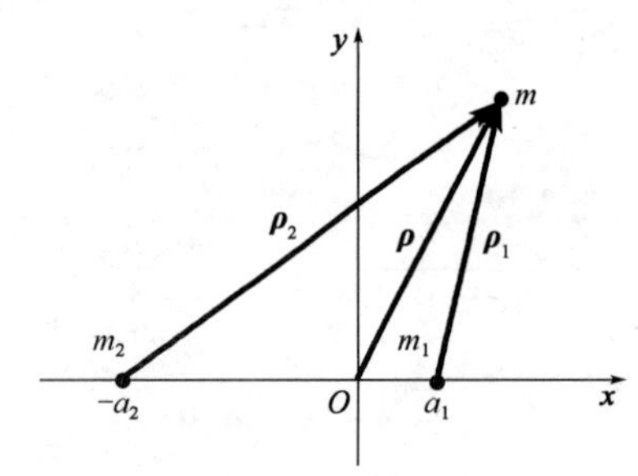

图 25-14　二体万有引力场中的质点运动

$$\omega_c = \frac{2\pi}{T_0}\sqrt{\frac{\mu}{a^3}} = \sqrt{\frac{\mu_1^*}{a_1^3}} = \sqrt{\frac{\mu_2^*}{a_2^3}} \tag{25-58}$$

只讨论质点 m 在(m_1, m_2)的轨道平面(x, y)内运动的简单情形。分别以 $\boldsymbol{\rho}, \boldsymbol{\rho}_1, \boldsymbol{\rho}_2$ 表示自点 O, m_1, m_2 引向点 m 的矢径,质量为 m 的质点在(m_1, m_2)的共同万有引力场内的势函数 V 等于 m_1, m_2 各自万有引力场势函数的代数和。利用式(25-16)得出

$$V = -m\left(\frac{\mu_1}{\rho_1} + \frac{\mu_2}{\rho_2}\right) \tag{25-59}$$

式中

$$\mu_1 = Gm_1, \rho_1 = \sqrt{(x - a_1)^2 + y^2} \tag{25-60a}$$

$$\mu_2 = Gm_2, \rho_2 = \sqrt{(x + a_2)^2 + y^2} \tag{25-60b}$$

(m_1, m_2)系统对点 m 作用的万有引力 $\boldsymbol{F}$ 可利用势函数 V 的梯度表示为

$$\boldsymbol{F} = -\left(\frac{\partial V}{\partial x}\boldsymbol{i} + \frac{\partial V}{\partial y}\boldsymbol{j}\right) \tag{25-61}$$

例题 25-5　已知地球和月球的质量分别为 $m_1 = 5.976 \times 10^{24}$ kg, $m_2 = 7.35 \times 10^{22}$ kg,地球与月球距离为 $a = 3.844 \times 10^5$ km,万有引力常数 $G = 6.67 \times 10^{-11}$ m³/(kg · s²),试计算参数 μ, μ_1, μ_2,地球和月球的圆轨道半径 a_1, a_2,角速度 ω_e 和周期 T_0。

解：

$$\mu_1 = Gm_1 = 3.986 \times 10^5 \text{km}^3/\text{s}^2$$

$$\mu_2 = Gm_2 = 4.902 \times 10^3 \text{km}^3/\text{s}^2$$

$$\mu = \mu_1 + \mu_2 = 4.035 \times 10^5 \text{km}^3/\text{s}^2$$

$$a_1 = \left(\frac{m_2}{m_1 + m_2}\right) a = 0.01215a = 4670\text{km}$$

$$a_2 = \left(\frac{m_2}{m_1 + m_2}\right) a = 0.9878a = 3.797 \times 10^5 \text{km}$$

$$\omega_e = \sqrt{\frac{\mu}{a^3}} = 2.665 \times 10^{-6} \text{s}^{-1}$$

$$T_0 = \frac{2\pi}{\omega_e} = 2.358 \times 10^6 \text{s} \approx 27(\text{昼夜})$$

25.3.3 动力学方程与初积分

质点 m 在二体万有引力场中运动的动力学方程为

$$m\ddot{\boldsymbol{\rho}} = \boldsymbol{F} \tag{25-62}$$

将绝对加速度 $\ddot{\boldsymbol{\rho}}$ 以相对动坐标系($Oxyz$)的相对导数表示为

$$\ddot{\boldsymbol{\rho}} = \frac{\tilde{\mathrm{d}}^2\boldsymbol{\rho}}{\mathrm{d}t^2} + \boldsymbol{\omega}_c \times (\boldsymbol{\omega}_c \times \boldsymbol{\rho}) + 2\boldsymbol{\omega}_c \times \frac{\tilde{\mathrm{d}}\boldsymbol{\rho}}{\mathrm{d}t} \tag{25-63}$$

其中的波浪号表示相对($Oxyz$)的相对导数。将式(25-61)和式(25-63)代入方程(25-62),导出标量形式的动力学方程

$$\ddot{x} - 2\omega_c\dot{y} - \omega_c^2 x = -\frac{\partial V}{\partial x} \tag{25-64a}$$

$$\ddot{y} + 2\omega_c\dot{x} - \omega_c^2 y = -\frac{\partial V}{\partial y} \tag{25-64b}$$

由于系统的动能和势能均不显含时间 t,有雅可比积分即广义能量积分存在。令方程式(25-64a)和式(25-64b)分别乘以 $\dot{x}$ 和 $\dot{y}$ 后相加,得到全微分式。令 $v = \sqrt{\dot{x}^2 + \dot{y}^2}$ 为质点 m 在动坐标内的相对速度,导出雅可比积分与式(25-5)的形式相同。

$$\frac{v^2}{2} + \frac{1}{m}V^* = E \tag{25-65}$$

式中,V^* 为质点由(m_1, m_2)的万有引力场及动坐标系($Oxyz$)的离心力场合成的相对势能。

$$V^* = V - \frac{m}{2}\omega_c^2(x^2 + y^2) \tag{25-66}$$

积分式(25-65)表示质点相对匀速度旋转坐标系运动的机械能守恒。积分常数 E 为单位质量质点的总机械能,取决于初始运动状态。由于 $V^* < 0$,初始速度不够大时 E 必为负值。将式(25-65)写作

$$v^2 = 2\left[\frac{\mu_1}{\rho_1} + \frac{\mu_2}{\rho_2} + \frac{1}{2}\omega_c^2(x^2 + y^2) - |E|\right] \tag{25-67}$$

常数 E 确定以后,点 m 必须限制在确定的范围以内运动才能保证 v^2 为正值,此运动范围的边界与零速度相对应。令式(25-67)中 $v = 0$,即得到以 $|E|$ 为参数的边界曲线族,称为**希尔(Hill G W)曲线**(图 25-15)。当质点 m 的初速度从零开始逐渐增大时,随着 $|E|$ 的减小其运

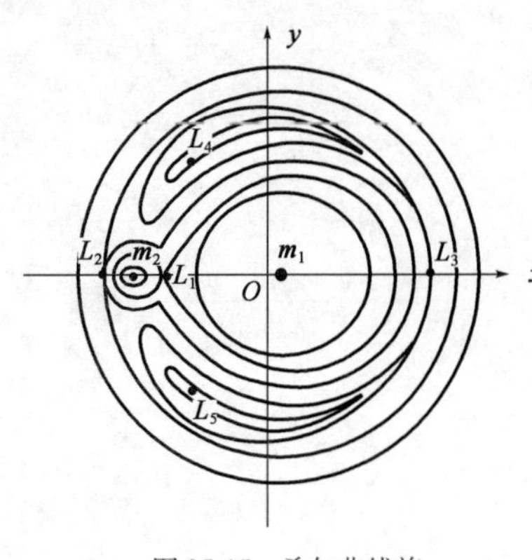

图 25-15　希尔曲线族

动范围从围绕 m_1 和 m_2 的局部区域逐渐扩大到互相连通。当初速度增大到 $E \geqslant 0$ 时，点 m 的运动范围不受限制。

25.3.4　相对平衡位置及稳定性

在(m_1, m_2)的万有引力场和离心力场共同作用下，质点 m 可能存在相对动坐标面(xOy)的平衡位置，记作(x_s, y_s)。在平衡位置处，质点 m 的运动范围缩为一个点，即希尔曲线的奇点。令方程组式(25-64)中的速度和加速度均等于零，并将式(25-59)代入，导出(x_s, y_s)应满足的方程：

$$\omega_c^2 x_s - \frac{\mu_1(x_s - a_1)}{\rho_{1s}^3} - \frac{\mu_2(x_s + a_2)}{\rho_{2s}^3} = 0 \tag{25-68a}$$

$$y_s\left(\omega_c^2 - \frac{\mu_1}{\rho_{1s}^3} - \frac{\mu_2}{\rho_{2s}^3}\right) = 0 \tag{25-68b}$$

式中 ρ_{1s}，ρ_{2s}为 m 的平衡位置与点 m_1，m_2 的距离。方程式(25-68b)存在两组解

$$y_s = 0 \tag{25-69a}$$

$$\omega_c^2 - \frac{\mu_1}{\rho_{1s}^3} - \frac{\mu_2}{\rho_{2s}^3} = 0 \tag{25-69b}$$

将式(25-69a)代入方程式(25-68a)，得到 x_s 的代数方程

$$f(x_s) = \omega_c^2 x_s - \frac{\mu_1(x_s - a_1)}{|x_s - a_1|^3} - \frac{\mu_2(x_s + a_2)}{|x_s + a_2|^3} = 0 \tag{25-70}$$

不难验证以下不等式的存在：

$$f(-\infty) = -\infty < 0, f(-a_2 - 0) = +\infty > 0$$
$$f(-a_2 + 0) = -\infty < 0, f(a_1 - 0) = +\infty > 0$$
$$f(a_1 + 0) = -\infty < 0, f(+\infty) = +\infty > 0$$

可据此判断：在轴 x 的$(-\infty, -a_2)$，$(-a_2, a_1)$，$(a_1, +\infty)$三个区间内，方程式(25-70)各有一实根，记作 L_1，L_2，L_3。将另一组解式(25-69b)乘以 x_s 后与式(25-68a)相减，得到

$$\frac{\mu_1 a_1}{\rho_{1s}^3} = \frac{\mu_2 a_2}{\rho_{2s}^3} \tag{25-71}$$

利用式(25-56)和式(25-60)可证明 $\mu_1 a_1 = \mu_2 a_2$，即$\rho_{1s} = \rho_{2s}$。再代回至式(25-68b)，并利用式(25-58)导出

$$\rho_{1s} = \rho_{2s} = \sqrt[3]{\frac{\mu}{\omega_e^2}} = a \tag{25-72}$$

因此还存在另外两个平衡位置 L_4，L_5，它们分别与点 m_1 和 m_2 构成等边三角形。总共 5 个平衡位置 $L_i(i = 1, 2, \cdots, 5)$在图 25-16 中标出，称为**拉格朗日动平衡点**。

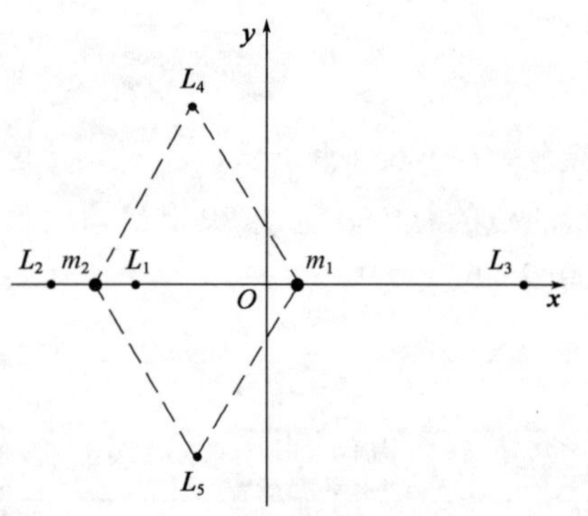

图 25-16　拉格朗日动平衡点

质点 m 在平衡位置处的稳定性可由希尔曲线族的几何特征定性地判断。从图 25-15 可看出只有在 L_4，L_5 附近的希尔曲线为围绕奇点的封闭曲线，质点的受扰运

动可保持在平衡位置附近。因此 L_4, L_5 为稳定平衡位置，而 L_1, L_2, L_3 的平衡位置不稳定。

例题 25-6 试计算航天器稳定在拉格朗日动平衡点 L_4 时所对应的能量积分常数 $|E|$，并计算航天器在高度 200km 的初始位置处必需的发射速度。

解：利用例 25-5 的计算结果 $\rho_1=\rho_2=a=3.844\times10^5\text{km}, a_1=4670\text{km}$ 算出 L_4 点的坐标值为

$$x=a_1-a\cos60^\circ=-1.875\times10^5\text{km}$$

$$y=a\sin60^\circ=3.329\times10^5\text{km}$$

且有

$$\mu_1=3.986\times10^5\text{km}^3/\text{s}^2, \mu_2=4.902\times10^3\text{km}^3/\text{s}^2, \omega_c=2.665\times10^{-6}\text{s}^{-1},$$

令式(25-67)中 $\boldsymbol{v}=0$，导出

$$|E|=\frac{\mu_1}{\rho_1}+\frac{\mu_2}{\rho_2}+\frac{1}{2}\omega_c^2(x^2+y^2) \tag{1}$$

将以上数据代入，算出 $|E|=1.569\text{km}^2/\text{s}^2$。设航天器的初始位置在 m_1 至 m_2 的连线上，其坐标为

$$\rho_{10}=6571\text{km}, \rho_{20}=a-\rho_{10}=3.7783\times10^5\text{km}$$

$$x_0=\rho_{10}-a_1=1901\text{km}, y_0=0$$

仍利用式(25-67)导出

$$v_0=\sqrt{2\left[\frac{\mu_1}{\rho_{10}}+\frac{\mu_2}{\rho_{20}}+\frac{1}{2}\omega_c^2(x_0^2+y_0^2)-|E|\right]} \tag{2}$$

将数据代入后，算出发射速度 $v_0=10.86\text{km}/s$。

25.4 例题编程

编程题 25-1 计算三体问题质点之间的距离并把它们化简为平方和的形式。

解：(1)建模

①令 $x=x_1+ix_2, y=y_1+iy_2, x_1\in\mathbf{R}, x_2\in\mathbf{R}$；

②坐标变换。

③计算质点之间的距离。

④编写 reduce 子程序化简 r_1、r_2 的表达式。

$$r_0=(x_1^2+x_2^2)(y_1^2+y_2^2)$$

$$r_1=\frac{1}{4}[(x_2+y_1)^2+(x_1-y_2)^2][(x_2-y_1)^2+(x_1+y_2)^2]$$

$$r_2=\frac{1}{4}[(x_1+y_1)^2+(x_2+y_2)^2][(x_1-y_1)^2+(x_2-y_2)^2]$$

(2)Maple 程序

```
>#########################################################################
>restart:                                   #清零。
>x:=x1+I*x2:                                #x=x1+ix2。
>y:=y1+I*y2:                                #y=y1+iy2。
>X:=((x^2-y^2)/2)^2:                        #X=((x^2-y^2)/2)^2。
```

```
> Y: = ((x^2 + y^2)/2)^2:                     #Y = ((x^2+y^2)/2)^2。
> r0: = factor(evalc(abs(Y - X))):            #r0 = |Y - X|。
> r0: = simplify(r0,power,symbolic);          #化简。
> r1: = factor(evalc(abs(Y))):                #r1 = |Y|。
> r2: = factor(evalc(abs(X))):                #r2 = |X|。
> ######################################################################
> reduce: = proc(a)                           # reduce 把一个给定表达式 a 写成平方和的形式。
> local p,P,S,c,i,j,f;                        #局部变量。
> if type(a,{name,constant}) then a           #选择 I 开始。
> elif type(a,`+`)then p: = a:
> P: = convert(p,list):
> S: = map(t - > if (type(t,`^`) and type(op(2,t),even))
> then op(1,t)^(op(2,t)/2)fi,P):
> for i to nops(S)do                          #循环 I 开始。
> for j from i + 1 to nops(S)do               #循环 II 开始。
> if   has(p,2 * S[i] * S[j])then             #选择 II 开始。
> p: = p - (S[i]^2 + 2 * S[i] * S[j] + S[j]^2) + (S[i] + S[j])^2
> elif has(p, -2 * S[i] * S[j])then
> p: = p - (S[i]^2 - 2 * S[i] * S[j] + S[j]^2) + (S[i] - S[j])^2
> fi                                          #结束选择 II。
> od:                                         #结束 II 循环。
> od:                                         #结束 I 循环。
> p
> else map(reduce,a)
> fi                                          #结束选择 I。
> end:                                        #结束子程序。
> ######################################################################
> r1: = reduce(r1);                           #化简。
> r2: = reduce(r2);                           #化简。
> ######################################################################
```

思考题

思考题 25-1 重力加速度常数 g 是如何利用牛顿万有引力定律计算得到的?

思考题 25-2 什么是轨道根数? 独立的轨道根数有几个? 如何选择?

思考题 25-3 试导出活力公式:$v^2 = Gm_e\left(\dfrac{2}{r} - \dfrac{1}{a}\right)$。

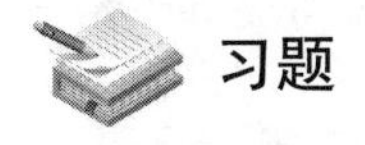

习题

A 类型习题

习题 25-1 质量为 m 的质点受万有引力 $F=m\mu/r^2$，式中，$\mu=fM$ 为引力中心的引力常数（M 为引力中心的质量，f 为万有引力常数）；r 为质点到引力中心的距离。已知天体的半径 R 及表面处的引力加速度 g，求天体的引力常数 μ 以及地球的引力常数。取地球半径为 $R=6370\text{km}$，$g=9.81\text{m/s}^2$。（注：此处以及下文都假定天体的引力指向质心。重力加速度是在不计天体自转的情况下给出的。）

习题 25-2 假设已知天体的质量 M_n、半径 R_n 分别与地球的质量 M、半径 R 之比，求天体的引力常量 μ_n 以及表面处引力加速度 g_n。月球、金星、火星、木星与地球的质量之比、半径之比由表 25-2 给出，试计算这些天体的 μ_n 以及 g_n。

月球、金星、火星、木星与地球的质量之比 表 25-2

天体	$M_n:M$	$R_n:R$	天体	$M_n:M$	$R_n:R$
月球	0.0123	0.273	火星	0.107	0.535
金星	0.814	0.953	木星	317	10.95

习题 25-3 在万有引力作用下质点半径为 R 的天体上空高度为 H 处沿着圆周做匀速运动，求质点运动速度 $\boldsymbol{v}_1$ 以及绕行周期 T。（注：在本章的所有习题中都忽略大气阻力。）

习题 25-4 不计人造卫星在天体上空飞行的高度，试计算对地球、月球、金星、火星和木星来说的第一宇宙速度 $\boldsymbol{v}_1$ 和绕行周期 T。

习题 25-5 求地球、月球、金星、火星和木星的第二宇宙速度。

习题 25-6 如图 25-17 所示质点受万有引力作用，在初始位置 M_0 距引力中心为 r_0，极角等于 φ_0，初速度为 $\boldsymbol{v}_0$。速度矢量 $\boldsymbol{v}_0$ 与水平线（即以引力中心为圆心圆周在点 M_0 的切线）的夹角等于 θ_0，求轨道偏心率 e 以及极坐标基轴与轨道焦点线间的夹角 ε。（注：极坐标原点与圆锥曲线的焦点之一重合，由极坐标原点指向较近拱点的方向取为焦点线的正向。）

习题 25-7 如图 25-18 所示，与火箭的最后一级分离时，航天器处在离地面高度为 $H=230\text{km}$ 的一点 M_0，速度为 $v_0=8.0\text{km/s}$。速度矢量 $\boldsymbol{v}_0$ 与水平线（即半径为 r_0 的圆周上 M_0 的切线）所成的角度为 $\theta_0=0.02\text{rad}$。

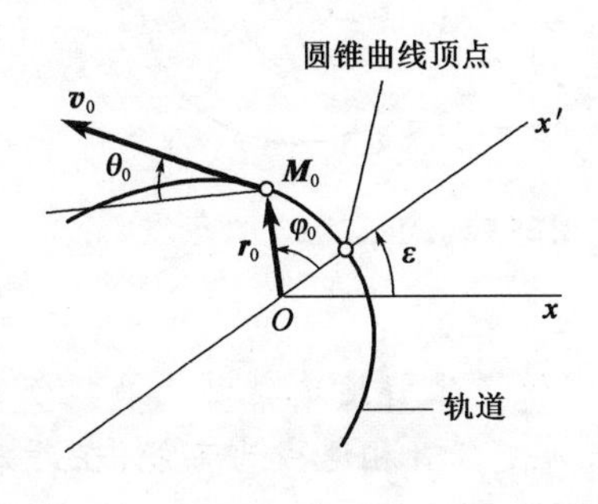

图 25-17 习题 25-6

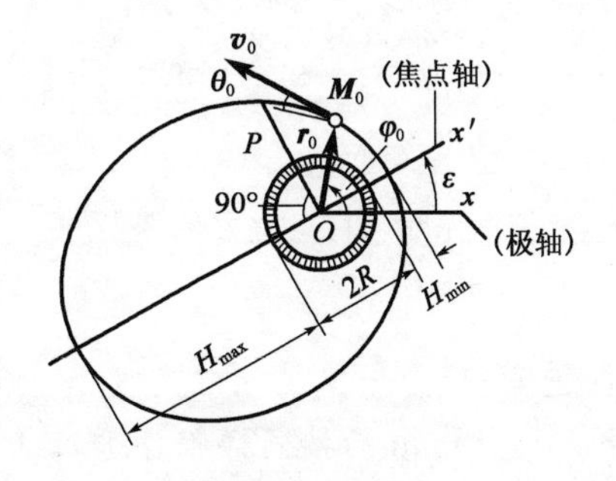

图 25-18 习题 25-7

求航天器的椭圆轨道的面积速度常数 c、半正焦弦 p、能量积分常数 h、长轴的方向、偏心率 e、远地点高度（H_{max}）、近地点高度（H_{min}），以及卫星运动行周期 T。

习题 25-8 如图 25-19 所示,求偏心率为 e 的椭圆轨道上质点的真近点角 φ 与偏近点角 E 之间的关系。

习题 25-9 如图 25-20 所示,航天器以角速度 Ω_0 绕着通过航天器质心的平动轴转动。飞轮 M 的转轴与航天器的转轴重合。J 和 J_0 分别为飞轮和航天器对公共转轴的转动惯量(J_0 中已计入 J)。在初始瞬时,飞轮的角速度等于航天器的角速度。为使航天器停止转动,求飞轮的发动机应做的功。

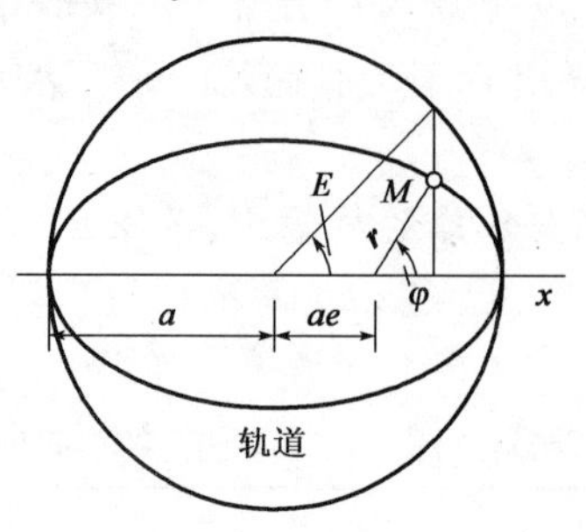

图 25-19 习题 25-8

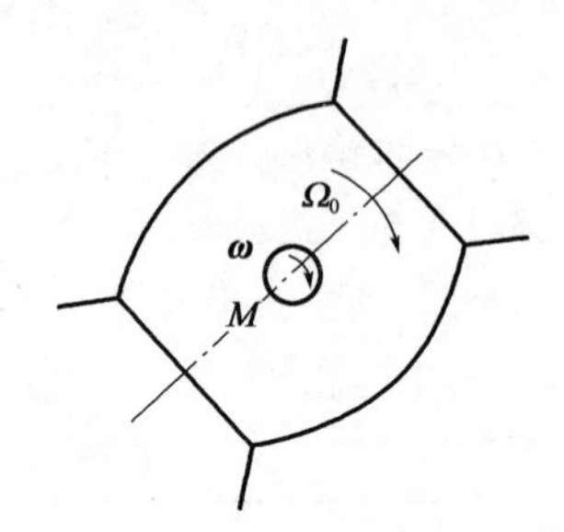

图 25-20 习题 25-9

B 类型习题

习题 25-10 太阳的质量和与月球的平均距离为 $m_s = 1.989 \times 10^{30}\text{kg}$,$r_s = 1.5 \times 10^8\text{km}$,地球的质量和与月球的平均距离为 $m_e = 5.976 \times 10^{24}\text{kg}$,$r_e = 3.844 \times 10^5\text{km}$。试比较太阳和地球中哪个星体对月球的吸引力更大。

习题 25-11 绳系卫星由柔索联系的两个星体 m_1 和 m_2 组成,如图 25-21 所示,m_1 和 m_2 各自沿半径为 a_1 和 a_2 的周轨道作同步稳态运动。忽略 m_1 与 m_2 之间的微小引力和柔索的质量,试计算柔索的张力 F。

习题 25-12 如图 25-22 所示,要求弹道导弹从地球表面的点 A 出发沿椭圆轨道击中点 B 的目标,弹道的最大高度为 h,A,B 与地球中心 O 的张角为 φ,地球半径为 R。求满足此要求的轨道根数 p,e。

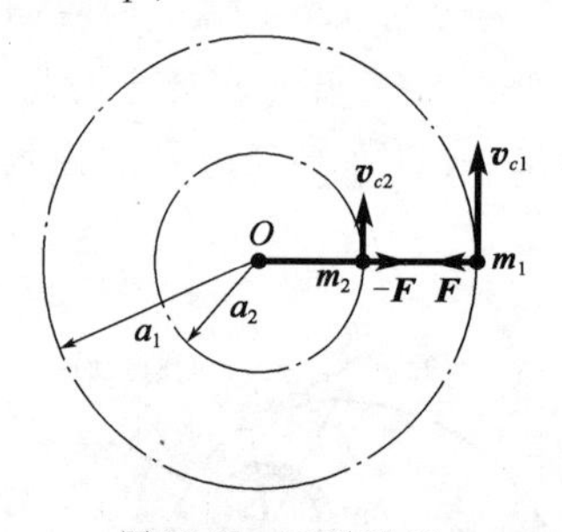

图 25-21 习题 25-11

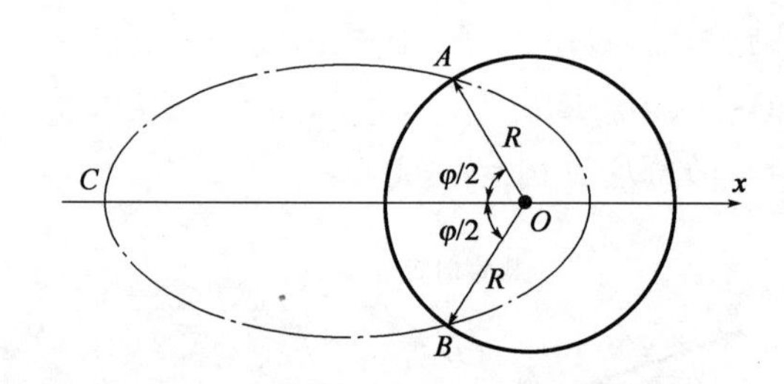

图 25-22 习题 25-12

C 类型习题

习题 25-13 一卫星 A 以速度 $v_1 = 6\text{km/s}$ 在一圆形轨道上绕地球转动。第二个卫星 B 在间隔 $\Delta t = 15\text{min}$ 后按同样程序进入 A 的运行轨道。为使二者相遇成为可能,在后来的某瞬时通过点燃制动火箭使卫星 B 在可以忽略的短时间内减速 Δv 而达到 v_2,从而使 B 转为椭圆轨道。

(1)卫星 A 在与地面距离 h 为多高的轨道上?

(2)为了使两个卫星在 B 转为椭圆形轨道一周之后即和 A 相遇,Δv 应为多大?

地球可看成半径 $R=6370\text{km}$ 的球。地面的重力加速度 $g_0=9.81\text{m/s}^2$。

习题 25-14 一艘排水量为 8000t 的船舶，关机后在水的阻力作用下于 $\Delta t=45\text{s}$ 时间内由 $v_1=15\text{m/s}$ 减到 $v_2=12\text{m/s}$。

(1)若水的阻力与船的速度的平方成正比，船在关机后的行驶行程是多少?

(2)若要达到最大速度 $v_{\max}=18\text{m/s}$，船的发动机的有效功率至少要多大?

指南针 主要组成部分是一根装在轴上的磁针，磁针在天然地磁场的作用下可以自由转动并保持在磁子午线的切线方向上，磁针的北极指向地理的北极，利用这一性能可以辨别方向。常用于航海、大地测量、旅行及军事等方面。物理上指示方向的指南针的发明由三部件组成，分别是司南、罗盘和磁针，均属于中国的发明。据《古矿录》记载最早出现于战国时期的磁山一带。

北宋《萍州可谈》："舟师识地理，夜则观星，昼则观日，阴晦观指南针。"指南针应用在航海上，是全天候的导航工具，弥补了天文导航、地文导航之不足，开创了航海史的新纪元。指南针是古代汉族劳动人民在长期的实践中对物体磁性认识的结果。作为中国古代四大发明之一，它的发明对人类的科学技术和文明的发展，起了无可估量的作用。由阿拉伯人传入欧洲，为后来欧洲航海家的航海活动创造了条件。

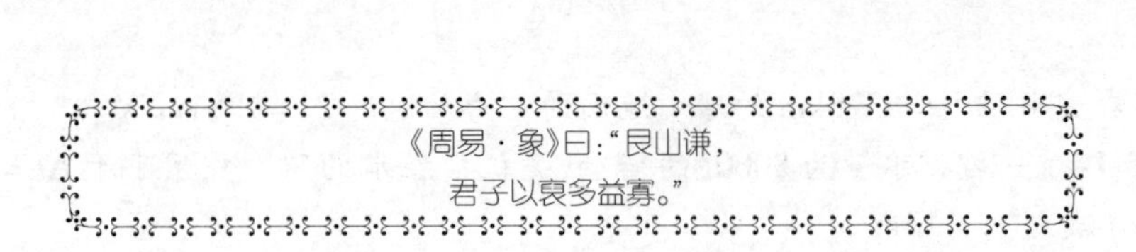

第 26 章　运动稳定性

本章介绍运动稳定性理论的初步知识,包括基本概念、相平面方法、李雅普诺夫直接法、李雅普诺夫一次近似理论等,重点讨论构造李雅普诺夫函数的常用方法。

26.1　基本概念

26.1.1　受扰运动微分方程

考虑一力学系统,其运动用微分方程(26-1)来描述。

$$\dot{\boldsymbol{y}}=\boldsymbol{f}(\boldsymbol{y},t)\ ,\boldsymbol{y}\in\boldsymbol{D}\subseteq\boldsymbol{R}^n \tag{26-1}$$

这里 $\boldsymbol{y}=(y_1\quad y_2\quad\cdots\quad y_n)^{\mathrm{T}}$ 为 n 维矢量,表示系统运动状态的矢量;时间 $t\in\boldsymbol{I}[\tau,+\infty]$,$\boldsymbol{\tau}\in\boldsymbol{R}$;$\boldsymbol{D}$ 为$\boldsymbol{R}^n$ 中的开区域;$\boldsymbol{f}\in C(\boldsymbol{D}\times\boldsymbol{I},\boldsymbol{R}^n)$,且满足解的唯一性条件。此时,过每一点$(t_0,\boldsymbol{y}_0)\in\boldsymbol{I}\times\boldsymbol{D}$,方程式(26-1)存在解 $\boldsymbol{y}=\boldsymbol{y}(t;t_0,\boldsymbol{y}_0)$,它对应一个具体的运动。

研究系统的某一给定运动

$$\boldsymbol{y}=\boldsymbol{g}(t)=\boldsymbol{y}(t;t_0,\boldsymbol{y}_0) \tag{26-2}$$

称其为无扰运动。假设在初始时刻 t_0,系统受到干扰,初始状态由$\boldsymbol{y}_0$ 变为$\tilde{\boldsymbol{y}}_0$,称系统干扰后的运动 $\boldsymbol{y}=\boldsymbol{y}(t)$ 为受扰运动,它对应着初始状态$\tilde{\boldsymbol{y}}_0$。

引进新变量

$$\boldsymbol{x}(t)=\boldsymbol{y}(t)-\boldsymbol{g}(t) \tag{26-3}$$

称其为扰动,而$\boldsymbol{x}_0=\tilde{\boldsymbol{y}}_0-\boldsymbol{y}_0$ 为初始扰动。无扰运动 $\boldsymbol{g}(t)$ 和受扰运动 $\boldsymbol{y}(t)$ 都满足运动微分方程式(26-1),由此可得到 $\boldsymbol{x}(t)$ 应满足的微分方程

$$\begin{aligned}\dot{\boldsymbol{x}}(t)&=\dot{\boldsymbol{y}}(t)-\dot{\boldsymbol{g}}(t)=\boldsymbol{f}(\boldsymbol{y}(t),t)-\boldsymbol{f}(\boldsymbol{g}(t),t)\\&=\boldsymbol{f}(\boldsymbol{x}(t)+\boldsymbol{g}(t),t)-\boldsymbol{f}(\boldsymbol{g}(t),t)\end{aligned}$$

简记作

$$\dot{\boldsymbol{x}}=\boldsymbol{F}(\boldsymbol{x},t) \tag{26-4}$$

其中

$$\boldsymbol{F}(\boldsymbol{x},t)=\boldsymbol{f}(\boldsymbol{x}(t)+\boldsymbol{g}(t),t)-\boldsymbol{f}(\boldsymbol{g}(t),t) \tag{26-5}$$

可以看出,$\boldsymbol{F}(\boldsymbol{x},t)$满足条件

$$\boldsymbol{F}(\boldsymbol{0},t)=\boldsymbol{0} \tag{26-6}$$

扰动 $\boldsymbol{x}(t)$ 所满足的微分方程式(26-4)称为无扰运动,式(26-2)的受扰运动微分方程。

26.1.2　稳定性的定义

由前面分析知,研究系统式(26-1)、无扰运动式(26-2)的稳定性问题可以转化为研究受

扰运动微分方程(26-4)的零解稳定性问题。

定义 26-1 如果对于任意的 $\varepsilon>0$,存在 $\delta=\delta(\varepsilon,t_0)>0$,使得当初始状态$x_0$ 满足 $\|\boldsymbol{x}_0\|<\delta$ 时,对于一切 $t\geqslant t_0$,都有

$$\|\boldsymbol{x}(t;t_0,\boldsymbol{x}_0)\|<\varepsilon$$

则称系统的无扰运动是**稳定的**。反之,如果存在某个 $\varepsilon>0$ 和某个 t_0,对于任意的 $\delta>0$,总存在满足 $\|\boldsymbol{x}_0\|<\delta$ 的初始状态$\boldsymbol{x}_0$ 和时间 $t_1\geqslant t_0$,使得

$$\|x(t_1;t_0,x_0)\|\geqslant\varepsilon$$

则称系统的无扰运动是**不稳定的**。

定义 26-2 如果系统的无扰运动是稳定的,且存在 $\delta=\delta(t_0)>0$,使得当初始状态$\boldsymbol{x}_0$ 满足 $\|\boldsymbol{x}_0\|<\delta$ 时,有

$$\lim_{t\to\infty}\|\boldsymbol{x}(t;t_0,\boldsymbol{x}_0)\|=0$$

则称系统的无扰运动是**渐近稳定的**。

对稳定性定义的几何解释如图 26-1 所示,其中 l_1,l_2,l_3 分别为稳定、渐近稳定和不稳定的情形。

由以上定义可以看出,判断一个无扰运动的稳定性,需给出受扰运动微分方程的解,这是研究稳定性理论的一种方法。但是,由于微分方程的求解通常是十分困难的,从而产生了另一种方法,即李雅普诺夫函数法,或李雅普诺夫直接法。

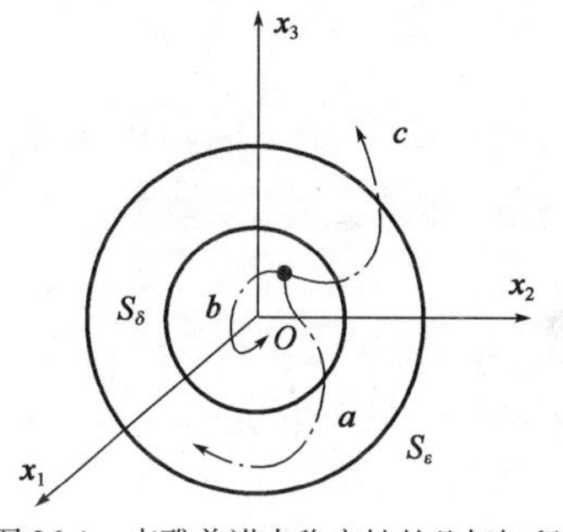

图 26-1 李雅普诺夫稳定性的几何解释

26.1.3 李雅普诺夫函数

李雅普诺夫函数,亦称 V 函数,是李雅普诺夫直接法判断系统稳定性的关键所在。

假设系统的受扰运动微分方程为式(26-4),定义以下区域

$$\boldsymbol{Q}_H=\{(t,x)\mid t\geqslant t_0,\|x\|<H\},\boldsymbol{D}_H=\{x\mid\|x\|<H\}\tag{26-7}$$

假设函数 $V(t,\boldsymbol{x})$ 为区域$\boldsymbol{Q}_H$ 内定义的关于 $t,\boldsymbol{x}$ 的函数,它对 $t,\boldsymbol{x}$ 连续可微,且 $V(t,\boldsymbol{0})=\boldsymbol{0}(t\geqslant t_0)$。

定义 26-3 如果在区域$\boldsymbol{Q}_H$ 内有 $V(t,\boldsymbol{x})\geqslant0(\leqslant0)$,则函数 $V(t,\boldsymbol{x})$ 称为常正(常负)的。常正和常负的函数统称为**常号函数**。

定义 26-4 如果在区域$\boldsymbol{D}_H$ 内,对任何 $\boldsymbol{x}\neq\boldsymbol{0}$,都有 $W(\boldsymbol{x})>0(<0)$,则不显含时间 t 的函数 $W(\boldsymbol{x})$ 称为**正定(负定)**的。

定义 26-5 如果存在正定(负定)函数 $W(\boldsymbol{x})$,使得在区域$\boldsymbol{Q}_H$ 内有 $V(t,\boldsymbol{x})\geqslant W(\boldsymbol{x})[V(t,\boldsymbol{x})\leqslant-W(\boldsymbol{x})]$,则函数 $V(t,\boldsymbol{x})$ 称为正定(负定)的。正定和负定的函数统称为**定号函数**。

定义 26-6 如果存在正定函数 $W(\boldsymbol{x})$,使得 $|V(t,\boldsymbol{x})|\leqslant W(\boldsymbol{x})$,则函数 $V(t,\boldsymbol{x})$ 称为**具有无穷小上界**。

26.2 相平面方法

受定常约束的单自由度系统是最简单的动力学系统。这类系统不显含时间 t,称为自治系统,其运动过程可利用相平面内的相轨迹来描述。系统的平衡状态对应于相轨迹的**奇点**。根据李雅普诺夫稳定性定义的几何解释,可从奇点的不同类型确定奇点附近的相轨迹走向,

从而判断系统平衡状态的稳定性。这种直观的几何方法,称为相平面方法。

26.2.1 保守系统的能量积分

设单自由度自治保守系统的动力学方程为

$$\ddot{x}+f(x)=0 \tag{26-8}$$

引进新变量 $x_1=x,x_2=\dot{x}$,则有

$$\dot{x}_1=x_2,\dot{x}_2=f(x_1) \tag{26-9}$$

两式相除,得到

$$\frac{\mathrm{d}x_2}{\mathrm{d}x_1}=-\frac{f(x_1)}{x_2} \tag{26-10}$$

积分得能量积分

$$\frac{1}{2}x_2^2+V(x_1)=E,V(x_1)=\int_0^{x_1}f(x_1)\mathrm{d}x_1 \tag{26-11}$$

这就是相平面(x_1,x_2)内的相轨迹方程,其中 $V(x_1)$为保守系统的势能,积分常数 E 为系统的总机械能。

$$E=\frac{1}{2}x_{20}^2+V(x_{10})$$

由式(26-11)解出 x_2,有

$$x_2=\pm\sqrt{2[E-V(x_1)]} \tag{26-12}$$

26.2.2 相轨迹特性

分析式可以看出,保守系统的相轨迹(图 26-2)有以下特性:

(1)相轨迹对横坐标轴对称。

(2)势能曲线 $z=V(x_1)$与横坐标轴的平行线 $z=E$ 交点的横坐标 C_1,C_2,C_3 处,相轨迹与横坐标轴相交。

(3)横坐标上与势能曲线 $z=V(x_1)$的驻点相对应的点满足 $V'(x_1)=f(x_1)=0,x_2=0$,因此是相轨迹方程式(26-10)的奇点,与系统的平衡状态相对应。

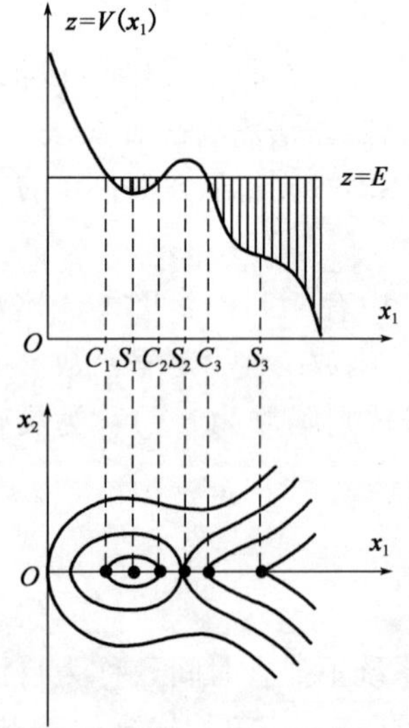

图 26-2 保守系统相轨迹的特性

(4)在势能取极小值的 $x_1=S_1$ 处,设 $E>V(S_1)$,则在 $x_1=S_1$ 某小邻域内都有 $E\geqslant V(S_1)$,则在 $x_1=S_1$ 的某小邻域内都有 $E\geqslant V(x_1)$,利用式(26-12)判断,在相平面上可得到一围绕奇点 S_1 的封闭轨迹。当 E 减小时,此封闭相轨迹逐渐收缩,而当$E=V(S_1)$时,缩为奇点 S_1。当 $E<V(S_1)$时,相平面上不存在相应的相轨迹,这种类型的奇点,称为**中心**。中心对应于系统的稳定平衡状态。

(5)在势能取极大值的点 $x_1=S_2$ 处,设 $E<V(S_2)$,则在区间(C_2,C_3)内没有对应的相轨迹,而在 $x_1<C_2$ 及 $x_1>C_3$ 处得到相轨迹的两个分支。当 E 增大时,这两支曲线逐渐靠近;当$E=V(S_2)$时,它们在奇点 S_2 处相接触。当 $E>V(S_2)$时,则变为分布在 x_1 轴上方和下方的两支曲线。这种类型的奇点称为**鞍点**。鞍点对应于系统的不稳定平衡状态。通过鞍点的相轨迹称为

分隔线，它将相平面分割成不同类型相轨迹的若干区域。

(6)在势能曲线的拐点 $x_1 = S_3$ 处，相轨迹在 $x_1 < S_3$ 的左半边具有中心性质，在 $x_1 > S_3$ 的右半边具有鞍点性质。这种类型的奇点称为**退化鞍点**，对应于不稳定的平衡状态。

26.2.3 拉格朗日定理

根据上述奇点附近受扰运动的相轨迹走向，可以直观地判断保守系统无扰运动的稳定性，即：与中心对应的平衡状态稳定，与鞍点或退化鞍点对应的平衡状态不稳定。这样，就从几何观点证明了关于单自由度保守系统平衡稳定性的定理：如果保守系统的势能在平衡位置处有孤立极小值，则平衡状态稳定。这就是**拉格朗日定理**。

值得注意的是，拉格朗日定理给出的是稳定性的充分条件。

26.2.4 静态分岔

设所讨论的保守系统的力场依赖于某个参数 μ，运动方程表示为

$$\ddot{x} + f(x,\mu) = 0 \tag{26-13}$$

则根据式(26-11)计算的势能 V 为

$$V(x,\mu) = \int_0^x f(x,\mu)\,\mathrm{d}x \tag{26-14}$$

当参数 μ 变化时，相轨迹随之变化。如果 μ 经过某个临界值时，相轨迹的拓扑性质产生突变，主要指奇点的个数和类型产生突变，则称 μ 为**分岔参数**，μ 的临界值为**分岔值**，这种相轨迹的拓扑性质随参数的变化产生突变的现象称为**分岔**。

相轨迹的奇点 x_s 由以下方程确定：

$$f(x,\mu) = 0 \tag{26-15}$$

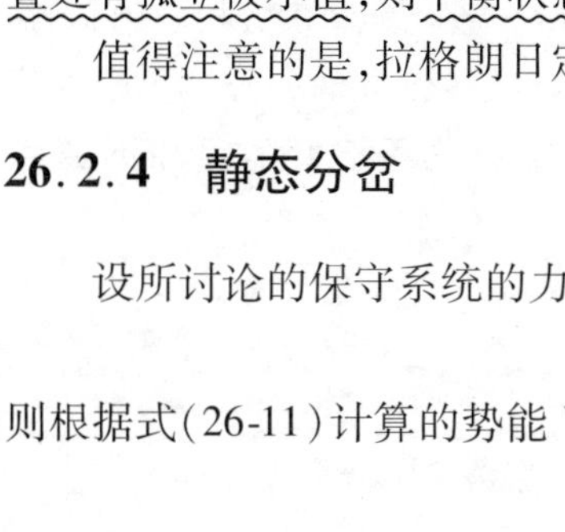

方程式(26-15)在 (x_s,μ) 平面上确定的曲线将此平面分隔成两个区域，分别对应于 $f(x_s,\mu) > 0$ 和 $f(x_s,\mu) < 0$，如图 26-3 所示。图中阴影线表示 $f(x_s,\mu) > 0$ 的区域。对于任一给定的参数 μ_0，奇点的位置可由直线 $\mu = \mu_0$ 与曲线 $f(x_s,\mu) = 0$ 的交点 1，2，3 的纵坐标 x_{s1}，x_{s2}，x_{s3} 确定。当 x 由小于 x_{s1} 经过 x_{s1} 变为大于 x_{s1} 时，$f(x_s,\mu)$ 由正值变为负值，因而有

$$f'(x_s,\mu_0) < 0,\text{即 } V''_x(x_s,\mu_0) < 0 \tag{26-16}$$

图 26-3 奇点位置与参数 μ 的关系曲线

表明势能 $V(x,\mu_0)$ 在 $x = x_{s1}$ 处取极大值，奇点为鞍点。同样奇点 $x = x_{s3}$ 也是鞍点。至于 $x = x_{s2}$，则有

$$f'(x_s,\mu_0) > 0,\text{即 } V''_x(x_s,\mu_0) > 0 \tag{26-17}$$

因此势能 $V(x,\mu_0)$ 在 $x = x_{s2}$ 处取极小值，奇点为中心。根据以上分析，庞加莱提出的判断平衡位置稳定性和确定分岔点的几何方法：如果区域 $f(x_s,\mu) > 0$ 位于曲线 $f(x_s,\mu) = 0$ 的上方，则奇点为中心，平衡位置稳定；如果位于曲线 $f(x_s,\mu) = 0$ 的下方，则奇点为鞍点，平衡位置不稳定。

在图 26-3 中用上述方法判断出的稳定和不稳定位置分别用实线和虚线表示。曲线上 $\dfrac{\mathrm{d}\mu}{\mathrm{d}x_s}$ 为零或取不定值所对应的点 $\mu = \mu_1, \mu_2, \mu_3$ 都具有临界性质。因为当 μ 经过这些点时，奇

点的个数和类型都产生突变，因此 μ_1, μ_2, μ_3 就是相轨迹的分岔值。如果 $f(x,\mu)$ 为 x 的线性函数，则不存在分岔值。因此分岔现象只存在于非线性系统中。

26.2.5 耗散系统

设单自由度耗散系统的动力学方程为

$$\ddot{x} + c\dot{x} + f(x) = 0 \tag{26-18}$$

令 $x_1 = x, x_2 = \dot{x}$，则有

$$\frac{dx_2}{dx_1} = -\frac{f(x_1)}{x_2} - c \tag{26-19}$$

与保守系统相比，相平面上同一点处的相轨迹相差一项 $-c$。在 c 较小时，相轨迹围绕奇点无穷尽地转动而形成一条螺线。这类奇点称为**稳定焦点**。在 c 较大时，相轨迹成为直接通往奇点的射线。这类奇点称为**稳定结点**。当 c 为负值，奇点称为**不稳定焦点**和**不稳定结点**。

26.3 李雅普诺夫直接法

26.3.1 李雅普诺夫直接法的基本定理

定理 26-1 （李雅普诺夫，1892 年）如果在区域 $\boldsymbol{Q}_H$ 上存在正定（负定）函数 $V(t,\boldsymbol{x})$，它沿受扰运动微分方程式(26-4)的导数 $\dot{V}$ 常负（常正），或恒等于零，那么系统式(26-1)的无扰运动式(26-2)是稳定的。

定理 26-2 （李雅普诺夫，1892 年）如果在区域 $\boldsymbol{Q}_H$ 上存在具有无穷小上界的正定（负定）函数 $V(t,x)$，它沿受扰运动微分方程式(26-4)的导数 $\dot{V}$ 负定（正定），那么系统式(26-1)的无扰运动式(26-2)是渐近稳定的。

定理 26-3 （切塔耶夫，1946 年）如果存在区域 $\boldsymbol{Q}_H$ 内连续可微的函数 $V(t,\boldsymbol{x})$，$V(t,\boldsymbol{x}) = 0$，使得：

(1) 对任意的 $t \geqslant t_0$，在原点任意小的邻域内，存在 $V > 0$ 的区域；

(2) 在区域 $V > 0$ 内，$V(t,\boldsymbol{x})$ 有界；

(3) 在区域 $V > 0$ 内，V 沿受扰运动微分方程式(26-4)的导数 $\dot{V}$ 正定，即对任意的 $\varepsilon > 0$ 存在 $l > 0$，使得在区域 $V \geqslant \varepsilon$ 内，对一切 $t \geqslant t_0$，有 $\dot{V} \geqslant l$。那么，系统式(26-1)的无扰运动是不稳定的。

上述定理的证明参见有关专著[17]。

应用李雅普诺夫直接法的关键在于成功构造 V 函数。

26.3.2 渐近稳定与不稳定定理的推广

设系统的受扰运动微分方程为

$$\dot{\boldsymbol{x}} = \boldsymbol{F}(\boldsymbol{x}), \boldsymbol{F}(\boldsymbol{0}) = \boldsymbol{0} \tag{26-20}$$

定理 26-4 （巴尔巴辛，克拉索夫斯基，1952 年）如果存在正定函数 $V(x)$，它沿受扰运动微分方程式(26-20)的导数 $\dot{V}$ 常负，并且集合 $\boldsymbol{M} = \{\boldsymbol{x} | \dot{V} = 0 |\}$ 除原点外，不包含方程式

(26-20)的其他整条轨线,那么系统的无扰运动是渐近稳定的。

定理 26-5 (克拉索夫斯基,1959 年)如果存在区域$\boldsymbol{D}_H$内连续可微的非常负函数 $V(\boldsymbol{x})$,$V(\boldsymbol{0})=0$,V 沿受扰运动微分方程式(26-20)的导数$\dot{V}$是常正的,且集合 $\boldsymbol{M}=\{\boldsymbol{x}|\dot{V}=0|\}$中除原点外不包含方程式(26-20)的其他整条轨线,那么,系统的无扰运动是不稳定的。

26.4 李雅普诺夫一次近似理论

26.4.1 定常线性系统的李雅普诺夫函数

设系统的运动微分方程为

$$\dot{\boldsymbol{x}}=\boldsymbol{A}\boldsymbol{x} \tag{26-21}$$

其中,$\boldsymbol{x}=(x_1 \quad x_2 \quad \cdots \quad x_n)^{\mathrm{T}}$,$\boldsymbol{A}=(a_{ij})_{n\times n}$,$a_{ij}\in C$。方程式(26-21)的每个特解都有形式

$$\boldsymbol{x}(t)=\sum_{j=1}^{l}\boldsymbol{f}_j\exp(\lambda_J t) \quad (l\leqslant n) \tag{26-22}$$

其中,λ_j 为系数矩阵 $\boldsymbol{A}$ 的特征根,$\boldsymbol{f}_j=(f_{1j} \quad f_{2j} \quad \cdots \quad f_{nj})^{\mathrm{T}}$,$f_{sj}$为 t 的多项式。根据式(26-22),利用稳定性的定义,可得到:

定理 26-6 定常线性系统的无扰运动 $x=0$ 有如下稳定性判据:

(1)如果系数矩阵 $\boldsymbol{A}$ 的所有特征根都具有负实部,则无扰运动 $\boldsymbol{x}=\boldsymbol{0}$ 是渐近稳定的;

(2)如果系数矩阵 $\boldsymbol{A}$ 的所有特征根至少有一个实部为正的特征根,则无扰运动 $\boldsymbol{x}=\boldsymbol{0}$ 是不稳定的;

(3)如果系数矩阵 $\boldsymbol{A}$ 的所有特征根中有一部分的实部为零,而其余的根的实部为负,则:

①如果零实部的特征根对应于单初等因子,则无扰运动 $\boldsymbol{x}=\boldsymbol{0}$ 是稳定的,但为非渐近稳定;

②如果零实部的特征根对应于重初等因子,则无扰运动 $\boldsymbol{x}=\boldsymbol{0}$ 是不稳定的。

下面考虑定常线性系统式(26-21)的李雅普诺夫函数的存在问题。取李雅普诺夫函数 $V(\boldsymbol{x})$为二次型形式

$$V=\boldsymbol{x}^{\mathrm{T}}\boldsymbol{M}\boldsymbol{x} \tag{26-23}$$

其中,$\boldsymbol{M}=(m_{ij})$为 $n\times n$ 阶对称矩阵。V 沿方程式(26-21)的导数为

$$\dot{V}=\boldsymbol{x}^{\mathrm{T}}(\boldsymbol{A}^{\mathrm{T}}\boldsymbol{M}+\boldsymbol{M}\boldsymbol{A})\boldsymbol{x}=W(\boldsymbol{x})$$

显然,$W(\boldsymbol{x})$也是一个二次型。这表明,如果 V 是一个二次型,那么它沿系统式(26-21)的导数$\dot{V}=W$ 也是一个二次型;反之,如果给定一个二次型 W,现考虑是否存在一个二次型 V,使得$\dot{V}=W$。

下面的三个定理给出回答。

定理 26-7 如果系统的系数矩阵 $\boldsymbol{A}$ 的所有特征根都具有负实部,那么对任意给定的负定二次型 W,存在唯一的正定二次型 V,使得它沿方程式(26-21)的导数$\dot{V}=W$。

定理 26-8 如果系统式(26-21)的系数矩阵 $\boldsymbol{A}$ 至少有一个具有正实部的特征根,且$\lambda_i+\lambda_j\neq 0(i,j=1,2,\cdots,n)$,那么对于任意给定的正定二次型 W,存在唯一的非常负二次型 V,使

得它沿系统式(26-21)的导数$\dot{V}=W$。

定理 26-9 如果系统式(26-21)的系数矩阵 $\boldsymbol{A}$ 至少有一个具有正实部的特征根,则对于任意给定的正定二次型 W,总存在常数 $\alpha>0$ 及非常负的二次型 V,使得

$$\dot{V}=\alpha V+W$$

26.4.2 李雅普诺夫一次近似理论

设系统的受扰运动微分方程为

$$\dot{\boldsymbol{x}}=\boldsymbol{F}(\boldsymbol{x}) \tag{26-24}$$

其中,$x=(x_1 \quad x_2 \quad \cdots \quad x_n)^{\mathrm{T}}$,$\boldsymbol{F}(\boldsymbol{0})=\boldsymbol{0}$。将函数 $\boldsymbol{F}(\boldsymbol{x})$ 在 $\boldsymbol{x}=0$ 附近展开,可将方程化为

$$\dot{\boldsymbol{x}}=\boldsymbol{A}\boldsymbol{x}+\boldsymbol{g}(\boldsymbol{x}) \tag{26-25}$$

其中,$\boldsymbol{A}=(a_{ij})$为 $n\times n$ 阶常数矩阵,$\boldsymbol{g}(\boldsymbol{x})$为关于 $\boldsymbol{x}$ 的二阶及更高阶小项。去掉高阶小项 $\boldsymbol{g}(\boldsymbol{x})$,得到一次近似方程

$$\dot{\boldsymbol{x}}=\boldsymbol{A}\boldsymbol{x} \tag{26-26}$$

其系数矩阵 $\boldsymbol{A}$ 的特征方程为

$$\Delta(\lambda)=\det(A-\lambda \boldsymbol{I})=0 \tag{26-27}$$

下面的定理给出在什么条件下可按一次近似来判断原非线性系统的稳定性问题。

定理 26-10 (1)如果一次近似方程的特征方程的所有根都具有负实部,则原系统的无扰运动是渐近稳定的;

(2)如果一次近似方程的特征方程至少有一个具有正实部的根,则原系统的无扰运动是不稳定的。

上述定理的证明需用到定理 26.7 和定理 26.9。

假设特征方程式(26-27)有实部为零的根,且其余根的实部为负,这种情形称为临界情形。为研究非线性系统在临界情形下的稳定性问题,需考虑高阶项 $\boldsymbol{g}(\boldsymbol{x})$,这往往是很复杂和困难的。

对于受扰运动微分方程显含时间 t 的系统,一般没有定理 26.10 的结果。

26.4.3 劳斯—赫尔维茨判据

在许多实际问题中,可通过判别一次近似方程的特征根具有负实部来分析非线性系统无扰运动的渐近稳定性。

一次近似方程式(26-26)的特征方程可表示为

$$a_0\lambda^n+a_1\lambda^{n-1}+\cdots+a_{n-1}\lambda+a_n=0 \quad (a_0>0) \tag{26-28}$$

其中,$a_i(i=1,2,\cdots,n)$为实数。由方程式(26-26)的系数组成一个 n 阶矩阵

$$\boldsymbol{H}=\begin{bmatrix} a_1 & a_3 & a_5 & \cdots & a_{2n-1} \\ a_0 & a_2 & a_4 & \cdots & a_{2n-2} \\ 0 & a_1 & a_3 & \cdots & a_{2n-3} \\ 0 & a_0 & a_2 & \cdots & a_{2n-4} \\ \cdots & \cdots & \cdots & \cdots & \cdots \\ 0 & 0 & 0 & \cdots & a_n \end{bmatrix} \tag{26-29}$$

其中,如果 $i>n$,则 $a_i=0$。矩阵 $\boldsymbol{H}$ 称为赫尔维茨(Hurwitz)矩阵,它的顺序主子式

$$\Delta_1=a_1,\Delta_2=\begin{vmatrix}a_1 & a_3\\ a_0 & a_2\end{vmatrix},\cdots,\Delta_n=a_n\Delta_{n-1}=\det\boldsymbol{H} \tag{26-30}$$

称为**赫尔维茨行列式**。

定理 26-11 [劳斯—赫尔维茨(Routh-Hurwitz)判据]方程式(26-28)的所有根都具有负实部的充分必要条件是赫尔维茨行列式都大于零,即

$$\Delta_1>0,\Delta_2>0,\cdots,\Delta_n>0$$

研究几个低阶系统。

(1)二阶系统

特征方程为

$$a_0\lambda^2+a_1\lambda+a_2=0 \quad (a_0>0)$$

劳斯—赫尔维茨条件为

$$\Delta_1=a_1>0,\Delta_2=\begin{bmatrix}a_1 & 0\\ a_0 & a_2\end{bmatrix}=a_1a_2>0$$

简化为

$$a_1>0,a_2>0 \tag{26-31}$$

(2)三阶系统

特征方程为

$$a_0\lambda^3+a_1\lambda^2+a_2\lambda+a_3=0 \quad (a_0>0)$$

劳斯—赫尔维茨条件为

$$\Delta_1=a_1>0,\Delta_2=\begin{vmatrix}a_1 & a_3\\ a_0 & a_2\end{vmatrix}=a_1a_2-a_0a_3>0,\Delta_3=a_3\Delta_2>0$$

简化为

$$a_1>0,a_2>0,a_3>0,\Delta_2=a_1a_2-a_0a_3>0 \tag{26-32}$$

(3)四阶系统

特征方程为

$$a_0\lambda^4+a_1\lambda^3+a_2\lambda^2+a_3\lambda+a_4=0 \quad (a_0>0)$$

劳斯—赫尔维茨条件为

$$\Delta_1=a_1>0,\Delta_2=a_1a_2-a_0a_3>0$$

$$\Delta_3=\begin{vmatrix}a_1 & a_3 & 0\\ a_0 & a_2 & a_4\\ 0 & a_1 & a_3\end{vmatrix}=a_3(a_1a_2-a_0a_3)-a_1^2a_4>0,\Delta_4=a_4\Delta_3>0$$

简化为

$$a_1>0,a_2>0,a_3>0,a_4>0 \quad \Delta_3=a_3(a_1a_2-a_0a_3)-a_1^2a_4>0 \tag{26-33}$$

26.5 李雅普诺夫函数的构造

在常微分方程稳定性理论中,李雅普诺夫函数的构造是一个困难而有趣的问题。下面介绍几种李雅普诺夫函数的构造方法。

26.5.1 对二阶系统采用能量函数

例题 26-1 考虑具有弹性恢复力的质点运动

$$m\frac{d^2x}{dt^2}=-kx \tag{1}$$

其中,m 是小球质量,k 是弹簧的弹性系数。

解: 令$\frac{dx}{dt}=y$,方程化为

$$\frac{dx}{dt}=y \tag{2a}$$

$$\frac{dy}{dt}=-\frac{k}{m}x \tag{2b}$$

取系统的能量 E 作为李雅普诺夫函数

$$V(x,y)=E=\frac{m}{2}\left(\frac{dx}{dt}\right)^2+\int_0^x kx\mathrm{d}x=\frac{1}{2}my^2+\frac{1}{2}kx^2$$

则

$$\frac{dV}{dt}=my\left(-\frac{k}{m}x\right)+kxy\equiv 0$$

故零解(平衡位置)稳定。

26.5.2 待定系数法

设有常系数线性系统

$$\frac{dx}{dt}=Ax$$

这里 $x=(x_1,\cdots,x_n)^\tau$ 即为 n 维列向量,A 是 $n\times n$ 阶的常量矩阵,并且寻求二次型

$V=x^\tau Bx$(x^τ 表示 x 的转置,B 为实对称矩阵)使$\dot{V}=W$,这里 $W=-x^\tau Cx$ 是预先给定的二次型,C 为实对称矩阵。因

$$\dot{V}=\dot{x}^\tau Bx+x^\tau B\dot{x}$$

利用关系式 $\dot{x}^\tau=x^\tau A^\tau$,得到

$$\dot{V}=x^\tau(A^\tau B+BA)x$$

故有

$$A^\tau B+BA=-C \tag{26-34}$$

这就是所求矩阵 B 应满足的矩阵方程。如果 A 是一个稳定矩阵(其特征方程的所有特征根都具有负实部),那么对于任意给定的对称矩阵 C,可以证明:存在满足矩阵方程式(26-34)的对称矩阵 B,且 S 为反对称矩阵,

$$S=BA+\frac{1}{2}C \tag{26-35}$$

且有关系

$$A^\tau S+SA=\frac{1}{2}[(CA)^\tau-CA] \tag{26-36}$$

因为 S 是反对称的,方程式(26-36)表示了决定 S 的$\frac{1}{2}n(n-1)$个元素的$\frac{1}{2}n(n-1)$个方程。

将方程式(26-36)的解 S 代入方程式(26-35)中,如果 A 是非奇异的(稳定矩阵显然是非奇异的),就求出了矩阵 $B=\left(S-\frac{1}{2}C\right)A^{-1}$,从而就可求出二次型 $V=x^{\tau}Bx$。

例题 26-2 构造如下动力系统($a+d<0, ad-bc>0$)的李雅普诺夫函数。

$$\dot{x}=ax+by \tag{1a}$$

$$\dot{y}=cx+dy \tag{1b}$$

解:试取 $V_1(x,y)=x^{\tau}Bx=b_{11}x^2+2b_{12}xy+b_{22}y^2$,使 $\dot{V}_1=-2kx^2$,b_{11},b_{12},b_{22},k 待定,$k>0$

$$\boldsymbol{A}=\begin{bmatrix} a & b \\ c & d \end{bmatrix}, \boldsymbol{A}^{-1}=\frac{1}{ad-bc}\begin{bmatrix} d & -b \\ -c & a \end{bmatrix}, \boldsymbol{C}=\begin{pmatrix} 2k & 0 \\ 0 & 0 \end{pmatrix}$$

设

$$\boldsymbol{S}=\begin{bmatrix} 0 & s_{12} \\ -s_{12} & 0 \end{bmatrix}$$

则

$$\boldsymbol{A}^{\tau}\boldsymbol{S}=\begin{bmatrix} -cs_{12} & as_{12} \\ -ds_{12} & bs_{12} \end{bmatrix}, \boldsymbol{SA}=\begin{bmatrix} cs_{12} & ds_{12} \\ -as_{12} & -bs_{12} \end{bmatrix}$$

故

$$\boldsymbol{A}^{\tau}\boldsymbol{S}+\boldsymbol{SA}=\begin{bmatrix} 0 & (a+d)s_{12} \\ -(a+d)s_{12} & 0 \end{bmatrix}$$

$$\boldsymbol{CA}=\begin{bmatrix} 2ak & 2bk \\ 0 & 0 \end{bmatrix}, (\boldsymbol{CA})'-\boldsymbol{CA}=\begin{bmatrix} 0 & -2bk \\ 2bk & 0 \end{bmatrix}$$

由式(26-36)得出

$$\begin{bmatrix} 0 & (a+d)s_{12} \\ -(a+d)s_{12} & 0 \end{bmatrix}=\begin{bmatrix} 0 & -bk \\ bk & 0 \end{bmatrix}$$

故得

$$(a+b)s_{12}=-bk, s_{12}=-\frac{bk}{a+b}$$

所以

$$\boldsymbol{B}=\left(\boldsymbol{S}-\frac{1}{2}\boldsymbol{C}\right)\boldsymbol{A}^{-1}=\left(\begin{bmatrix} 0 & -\dfrac{bk}{a+d} \\ \dfrac{bk}{a+d} & 0 \end{bmatrix}-\begin{bmatrix} k & 0 \\ 0 & 0 \end{bmatrix}\right)\cdot\frac{1}{ad-bc}\begin{bmatrix} d & -b \\ -c & a \end{bmatrix}$$

$$=\frac{k}{(ad-bc)(a+d)}\begin{bmatrix} bc-d(a+d) & bd \\ bd & -b^2 \end{bmatrix}$$

为简单计,选取 $k=-(a+d)(ad-bc)$,则得

$$\boldsymbol{B}=\begin{bmatrix} (ad-bc)+d^2 & -bd \\ -bd & b^2 \end{bmatrix}$$

即 $b_{11}=(ad-bc)+d^2, b_{12}=-bd, b_{22}=b^2$,所以 $V_1(x,y)=(dx-by)^2+(ad-bc)x^2$ 为正定,$\dot{V}_1(x,y)=2(a+b)(ad-bc)x^2\leqslant 0$。

由对称性,若取定正函数

$$V_2(x,y)=(ay-cx)^2+(ad-bc)y^2$$

则

$$\dot{V}_2(x,y)=2(a+b)(ad-bc)y^2\leqslant 0$$

故如取

$$V(x,y)=V_1+V_2=(dx-by)^2+(cx-ay)^2+(ad-bc)(x^2+y^2)\text{（定正）}$$

$$\dot{V}(x,y)=2(a+b)(ad-bc)(x^2+y^2)$$

则 V 定正，$\dot{V}$ 定负，故零解全局渐近稳定。

上面是取 V 为二次型作常系数线性系统的 V 函数。事实上，许多系统可以取二次型作 V 函数，考虑变系数线性系统

$$\dot{x}=A(t)x$$

取 $V=x^{\tau}B(t)x$，$B(t)$ 为对称矩阵函数，则得

$$\begin{aligned}\dot{V}&=\dot{x}^{\tau}B(t)x+x^{\tau}\dot{B}(t)x+x^{\tau}B(t)\dot{x}\\&=x^{\tau}A^{\tau}(t)B(t)x+x^{\tau}\dot{B}(t)x+x^{\tau}B(t)A(t)x\\&=x^{\tau}[\dot{B}(t)+B(t)A(t)+A^{\tau}(t)B(t)]x\end{aligned}$$

令 $\dot{V}=-x^{\tau}C(t)x$，$C(t)$ 为预先给定的对称矩阵函数，于是有

$$\dot{B}(t)+B(t)A(t)+A^{\tau}(t)B(t)=-C(t) \tag{26-37}$$

只要求矩阵微分方程式（26-37）的一个特解，就可以决定 $B(t)$，从而求出 V。

26.5.3 类比法

例题 26-3 构造如下阻尼自由振动方程的李雅普诺夫函数。

$$m\frac{\mathrm{d}^2x}{\mathrm{d}t^2}+R\frac{\mathrm{d}x}{\mathrm{d}t}+kx=0 \tag{1}$$

解：令 $\dot{x}=y$，得

$$\dot{x}=y \tag{2a}$$

$$\dot{y}=-\frac{k}{m}x-\frac{R}{m}y \tag{2b}$$

取式（1）的能量函数作李雅普诺夫函数

$$V_1(x,y)=\frac{1}{2}m\left(\frac{\mathrm{d}x}{\mathrm{d}t}\right)^2+\frac{1}{2}kx^2$$

$$\dot{V}_1(x,y)=-Ry^2\leqslant 0$$

另一方面，若将方程式（1）改写为

$$m\frac{\mathrm{d}}{\mathrm{d}t}\left(\frac{\mathrm{d}x}{\mathrm{d}t}+\frac{R}{m}x\right)+kx=0 \tag{3}$$

由例题 26-1 可知方程 $m\dfrac{\mathrm{d}^2x}{\mathrm{d}t^2}+kx=0$ 有

$$\overline{V}_2(x,y)=\frac{1}{2}m\left(\frac{\mathrm{d}x}{\mathrm{d}t}\right)^2+\frac{1}{2}kx^2$$

对方程式（3）进行类比，即在 $\overline{V}_2(x,y)$ 中以 $\dfrac{\mathrm{d}x}{\mathrm{d}t}+\dfrac{R}{m}x$ 代替 $\dfrac{\mathrm{d}x}{\mathrm{d}t}$ 得

$$V_2(x,y)=\frac{m}{2}\left(\frac{\mathrm{d}x}{\mathrm{d}t}+\frac{R}{m}x\right)^2+\frac{1}{2}kx^2=\frac{m}{2}\left(y+\frac{R}{m}x\right)^2+\frac{1}{2}kx^2$$

则

$$\dot{V}_2(x,y)=-\frac{k}{m}Rx^2\leqslant 0$$

取 $V(x,y)=V_1+V_2=kx^2+\frac{m}{2}\left[y^2+\left(y+\frac{R}{m}x\right)^2\right]$,则 $V(x,y)$ 为无限大定正函数,且

$$\dot{V}(x,y)=-\frac{k}{m}Rx^2-Ry^2$$

$\dot{V}(x,y)$ 为定负,故平衡位置全局渐近稳定。

26.5.4 找一个正定的首次积分

例题 26-4 研究刚体由于惯性绕固定点转动的微分方程

$$A\frac{\mathrm{d}x_1}{\mathrm{d}t}+(C-B)x_2x_3=0 \tag{1a}$$

$$B\frac{\mathrm{d}x_2}{\mathrm{d}t}+(A-C)(x_1+\omega)x_3=0 \tag{1b}$$

$$C\frac{\mathrm{d}x_3}{\mathrm{d}t}+(B-A)(x_1+\omega)x_2=0 \tag{1c}$$

其中,$A<B,A<C$ 或 $A>B,A>C$ 的零解的稳定性。

解:第一近似的特征方程为

$$\begin{vmatrix} -\lambda & 0 & 0 \\ 0 & -\lambda & \frac{(A-C)\omega}{B} \\ 0 & \frac{(B-A)\omega}{C} & -\lambda \end{vmatrix}=0$$

其根为

$$\lambda_1=0,\lambda_{2,3}=\pm\omega\sqrt{\frac{(A-C)(B-A)}{BC}}$$

由此看出,三个特征根中有一个是零根,另一个是共轭的纯虚根,三个根都是临界根。所以这个问题若用临界情况的知识来解决是很复杂的。容易求出微分方程组式(1)的两个首次积分

$$B(B-A)x_2^2+C(C-A)x_3^2=\mathrm{const}$$

$$A(x_1+\omega)^2+Bx_2^2+Cx_3^2=\mathrm{const}$$

这两个首次积分对变量 x_1,x_2,x_3 来说都不是正定的,但我们可以利用它们构造一个如下的正定首次积分。

当 $A<B,A<C$,取

$$V_1(x_1,x_2,x_3)=\frac{B-A}{C}x_2^2+\frac{C-A}{B}x_3^2+[Ax_1^2+2A\omega x_1+Bx_2^2+Cx_3^2]^2$$

则 $V_1(x_1,x_2,x_3)$ 在区域 $|x_1|<2\omega,|x_2|<+\infty,|x_3|<+\infty$ 内为定正首次积分,故有 $\dot{V}_1\equiv 0$。

当 $A>B,A>C$,取

$$V_2(x_1,x_2,x_3)=\frac{B-A}{C}x_2^2+\frac{C-A}{B}x_3^2-[Ax_1^2+2A\omega x_1+Bx_2^2+Cx_3^2]^2$$

则 $V_2(x_1,x_2,x_3)$ 在区域 $|x_1|<2\omega, |x_2|<+\infty, |x_3|<+\infty$ 内为定负首次积分,且有 $\dot{V}_2\equiv0$。

因此当 $A<B,A<C$ 或 $A>B,A>C$ 的情形下,零解 $x_1=x_2=x_3=0$ 都是稳定的。

26.5.5 分离变量法

例题 26-5 Volterra-Votka 的捕食方程(A,B,C,D 皆正,$x\geqslant0,y\geqslant0$)

$$\dot{x}=(A-By)x \tag{1a}$$

$$\dot{y}=(Cx-D)y \tag{1b}$$

有平衡点(0,0)和 $\left(\dfrac{D}{C},\dfrac{A}{B}\right)$,试采用分离变量法考察 $\left(\dfrac{D}{C},\dfrac{A}{B}\right)$ 的稳定性。

解:用分离变量法构造它的形如 $V(x,y)=F(x)+G(y)$ 的李雅普诺夫函数,使 $\dot{V}(x,y)\leqslant0$,于是

$$\dot{V}=x\frac{\mathrm{d}F}{\mathrm{d}x}(A-By)+y\frac{\mathrm{d}G}{\mathrm{d}y}(Cx-D)$$

只要

$$\frac{x\mathrm{d}F/\mathrm{d}x}{Cx-D}\equiv\frac{y\mathrm{d}G/\mathrm{d}y}{By-A}$$

就得到 $\dot{V}(x,y)\equiv0$。由于 x 和 y 是独立变量,当且仅当满足下式时,等式才能成立。

$$\frac{x\mathrm{d}F/\mathrm{d}x}{Cx-D}=\frac{y\mathrm{d}G/\mathrm{d}y}{By-A}=\text{常数}$$

令常数等于1,就得到

$$\frac{\mathrm{d}F}{\mathrm{d}x}=C-\frac{D}{x},\frac{\mathrm{d}G}{\mathrm{d}y}=B-\frac{A}{y}$$

故

$$F(x)=Cx-D\ln x+C_1,G(y)=By-A\ln y+C_2$$

于是

$$V(x,y)=Cx-D\ln x+By-A\ln y+C=H(x,y)+C$$

其中,$H(x,y)=Cx-D\ln x+By-A\ln y$。在正定的首次积分法讨论习题 26-28 时,知应选取

$$C=-H\left(\frac{D}{C},\frac{A}{B}\right)$$

26.5.6 拼凑法

例题 26-6 研究方程零解的稳定性

$$\ddot{x}+[1+f(t)]x=0$$

假定 $f(t)$ 在 $0\leqslant t<+\infty$ 上连续。

解:令 $\dot{x}=y$,则方程化为

$$\dot{x}=y \tag{1a}$$

$$\dot{y}=-[1+f(t)]x \tag{1b}$$

由方程组得

$$\frac{\mathrm{d}}{\mathrm{d}t}(x^2+y^2)=-2f(t)xy$$

又

$$\frac{\partial}{\partial t}\left[\mathrm{e}^{-\int_0^t |f(t)|\mathrm{d}t}\cdot(x^2+y^2)\right] = -\mathrm{e}^{-\int_0^t |f(t)|\mathrm{d}t}\cdot |f(t)|(x^2+y^2)$$

于是有

$$\begin{aligned}\frac{\mathrm{d}}{\mathrm{d}t}\left[\mathrm{e}^{-\int_0^t |f(t)|\mathrm{d}t}\cdot(x^2+y^2)\right] &= -\mathrm{e}^{-\int_0^t |f(t)|\mathrm{d}t}\cdot\left[|f(t)|(x^2+y^2)+2f(t)xy\right] \\ &= -|f(t)|\mathrm{e}^{-\int_0^t |f(t)|\mathrm{d}t}\left[(x^2+y^2)\right]+\mathrm{sgn}|f(t)|\cdot 2xy] \\ &\leqslant 0\end{aligned}$$

故当

$$\int_0^{+\infty}|f(s)|\mathrm{d}s < +\infty$$

则

$V(t,x,y) = \mathrm{e}^{-\int_0^t |f(t)|\mathrm{d}t}\cdot(x^2+y^2)$ 为定正函数，$\dot{V}(t,x,y)\leqslant 0$。故零解稳定。

26.5.7 作一次近似的李雅普诺夫函数

考虑方程组

$$\dot{\boldsymbol{x}} = \boldsymbol{A}\boldsymbol{x}+\boldsymbol{g}(\boldsymbol{x}),\boldsymbol{g}(\boldsymbol{0})=\boldsymbol{0} \tag{26-38}$$

其中，$\boldsymbol{x}\in\boldsymbol{R}^n$，$\boldsymbol{A}$ 为常矩阵，$\|\boldsymbol{g}(\boldsymbol{x})\| = \boldsymbol{O}(\|\boldsymbol{x}\|^2)$。若一次近似组

$$\dot{\boldsymbol{x}} = \boldsymbol{A}\boldsymbol{x} \tag{26-39}$$

有定正函数 $V(\boldsymbol{x}) = \boldsymbol{x}^{\mathrm{T}}\boldsymbol{H}\boldsymbol{x}$（$H$ 为常矩阵）使 $\dot{V}$ 为定负（从而一次近似组零解渐近稳定），则

$$\begin{aligned}\dot{V}\big|_{(26-38)} &= \dot{\boldsymbol{x}}^{\mathrm{T}}\boldsymbol{H}\boldsymbol{x}+\boldsymbol{x}^{\mathrm{T}}\boldsymbol{H}\dot{\boldsymbol{x}} = \{\boldsymbol{x}^{\mathrm{T}}\boldsymbol{A}^{\mathrm{T}}+[\boldsymbol{g}(\boldsymbol{x})]^{\mathrm{T}}\}\cdot\boldsymbol{H}\boldsymbol{x}+\boldsymbol{x}^{\mathrm{T}}\boldsymbol{H}[\boldsymbol{A}\boldsymbol{x}+\boldsymbol{g}(\boldsymbol{x})] \\ &= (\boldsymbol{x}^{\mathrm{T}}\boldsymbol{A}^{\mathrm{T}}\boldsymbol{H}\boldsymbol{x}+\boldsymbol{x}^{\mathrm{T}}\boldsymbol{H}\boldsymbol{A}\boldsymbol{x})+\{[\boldsymbol{g}(\boldsymbol{x})]^{\mathrm{T}}\boldsymbol{H}\boldsymbol{x}+\boldsymbol{x}^{\mathrm{T}}\boldsymbol{H}\boldsymbol{g}(\boldsymbol{x})\} \\ &= \dot{V}\big|_{(26-39)}+O(\|x\|^3)\end{aligned}$$

为定负，故判定一次近似零解渐近稳定的李雅普诺夫函数，也是判定原方程组零解渐近稳定的李雅普诺夫函数。

例题 26-7 研究以下方程（$c>0$）零解的稳定性。

$$\dot{x} = y \tag{1a}$$

$$\dot{y} = -cy-\sin x \tag{1b}$$

解：一次近似方程为

$$\dot{x} = y \tag{2a}$$

$$\dot{y} = -cy-x \tag{2b}$$

由用类比法研究例题 26-3 时知，一次近似有如下定正李雅普诺夫函数

$$V(x,y) = x^2+\frac{1}{2}[y^2+(y+cx)^2]$$

于是

$$\dot{V}\big|_{(1)} = -c(x^2+y^2)-(cx+y)(\sin x-x)$$

为定负。故式(1)零解渐近稳定。

26.6 Maple 编程示例

编程题 26-1 车辆的简化模型如图 26-4 所示，将车身视为均质刚性梁，长为 L，质量为

m。车身与车轮间的支承简化为弹簧阻尼系统，弹簧的刚度系数为 k，阻尼系数为 c，轴距为 b，不计车轮的质量和大小。当车以速度 u 匀速行驶时，途经凸起的路障，路障的形状为 $y = A\sin^2(x/10)$。若相关的参数为：$L = 5\text{m}$，$m = 1500\text{kg}$，$b = 4\text{m}$，$k = 700\text{N/cm}$，$u = 10\text{m/s}$，$A = 10\text{cm}$。试建立系统的动力学方程，并选取适当的阻尼系数 c，使得车在经过路障的过程中，其质心的加速度的模的最大值为最小，并给出车身质心加速度 $\ddot{y}_C(t)$、车身俯仰角 $\theta(t)$ 以及车尾部 B 处铅垂坐标 $y_B(t)$ 随时间的变化规律。

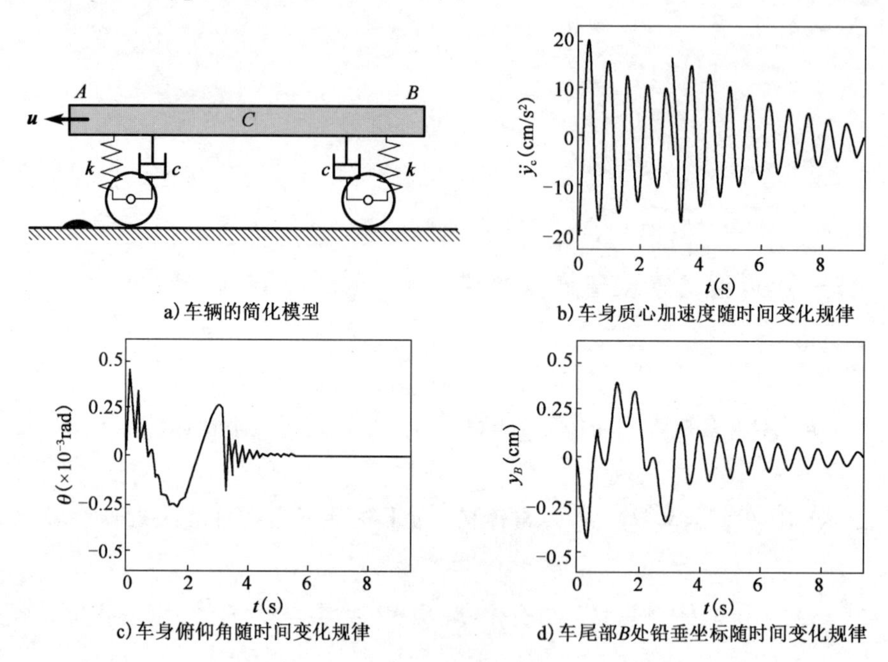

a) 车辆的简化模型　b) 车身质心加速度随时间变化规律

c) 车身俯仰角随时间变化规律　d) 车尾部B处铅垂坐标随时间变化规律

图 26-4　编程题 26-1

解：(1) 建模

①运动分析，求系统的动能。

均质刚性梁做平面运动。$x_C = ut$。

$$T = \frac{1}{2}m(u^2 + \dot{y}_C^2) + \frac{1}{2}\cdot\frac{1}{12}mL^2\dot{\theta}^2 \tag{1}$$

②受力分析，求系统的势能和广义力。

系统受主动力 $m\boldsymbol{g}$，$\boldsymbol{F}_{k1}$，$\boldsymbol{F}_{k2}$，$\boldsymbol{F}_{c1}$，$\boldsymbol{F}_{c2}$，$\boldsymbol{F}_y$。取静平衡位置为零势能点。

$$V = \frac{1}{2}k\left(y_C + \frac{1}{2}b\theta\right)^2 + \frac{1}{2}k\left(y_C - \frac{1}{2}b\theta\right)^2 \tag{2}$$

$$L = T - V = \frac{1}{2}m(u^2 + \dot{y}_C^2) + \frac{1}{24}mL^2\dot{\theta}^2 - ky_C^2 - \frac{1}{4}kb^2\theta^2 \tag{3}$$

$$F_{c1} = c\left(\dot{y}_C + \frac{1}{2}b\dot{\theta}\right)(\downarrow),\ F_{c2} = c\left(\dot{y}_C - \frac{1}{2}b\dot{\theta}\right)(\downarrow) \tag{4}$$

$$y = A\sin^2(x/10),\ \dot{y} = \frac{A}{10}u\sin\frac{x}{5},\ \ddot{y} = \frac{A}{50}u^2\cos\frac{x}{5}$$

仅考虑障碍物对前轮引起的惯性力：

$$F_1 = m\ddot{y}(\downarrow),\ F_1 = \frac{1}{50}mAu^2\cos\frac{ut}{5}\quad (0\leqslant t\leqslant t_0);\ F_1 = 0,\ t > t_0。$$

$$\delta W^* = -\left(c\dot{y}_C - \frac{1}{2}cb\,\dot{\theta} + F_1\right)\cdot\left(\delta y_C - \frac{1}{2}b\delta\theta\right) - \left(c\dot{y}_C + \frac{1}{2}cb\,\dot{\theta}\right)\cdot\left(\delta y_C + \frac{1}{2}b\delta\theta\right) \quad (5)$$

$$Q_{y_C}^* = \frac{\delta W_{y_C}^*}{\delta y_C},Q_\theta^* = \frac{\delta W_\theta^*}{\delta\theta}$$

$$Q_{y_C}^* = -2c\dot{y}_C - F_1 \quad (6a)$$

$$Q_\theta^* = -\frac{1}{2}cb^2\,\dot{\theta} + \frac{1}{2}bF_1 \quad (6b)$$

③列出方程，利用拉格朗日方程列运动微分方程。

$$\frac{\mathrm{d}}{\mathrm{d}t}\left(\frac{\partial L}{\partial \dot{y}_C}\right) - \frac{\partial L}{\partial y_C} = Q_{y_C}^*,\frac{\mathrm{d}}{\mathrm{d}t}\left(\frac{\partial L}{\partial \dot{\theta}}\right) - \frac{\partial L}{\partial \theta} = Q_\theta^*$$

$$m\ddot{y}_C + 2c\dot{y}_C + 2ky_C = -F_1 \quad (7a)$$

$$\frac{1}{12}mL^2\,\ddot{\theta} + 2cb^2\,\dot{\theta} + 2kb^2\theta = \frac{1}{2}bF_1 \quad (7b)$$

初始条件：

$$y_C(0) = 0,\dot{y}_C(0) = 0,\theta(0) = 0\ ,\dot{\theta}\,(0) = 0 \quad (8)$$

$$y_B = y_C - \frac{L}{2}\theta \quad (9)$$

(2) Maple 程序

```
> ##########################################################################
> restart:                                              #清零。
> sys1: = diff(X1(t),t) = X2(t),
>         diff(X2(t),t) = -2 * c/m * X2(t) -2 * k/m * X1(t) - FI/m,
>         diff(X3(t),t) = X4(t),
>         diff(X4(t),t) = -24 * c * b^2/(m * L^2) * X4(t)
>                -24 * k * b^2/(m * L^2) * X3(t) +6 * b * FI/(m * L^2):
>                                                       #第一段系统运动微分方程。
> sys2: = diff(X1(t),t) = X2(t),
>         diff(X2(t),t) = -2 * c/m * X2(t) -2 * k/m * X1(t),
>         diff(X3(t),t) = X4(t),
>         diff(X4(t),t) = -24 * c * b^2/(m * L^2) * X4(t)
>                       -24 * k * b^2/(m * L^2) * X3(t):
>                                                       #第二段系统运动微分方程。
> fcns: = X1(t),X2(t),X3(t),X4(t):                      #X_1↔y_C,X_2↔ẏ_C,
>                                                       #X_3↔θ,X_4↔θ̇。
> cstj1: = X1(0) =0,X2(0) =0,X3(0) =0,X4(0) =0:
>                                                       #第一段初始条件。
> t0: = Pi:                                             #障碍物通过的时间。
> cstj2: = X1(t0) = -1.80e -3,X2(t0) =8.37e -3, X3(t0) =0.26e -3,
>      X4(t0) =0.10e -3:                                #第二段初始条件。
```

```
> ##########################################################################
> FI: = m * A * u^2 * cos(u * t/5)/50:                   #障碍物产生的惯性力。
> L: =5:        b: =4:    k: =70000:                    #系统参数。
> m: =1500: A: =0.1:    u: =10:                         #系统参数。
> c: =400:                                              #阻尼系数。
> q1: = dsolve({sys1,cstj1},{fcns},type = numeric,method = rkf45):
>                                                       #求解第一段运动微分方程。
> q2: = dsolve({sys2,cstj2},{fcns},type = numeric,method = rkf45):
>                                                       #求解第二段运动微分方程。
> ##########################################################################
> YB: = X1(t) - L * X3(t)/2:                            #y_B(t)。
> Y1(t): = -2 * c/m * X2(t) -2 * k/m * X1(t) - FI/m:
>                                                       #第一段 ÿ_C(t)。
> Y2(t): = -2 * c/m * X2(t) -2 * k/m * X1(t):
>                                                       #第二段 ÿ_C(t)。
> ##########################################################################
> with(plots):                                          #加载绘图库。
> tu1: = odeplot(q1,[t,Y1(t) * 100],0..Pi,
>          view = [0..Pi, -20..20],thickness = 2):
>                                                       #第一段 t - ÿ_C 曲线。
> tu2: = odeplot(q2,[t,Y2(t) * 100],Pi..5 * Pi,
>       view = [Pi..3 * Pi, -20..20],thickness = 2):
>                                                       #第二段 t - ÿ_C 曲线。
> display({tu1,tu2},tickmarks = [5,5]);
>                                                       #t - ÿ_C 曲线。
> tu3: = odeplot(q1,[t,X3(t) * 1000],0..Pi,
>         view = [0..Pi, -0.6..0.6],thickness = 2):
>                                                       #第一段 t - θ 曲线。
> tu4: = odeplot(q2,[t,X3(t) * 1000],Pi..3 * Pi,
>         view = [Pi..3 * Pi, -0.6..0.6],thickness = 2):
>                                                       #第二段 t - θ 曲线。
> display({tu3,tu4},tickmarks = [5,5]);
>                                                       # t - θ 曲线。
> ##########################################################################
> tu5: = odeplot(q1,[t,YB * 100],0..Pi,
>         view = [0..Pi, -0.6..0.6],thickness = 2):
>                                                       #第一段 t - y_B 曲线。
> tu6: = odeplot(q2,[t,YB * 100],Pi..3 * Pi,
```

```
>        view = [Pi..3 * Pi, -0.6..0.6],thickness = 2):
>                                                        #第二段 t - y_B 曲线。
> display({tu5,tu6},tickmarks = [5,5]);
>                                                        # t - y_B 曲线。
> ##########################################################################
```

思考题

思考题 26-1 简答题

(1)如何构造李雅普诺夫函数？

(2)李雅普诺夫的工作超越了他的时代,具有重要的工程意义？

思考题 26-2 判断题

(1)奇点对应着系统的平衡状态。 (　　)

(2)等倾线是这样一些点的集合,相轨迹通过它们时具有恒定的斜率。 (　　)

(3)在相平面中所做的相轨迹上不直接出现时间。 (　　)

(4)解随时间的变化情况可以通过相轨迹来观察。 (　　)

(5)极限环代表一种稳定的周期运动。 (　　)

思考题 26-3 填空题

(1)在位移—速度平面内表示系统的运动称为________表示法。

(2)在相平面中,用一个代表性的点追踪所得的曲线称为________。

(3)相点沿着相轨迹移动的速度称为________。

(4)相平面上这种孤立的闭曲线称为________。

(5)相空间中的轨线在定态的代表点处的斜率不定,这种斜率不定的点称为________。

思考题 26-4 选择题

(1)闭轨线围绕的奇点称为________。

(a)中心　　(b)中点　　(c) 焦点

(2)具有周期运动的系统,其相轨迹是________。

(a)闭合曲线　　(b)非闭合曲线　　(c) 点

(3)如果三个实特征值具有相同的符号,那么奇点叫作线性系统的________。

(a)结点　　(b)鞍点　　(c)焦点

(4)如果三个实特征值具有不同的符号,那么奇点叫作线性系统的________。

(a)结点　　(b)鞍点　　(c)焦点

(5)三个特征值的实部具有相同的符号,如果有一对实部不为零的复特征值和一个实特征值,那么奇点叫作线性系统的________。

(a)结点　　(b)鞍点　　(c)焦点

思考题 26-5 连线题(设 λ_1,λ_2 是平衡点处对应的特征值)

(1) $\lambda_2<\lambda_1<0$　　(a)不稳定结点

(2) $\lambda_1>0,\lambda_2<0$　　(b)中心

(3) $\lambda_1=\alpha+\mathrm{i}\beta,\lambda_2=\alpha-\mathrm{i}\beta,\alpha>0$　　(c)不稳定焦点

(4) $\lambda_1=\mathrm{i}\beta,\lambda_2=\mathrm{i}\beta$　　(d)鞍点

(5) $\lambda_1>\lambda_2>0$　　(e)稳定结点

习题

A 类型习题

习题 26-1 双摆由长为 l 的两根杆和质量 m 的两个质点构成，悬挂在以匀角速度 ω 绕铅垂轴 Oz 转动的水平轴上。试研究摆的铅垂平衡位置的稳定性。杆的质量不计。

习题 26-2 重球放在光滑的细管内，细管弯成椭圆 $\frac{x^2}{a^2}+\frac{z^2}{c^2}=1$ 的形状，并以匀角速度 ω 绕铅垂轴 Oz 转动（z 轴的正向朝下）。求重球的相对平衡位置，并研究其稳定性。

习题 26-3 重球放在光滑的细管内，细管弯成抛物线 $x^2=2pz$ 的形状，并以匀角速度 ω 绕铅垂轴 Oz 转动（Oz 轴的正向朝上）。求重球的相对平衡位置，并研究其稳定性。

习题 26-4 质点可沿光滑的平面曲线运动，曲线又以匀角速度 ω 绕铅垂轴转动。质点的势能 $\Pi(s)$ 已知，仅与点的位置有关，且位置由沿曲线的弧长 s 来确定，质点到转轴的距离为 $r(s)$，求质点的相对平衡位置稳定的条件。

习题 26-5 质量为 m 的质点在中心引力 $F=ar^n$（$a=$常数，r 为质点到引力中心的距离，n 为整数）的作用下运动，试证明质点可以沿圆周做匀速运动，求圆周运动中关于坐标 r 稳定的条件。

习题 26-6 如图 26-5 所示，刚体可绕水平轴 NT 自由摆动，水平轴又以匀速角速度 ω 绕铅垂轴 Oz 转动。刚体的质心为 G，平面 NTG 为对称平面，OG 为惯性主轴，KL 平行于 NT，ED 轴通过点 O 并垂直于 NT 和 OG。刚体对轴 OG，KL 和 ED 的转动惯量分别等于 J_C，J_A 和 J_B，线段 OG 的长为 h，刚体的质量为 m_μ，求可能的相对平衡位置，并研究其稳定性。

习题 26-7 如图 26-6 所示，一个摆借助万向铰链 O 悬挂在以常角速度 ω 转动的铅垂上。摆是轴对称的，对中心主惯性轴 $\xi(\eta)$ 和 ξ 的转惯量为 J_A 和 J_C，摆的重心到铰链 O 的距离为 h。求摆的相对平衡位置，研究其稳定性，并求出在平衡位置附近振动的周期。

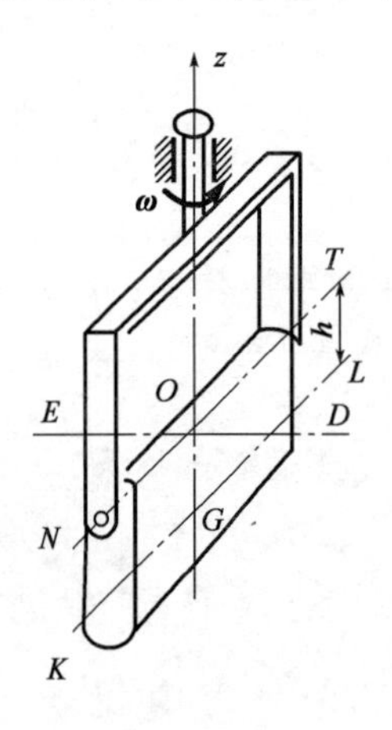

图 26-5 习题 26-6

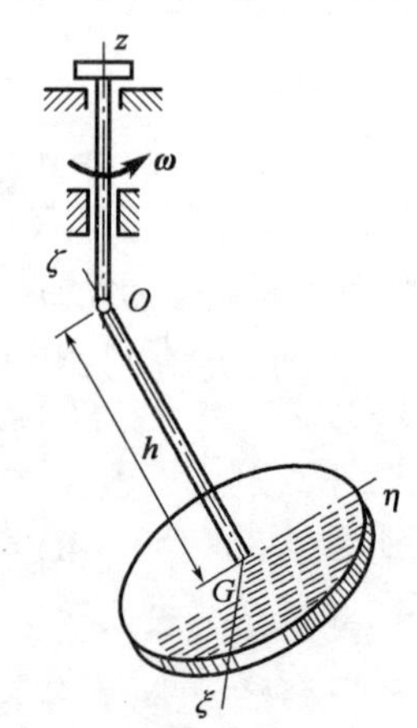

图 26-6 习题 26-7

习题 26-8 如图 26-7 所示，半径为 r、重为 $\boldsymbol{Q}$ 的均质薄圆盘具有铅垂对称轴，可绕点 A 自由转动，轴在点 B 处借助两根弹簧支持，两弹簧的轴线水平且相互垂直，刚度系数分别为 k_1 和 k_2，且 $k_2>k_1$。两根弹簧与圆盘轴的联结点到下支点的距离为 L，圆盘到下支点的距离为 l，求保证转动稳定所需的圆盘角速度 $\boldsymbol{\omega}$。

习题 26-9 如图 26-8 所示，质点 M 在重力作用下在半径为 a 的圆柱内表面上运动，圆柱的轴偏离铅垂线的角度为 α,试研究质点沿圆柱下母线($\varphi=0$)和沿上母线($\varphi=\pi$)运动的稳定性,并确定沿下母线运动中振动周期。

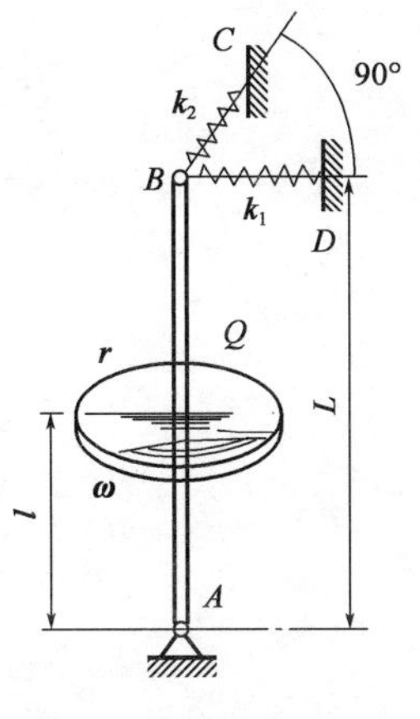

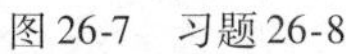

图 26-7　习题 26-8

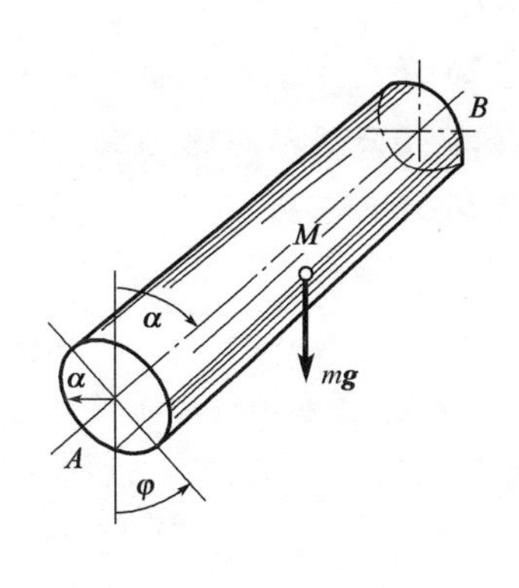

图 26-8　习题 26-9

习题 26-10　质点被强制在光滑环形管内壁运动,环形管的参数方程为 $x=\rho\cos\psi, y=\rho\sin\psi, z=b\sin\theta, \rho=\alpha+b\cos\theta$($Oz$ 轴铅垂向上)。求质点保持 θ 角不变的可能运动,并研究运动的稳定性。

B 类型习题

习题 26-11　试研究圆环在水平面上以角速度 $-\dfrac{\pi}{2}<\theta_1<0, \omega$ 匀速度滚动的稳定性。环的平面为铅垂的,半径为 a。

习题 26-12　车轮具有四根对称分布的辐条,在粗糙水平面上滚动。车轮平面为铅垂的。轮箍和辐条都用细金属丝做成。车轮的半径为 a,运动开始时轮心的速度为 $\boldsymbol{v}$,试研究车轮运动的稳定性。

习题 26-13　如图 26-9 所示,试研究半径为 a 的均质圆环以匀角速度 $\boldsymbol{\omega}$ 绕铅垂直径旋转的稳定性。圆环以最低点与水平面相接触。

习题 26-14　如图 26-10 所示,质量为 m 的质点在偏离其平衡位置时受到两个力的作用:力 $\boldsymbol{F}_r$ 的大小与偏离量 $OM=r=\sqrt{x^2+y^2}$ 成正比,方向指向平衡位置;另一个力 $\boldsymbol{F}_\varphi$(侧向力)垂直于第一个力,大小也正比于偏离量 r。假设 $|\boldsymbol{F}_r|=c_{11}r$, $|\boldsymbol{F}_\varphi|=c_{12}r$。试应用微振动方法研究质点平衡位置的稳定性。

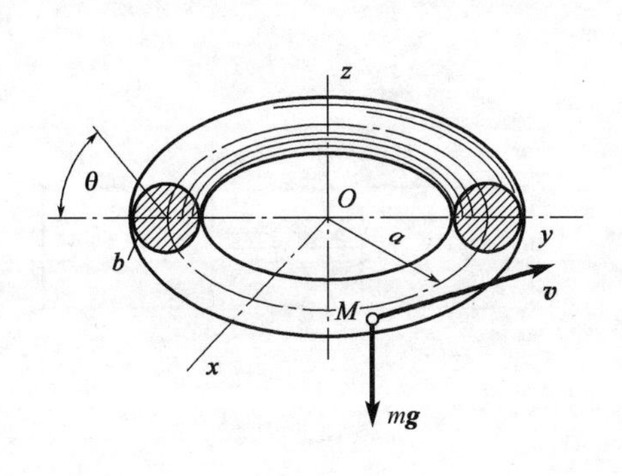

图 26-9　习题 26-13

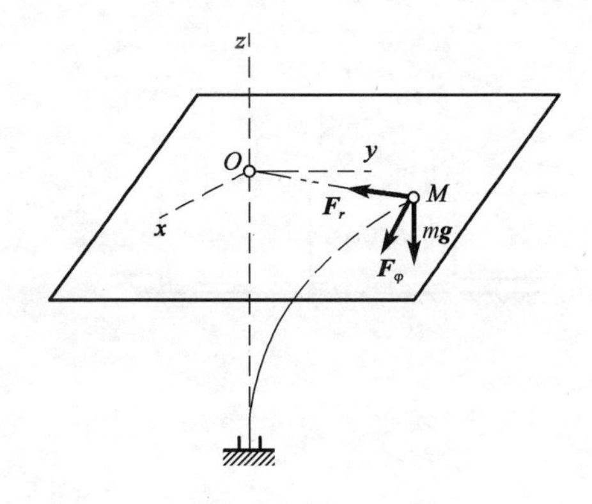

图 26-10　习题 26-14

提示:质点固结在受弯压杆的自由端(杆的两个抗弯主刚度相等),杆下端固支,就是这种情况,杆的直线状态相当于平衡状态,系数 c_{11},c_{12} 依赖于杆的长度、压力、扭矩,以及抗弯和抗扭刚度。

习题 26-15 在上题中考虑与速度成正比的阻力 $F_{R_x} = -\beta\dot{x}, F_{R_y} = -\beta\dot{y}$(其中 β 为阻力系数)。研究质点运动的稳定性。

习题 26-16 在题 26-14 中,假设杆的两个抗弯主刚度不相等,杆作用于质量 m 的力由下式确定

$$F_x = -c_{11}x + c_{12}y, F_y = c_{21}x - c_{22}y$$

试应用微振动方法给出平衡位置稳定的条件。

习题 26-17 发动机离心调速器的套管运动方程写成

$$m\ddot{x} + \beta\dot{x} + cx = A(\omega - \omega_0)$$

其中,x 为调速器套管的位移;m 为系统的惯性系数;β 为阻力系数;k 为调速器的弹簧刚度,$\boldsymbol{\omega}$ 为机器的瞬时角速度;$\boldsymbol{\omega}_0$ 为机器的平均角速度;A 为常数。机器的运动方程写成

$$J\frac{\mathrm{d}\omega}{\mathrm{d}t} = -Bx$$

其中,B 的常数;J 为发动机转动部分的折合转动惯量。

习题 26-18 对称陀螺以尖端支在固定球窝内,绕位于铅垂位置的对称轴转动,在陀螺上还装有第二个对称陀螺,它同样绕对称铅垂轴转动,第二陀螺的尖端在第一陀螺对称轴上的球窝内,两个陀螺的质量分别为 m_μ 和 m'_μ,对各自对称轴的转动惯量分别为 J_C 和 $J_C{}'$,对通过自己尖端的横轴的转动惯量分别为 J_A 和 $J_A{}'$。两个陀螺质心到尖端的距离分别为 c 和 c',两个尖端之间的距离为 h,两个陀螺的角速度分别为 Ω 和 Ω',试导出系统的稳定性条件。

习题 26-19 如图 26-11 所示,零件 1 以速度$\boldsymbol{v}_0$ 匀速平动,借助弹簧把运动传给滑块 2。滑块 2 与滑轨 3 之间的摩擦力 F_{H} 依赖于滑块的速度 $\boldsymbol{v}$,它们的关系为

$$F_{\mathrm{H}} = H_0\mathrm{sign}v - \alpha v + \beta v^3$$

且 H_0,α,β 都是正数。为使滑块匀速运动稳定,试求$\boldsymbol{v}_0$ 应满足的条件。

习题 26-20 如图 26-12 所示,发动机 1 和机器 2 借助刚度系数为 k 的弹性离合器 3 连在一起,构成一个机组。机组可看成双质量系统。发动机的转子的转动惯量为 J_1,在转子上作用的力矩 M_1,与转子角速度 $\dot{\varphi}$ 有关:

$$M_1 = M_0 - \mu_1(\dot{\varphi} - \omega_0)$$

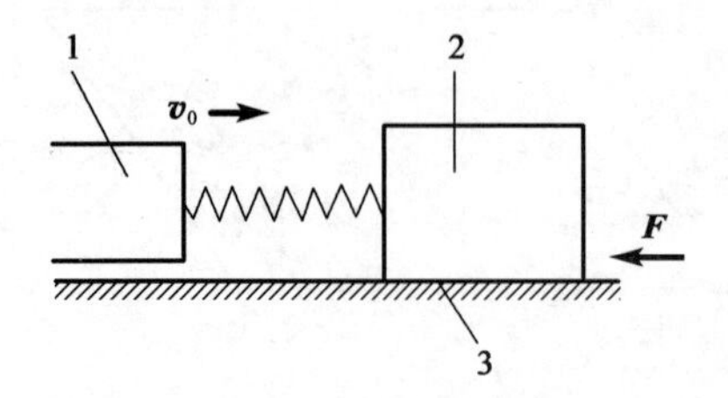

图 26-11 习题 26-19

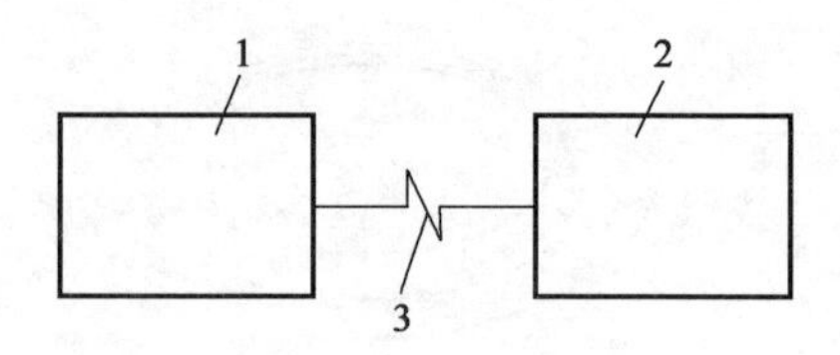

图 26-12 习题 26-20

机器的转动惯量为 J_2,在轴上作用着与轴的角速度 $\dot{\psi}$ 有关的力矩:

$$M_2 = M_0 - \mu_2(\dot{\psi} - \omega_0)$$

系数μ_1和μ_2都是正的，求系统以匀角速度$\boldsymbol{\omega}_0$转动稳定的条件。

C 类型习题

习题 26-21 考虑有摩擦力的质点运动

$$m\frac{\mathrm{d}^2x}{\mathrm{d}t^2} + R\frac{\mathrm{d}x}{\mathrm{d}t} + kx = 0 \quad (m, R, k > 0)$$

试采用能量函数法构造李雅普诺夫函数。

习题 26-22 试采用能量函数法构造如下动力系统的李雅普诺夫函数。

$$\dot{x} = ax + by \tag{1a}$$

$$\dot{y} = cx + \mathrm{d}y \tag{1b}$$

习题 26-23 试采用待定系数法构造如下动力系统($t \geqslant 0$)的李雅普诺夫函数。

$$\dot{x} = y \tag{1a}$$

$$\dot{y} = -\frac{1}{t+1}x - 10y \tag{1b}$$

习题 26-24 研究非线性组[$f(0) = 0$]

$$\dot{x} = f(x) + by \tag{1a}$$

$$\dot{y} = cx + \mathrm{d}y \tag{1b}$$

试采用类比法构造李雅普诺夫函数。

习题 26-25 研究三阶方程[$\varphi(0) = 0$]

$$\dddot{x} + a\ddot{x} + \varphi(\dot{x}) + cx = 0 \tag{1}$$

试采用类比法构造李雅普诺夫函数。

习题 26-26 研究四阶方程[$\varphi(0) = 0$]

$$\ddddot{x}x + a\dddot{x} + b\,\ddot{x} + \varphi(\dot{x}) + dx = 0 \tag{1}$$

试采用类比法构造李雅普诺夫函数。

习题 26-27 研究三阶方程[$f(0) = 0$]

$$\dddot{X} + a\ddot{X} + b\dot{X} + f(X) = 0 \tag{1}$$

试采用类比法构造李雅普诺夫函数。

习题 26-28 Volterra-Votka 的捕食方程(A, B, C, D皆正，$x \geqslant 0, y \geqslant 0$)

$$\dot{x} = (A - By)x \tag{1a}$$

$$\dot{y} = (Cx - D)y \tag{1b}$$

有平衡点$(0,0)$和$\left(\frac{D}{C}, \frac{A}{B}\right)$，试采用正定的首次积分法考察$\left(\frac{D}{C}, \frac{A}{B}\right)$的稳定性。

习题 26-29 试采用分离变量法构造如下动力系统的李雅普诺夫函数。

$$\dot{x} = -\frac{2x}{(1+x^2)^2} + 2y \tag{1a}$$

$$\dot{y} = -\frac{2y}{(1+x^2)} - \frac{2x}{(1+x^2)^2} \tag{1b}$$

习题 26-30 试采用拼凑法构造如下动力系统($x \in R^1, t \geqslant 0$)的李雅普诺夫函数。

$$\dot{x} = -\sin(xt)$$

习题 26-31 研究方程(1)零解全局渐近稳定性。

$$\dddot{x}+a\ddot{x}+g(x)\dot{x}+f(x)=0 \tag{1}$$

习题 26-32 如图 26-13 所示,一杆以恒定角速度 $\boldsymbol{\omega}$ 带着一个点状物体 K 绕一铅垂轴转动。该物体可沿着杆滑动,其静摩擦因数为 μ_0。

(1)当摩擦力忽略不计时,物体在杆上的平衡位置在何处?

(2)当考虑摩擦力在 $s_1<s<s_2$ 范围内时,物体可在什么位置处于平衡状态?

习题 26-33 如图 26-14 所示,在圆盘Ⅰ上安装了一个可绕 A 点转动的均质圆盘Ⅱ(质量为 m)。通过驱动使两盘之间保持恒定的相对加速度 $\dot{\varphi}$。为了使盘Ⅰ以恒定角速度转动,需在通过固定点 O 的铅垂轴上施加多大的驱动力矩 M_O?

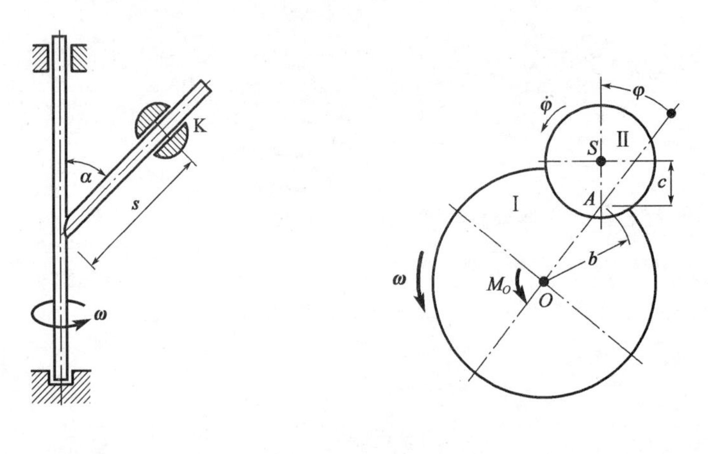

图 26-13　习题 26-32　　　　图 26-14　习题 26-33

习题 26-34 如图 26-15 所示,一质量为 m 的球在一光滑圆管的上端无初始速度地放开。圆管以恒定角速度 $\boldsymbol{\omega}$ 绕通过 O 点的铅垂轴转动。

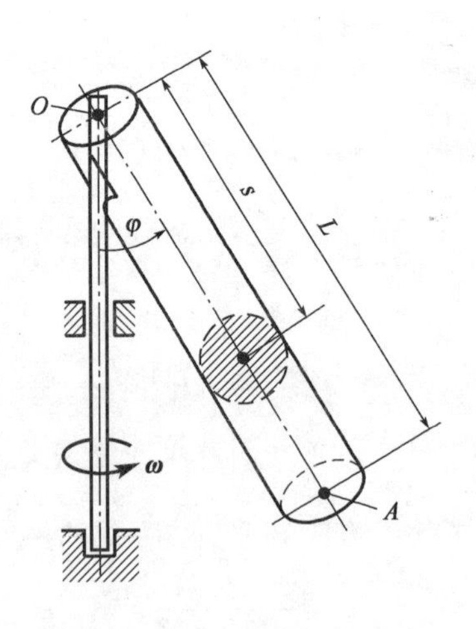

图 26-15　习题 26-34

(1)计算球相对于圆管的路径 $s(t)$。

(2)球作用于管壁的力 $\boldsymbol{F}(s)$ 如何?

(3)球从管口 A 点离开圆管时的绝对速度 $\boldsymbol{v}_A$ 如何?

李雅普诺夫(1857—1918年)　俄国著名的数学家、力学家。19世纪以前,俄国的数学是相当落后的,直到切比雪夫创立了圣彼得堡数学学派以后,才使得俄罗斯数学摆脱了落后境地而开始走向世界前列。李雅普诺夫与马尔科夫是切比雪夫的两个最著名、最有才华的学生。1892年,他的博士论文《论运动稳定性的一般问题》在莫斯科大学通过。李雅普诺夫在常微分方程定性理论和天体力学方面的工作使他赢得了国际声誉。在概率论方面,李雅普诺夫引入了特征函数这一有力工具,从一个全新的角度去考察中心极限定理,在相当宽的条件下证明了中心极限定理,特征函数的引入实现了数学方法上的革命。

《周易·彖》曰:“大哉乾元!
万物资始,乃统天。”

第 27 章　理论力学中的概率问题

与车、船、农机、建筑、机床、管道、飞机、导弹、卫星等有关静力学、运动学和动力学问题,大多是不确定的随机变量,其位移、速度、加速度等各种力学量作随机(不确定)波动,它们是由地面不平、海浪波动、阻力不匀、地壳振动、风力不匀、流体扰动、喷气噪声等种种内外因素产生的。

27.1　基本知识

27.1.1　概率密度分布

1)概率描述

如果 X 是一个随机变量,常用它的分布函数来描述它的概率分布。

定义 27-1　设 X 是一随机变量,x 是任意实数,函数

$$F(x) = P\{X \leqslant x\} \tag{27-1}$$

称为 X 的分布函数。

对于任意实数 $x_1, x_2(x_1 < x_2)$,有

$$P\{x_1 < X \leqslant x_2\} = P\{X \leqslant x_2\} - P\{X \leqslant x_1\} = F(x_2) - F(x_1) \tag{27-2}$$

因此,若已知 X 的分布函数,我们就能知道 X 落在任一区间$(x_1, x_2]$上的概率。

对于离散型随机变量 X,可以用和式给出它的分布函数,

设离散型随机变量 X 的分布列为

$$P\{X = x_k\} = p_k \quad (k = 1,2,3,\cdots) \tag{a}$$

则其分布函数为

$$F(x) = \sum_{x_k \leqslant x} p_k \tag{27-3}$$

2)概率密度

定义 27-2　设 $F(x)$一随机变量 X 的分布函数,若存在非负函数 $f(x)$,对任意实数 x,有

$$F(x) = \int_{-\infty}^{x} f(u)\,\mathrm{d}u \tag{27-4}$$

则称 X 是连续性随机变量,称 $f(x)$为 X 的概率密度函数。

概率密度函数 $f(x)$具有下列性质:

$$\int_{-\infty}^{\infty} f(x)\,\mathrm{d}x = 1 \tag{27-5}$$

$$f(x) = \frac{\mathrm{d}F(x)}{\mathrm{d}x} \tag{27-6}$$

$$P\{x_1 < X \leqslant x_2\} = \int_{x_1}^{x_2} f(x)\,\mathrm{d}x \tag{27-7}$$

对于离散型随机变量 X 的概率密度函数可写成

$$f(x) = \begin{cases} p_k, & x = x_k \\ 0, & x \neq x_k \end{cases} \tag{27-8}$$

离散型随机变量 X 的概率密度函数 $f(x)$ 与分布函数 $F(x)$ 的关系如图 27-1 所示。$F(x)$ 的图形是一阶梯形的，在 $x = x_k(k = 1, 2, \cdots)$ 处有跳跃间断点，其跃度就是概率 $p_k = P\{X = x_k\}$。

连续型随机变量概率密度函数 $f(x)$ 与分布函数 $F(x)$ 的关系如图 27-2 所示。

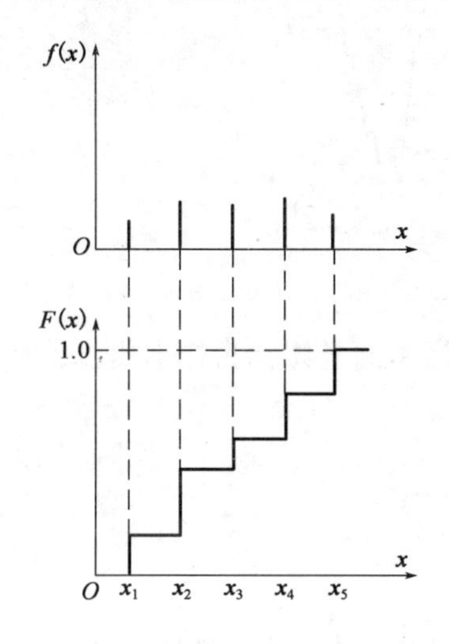

图 27-1　离散型随机变量

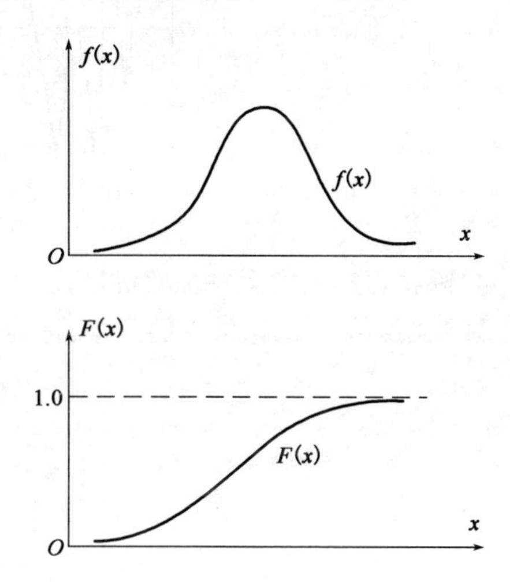

图 27-2　连续型随机变量

3）随机振动的概念

现代研究振动时，一般先用传感器将振动信号变成电信号，再作数据处理。例如，研究驾驶员和拖拉机组成的人—机系统的随机振动。如果我们在拖拉机座椅上装一个加速度传感器，将振动的电信号放大后记在磁带上，回放磁带就可以在示波器上看到如图 27-3、图 27-4、图 27-5 所示的波形。

图 27-3 为拖拉机不动，仅发动机运转时，座椅的振动，这种振动，主要是周期振动，工程上可用简谐振动作为其近似分析。

图 27-4 为拖拉机在田间低速过垄时的振动，这种振动主要是振幅衰减，工程上可用衰减振动作为其近似分析。

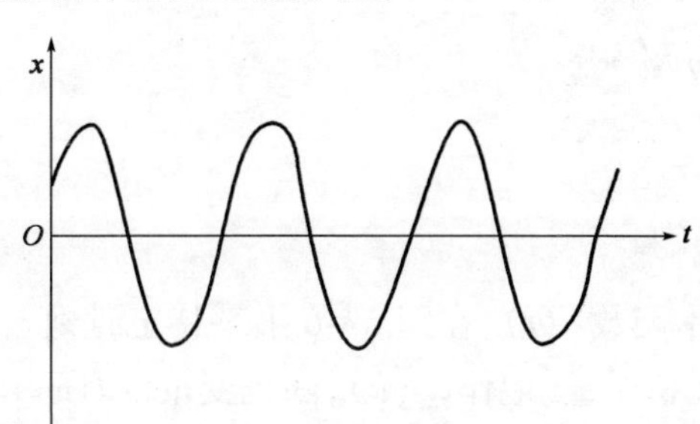

图 27-3　简谐振动

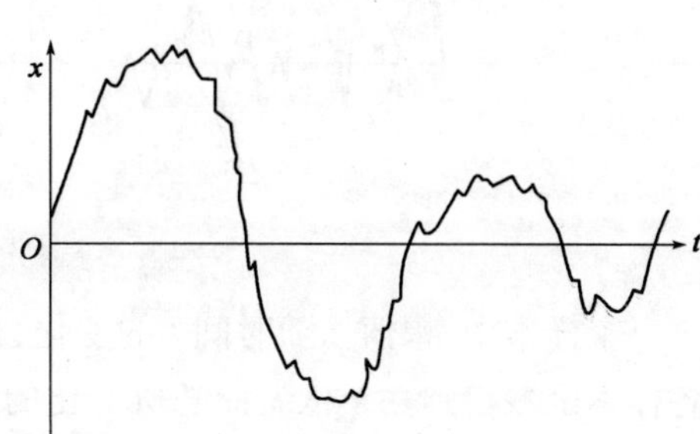

图 27-4　衰减振动

图 27-5 为拖拉机座椅由地面不平引起的振动，它显然是杂乱无规的。但是，仅从一次振动试验来判断振动是否是随机性的严格讲是不够确切的。随机性更深刻的含义是：在相同条件下，可能出现的全部各次试验中，如果测得的振动记录（不管它是否杂乱）全都一样，具有重复性，这个振动就是非随机性的；但若测得的记录（不论它是否杂乱）总不一样，这种振动才叫随机振动（规则波形的振动，当相位随机变化时，也是随机振动）。

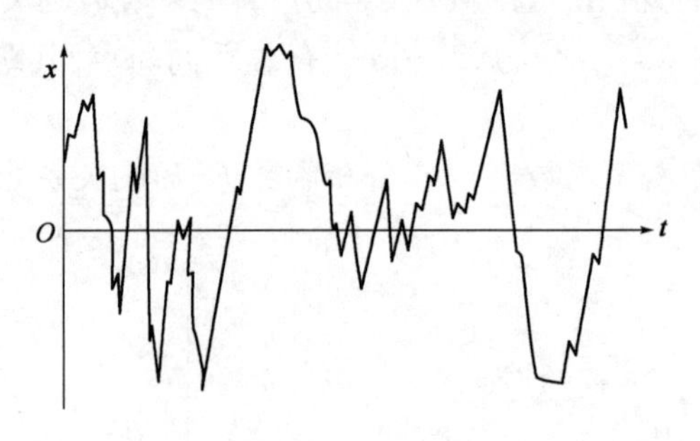

图 27-5　随机振动

4）随机振动的模型——随机过程

随机振动的全部记录中的一个，称为某个样本 k，样本的全体称为样本集合，如图 27-6 所示。

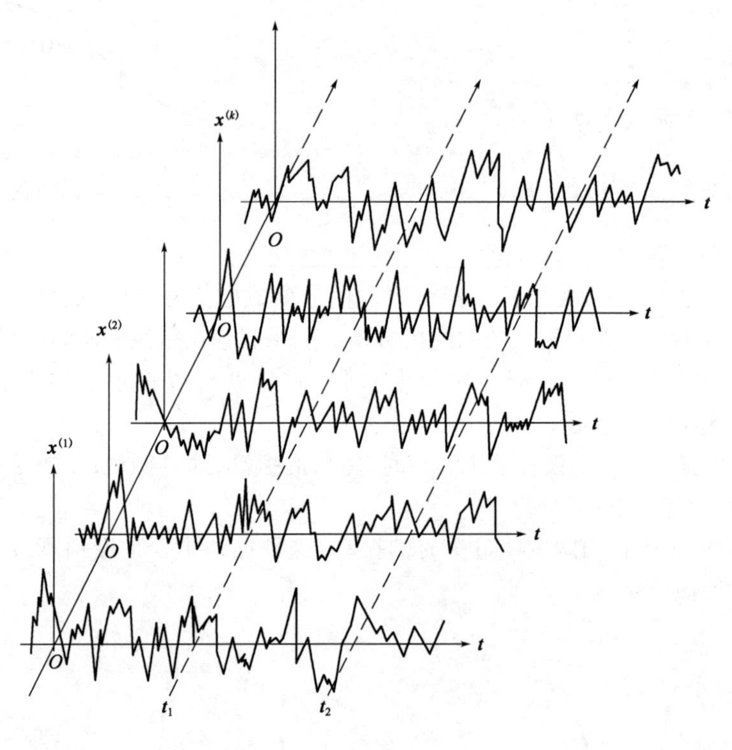

图 27-6　随机过程

每个样本中，幅值 x 随时间 t 的变化，称为样本函数 $x(t)$，在图 27-6 上某特定时刻 t，截取各样本函数得到一个依 k 而随机变化的量，叫随机变量，记作 $x_t(k)$，随机变量依时间 t 变化的过程叫随机过程，专记作 $\{x_t(k)\}$，或缩记为 $\{x_t\}$，随机变量缩记为 x_t，或记为大写 X，而小写 x 表示特定的幅值。

27.1.2 多维概率密度

1）二维概率分布

二维概率分布又叫联合概率分布，是指同时存在 $X_1 \leqslant x_1, X_2 \leqslant x_2$ 的概率，记作

$$F(x_1, x_2) = P\{X_1 \leqslant x_1, X_2 \leqslant x_2\} \tag{27-9}$$

2）二维概率密度

二维概率密度为单位幅值上的联合概率分布，又叫联合概率密度分布，定义为

$$f(x_1, x_2) = \frac{\partial^2}{\partial x_1 \partial x_2} F(x_1, x_2) \tag{27-10}$$

对式(27-10)积分可得

$$\int_{-\infty}^{x_1}\int_{-\infty}^{x_2} f(x_1, x_2)\,\mathrm{d}x_1\mathrm{d}x_2 = F(x_1, x_2) \tag{27-11}$$

当 $x_1 \to \infty, x_2 \to \infty$ 时

$$\int_{-\infty}^{\infty}\int_{-\infty}^{\infty} f(x_1, x_2)\,\mathrm{d}x_1\mathrm{d}x_2 = F(\infty, \infty) = 1 \tag{27-12}$$

$$f(x_1) = \int_{-\infty}^{\infty} f(x_1, x_2)\,\mathrm{d}x_2 \tag{27-13}$$

为证式(27-13)，两边同乘以 $\mathrm{d}x_1$，再从 $-\infty$ 积分到 $+\infty$，结果两边均为1，同理可证明：

$$f(x_2) = \int_{-\infty}^{\infty} f(x_1, x_2)\,\mathrm{d}x_1 \tag{27-14}$$

即从二维概率密度的积分中，可得一维概率密度。

3）条件概率

设 A 事件为 $-\infty < X_1 < x_1$，B 事件为 $x_2 < X_2 < x_2 + \Delta x_2(\Delta x_2 \to 0)$，则条件概率为

$$P\{A/B\} = \frac{P\{A, B\}}{P\{B\}} \tag{27-15}$$

将 A, B 事件概率代入(27-15)，得

$$\begin{aligned}
&\lim_{\Delta x_2 \to 0} P\{-\infty < X_1 < x_1 | x_2 < X_2 < x_2 + \Delta x_2\} \\
&= \lim_{\Delta x_2 \to 0} \frac{\int_{-\infty}^{x_1}\int_{x_2}^{x_2+\Delta x_2} f(x_1, x_2)\,\mathrm{d}x_1\mathrm{d}x_2}{\int_{x_2}^{x_2+\Delta x_2} f(x_2)\,\mathrm{d}x_2} \\
&= \lim_{\Delta x_2 \to 0} \frac{\Delta x_2 \int_{-\infty}^{x_1} f(x_1, x_2)\,\mathrm{d}x_1}{\Delta x_2 f(x_2)} \\
&= \frac{\int_{-\infty}^{x_1} f(x_1, x_2)\,\mathrm{d}x_1}{f(x_2)}
\end{aligned} \tag{27-16}$$

引进缩记符号 $F(x_1 | x_2)$

$$F(x_1 | x_2) = \lim_{\Delta x_2 \to 0} P\{-\infty < X_1 < x_1 | x_2 < X_2 < x_2 + \Delta x_2\} \tag{27-17}$$

将式(27-17)代入式(27-16)，得条件概率

$$F(x_1 | x_2) = \frac{\int_{-\infty}^{x_1} p(x_1, x_2)\,\mathrm{d}x_1}{p(x_2)} \tag{27-18}$$

对式(27-18)的 x_1 取偏导数,得条件概率密度

$$f(x_1|x_2)=\frac{f(x_1,x_2)}{f(x_2)} \tag{27-19a}$$

或

$$f(x_1,x_2)=f(x_1|x_2)f(x_2) \tag{27-19b}$$

同理有

$$f(x_1,x_2)=f(x_2|x_1)f(x_1) \tag{27-20}$$

4)统计独立

若条件概率密度 $f(x_1|x_2)$ 与 X_2 无关,即

$$f(x_1|x_2)=f(x_1) \tag{27-21a}$$

或

$$f(x_2|x_1)=f(x_2) \tag{27-21b}$$

则称 X_1 与 X_2 统计独立,将式(27-21a)代入式(27-19b),将式(27-21b)代入(27-20)得

$$f(x_1,x_2)=f(x_1)f(x_2) \tag{27-22}$$

将式(27-22)代入式(27-11)得

$$\begin{aligned}F(x_1,x_2)&=\int_{-\infty}^{x_1}f(x_1)\mathrm{d}x_1\cdot\int_{-\infty}^{x_1}f(x_2)\mathrm{d}x_2\\&=F(x_1)F(x_2)\end{aligned} \tag{27-23}$$

故满足式(27-22)或式(27-23)也可说明 X_1 与 X_2 具有统计独立。

5)多维概率分布和多维概率密度

对随机振动的概率描述,第一次可用某一时刻 t_1 的一维概率密度来看,得到 $f(x_1)$,为了描述 t_1 时刻与 t_2 时刻随机幅值之间的关系,可用二维概率密度 $f(x_1,x_2)$ 来看,第三次可用三个时刻的三维概率密度 $f(x_1,x_2,x_3)$ 来看,一直可依次类推出 n 维概率密度 $f(x_1,x_2,\cdots,x_n)$。这一系列的概率密度,称为随机振动的概率结构,当 $n\to\infty$ 时,才能使概率结构趋于完整(幸好,实际的随机振动往往无须看到二个时刻以上就可得一个很确切的认识)。将二维的讨论推广到 n 维,可得到

$$F(x_1,x_2,\cdots,x_n)=P\{X_1\leqslant x_1,X_2\leqslant x_2,\cdots,X_n\leqslant x_n\} \tag{27-24}$$

$$f(x_1,x_2,\cdots,x_n)=\frac{\partial^n}{\partial x_1,\partial x_2,\cdots,\partial x_n}F(x_1,x_2,\cdots,x_n) \tag{27-25}$$

$$F(x_1,x_2,\cdots,x_n)=\int_{-\infty}^{x_1}\cdots\int_{-\infty}^{x_n}f(x_1,x_2,\cdots,x_n)\mathrm{d}x_1\mathrm{d}x_2\cdots\mathrm{d}x_n \tag{27-26}$$

$$\int_{-\infty}^{\infty}\cdots\int_{-\infty}^{\infty}f(x_1,x_2,\cdots,x_n)\mathrm{d}x_1\mathrm{d}x_2\cdots\mathrm{d}x_n=1 \tag{27-27}$$

$$f(x_1,x_2,\cdots,x_K)=\int_{-\infty}^{\infty}\cdots\int_{-\infty}^{\infty}f(x_1,x_2,\cdots,x_n)\mathrm{d}_{K+1}\cdots\mathrm{d}x_n \tag{27-28}$$

条件概率式(27-20),可推广为

$$\begin{aligned}f(x_1,x_2,\cdots,x_n)=&f(x_1)f(x_2|x_1)f(x_3|x_1,x_2)\cdots\\&f(x_n|x_1,x_2,\cdots,x_{n-1})\end{aligned} \tag{27-29}$$

若 $X_1,X_2,\cdots,X_n$ 统计独立,则有

$$f(x_1,x_2,\cdots,x_n)=f(x_1)f(x_2)\cdots f(x_n) \tag{27-30}$$

$$F(x_1,x_2,\cdots,x_n)=F(x_1)F(x_2)\cdots F(x_n) \tag{27-31}$$

27.1.3 数学期望

某个函数 $g(X_1,X_2,\cdots,X_n)$ 的数学期望运算 E 定义为

$$E[g(X_1,X_2,\cdots,X_n)] = \int_{-\infty}^{\infty}\cdots\int_{-\infty}^{\infty} g(x_1,x_2,\cdots,x_n)\cdot f(x_1,x_2,\cdots,x_n)\mathrm{d}x_1\mathrm{d}x_2\cdots\mathrm{d}x_n \tag{27-32}$$

E 运算是一种按样本集合平均的运算,或者说是一种按概率的统计平均运算。它有以下性质:

$$E(C)=C(C\text{ 为常数}) \tag{27-33}$$

$$E(CX)=CE(X) \tag{27-34}$$

$$E(X_1+X_2)=E(X_1)+E(X_2) \tag{27-35}$$

$$E(X_1X_2)=E(X_1)E(X_2)(\text{当 } X_1 \text{ 与 } X_2 \text{ 统计独立}) \tag{27-36}$$

27.1.4 均值,均方值和方差

将 $E(X^n)$ 专称为 n 阶矩。

1)均值

均值 m(即 $n-1$,称为一阶矩)。

$$m = E(X) = \int_{-\infty}^{\infty} xf(x)\mathrm{d}x \tag{27-37}$$

2)均方值

均方值(即 $n=2$,称为二阶矩)。

$$E(X^2) = \int_{-\infty}^{\infty} x^2f(x)\mathrm{d}x \tag{27-38}$$

3)方差

方差(二阶中心矩)。

$$\sigma^2 = E[(X-m)^2] = \int_{-\infty}^{\infty}(x-m)^2f(x)\mathrm{d}x \tag{27-39}$$

方差有以下性质:

(1)展开式(27-39)可知

$$\sigma^2=E(X^2)-m^2 \tag{27-40}$$

当 $m=0$ 时,$\sigma^2=E(X^2)$。

(2)若将式(27-39)运算记为 $D(X)$,称为方差运算

$$D(X)=E[(X-m)^2] \tag{27-41}$$

则有以下运算:

$$D(C)=0 \quad (C\text{ 为常数}) \tag{27-42}$$

$$D(CX)=C^2D(X) \tag{27-43}$$

$$D(X_1\pm X_2)=D(X_1)+D(X_2) \quad (\text{当 } X_1,X_2 \text{ 统计独立}) \tag{27-44}$$

4)切彼雪夫不等式

切彼雪夫不等式为

$$P\{|X-m|\geqslant K\}\leqslant\frac{D[X]}{K^2} \tag{27-45}$$

用式(20-45)可估计相对平衡位置的随机振幅大于某个 K 值时的概率。

证:因

$$P\{|X-m| \geqslant K\} = \int_{|X-m| \geqslant K} f(x)\mathrm{d}x \leqslant \frac{1}{K^2}\int_{-\infty}^{\infty} (x-m)^2 f(x)\mathrm{d}x \leqslant D(X)/K^2$$

故

$$P\{|X-m| \geqslant K\} \leqslant (\sigma/K)^2 \tag{27-46}$$

当 $K=3\sigma$,则

$$P(|X-m| \geqslant 3\sigma) = 11.11\%$$

或 $|X-m|<3\sigma$ 的概率为 88.89%,即

$$|X-m|_{\max} \approx 3\sigma \tag{27-47}$$

式(27-47)称为估计随机振动的最大幅值的 3σ 法则。

27.1.5 正态分布

设 X 是随机变量,已知它的数学期望(均值)E_X 和均方差 σ_X,于是 X 处在区间$(-\infty, a)$以内的概率,即 X 满足不等式 $X \leqslant a$ 的概率 a 便可由下式确定:

$$\alpha = P\{X \leqslant a\} = F(\xi), \xi = \frac{a-E_X}{\sigma_X} \tag{27-48}$$

且 $F(\xi)$ 是一个特定的分布函数。对于正态分布

$$F(\xi) = \int_{-\infty}^{\xi} \frac{1}{\sqrt{2\pi}} \mathrm{e}^{\frac{-t^2}{2}} \mathrm{d}t \tag{27-49}$$

满足不等式 $X>a$ 的概率 β 由下式确定:

$$\beta = P\{X>a\} = 1-F(\xi) \tag{27-50}$$

在正态分布情况下,如须求出给定概率值 a 相对应的参数值 ξ,就是求反函数:

$$\xi = F^{-1}(\xi) \tag{27-51}$$

变量 X 处在区间$(a,b]$以内的概率由下式确定:

$$P\{a<X \leqslant b\} = F(\xi_2) - F(\xi_1), \xi_1 = \frac{a-E_X}{\sigma_X}, \xi_2 = \frac{b-E_X}{\sigma_X} \tag{27-52}$$

变量 X 处在区间$(a,b]$以外的概率等于

$$P\{X \leqslant a\} + P\{X>b\} = 1 + F(\xi_1) - F(\xi_2) \tag{27-53}$$

如成立了关系式

$$P\{X \leqslant a\} = P\{X>b\} = \frac{1-\alpha}{2} = \beta \tag{27-54}$$

则区间$(a,b]$称为是对称的。

如随机量 X 是若干个相互统计独立的随机量 X_i 的线性组合,即有

$$X = \sum_{i=1}^{n} c_i X_i \tag{27-55}$$

且设诸 X_i 的数学期望 E_{X_i} 和均方差 σ_{X_i} 都是已知的,则随机量 X 的数学期望 E_X 和均方差 σ_X 由下式确定:

$$E_X = \sum_{i=1}^{n} c_i E_{X_i}, \sigma_X^2 = \sum_{i=1}^{n} c_i^2 \sigma_{X_i}^2 \tag{27-56}$$

如 X 与 X_i 间关系是非线性的,即有

$$X=\varphi(X_1,X_2,\cdots,X_n) \tag{27-57}$$

但诸量 X_i 对其数学期望 E_{X_i} 的偏差都比较小,则上列关系应给予线性化,于是有

$$E_X\approx\varphi(E_{X_1},\cdots,E_{X_n}),\sigma_X^2\approx\sum_{i=1}^{n}\sigma_{X_i}^2\left(\frac{\partial\varphi}{\partial X_i}\right)^2\Bigg|_{X_i=E_{X_i}} \tag{27-58}$$

当解决有关随机干扰系统的振动问题时,就要用到随机过程理论的一些基本关系式。如果在由广义坐标 $q(t)$ 确定其位形的线性动力学系统上作用了一个平稳随机干扰力 $Q(t)$,则受迫振动的平稳状态将由广义坐标 $q(t)$ 的谱密度 $S_q(\omega)$ 来表征。谱密度 $S_q(\omega)$ 由下式定义:

$$S_q(\omega)=[A(\omega)]^2S_Q(\omega) \tag{27-59}$$

式中,$S_Q(\omega)$ 是干扰力 $Q(t)$ 的谱密度;$A(\omega)$ 是系统的幅频(共振)特征值。广义坐标的平稳均方差的平方由如下积分定义:

$$\sigma_q^2=\frac{1}{2\pi}\int_{-\infty}^{\infty}S_q(\omega)\mathrm{d}\omega \tag{27-60}$$

如谱密度 $S_q(\omega)$ 是分式有理函数

$$S_q(\omega)=\frac{b_0^2\omega^2+b_1^2}{c_0^2\omega^4+c_1^2\omega^2+c_2^2}, \tag{27-61}$$

则有

$$\sigma_q^2=\frac{b_0^2c_2+b_1^2c_0}{2c_0c_2\sqrt{c_1^2+2c_0c_2}} \tag{27-62}$$

在干扰力呈正态分布的情况下,在时段 $(0,T)$ 内的随机过程 $q(t)$ 落到基准 b 以外的平均数由下式确定

$$E_T=\frac{T}{2\pi}\cdot\frac{\sigma_v}{\sigma_q}\exp\left\{-\frac{(b-E_q)^2}{2\sigma_q^2}\right\}, \tag{27-63}$$

式中,E_q 是过程 $q(t)$ 的数学期望(均值);σ_v 是过程 $q(t)$ 导数的均方差,由下列积分定义

$$\sigma_v^2=\frac{1}{2\pi}\int_{-\infty}^{\infty}\omega^2S_q(\omega)\mathrm{d}\omega \tag{27-64}$$

当积分号下的表达式是式(27-61)时,量 σ_v^2 的值可按式(27-64)求出。

27.1.6 理论力学中的概率基本知识

在工程实际中,有很多力学量可当作服从**正态分布**(高斯分布)的**随机变量**,即

$$f(x)=\frac{1}{\sqrt{2\pi}\sigma}\exp\left[-\frac{1}{2\sigma^2}(x-E)^2\right] \tag{27-65}$$

其中,E 是随机变是 x 的数学期望,即均值;σ 是均方差。于是 x 处于 $(-\infty,a)$ 内的概率,即 x 满足 $x<a$ 的概率 α 可由下式确定。

$$\alpha=P(x<a)=F(\xi) \tag{27-66}$$

$$\xi=\frac{a-E}{\sigma} \tag{27-67}$$

$F(\xi)$ 的值列在表 27-1 中。

标准正态分布表 表 27-1

ξ	-4.0	-3.5	-3.0	-2.5	-2.0	-1.5	-1.0	-0.5	-0.0
$F(\xi)$	3×10^{-5}	2×10^{-4}	0.001	0.006	0.023	0.067	0.159	0.309	0.500
ξ	0.5	1.0	1.5	2.0	2.5	3.0	3.5	4.0	
$F(\xi)$	0.691	0.841	0.933	0.977	0.994	0.999	0.998	0.99997	

满足不等式 $x>a$ 的概率 β 可由下式确定。

$$\beta=P(x>a)=1-F(\xi) \tag{27-68}$$

在高斯分布下,如需求出和给定概率值 β 相对应的参数值 ξ,使用表 27-2 较为方便。

反标准正态分布表 表 27-2

$F(\xi)$	0.0005	0.001	0.005	0.010	0.050	0.100	0.500
ξ	-3.4	-3.1	-2.6	-2.3	-1.6	-1.3	-1.0
$F(\xi)$	0.900	0.950	0.990	0.995	0.999	0.9995	
ξ	1.3	1.6	2.3	2.6	3.1	3.4	

变量 u 处在区间(a,b)以内的概率由下式确定:

$$P(a<u<b)=F(\xi_2)-F(\xi_1) \tag{27-69}$$

$$\xi_1=\frac{a-E_u}{\sigma_u},\xi_2=\frac{b-E_u}{\sigma_u} \tag{27-70}$$

变量 u 处在区间(a,b)以外的概率为

$$P(u<a)+P(u>b)=1+F(\xi_1)-F(\xi_2) \tag{27-71}$$

如成立关系式

$$P(u<a)=P(u>b)=\frac{1-\alpha}{2}=\beta \tag{27-72}$$

则区间 $u(a,b)$称为是对称的。

如果随机量 u 是若干个相互统计独立的随机量 u_i 的线性组合,即有

$$u=\sum_{i=1}^{n}c_iu_i \tag{27-73}$$

且设诸 u_i 的数学期望 u_{u_i}和均方差 σ_{u_i}均为已知,则随机量 u 的数学期望 E_u 和均方差 σ_u 由下式确定

$$E_u=\sum_{i=1}^{n}c_iE_{u_i} \tag{27-74}$$

$$\sigma_u^2=\sum_{i=1}^{n}c_i^2\sigma_{u_i}^2 \tag{27-75}$$

如果 u 与 u_i 之间关系是非线性的,即有

$$u=\varphi(u_1,u_2,\cdots,u_n) \tag{27-76}$$

但诸量 u_i 对其数学期望 μ_{u_i}的偏差都比较小,则上述关系可线性化为

$$E_u\approx\varphi(E_{u_1},E_{u_2},\cdots,E_{u_n}) \tag{27-77}$$

$$\sigma_u^2\approx\sum_{i=1}^{n}\left(\frac{\partial\varphi}{\partial u_i}\right)_0^2\sigma_{u_i}^2 \tag{27-78}$$

27.2 静力学的概率问题

例题 27-1 半径 $R=0.5$m,质量 $m=800$kg 的滚子顶在坚硬的障碍物上,障碍物的高度

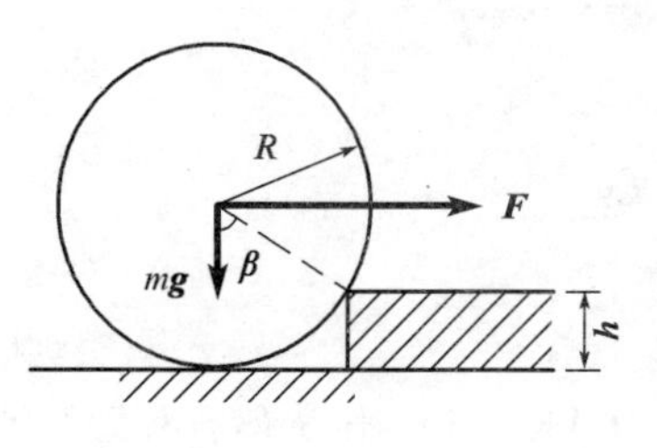

图 27-7　例题 27-1

h 可以是各不相同的，如图 27-7 所示。现在假设 h 是按正态分布的随机变量，而且它的数学期望是 $E_h=0.1\text{m}$，均方差是 $\sigma_h=0.02\text{m}$。问：当水平力 $F=F_1=4.9\text{kN}$ 时，能克服障碍物的概率 α_1 是多少？当水平力 $F=F_2$ 的值多大时，方能使克服障碍物的概率达到 $\alpha_2=0.999$？

已知：$R=0.5\text{m}, m=800\text{kg}, E_h=0.1\text{m}, \sigma_h=0.02\text{m}, F_1=4.9\text{kN}, \alpha_2=0.999$。

求：α_1, F_2。

解：(1)滚子克服障碍物的条件为

$$F_1R\cos\beta-mgR\sin\beta\geqslant 0 \tag{1}$$

其中

$$\tan^2\beta=\frac{R^2}{(R-h)^2}-1,\ \frac{F_1}{mg}\geqslant\tan\beta$$

等价于

$$\left(\frac{F_1}{mg}\right)^2\geqslant\frac{R^2}{(R-h)^2}-1$$

即

$$\frac{R-h}{R}\geqslant\frac{mg}{\sqrt{F_1^2+m^2g^2}}$$

故有

$$h\leqslant R\left[1-\frac{mg}{\sqrt{F_1^2+m^2g^2}}\right]=a \tag{2}$$

$$a=0.5\left[1-\frac{800\times 9.8}{\sqrt{4900^2+800^2\times 9.8^2}}\right]=0.076\text{m}$$

式(27-66)给出

$$\alpha_1=P\{h\leqslant a\}=P\{h\leqslant 0.076\}=F(\xi_1) \tag{3}$$

式(27-67)给出

$$\xi_1=\frac{a-E_h}{\sigma_h}=\frac{0.076-0.1}{0.02}=-1.2$$

查标准正态分布表 27-1，得

$$\alpha_1=F(-1.2)=0.115 \tag{4}$$

(2)已知概率 $\alpha_2=0.999$，查反标准正态分布表 27-2，得

$$\xi_2=3.1$$

式(27-67)给出

$$\frac{b-E_h}{\sigma_h}=\xi_2$$

由此求得

$$b=E_h+\xi_2\sigma_h=0.1+3.1\times 0.02=0.162\text{m}$$

即

$$h\leqslant b=0.162\text{m}$$

将其代入式(2),得

$$0.162=0.5\times\left[1-\frac{800\times 9.8}{\sqrt{F_1^2+(800\times 9.8)^2}}\right]$$

由此解得

$$F_2=8.537\text{kN}$$

因此,当水平力 $F_1=4.9$kN 时,能克服障碍物的概率 $\alpha_1=0.115$;当水平力 $F_2=8.537$kN 时,方能使克服障碍物的概率达到 $\alpha_2=0.999$。

27.3 运动学的概率问题

例题 27-2 一飞机从起点飞到终点,两点间的距离是 1500km。每次飞行中的飞行速度 v 是常量,但不同次飞行的速度可以取不相同的值。假定速度是呈正态分布的随机量,数学期望是 $E_v=250$m/s,均方差是 $\sigma_v=10$m/s,求相应于 0.999 概率飞行时间的对称区间。

已知:$s=1500$km,$E_v=250$m/s,$\sigma_v=10$m/s,$\alpha=0.999$。

求:$t\in(t_1,t_2)$。

解:本题有一个随机变量速度 v,时间 t 是随机变量 v 的非线性函数。

①飞行的时间 $t=\frac{s}{v}$,求导$\frac{\mathrm{d}t}{\mathrm{d}v}=-\frac{s}{v^2}$。

②飞行时间的数学期望

$$E_t\approx\frac{s}{E_v}=\frac{1500\times 10^3}{250}=6000(\text{s})$$

方差为

$$\sigma_t^2\approx\left(-\frac{s}{E_v^2}\right)^2\sigma_v^2=\frac{s^2\sigma_v^2}{E_v^4}$$

均方差为

$$\sigma_t=\frac{s\sigma_v}{E_v^2}=\frac{1500\times 10^3\times 10}{250^2}=240(\text{s})$$

③若已知 $P\{t_1<t\leqslant t_2\}=\alpha,P\{t\leqslant t_1\}=\beta$,由时间区间 $t\in(t_1,t_2)$的对称性,知

$$\beta=\frac{1-\alpha}{2}=\frac{1-0.999}{2}=0.0005$$

④已知概率 $\beta=0.0005$,查反标准正态分布表 27-2,得

$$\xi=-3.4$$

⑤由 $\xi=\frac{t_1-E_t}{\sigma_t}$,可求得

$$t_1=E_t+\xi\sigma_t=6000-3.4\times 240=5184(\text{s})$$

⑥根据对称性,可得

$$t_2=E_t-\xi\sigma_t=6000+3.4\times 240=6816(\text{s})$$

相应于 0.999 概率飞行时间的对称区间是(5184,6816)s。

27.4 动力学的概率问题

例题 27-3 一辆汽车以速度 15m/s 沿无坡度的道路行驶。掣动的摩擦力不随时间而

变，但可以取各种不同的值。假定掣动时单位质量的摩擦力 F_{f} 是按正态分布的随机变量，设每吨质量的摩擦力的数学期望等于 3kN/t，而均方差则是 0.7kN/t。求：能使停止前所经掣动距离分别超过 40m 和 80m 这两种情况的概率。

已知：$v_0=15\mathrm{m/s}, E_a=3\mathrm{N/kg}, \sigma_a=0.7\mathrm{N/kg}, S_1=40\mathrm{m}, S_2=80\mathrm{m}$。

求：α_1, α_2。

解：①停止前所经的制动的距离为$\frac{1}{2a}v_0^2 \geqslant S$。

②加速度为

$$a=\frac{F_{\mathrm{f}}}{m}$$

③问题就是求概率

$$P\left\{\frac{1}{2a}v_0^2 \geqslant S\right\}=P\left\{a \leqslant \frac{v_0^2}{2S}\right\}$$

初速度 $v_0=15\mathrm{m/s}$，加速度 a 是随机变量。

④情况 1：加速度最大值 $a_1=\frac{v_0^2}{2S_1}=2.813$，能使停止前所经制动距离可超过 $S_1=40\mathrm{m}$ 的概率：

$$P\{a \leqslant 2.813\}=F(\xi_1)$$

$$\xi_1=\frac{a_1-E_a}{\sigma_a}=\frac{2.813-3}{0.7}=-0.268$$

查标准正态分布表 27-1，得

$$\alpha_1=F(-0.268)=0.39$$

⑤情况 2：加速度最大值 $a_2=\frac{v_0^2}{2S_2}=1.406$，能使停止前所经制动距离可超过 $S_2=80\mathrm{m}$ 的概率：

$$P\{a \leqslant 1.406\}=F(\xi_2)$$

$$\xi_2=\frac{a_2-E_a}{\sigma_a}=\frac{1.406-3}{0.7}=-2.277$$

查标准正态分布表 27-1，得

$$\alpha_1=F(-2.277)=0.011$$

27.5 Maple 编程示例

编程题 27-1 用螺栓连接的两个零件承受拉力 P 的作用（图 27-8）。两者滑动的概率应是 5×10^{-4}。基于这一考虑，求夹紧螺栓所必需的力 Q。力 P 以及零件间的摩擦因数 f 都可以取各种不同的值。假设它们都是按正态分布的随机变量，且两者的数学期望分别等于 $E_P=2\mathrm{kN}, E_f=0.1$，而均方差则是 $\sigma_P=200\mathrm{N}, \sigma_f=0.02$。

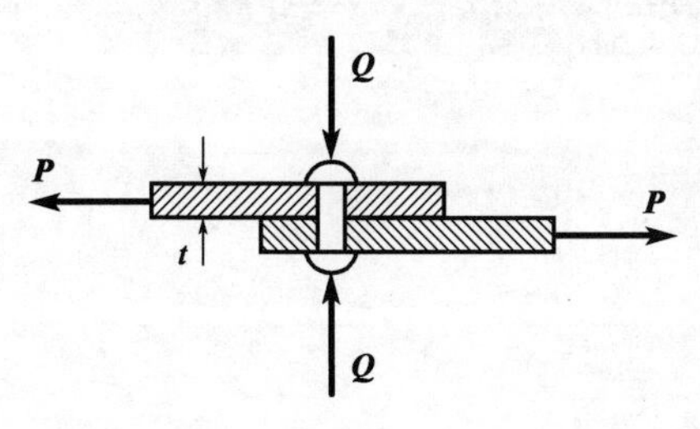

图 27-8 螺栓连接的两个零件

已知：$E_P=2\mathrm{kN}$，$\sigma_P=200\mathrm{N}, E_f=0.1, \sigma_f=0.02$，$\alpha=5\times10^{-4}$。

求:Q。

解:(1)建模

依题意有

$$P\{P \geqslant Qf\} = \alpha$$

即

$$P\{(P - Qf) > 0\} = \alpha$$

令 $X = P - Qf$,显然,X 服从正态分布 $X \sim N(E_X, \sigma_X^2)$,则有

$$E_X = E_P - QE_f, \sigma_X^2 = \sigma_P^2 + Q^2\sigma_f^2$$

因为

$$P\{X > 0\} = P(Y \leqslant \xi) = 1 - \Phi(\xi) = \alpha$$

这里 Y 服从标准正态分布 $Y \sim N(0,1)$,可得:

$$\xi = \Phi^{-1}(1 - \alpha)$$

这里 $\xi = -\dfrac{E_X}{\sigma_X}$,由此可解得 Q。

即,夹紧螺栓所必需的力 $Q = 60.09\text{kN}$。

(2)Maple 程序

```
> ######################################################################
> restart:                                                    #清零。
> with(stats):                                                #加载统计库。
> with(statevalf):                                            #加载概率分布数值运算库。
> alpha: =0.0005:                                             #两个零件滑动的概率。
> xi: =icdf[normald](1 - alpha):                              #ξ = Φ^(-1)(1 - α)。
> ######################################################################
> E[X]: =E[P] - E[f] * Q:                                     #X = P - Qf 的数学期望。
> sigma[X]: =sqrt(sigma[P]^2 + sigma[f]^2 * Q^2):
>                                                             #X = P - Qf 的均方差。
> eq1: =xi = - E[X]/sigma[X]:                                 #ξ = - E_X/σ_X
> E[P]: =2e3: sigma[P]: =200:                                 #已知条件。
> E[f]: =0.1: sigma[f]: =0.02:                                #已知条件。
> SOL1: =solve({eq1},{Q}):                                    #夹紧螺栓所必需的力。
> Q: =evalf(subs(SOL1,Q),4);                                  #夹紧螺栓所必需的力的数值。
> ######################################################################
```

思考题

思考题 27-1　简答题

(1)样本空间和总体的区别是什么?

(2)概率密度函数和概率分布函数是如何定义的?

(3)随机变量的均值和方差是如何定义的?

(4)平稳随机过程和非平稳随机过程的区别是什么？

(5)什么是高斯随机过程？为什么在振动分析中经常要用到它？

思考题 27-2 判断题

(1)一个确定性的系统具有确定性的系统参数和确定性的载荷。 ( )

(2)真实生活中的大多数现象都是确定性的。 ( )

(3)随机变量的大小不能够准确地预测。 ( )

(4)如果随机变量 x 的概率密度函数为 $f(x)$，那么其数学期望的表达式为 $\int_{-\infty}^{\infty} xf(x)\mathrm{d}x$。 ( )

(5)如果 $x(t)$ 是平稳的，则其均值与 t 无关。 ( )

思考题 27-3 填空题

(1)若一个系统的振动响应是准确知道的，则这个振动称为________振动。

(2)如果一个振动系统的任何参数都不能准确地知道，则其振动称为________振动。

(3)空中飞行的飞机，其表面上某一点的压力波动是一个________过程。

(4)在一个随机过程中，每一次实验的结果是某些________(例如时间)的函数。

(5)标准差等于________的正的平方根。

思考题 27-4 选择题

(1)一个随机变量的每一次试验结果称为________。

(a)样本点 (b)随机点 (c)观测值

(2)一个随机过程的每一次试验结果称为________。

(a)样本点 (b)样本空间 (c)样本函数

(3)概率分布函数 $F(x)$ 的具体含义是________。

(a)$P\{X \leqslant x\}$ (b)$P\{X > x\}$ (c)$P\{x \leqslant X \leqslant x + \Delta x\}$

(4)概率分布归一化的含义是________。

(a)$F(\infty)=1$ (b)$\int_{-\infty}^{\infty} f(x)\mathrm{d}x = 1$ (c)$\int_{-\infty}^{\infty} f(x)\mathrm{d}x = 0$

(5)与正态分布变量 x 对应的标准正态分布变量 z 定义为________。

(a)$z=\dfrac{E_x}{\sigma_x}$ (b)$z=\dfrac{x-E_x}{\sigma_x}$ (c)$z=\dfrac{x}{\sigma_x}$

思考题 27-5 连线题

(1)一个随机变量的所有可能结果 (a)一个实验的相关函数

(2)一个随机过程的所有可能结果 (b)非平稳过程

(3)$x(t)$ 在 t_1, t_2 时刻的值之间的统计联系 (c)样空间

(4)在任意时刻推移下随机过程的一个不变量 (d)白噪声

(5)$x(t)$ 的均值和标准差 t 发生变化 (e)平稳过程

(6)在一个频带内功率谱密度是常量 (f)总体

习题

A 类型习题

习题 27-1 如图 27-9 所示，高 $h=5\mathrm{m}$ 的铅垂挡墙的断面厚度为 $a=1.1\mathrm{m}$。挡墙承受静

水压力的作用,水位高度可以不相同。墙材料的密度为 $2.2t/m^3$。假设水位离墙基的高度 H 是呈高斯分布的随机量,它的数学期望为 $E_H=3.0m$,均方差为 $\sigma_H=0.5m$,求墙翻倒的概率。又,如要使墙翻倒的概率不超过 3×10^{-5},试求墙的最小许可宽度。

习题 27-2 在半径为 $R=1m$ 的均质圆盘内,与圆心相距 l 处开了一个半径为 r 的圆孔。l 和 r 都可以取各种不同的值。把它们看成服从高斯分布的独立随机量,并假定它们的数学期望分别为 $E_l=0.1m$ 和 $E_r=0.05m$。均方差分别为 $\sigma_l=0.01m$ 和 $\sigma_r=0.005m$。问:圆盘的质心偏离圆盘中心多少时,方能使偏差超过它的概率达到 0.001?在质心偏移值的计算中,l 和 r 偏离数学期望值的乘积项都略去不计。

习题 27-3 如图 27-10 所示,质量为 1000kg 的转子上与轴对称地固连两个同一类型的零件 A_1,A_2,它们的质量 m_1,m_2 对名义值(数学期望)有随机偏差 $\Delta m_1,\Delta m_2$。又,对于同一直径两边与转轴相距为 $l=1m$ 的两点来说,m_1 和 m_2 的质心分别随机偏差 $\Delta x_1,\Delta y_1$ 和 $\Delta x_2,\Delta y_2$。所有这些偏差使得转子与零件一起的质心 C 偏离转轴。假设随机量 $m_1,m_2,\Delta x_1,\Delta y_1,\Delta x_2,\Delta y_2$ 都是独立的并按高斯规律分布,它们的数学期望分别为 $E_{m_1}=E_{m_2}=100kg$,$E_{\Delta x_1}=E_{\Delta y_1}=E_{\Delta x_2}=E_{\Delta y_2}=0$,均方差分别为 $\sigma_{\Delta m_1}=\sigma_{\Delta m_2}=0.5kg$,$\sigma_{\Delta x_1}=\sigma_{\Delta y_1}=\sigma_{\Delta x_2}=\sigma_{\Delta y_2}=3mm$。转子与零件一起的质心坐标为 x_C 和 y_C。求质心坐标的对称区间的边界,使得它们处在这个区间内的概率为 $\alpha=0.99$。

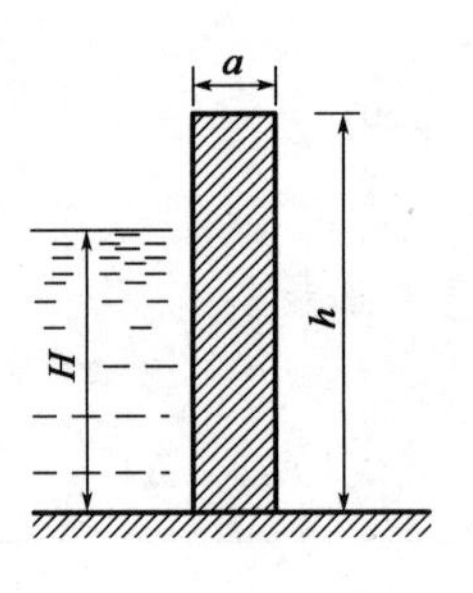

图 27-9 习题 27-1

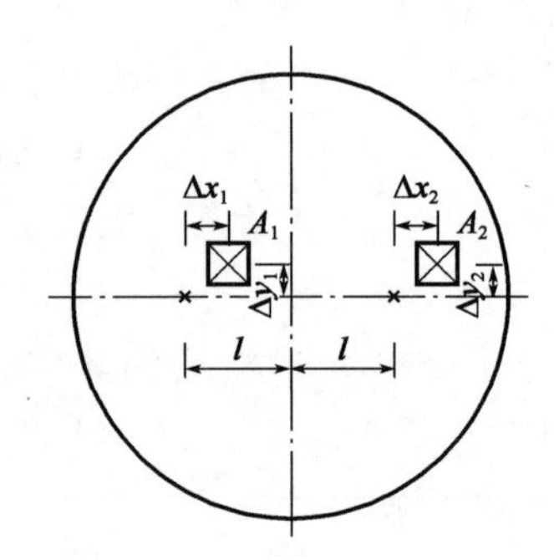

图 27-10 习题 27-3

习题 27-4 质量为 1000kg 的均质正方形平台用四根等长并汇交于一点的绳子悬挂在支点上。平台到悬挂点的距离为 $h=2m$。平台上放着四个小重物,重物的质量以及所放置的地方都是随机的。假设重物的质量以及从平台中心开始计算的直角坐标 x_i 和 y_i 都是彼此独立的,而且都按高斯分布。四个重物质量的数学期望相同,都为 $E_m=100kg$。均方差也相同,都为 $\sigma_m=20kg$。又重物坐标都具有零值数学期望,坐标的均方差分别为 $\sigma_x=0.5m$ 和 $\sigma_y=0.7m$。平台处于平衡时,求对应于平台偏角 θ_x 和 θ_y 的对称区间的边界,使得这两个偏角处在这个区间内的概率等于 0.99。角度可以认为较小。

习题 27-5 飞机从起点沿直线飞行,这直线对给定的直线航道有偏角 ψ,而对于不同次飞行,角 ψ 可以取各不相同的值。假设角 ψ 是按高斯分布的随机量,它的数学期望等于零,均方差为 $\sigma_\psi=2°$。求在 $L=50km,100km,200km$ 的三种航程上飞机对给定航道的侧向偏离不超过 5km 的概率。

习题 27-6 火车以初速度 15m/s 行驶,制动时的加速度不随时间变化,但可以取各不相同的值。假设加速度 a 是按高期分布的随机量,它的数学期望为 $E_a=-0.2m/s^2$,均方差为 $\sigma_a=0.03m/s^2$。求火车制动距离的数学期望和均方差,并求制动距离的上限,使得超越这段距离的概率为 0.05。

习题 27-7 在计算打靶的准确度时，把弹丸发射速度看作常量，考虑枪管轴线的随机偏角、弹丸速度对名义速度的随机偏差。设只要准确地给定枪管轴线的方向，且发射速度等于名义值600m/s，弹丸就能正中靶心。枪管轴线对给定方向的偏角 φ 和 ψ，以及发射速度对名义值的偏差 Δv 认为都是按高斯分布的独立随机量，它们的数学期望都等于零，均方差分别为 $\sigma_{\varphi}=\sigma_{\psi}=0.5\times10^{-3}\mathrm{rad}$ 和 $\sigma_{\Delta v}=75\mathrm{m/s}$。已知打靶的距离为 $l=50\mathrm{m}$。求弹丸落靶点对靶心的水平和铅垂偏差相当于0.99 概率的对称区间。

习题 27-8 大炮从地面发射炮弹，发射角 φ 和初速度大小 v_0 都可以和计算值有差异，可以认为它们都是按高斯分布的独立随机量，数学期望分别为 $E_{\varphi}=10°$和 $E_{v0}=1000\mathrm{m/s}$，均方差为 $\sigma_{\varphi}=0.1°$和 $\sigma_{v0}=10\mathrm{m/s}$。不计空气阻力，求相当于 0.90 概率的炮弹可能落地点的射程区间。在射程增量的表达式中，只要保留角度偏差和速度偏差的一阶项就可以。

B 类型习题

习题 27-9 质量为 m 的转子是一个均匀圆柱体，半径为 R，长度为 l。转子装在轴上时稍有偏斜和偏移，使得转子的对称轴相对于转轴中心有微小的随机偏角 γ，转子位于两个轴承正中间，转子中心相对转轴中心有随机偏移 h。两轴承间的距离等于 $2L$。假设 γ 和 h 都是独立的随机量，角 γ 的数学期望等于零，偏移 h 的数学期望为 E_h，它们的均方差分别为 σ_{γ} 和 σ_h。转子绕铅垂轴转动的角速度 ω 也认为是随机量，它的数学期望为 E_{ω}，均方差为 σ_{ω}。求轴承约束力 F_{R_1} 和 F_{R_2} 的均方差 $\sigma_{F_{R1}}$ 和 $\sigma_{F_{R2}}$。

习题 27-10 质量为 1kg 的重物挂在 1m 长的绳子上。初始瞬时重物处于静止状态，与悬挂点在同一铅垂线上，重物在短时间内受到水平力 $\boldsymbol{F}$ 的作用。在作用期间该力不变，力 $\boldsymbol{F}$ 和它的作用时间间隔 τ 都是按高斯分布的独立随机变量，它们的数学期望分别为 $E_F=300\mathrm{N}$ 和 $E_{\tau}=0.01\mathrm{s}$，均方差分别为 $\sigma_F=5\mathrm{N}$ 和 $\sigma_{\tau}=0.002\mathrm{s}$。求绳上重物在碰撞后发生的自由振动振幅超过 60°和 90°的概率。

习题 27-11 数学摆的长度 l 测定得不精确。假设 l 是按高斯分布的随机量，它的数学期望为 $E_l=0.25\mathrm{m}$，但均方差 σ_l 未知。假定自由振动周期的相对误差不超过 0.1% 的概率为 0.99，试求 σ_l 的许可值。

习题 27-12 物理摆可绕水平轴转动，质量 m，转动惯量 J 和质心到转轴的距离 l 都是给定的。阻力与速度成比例，自由摆动时每一个最大摆角与下一个最大摆角之比等于 q。摆的悬挂点作水平随机振动。悬挂点的加速度 a 可看成具有恒定强度 B^2 的白噪声。求强迫振动时摆角的平稳均方值，并求在时间间隔 T 内摆角超过均方值两倍的平均次数 n。

习题 27-13 物理摆的自由振动角频率为 $\omega_0=15\mathrm{rad/s}$。当自由摆动时，每一个最大摆角和前一个最大摆角之比为 $\lambda=1.2$。现在摆的悬挂点作水平随机振动。悬挂点的振动速度看作强度 $B^2=1000\mathrm{m^2/s^2}$ 的白噪声。求摆角的均方值。

习题 27-14 仪器装在具有活动底座的线弹性减震器上，底座作铅垂随机振动。仪器相对底座振动时承受阻力。自由振动状态下每个最大偏移与下一个最大偏移之比为 $\lambda=1.5$。当底座振动时，可认为铅垂随机加速度 a 是强度 $B^2=100$ 的白噪声。为使仪器做强迫振动时的绝对加速度 a 的均方值为 $\sigma_a=50\mathrm{m/s^2}$，求减震器上这个仪器的自由振动角频率和重力作用下的静偏移。

习题 27-15 加速度计的主要元件是一个惯性质量,用线性弹簧连在壳体上,并且处于黏性液体中。加速度计幅频曲线有共振峰,共振峰的相应角频率为 $\omega_0=100\text{rad/s}$,共振峰的相对高度(即共振峰与幅频曲线在 $\Omega=0$ 处的幅值之比)等于1.4。当校正加速度计时发现,如果把加速度计的测量轴装成铅垂的,然后将它倒转180°,则与惯性质量位移成比例的输出信号将改变 $5B$。现在将加速度计装在沿某轴做随机振动的活动底座上,并使加速度计的测量轴顺着此轴的方向。假设底座振动的随机加速度可以看成是白噪声。求加速度计输出信号的交流分量均方值达到 $100B^2$ 时白噪声的强度。

习题 27-16 三个线性加速度计水平安装在作水平随机振动的同一底座上。这些加速度计具有相同的静态特征,但有不同的动态特征。第一个的固有角频率为 ω_0,共振峰的相对高度为1.2;第二个的固有角频率也是 ω_0,共振峰的相对高度为1.6;第三个的固有角频率为 $2\omega_0$,但共振峰的相对高度与第一个加速度计的相同。假设底座振动的随机加速度可以看作白噪声。求这些加速度计输出信号的均方值之间的差异。

C 类型习题

习题 27-17 如图27-11所示,质量 $m=200\text{kg}$ 的重物放在粗糙斜面上。斜面的倾角和滑动摩擦因数都可以取各种不同的值。现假定此斜面对水平面的倾角 φ 和摩擦因数 f 均为按高斯分布的随机变量,如图27-11所示,且两者的数学期望分别等于 $E_\varphi=0$ 和 $E_f=0.2$,而均方差分别为 $\sigma_\varphi=3°$ 和 $\sigma_f=0.04$。试求足以使重物沿斜面向上开始滑的概率达到0.999的水平力 F_Q。

习题 27-18 如图27-12所示,一车厢在曲率半径 $\rho=800\text{m}$ 的弯道上行驶,车厢的质量中心在高出路基2.5m的水准面上,轨距1.5m。外轨对内轨的超高是这样确定的,以使速度到达 $v=20\text{m/s}$ 时车轮给两条轨道的压力相等。在实际情况下,车厢的速度可以各不相同。假设车速是呈高斯分布的随机量,它的数学期望是 $E_v=15\text{m/s}$,均方差是 $\sigma_v=4\text{m/s}$。考虑 $\alpha=0.99$ 的概率确定速度区间,试求当速度与此区间的上界相当时车轮给予外轨和内轨的压力之比。

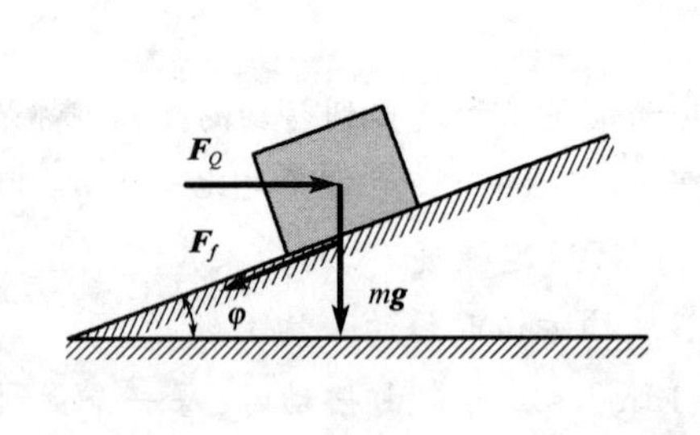

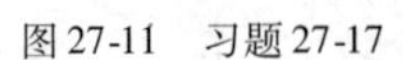
图27-11 习题27-17

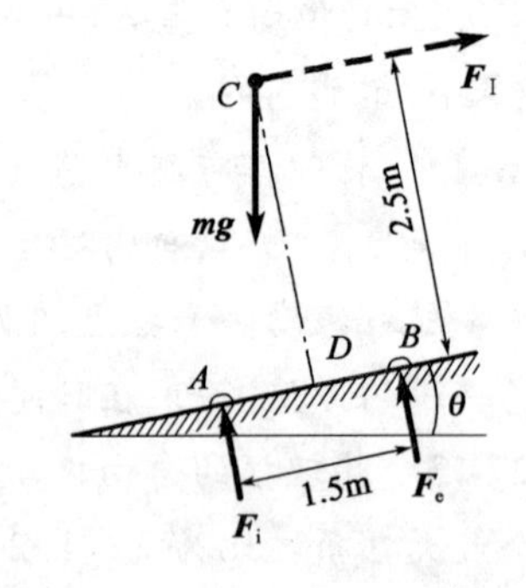

图27-12 习题27-18

习题 27-19 一重物自高度 H 处落到弹簧上。与重物的质量相比,弹簧的质量可以不计。弹簧在此重物下的静挠度等于2mm。假设高度 H 是呈高斯分布的随机量,它的数学期望等于1m,均方差等于0.3m。试求碰撞时加速度最大值变化区间的上界,以使加速度处在此区间内的概率等于0.95。

张衡(78—139 年),字平子。汉族,南阳西鄂(今河南南阳市石桥镇)人 ,南阳五圣之一,与司马相如、扬雄、班固并称汉赋四大家。中国东汉时期伟大的天文学家、数学家、发明家、地理学家、文学家。张衡发明了浑天仪、地动仪,是东汉中期浑天说的代表人物之一。由于他的贡献突出,联合国天文组织将月球背面的一个环形山命名为“张衡环形山”,太阳系中的 1802 号小行星命名为“张衡星”。

张衡在天文学方面著有《灵宪》《浑仪图注》等,数学著作有《算罔论》,文学作品以《二京赋》《归田赋》等为代表。《隋书 · 经籍志》有《张衡集》14 卷,久佚。明人张溥编有《张河间集》,收入《汉魏六朝百三家集》。

《周易·象》曰："至哉坤元，
万物资生，乃顺承天。"

第28章　非线性振动、分岔和混沌

本章介绍了几种求解非线性振动问题的方法，重点讨论了求解强非线性振动问题的谐波—能量平衡法。分岔和混沌是近一百年来科学界最重要的发现和研究热点之一。本章介绍了分岔和混沌的入门知识。

28.1　非线性振动

振动按激励的控制方式分为四类：

①自由振动：通常指弹性系统在偏离平衡状态后，不再受到外界激励的情形下，所产生的振动。

②强迫振动：指弹性系统在受外界控制的激励作用下发生的振动。这种激励不会因振动被抑制而消失。

③自激振动：指弹性系统在受系统振动本身控制的激励作用下发生的振动。在适当的反馈作用下，系统会自动地激起定幅振动。一旦振动被抑制，激励也随之消失。

④参激振动：指激励方式是通过周期地或随机地改变系统的特性参量来实现的振动。

28.1.1　非线性振动的特点

(1)线性系统中的叠加原理对非线性系统是不适用的，如作用在非线性系统上有可以展成傅氏级数的周期干扰力，其受迫振动的解不等于每个谐波单独作用时解的叠加。

(2)在非线性系统中，对应于平衡状态和周期振动的定常解一般有数个，必须研究解的稳定性问题，才能确定哪一个解在实际中能实现。

(3)在线性系统中，由于阻尼存在，自由振动总是被衰减掉，只有在干扰力作用下，才有定常周期解。而在非线性系统中，如自激振动系统，在有阻尼而无干扰力时，也有定常的周期振动。

(4)在线性系统中，受迫振动的频率和干扰的频率相同，而对于非线性系统，在单频干扰力作用下，其定常受迫振动的解中，除存在和干扰力同频成分外，还有成倍数和分数的频率成分存在。

(5)在线性系统中，系统角频率和起始条件、振幅无关，称为固有角频率。而在非线性系统中，系统频率则和振幅有关，同时非线性系统中振动三要素也和起始条件有关。

(6)非理想系统、自同步系统等不能线性化，必须研究非线性微分方程才能对其振动规律进行分析。

(7)在非线性系统中，当系统参数发生微小改变(参数摄动)时，解的周期将发生倍化分岔,分岔的继续可能导致混沌等复杂的动力学行为。

非线性振动按近似程度分成:①线性振动;②弱非线性振动;③强非线性振动。

28.1.2 原始摄动法

摄动法的思想可以溯源于19世纪,就目前所知,最早是天文学家Poisson(1830年左右)在研究天体运动时,把天体的运动用微分方程的形式来表示。

$$\ddot{x}_i = Z_{i0} + \varepsilon Z_{i1} + \varepsilon^2 Z_{i2} + \cdots \quad (i = 1,2,\cdots,n) \tag{28-1}$$

式中,ε 是一个小参数;x_i 是天体的坐标;Z_{i0},Z_{i1}…是 x_i 的函数,代表其他天体的引力,研究地球运动时,Z_{i0}代表太阳对地球的引力,是主要项,而 εZ_{i1},$\varepsilon^2 Z_{i2}$,…则代表其他行星对地球的引力,是微小项,称为"摄动"。根据这一思想,使Poisson假设微分方程式(28-1)的解可表示为级数的形式。

$$x_i(t) = x_{i0}(t) + \varepsilon x_{i1}(t) + \varepsilon^2 x_{i2}(t) + \cdots \tag{28-2}$$

把式(28-1)代入原微分方程组式(28-1),令两边 ε 的同次幂系数相等,便得到一系列关于 $x_{i1}(t)$,…的微分方程,从这些方程可依次求得 $x_{i0}(t)$,$x_{i1}(t)$,…。

原始的摄动法就是在形式上直接采用上述的Poisson求解过程。

考虑拟线性自治系统

$$\ddot{x} + \omega_0^2 x = \varepsilon f(x,\dot{x}) \tag{28-3}$$

其中,ε 为小参数,$f(x,\dot{x})$ 是关于 x 与 $\dot{x}$ 解析的非线性函数。当 $\varepsilon = 0$ 时,微分方程(28-3)成为

$$\ddot{x} + \omega_0^2 x = 0 \tag{28-4}$$

它是我们熟知的线性振动理论中的简谐振动微分方程,称之为式(28-3)的派生方程。派生方程的解称为派生解,派生方程所描述的系统称为派生系统。

假设方程(28-3)存有周期解,原始的求解方法是把方程的解直接展开为 ε 的幂级数,即

$$x(t,\varepsilon) = x_0(t) + \varepsilon x_1(t) + \varepsilon^2 x_2(t) + \cdots \tag{28-5}$$

其中,$x_i(t)(i = 0,1,2,\cdots)$是 t 的函数,与 ε 无关。$x_0(t)$就是系统的派生解。

在采用原始摄动法研究非线性振动时,将会碰到一个"久其项"问题。所谓"**久其项**"(Secular Term),就是按照Poisson假设求得的方程的解式(28-5)中存在某些项,当时间 $t \to \infty$ 时这些项无限增大,以至于破坏了级数的收敛。

28.1.3 L-P法

直接展开法之所以失效,在于它不能反映非线性对系统角频率的影响。天文学家Lindstedt注意到这一点,于1882年首先提出一个方法,通过引入一个新变量 $\tau = \omega t$,ω 代表系统的非线性角频率。把 x 和 ω 都展开成小参数 ε 的幂级数,然后通过选择适当的 ω 的各阶分量 ω_i 来防止久期项的出现。Poincare(1892年)证明了Lindstedt的级数解是渐近级数,因此,这种方法被称为Lindstedt-Poineare方法,简称**L-P法**。

仍考虑拟线性自治系统式(28-1),引入一个新的自变量

$$\tau = \omega t \tag{28-6}$$

对新自变量 τ 而言,所求周期解的周期将为 2π,于是方程式(28-1)变为

$$\omega^2 x'' + \omega_0^2 x = \varepsilon f(x,\omega x') \tag{28-7}$$

"$'$"式表示对 τ 求导。把 x 和 ω 都展开成小参数 ε 的幂级数,即

$$x(\tau,\varepsilon)=x_0(\tau)+\varepsilon x_1(\tau)+\varepsilon^2 x_2(\tau)+\cdots \tag{28-8}$$

$$\omega(\varepsilon)=\omega_0+\varepsilon\omega_1+\varepsilon^2\omega_2+\cdots \tag{28-9}$$

其中,$x_i(\tau)$为τ的周期函数,周期为2π;ω_i为待定常数,在以后的求解过程中逐步确定。

28.1.4 多尺度法

用摄动法研究非线性方程及其解的性质,相应的物理现象中,常出现某些因素或局部变化缓慢,某些因素或局部变化剧烈的情况,这使人们想到对自变量要采用多种不同的变化尺度去进行渐近展开求解。这类方法称为**多尺度法**。

非线性振动问题的解$x(t;\varepsilon)$的渐近展开式明显地和依赖于ε一样依赖于$t,\varepsilon t,\varepsilon^2 t,\cdots$。为了使展开式对$t$增大到$O(\varepsilon^{-M})$仍有效,可引入$M+1$个不同尺度的时间变量

$$T_M=\varepsilon^m t \quad (m=0,1,2,\cdots,M) \tag{28-10}$$

那么x就是$M+1$个独立的自变量的函数,而不再是单个自变量t的函数,即

$$x(t;\varepsilon)=x(T_0,T_1,\cdots,T_M;\varepsilon)=\sum_{m=0}^{M-1}\varepsilon^m x_m(T_0,T_1,\cdots,T_M)+O(\varepsilon T_M) \tag{28-11}$$

这些新自变量T_m随时间t变化的速度依次减慢一个数量级。至于M取多少,要取决于需求到哪一阶近似解。若式(28-10)需算到$O(\varepsilon^2)$,那么独立时间变量为T_0和T_1,若式(28-11)需算到$O(\varepsilon^3)$,则取三个独立时间变量T_0,T_1和T_2。

引入多个不同尺度的时间变量后,使得对于时间t的导数变成为对于T_m的偏导数展开式

$$\begin{aligned}\frac{\mathrm{d}}{\mathrm{d}t}&=\frac{\mathrm{d}T_0}{\mathrm{d}t}\frac{\partial}{\partial T_0}+\frac{\mathrm{d}T_1}{\mathrm{d}t}\frac{\partial}{\partial T_1}+\frac{\mathrm{d}T_2}{\mathrm{d}t}\frac{\partial}{\partial T_2}+\cdots\\&=\frac{\partial}{\partial T_0}+\varepsilon\frac{\partial}{\partial T_1}+\varepsilon^2\frac{\partial}{\partial T_2}+\cdots\end{aligned} \tag{28-12a}$$

$$\frac{\mathrm{d}^2}{\mathrm{d}t^2}=\frac{\partial^2}{\partial T_0^2}+2\varepsilon\frac{\partial^2}{\partial T_0\partial T_1}+\varepsilon^2\left(\frac{\partial^2}{\partial T_1^2}+2\frac{\partial^2}{\partial T_0\partial T_2}\right)+\cdots \tag{28-12b}$$

将式(28-11)和式(28-12)代入非线性方程式(28-1),就能按ε的幂次得到各阶求解方程,即关于$x_0,x_1,\cdots,x_M$的方程组,各方程的解中包含有不同尺度的时间变量$T_0,T_1\cdots,T_M$的任意函数,这些任意函数的确定,和以往的方法一样,利用消除长期项得到的附加条件,就能依次确定。

多尺度方法是解决非线性振动问题最有成效的方法之一。

28.1.5 平均法

所谓平均法就是将以位移为未知量的振动方程,化成以振幅、相位为未知量的标准方程组,因为振幅和相位的导数都是$O(\varepsilon)$量级的周期函数,因此,可用一个周期的平均值代替它,故称其为平均法。以一个自由度系统自由振动的方程式(28-1)为例,设其一次近似解为

$$x=a\cos\psi,\dot{x}=-a\omega\sin\psi \tag{28-13}$$

其中

$$\dot{a}=-\frac{\varepsilon}{2\pi\omega}\int_0^{2\pi}\sin\psi f(a\cos\psi,-a\omega\sin\psi)\mathrm{d}\psi \tag{28-14}$$

$$\dot{\psi} = \omega - \frac{\varepsilon}{2\pi a\omega}\int_0^{2\pi} \cos\psi f(a\cos\psi, -a\omega\sin\psi)\,\mathrm{d}\psi \tag{28-15}$$

28.1.6 KBM 法

用上节所述的平均法仅能求出一次近似解。Krylov 和 Bogoliubov 在 1947 年改进了他们的方法,提出了一种能求出任意次近似解的新方法。此后,Bogoliubov 和 Mitropolsky 于 1961 年对此法作了严格证明,Mitropolsky(1965 年)还将其推广至非定常振动。因此,这一方法称为 **Krylov-Bogoliubov-Mitropolsky 方法**,简称为 **KBM 法或渐近法**。

我们仍讨论拟线性自治系统式(28-1),渐近法在摄动法的思想上,把平均加以推广,给出 ε 的幂级数形式的渐近解

$$x = a\cos\psi + \varepsilon x_1(a,\psi) + \varepsilon^2 x_2(a,\psi) + \cdots + \varepsilon^m x_m(a,\psi) \tag{28-16}$$

其中,$x_j(a,\psi)(j=1,2,\cdots,m)$不是时间 t 的显函数,而是慢变数 a 和 ψ 的函数,是 ψ 的以 2π 为周期的周期函数。它们由下列的微分方程决定,微分方程也按 ε 的幂级数展开为

$$\dot{a} = \varepsilon A_1(a) + \varepsilon^2 A_2(a) + \cdots + \varepsilon^m A_m(a) \tag{28-17}$$

$$\dot{\psi} = \omega_0 + \varepsilon B_1(a) + \varepsilon^2 B_2(a) + \cdots + \varepsilon^m B_m(a) \tag{28-18}$$

式中,A_i 及 B_i 均为 a 的函数。式(28-16)~式(28-18)包含了 3 个级数,故这一方法有时也称为三级数法。

28.2 谐波—能量平衡法

28.2.1 强非线性振动概述

在传统的非线性振动研究中,周期解的定性分析与定量分析是相分离的。C-L 方法(陈予恕和 Langford W. F.,1988 年)把两者统一在了一起。C-L 方法建立了周期解的拓扑结构和系统参数之间的关系,把经典的非线性振动理论发展到可求整个参数空间中的周期解,统一了世界文献上对非线性参数系统似乎矛盾的结果。

传统的周期解摄动法是在线性振动周期解的基础上摄动的,控制微分方程的摄动与初始条件是相分离的。因此,传统的摄动法对许多具有周期解的问题无法求解。具有周期解但采用传统摄动法无法求解的情况有:

第一类:强非线性振动,如

$$\ddot{x} + \omega_0^2 x + \mu x^3 = 0 \quad (\mu \geqslant 1) \tag{28-19}$$

因为传统摄动法需要找到一个小参数 $0 < \varepsilon < < 1$。

第二类:不具有线性振动周期解的方程,如

$$\ddot{x} + \varepsilon x^3 = 0 \quad (0 < \varepsilon \ll 1) \tag{28-20}$$

因为传统摄动法在线性振动周期解的基础上摄动。

第三类:具有多周期解的方程,如

$$\ddot{x} - x + \varepsilon x^3 = 0 \tag{28-21}$$

因为传统摄动法只能求解一个周期解。

第四类:具有非对称周期解的方程,如

$$\ddot{x} + \omega_0^2 x + \varepsilon x^2 = 0 \tag{28-22}$$

因为传统摄动法在线性振动周期解的基础上摄动,只能得到对称周期解。

对于一般的强非线性系统，由于情况复杂，目前还缺乏像弱非线系统那样一整套通用的近似求解方法。近二十多年来，这一问题引起了不少学者的关注，并对此开展了一系列的研究工作。例如，参数变换法（S. E. Jones，1978 年）；时间变换法（S. E. Jones，1982 年）；改进的多尺度法（T. D. Burton，1986 年）；改进 L-P 法（Y. K. Cheung，1991 年）；改进的等效线性化法（M. N. Hamdan，1990 年）；改进的谐波平衡法（S. S. Qiu，1990 年）；快速 Galerkin 法（F. H. Ling，1987 年）；带椭圆函数的谐波平衡法（S. B. Yuste，1991 年）；频闪法（Li Li，1990 年）；增量谐波平衡法（Y. K. Cheung，1990 年）；摄动增量法（Chan，1995 年）；拆分技术（吴伯生，2004 年）等。

第一、二和四类的周期解问题，均已有修正型摄动法可以解决。对于初值不同引起的分岔周期解问题，即第三类问题目前探讨较少。李银山（2004 年）等采用谐波—能量平衡法的思想求解了对称强非线性振动问题，研究了第一、二类问题；李银山（2007 年）等采用谐波—能量平衡法的思想求解了非对称强非线性振动问题，研究了第三、四类问题。李银山（2011 年）等采用谐波—能量平衡法的思想求解了多自由度强非线性振动问题的周期解。

28.2.2　对称强非线性系统的谐波—能量平衡法

李银山提出的谐波—能量平衡法，其基本思想是把一个非线性微分方程组的解，用两项谐波的组合来解析逼近。首先采用谐波平衡法，得到以振幅、角频率为未知数的不完备非线性代数方程组（未知数减去方程数等于一）；然后利用能量守恒原理，对初始条件进行变换，把用位移和速度表示的初始条件变换成振幅、角频率之间的协调方程（增加了一个补充方程），从而构成了关于振幅、角频率为未知数的完备非线性代数方程组；对这个非线性代数方程组进行求解，就可以得到振幅、角频率。

研究形如式(28-23a)的振动系统。

$$\ddot{x}+f(x)=0 \tag{28-23a}$$

这里，$f(x)$是其变量的非线性奇函数。初始条件为：

$$x(0)=x_0,\dot{x}(0)=\dot{x}_0 \tag{28-23b}$$

1）单项谐波—能量平衡法

（1）单项**谐波平衡**

强非线性自由振动微分方程式（28-23a），可用一个等效的线性微分方程（28-24）来代替。

$$\ddot{x}+\omega^2 x=0 \tag{28-24}$$

设其解为

$$x=a_1\cos(\omega t) \tag{28-25}$$

令 $\psi=\omega t$，用 Ritz-Galerkin 平均法：

$$\int_0^{2\pi}[\ddot{x}+f(x)]\cos\psi \mathrm{d}\psi=0 \tag{28-26a}$$

（2）初值变换（**能量平衡**）

变换初始条件(28-23b)，增加补充方程：

$$a_1^2=x_0^2+\frac{\dot{x}_0^2}{\omega^2} \tag{28-26b}$$

确定振幅和角频率：由式(28-26)联立求解可得 ω, a_1。

2）两项谐波—能量平衡法

（1）两项**谐波平衡**

设动力系统式(28-23a)的解为：

$$x = a_1\cos(\omega t) + a_3\cos(3\omega t) \tag{28-27}$$

令 $\psi = \omega t$，用 Ritz-Galerkin 平均法得到：

$$\int_0^{2\pi} [\ddot{x} + f(x)]\cos(s\psi)\mathrm{d}\psi = 0 \quad (s = 1,3) \tag{28-28a}$$

即两项谐波平衡解幅—频关系。

（2）初值变换（**能量平衡**）

变换初始条件(28-23b)，增加补充方程

$$(a_1 + a_3)^2 = x_0^2 + \frac{\dot{x}_0^2}{\omega^2} \tag{28-28b}$$

确定振幅和角频率：由式(28-28)联立，可解得 ω, a_1, a_3。

例题 28-1 试利用谐波能量平衡法，求五次强非线性项微分方程的周期解

$$\ddot{x} + \mu x^5 = 0, \mu > 0 \tag{1}$$

解：设方程式(1)的解为

$$x = a_1\cos(\omega t) + a_3\cos(3\omega t) \tag{2}$$

令 $\psi = \omega t$ 用 Ritz 平均法：

$$\int_0^{2\pi} [\ddot{x} + f(x)]\cos(s\psi)\mathrm{d}\psi = 0 \quad (s = 1,3) \tag{3}$$

单项谐波解幅频关系

$$\omega^2 = \frac{5}{8}\mu a_1^4 \tag{4a}$$

初始条件约束方程

$$a_1^2 = x_0^2 + \frac{\dot{x}_0^2}{\omega^2} \tag{4b}$$

由式(4)联立可解得 ω, a_1。

两项谐波解幅频关系

$$-\omega^2 + \mu\left\{\frac{5}{8}a_1^4 + \frac{25}{16}a_1^3 a_3 + \frac{15}{4}a_1^2 a_3^2 + \frac{15}{8}a_1 a_3^3 + \frac{15}{8}a_3^4\right\} = 0 \tag{5a}$$

$$-9\omega^2 a_3 + \mu\left\{\frac{5}{16}a_1^5 + \frac{15}{8}a_1^4 a_3 + \frac{15}{8}a_1^3 a_3^2 + \frac{15}{4}a_1^2 a_3^3 + \frac{5}{8}a_3^5\right\} = 0 \tag{5b}$$

初始条件约束方程

$$(a_1 + a_3)^2 = x_0^2 + \frac{\dot{x}_0^2}{\omega^2} \tag{5c}$$

由式(5)联立可解得 ω, a_1, a_3。

当 $\mu = 1$，初始条件 $x_0 = 1, \dot{x}_0 = 0$ 时的单项谐波解 $x = \cos(0.79057t)$。

两项谐波解 $x = 0.93764\cos(0.75940t) + 0.062362\cos(2.2782t)$。

图 28-1 给出了五次非线性项微分方程相图。

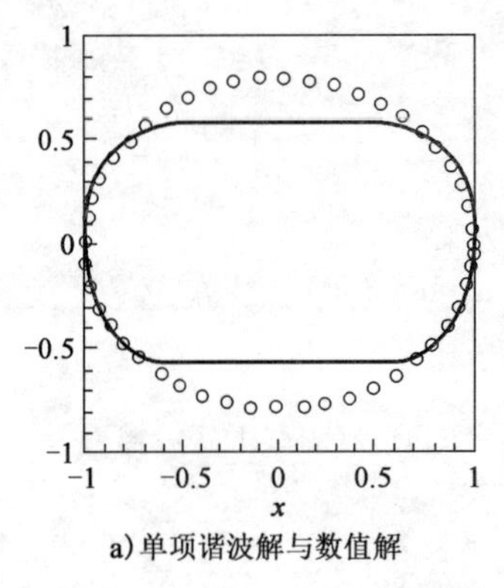

a) 单项谐波解与数值解

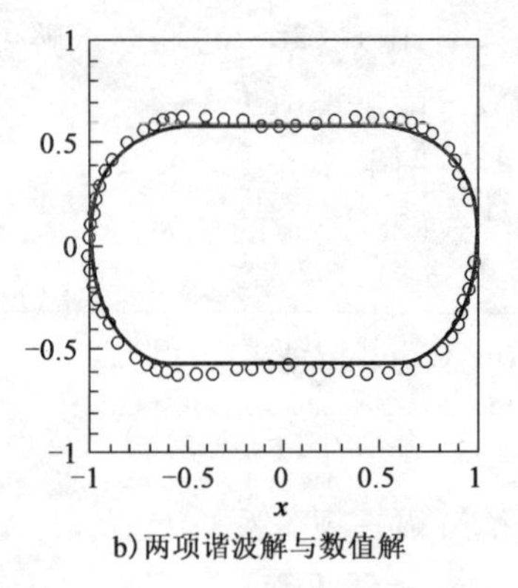

b) 两项谐波解与数值解

图 28-1　五次非线性项微分方程相图($\mu=1, x_0=1, \dot{x}_0=0$)

∘∘∘-初值变换法；——-RK 法

28.2.3　非对称强非线性系统的谐波—能量变换法

考察方程(28-29a)为存在周期解的动力系统。

$$\ddot{x}+F(x)=0 \tag{28-29a}$$

这里,$F(x)$是其变量 x 的任意非线性函数。初始条件为

$$x(0)=x_0, \dot{x}(0)=\dot{x}_0 \tag{28-29b}$$

首先对方程式(28-29a)进行奇异性分析,判断是否有周期解,是对称周期解,还是非对称周期解,然后根据周期解的类型分别进行求解。求解对称周期解按第 28.2.2 节的方法,求解非对称周期解按以下方法。

1)单项谐波—能量平衡法

(1) 单项**谐波平衡**

设动力系统式(28-29a)的非对称周期解为

$$x=a_0+a_1\cos(\omega t) \tag{28-30}$$

其中, a_0 为偏心距,a_1 为第一谐波振幅,ω 为角频率。

令 $\psi=\omega t$,用 Ritz-Galerkin 平均法得到

$$\int_0^{2\pi}[\ddot{x}+F(x)]\cos(s\psi)\mathrm{d}\psi=0 \quad (s=0,1) \tag{28-31a}$$

即单项谐波平衡解偏—幅—频关系。

(2)初值变换(**能量平衡**)

变换初始条件(28-29b),增加补充方程

$$(a_0+a_1)^2=(x_0-e)^2+\frac{\dot{x}_0^2}{\omega^2} \tag{28-31b}$$

这里 e 为中心坐标。

确定振幅、角频率和偏心距:由式(28-31)联立可解得角频率 ω、偏心距 a_0、振幅 a_1。

2)两项谐波—能量平衡法

(1) 两项**谐波平衡**

设动力系统(28-29a)的非对称周期解为

$$x=a_0+a_1\cos(\omega t)+a_2\cos(2\omega t) \tag{28-32}$$

其中,a_2 为第二谐波振幅。令 $\psi=\omega t$ 用 Ritz-Galerkin 平均法得到

$$\int_0^{2\pi}[\ddot{x}+f(x)]\cos(s\psi)\mathrm{d}\psi = 0 \quad (s=0,1,2) \tag{28-33a}$$

可得到两项谐波平衡解偏—幅—频关系。

(2) 初值变换

变换初始条件式(28-29b),增加补充方程

$$(a_0+a_1+a_2-e)^2=(x_0-e)^2+\frac{\dot{x}_0^2}{\omega^2} \tag{28-33b}$$

(3) 确定振幅、角频率和偏心距

由方程组式(28-33)联立可解得角频率 ω,偏心距 a_0,第一、二阶振幅 a_1、a_2。

例题 28-2 考察下列带有参数 $c_1<0$、$c_2<0$ 的二次非线性哈密顿系统

$$\ddot{x}+c_1x+c_2x^2=0 \tag{1a}$$

其初始条件为

$$x(0)=x_0,\dot{x}(0)=\dot{x}_0 \tag{1b}$$

设方程式(1a)的解为

$$x=a_0+a_1\cos(\omega t)+a_2\cos(2\omega t) \tag{2}$$

令 $\psi=\omega t$,用 Ritz 平均法

$$\int_0^{2\pi}[\ddot{x}+f(x)]\cos(s\psi)\mathrm{d}\psi = 0 \quad (s=0,1,2) \tag{3}$$

单项谐波解幅频关系

$$c_1a_0+c_2\left(a_0^2+\frac{1}{2}a_1^2\right)=0 \tag{4a}$$

$$(c_1-\omega^2)+2c_2a_0=0 \tag{4b}$$

初始条件约束方程

$$(a_0+a_1-e)^2=(x_0-e)^2+\frac{\dot{x}_0^2}{\omega^2},(e=-\frac{c_1}{c_2}) \tag{4c}$$

由式(4)联立可解得 ω、a_0、a_1、a_2。

两项谐波解幅频关系

$$c_1a_0+c_2\left(a_0^2+\frac{1}{2}a_1^2+\frac{1}{2}a_2^2\right)=0 \tag{5a}$$

$$(c_1-\omega^2)+c_2(2a_0+a_2)=0 \tag{5b}$$

$$(c_1-4\omega^2)a_2+c_2\left(2a_0a_2+\frac{1}{2}a_1^2\right)=0 \tag{5c}$$

初始条件约束方程

$$(a_0+a_1+a_2-e)^2=(x_0-e)^2+\frac{\dot{x}_0^2}{\omega^2},(e=-\frac{c_1}{c_2}) \tag{5d}$$

由式(5)联立可解得 ω、a_0、a_1、a_2。

图 28-2 表示方程(1a)中 $c_1=-1,c_2=-1$ 时,初始条件 $x_0=-0.2,\dot{x}_0=0$ 时的相轨迹。

用解析法解,$x=-0.2-1.2761cn^2(0.52477t,0.87884),\omega=0.74984,A=0.63805$

单项谐波—能量平衡法解:

$$x=-0.78297+0.58297\cos(0.75229t)$$

两项谐波—能量平衡法解:

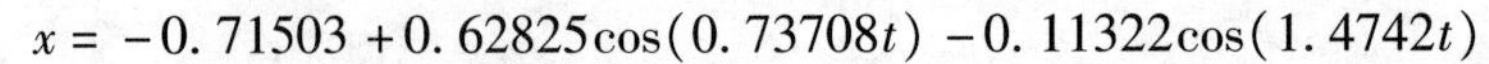

$$x = -0.71503 + 0.62825\cos(0.73708t) - 0.11322\cos(1.4742t)$$

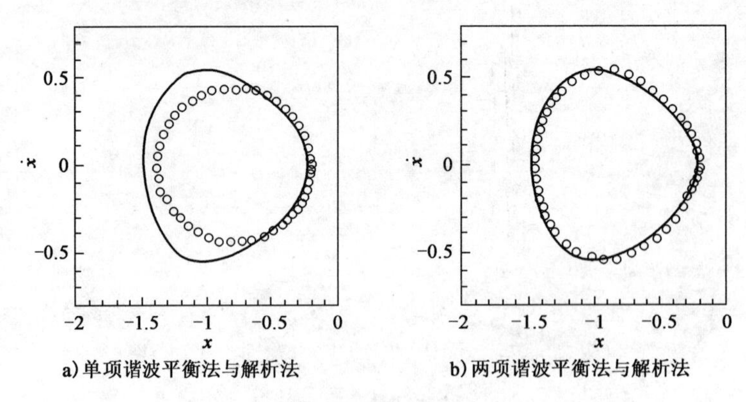

图 28-2　二次非线性方程的相轨迹

∘∘∘-初值变换法；——-解析法

28.2.4　多自由度强非线性系统的谐波—能量平衡法

我们考察一个耦合非线性弹簧—质量系统如图 28-3 所示。这个系统的运动为

$$\ddot{x}_1 + (1+k)x_1 + gx_1^3 - kx_2 = 0 \tag{28-34a}$$

$$\ddot{x}_2 + (1+k)x_2 - kx_1 = 0 \tag{28-34b}$$

初始条件为：

$$x_1(0) = x_{10}, x_2(0) = x_{20},\ \dot{x}_1(0) = v_{10}, \dot{x}_2(0) = v_{20} \tag{28-35}$$

为方便讨论，设初始条件为($A_0 > 0$)：

$$x_1(0) = A_0, x_2(0) = 0\ \dot{x}_1(0) = 0, \dot{x}_2(0) = 0 \tag{28-36}$$

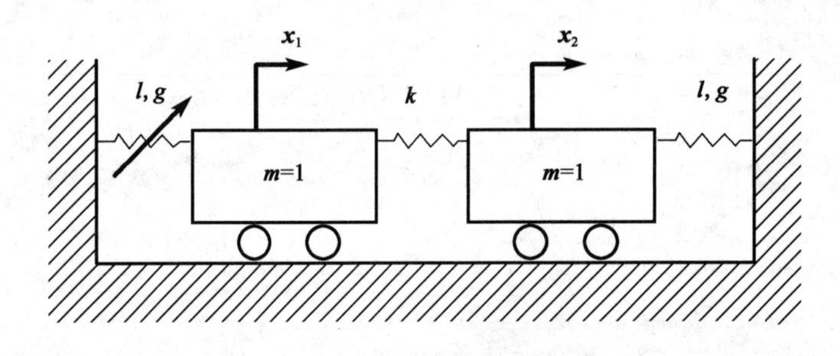

图 28-3　物理模型

1)单项谐波—能量平衡法

我们假设存在：

模态 1：
$$u_1 = A_1\cos(\omega t) \tag{28-37a}$$

模态 2：
$$u_2 = A_2\cos(\omega t) \tag{28-37b}$$

考虑到叠加原理，设方程组式(28-34)的解为

$$x_1 = a_1\cos(\omega_1 t) + a_2\cos(\omega_2 t) \tag{28-38a}$$

$$x_2 = r_1 a_1\cos(\omega_1 t) + r_2 a_2\cos(\omega_2 t) \tag{28-38b}$$

考虑到振型的正交性，由方程组式(28-34)得到幅—频关系

$$1 + k - \omega_1^2 - kr_1 + \frac{3}{4}ga_1^2 = 0 \tag{28-39a}$$

$$1+k-\omega_2^2-kr_2+\frac{3}{4}ga_2^2=0 \tag{28-39b}$$

$$r_1+kr_1-r_1\omega_1^2-k=0 \tag{28-39c}$$

$$r_2+kr_2-r_2\omega_2^2-k=0 \tag{28-39d}$$

变换初始条件,增加补充方程:

$$a_1+a_2=A_0 \tag{28-39e}$$

$$r_1a_1+r_2a_2=0 \tag{28-39f}$$

联列解方程组式(28-39),可以得到角频率 ω_1 和 ω_2,振幅 a_1 和 a_2,主型 r_1 和 r_2。

2)两项谐波能量—平衡法

我们假设存在

模态1: $$u_1=A_1\cos(\omega t)+A_3\cos(3\omega t) \tag{28-40a}$$

模态2: $$u_2=A_2\cos(\omega t)+A_4\cos(3\omega t) \tag{28-40b}$$

考虑到叠加原理,设方程组式(28-34)的周期解形式为

$$x_1=a_1\cos(\omega_1t)+a_2\cos(\omega_2t)+a_3\cos(3\omega_1t)+a_4\cos(3\omega_2t) \tag{28-41a}$$

$$x_2=r_1a_1\cos(\omega_1t)+r_1a_2\cos(\omega_2t)+r_3a_3\cos(3\omega_1t)+r_4a_4\cos(3\omega_2t) \tag{28-41b}$$

考虑到振型的正交性,由方程式(28-34)得到幅—频关系

$$(1+k-\omega_1^2)-kr_1+\frac{3}{4}g(a_1^2+a_1a_3+2a_3^2)=0 \tag{28-42a}$$

$$(1+k-\omega_2^2)-kr_2+\frac{3}{4}g(a_2^2+a_2a_4+2a_4^2)=0 \tag{28-42b}$$

$$r_1(1+k-\omega_1^2)-k=0 \tag{28-42c}$$

$$r_2(1+k-\omega_2^2)-k=0 \tag{28-42d}$$

$$(1+k-9\omega_1^2)a_3-kr_3a_3+\frac{1}{4}g(a_1^3+6a_1^2a_3+3a_3^3)=0 \tag{28-42e}$$

$$(1+k-9\omega_2^2)a_4-kr_4a_4+\frac{1}{4}g(a_2^3+6a_2^2a_4+3a_4^3)=0 \tag{28-42f}$$

$$r_3(1+k-9\omega_1^2)-k=0 \tag{28-42g}$$

$$r_4(1+k-9\omega_2^2)-k=0 \tag{28-42h}$$

变换初始条件,增加补充方程:

$$a_1+a_2+a_3+a_4=A_0 \tag{28-42i}$$

$$r_1a_1+r_2a_2+r_3a_3+r_4a_4=0 \tag{28-42j}$$

联列解方程组(28-42),可以得到角频率 ω_1 和 ω_2,振幅 a_1 和 a_2,副振幅 a_3 和 a_4,主振型 r_1 和 r_2,副振型 r_3 和 r_4。其中 $r_1=a_2^{(1)}/a_1^{(1)}$,$r_2=a_2^{(2)}/a_1^{(2)}$,$r_3=a_4^{(1)}/a_3^{(1)}$,$r_4=a_4^{(2)}/a_3^{(2)}$。

例题 28-3 图 28-4 表示了方程组式(28-16),取 $k=0.1$,$g=10$ 时,初始条件 $x_1(0)=1$,$x_2(0)=0$,$\dot{x}_1(0)=0$,$\dot{x}_2(0)=0$ 的情况。这时,两个振子为耦合强非线性模态情况。

单项谐波平衡法解:$x_1=0.013421\cos(1.0003t)+0.98658\cos(2.8985t)$;

$x_2=0.013512\cos(1.0003t)-0.013512\cos(2.8985t)$。

两项谐波平衡法解:$x_1=0.013433\cos(1.0003t)+0.95005\cos(2.8550t)+0.76689\times10^{-6}\cos(3.0010t)+0.036514\cos(8.5650t)$;

$x_2=0.013524\cos(1.0003t)-0.013080\cos(2.8550t)-0.97000\times10^{-8}\cos(3.0010t)-0.50532\times10^{-4}\cos(8.5650t)$。

由图 28-4 可见,对于耦合强非线性情形,与数值法解相比，单项谐波平衡法误差较大；两项谐波平衡法解吻合较好。

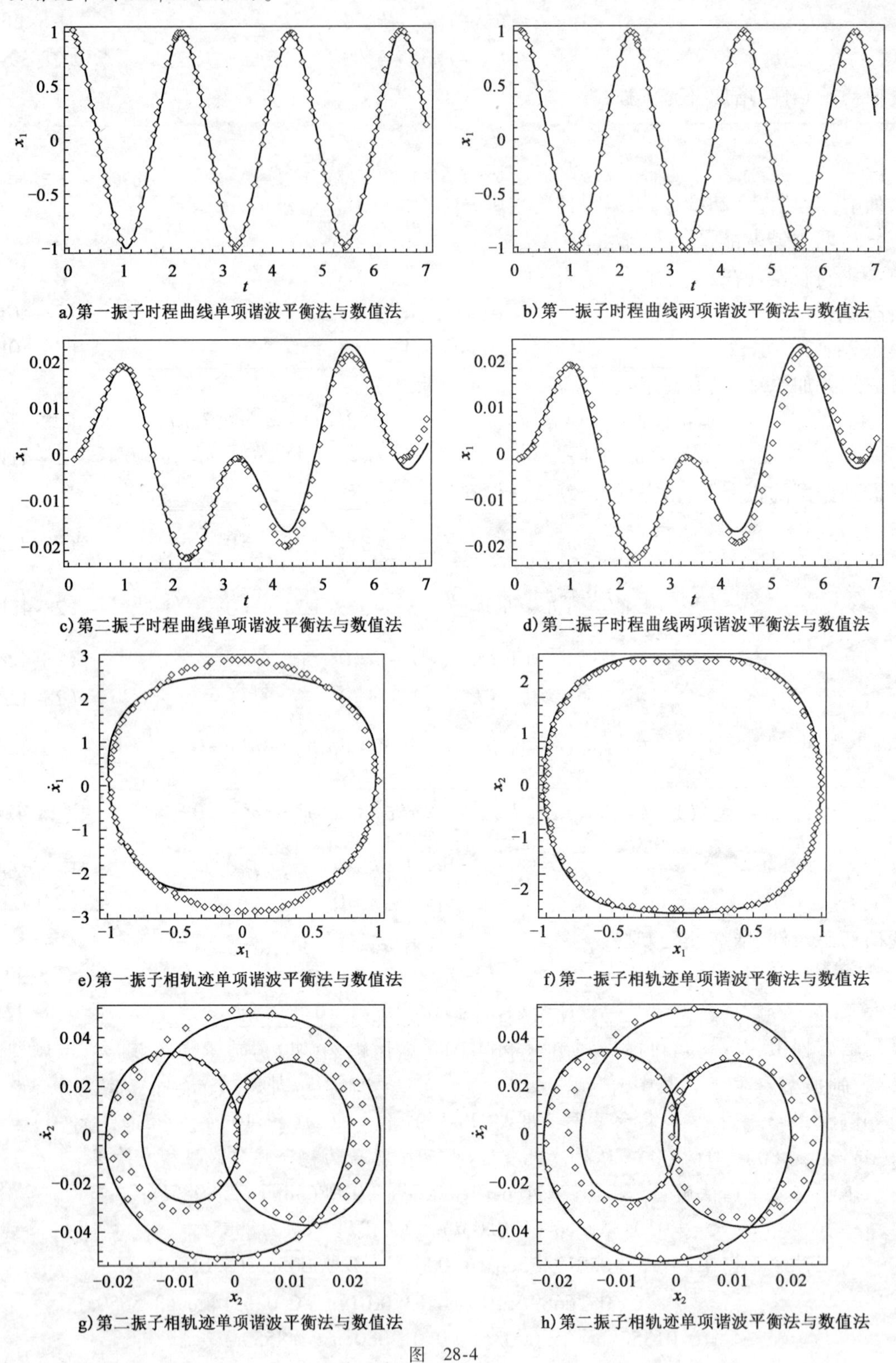

a) 第一振子时程曲线单项谐波平衡法与数值法

b) 第一振子时程曲线两项谐波平衡法与数值法

c) 第二振子时程曲线单项谐波平衡法与数值法

d) 第二振子时程曲线两项谐波平衡法与数值法

e) 第一振子相轨迹单项谐波平衡法与数值法

f) 第一振子相轨迹单项谐波平衡法与数值法

g) 第二振子相轨迹单项谐波平衡法与数值法

h) 第二振子相轨迹单项谐波平衡法与数值法

图 28-4

◦◦◦-初值变换法；——-数值法

几点结论：

(1)谐波—能量法方法简单,谐波数少。不仅能够得到单自由度强非线性振动的解析逼近解,而且能够得到多自由度强非线性振动的解析逼近解;不仅能够得到对称强非线性振动的解析逼近解,而且能够得到非对称强非线性振动的解析逼近解。

(2)对于强非线性非对称振动问题本文引入了偏心距的概念,从文中求解结果可以看出中心坐标 e 与偏心距 a_0 的本质差别,在实际工程问题中偏心距与振幅同样重要,必须给以重视。

(3)利用谐波—能量平衡法,提出了非线性模态的构造性求解方法。

28.3 分岔

对于一些含参数的系统,当参数变化并经过某些临界值时,系统的定性性态(例如平衡状态或周期运动的数量,性质和稳定性)会发生突然变化,这种现象称为分岔(bifurcation),对应的参数的临界值称为分岔值。分岔是一类常见的非线性现象,并且与其他非线性现象如混沌、分形等密切相关。因此,在非线性动力学中占有重要地位。

分岔问题起源于对力学失稳现象的研究,van del Pol、Poincare 和 Andronov 等人对非线性振动中的一些分岔现象进行了初步研究。随着微分动力系统、突变理论、奇异性理论等现代数学理论的发展,以及电子计算机和高效计算手段的相继出现,分岔理论逐渐发展成为研究分岔现象中共性问题的分支学科,并且在力学、物理学、化学、经济学、车辆工程、航天工程和控制工程等领域得到了广泛应用。

28.3.1 分岔的数学定义

定义 28-1 对于含参数的系统

$$\dot{\boldsymbol{x}} = f(\boldsymbol{x}, \boldsymbol{\alpha}) \tag{28-43}$$

其中,$\boldsymbol{x} \in \boldsymbol{R}^n$ 为状态矢量;$\alpha \in \boldsymbol{R}^m$ 为分岔参数。当参数 $\boldsymbol{\alpha}$ 在 $\boldsymbol{\alpha} = \boldsymbol{\alpha}_0$ 附近连续地变动时,若系统(28-52)的相轨迹的拓扑结构(或运动的性质)发生突然变化,则称此现象为分岔,相应的临界值 $\boldsymbol{\alpha}_0$ 为分岔值。在参数空间 $\boldsymbol{R}^m$ 中,分岔值构成的集合称为分岔集。

解的数量和稳定性在分岔值附近发生了突变,这种情况叫作静态分岔;不仅平衡点的稳定性在分岔值附近发生变化,而且相轨迹的拓扑结构也发生了突变,叫作动态分岔。静态分岔问题可以看作动态分岔问题的一部分内容。另外,解(或者平衡点)的数量的突然变化(静态分岔)往往要引起相轨迹(或解曲线)的拓扑结构变化。

在一些应用的问题中,有时只需要考虑在平衡点或闭轨迹附近相轨迹的变化,即它们邻域内的分岔,这种分岔问题称为局部分岔。如果所研究的问题涉及矢量场中大范围的分岔性态,则称全局分岔。当然,系统的“局部”和“全局”性质是密切相关的,而且局部分岔本身是全局分岔分析的重要内容。

对于有些系统,当受到小扰动时其分岔性态并不改变,则称这样的分岔是通有的。非通有的分岔称为退化的。可以认为,通有分岔是“稳定”的,退化分岔是“不稳定”的。通过适当地引入附加参数的方法,可以把退化分岔转化为通有分岔,这称作奇异性理论中的开折问题。

分岔问题和结构稳定性问题密切相连,结构不稳定的系统往往伴随着分岔现象的出现。

定理 28-1(Peixoto 定理) 平面系统中出现结构不稳定(或分岔现象)的充分必要条件为:

(1)存在非双曲平衡点;

(2)存在非双曲闭轨;

(3)存在同宿或异宿相轨迹。

分岔问题的主要研究内容归纳如下：

(1)分岔集的确定,即研究发生分岔的必要条件和充分条件；

(2)当出现分岔时,系统的拓扑结构随参数变化的情况,即分岔的定性性态的研究；

(3)计算分岔解,尤其是平衡点和极限环,并分析其稳定性；

(4)考察不同分岔的相互作用问题,以及分岔与混沌、分形等其他动力学现象的关系。

28.3.2 局部向量场的余维数定义

非线性动力系统随着其中控制参数 α 的变化,动力系统的形态(如**平衡点的稳定性**、**平衡点的数目**、**拓扑轨道**)在一定的 α 的数值处也发生变化,这就是**分岔**。该 α 值及相应的相空间的值称为**分岔点**。

现在介绍在非双曲平衡点附近的局部向量场的分类问题。考虑向量场

$$\dot{x}=g(x),x\in\mathbb{R}^{n} \tag{28-44}$$

其中,$x=0$ 是非双曲平衡点,即 $g(0)=0$,且 $Dg(0)$ 有实部为零的特征值。一般地说,向量场 $g(x)$ 及其普适开折的动力学性态取决于两个因素:一个是 $g(x)$ 的线性结构,即矩阵 $Dg(0)$ 的特征值和特征向量的情况;另一个是 $g(x)$ 的非线性结构,即 $g(x)$ 的展开式中非线性项的情况。这里我们按向量场的线性结构进行分类,在此基础上再进一步考虑向量场非线性结构中的退化性对动力学性态的影响。设 $Dg(0)$ 有 k 个特征值的实部为零,它们在 $Dg(0)$ 的实约当标准形中对应一个 k 阶子块 J,即经过坐标的线性变换后,可取标准形

$$Dg(0)=\begin{pmatrix}J&0\\0&A\end{pmatrix}$$

其中,A 是非零实部的特征值对应的子块。记 K 为全体 k 阶实矩阵组成的线性空间,S 为在 K 中与 J 相似的全体实矩阵组成的子流形。我们称 S 在空间 K 中的余维数为 $g(x)$ 的**线性余维数**。下面按线性余维数和子块 J 的结构,对向量场进行分类。例如:

线性余维数为 1 的情形:

(1)$Dg(0)$ 有单零特征值 $\lambda_1=0$,此时

$$J=(0)$$

(2)$Dg(0)$ 有一对纯虚特征值 $\lambda_{1,2}=\pm i\omega_0(\omega_0>0)$,此时

$$J=\begin{pmatrix}0&-\omega_0\\\omega_0&0\end{pmatrix}$$

线性余维数为 2 的情形:

(1)$Dg(0)$ 有二重零特征值 $\lambda_1=\lambda_2=0$,且 J 不可对角化[即 $Dg(0)$ 有二重非半简单的零特征值],此时

$$J=\begin{pmatrix}0&1\\0&0\end{pmatrix}$$

(2)$Dg(0)$ 有单零特征值 $\lambda_1=0$ 和一对纯虚特征值 $\lambda_{2,3}=\pm i\omega(\omega>0)$,此时

$$J=\begin{pmatrix}0&0&0\\0&0&-\omega\\0&\omega&0\end{pmatrix}$$

(3)$Dg(0)$ 有两对纯虚特征值 $\lambda_{1,2}=\pm i\omega_1$ 和 $\lambda_{3,4}=\pm i\omega_2(\omega_1,\omega_2>0)$,此时

$$J=\begin{pmatrix}0 & -\omega_1 & 0 & 0\\ \omega_1 & 0 & 0 & 0\\ 0 & 0 & 0 & -\omega_2\\ 0 & 0 & \omega_2 & 0\end{pmatrix}$$

其中,如果存在非负整数 n_1 和 n_2,使得 $\omega_1/\omega_2=n_1/n_2$,则称 J 是"$n_1:n_2$ 共振"的;否则,J 是"非共振"的。

此外,还有更高线性余维的情形。例如,当 $Dg(0)$ 有二重非半简单的纯虚特征值 $\lambda_{1,2}=\lambda_{3,4}=\pm \mathrm{i}\omega$ 时,有

$$J=\begin{pmatrix}0 & -\omega & 0 & 0\\ \omega & 0 & 0 & 0\\ 0 & 0 & 0 & -\omega\\ 0 & 0 & \omega & 0\end{pmatrix}$$

则称 J 是非半简单 1:1 **共振**的,其线性余维数为 3。又如 $Dg(0)$ 有二重半简单的零特征值时,有二重半简单的零特征值 $\lambda_1=\lambda_2=0$ 时,则

$$J=\begin{pmatrix}0 & 0\\ 0 & 0\end{pmatrix}$$

其线性余维数为 4。

在把向量场按线性结构进行分类之后,我们便可以按非线性结构的退化情形进一步讨论其普适开折和分析各种可能的动力学状态。

28.3.3 最简单的分岔条件

1)连续—时间系统最简单的分岔条件

考虑依赖于一个参数的连续—时间系统

$$\dot{x}=f(x,\alpha),x\in\mathbb{R}^n,\alpha\in\mathbb{R}^1 \tag{28-45}$$

其中,f 关于 x 和 α 都光滑。设 $x=x_0$ 是这个系统当 $\alpha=\alpha_0$ 时的一个双曲平衡点。在小参数变化下,平衡点稍微有些移动,但保持双曲性,因此,可以进一步变化参数以监控平衡点。显然,一般只有两个方法使双曲性条件遭到破坏。对参数的某些值,其一是单个特征值趋于零,这时有 $\lambda_1=0$[图 28-5a)],其二是一对单复特征值到达虚轴,这时有 $\lambda_{1,2}=\pm\mathrm{i}\omega_0$,$\omega_0>0$[图 28-5b)]。显然(可精确的阐述),需要更多的参数才能配置另外的特征值在虚轴上。注意,如果系统有某些特殊性质,例如对称系统,这也许是不成立的。

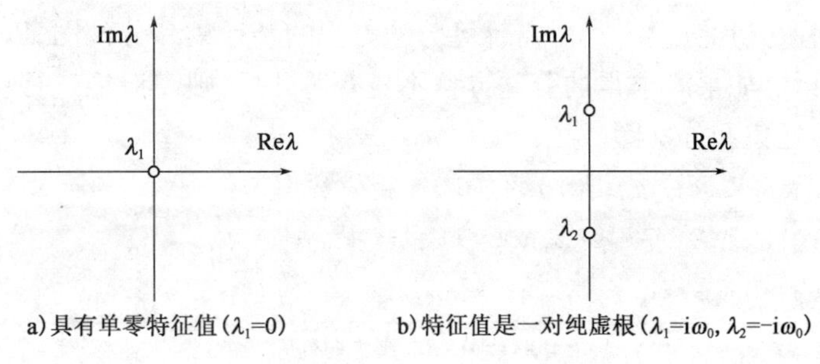

图 28-5 余维一临界情形

最简单的分岔条件两个定义:

定义 28-2　与出现 $\lambda_1 = 0$ 的现象相对应的分岔称为折(或切)分岔。

注:这个分支有许多其他名字,包括极限点分岔、鞍—结点分岔,以及转向点分岔。

定义 28-3　与出现 $\lambda_{1,2} = \pm i\omega_0, \omega_0 > 0$ 相对应的分岔称为 Hopf(或 Antronov-Hopf)分岔。

注意:切分岔对 $n \geqslant 1$ 是有可能的,但对 Hopf 分岔,必须 $n \geqslant 2$。

2)离散—时间系统最简单的分岔条件

考虑赖于参数的离散—时间动力系统

$$x\mathbb{R} \to f(x,\alpha), x \in \mathbb{R}^n, \alpha \in \mathbb{R}^1$$

这里映射 f 关于 x 和 α 都光滑。有时将这个系统写为

$$\tilde{x} = f(x,\alpha), x, \tilde{x} \in \mathbb{R}^n, \alpha \in \mathbb{R}^1$$

这里 $\tilde{x}$ 表示 x 在这个映射作用下的象。设 $x = x_0$ 是这个系统在 $\alpha = \alpha_0$ 时的双曲不动点。当参数变化时监控这个不动点以及它的乘子。显然,在一般情况下,只有三种方法才能破坏双曲性条件:对某个参数值,要么单个正乘子趋于单位圆,有 $\mu_1 = 1$[图 28-6a)],要么单个负乘子趋于单位圆,这时有 $\mu_1 = -1$[图 28-6b)],还有就是一对单复乘子到达单位圆,这时有 $\mu_{1,2} = e^{\pm i\theta_0}, 0 < \theta_0 < \pi$[图 28-6c)]。显然,需要更多参数才能分配额外的乘子在单位圆上。

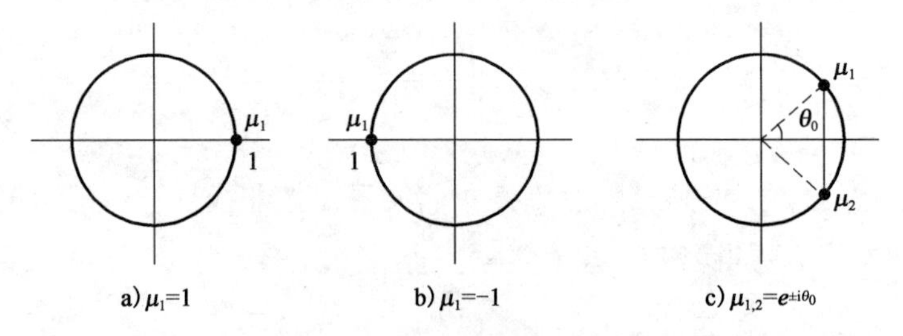

图 28-6　余维一的临界情形

满足上面条件之一的非双曲不动点是**结构不稳定的**。

定义 28-4　对应于 $\mu_1 = 1$ 的分支称为折(或切)分岔。

注:这个分岔除了别的名字以外,也称为极限点分岔、鞍—结点分岔,以及转向点分岔。

定义 28-5　对应于 $\mu_1 = -1$ 的分岔称为翻转(或倍周期)分岔。

定义 28-6　对应于 $\mu_{1,2} = e^{\pm i\theta_0}, 0 < \theta_0 < \pi$ 的分岔称为 Neimark-Sacker(或环面)分岔。

注意:折分支和翻转分支只当 $n \geqslant 1$ 时才有可能,而对 Neimark-Sacker 分支,则需要 $n \geqslant 2$。

28.3.4　普适开折的保持性、转迁集

用近似方法分析非线性振动问题时,会得到响应方程。该方程是分析非线性振动系统分岔解的基本方程,又称分岔方程。需计算分岔方程的转迁集和分岔图,以便完成非线性振动问题的分岔分析。如果所求得的分岔方程不是普适开折,则需对之进行识别,并进行普适开折,然后再求转迁集和分岔图。

例题 28-4　计算叉形分岔式(1)的转迁集和分岔图。

$$g(x,\lambda) = x^3 - \lambda x + \alpha_1 x^2 + \alpha_2 \tag{1}$$

解:①分岔集的确定:

$$g'_x = 3x^2 - \lambda + 2\alpha_1 x \tag{2}$$

$$g'_\lambda = -x \tag{3}$$

$$g''_{xx} = 6x + 2\alpha_1 \tag{4}$$

由 $g=g'_{\lambda}=g'_{x}=0$，解得分岔集，$B=\{\alpha_2=0\}$。

②滞后集确定：

由 $g=g'_{x}=g''_{xx}=0$，解得滞后集，$H=\left\{\alpha_2-\dfrac{1}{27}\alpha_1^3=0\right\}$。

③转迁集图形表示；

④计算保持性分岔图；

⑤计算非保持性分岔图。

叉形分岔 $g(x,\lambda)=x^3-\lambda x+\alpha_1 x^2+\alpha_2$，分岔图见图 28-7。四种保持性分岔见图 28-8，四种非保持性分岔见图 28-9。

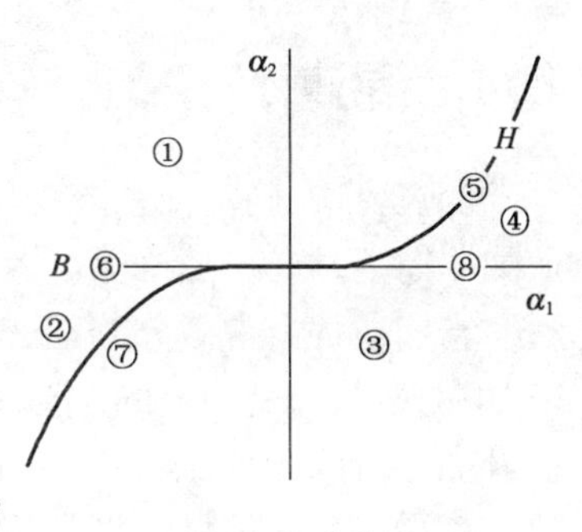

图 28-7　分岔图

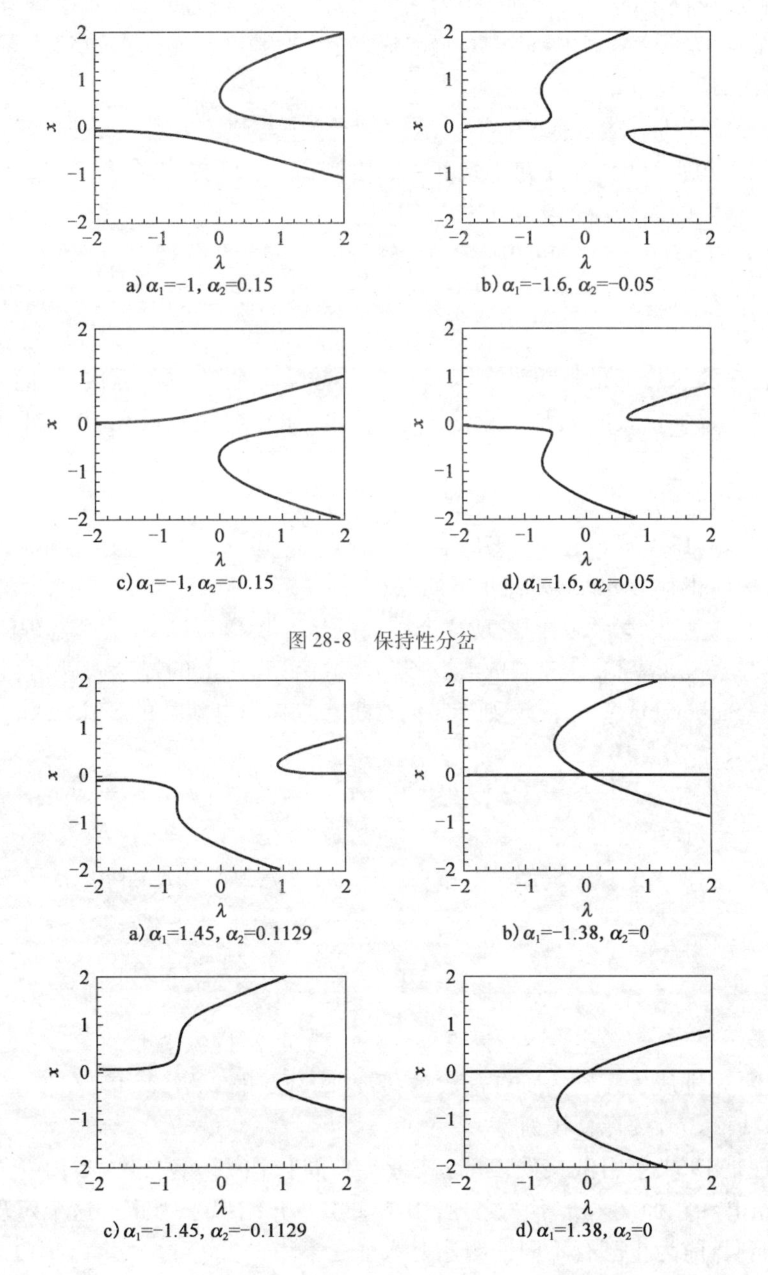

图 28-8　保持性分岔

图 28-9　非保持性分岔

28.4 混沌

混沌是指在确定性系统中出现的类似随机的过程。对这种过程不同作者采用过不同的词,如非周期、湍流、随机等。混沌的汉语名还有混乱、嘈杂、无规等。确定性系统指动力学系统,它们通常由常微分方程、偏微分方程、差分方程,甚至简单的代数迭代方程所描述,且方程中的系数都是确定的。对于一组完全确定的初始值,从数学上说,动力学系统给出一个确定性的过程。但在某些系统中,这种过程可能对初始值的任何微小摄动极端敏感,因而从物理上看,得到的结果似乎是随机的过程。

中国古有混沌这个词。公元前 580 年左右《周易》:“气似质具而未相离为之混沌”。公元前 560 年左右《老子》一书中所说“有物混成,先天地生。”王弼注:“混然不可得而知,而万物由之以成,故曰混成也。”

李耳(公元前 571 ~ 公元前 371 年)在《道德经》中写道:“道生一,一生二,二生三,三生万物。”李耳的思想很有价值,在两千多年前,用十三个字就提出关于宇宙的起源和演化问题。李耳具有朴素的周期三产生混沌的思想。

孔丘(公元前 551 ~ 公元前 479 年)在《易经》中写道:“易有太极,是生两仪,两仪生四象,四象生八卦,八卦定吉凶,吉凶生大业。”孔丘包含了朴素的倍周期分岔通向混沌道路的思想。

李耳和孔丘的思想都是猜想没有经过严格的数学证明。而在近代,全世界最早给出混沌的第一个严格数学定义的人是美籍华人李天岩。他和约克教授在 1975 年 12 月那期《美国数学月刊》上发表了一篇论文,题为“周期三意味着混沌”。在这篇文章中,他们正式提出混沌一词,并给出它的定义和一些有趣的性质。

定理 28-2 (Li-Yorke 定理,1975 年)若 $f(x)$ 是区间 $[a,b]$ 上的连续自映射,且有一个 3 周期点,则对任何正整数 $n>3$ 都有 n 周期点。

Li-Yorke 的文章发表后,人们发现这个结果只是苏联 Sarkovskii 一个定理的特例。

定理 28-3 (Sarkovskii 定理,1964 年)若 $f(x)$ 是线段 I 上的连续自映射,且 f 有 m 周期点。如果 n 按 Sarkovskii 序大于 m,则 f 有 n 周期点。其中自然数的 Sarkovskii 是指如下的先后排列:

$$
\begin{gathered}
3,5,7,\cdots,2n+1,2n+3,\cdots \\
2\cdot 3,2\cdot 5,2\cdot 7,\cdots,2\cdot(2n+1),2\cdot(2n+3),\cdots \\
2^2\cdot 3,2^2\cdot 5,2^2\cdot 7,\cdots,2^2\cdot(2n+1),2^2\cdot(2n+3),\cdots \\
\cdots,\cdots,\cdots,\cdots,\cdots,\cdots,\cdots \\
2^m\cdot 3,2^m\cdot 5,2^m\cdot 7,\cdots,2^m\cdot(2n+1),2^m\cdot(2n+3),\cdots \\
\cdots,\cdots,\cdots,\cdots,\cdots,\cdots,\cdots \\
\cdots,2^l,2^{l-1},\cdots,16,8,4,2,1
\end{gathered}
$$

这个次序是说,先排从 3 开始的所有奇数,然后这些奇数的 2 倍,2^2 倍,…,2^m 倍,…,最后一行是 $2^l(l=0,1,2,\cdots)$ 按降幂排列。

这个定理是 1964 年用俄文发表的,被束之高阁长达 13 年之久,不为外人所知。直到 1977 年 Stefan P 纠正原文若干不妥之处,用英文重新介绍出来为止。这个定理是如此受到重视,以至于到目前为止已有不同证明达七八个之多。

这样,3 是 Sarkovskii 序列的第一个数,任何正整数 n 都会在 Sarkovskii 序列中出现。这正说明，Li-Yorke 定理是 Sarkovskii 定理的特例。

Ford J 教授认为：20 世纪科学将永远被铭记的只有三件事，那就是相对论、量子力学和混沌。混沌学的出现是 20 世纪的第三次科学革命。

混沌具有两个最根本的特征：

第一个特征是系统状态对初始条件的灵敏依赖性，即初始条件的微小差别会随时间的演化呈指数增长。换言之，如果初始条件只有有限的精度，则随时间的增长，其状态的精度将变得越来越差，最终不可接受和长期不可预测。

第二特征是其吸引子具有奇异吸引子结构。奇异吸引子也称“随机吸引子”。它位于相空间中，具有分数维，其轨线在空间中总是保持在一定的有限范围内，轨线形状极其复杂，并具有结构稳定性。

随着时间的演化，其轨线是不重叠的。奇异吸引子最典型的特征是其具有无穷嵌套的自相似性结构，即取出吸引子中的小部分进行放大，它具有与原吸引子相同的内部结构，再将放大后的吸引子取出一小部分再放大，它仍然具有同原吸引子相同的内部结构，如此循环，以至无穷。当系统同时具备这两个特征时，则认为该系统存在混沌。

28.5 Maple 编程示例

编程题 28-1 绘出 Logistic 映射式(1)的分岔图。

$$x_{n+1} = ax_n(1 - x_n) \quad (1)$$

其中，$x_n \in [0,1]$，$a \in [1,4]$。

解：(1)建模

①定义 Logistic 映射；

②求不动点；

③绘分岔图。

答：Logistic 映射分岔图见图 28-10。

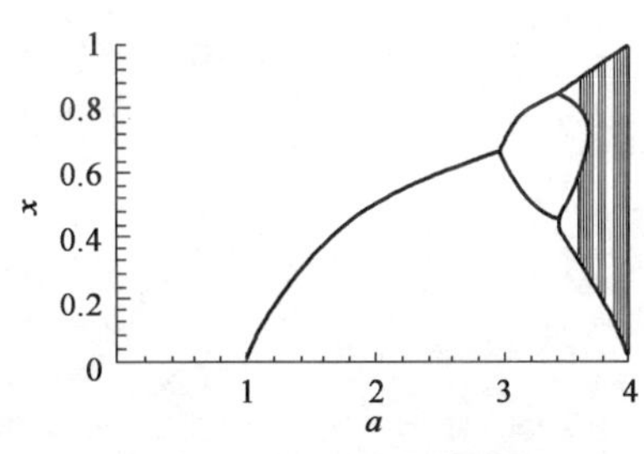

图 28-10 Logistic 映射分岔图

(2)Maple 程序

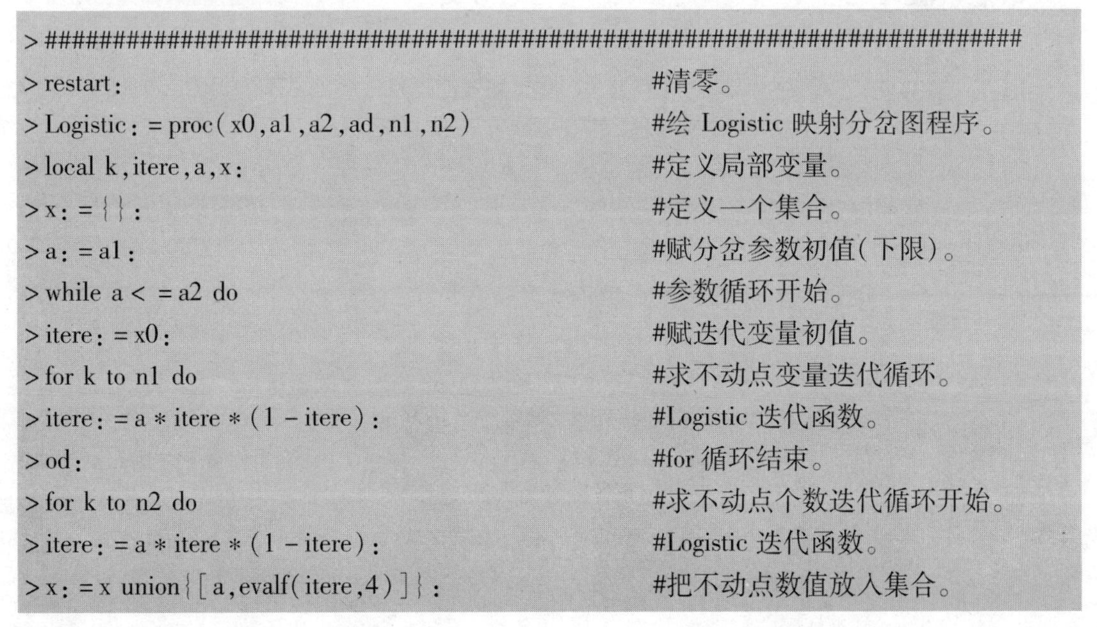

```
> ##########################################################################
> restart:                                              #清零。
> Logistic: = proc(x0,a1,a2,ad,n1,n2)                   #绘 Logistic 映射分岔图程序。
> local k,itere,a,x:                                    #定义局部变量。
> x: = {}:                                              #定义一个集合。
> a: = a1:                                              #赋分岔参数初值(下限)。
> while a < = a2 do                                     #参数循环开始。
> itere: = x0:                                          #赋迭代变量初值。
> for k to n1 do                                        #求不动点变量迭代循环。
> itere: = a * itere * (1 - itere):                     #Logistic 迭代函数。
> od:                                                   #for 循环结束。
> for k to n2 do                                        #求不动点个数迭代循环开始。
> itere: = a * itere * (1 - itere):                     #Logistic 迭代函数。
> x: = x union{[a,evalf(itere,4)]}:                     #把不动点数值放入集合。
```

```
> od:                                                            #for 循环结束。
> a: = a + ad                                                    #参数增值。
> od:                                                            #while 循环结束。
> plot([op(x)],ά= a1..a2,style = POINT,symbol = POINT,
>           labelfont = [TIMES,ITALIC,12]):                      #绘 Logistic 映射分岔图。
> end:                                                           #结束。
> Logistic(0.1,0,4,0.01,80,100);                                 #给出具体数值。
> ##############################################################################
```

思考题

思考题 28-1 (简答题)

(1)如何判断一个振动问题是非线性的?振动问题中的非线性可能来自哪些方面?举例说明。

(2)什么是自由振动?举例说明。

(3)什么是受迫振动?举例说明。

(4)什么是自激振动?举例说明。

(5)什么是参激振动?举例说明。

(6)什么是长期项?举例说明。

(7)什么是主共振?什么是非共振?举例说明。

(8)什么是亚谐振动?什么是超谐振动?举例说明。

(9)什么是分岔?举例说明。

(10)什么是混沌?举例说明。

思考题 28-2 (判断题)

(1)可以通过质量、弹簧、阻尼和(或)边界条件,把非线性引入到系统的控制微分方程中。 ( )

(2)对一个系统的非线性分析可能会发现一些出乎意料的现象。 ( )

(3)马休方程是一个自治方程。 ( )

(4)在线性系统和非线性系统中都可以观察到跳跃现象。 ( )

(5)干摩擦可引起系统中的非线性。 ( )

思考题 28-3 (填空题)

(1)________原理不适用于非线性分析。

(2)________方程包含时变系数。

(3)如果单摆的支点承受竖直方向的振动,则其控制微分方程称为________方程。

(4)机械颤振是一种________振动。

(5)范德波尔方程可以揭示________现象。

思考题 28-4 (选择题)

(1)一个线性系统的运动微分方程中,每一项都是位移、速度和加速度的________。

(a)一阶项　　(b)二阶项　　(c) 三阶项

(2)非线性应力—应变关系可以导致________的非线性。

(a)质量　　(b)弹簧　　(c) 阻尼

(3)如果力随位移的变化率 dF/dx 是增函数,则这样的弹簧称为________。

(a)软弹簧　　(b)硬弹簧　　(c)线性弹簧

(4)如果力随位移的变化率 dF/dx 是减函数,则这样的弹簧称为________。

(a)软弹簧　　(b)硬弹簧　　(c)线性弹簧

(5)如果在控制微分方程中显含时间 t,则相应的系统称为________现象。

(a)自治系统　　(b)非自治系统　　(c)线性系统

思考题 28-5　(连线题)

(1) $\ddot{x}+\delta\dot{x}+H(x)=f\cos\Omega t$　　(a)质量非线性

其中, $H(x)=\begin{cases}x, & x<x_0\\ \tilde{\omega}^2x+(1-\tilde{\omega}^2x_0), & x\geqslant x_0\end{cases}$

(2) $\ddot{x}+\delta\dot{x}+\omega_0^2x+\varepsilon\omega_0^2x^3=f\cos\Omega t$　　(b)阻尼非线性

(3) $\ddot{x}+\delta\dot{x}+\omega_0^2x=f\cos\Omega t$　　(c)线性方程

(4) $\ddot{x}+\alpha(x^2-1)\dot{x}+\omega_0^2x=f\cos\Omega t$　　(d)弹簧力非线性

(5) $(m_0+at)\ddot{x}+c\dot{x}+kx=F\cos\Omega t$　　(e)边界条件非线性

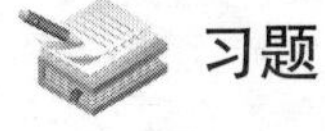

习题

A 类型习题

习题 28-1　如图 28-11 所示,在板簧试验中得到了"三角形"弹性力变化特征曲线,当板簧偏离静平衡位置时,特征曲线的上分支(c_1)起作用;当板簧返回时,曲线的下分支(c_2)起作用。设初始瞬时板簧偏离静平衡位置 x_0,初速度为零,板簧上物体的质量为 m,板簧的质量可以忽略,板簧的刚度系数为 k_1 和 k_2,试写出第一个半周期内板簧自由振动的方程,并求出振动的全周期 T。

习题 28-2　求上题所板簧自由振动的振幅衰减规建。已知记录自由振动时得到的振幅减序列为 13.0mm,7.05mm,3.80mm,2.05mm,…。根据已知振动图线,求刚度系数比值 k_2/k_1。这里 k_1 和 k_2 对应于"三角形"刚度特征曲线的上、下分支。

习题 28-3　如图 28-12 所示,质量 m 在刚度系数为 k 的弹簧上振动,在与平衡位置两边成等距的两处(距离为 Δ)各设立一个刚性挡板,假定挡板的碰撞恢复系数为 1,求系统作角频率为 ω 的周期振动时的运动规律,并求 ω 的可能值。

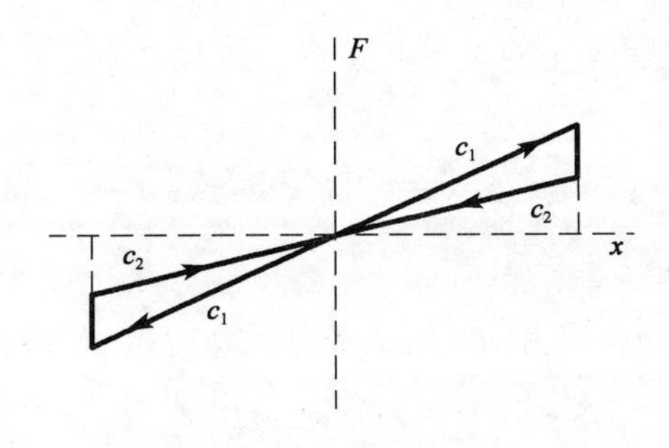

图 28-11　习题 28-1

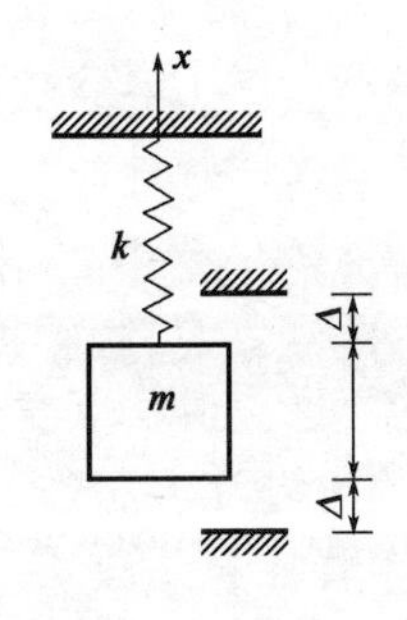

图 28-12　习题 28-3

习题 28-4 在只有下挡板的情况下，试求解上题。

习题 28-5 设系统的运动方程写成

$$m\ddot{x} + F_0 \text{sign}x + kx = 0$$

求系统自由振动第一谐波的振幅 a_1 与频率 ω 的关系。

习题 28-6 设系统的运动方程写成

$$\ddot{x} + (\dot{x}^2 + \omega_0^2 x^2 - \alpha^2)\dot{x} + \omega_0^2 x = 0$$

求系统产生自激振动的振幅 a，并研究其稳定性。

习题 28-7 试给出习题 26-19 的系统发生与角频率为 $\omega_0 = \sqrt{\dfrac{k}{m}}$ 的简谐振动接近的自激振动的条件。其中，k 为弹簧的刚度系统；m 为滑块的质量。又求激振动的振幅近似值。

习题 28-8 设在习题 26-19 的系统中，摩擦力 H 为常量；当 $v>0$ 时等于 H_2，当 $v=0$ 时等于 H_1（静摩擦）。求自激振动的周期。滑块的质量为 m，弹簧的刚度系数为 c。

习题 28-9 质量为 m 的物体借助刚度系数为 k 的弹簧和干摩擦阻尼器在固定基础上。阻尼器的阻力大小与速度无关并等于 H，在与平衡位置两旁成等距的两处（距离是 Δ）各设立一个刚性挡板。假定对挡板的碰撞恢复因数等于 1。问：H 值多大时，干扰力 $F\cos\Omega t$ 才不会引起频率等于 Ω/s 的亚谐共振（s 为正整数）？

提示：求出与角频率为 Ω/s 的自由振动相近的振动状态的存在条件。

习题 28-10 在水平面上纯滚动的均质圆柱中心用一根弹簧在固定点 O，当圆柱处于平衡位置时，圆柱中心和角 O 点在同一铅垂线上。已知圆柱的质量为 m，弹簧的刚度系数为 k，且弹簧在平衡位置不受力，长度为在 l。

求圆柱在平衡位置附近作微振动的周期与振幅 a 之间关系。在运动方程中应保留位移的三次幂。

习题 28-11 系统的运动方程写成

$$\ddot{x} + \omega_0^2 x = \mu[(\alpha^2 - x^2)\dot{x} - \gamma x^3],$$

试用小参数法求系统发生自激振动的振幅 a 和周期。

习题 28-12 在介质中运动的摆受阻力和单向、恒定力矩的作用，运动方程写成

$$\ddot{\varphi} + 2h\dot{\varphi} + k^2\varphi = M_0 \quad (\text{当 } \dot{\varphi} > 0)$$

$$\ddot{\varphi} + 2h\dot{\varphi} + k^2\varphi = 0 \quad (\text{当 } \dot{\varphi} < 0)$$

其中，h，k 和 M_0 都为常数。

习题 28-13 试在上题中用点变换法求不动点。

B 类型习题

习题 28-14 在以下微分方程中：讨论作为 α 的函数的分岔。从任一初始条件开始，试描述 $t\to\infty$ 时的动力学特性。

$$\frac{\mathrm{d}x}{\mathrm{d}t} = \sin x - \alpha x \quad (x \geqslant 0, \alpha \geqslant 0)$$

习题 28-15 以下微分方程已被作为两个相耦合的自发振荡神经元模型，其中 ϕ 取对模 2π 的余数，Ω 和 A 均为正常数。ϕ 是两种神经元活动度之间的相差。讨论作为 Ω 和 A 的函数的定性动力学特性和分岔。

$$\frac{\mathrm{d}\phi}{\mathrm{d}t} = \Omega - A\sin\phi$$

习题 28-16 已被提出作为生物化学振荡模型的“布鲁塞尔器(Brusse-lator)”,由微分方程组表示:

$$\frac{dx}{dt}=a-bx+x^2y-x$$

$$\frac{dy}{dt}=bx-x^2y$$

其中,x 和 y 是正的变量,a 和 b 是正的常数。试确定定态并描述作为 a 和 b 的函数的稳定性。当定态失稳时将会发生哪类分岔?

习题 28-17 以下方程已被提出为糖酵解振荡(Glycolytic Oscilations)的模型,其中 x 和 y 是正的变量,γ 是正的常数。试求定态并判别其稳定性,然后确定作为 γ 的函数的定态类型(结点、焦点或鞍点)。

$$\frac{dx}{dt}=1-xy^{\gamma}$$

$$\frac{dy}{dt}=4xy^{\gamma}-4y$$

习题 28-18 (1)根据定态处的特征值,对二维系统中的各种定态进行分类,做出各类定态邻域内的轨线图。

(2)假设微分方程定义在三维空间的一个球中,且在该球的边界上的轨线指向球内。若存在单个定态,它可能是(1)中定态的哪一类?

习题 28-19 下列方程已被提出作为反馈抑制的模型:

$$\frac{dx_1}{dt}=\frac{\theta^m}{\theta^m+x_N^m}-x_1$$

$$\frac{dx_i}{dt}=x_{i-1}-x_i \quad (i=2,3,\cdots,N)$$

试求定态并确定当 $\theta=1/2$ 时作为 N 和 m 的函数的霍普夫分岔的判据。

习题 28-20 以下微分方程已被提出作为顺序去抑制的模型,其中 x_i 是正的变量($x_5=x_1,x_6=x_2$)。试求出定态并确定当 $\theta=1/4$ 时发生霍普夫分岔的 m 值。

$$\frac{dx_i}{dt}=\frac{\theta^{2m}}{(\theta^m+x_{i+1}^m)(\theta^m+x_{i+1}^m)}-x_i \quad (i=1,2,3,4)$$

习题 28-21 当 $n\to\infty$ 时,计算延时方程中振荡的振幅和周期。

$$\frac{dx}{dt}=\frac{\theta^n}{\theta^n+x_\tau^n}-x \quad (x>0)$$

习题 28-22 考虑分段线性有限差分方程

$$x_{t+1}=x_t+0.4 \quad (0\leqslant x_t<0.6)$$

$$x_{t+1}=x_t-0.2 \quad (0.6\leqslant x_t<0.7)$$

$$x_{t+1}=x_t-0.6 \quad (0.7\leqslant x_i<1.0)$$

用代数和图示两种方法确定从不同初始条件开始的动力学特性。试问存在稳定的环吗?

习题 28-23 描述以下有限差分方程的动力学特性。试问是否存在稳定的环?

$$x_{t+1}=\frac{1-x_t}{3x_t+1},0\leqslant x_t\leqslant 1$$

习题 28-24 从初值$x_0(0<x_0<3.6)$开始,数值迭代有限差分方程会得到混沌动力学特性。经过多次迭代后,能观察到的 x_t 的最大值和最小值为多少(提示:3.6 和 0 均不是答案)?

$$x_{t+1}=3.6x_t-x_t^2$$

习题 28-25 对于以下有限差分方程,求存在稳定的周期 2 环的 λ 值。

$$x_{t+1}=\lambda x_t(1-x_t)\quad(0\leqslant\lambda\leqslant4,0\leqslant x_0\leqslant1)$$

习题 28-26 对于以下三次映射描述 $0\leqslant a\leqslant1=5^{1/2}$时的分岔、定态和环。

$$x_{t+1}=ax_t^3+(1-a)x_t\quad(-1\leqslant x_t\leqslant1,0\leqslant a\leqslant4)$$

习题 28-27 考虑以下方程极限环振荡的简单模型。

$$\frac{\mathrm{d}r}{\mathrm{d}t}=ar(1-r)\quad(a>0)\tag{1a}$$

$$\frac{\mathrm{d}\Phi}{\mathrm{d}t}=2\pi\tag{1b}$$

这个方程受一大小为 b 的水平平移的扰动,然后很快地回到极限环($a\to\infty$ 时)。

$$\Phi'=g(\Phi,b)\tag{2}$$

$$\Phi_{i+1}=g(\Phi_i,b)+\tau(\mathrm{mod}1)\tag{3}$$

$$\frac{T}{T_0}=1+\Phi-g(\Phi)\tag{4}$$

(1)用解析法确定旧相与新相的函数关系(即 PTC),并做出 $b=0.8$ 和 $b=1.2$ 时的图形。

(2)计算作为 b 的函数的 1∶1锁相区的边界。在边界上发生的是哪类分岔?

C 类型习题

习题 28-28 试用单项谐波—能量平衡法分析求解下列强非线性振动的周期解

$$\ddot{x}+\omega_0^2x+c_2x^2+c_3x^3=0\tag{1}$$

并画出强非线性自由振动的骨干线:

(1)幅—频 A_1-ω 曲线;

(2)偏—频 A_0-ω 曲线。

亨利·庞加莱(Jules Henri Poincaré,1854—1912 年)法国数学家、天体力学家、数学物理学家、科学哲学家。他的研究涉及数论、代数学、几何学、拓扑学、天体力学、数学物理、多复变函数论、科学哲学等许多领域。他被公认是 19 世纪后四分之一和 20 世纪初的领袖数学家,是对于数学和它的应用的最后一个通才。庞加莱继在数学方面的杰出工作对 20 世纪和当今的数学形成极其深远的影响,他在天体力学方面的研究是继牛顿之后的一座里程碑,他因为对电子动力学理论的研究被公认为相对论的理论先驱。

庞加莱为了研究行星轨道和卫星轨道的稳定性问题,创立了微分方程的定性理论。

庞加莱开创了动力系统理论,1895 年证明了“庞加莱回归定理”。庞加莱是非线性振动、分岔、混沌的创始人和奠基人。

附录C 变　　分

C.1 等时变分

C.1.1 等时变分的定义

设有可微函数 $x(t)$（对应于图 C-1 中的实线）。当自变量 t 有微小增量 $\mathrm{d}t$ 时，函数 x 的相应的增量可用导数 $\dot{x}(t)$ 表示为

$$x(t+\mathrm{d}t)=x(t)+\dot{x}(t)\mathrm{d}t+(\mathrm{d}t\text{ 的二阶以上微量}) \quad (\mathrm{a})$$

其中，$\dot{x}\mathrm{d}t$ 定义为函数 $x(t)$ 的微分，记作 $\mathrm{d}x$，即

$$\mathrm{d}x=\dot{x}\mathrm{d}t \quad (\mathrm{C\text{-}1})$$

设 $X(t)$ 为与 $x(t)$ 接近的另一函数（对应于图 C-1 中的虚线），满足

$$X(t)=x(t)+\varepsilon\eta(t) \quad (\mathrm{b})$$

其中，ε 为任意无限小实数；$\eta(t)$ 为任意可微函数。将函数 $X(t)$ 与 $x(t)$ 在同一时刻的差值记作 δx，即

$$\delta x=X(t)-x(t)=\varepsilon\eta(t) \quad (\mathrm{C\text{-}2})$$

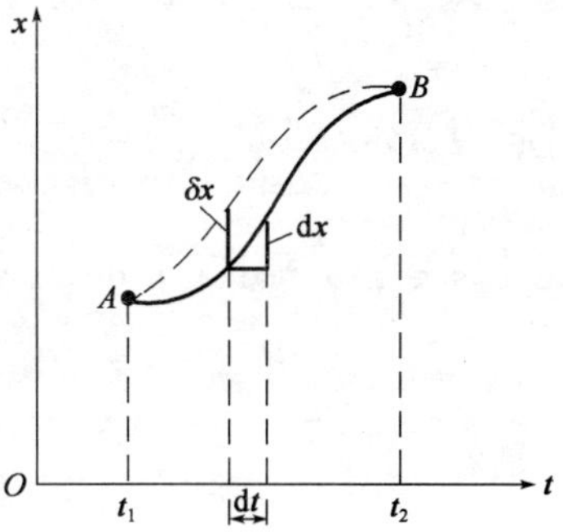

图 C-1　等时变分

δx 定义为函数 $x(t)$ 在确定时刻的变分，是与 ε 的同阶小量。由于表示时间的 t 是不参与变分运算的独立变量，δx 也称为等时变分。若 ε 不必限制为无限小量，则 $X(t)$ 与 $x(t)$ 的差值也不是小量，为便于区别，可将此差值改称为变更，改记作 Δx。

函数 $x(t)$ 改变为 $X(t)$ 时，其导数 $\dot{x}(t)$ 相应地改变为 $\dot{X}(t)$。定义 $\dot{x}(t)$ 的变分为

$$\delta\dot{x}=\dot{X}(t)-\dot{x}(t) \quad (\mathrm{C\text{-}3})$$

由于

$$\frac{\mathrm{d}}{\mathrm{d}t}(\delta x)=\frac{\mathrm{d}}{\mathrm{d}t}[X(t)-x(t)]=\dot{X}(t)-\dot{x}(t) \quad (\mathrm{c})$$

比较以上二式，导出

$$\delta\left(\frac{\mathrm{d}x}{\mathrm{d}t}\right)=\frac{\mathrm{d}}{\mathrm{d}t}(\delta x) \quad (\mathrm{C\text{-}4})$$

上式表明：对于等时变分，函数导数的变分等于函数变分的导数，即变分与微分的运算顺序可以互换。

C.1.2 运动的变分

在给定约束下，分析系统所有可能的运动，从其中确定在已知主动力及初始条件下的真实运动，是分析力学的基本方法。当要积分运动微分方程时，就必须研究求得的运动对初始条件的依赖关系。将力学系统的广义坐标 q_s 和广义速度 $\dot{q}_s$ 当作 $2f$ 维空间中点的坐标，系统

广义坐标和广义速度的总和$\{q_s,\dot{q}_s\}$表示系统某瞬时的运动状态，所有这些状态都依赖于初始状态$\{q_{s0},\dot{q}_{s0}\}$。如果按某种规律改变初值$q_{s0},\dot{q}_{s0}$，就可以假想地给出所有可能的运动。研究最简单的变化规律：设所有$q_{s0},\dot{q}_{s0}$仅依赖于某个参数α而改变，即设

$$q_{s0}=\varphi_{s0},\dot{q}_{s0}=\psi_{s0}(\alpha),t_0=t_0(\alpha) \tag{d}$$

此时系统的轨道也改变，这些轨道开始于$2f$维空间的不同点及不同的初始时刻。如果仅改变q_{s0}和$\dot{q}_{s0}$，而t_0不变，此时系统的轨道将有不同的初始点，但沿每一轨道的运动在同一时刻t_0开始，这种改变称为等时的，而此时系统运动的改变称为运动的等时变分。当初始时刻t_0也按某种规律改变，即$t_0=t_0(\alpha)$，这种改变称为全变分。

C.1.3 变量的等时变分

研究两个无限接近的轨道，这两个轨道在给定时刻相应于参数α和$\alpha+\mathrm{d}\alpha$的坐标为q和q'，即

$$q=q(t,\alpha),q'=q(t,\alpha+\mathrm{d}\alpha) \tag{e}$$

并将其差称为变量q的等时变分，记作δq

$$\delta q=q(t,\alpha+\mathrm{d}\alpha)-q(t,\alpha) \tag{C-5}$$

展开为泰勒级数并限于$\mathrm{d}\alpha$的线性项，有

$$q(t,\alpha+\mathrm{d}\alpha)=q(t,\alpha)+\frac{\partial q(t,\alpha)}{\partial\alpha}\mathrm{d}\alpha \tag{C-6}$$

于是有

$$\delta q=\frac{\partial q(t,\alpha)}{\partial\alpha}\mathrm{d}\alpha \tag{C-7}$$

C.2 等能量变分

C.2.1 变量的全变分

变量q的全变分记作$\tilde{\delta}q$。因为在全变分时，时间t也随α而变化，故自

$$\tilde{\delta}q=\left[\frac{\partial q[t(\alpha),\alpha]}{\partial\alpha}+\frac{\partial q[t(\alpha),\alpha]}{\partial t}\frac{\partial t}{\partial\alpha}\right]\mathrm{d}\alpha \tag{f}$$

又

$$\tilde{\delta}t=\frac{\partial t}{\partial\alpha}\mathrm{d}\alpha \tag{g}$$

于是

$$\tilde{\delta}q=\delta q+\dot{q}\tilde{\delta}t \tag{C-8}$$

C.2.2 函数的变分

函数$\varphi=\varphi(q,t)$的等时变分为

$$\delta\varphi=\frac{\partial\varphi}{\partial\alpha}\mathrm{d}\alpha=\sum_{s=1}^{f}\frac{\partial\varphi}{\partial q_s}\frac{\partial q_s}{\partial\alpha}\mathrm{d}\alpha=\sum_{s=1}^{f}\frac{\partial\varphi}{\partial q_s}\delta q_s \tag{C-9}$$

它的全变分为

$$\tilde{\delta}\varphi=\delta\varphi+\dot{\varphi}\tilde{\delta}t \tag{C-10}$$

C.2.3 依赖于动力学函数的定积分的变分

在时间区间$[t_1,t_2]$上研究沿着系统某轨道的积分,其被积函数依赖于q_s,$\dot{q}_s$和t,而这些变量本身是参数α的函数,即研究积分

$$\Gamma=\int_{t_1}^{t_2}\Phi\{q_s[t(\alpha),\alpha],\dot{q}_s[t(\alpha),\alpha],t(\alpha)\}\mathrm{d}t \tag{C-11}$$

假设积分限t_1和t_2不依赖于参数α,这时$\delta\Gamma$是积分Γ的等时变分。式(C-11)可写成

$$\Gamma=\int_{t_1}^{t_2}\varphi(t,\alpha)\mathrm{d}t \tag{h}$$

于是有

$$\delta\Gamma=\int_{t_1}^{t_2}\frac{\partial\varphi(t,\alpha)}{\partial\alpha}\mathrm{d}t\mathrm{d}\alpha \tag{C-12}$$

如果积分限依赖于α,则有

$$\frac{\partial\Gamma}{\partial\alpha}=\int_{t_1(\alpha)}^{t_2(\alpha)}\frac{\partial\varphi(t,\alpha)}{\partial\alpha}\mathrm{d}t+\varphi[t_2(\alpha),\alpha]\frac{\partial t_2(\alpha)}{\partial\alpha}-\varphi[t_1(\alpha),\alpha]\frac{\partial t_1(\alpha)}{\partial\alpha} \tag{C-13}$$

由式(C-12)和式(C-13),得到

$$\delta\Gamma=\int_{t_1}^{t_2}\left[\frac{\partial\varphi(t,\alpha)}{\partial\alpha}\right]\mathrm{d}\alpha=\delta\int_{t_1}^{t_2}\varphi\mathrm{d}t \tag{C-14}$$

$$\Delta\Gamma=\delta\Gamma+\left\{\varphi[t_2(\alpha),\alpha]\frac{\partial t_2(\alpha)}{\partial\alpha}-\varphi[t_1(\alpha),\alpha]\frac{\partial t_1(\alpha)}{\partial\alpha}\right\}\mathrm{d}\alpha \tag{i}$$

$$=\delta\int_{t_1}^{t_2}\varphi\mathrm{d}t+\varphi\Delta t\Big|_{t_1}^{t_2} \tag{C-15}$$

C.2.4 等能量变分

我们研究完整保守或广义保守系统,哈密顿函数不显含时间,存在广义能量积分

$$H(q_1,q_2,\cdots,q_f;p_1,p_2,\cdots,p_f)=h \tag{C-16}$$

系统在f维坐标空间中运动。设A_0和A_1是该空间中相应于坐标$q_s^{(0)}$和$q_s^{(1)}$($s=1,2,\cdots,f$)的点,设在初始时刻$t=t_0$系统占相应于A_0点的位置,可以选择广义速度$\dot{q}_s$(广义动量p_s),使得在$t=t_1$时刻系统占据相应于A_1的点。如果沿着过A_0和A_1的曲线(C-17)的运动满足运动微分方程,则称该曲线为系统的正路(见图C-2,其中$f=3$)。

$$q_s=q_s(t)\quad(s=1,2,\cdots,f) \tag{C-17}$$

在正路上哈密顿函数是常量且等于h,其中h由初始条件确定。

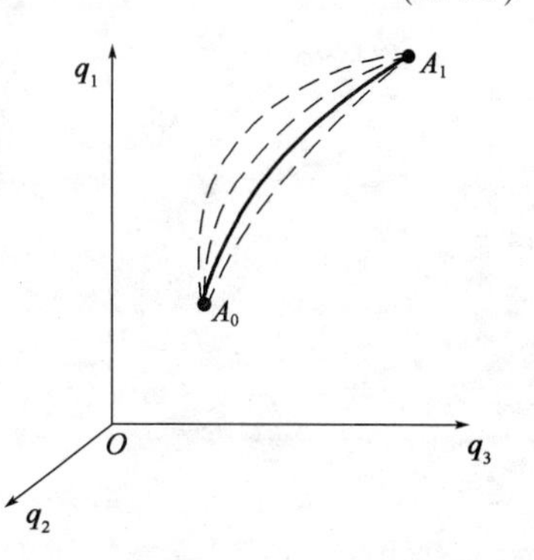

图 C-2 等能量变分

与正路同时,我们还研究其他运动学上可能的无限接近正路的路径。如果这些路径:

(1)经过相同的初位置和末位置A_0和A_1;

(2)沿着它们的哈密顿函数是常量且等于相应于正路的h,则称它们为旁路。

在这样的等能量变分中系统从初位置到末位置的时间t_1-t_0不一定对正路和旁路都

相同。

C.3 变分原理的特征

所有的力学原理可以分成不变分的和变分的两大类型：

(1)不变分的原理指出真实运动的某些公共的性质。不变分的原理分为微分形式的和积分形式的。微分形式的不变分原理指出每一瞬时必须遵守的条件，如牛顿定律；另外一种则指出在某一非无限小时间间隔内必须遵守的条件，如能量守恒原理。

(2)变分的原理提供了区分真实运动与其他(在同样的运动学条件下)可能运动的准则，这个准则在数学上往往是以某一个泛函(或函数)的驻定值问题的形式出现的。

变分的与不变分的原理在认识与表述自然界的基本规律上带有根本性的差别。正确的表述一个变分原理，要点有三：

①明确可供互相比较的运动的范围，即明确可能运动集合的定义；

②明确真实运动的变分方式，前面我们介绍了等时变分和等能量变分也可以有其他的变分方式；

③确定对哪一个量取驻定值，或者说确定对哪个泛函(或函数)取驻定值。

对以上三点作不同的处理，就可能产生不同的变分原理，如前面曾经提到过的最小作用量原理、最小拘束原理以及最小曲率原理等都是变分原理。变分原理也可以分为微分形式的，即每一瞬时判别真实运动的准则，例如高斯原理；以及积分形式的，例如哈密顿原理。

附录D　下册思考题和习题参考答案

D.1　思考题答案和提示

第16章　达朗贝尔原理

思考题16-1　惯性力大小为 $F_I = md\sqrt{\omega^4+\alpha^2}$；或者 $F_I^n = md\omega^2, F_I^\tau = md\alpha$。

思考题16-2　$F_{I,R} = ma_C, M_{I,O} = 3ma_C r/2$。

思考题16-3　(1) $F_{I,R}=0, M_{I,O}=J_z\alpha$；

(2) $F_{I,R}=m\omega^2 e$，方向由点指向点，$M_{I,O}=0$；

(3) $F_{I,R}=0, M_{I,O}=0$；

(4) $F_{I,R}^n = m\omega^2 e, F_{I,R}^\tau = mae, M_{I,O}=(J_C+me^2)\alpha$。

第17章　虚位移原理

思考题17-1　图a)，$\delta r_A = 2l\delta\theta\cos2\theta$。可用几何法、虚速度法与坐标(解析)法；对此例用几何法与虚速度法比坐标(解析)法简单，几何法与虚速度法难易程度相同。

图b)，$\delta r_A = -2l\sin\theta\delta\theta$。方法同上。

思考题17-2　$\delta r_C=\delta r_B;\delta r_E=\delta r_B;\delta r_F=0$。

思考题17-3　$y_B=l;x_A^2+y_A^2=a^2,(x_B-x_A)^2+(y_B-y_A)^2=b^2$。

第18章　动力学普遍方程

思考题18-1　自由度数 $f=1$，广义坐标选 φ。$\delta r_A = r\delta\varphi, \varphi=90°:\delta r_B=\delta r_A$。

思考题18-2　B 点的虚位移方向水平向右，大小 $\delta r_B=\delta r_A\tan\theta;\delta r_O=0$。

思考题18-3　$\varphi=60°$时，$\delta \boldsymbol{r}_B=\dfrac{1}{8}(-\sqrt{3}\boldsymbol{i}+7\boldsymbol{j})L\delta\varphi$。

思考题18-4　有3个约束方程：$x_1^2+y_1^2=l_1^2,(x_2-x_1)^2+(y_2-y_1)^2=l_2^2,(d-x_2)^2+y_2^2=l_3^2$；有两个约束方程：$l_1\cos\varphi_1+l_2\cos\varphi_2+l_3\cos\varphi_3=d, l_1\sin\varphi_1+l_2\sin\varphi_2-l_3\sin\varphi_3=0$；称 φ_2,φ_3 为多余坐标。

思考题18-5　约束方程为：$(x_1-x_2)^2+(y_1-y_2)^2+(z_1-z_2)^2-l^2=0, x_1^2+y_1^2+z_1^2-R^2=0, x_2^2+y_2^2+z_2^2-R^2=0$。

思考题18-6　$\dfrac{\dot{y}_2}{\dot{x}_2}=\dfrac{y_1(t)-y_2}{x_1(t)-x_2}$。

思考题18-7　$x=x_A+\xi(\cos\psi\cos\varphi-\sin\psi\sin\varphi\cos\theta)-\eta(\cos\psi\sin\varphi+\sin\psi\cos\varphi\cos\theta)+\zeta(\sin\psi\sin\theta)$

$y=y_A+\xi(\sin\psi\cos\varphi+\cos\psi\sin\varphi\cos\theta)+\eta(-\sin\psi\sin\varphi+\cos\psi\cos\varphi\cos\theta)-\zeta(\cos\psi\sin\theta)$

$$z = z_A + \xi\sin\varphi\sin\theta + \eta\cos\varphi\sin\theta + \zeta\cos\theta$$

思考题 18-8 $x = r\sin\alpha\cos\omega t, y = r\sin\alpha\sin\omega t, z = r\cos\alpha$。

思考题 18-9 $\frac{\partial f}{\partial x}\delta x + \frac{\partial f}{\partial y}\delta y + \frac{\partial f}{\partial z}\delta z = 0$;质点的独立坐标数目是2,独立变分的数目也是2,自由度是2。

思考题 18-10 $(x_1 - x_2)^2 + (y_1 - y_2)^2 - l^2 = 0, \frac{\dot{x}_1 + \dot{x}_2}{x_1 - x_2} = \frac{\dot{y}_1 + \dot{y}_2}{y_1 - y_2}; \dot{y} = \dot{x}\tan\theta; \delta y = \delta x\tan\theta$;系统独立坐标的数目是3,独立变分数目是2,自由度是2。

思考题 18-11 这是一个完整系统,它的自由度数目等于独立坐标的数目。每一个刚体有6个自由度,每一个球铰链使自由度数目减少3个,每一个平面铰链使自由度减少5个,因此整个系统的自由度数目是$f = 6 \times 4 - 3 - 5 \times 3 = 6$。

第19章 拉格朗日方程

思考题 19-1 (1)1;(2)2;(3)1;(4)2;(5)3;(6)2。

思考题 19-2 均可。

思考题 19-3 两个自由度;A,C,E。

思考题 19-4 ×。

思考题 19-5 ×。

第20章 哈密顿原理与正则方程

思考题 20-1 空间自由刚体。自由度:$f = 6N - r = 6 \times 1 - 0 = 6$;选广义坐标:刚体质心坐标$x_C\ y_C, z_C$和3个欧拉角$\psi, \theta, \varphi$;广义坐标数$m = 6, m = f$。

平面自由刚体。自由度:$f = 3N - r = 3 \times 1 - 0 = 3$;选广义坐标:$x_C\ y_C$和$\varphi$;广义坐标数$m = 3, m = f$。

思考题 20-2 完整约束方程:$z_A = 0, z_B = 0, x_A = 0, x_B^2 + (y_B - y_A)^2 = l^2$;

自由度:$f = 3N - r = 3 \times 2 - 4 = 2$;选广义坐标:$y_A, \varphi$;广义坐标数$m = 2, m = f$。

思考题 20-3 非完整约束:$\dot{y} = \dot{x}\tan\varphi$;自由度:$f = 3N - s = 3 \times 1 - 1 = 2$;选广义坐标:$x, y$和$\varphi$;广义坐标数$m = 3, m > f$。

第21章 碰　　撞

思考题 21-1 图21-11a)对心正碰撞;图21-11b)对心斜碰撞;图21-11c)偏心正碰撞;图21-11d)偏心斜碰撞。光滑非光滑碰撞,完全弹性、弹性、塑性碰撞难以判断。

思考题 21-2 (1)A, B两球速度互换;(2)A, E两球速度互换,B, C, D球不动;(3)略。

思考题 21-3 (1)相同;(2)水平。

思考题 21-4 与$\boldsymbol{v}_0$的方向相反。

思考题 21-5 A。

思考题 21-6 有关。

第22章 微　振　动

思考题 22-1 图a),$\omega_0 = \sqrt{\frac{k}{m}}$;图b),$\omega_0 = \sqrt{\frac{g}{R}}$;图c),$\omega_0 = \sqrt{\frac{2k}{3m}}$。

思考题 22-2 固有角频率为 $\omega_0=\sqrt{\dfrac{2k}{m}}$,周期为 $T=\pi\sqrt{\dfrac{2m}{k}}$。

思考题 22-3 OC 为刚体对通过质心的水平轴的回转半径时。

思考题 22-4 图 a),$\omega_0=\sqrt{\dfrac{mg+kl}{ml}}$;图 b),$\omega_0=\sqrt{\dfrac{mg+kl}{ml}}$;图 c),$\omega_0=\sqrt{\dfrac{k}{m}}$。

思考题 22-5 $\sqrt{\dfrac{k}{m}}$;$\sqrt{\dfrac{2k}{m}}$。

思考题 22-6 b)。因为 $\omega_a=\sqrt{\dfrac{3k}{m}}=10\text{rad/s}$, $\omega_b=\sqrt{\dfrac{3k}{2m}}=5\sqrt{2}\text{rad/s}$, 图 b)将发生共振。

第 23 章 刚体空间动力学

思考题 23-1 提示:考虑陀螺力矩作用。

思考题 23-2 根据赖柴定理,在重力作用下,陀螺对称轴不是直观地倒下,而是沿圆锥面进动。其进动角速度大小为:

$$\omega_e=\frac{M_0^{(e)}}{J_z'\omega\sin\theta}$$

从上式可见,ω 越大,ω_e 越小;当 ω 由于摩擦影响逐渐减小时,进动角速度 ω_e 会逐渐增大。

第 24 章 变质量动力学

思考题 24-1 (1)×; (2)√。

思考题 24-2 使各级火箭燃烧完毕后所增加的速度相同。

思考题 24-3 (1)×;(2)√;(3)×。

思考题 24-4 前一式是由质点系动量定理导出的。后一式是由质点的动量定理导出的,其增加或减少的质量 $\mathrm{d}m$ 在增加前或减少后的绝对速度为零。

思考题 24-5 $\boldsymbol{F}_{\Phi}$ 是由并入或放出质量的相对速度引起的反推力;$\boldsymbol{F}_{\Phi a}$ 是由并入或放出质量的绝对速度引起的反推力。它们均是由质量的改变所引起的。

思考题 24-6 可减少火箭的质量,提高火箭的速度。

思考题 24-7 主要区别在于变质量的三大定理中包含由于放出或并入的微质量所引起的反推力。

思考题 24-8 $\boldsymbol{F}_{\Phi a}=\dfrac{\mathrm{d}m}{\mathrm{d}t}\boldsymbol{v}_1$;$\boldsymbol{v}_1$ 是质量元 $\mathrm{d}m$ 的绝对速度;$\boldsymbol{F}_{\Phi a}$表示并入质量元 $\mathrm{d}m$ 时对质点的推力。

第 25 章 宇宙飞行动力学

思考题 25-1 $g=\mu/R^2$,$\mu=Gm_e$,$G=6.67\times10^{-11}\text{m}^3/\text{kg}\cdot\text{s}^2$, $m_e=5.976\times10^{24}\text{kg}$,$R=6371\text{km}$。

思考题 25-2 完全确定二体问题的运动规律的 8 个积分常数,$E,L,\Omega,i,\omega,p,e,\tau$ 称为轨道根数,其中只有 6 个是独立的。通常选择 Ω,i,ω,p,e,τ 作为独立的轨道根数。

思考题 25-3 略。

第 26 章　运动稳定性

思考题 26-1　(简答题)

(1)李雅普诺夫给出了一些方法来构造 V 函数。对于具体问题,如何构造李雅普诺夫函数,特别是如何构造一个好的李雅普诺夫函数是一个艰巨的任务。直至今日,这还是一个开放的问题。本章介绍了能量函数法、待定系数法、类比法、正定的首次积分法、分离变量法、拼凑法和作一次近似的李雅普诺夫函数法等七种方法。

(2)科学技术发展史不乏许多例子,一系列科学思想在生活中强烈具体表现出来往往在它最初被发现许多年之后。李雅普诺夫(1857—1918 年)活着时没有继承者。他的优秀学生斯捷克洛夫没有继承他。最先了解李雅普诺夫工作的重要理论意义和实际价值的是切塔耶夫,已过了 30 年。李雅普诺夫的工作超越了他所处的时代。

思考题 26-2　(判断题)(1)√;(2)√;(3)√;(4)×;(5)×。

思考题 26-3　(填空题)(1)相平面;(2)相轨迹;(3)相速度;(4)极限环;(5)奇点。

思考题 26-4　(选择题)(1)(a);(2)(c);(3)(a);(4)(b);(5)(c)。

思考题 26-5　(连线题)(1)(e);(2)(d);(3)(c);(4)(b);(5)(a)。

第 27 章　理论力学中的概率问题

思考题 27-1　(简答题)略。

思考题 27-2　(判断题)(1)√;(2)×;(3)√;(4)√;(5)√。

思考题 27-3　(填空题)(1)确定性;(2)随机;(3)随机;(4)变量;(5)方差。

思考题 27-4　(选择题)(1)(a);(2)(c);(3)(a);(4)(b);(5)(b)。

思考题 27-5　(连线题)(1)(c);(2)(f);(3)(a);(4)(e);(5)(b);(6)(d)。

第 28 章　非线性振动、分岔和混沌

思考题 28-1　(简答题)略。

思考题 28-2　(判断题)(1)√;(2)√;(3)×;(4)×;(5)√。

思考题 28-3　(填空题)(1)叠加;(2)马休;(3)马休;(4)自激;(5)自激振动。

思考题 28-4　(选择题)(1)(b);(2)(b);(3)(b);(4)(a);(5)(b)。

思考题 28-5　(连线题)(1)(e);(2)(d);(3)(c);(4)(b);(5)(a)。

D.2　习题答案和详解

第 16 章　达朗贝尔原理

A 类型答案

习题 16-1　$F_{Ax}=\dfrac{ml^2\omega^2}{h}\sin2\theta, F_{Ay}=2mg, F_B=-F_{Ax}$。

习题 16-2　$\cos\theta=\dfrac{m+m_0}{ml\omega^2}g$。

习题 16-3 $\alpha=\dfrac{m_1-m_2}{m_1+m_2+m}g$。

习题 16-4 $F=\dfrac{mR\omega^2}{2\pi}$。

习题 16-5 $F_{Ax}=-m_2\omega^2 e\sin\omega t, F_{Ay}=(m_1+m_2)g+m_2\omega^2 e\cos\omega t, M_A=m_2 e(g+\omega^2 h)\sin\omega t$。

习题 16-6 $a_{Ax}=g\sin\theta, a_{Ay}=\dfrac{m_A\sin^2\theta\cos\theta}{m_A\sin^2\theta+m_B}g$。

习题 16-7 $F_{N,A}=\dfrac{2mL\omega^2}{3}, F_{N,B}=\dfrac{mL\omega^2}{3}$。

习题 16-8 $f\geqslant\tan\theta$。

习题 16-9 $F_B=\dfrac{13}{6}P$。

习题 16-10 $F_{Ax}=0, F_{Ay}=(m+m_1)g+\dfrac{2m_1(M-m_1gr)}{r(m+2m_1)}, M_A=(m+m_1)gL+$

$\dfrac{2m_1L(M-m_1gr)}{r(m+2m_1)}$。

B 类型答案

习题 16-11 $\varphi=0°, \varphi=180°, \varphi=\arccos\dfrac{3g}{2l\omega^2}$。

(1)若 $2l\omega^2\cos\varphi\leqslant 3g$,只有两个解 $\varphi=0°, \varphi=180°$;

(2)若 $2l\omega^2\cos\varphi>3g$,3 个解都存在。

习题 16-12 $F=\dfrac{\sqrt{3}g(3m_1+2m_2)}{2}$; $f_s\geqslant\dfrac{\sqrt{3}m_1}{2(m_1+m_2)}$。

习题 16-13 $F_{Ax}^{d}=-\dfrac{1}{8l}mr^2\omega^2\sin2\beta, F_{Bx}^{d}=\dfrac{1}{8l}mr^2\omega^2\sin2\beta; F_{Ay}^{d}=0, F_{Az}^{d}=0, F_{By}^{d}=0$。

C 类型答案

习题 16-14 **解**:(1)运动分析,求惯性力[图 D-1a),b]。

圆盘 A 作平面运动;圆盘 B 作平面运动;质点 P 做曲线运动;轮心 A 做直线运动;轮心 B 做直线运动。其加速度分别为 $\boldsymbol{a}_A$、$\boldsymbol{a}_B$,设圆盘的角加速度为 $\boldsymbol{\alpha}$,方向如图 D-1a)所示。

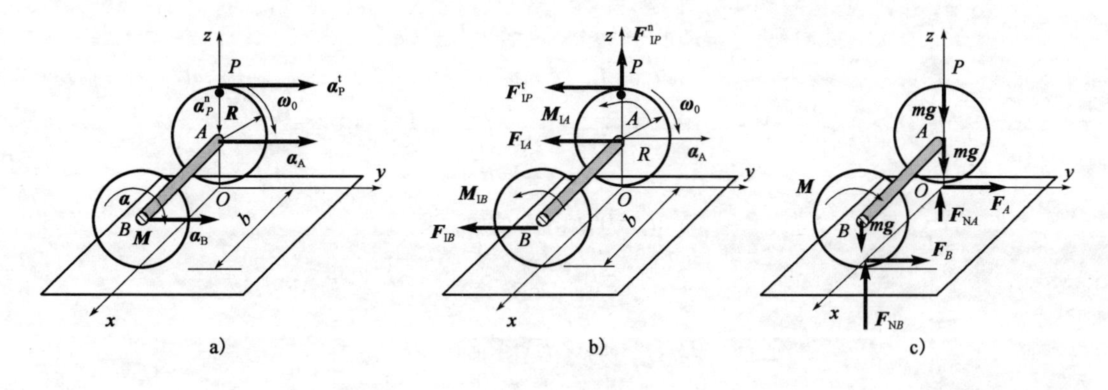

图 D-1 习题 16-14 解

$$a_A = a_B \tag{1}$$

$$a_A = R\alpha \tag{2}$$

质点 P 的加速度可应用刚体平面运动的基点法求出，选取圆盘 A 的圆心为基点，有

$$\boldsymbol{a}_P = \boldsymbol{a}_A + \boldsymbol{a}_{P|A}^{\mathrm{n}} + \boldsymbol{a}_{P|A}^{\tau}$$

将上式在 P 点运动轨迹的切向和法向上投影可得

$$\boldsymbol{\tau}: a_P^{\tau} = a_A + a_{P|A}^{\tau}$$

$$a_P^{\tau} = 2R\alpha \tag{3}$$

$$\mathrm{n}: a_P^{n} = a_{P|A}^{\mathrm{n}}$$

$$a_P^{\mathrm{n}} = R\omega_0^2 \tag{4}$$

圆盘 A 的惯性力系向其质心简化。

$$F_{\mathrm{I},A} = ma_A \tag{5}$$

$$M_{\mathrm{I},A} = J_A\alpha, M_{\mathrm{I},A} = \frac{1}{2}mR^2\alpha \tag{6}$$

圆盘 B 的惯性力系向其质心简化。

$$F_{\mathrm{I},B} = ma_B \tag{7}$$

$$M_{\mathrm{I},B} = J_B\alpha, M_{\mathrm{I},B} = \frac{1}{2}mR^2\alpha \tag{8}$$

质点 P 的惯性力

$$F_{\mathrm{I},P}^{\tau} = ma_P^{\tau} \tag{9}$$

$$F_{\mathrm{I},P}^{\mathrm{n}} = ma_P^{\mathrm{n}} \tag{10}$$

(2)受力分析，包括主动力、约束力和惯性力[图 D-1b)，c)]。

整体受力 $m\boldsymbol{g}, m\boldsymbol{g}, m\boldsymbol{g}, \boldsymbol{F}_{\mathrm{N},A}, \boldsymbol{F}_A, \boldsymbol{F}_{\mathrm{N},B}, \boldsymbol{F}_B, \boldsymbol{F}_{\mathrm{I},A}, \boldsymbol{M}_{\mathrm{I},A}, \boldsymbol{F}_{\mathrm{I},B}, \boldsymbol{M}_{\mathrm{I},B}$。

(3)列平衡方程，求角加速度和约束力。

应用动静法，可得

$$\sum M_x = 0,\ -M + F_{\mathrm{I},A}R + M_{\mathrm{I},A} + F_{\mathrm{I},B}R + M_{\mathrm{I},B} + F_{\mathrm{I},P}^{\tau}2R = 0 \tag{11}$$

$$\alpha = \frac{M}{7mR^2}$$

$$\sum M_y = 0, F_{\mathrm{N},B}b - mgb = 0 \tag{12}$$

$$F_{\mathrm{N}B} = mg$$

$$\sum F_z = 0,\ -3mg + F_{\mathrm{N},A} + F_{\mathrm{N},B} + F_{\mathrm{I},P}^{\mathrm{n}} = 0 \tag{13}$$

$$F_{\mathrm{N},A} = 2mg - mR\omega_0^2$$

$$\sum M_z = 0, F_Bb - F_{\mathrm{I},B}b = 0 \tag{14}$$

$$F_B = \frac{M}{7R}$$

$$\sum F_y = 0,\ F_A + F_B - F_{\mathrm{I},A} - F_{\mathrm{I},B} - F_{\mathrm{I},P}^{\tau} = 0 \tag{15}$$

$$F_A = \frac{3M}{7R}$$

讨论与练习

(1)运动分析要分离,确定各个部分的惯性力,然后加到整体上;

(2)受力分析以整体为研究对象,列平衡方程就可以解出所有未知数;

(3)本题是一个空间动力学问题,整体是做平面运动,但是整体受力不能简化为平面力系。

第17章　虚位移原理

A类型答案

习题17-1　图a),$P_1=P_2/2$;图b),$P_1=P_2/8$;图c),$P_1=P_2/6$;图d),$P_1=P_2/5$。

习题17-2　$F_2=2F_1\tan\varphi$。

习题17-3　$F_{AC}=F$(拉力),$F_{CD}=-\sqrt{3}F/3$(压力)。

习题17-4　$M=\dfrac{Fh}{\sin^2\theta}$。

习题17-5　$k=(3+2\sqrt{3})mga/l^2$。$\theta=120°$,稳定;$\theta=180°$,不稳定。

习题17-6　$F_A=\dfrac{3}{8}F_1-\dfrac{11}{14}F_2$。

习题17-7　$F_N^{AC}=\sqrt{5}P,F_N^{BC}=0$。

习题17-8　平衡位置:$\theta=0°$。当$\dfrac{1}{h}>\dfrac{1}{r_1}+\dfrac{1}{r_2}$平衡是稳定的;当$\dfrac{1}{h}\leqslant\dfrac{1}{r_1}+\dfrac{1}{r_2}$平衡是不稳定的。

B类型答案

习题17-9　$Q:P=1;F_{Ax}=\dfrac{a}{b}P,F_{Bx}=-\dfrac{a}{b}P;F_{Ay}+F_{By}=2P$,竖直分量不定。

习题17-10　$4\tan\alpha-3\tan\beta-7\tan\gamma=0$。

C类型答案

习题17-11　**解**:如果外力的虚功等于零,则此系统处于平衡。

$$\delta W_{[F]}=0,\sum_i \boldsymbol{F}_i\cdot\delta\boldsymbol{r}_i=0 \tag{1}$$

用图3-92中的符号和图B-3的坐标系。对于式(1)可得

$$\boldsymbol{F}\cdot\delta\boldsymbol{r}_A+\boldsymbol{F}_Q\cdot\delta\boldsymbol{r}_E=0,F\delta r_A-F_Q\delta r_E=0 \tag{2}$$

虚位移δr_A与δr_E可以像位置坐标r_A与r_E的全微分一样计算出来。如果测量y方向的位置坐标从地面量起(图3-92中的点D),那么有

$$r_A=\overline{CD}\cos\beta+\overline{AB}\sin\alpha$$

$$r_E=2\,\overline{CD}\cos\beta$$

$$\delta r_A=\frac{\partial r_A(\alpha,\beta)}{\partial\alpha}\delta\alpha+\frac{\partial r_A(\alpha,\beta)}{\partial\beta}\delta\beta=-\overline{CD}\sin\beta\delta\beta+\overline{AB}\cos\alpha\delta\alpha \tag{3}$$

$$\delta r_E=\frac{\partial r_E(\beta)}{\partial\beta}\delta\beta=-2\,\overline{CD}\sin\beta\delta\beta \tag{4}$$

考虑到点 A 的位移不沿水平方向这一事实,可以找到虚位移 $\delta\alpha$ 与 $\delta\beta$ 之间的关系:

$$x_A = \overline{AB}\sin\alpha + \overline{CD}\sin\beta = \text{const}$$

由此通过微分得

$$\delta x_A = 0, -\overline{AB}\sin\alpha\delta\alpha + \overline{CD}\cos\beta\delta\beta = 0 \tag{5}$$

当合并式(3)、式(4)、式(5)与式(2)时必须注意:式(2)中已经代入了标量积 $\boldsymbol{F}\cdot\delta\boldsymbol{r}$ 的正确正负号,所以在式(2)中只代入虚位移的大小:

$$\left[F\left|\left(\frac{\cos\beta}{\tan\alpha} - \sin\beta\right)\right| - F_Q 2\sin\beta\right]\overline{CD}\delta\beta = 0$$

$$\frac{F_Q}{F} = \frac{1}{2}\left(\frac{1}{\tan\alpha\tan\beta} - 1\right) \tag{6}$$

习题 17-12　解:为解此问题应采用虚功原理。为此首先必须给出该系统的可能运动。这一点可通过移开刹车鼓来做到。由此而出现的截面反力——法向力 $\boldsymbol{F}_{\mathrm{N}}$ 和摩擦力 $\boldsymbol{F}_{\mathrm{R}}$ 已在该系统的图 D-2 中表示出来。摩擦力是

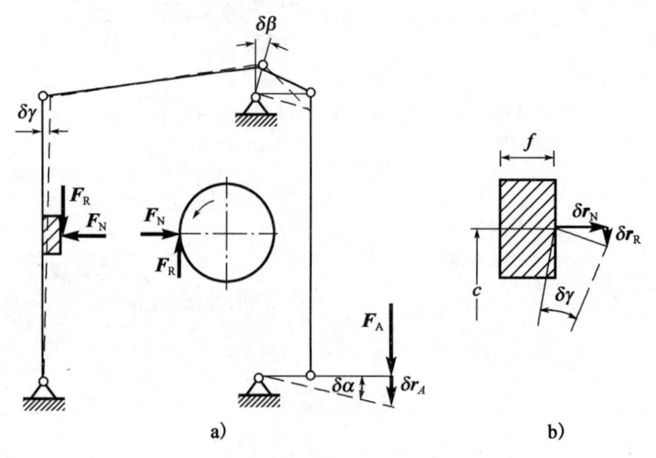

图 D-2　习题 17-12 解

$$\boldsymbol{F}_{\mathrm{R}} = \pm\mu\boldsymbol{F}_{\mathrm{N}} \tag{1}$$

式(1)中的正号表示刹车鼓轮向左转(逆时针)。刹车力矩值为

$$M_{\mathrm{T,R}} = |rF_{\mathrm{R}}| = |r\mu F_{\mathrm{N}}| \tag{2}$$

如果主动力的虚功为零,则该系统处于平衡状态:

$$\delta W_{[\mathrm{F}]} = 0, \sum_i \boldsymbol{F}_i \cdot \delta\boldsymbol{r}_i = 0 \tag{3}$$

力 $\boldsymbol{F}_i$ 作用点的虚位移 $\delta\boldsymbol{r}_i$ 应使它们的作用线与其相关的力重合。虚位移的方向与相应系统的几何约束条件有关。如果力矢量与其相关的位移矢量方向相同,那么式(3)中的标量积为正,否则为负。由式(3)即可得:

$$F_A \cdot \delta r_A - F_{\mathrm{N}} \cdot \delta r_{\mathrm{N}} + F_{\mathrm{R}} \cdot \delta r_{\mathrm{R}} = 0 \tag{4}$$

虚位移之间的几何协调条件如图 D-2 所示。

$$\delta r_A = b\delta\alpha, \delta\beta = \delta\alpha, e\delta\beta = (d + c)\delta\gamma \tag{5}$$

按照图 D-2b)有

$$\frac{c}{f} = \frac{\delta r_{\mathrm{N}}}{\delta r_{\mathrm{R}}} 及\ \delta\gamma\ \sqrt{c^2 + f^2} = \sqrt{(\delta r_{\mathrm{N}})^2 + (\delta r_{\mathrm{R}})^2}$$

$$\delta r_{\mathrm{R}} = f\delta\gamma, \delta r_{\mathrm{N}} = c\delta\gamma \tag{6}$$

将式(5)与式(6)代入式(4)得:

$$\left[F_A - \frac{ce}{b(d+c)}F_{\mathrm{N}} + \frac{fe}{b(d+c)}F_{\mathrm{R}}\right]\delta r_A = 0$$

由此,由式(1)与式(2)得:

$$M_{\mathrm{T,R}} = F_A \frac{\mu r b(c+d)}{e(c \mp \mu f)} \tag{7}$$

在鼓轮左转(取上面的符号时),刹车力矩大于鼓轮右转时的力矩(取下面的符号)。当 $\mu = c/f$ 时,左转鼓轮出现自制动,也就是 $M_{\mathrm{T,R}} \to \infty$ 。

习题 17-13　解:垂直方向支座约束力 $\boldsymbol{F}_D$ 和固支端弯矩 $\boldsymbol{M}_C$ 可以用虚功原理来确定。此后,支座约束力 $\boldsymbol{F}_C$ 可由平衡条件简单地加以确定。

为了应用虚功原理,在切开的铰接梁上沿要求的截面约束力方向给一个可能运动。对于在铰 D 处切开的梁处于平衡状态时有

$$\delta W_{[\mathrm{F}]} = 0, \boldsymbol{F}_D \cdot \delta \boldsymbol{r}_D + \boldsymbol{F}_1 \cdot \delta \boldsymbol{r}_1 + \boldsymbol{F}_2 \cdot \delta \boldsymbol{r}_2 = 0 \tag{1}$$

由图 D-3a)可以看出虚位移

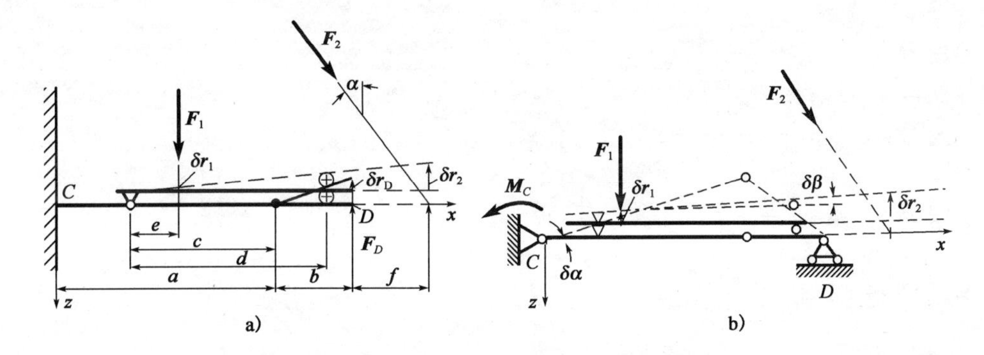

图 D-3　习题 17-13 解

$$\delta r_1 = \frac{e(d-c)}{bd}\delta r_D, \delta r_2 = \frac{(d-c)}{bd}(c+b+f)\delta r_D \tag{2}$$

由式(1)和式(2)得

$$\delta W_{[\mathrm{F}]} = 0, F_D \delta r_D - F_1 \delta r_1 - F_2 \cos\alpha \delta r_2 = 0$$

$$F_D = [F_1 e + F_2(c+b+f)\cos\alpha]\frac{(d-c)}{bd} = 31.05\mathrm{kN} \tag{3}$$

为确定固定端力矩可用铰来代替 C 处的固定端[图 D-3b)],平衡状态下有:

$$\delta W_{[\mathrm{F}]} = 0, \boldsymbol{M}_C \cdot \delta \boldsymbol{\alpha} + \boldsymbol{F}_1 \cdot \delta \boldsymbol{r}_1 + \boldsymbol{F}_2 \cdot \delta \boldsymbol{r}_2 = 0$$

$$M_C \delta\alpha - F_1 \delta r_1 + F_2 \cos\alpha \delta r_2 = 0 \tag{4}$$

起重机的虚位移 $\delta\beta$ 可按图 D-3a)的长度标尺来得到

$$\delta\beta = \left[\frac{a}{b}(b-d+c)\delta\alpha - (a-c)\delta\alpha\right]\frac{1}{d} \tag{5}$$

虚位移 δr_1 与 δr_2 由式(5),可得

$$\delta r_1 = e\delta\beta + (a-c)\delta\alpha \tag{6a}$$

$$\delta r_2 = (c+b+f)\delta\beta + (a-c)\delta\alpha \tag{6b}$$

由式(4)得

$$M_C = F_1\left\{\frac{e}{d}\left[\frac{a}{b}(b-d+c)-a+c\right]+a-c\right\}+$$

$$F_2\cos\alpha\times\left\{\frac{1}{d}(c+b+f)\left[\frac{a}{b}(b-d+c)-a+c\right]+a-c\right\}$$

$$M_C = 66.5\text{kN}\cdot\text{m} \tag{7}$$

最后用式(3),由平衡方程可得:

$$\sum F_x = 0: F_2\sin\alpha + F_{Cx} = 0 \tag{8}$$

$$F_{Cx} = -15\text{kN}$$

$$\sum F_z = 0: F_1 + F_2\cos\alpha - F_D + F_{Cz} = 0 \tag{9}$$

$$F_{Cz} = -19.9\text{kN}$$

第 18 章　动力学普遍方程

A 类型答案

习题 18-1　$\ddot{\varphi} + \frac{g}{l}\sin\varphi = 0$。

习题 18-2　$\cos\theta = \frac{m + m_0}{ml\omega^2}g$。

习题 18-3　$\alpha = \frac{M_O}{(3m + 4m_1)l^2}$。

习题 18-4　$\alpha = \frac{m_2r_2 - m_1r_1}{m_2r_2^2 + m_1r_1^2}g$。

习题 18-5　$a = \frac{8F}{8m_1 + 9m_2}$。

习题 18-6　$a = \frac{m_1(R-r)^2}{m_1(R-r)^2 + m_2(\rho + r^2)}g$。

习题 18-7　$a = \frac{4}{5}g$。

习题 18-8　$\ddot{s} + \frac{2g}{l}s = 0$。

B 类型答案

习题 18-9　$2mR(R-r)\ddot{\varphi} - (5J_0 + 2mR^2)\ddot{\vartheta} = 0, 7(R-r)\ddot{\varphi} - 2R\ddot{\vartheta} + 5g\sin\varphi = 0$。

C 类型答案

习题 18-10　**解**:小球 A,B 和套筒 C 均看作质点。它们所在的平面即(Oxy)平面可看作一非定常的约束平面。该平面相对定坐标系($Ox_0y_0z_0$)的位置以角度坐标 ψ 表示(图 D-4)。约束方程为

$$\psi = \psi_0 + \omega t$$

其中,ψ_0 为初始值。

系统在约束平面内具有 1 个自由度,令 φ 为广义坐标,则有

$$x_A = x_B = l_1\cos\varphi, x_C = 2l_2\cos\varphi$$

$$y_A = -y_B = -(b + l_1\sin\varphi), y_C = 0$$

图 D-4　习题 18-10 解

对上式取等时变分,得到

$$\delta x_A = \delta x_B = -l_1\sin\varphi\delta\varphi, \delta x_C = -2l_2\sin\varphi\delta\varphi \tag{1a}$$

$$\delta y_A = -\delta y_B = -l_1\cos\varphi\delta\varphi, \delta y_C = 0 \tag{1b}$$

在 A,B,C 上画出所有的主动力 $m_1\boldsymbol{g}, m_2\boldsymbol{g}$ 及惯性力 $\boldsymbol{F}_1$,其中

$$F_1 = m_1\omega^2(b + l_1\sin\varphi)。$$

利用动力学普遍方程式(18-1),列出

$$m_1 g(\delta x_A + \delta x_B) + m_2 g\delta x_C + m_1\omega^2(b + l_1\sin\varphi)(-\delta y_A + \delta y_B) = 0$$

将式(1)代入,得到

$$[-(m_1 l_1 + m_2 l_2)g\sin\varphi + m_1 l_1\omega^2\cos\varphi(b + l_1\sin\varphi)]\delta\varphi = 0$$

由于 $\delta\varphi$ 为独立变分,解出

$$\omega^2 = \frac{g(m_1 l_1 + m_2 l_2)\tan\varphi}{m_1 l_1(b + l_2\sin\varphi)}$$

第 19 章　拉格朗日方程

A 类型答案

习题 19-1　**解**:取绳 l_1 和 l_2 分别与竖直方向的夹角 φ_1 和 φ_2 为广义坐标。对质点 m_1 有 $T_1 = \frac{1}{2}m_1 l_1^2\dot{\varphi}_1^2, V_1 = -m_1 g l_1\cos\varphi_1$。

为了求出第二个质点的动能,我们用角 φ_1 和 φ_2 表示第二个质点的笛卡尔坐标 x_2, y_2(坐标原点取在悬挂点,y 轴竖直向下):

$$x_2 = l_1\sin\varphi_1 + l_2\sin\varphi_2, y_2 = l_1\cos\varphi_1 + l_2\cos\varphi_2$$

于是有

$$T_2 = \frac{1}{2}m_2(\dot{x}_2^2 + \dot{y}_2^2) = \frac{m_2}{2}[l_1^2\dot{\varphi}_1^2 + l_2^2\dot{\varphi}_2^2 + 2l_1 l_2\dot{\varphi}_1\dot{\varphi}_2\cos(\varphi_1 - \varphi_2)]$$

最后得

$$L = \frac{m_1 + m_2}{2}l_1^2\dot{\varphi}_1^2 + \frac{m_2}{2}l_2^2\dot{\varphi}_2^2 + m_2 l_1 l_2\dot{\varphi}_1\dot{\varphi}_2\cos(\varphi_1 - \varphi_2) + (m_1 + m_2)g l_1\cos\varphi_1 + m_2 g l_2\cos\varphi_2$$

习题 19-2　**解**:设质点 m_1 的坐标为 x,绳与竖直方向夹角为 φ,则有

$$L = \frac{m_1 + m_2}{2}\dot{x}^2 + \frac{m_2}{2}(l^2\dot{\varphi}_2^2 + 2l\dot{x}\dot{\varphi}\cos\varphi) + m_2 g l\cos\varphi$$

习题 19-3　**解**:(1)质点 m 的坐标为:$x = \alpha\cos\Omega t + l\sin\varphi, y = -\alpha\sin\Omega t + l\cos\varphi$。

拉格朗日函数为 $L = \frac{ml^2}{2}\dot{\varphi}^2 + mla\Omega^2\sin(\varphi - \Omega t) + mgl\cos\varphi$。

这里略去了仅仅依赖于时间的项,它可以写成 $mla\Omega\cos(\varphi - \Omega t)$ 对时间的全导数。

(2)质点 m 的坐标为:$x = a\cos\Omega t + l\sin\varphi, y = l\cos\varphi$。

拉格朗日函数(略去全导数后)为 $L = \frac{ml^2}{2}\dot{\varphi}^2 + mla\Omega^2\cos\Omega t\sin\varphi + mgl\cos\varphi$。

(3)类似地,可得:$L = \frac{ml^2}{2}\dot{\varphi}^2 + mla\Omega^2\cos\Omega t\cos\varphi + mgl\cos\varphi$。

习题 19-4 解:设线段 a 与竖直方向夹角为 θ,系统绕竖直轴转动的角度为 φ,则 $\dot{\varphi}=\Omega$。对于每个质点 m_1 的微小位移有 $\mathrm{d}l_1^2=a^2\mathrm{d}\theta^2+a^2\sin^2\theta\mathrm{d}\varphi^2$。

质点 m_2 到 A 点的距离为 $2a\cos\theta$,因此 $\mathrm{d}l_2=-2a\sin\theta\mathrm{d}\theta$。

习题 19-5 $(m_1+m_2)\ddot{x}_2=(m_2-m_1)g$。

习题 19-6 $(m_1+2m_2)\ddot{x}+kx=0$。

习题 19-7 $l\ddot{x}+2gx=0$;$x=\dfrac{h}{2}\cos\sqrt{\dfrac{2g}{l}}t$。

习题 19-8 $\ddot{x}-\dfrac{P_1}{l(P_1+P_2+P)}gx=\dfrac{P}{P_1+P_2+P}g$;$x=\left(l_0+\dfrac{P}{P_1}l\right)\mathrm{ch}\left[t\sqrt{\dfrac{P_1g}{l(P_1+P_2+P)}}\right]-\dfrac{P}{P_1}l$,$l_0\leqslant x<l$。

习题 19-9 $(2m_0+m)R\ddot{\theta}-m(R-r)\ddot{\varphi}=0$,$3(R-r)\ddot{\varphi}-R\ddot{\theta}+2g\sin\varphi=0$。

习题 19-10 $\dfrac{1}{2}(m_1+m_2+m_3)r_1^2\ddot{\varphi}_1=M_1-M_2\dfrac{r_1}{r_2}-M_3\dfrac{r_1}{r_3}$;

$$\alpha_1=\frac{2\left(M_1-M_2\dfrac{r_1}{r_2}-M_3\dfrac{r_1}{r_3}\right)}{(m_1+m_2+m_3)r_1^2},\alpha_2=-\frac{r_1}{r_2}\alpha_1,\alpha_3=\frac{r_1}{r_3}\alpha_1;$$

$$\frac{1}{2}m_1r_1^2\ddot{\varphi}_1=M_1-F_{21}r_1;F_{21}=\frac{(m_1+m_3)M_1}{(m_1+m_2+m_3)r_1}+\frac{m_1}{m_1+m_2+m_3}\left(\frac{M_2}{r_2}+\frac{M_3}{r_3}\right);$$

F_{23}(同理可得,略)。

习题 19-11 $(m_A+m_B+m_D)\ddot{x}_A+m_B\ddot{x}_B\cos\alpha=0$,$2\ddot{x}_A\cos\alpha+3\ddot{x}_B+\ddot{y}_D-2g\sin\alpha=0$,$(m_B+2m_D)\ddot{y}_D+m_B\ddot{x}_B-2m_Dg=0$。

习题 19-12 (1)$2[2m_1+6(m_1+m_2)\sin^2\theta+3m_2]l\ddot{\theta}+6(m_1+m_3)l\dot{\theta}^2\sin2\theta-(2m_1+3m_2)l\omega^2\sin2\theta+6(2m_1+m_2+m_3)g\sin\theta=0$;

(2)$\sin\theta=0$ 或 $\cos\theta=\dfrac{(6m_1+3m_2+3m_3)g}{(2m_1+3m_2)l\omega^2}$;

(3)$M=\dfrac{2l^2\omega\dot{\theta}}{3}(2m_1+3m_2)\sin2\theta$。

习题 19-13 $(m_1+m_2)\ddot{x}_1+m_2\ddot{x}_2+2c\dot{x}_1+c\dot{x}_2+k_1x_1=0$,$m_2\ddot{x}_1+m_2\ddot{x}_2+c\dot{x}_1+c\dot{x}_2+k_2x_2=0$。

习题 19-14 广义动量积分:$3m_1\dot{x}+m_2(\dot{x}+\dot{x}_r)=C-m_1\dot{x}$,其物理意义不明确。

广义能量积分:$\dfrac{3}{2}m_1\dot{x}^2+\dfrac{1}{2}m_2(\dot{x}+\dot{x}_r)^2+\dfrac{1}{2}kx_r^2=E$,其物理意义是系统的机械能守恒。

习题 19-15 (1)$3\ddot{x}\cos\theta+2\sqrt{2}r\ddot{\theta}+g\sin\theta=0$,$2(m_0+2m)\ddot{x}+\sqrt{2}m_0r(\ddot{\theta}\cos\theta-\dot{\theta}^2\sin\theta)=0$。

(2)对 x 的循环积分:$2(m_0+2m)\dot{x}+\sqrt{2}m_0r\dot{\theta}\cos\theta=C$;广义能量积分:$m\dot{x}^2+\dfrac{m_0}{6}(3\dot{x}^2+3\sqrt{2}r\dot{x}\dot{\theta}\cos\theta+2r^2\dot{\theta}^2)-\dfrac{\sqrt{2}}{2}m_0gr\cos\theta=E$。

习题 19-16 (1)$(J+mR^2\sin^2\theta)\ddot{\varphi}+mR^2\dot{\theta}\dot{\varphi}\sin2\theta=M(\varphi)$,$R\ddot{\theta}-R\dot{\varphi}^2\sin\theta\cos\theta+g\sin\theta=0$;

广义能量积分：$\frac{1}{2}J\dot{\varphi}^2 + \frac{1}{2}mR^2(\dot{\varphi}^2\sin^2\theta + \dot{\theta}^2) - mgR\cos\theta - \int_0^{\varphi} M(\varphi)\mathrm{d}\varphi = E$，其物理意义是系统机械能守恒。

(2) $mR^2\ddot{\theta} - mR^2\dot{\varphi}^2\sin\theta\cos\theta + mgR\sin\theta = 0$；对于一般的转动规律 $\varphi = \varphi(t)$，拉格朗日函数显含时间 t，不存在广义能量积分。

B 类型答案

习题 19-17　$2m\ddot{x} = -\lambda, m_0\ddot{x}_C = \lambda_1, m_0\ddot{y}_C + m_0g = \lambda_2, m_0r\ddot{\theta} = -3\sqrt{2}\lambda_1\cos\theta - 3\sqrt{2}\lambda_2\sin\theta$，$2x_C - 2x - \sqrt{2}r\sin\theta = 0, 2y_C - 2r + \sqrt{2}r\cos\theta = 0$；

$\lambda_1 = F_{N,Ax} + F_{N,Bx}, \lambda_2 = F_{N,Ay} + F_{N,By}$。

习题 19-18　$\ddot{x} + \frac{k}{m}x - (l+x)\dot{\theta}^2 + g(1-\cos\theta) = 0$，$\ddot{\theta} + \frac{g\sin\theta + 2\dot{x}\dot{\theta}}{l+x} = 0$。

C 类型答案

习题 19-19　**解**：如图 19-31 所示的系统有一个自由度，用滚轮的角度 φ 就可将其位置表述出来。因为系统中只出现保守力（重力与弹簧力），以 φ 作为广义坐标，拉格朗日运动方程为

$$\frac{\mathrm{d}}{\mathrm{d}t}\left(\frac{\partial L}{\partial \dot{\varphi}}\right) - \frac{\partial L}{\partial \varphi} = 0 \tag{1}$$

其中，L 是拉格朗日函数

$$L = T - V \tag{2}$$

用图 D-5 中的坐标系统可得动能 T 为

$$T = \frac{1}{2}J_A\dot{\varphi}^2 + 2\left(\frac{1}{2}m\dot{y}^2\right) \tag{3}$$

其中，$J_A = \frac{1}{2}mr^2$，弹簧势能 V 为

$$V = \frac{1}{2}k(\Delta y_{V1} + \Delta y)^2 + \frac{1}{2}k(\Delta y_{V2} - \Delta y)^2 \tag{4}$$

其中，Δy 表示重物的从平衡状态 y_0 起算的位移，弹簧的预紧 $\Delta y_{V1} = \Delta y_{V2}$，两质量为 m 物体的升与降对 V 无贡献，有

$$\Delta y = r\varphi, \dot{y} = r\dot{\varphi} \tag{5}$$

最后得拉格朗日函数

$$L = \frac{1}{4}(m_W + 4m)r^2\dot{\varphi}^2 - kr^2\varphi^2 + k\Delta y_V^2 \tag{6}$$

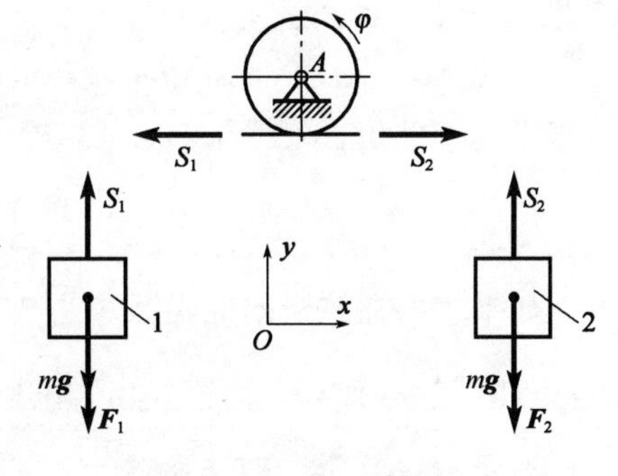

图 D-5　习题 19-19 解

由式(1)得运动方程

$$(m_W + 4m)\ddot{\varphi} + 4k\varphi = 0 \tag{7}$$

习题 19-20　**解**：摆的位置可以通过两个坐标来描述，即调节器的转角 $\psi(t)$ 及摆角 $\varphi(t)$。

$$\psi(t) = \psi_0 + \int_0^t \omega \mathrm{d}t$$

因为调节器总是以常转数运行的，也就是可以假设摆运动对 ω 没有反作用，我们关心的只是摆角 φ 的运动，问题可以按保守系统来处理，因此拉格朗日方程可以有如下形式的应用：

$$\frac{\mathrm{d}}{\mathrm{d}t}\left(\frac{\partial L}{\partial \dot{\varphi}}\right)-\frac{\partial L}{\partial \varphi}=0 \tag{1}$$

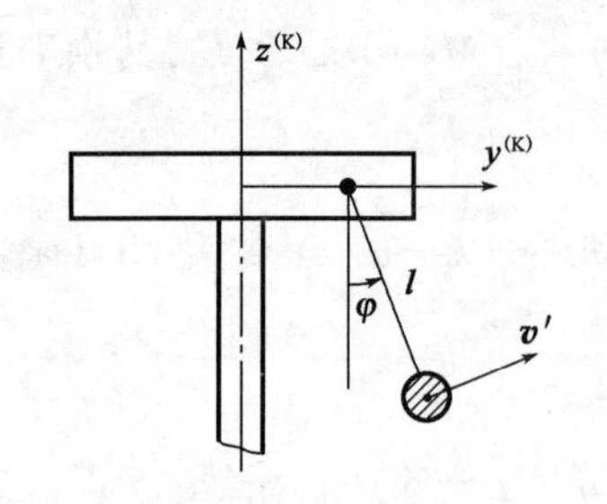

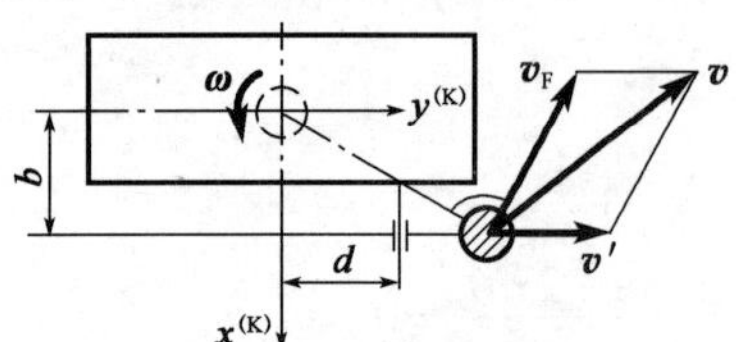

图 D-6　习题 19-20 解

其中,$L=T-V$,这里拉格朗日函数只要将摆质量写出即可,因为调节器位置的能量与 φ 和 $\dot{\varphi}$ 无关。按图 D-6,动能 T 为

$$T=\frac{1}{2}mv^2$$

而其中

$$\boldsymbol{v}=\boldsymbol{v}_F+\boldsymbol{v}'=\begin{pmatrix}-(d+l\sin\varphi)\omega\\ b\omega\\ 0\end{pmatrix}+\begin{pmatrix}0\\ l\dot{\varphi}\cos\varphi\\ l\dot{\varphi}\sin\varphi\end{pmatrix}$$

于是

$$T=\frac{1}{2}m[(d+l\sin\varphi)^2\omega^2+(b\omega+l\dot{\varphi}\cos\varphi)^2+(l\dot{\varphi}\sin\varphi)^2] \tag{2}$$

势能由弹簧的势能和摆质量在地球重力场中的位置势能的两部分组成。如果 $\varphi=0$,则弹簧是松弛的,且把通过悬挂点的平面上的重力势能作为零,那么

$$V=\frac{1}{2}k(l\sin\varphi)^2-mgl\cos\varphi \tag{3}$$

由此可得拉格朗日函数

$$L=\frac{1}{2}m[(d+l\sin\varphi)^2\omega^2+2b\omega l\dot{\varphi}\cos\varphi+l^2\dot{\varphi}^2+b\omega^2]-\frac{1}{2}kl^2\sin^2\varphi+mgl\cos\varphi \tag{4}$$

因此,用式(1)得出运动方程:

$$ml^2\ddot{\varphi}-m\omega^2 dl\cos\varphi-m\omega^2 l^2\sin\varphi\cos\varphi+kl^2\sin\varphi\cos\varphi+mgl\sin\varphi=0 \tag{5}$$

对于小的摆偏角 $\varphi\ll 1$,有 $\sin\varphi\approx\varphi$ 及 $\cos\varphi\approx 1$,由式(5)得

$$\ddot{\varphi}+\left(\frac{g}{l}+\frac{k}{m}-\omega^2\right)\varphi=\frac{\omega^2 d}{l} \tag{6}$$

如果想要在拉格朗日函数中考虑假设 $\varphi\ll 1$,必须在其中也考虑到 φ^2 项,也就是可将 $\cos\varphi\approx 1-\frac{1}{2}\varphi^2$ 代入。由于式(1)出现了微分,这样的处理仍相应于运动方程的线性化。

习题 19-21　解:对于非保守系统(运动的悬挂点 A!)的第二类拉格朗日方程为

$$\frac{\mathrm{d}}{\mathrm{d}t}\left(\frac{\partial T}{\partial \dot{q}_r}\right)-\frac{\partial T}{\partial q_r}=Q_r \tag{1}$$

该系统具有 $r=2$ 个自由度。对这两个广义坐标 q_1 与 q_2 改选用 x_2 与 x_3(图 D-7)系统动能为

$$T=\frac{1}{2}J_B\dot{\varphi}_1^2+\frac{1}{2}J_C\dot{\varphi}_2^2+\frac{1}{2}m\dot{x}_2^2+\frac{1}{2}m\dot{x}_3^2 \tag{2}$$

利用运动学强制条件

$$r\varphi_2=x_2,2r\varphi_2=r\varphi_1 \tag{3}$$

及转动惯量 $J_B=J_C=mr^2/2$,可得用广义坐标表示的动能 T:

$$T=\frac{7}{4}m\dot{x}_2^2+\frac{1}{2}m\dot{x}_3^2 \tag{4}$$

作用力(重力和弹簧力)在系统的一个虚位移上所做功的总和 δW 应等于广义力 Q_r,所做的虚功:

$$\delta W=\sum_r Q_r\delta q_r \tag{5}$$

重要的是此虚位移是在固定瞬时发生的,这就是说 δx_A 将是零,因为 $x_A(t)$ 只按指定的与时间有关的关系式而变化。由图 D-7,系统中的力对虚位移 δx_2 与 δx_3 所做的功为

$$\begin{aligned}\delta W=&mg\delta x_2-k(x_3-x_2+f_2)(\delta x_3-\delta x_2)+\\&mg\delta x_3-2k(r\varphi_1-x_A+f_1)\delta x_2\end{aligned} \tag{6}$$

对于处于平衡时的弹簧伸长 f_1 与 f_2,有 $f_1=f_2=mg/k$。坐标 x_2 与 x_3 是从平衡位置开始测量的,因此式(6)中的虚功 δW 可以转换为

$$(2kx_A+kx_3-5kx_2)\delta x_2+(kx_2-kx_3)\delta x_3=Q_2\delta x_2+Q_3\delta x_3 \tag{7}$$

通过比较系数,得

$$Q_2=2kx_A+kx_3-5kx_2 \tag{8a}$$

$$Q_3=kx_2-kx_3 \tag{8b}$$

最后,由式(1)、式(4)及式(8),得运动方程

$$7m\ddot{x}_2+10kx_2-2kx_3=4kx_A \tag{9a}$$

$$m\ddot{x}_3+kx_3-kx_2=0 \tag{9b}$$

习题 19-22　解:(1)钟与钟舌构成一个双摆在一平面内运动。为了描述它的位置必须用两个坐标,这里选择角度 φ_G 和 φ_K(图 D-8)。对于此保守系统,其拉格朗日方程为

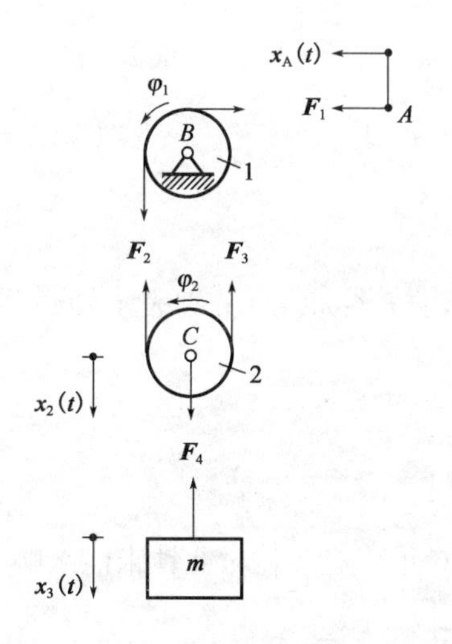

图 D-7　习题 19-21 解

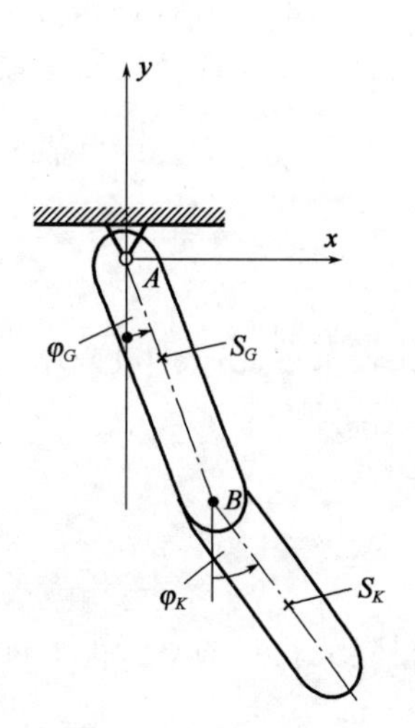

图 D-8　习题 19-22 解

$$\frac{\mathrm{d}}{\mathrm{d}t}\left(\frac{\partial L}{\partial\dot{q}_j}\right)-\frac{\partial L}{\partial q_j}=0\quad(j=1,2) \tag{1}$$

可用 $q_1=\varphi_G,q_2=\varphi_K,L=T-V$ 代入。

作为一般关系,一刚体关于任一固定点 P 的动能为

$$T=\frac{1}{2}\boldsymbol{\omega}\cdot\boldsymbol{L}_P+\frac{1}{2}mv_p^2+m\boldsymbol{v}_P\cdot(\boldsymbol{\omega}\times\boldsymbol{r}_{PS}) \tag{2}$$

其中，$\boldsymbol{r}_{PS}$是 P 点至物体重心的位置矢径。在这里，对于钟 $P\equiv A$，有

$$T_G = \frac{1}{2}J_G\dot{\varphi}_G^2$$

对于钟舌 $P\equiv B$，有

$$\boldsymbol{v}_B = [h\dot{\varphi}_G\cos\varphi_G, h\dot{\varphi}_G\sin\varphi_G, 0],$$

$$\boldsymbol{\omega}\times\boldsymbol{r}_{BS} = [\dot{\varphi}_K s_K\cos\varphi_K, \dot{\varphi}_K s_K\sin\varphi_K, 0]$$

$$T_K = \frac{1}{2}J_K\dot{\varphi}_K^2 + \frac{1}{2}m_K h^2\dot{\varphi}_G^2 + m_K s_K h\dot{\varphi}_G\dot{\varphi}_K\cos(\varphi_G - \varphi_K)$$

因此，总的动能

$$\begin{aligned} T &= T_G + T_K \\ &= \frac{1}{2}(J_G + m_K h^2)\dot{\varphi}_G^2 + \frac{1}{2}J_K\dot{\varphi}_K^2 + m_K s_K h\dot{\varphi}_K\dot{\varphi}_G\cos(\varphi_G - \varphi_K) \end{aligned} \tag{3}$$

势能 V 为零的位置可任意选择，如果选成通过 A 的水平面，则

$$V = m_G g y_{SG} + m_K g y_{SK}$$

$$V = -(m_G s_G + m_K h)g\cos\varphi_G - m_K s_K g\cos\varphi_K \tag{4}$$

由式(1)、式(3)及式(4)，可得整个钟舌自由振动的钟的运动方程为

$$\begin{aligned} &(J_G + m_K h^2)\ddot{\varphi}_G + m_K h\cdot s_K\ddot{\varphi}_K\cos(\varphi_G - \varphi_K) + \\ &m_K h\cdot s_K^2\dot{\varphi}_K^2\sin(\varphi_G - \varphi_K) + (m_G s_G + m_K h)g\sin\varphi_K = 0 \end{aligned} \tag{5a}$$

$$\begin{aligned} &J_K\ddot{\varphi}_K + m_K h\cdot s_K\ddot{\varphi}_G\cos(\varphi_G - \varphi_K) - \\ &m_K h\cdot s_K\dot{\varphi}_G^2\sin(\varphi_G - \varphi_K) + m_K s_K g\sin\varphi_K = 0 \end{aligned} \tag{5b}$$

(2)如果在相应的撞击后，有 $\varphi_G(t) = \varphi_K(t) = \varphi(t)$，钟将不出声响。

将这些关系代入式(5)，得运动方程：

$$\ddot{\varphi} + \frac{m_G s_G + m_K h}{J_G + m_K h(h + s_K)}g\sin\varphi = 0 \tag{6a}$$

$$\ddot{\varphi} + \frac{m_K s_K}{J_K + m_K h s_K}g\sin\varphi = 0 \tag{6b}$$

通过比较系数，由式(6)并用 $a_G = J_G/(m_G s_G)$ 和 $a_K = J_K/(m_K s_K)$ 分别表示钟和钟舌的折减摆长，最后可得

$$h = \frac{a_G - a_K}{1 + \frac{m_K}{m_G}\left(\frac{a_K - s_K}{s_G}\right)} \tag{7}$$

此条件在科隆大教堂的皇帝钟上近似满足。因此，1876 年落成典礼时此钟未能敲响。

第 20 章　哈密顿原理与正则方程

A 类型答案

习题 20-1　$H = \dfrac{p_x^2 + p_y^2 + p_z^2}{2m}$，其中：$p_x = m\dot{x}$，$p_y = m\dot{y}$，$p_z = m\dot{z}$。

习题 20-2　$\ddot{\theta} + \dfrac{g}{l}\sin\theta = 0$ 。

提示：$S = \dfrac{1}{2}\int_{t_0}^{t_1}[m(l\dot{\theta})^2 + 2mgl\cos\theta]\mathrm{d}t$ ；$\dot{\theta}\,\delta\,\dot{\theta} = \dot{\theta}\dfrac{\mathrm{d}}{\mathrm{d}t}(\delta\theta) = \dfrac{\mathrm{d}}{\mathrm{d}t}(\dot{\theta}\,\delta\theta) - \delta\theta\,\ddot{\theta}$；$\dot{\theta}\,\delta\theta|_{t=t_0} =$

$\dot{\theta}\delta\theta|_{t=t_1}=0$。

习题 20-3 $T=\frac{1}{2}m[\dot{x}^2+(l+x)^2\omega^2\sin^2\theta]$，$m\dot{x}^2-m(l+x)^2\omega^2\sin^2\theta+kx^2+2mgx\cos\theta=h$。其中，$h$ 为积分常数。

习题 20-4 $L=\frac{1}{2}\dot{x}^2+2x$；$S=\int_0^1\left(\frac{1}{2}\dot{x}^2+2x\right)\mathrm{d}t$；$x=t^2$，$L=4t^2$，$S=\frac{4}{3}$；$S_n=\frac{4}{3}+\frac{1}{6n^2}$，$\lim\limits_{n\to\infty}S_n=S$。

习题 20-5 $m_1\ddot{x}_1+k_1x_1-k_2(x_2-x_1)=0$，$m_2\ddot{x}_2+k_2(x_2-x_1)+k_3x_2=0$。

提示：$S=\frac{1}{2}\int_{t_0}^{t_1}[m_1\dot{x}_1^2+m_2\dot{x}_2^2-k_1x_1^2-k_2(x_2-x_1)^2-k_3x_2^2]\mathrm{d}t$。

习题 20-6 与循环坐标 ψ 相对应的积分(即对轴 z 的动量矩积分)为 $\dot{\psi}\sin^2\theta=n$；能量积分为 $\dot{\theta}^2+\dot{\psi}^2\sin^2\theta-\frac{2g}{l}\cos\theta=h$。其中，$n$ 和 h 为积分常数。

B 类型答案

习题 20-7 $R=\frac{1}{2}J_A(\cos^2\beta\dot{\alpha}^2+\dot{\beta}^2)-J_Cn\sin\beta\dot{\alpha}+mgl\cos\alpha\cos\beta$，$H=\frac{1}{2J_A}\left[\frac{(p_\alpha+J_Cn\sin\beta)^2}{\cos^2\beta}+p_\beta^2\right]+mgl\cos\alpha\cos\beta$。其中，$n=\dot{\varphi}-\sin\beta\dot{\alpha}=$常数(此处和在以后都用 p_α 和 p_β 等符号表示广义动量)。

习题 20-8 $\dot{\alpha}=\frac{1}{A}(p_\alpha+J_Cn\beta)$，$\dot{p}_\alpha=mgl\alpha$，$\dot{\beta}=\frac{1}{J_A}p_\beta$，$\dot{p}_\beta=-\frac{J_Cn}{A}(p_\alpha+J_Cn\beta)+mgl\beta$。

C 类型答案

习题 20-9 短程线问题

解：这是一个典型的变分问题。曲面 $\varphi(x,y,z)=0$ 上 $A(x_1,y_1,z_1)$ 和 $B(x_2,y_2,z_2)$ 两点间的曲线长度为

$$L=\int_{x_1}^{x_2}\sqrt{1+\left(\frac{\mathrm{d}y}{\mathrm{d}x}\right)^2+\left(\frac{\mathrm{d}z}{\mathrm{d}x}\right)^2}\mathrm{d}x \tag{1}$$

其中，$y=y(x)$，$z=z(x)$ 满足 $\varphi(x,y,z)=0$ 的条件。于是，我们的变分命题可以写为：在 $y=y(x)$，$z=z(x)$ 满足 $\varphi(x,y,z)=0$ 的条件下，从一切 $y=y(x)$，$z=z(x)$ 的函数中，选取一对 $y(x)$，$z(x)$，使泛函 L[即式(1)]为最小。

这个变分命题和最速降线问题有下列相同和不同之处：

(1)它也是一个泛函求极值的问题，但这个泛函有两个可以选取的函数，即 $y(x)$，$z(x)$。

(2)边界也是已定不变的，也有端点定值，即 $y(x_1)=y_1$，$z(x_1)=z_1$；$y(x_2)=y_2$，$z(x_2)=z_2$。

(3)$y(x)$，$z(x)$之间必须满足：

$$\varphi[x,y(x),z(x)]=0 \tag{2}$$

它是一个在式(2)条件下的变分求极值问题，不是像最速降线问题那样是无条件的。我们称这种命题为条件变分命题。

泛函在约束条件 $\Phi_i(x,y_1,y_2,\cdots,y_n)=0(i=1,2,\cdots,k)$ 下的极值问题。第二个历史上的变分命题(短程线)，就是这样一种形式的变分命题。这个问题用变分法的语言，可以

写成：

在式(3)的条件下，

$$\varphi(x,y,z)=0 \tag{3}$$

求使泛函式(4)为极值的 $y=y(x)$ 和 $z=z(x)$ 的解。

$$L=\int_{x_1}^{x_2}\sqrt{1+\left(\frac{\mathrm{d}y}{\mathrm{d}x}\right)^2+\left(\frac{\mathrm{d}z}{\mathrm{d}x}\right)^2}\,\mathrm{d}x \tag{4}$$

用拉格朗日乘子 $\lambda(x)$，建立泛函

$$L^*=\int_{x_1}^{x_2}\left[\sqrt{1+\left(\frac{\mathrm{d}y}{\mathrm{d}x}\right)^2+\left(\frac{\mathrm{d}z}{\mathrm{d}x}\right)^2}+\lambda\varphi\right]\mathrm{d}x \tag{5}$$

其变分（把 y,z,λ 当作独立函数）为

$$\delta L^*=\int_{x_1}^{x_2}\left(\frac{y'\delta y'}{\sqrt{1+y'^2+z'^2}}+\frac{z'\delta z'}{\sqrt{1+y'^2+z'^2}}+\lambda\frac{\partial\varphi}{\partial y}\delta y+\lambda\frac{\partial\varphi}{\partial z}\delta z+\varphi\delta\lambda\right)\mathrm{d}x \tag{6}$$

其中，y',z' 分别为 $\frac{\mathrm{d}y}{\mathrm{d}x},\frac{\mathrm{d}z}{\mathrm{d}x}$。把积分号中的首两项分部积分

$$\delta L^*=\int_{x_1}^{x_2}\left\{\left[-\frac{\mathrm{d}}{\mathrm{d}x}\left(\frac{y'}{\sqrt{1+y'^2+z'^2}}\right)+\lambda\frac{\partial\varphi}{\partial y}\right]\mathrm{d}y+\left[-\frac{\mathrm{d}}{\mathrm{d}x}\left(\frac{z'}{\sqrt{1+y'^2+z'^2}}\right)+\lambda\frac{\partial\varphi}{\partial z}\right]\delta z+\varphi\delta\lambda\right\}\mathrm{d}x \tag{7}$$

根据变分法的基本预备定理，把 $\delta y,\delta z,\delta\lambda$ 都看作是独立的函数变分，$\delta L^*=0$，给出欧拉方程

$$\lambda\frac{\partial\varphi}{\partial y}-\frac{\mathrm{d}}{\mathrm{d}x}\left(\frac{y'}{\sqrt{1+y'^2+z'^2}}\right)=0 \tag{8a}$$

$$\lambda\frac{\partial\varphi}{\partial z}-\frac{\mathrm{d}}{\mathrm{d}x}\left(\frac{z'}{\sqrt{1+y'^2+z'^2}}\right)=0 \tag{8b}$$

$$\varphi(x,y,z)=0 \tag{8c}$$

这是求解 $z(x),y(x),\lambda(x)$ 的三个微分方程。

现在设所给约束条件为一个圆柱面 $z=\sqrt{1-x^2}$，于是式(8)可以写成

$$\frac{\mathrm{d}}{\mathrm{d}x}\left(\frac{y'}{\sqrt{1+y'^2+z'^2}}\right)=0 \tag{9a}$$

$$\frac{\mathrm{d}}{\mathrm{d}x}\left(\frac{z'}{\sqrt{1+y'^2+z'^2}}\right)=\lambda(x) \tag{9b}$$

$$z=\sqrt{1-x^2} \tag{9c}$$

其中，式(9a)和式(9b)可以积分一次，同时引用弧长 s

$$\mathrm{d}s=\sqrt{1+y'^2+z'^2}\,\mathrm{d}x \tag{10}$$

积分以后的式(9)可以写成

$$\frac{\mathrm{d}y}{\mathrm{d}s}=a \tag{11a}$$

$$\frac{\mathrm{d}z}{\mathrm{d}s}=\Lambda(x) \tag{11b}$$

$$z=\sqrt{1-x^2} \tag{11c}$$

其中，a 为积分常数，$\Lambda(x)$ 为

$$\Lambda(x) = \int_0^x \lambda(x)\mathrm{d}x + c \tag{12}$$

从式(11c)和式(11b),有

$$\mathrm{d}x = -\frac{\sqrt{1-x^2}}{x}\mathrm{d}z = -\frac{\sqrt{1-x^2}}{x}\Lambda(x)\mathrm{d}s \tag{13}$$

因此,根据 ds 的定义,有

$$\mathrm{d}s^2 = \mathrm{d}x^2 + \mathrm{d}y^2 + \mathrm{d}z^2 = \left[\frac{1-x^2}{x^2}\Lambda^2(x) + a^2 + \Lambda^2(x)\right]\mathrm{d}s^2 \tag{14}$$

它可简化为

$$\frac{1}{x^2}\Lambda^2(x) + a^2 = 1 \text{ 或 } \Lambda(x) = \sqrt{1-a^2 x} \tag{15}$$

于是,把式(15)代入 dx 的表达式(13),消去 $\Lambda(x)$,即得

$$-\frac{\mathrm{d}x}{\sqrt{1-x^2}} = \sqrt{1-a^2}\,\mathrm{d}s \tag{16}$$

积分后,得

$$\cos^{-1}x = \sqrt{1-a^2}s + d \tag{17}$$

其中,d 为另一积分常数,或为

$$x = \cos(\sqrt{1-a^2}s + d) \tag{18a}$$

从式(11c)得

$$z = \sin(\sqrt{1-a^2}s + d) \tag{18b}$$

从式(11a)得

$$y = as + b \tag{18c}$$

其中,b 为又一积分常数。式(18)构成了本题参数解,弧长 s 为参数。积分常数 a,b,d 是由起点和终点坐标决定。

讨论与练习

(1)这个问题已经在 1697 年为约翰·伯努利所解决;

(2)但是这一类问题的普遍理论直到后来通过欧拉[L. Euler(1744 年)],拉格朗日[L. Lagrange(1762 年)]的努力才解决的。

习题 20-10　等周问题

泛函在约束条件 $\int_{x_1}^{x_2}\Phi_i(x,y_1,y_2,\cdots,y_n;y_1',y_2',\cdots,y_n') = \alpha_i(i=1,2,\cdots,k)$ 下的极值问题。等周问题(第三个古典变分命题),就是这类条件极值问题,其约束条件都用泛函(a_i 为 k 个常量)。

相关性原理:在这种类型的泛函极值问题内,其中任一泛函在其余的泛函条件下的极值问题,都是由相同的欧拉方程相联系着的,我们称之为相关性原理。例如,长度一定的闭曲线所围的面积为极大的问题和围有一定面积的闭曲线的长为极小的问题,有相同的欧拉方程和公共的极值曲线族,这就是相关问题。

现在我们研究等周问题。亦即,在周长已知的条件下,求最大面积的曲线。周长(即约

束条件)为

$$L = \int_0^s \sqrt{\left(\frac{\mathrm{d}x}{\mathrm{d}s}\right)^2 + \left(\frac{\mathrm{d}y}{\mathrm{d}s}\right)^2}\mathrm{d}s = \int_0^s \sqrt{x'^2 + y'^2}\mathrm{d}s \tag{1}$$

要求在式(1)的条件下,求使泛函(代表所围面积)式(2)为极值的 $y(s)$,$x(s)$。

$$\begin{aligned} R &= \iint_S \mathrm{d}x\mathrm{d}y = \frac{1}{2}\iint_S \left(\frac{\partial x}{\partial x} + \frac{\partial y}{\partial y}\right)\mathrm{d}x\mathrm{d}y \\ &= \frac{1}{2}\int_0^s \left(x\frac{\mathrm{d}y}{\mathrm{d}s} - y\frac{\mathrm{d}x}{\mathrm{d}s}\right)\mathrm{d}s \\ &= \frac{1}{2}\int_0^s (xy' - yx')\mathrm{d}s \end{aligned} \tag{2}$$

这个问题相当于求式(3)的无条件极值。

$$R^* = \int_0^s \left\{\frac{1}{2}(xy' - yx') + \lambda(x'^2 + y'^2)^{\frac{1}{2}}\right\}\mathrm{d}s - \lambda L \tag{3}$$

假设

$$F^* = \frac{1}{2}(xy' - yx') + \lambda(x'^2 + y'^2)^{\frac{1}{2}} \tag{4}$$

得

$$\frac{\partial F^*}{\partial x} = \frac{1}{2}y',\frac{\partial F^*}{\partial y} = -\frac{1}{2}x' \tag{5a}$$

$$\frac{\partial F^*}{\partial x'} = -\frac{1}{2}y + \frac{\lambda x'}{(x'^2 + y'^2)^{\frac{1}{2}}},\frac{\partial F^*}{\partial y'} = \frac{1}{2}x + \frac{\lambda y'}{(x'^2 + y'^2)^{\frac{1}{2}}} \tag{5b}$$

我们应该指出,如果是弧长,则 $x'^2 + y'^2 = 1$,于是式(5)可以写成

$$\frac{\partial F^*}{\partial x} = \frac{1}{2}y',\frac{\partial F^*}{\partial y} = -\frac{1}{2}x' \tag{6a}$$

$$\frac{\partial F^*}{\partial x'} = -\frac{1}{2}y + \lambda x',\frac{\partial F^*}{\partial y'} = \frac{1}{2}x + \lambda y' \tag{6b}$$

而欧拉方程应该是

$$y' - \lambda x'' = 0 \tag{7a}$$

$$x' - \lambda y'' = 0 \tag{7b}$$

积分一次,得

$$y - \lambda x' = C_1 \tag{8a}$$

$$x - \lambda y' = C_2 \tag{8b}$$

消去 y,得

$$\lambda^2 x'' + x - C_2 = 0 \tag{9}$$

它的解是

$$x = A\sin\frac{s}{\lambda} + B\cos\frac{s}{\lambda} + C_2 \tag{10}$$

把它代入式(7a),即得

$$y = A\cos\frac{s}{\lambda} - B\sin\frac{s}{\lambda} - C_1 \tag{11}$$

根据围线条件，$x(L)=x(0)$，$y(L)=y(0)$，有

$$A\sin\frac{L}{\lambda}+B\left(\cos\frac{L}{\lambda}-1\right)=0 \tag{12a}$$

$$A\left(\cos\frac{L}{\lambda}-1\right)-B\sin\frac{L}{\lambda}=0 \tag{12b}$$

A，B 不等于零的解要求上式的系数行列式等于零，即

$$\left(\cos\frac{L}{\lambda}-1\right)^2+\sin^2\frac{L}{\lambda}=0 \tag{13}$$

或

$$\cos\frac{L}{\lambda}=1 \tag{14}$$

其解为

$$\frac{L}{\lambda}=2\pi n，或\ \lambda=\frac{L}{2\pi n}(n=1,2\cdots) \tag{15}$$

由式(12b)，有

$$B=\lim_{\frac{L}{\lambda}\to 2\pi n}\frac{\left(\cos\frac{L}{\lambda}-1\right)}{\sin\frac{L}{\lambda}}A=\lim_{\frac{L}{\lambda}\to 2\pi n}\frac{\sin\frac{L}{2\lambda}}{\cos\frac{L}{2\lambda}}A=0 \tag{16}$$

于是式(6)和式(7)可以写成

$$x=A\sin 2\pi n\frac{s}{L}+C_2，y=A\cos 2\pi n\frac{s}{L}-C_1 \tag{17}$$

消去 s，得一族圆

$$(x-C_2)^2+(x+C_1)^2=A^2 \tag{18}$$

其中，A 是这族圆的半径，所以 $L=2\pi A$，(C_2-C_1) 为这族圆的中心。这就是等周问题的正确答案。

讨论与练习

(1)这三个历史上有名的变分命题，都是17世纪末期提出的，又都是18世纪上半叶解决的。

(2)解决过程中，欧拉和拉格朗日创立了现在大家都熟知的变分法。

(3)这个变分法后来广泛地用在力学的各个方面，对力学的发展起了很重要的作用。

(4)上述三个历史上有名的变分命题，都有从泛函求极值的共同性，端点或边界都是已定不变的。

(5)但有的有条件(第二、第三命题)，有的没有条件(第一命题)。

(6)在有条件的变分命题中，有的条件是通常的函数条件(第二命题)，有的条件则本身也是一种泛函(第三命题)。

(7)当然，边界已定不变的、没有条件的变分(第一命题)是最简单的，而且也是很有用的。

第21章　碰　　撞

A类型习题

习题21-1　$v_1' = v_1 - (1+e)\dfrac{m_2}{m_1+m_2}(v_1 - v_2)$；$v_2' = v_2 + (1+e)\dfrac{m_1}{m_1+m_2}(v_1 - v_2)$；

$\Delta T = \dfrac{m_1 m_2}{2(m_1+m_2)}(1-e^2)(v_1-v_2)^2$。

习题21-2　$\delta_{\max} = m_1 v\sqrt{\dfrac{1}{(m_1+m_2)k}}$。

习题21-3　$v = \dfrac{2}{m_2 d}\sqrt{(J_0+m_2d^2)(m_1h+m_2d)g}\sin\dfrac{\varphi}{2}$。

习题21-4　$H = \left[1-\left(\dfrac{W_0}{W_0+W_1}\right)^2\right]l + \dfrac{v_0^2}{2g}\left(\dfrac{W_0}{W_0+W_1}\right)^2$，$v_0^2 > 2gl$。

习题21-5　$W_1 = 33400J$；$W_2 = 4100J$；$\eta = 0.89$。

习题21-6　$I = \dfrac{m}{3}\sqrt{6gl(1-\cos\alpha)}$；$I_{Ox} = \dfrac{m}{6}\sqrt{6gl(1-\cos\alpha)}$，$I_{Oy} = 0$。

习题21-7　(1) $\omega = e\sqrt{\dfrac{3g}{2a}}$；

(2) $I_{Ax} = \dfrac{m}{6l}(4a-3l)(1+e)\sqrt{6ga}$，$I_{Ay} = 0$；

(3) $l = \dfrac{4}{3}a$。

B类型答案

习题21-8　$\omega_2 = \dfrac{6v\sin2\theta}{l(1+3\cos^2\theta)}$。

习题21-9　$\omega = \left(1-\dfrac{2h}{3r}\right)\dfrac{v}{r}$；$I_n = mv\sqrt{\dfrac{h}{r}(2r-h)}$，$I_\tau = \dfrac{mvh}{3r}$。

C类型答案

习题21-10　**解**：(1)由运动过程的描述可知，此问题应作为一塑性碰撞来处理。两车应被看作两个质点，按照动量守恒定理有：

$$m^{\mathrm{I}}\boldsymbol{v}_0^{\mathrm{I}} + m^{\mathrm{II}}\boldsymbol{v}_0^{\mathrm{II}} = (m^{\mathrm{I}} + m^{\mathrm{II}})\boldsymbol{v}_1 \tag{1}$$

在坐标中其分量形式为

$$m^{\mathrm{I}} v_0^{\mathrm{I}} + m^{\mathrm{II}} v_0^{\mathrm{II}}\cos\alpha = (m^{\mathrm{I}} + m^{\mathrm{II}})v_1\cos\beta \tag{2a}$$

$$m^{\mathrm{II}} v_0^{\mathrm{II}}\sin\alpha = (m^{\mathrm{I}} + m^{\mathrm{II}})v_1\sin\beta \tag{2b}$$

由式(2)得

$$\tan\beta = \frac{m^{\mathrm{II}} v_0^{\mathrm{II}}\sin\alpha}{m^{\mathrm{I}} v_0^{\mathrm{I}} + m^{\mathrm{II}} v_0^{\mathrm{II}}\cos\alpha} = 0.2474 \tag{3}$$

(2)在滑行距离上摩擦力 $F_{\mathrm{R}} = \mu(m^{\mathrm{I}} + m^{\mathrm{II}})g$，两车运动方程为

$$(m^{\mathrm{I}} + m^{\mathrm{II}})\ddot{s} = -\mu(m^{\mathrm{I}} + m^{\mathrm{II}})g \tag{4}$$

由 $\ddot{s} = \dot{s}\mathrm{d}\dot{s}/\mathrm{d}s$，积分后得 $\dot{s}^2/2 = -\mu gs + C$，因为 $\dot{s}(0) = v_1$ 和 $\dot{s}(s_{AB}) = 0$，得

$$s_{AB}=\frac{v_1^2}{2\mu g} \tag{5}$$

碰撞后的共同速度 v_1 可由式(2)直接得到

$$v_1=\frac{\sqrt{(m^{\mathrm{I}}v_0^{\mathrm{I}})^2+(m^{\mathrm{II}}v_0^{\mathrm{II}})^2+2m^{\mathrm{I}}m^{\mathrm{II}}v^{\mathrm{I}}v^{\mathrm{II}}\cos\alpha}}{m^{\mathrm{I}}+m^{\mathrm{II}}}=7.5\mathrm{m/s} \tag{6}$$

因此得到滑动距离 $s_{AB}=5.3\mathrm{m}$。

(3)碰撞前总能量为

$$E_0=\frac{1}{2}m^{\mathrm{I}}(v_0^{\mathrm{II}})^2+\frac{1}{2}m^{\mathrm{II}}(v_0^{\mathrm{II}})^2=7\times10^4\mathrm{J} \tag{7}$$

碰撞后总能量为

$$E_1=\frac{1}{2}(m^{\mathrm{I}}+m^{\mathrm{II}})v_1^2=5.2\times10^4\mathrm{J} \tag{8}$$

由于碰撞损失能量 $\Delta E_{\mathrm{S}}/E_0=(E_0-E_1)/E_0\approx25.7\%$,滑行期间能量损失 $\Delta E_{\mathrm{R}}/E_0\approx74.3\%$。

(4)首先必须计算碰撞后的即时速度。在一车追尾撞上去的情况(A)应该用式(6)使 $\alpha=0$,对于两车正面碰撞时(F)有 $\alpha=180°$;

$$v_{1\mathrm{A}}=\frac{m^{\mathrm{I}}v^{\mathrm{I}}+m^{\mathrm{II}}v^{\mathrm{II}}}{m^{\mathrm{I}}+m^{\mathrm{II}}}=8\mathrm{m/s} \tag{9a}$$

$$v_{1\mathrm{F}}=\frac{m^{\mathrm{I}}v^{\mathrm{I}}-m^{\mathrm{II}}v^{\mathrm{II}}}{m^{\mathrm{I}}+m^{\mathrm{II}}}=4\mathrm{m/s} \tag{9b}$$

碰撞后的总能量可用式(8)计算:

$$E_{1\mathrm{A}}=6.4\times10^4\mathrm{J},E_{1\mathrm{F}}=1.6\times10^4\mathrm{J} \tag{10}$$

对追尾相撞情况能量损失 $\Delta E_{\mathrm{SA}}/E_0\approx8.6\%$,而正面碰撞动能量损失 $\Delta E_{\mathrm{SF}}/E_0\approx77.1\%$。这些能量损失消耗于变形能和摩擦发热。

习题 21-11　解:对于圆盘由动量矩定理,以固定点 P 为参考点,通过对冲击持续时间 Δt 的积分可得

$$\int_0^{\Delta t}\mathrm{d}\boldsymbol{L}_P=\boldsymbol{L}_P(\Delta t)=\int_0^{\Delta t}\boldsymbol{M}_P\mathrm{d}t \tag{1}$$

对力矩冲量有

$$\int_0^{\Delta t}\mathrm{d}\boldsymbol{M}_P\mathrm{d}t=\int_0^{\Delta t}\boldsymbol{r}_{PQ}\times\boldsymbol{F}\mathrm{d}t=\boldsymbol{r}_{PQ}\times\Delta\boldsymbol{p} \tag{2}$$

其中,$\Delta\boldsymbol{p}$ 是施加在 Q 的力的冲量,对刚性圆盘的动量矩矢量 $\boldsymbol{L}_P(\Delta t)$ 可写成

$$\boldsymbol{L}_P(\Delta t)=\bar{\bar{\boldsymbol{J}}}_{\mathrm{P}}\boldsymbol{\omega}(\Delta t) \tag{3}$$

所要求的圆盘受冲击后的旋转轴可以通过角速度矢量 $\boldsymbol{\omega}(\Delta t)$ 来表述。

如果将矢量方程式(1)~式(3)在一与圆盘固结的坐标系 xyz 中来写出,由于有 $\boldsymbol{r}_{PQ}=[r,-r,0]$,$\Delta\boldsymbol{p}=[0,0,-\Delta p]$ 以及

$$\bar{\bar{\boldsymbol{J}}}_P=\begin{pmatrix}A&0&0\\0&B&0\\0&0&C\end{pmatrix}=m^2\begin{pmatrix}5/4&0&0\\0&1/4&0\\0&0&3/2\end{pmatrix}$$

可得

$$\boldsymbol{L}_{\mathrm{P}}(\Delta t)=(r\Delta p\quad r\Delta p\quad 0)=(A\omega_x\quad B\omega_y\quad C\omega_z) \tag{4}$$

由此对 $\boldsymbol{\omega}(\Delta t)$ 可得

$$\frac{\omega_y}{\omega_x}=5, \omega_z=0 \tag{5}$$

圆盘受到冲击后所绕的转动轴在 x-y 平面内，并与 x 轴的夹角 $\alpha=\arctan 5\approx 78.7°$（图 D-9）。

习题 21-12　解：（1）碰撞时支座 A、B 以及碰撞点 C 处的力为 $\boldsymbol{F}_A$、$\boldsymbol{F}_B$ 与 $\boldsymbol{F}_C$，按照如图 D-10所示，由动量定理与动量矩定理，两杆的方程为

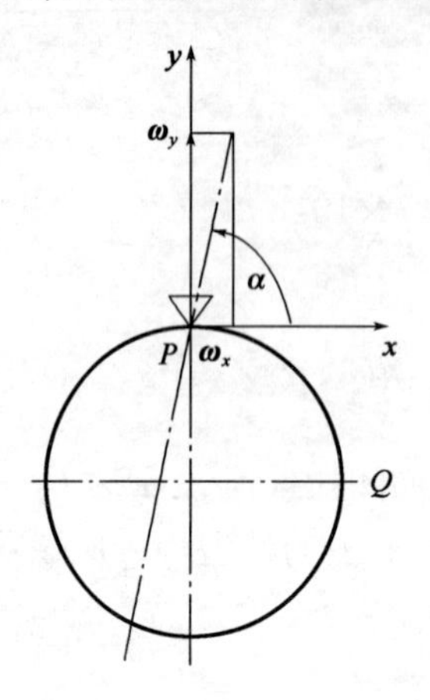

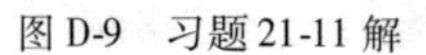
图 D-9　习题 21-11 解

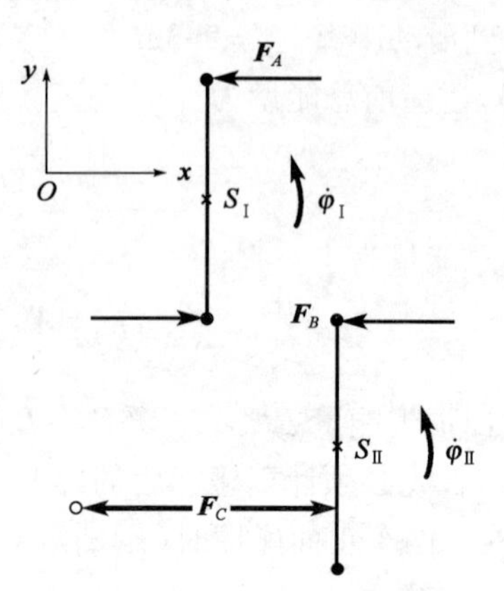

图 D-10　习题 21-12 解

$$m\ddot{x}_S^{\mathrm{II}}=F_C-F_B \tag{1a}$$

$$m\ddot{x}_S^{\mathrm{I}}=F_B-F_A \tag{1b}$$

$$\frac{\mathrm{d}L_{S_z^{\mathrm{II}}}}{\mathrm{d}t}=M_{s_z^{\mathrm{II}}}, J_S^{\mathrm{II}}\ddot{\varphi}^{\mathrm{II}}=\left(h-\frac{3}{2}b\right)F_C+\frac{b}{c}F_B \tag{1c}$$

$$\frac{\mathrm{d}L_{S_z^{\mathrm{I}}}}{\mathrm{d}t.}=M_{s_z^{\mathrm{I}}}, J_S^{\mathrm{I}}\ddot{\varphi}^{\mathrm{I}}=\frac{b}{2}F_A+\frac{b}{c}F_B \tag{1d}$$

对于小球有

$$m_k\ddot{\varphi}^K=-F_C \tag{2}$$

关于碰撞过程很难给予准确表述。但是如果假设碰撞时间 Δt 比较短，以至于系统的状态在 Δt 之内不发生改变，那么方程式(1)与式(2)是可以积分的。此时方程右边力和力矩冲量以积分出现。力冲量

$$\int_0^{\Delta t}\boldsymbol{F}_i\mathrm{d}t=\Delta\boldsymbol{p}_i$$

由式(1)和式(2)可得

$$m\dot{x}_S^{\mathrm{II}}=\Delta p_C-\Delta p_B \tag{3a}$$

$$m\dot{x}_S^{\mathrm{I}}=\Delta p_B-\Delta p_A \tag{3b}$$

$$J_S^{\mathrm{II}}\dot{\varphi}^{\mathrm{II}}=\left(h-\frac{3}{2}b\right)\Delta p_C+\frac{b}{2}\Delta p_B \tag{3c}$$

$$J_S^{\mathrm{I}}\dot{\varphi}^{\mathrm{I}}=\frac{b}{2}\Delta p_A+\frac{b}{2}\Delta p_B \tag{3d}$$

$$m(v_1-v)=-\Delta p_C \tag{3e}$$

恢复系数 e 是以碰撞后与碰撞前物体的法向速度差的商来定义的，即

$$e=\frac{\dot{x}_C-v_1}{v}$$

因此碰撞后小球的速度

$$v_1 = \dot{x}_C - ev \tag{4}$$

如考虑到运动学关系

$$\dot{x}_S^{\mathrm{I}} = \frac{b}{2}\dot{\varphi}^{\mathrm{I}}, \dot{x}_S^{\mathrm{II}} = b\dot{\varphi}^{\mathrm{I}} + \frac{b}{2}\dot{\varphi}^{\mathrm{II}} \tag{5}$$

以及 $m_K = m, J_S^{\mathrm{I}} = J_S^{\mathrm{II}} = mb^2/12$，由式(3)、式(4)及式(5)可得五个未知量 $\dot{\varphi}^{\mathrm{I}}$、$\dot{\varphi}^{\mathrm{II}}$、$\Delta p_C$、$\Delta p_A$、$\Delta p_B$ 的线性方程组：

$$mb\dot{\varphi} + m\frac{b}{2}\dot{\varphi}^{\mathrm{II}} = \Delta p_C - \Delta p_B \tag{6a}$$

$$m\frac{b}{2}\dot{\varphi}^{\mathrm{I}} = \Delta p_B - \Delta p_A \tag{6b}$$

$$\frac{1}{12}mb^2\dot{\varphi}^{\mathrm{II}} = \left(h - \frac{3}{2}b\right)\Delta p_C + \frac{b}{2}\Delta p_B \tag{6c}$$

$$\frac{1}{12}mb^2\dot{\varphi}^{\mathrm{I}} = \frac{b}{2}\Delta p_A + \frac{b}{2}\Delta p_B \tag{6d}$$

$$mb\dot{\varphi}^{\mathrm{I}} + m(h-b)\dot{\varphi}^{\mathrm{II}} = mv(1+\varepsilon) - \Delta p_C \tag{6e}$$

由式(6)，用 $\dot{\varphi}^{\mathrm{I}} = \dot{\varphi}^{\mathrm{II}}$ 可得小球碰撞点 $h = 16b/11 = 1.455b$。

(2)用 $\dot{\varphi}^{\mathrm{II}} = 0$，由式(6)可得距离 $h = 11b/8 = 1.375b$。在铰 B 承担的冲量为 $\Delta p_B = mv(1+e)/7$。

习题 21-13　解：首先要找出超球与地板和桌子的粗糙弹性碰撞的反弹定理[图 D-11a)]。碰撞前的运动状态用下标“0”表示，第一次碰撞后用“1”，第二次碰撞用“2”来表示，以后依次类推。

对于与地板的碰撞，按图 D-11a)，由动量定理，可得方向有

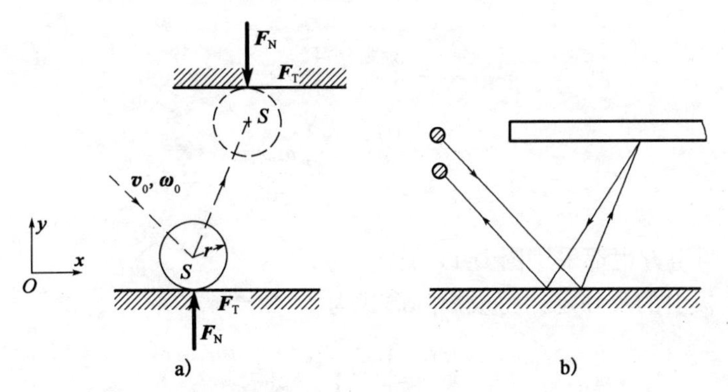

图 D-11　习题 21-13 解

$$m\ddot{x}_S = -F_{\mathrm{T}} \tag{1}$$

由动量矩定理有

$$J_S\dot{\omega} = -rF_{\mathrm{T}} \tag{2}$$

此外，对于弹性碰撞有能量守恒定理：

$$\frac{1}{2}m(\dot{x}_0^2 + \dot{y}_0^2) + \frac{1}{2}J_S\omega_0^2 = \frac{1}{2}m(\dot{x}_1^2 + \dot{y}_1^2) + \frac{1}{2}J_S\omega_1^2 \tag{3}$$

用弹性碰撞恢复因数 $\varepsilon = 1$，可得球的法向速度 $\dot{y}$ 为

$$\dot{y}_1 = -\dot{y}_0 \tag{4}$$

方程式(1)~式(4)足以计算粗糙弹性碰撞问题。式(1)与式(2)在碰撞时间 Δt 上积分有

$$m(\dot{x}_1 - \dot{x}_0) = -\int_0^{\Delta t} F_T \mathrm{d}t \tag{5a}$$

$$J_S(\omega_1 - \omega_0) = -r\int_0^{\Delta t} F_T \mathrm{d}t \tag{5b}$$

由此消去冲击力得

$$mr(\dot{x}_1 - \dot{x}_0) = J_S(\omega_1 - \omega_0) \tag{6}$$

由式(3),并用式(4)与式(6)通过转换得

$$m(\dot{x}_0 - \dot{x}_1)(\dot{x}_0 + \dot{x}_1) + m(\dot{y}_0 - \dot{y}_1)(\dot{y}_0 + \dot{y}_1) + J_S(\omega_0 - \omega_1)(\omega_0 - \omega_1) = 0 \tag{7a}$$

$$m(\dot{x}_0 - \dot{x}_1)(\dot{x}_0 - \dot{x}_1 + \omega_0 r + \omega_1 r) = 0 \tag{7b}$$

$$\dot{x}_1 + \omega_1 r = -\dot{x}_0 - \omega_0 r \tag{7c}$$

将均质球转动惯量 $J_S = 2mr^2/5$ 代入,从式(4)、式(6)和式(7)最后可得与地板碰撞后的运动状态的参量为

$$\dot{x}_1 = \frac{3}{7}\dot{x}_0 - \frac{4}{7}\omega_0 r \tag{8a}$$

$$\omega_1 r = -\frac{10}{7}\dot{x}_0 - \frac{3}{7}\omega_0 r \tag{8b}$$

$$\dot{y}_1 = -\dot{y}_0 \tag{8c}$$

按照图 D-11a),对桌面下表面的碰撞来说,方程式(1)~式(4)只有动量矩定理式(2)变化为

$$J_S\dot{\omega} = rF_T \tag{9}$$

利用式(1)、式(3)、式(4)和式(9),按照与上面所述的碰撞到上表面计算运动参量一样的计算过程可得:

$$\dot{x}_2 = \frac{3}{7}\dot{x}_1 + \frac{4}{7}\omega_1 r \tag{10a}$$

$$\omega_2 r = \frac{10}{7}\dot{x}_1 - \frac{3}{7}\omega_1 r \tag{10b}$$

$$\dot{y}_2 = -\dot{y}_1 \tag{10c}$$

式(8)与式(10)两组方程都采用图 D-11a)的坐标系。

超球撞到地板上的反弹定律写成矩阵形式为

$$\begin{pmatrix} \dot{x}_1 \\ \omega_1 r \\ \dot{y}_1 \end{pmatrix} = \boldsymbol{A}\begin{pmatrix} \dot{x}_0 \\ \omega_0 r \\ \dot{y}_0 \end{pmatrix} \tag{11}$$

其中 $\boldsymbol{A} = \frac{1}{7}\begin{pmatrix} 3 & -4 & 0 \\ -10 & -3 & 0 \\ 0 & 0 & -7 \end{pmatrix}$。

球撞到桌板下表面有

$$\begin{pmatrix} \dot{x}_2 \\ \omega_2 r \\ \dot{y}_2 \end{pmatrix} = \boldsymbol{B}\begin{pmatrix} \dot{x}_1 \\ \omega_1 r \\ \dot{y}_1 \end{pmatrix} \tag{12}$$

其中 $\boldsymbol{B}=\frac{1}{7}\begin{pmatrix}3 & 4 & 0\\ 10 & -3 & 0\\ 0 & 0 & -7\end{pmatrix}$。

式(11)和式(12)中,$\boldsymbol{A}$ 与 $\boldsymbol{B}$ 是所谓的"碰撞矩阵"。如果用 $\dot{x}_i$、$\omega_i r$、$\dot{y}_i$ 表示在第 i 次碰撞后超球的运动状态量,那么由式(11)、式(12)得

$$\begin{pmatrix}\dot{x}_i\\ \omega_i r\\ \dot{y}_i\end{pmatrix}=\cdots\boldsymbol{ABA}(i\text{ 次})\begin{pmatrix}\dot{x}_0\\ \omega_0 r\\ \dot{y}_0\end{pmatrix}\tag{13}$$

这些结果当然只在忽略重力时适用。

对于小球的轨迹每次只要计算碰撞后速度的水平分量 $\dot{x}_i$ 就足够了,因为其垂直分量 $\dot{y}_i$ 是常数。如果设初始运动状态 $\omega_0=0$,那么就可得前三次碰撞过程后的水平速度为

$$\dot{x}_1=0.4286\dot{x}_0,\dot{x}_2=-0.6327\dot{x}_0,\dot{x}_3=-0.9708\dot{x}_0$$

对于小球初始状态为 $\dot{x}_0=\dot{y}_0,\omega_0=0$,其轨迹示于图 D-11b)。"超球"向抛出者回弹可以很容易证明。一个足够斜抛出的乒乓球(光滑斜碰撞)却相反,将会向桌子的另一边弹去。

习题 21-14 **解:**(1)取如图 21-29a)所示广义坐标 q_1 和 q_2。各杆的角速度即其质心的相对速度是

$$\dot{\theta}=-\frac{\dot{q}_2}{2L\sin\theta},v=\frac{\dot{q}_2}{4L\sin\theta}\tag{1}$$

$$T=\frac{1}{2}\cdot 4m\cdot\dot{q}_1^2+4\cdot\frac{1}{2}\left[\frac{1}{12}mL^2+\left(\frac{L}{2}\right)^2\right]\dot{\theta}^2=2m\dot{q}_1^2+\frac{m}{6\sin^2\theta}\dot{q}_2^2\tag{2}$$

系统的质量矩阵为

$$\boldsymbol{m}=\begin{bmatrix}4m & 0\\ 0 & \frac{m}{3\sin^2\theta}\end{bmatrix}\tag{3}$$

点 A 的坐标与广义坐标间的关系

$$y_A=q_1-\frac{1}{2}q_2\tag{4}$$

从式(21-17)可知,相应于广义坐标 q_1 和 q_2 的广义冲量为

$$\tilde{I}_1=I_0,\tilde{I}_2=-\frac{1}{2}I_0\tag{5}$$

这两个广义坐标相互独立,故由方程(21-20)得到

$$4m(\dot{q}_1-\dot{q}_{10})=I_0\tag{6a}$$

$$\frac{m}{3\sin^2\theta}(\dot{q}_2-\dot{q}_{20})=-\frac{1}{2}I_0\tag{6b}$$

根据初始条件 $\dot{q}_{10}=0,\dot{q}_{20}=0$,可从方程式(6)解出碰撞后的广义速度 $\dot{q}_{10}$ 和 $\dot{q}_{20}$,进而得到碰撞后的点 A 的速度

$$v_A=\dot{y}_A=\dot{q}_1-\frac{1}{2}\dot{q}_2=\frac{(5-3\cos2\theta)I_0}{8m}\tag{7}$$

因而有

$v_A|_{\theta=0^\circ}=\dfrac{I_0}{4m}, v_A|_{\theta=15^\circ}=\dfrac{(10-3\sqrt{3})I_0}{16m}, v_A|_{\theta=30^\circ}=\dfrac{7I_0}{16m}, v_A|_{\theta=45^\circ}=\dfrac{5I_0}{8m}, v_A|_{\theta=60^\circ}=\dfrac{13I_0}{16m}$,

$v_A|_{\theta=75^\circ}=\dfrac{(10+3\sqrt{3})I_0}{16m}, v_A|_{\theta=90^\circ}=\dfrac{I_0}{m}$。

由图 D-12 可见随着夹角 θ 增大,点 A 在冲击后的速度 v_A 也增大。

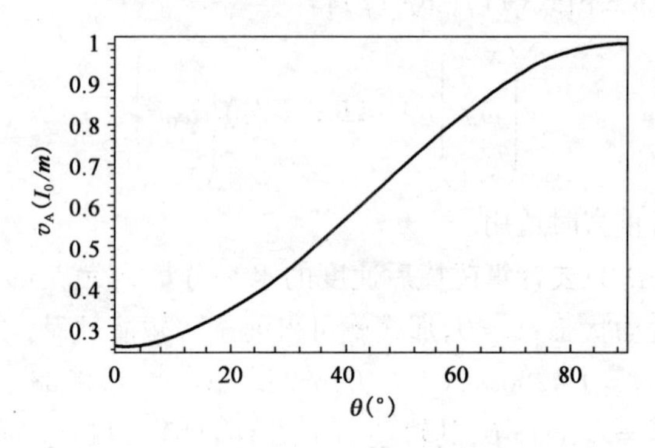

图 D-12　速度 v_A 与夹角 θ 关系曲线

(2)由方程(21-20)得到

$$4m(\dot{q}_1-\dot{q}_{10})=I,\frac{m}{3\sin^2\theta}(\dot{q}_2-\dot{q}_{20})=-\frac{1}{2}I \tag{8}$$

此时系统的初始广义速度为

$$\dot{q}_{10}=-v_0,\dot{q}_{20}=0 \tag{9}$$

因点 A 与地面的碰撞恢复因数为 e,故碰撞结束时 $v_A=ev_0$ 得

$$2\dot{q}_1-\dot{q}_2=2ev_0 \tag{10}$$

从方程式(8)和初始条件式(9)得到

$$6\sin^2\theta\dot{q}_1+\dot{q}_2=-6\sin^2\theta v_0 \tag{11}$$

联立求解方程(10)和(11),得到系统的广义速度

$$\dot{q}_1=-\frac{(3\sin^2\theta-e)v_0}{1+3\sin^2\theta},\dot{q}_2=-\frac{6\sin^2\theta(1+e)v_0}{1+3\sin^2\theta} \tag{12}$$

$$I=\frac{4(1+e)mv_0}{1+3\sin^2\theta} \tag{13}$$

根据碰撞的动能定理式(21-10)及碰撞力功的计算式(21-11),求出

$$T-T_0=\frac{1}{2}(v_A-v_0)I,\Delta T=-\frac{2(1-e^2)mv_0^2}{1+3\sin^2\theta} \tag{14}$$

完全塑性碰撞($e=0$):$I|_{e=0}=\dfrac{4mv_0}{1+3\sin^2\theta},\Delta T|_{e=0}=-\dfrac{2mv_0^2}{1+3\sin^2\theta}$;

弹塑性碰撞($e=0.5$):$I|_{e=0.5}=\dfrac{6mv_0}{1+3\sin^2\theta},\Delta T|_{e=0.5}=-\dfrac{3mv_0^2}{2(1+3\sin^2\theta)}$;

完全弹性碰撞($e=1$):$I|_{e=1}=\dfrac{8mv_0}{1+3\sin^2\theta},\Delta T|_{e=1}=0$。

由图 D-13 可见:随着恢复因数 e 增大,碰撞冲量 I 不断增大。由图 D-14 可见:随着恢复因数 e 增大,动能损失 $|\Delta T|$ 趋于减小。

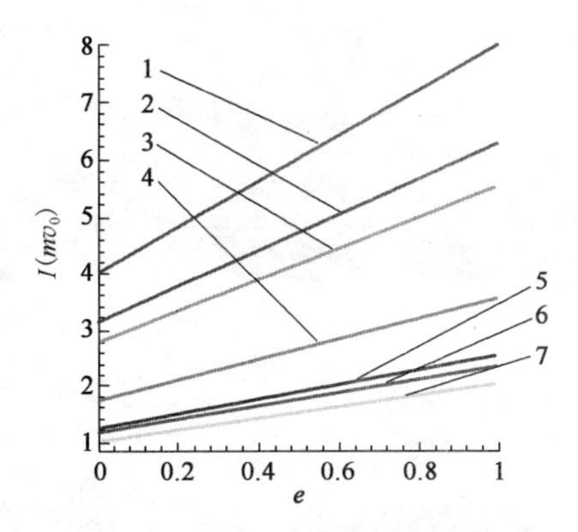

图 D-13　碰撞冲量与恢复因数关系曲线

1-$\theta=0°$;2-$\theta=15°$;3-$\theta=30°$;4-$\theta=45°$;

5-$\theta=60°$;6-$\theta=75°$; 7-$\theta=90°$

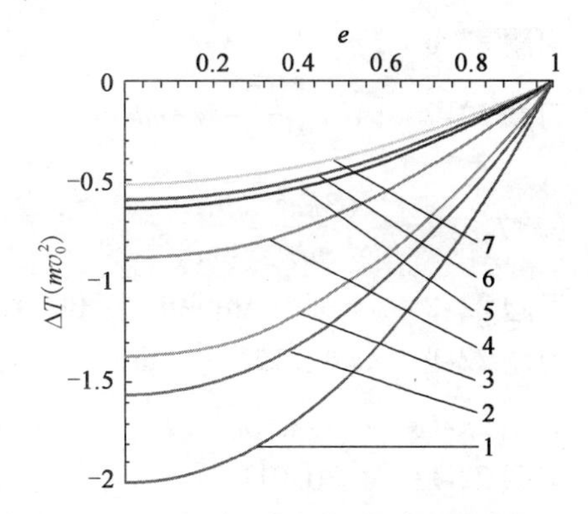

图 D-14　动能损失与恢复因数关系曲线

1～7 含义同图 D-13

第 22 章　微　振　动

A 类型习题

习题 22-1　$A=\sqrt{x_0^2+\dfrac{v_0^2}{\omega_0^2}},\tan\alpha=\dfrac{\omega_0x_0}{v_0}$。

习题 22-2　**解**:参照图 22-30a),质点的运动微分方程式为

$$m\ddot{x}+kx=P \text{ 或 } \ddot{x}+\omega_0^2x=g$$

其解为

$$x=a\sin(\omega_0t+\alpha)+\delta_{st},\delta_{st}=\frac{P}{k}$$

亦即质点仍作频率为 ω_0 的简谐振动,只是振动中心位于 $x=\delta_{st}$处,δ_{st}为弹簧的静伸长。由此可知:常力只改变振动中心的位置。引入静伸长 δ_{st},还可将固有角频率及周期写为

$$\omega_0=\sqrt{\frac{g}{\delta_{st}}},T=2\pi\sqrt{\frac{\delta_{st}}{g}}$$

如果将参考坐标的原点取在弹簧静伸长处,如图 22-30b)所示,则运动微分方程改变,但解的形式简单。

$$m\ddot{x}=-k(k+\delta_{st})+P \text{ 即 } m\ddot{x}+kx=0$$
$$x=x\sin(\omega_0t+\alpha)$$

习题 22-3　**解**:弹簧势能等于力 F 乘以弹簧伸长量 δl(精确到更高阶小量)。当 $x\ll l$ 时,有

$$gl=\sqrt{l^2+x^2}-l\approx x^2/(2l)$$

因此,$V=Fx^2/(2l)$。因为动能为 $m\dot{x}^2/2$,故

$$\omega_0=\sqrt{\frac{F}{ml}}$$

习题 22-4　**解**:(1)$\ddot{\phi}+\dfrac{3(k_1+4k_2)}{7m_0+27m}\phi=0,T=2\pi/\omega_0=0.078\text{s}$。

(2)$T'=2\pi\sqrt{(7m_0+27m+3m')/[3(k_1+4k_2)]}=0.082\text{s};T'>T$。

习题 22-5　$J_0=\dfrac{Wd}{8\pi^2g}(T^2g-2d\pi^2)$。

习题 22-6 $T=\pi L/\sqrt{3gr}$。

习题 22-7 (1) $c_{cr}=\dfrac{2a}{3L}\sqrt{3mk}$;

(2) $T_1=2\pi\Big/\sqrt{\dfrac{3ka^2}{mL^2}-\dfrac{9c^2}{4m^2}}$。

习题 22-8 $x=35.1\sin(40t-0.087)\mathrm{mm}$。

习题 22-9 $c=43.12\mathrm{N\cdot s/m}$。

习题 22-10 $n=2\pi\sqrt{f^2-f_1^2}$。

习题 22-11 $\zeta=0.011$。

B 类型答案

习题 22-12 解法一:利用动量定理和动量矩定理

为了导出运动方程,应用截面剖分原理,列出两附加重物 1 与 2 的动量定理和滚轮的动量矩定理。对于滚轮有(图 D-15)

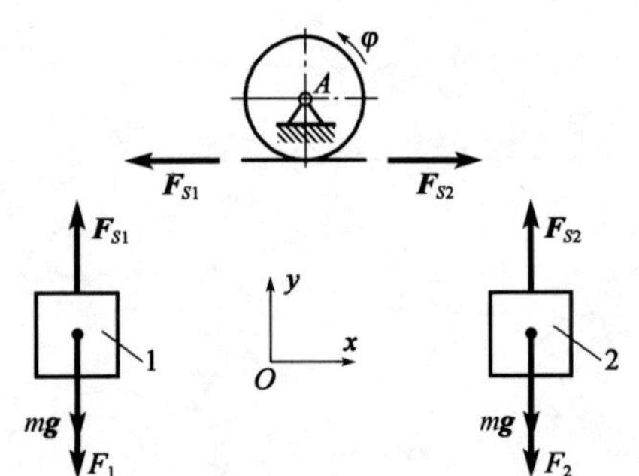

图 D-15 习题 22-12 解

$$\dot{\boldsymbol{L}}_{AZ}=\boldsymbol{M}_{AZ}, j_A\ddot{\varphi}=r(F_{S2}-F_{S1}) \tag{1}$$

其中,$J_A=m_W r^2/2$。进一步对于附加重物有:

$$m\ddot{y}_1=F_{S1}-mg-F_1 \tag{2a}$$

$$m\ddot{y}_2=F_{S2}-mg-F_2 \tag{2b}$$

其中,弹簧力

$$F_1=F_0+(y_1-y_{01})C;F_2=F_0+(y_2-y_{02})C \tag{3}$$

式中,F_0 为静止系统的弹簧的预紧力;y_{01} 与 y_{02} 是两重物的静止位置。用运动协调条件

$$(y_1-y_{01})=-(y_2-y_{02})=\Delta y=r\varphi \tag{4a}$$

$$\ddot{y}_1=-\ddot{y}_2=\ddot{y}=r\ddot{\varphi} \tag{4b}$$

由式(1)~式(3)消去带子张力之后,得到滚轮的运动方程:

$$\frac{1}{2}(m_W+4m)r^2\ddot{\varphi}+2r^2C\varphi=0 \tag{5}$$

由此可得振动的圆频率平方为

$$\omega^2=\frac{4C}{4m+m_W} \tag{6}$$

用振动周期 $T_S=2\pi/\omega$,可得弹簧常数:

$$C=\frac{\pi^2}{T_S^2}(4m+m_W)=34.5\mathrm{N/m} \tag{7}$$

解法二:利用动能定理

因为所考察的系统是保守系统,运动方程可以由能量定理导出。根据能量定理有

$$T+V=E_0 \tag{8}$$

在此题中,由于两附加重物具有相等的质量,其势能只是储存在弹簧中,因此由式(8)导出

$$2\left(\frac{1}{2}mv^2\right)+\frac{1}{2}\left(\frac{1}{2}m_W r^2\right)\dot{\varphi}^2+2\left(\frac{1}{2}C\Delta y^2\right)=E_0 \tag{9}$$

此式是运动方程的第一次积分。式(9)对时间求导数,并用 $v=r\dot{\varphi}$,$\Delta y=r\varphi$ 即可直接导出式(5)。

习题 22-13 解:(1)这里给出两种解法。在此两种方法中都采用图 22-38 的与物体固结的坐标系(K)。

解法一:摆关于动点 A 的动量矩定理

$$\frac{\mathrm{d}\boldsymbol{L}_A}{\mathrm{d}t}+m(\boldsymbol{r}_{AS}\times\boldsymbol{a}_A)=\boldsymbol{M}_A \tag{1}$$

用 $\dot{\boldsymbol{r}}_{AS}=\dfrac{\mathrm{d}^{(K)}\boldsymbol{r}_{AS}}{\mathrm{d}t}+\boldsymbol{\Omega}\times\boldsymbol{r}_{AS}$ 动量矩矢量的导数为

$$\frac{\mathrm{d}\boldsymbol{L}_A}{\mathrm{d}t}=\frac{d}{dt}[m(\boldsymbol{r}_{AS}\times\dot{\boldsymbol{r}}_{AS})] \tag{2}$$

悬挂点 A 的绝对加速度为

$$\boldsymbol{a}_A=\boldsymbol{\Omega}\times(\boldsymbol{\Omega}\times\boldsymbol{r}_{OA}) \tag{3}$$

外力(弹簧力 $\boldsymbol{F}_{\mathrm{Fe}}=-cL\varphi\boldsymbol{e}_y$,重力 $\boldsymbol{F}_{\mathrm{G}}=-mg\boldsymbol{e}_z$,以及摆支座内的作用力)的力矩:

$$\boldsymbol{M}_A=\boldsymbol{r}_{AS}\times(\boldsymbol{F}_{\mathrm{Fe}}+\boldsymbol{F}_{\mathrm{G}})+\Delta\boldsymbol{M}_A \tag{4}$$

采用与物体固结的坐标系统,则有

$$\boldsymbol{\Omega}^{(K)}=(0\quad 0\quad \Omega) \tag{5a}$$

$$\boldsymbol{r}_{AS}^{(K)}=(0\quad L\sin\varphi\quad -L\cos\varphi) \tag{5b}$$

$$\dot{\boldsymbol{r}}_{AS}^{(K)}=(\Omega L\sin\varphi\quad L\dot{\varphi}\cos\varphi\quad L\dot{\varphi}\sin\varphi) \tag{5c}$$

$$\boldsymbol{r}_{OA}^{(K)}=(b\quad d\quad z_A) \tag{5d}$$

$$\boldsymbol{a}_A^{(K)}=(-\Omega^2 b\quad -\Omega^2 d\quad 0) \tag{5e}$$

由式(1)的 x 方向的分量可得两摆之一的运动方程,考虑式(2)~式(5),可得

$$m(L^2\ddot{\varphi}-\Omega^2L^2\sin\varphi\cos\varphi)-m\Omega^2dL\cos\varphi=-cL^2\sin\varphi\cos\varphi-mgL\sin\varphi \tag{6}$$

作用在摆轴承上的法向力的力矩 $\Delta\boldsymbol{M}_A$ 对绕摆轴的力矩分量没有贡献。由于假设摆幅 $\varphi\ll1$,因此非线性方程式(6)可加以简化。考虑 $\sin\varphi\approx\varphi$ 及 $\cos\varphi\approx1$,则式(6)可简化为线性方程

$$\ddot{\varphi}+\left(\frac{c}{m}+\frac{g}{L}-\Omega^2\right)\varphi=\frac{\Omega^2d}{L} \tag{7}$$

解法二:从转动系统(K)来考察,摆的质量的冲量定理有:

$$m\boldsymbol{a}_{\mathrm{abs}}=m(\boldsymbol{a}'+\boldsymbol{a}_{\mathrm{F}}+\boldsymbol{a}_{\mathrm{C}})=\boldsymbol{F}_{\mathrm{Fe}}+\boldsymbol{F}_{\mathrm{st}}+\boldsymbol{F}_{\mathrm{G}}$$

或者

$$m\boldsymbol{a}'=\boldsymbol{F}_{\mathrm{Fe}}+\boldsymbol{F}_{\mathrm{st}}+\boldsymbol{F}_{\mathrm{G}}+\boldsymbol{F}_{\mathrm{I}}+\boldsymbol{F}_{\mathrm{C}} \tag{8}$$

其中,$\boldsymbol{F}_{\mathrm{st}}$是杆件力;$\boldsymbol{a}'$是相对加速度;$\boldsymbol{F}_{\mathrm{I}}$ 是惯性力;$\boldsymbol{F}_{\mathrm{C}}$是牵连力和科氏力。这些项有

$$\boldsymbol{a}'=\frac{\mathrm{d}^{2(K)}}{\mathrm{d}t^2}\boldsymbol{r}_{AS};\boldsymbol{F}_{\mathrm{I}}=-m\boldsymbol{\Omega}\times(\boldsymbol{\Omega}\times\boldsymbol{r}_{OS}) \tag{9a}$$

$$\boldsymbol{F}_{\mathrm{C}}=-2m\boldsymbol{\Omega}\times\boldsymbol{v}'=-2m\boldsymbol{\Omega}\times\frac{\mathrm{d}^{(K)}\boldsymbol{r}_{AS}}{\mathrm{d}t} \tag{9b}$$

在图 D-16 中标上这些力,杆件力 $\boldsymbol{F}_{\mathrm{st}}$是未知的。但因其对摆轴并不产生力矩,可将其消去。通过用 $\boldsymbol{r}_{\mathrm{AS}}$去矢乘,可将式(8)变成一个关于 A 的力矩方程。

$$m\boldsymbol{r}_{AS}\times\boldsymbol{a}'=\boldsymbol{r}_{AS}\times(\boldsymbol{F}_{\mathrm{Fe}}+\boldsymbol{F}_{\mathrm{G}}+\boldsymbol{F}_{\mathrm{st}})-m\boldsymbol{r}_{AS}\times(\boldsymbol{a}_{\mathrm{F}}+\boldsymbol{a}_{\mathrm{C}}) \tag{10}$$

该方程在 x 方向的分量中 $\boldsymbol{F}_{st}$不再出现。

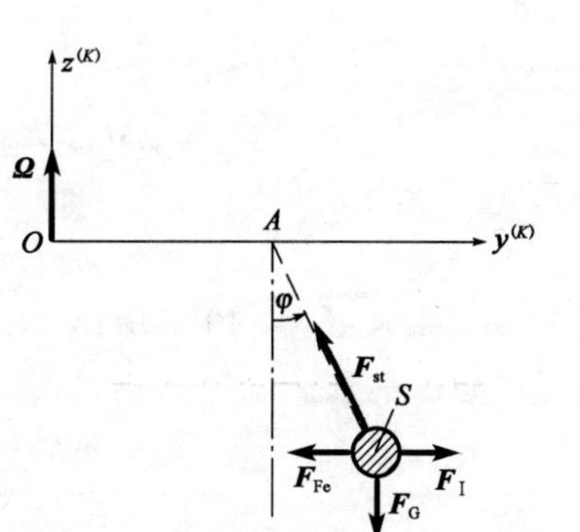

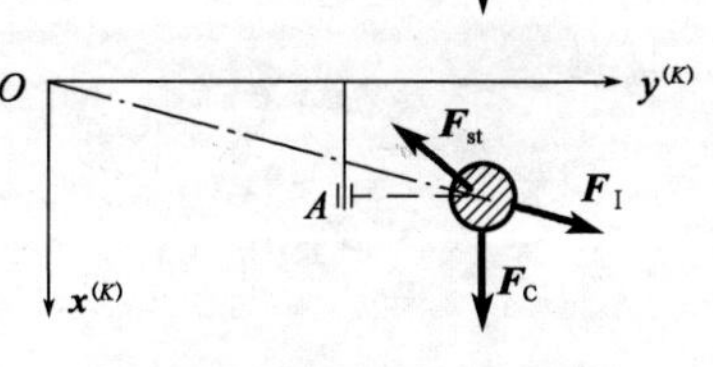

图 D-16　习题 22-13 解

由式(5)与式(9),得

$$\boldsymbol{a}'^{(K)}=(0\quad L\ddot{\varphi}\cos\varphi-L\dot{\varphi}^2\sin\varphi\quad L\ddot{\varphi}\sin\varphi+L\dot{\varphi}^2\cos\varphi) \tag{11a}$$

$$\boldsymbol{a}_{\mathrm{F}}^{(K)}=(-b\Omega^2\quad -(d+L\sin\varphi)\Omega^2\quad 0) \tag{11b}$$

$$\boldsymbol{a}_{\mathrm{C}}^{(K)}=(-2L\dot{\varphi}\Omega\cos\varphi\quad 0\quad 0) \tag{11c}$$

作为式(10)的 x 分量,由此又可得到式(6)。

(2)用 $\ddot{\varphi}=\dot{\varphi}=0$,由式(7),对于平衡位置 φ_0 有

$$\varphi_0=\frac{\Omega^2}{\omega_0^2-\Omega^2}\frac{d}{L} \tag{12}$$

其中,$\omega_0^2=c/m+g/L$,是在 $\Omega=0$ 时摆的固有圆频率。只有式(12)的 $\varphi_0\ll1$,式(6)的线性化才能允许,也就是说此结果只在调节器不太大的转速下才适用。

由式(7)得到摆的固有圆频率

$$\omega=\sqrt{\frac{c}{m}+\frac{g}{L}-\Omega^2}=\sqrt{\omega_0^2-\Omega^2} \tag{13}$$

(3)振动微分方程式(7)的通解为

$$\varphi(t)=\Phi\cos(\omega t-\psi)+\frac{\Omega^2}{\omega_0^2-\Omega^2}\frac{d}{L} \tag{14}$$

根据此式考虑初始条件 $\varphi(0)=\dot{\varphi}(0)=0$ 得

$$0=\Phi\cos\varphi+\frac{\Omega^2}{\omega_0^2-\Omega^2}\frac{d}{L},0=\Phi\omega\sin\varphi$$

$$\varphi=\pi,\Phi=\frac{\Omega^2}{\omega_0^2-\Omega^2}\frac{d}{L} \tag{15}$$

因此得

$$\varphi(t)=\varphi_0(1-\cos\omega t) \tag{16}$$

其中,$\varphi_0=0.0294\mathrm{rad}\approx1.7°$;$\omega=234.7\mathrm{s}^{-1}$。

(4)作用在摆轴套上的力矩是由截面力 $-\boldsymbol{F}_{\mathrm{st}}$ 产生的,这个力可以由摆的质量直接通过摆杆的一个截面来得到。在式(4)中考虑力矩 $\Delta\boldsymbol{M}_A$ 为

$$\Delta\boldsymbol{M}_A=-\boldsymbol{r}_{AS}\times\boldsymbol{F}_{\mathrm{st}} \tag{17}$$

此表达式可以用式(10)改写为

$$\Delta\boldsymbol{M}_A=\boldsymbol{r}_{AS}\times(\boldsymbol{F}_{\mathrm{Fe}}\times\boldsymbol{F}_{\mathrm{G}})-m\boldsymbol{r}_{AS}\times(\boldsymbol{a}'+\boldsymbol{a}_{\mathrm{F}}+\boldsymbol{a}_{\mathrm{C}}) \tag{18}$$

因为所找的力矩垂直于摆平面,故该力矩只有在 y 和 x 方向的分量。因此 $\Delta\boldsymbol{M}_A$ 可简写成

$$\Delta\boldsymbol{M}_A=-\mathrm{m}\boldsymbol{r}_{AS}\times(\boldsymbol{a}_{\mathrm{F}x}+\boldsymbol{a}_{\mathrm{C}}) \tag{19}$$

这一关系也可直接由图 D-16 看出。用式(11)可得

$$\Delta\boldsymbol{M}_A=-\begin{bmatrix}0\\ mL\cos\varphi(b\Omega^2+2L\dot{\varphi}\Omega\cos\varphi)\\ mL\sin\varphi(b\Omega^2+2L\dot{\varphi}\Omega\cos\varphi)\end{bmatrix} \tag{20}$$

其值为

$$\Delta M_A=mL(b\Omega^2+2L\dot{\varphi}\Omega\cos\varphi) \tag{21}$$

由于 $\varphi\ll1$,由上式得

$$\Delta M_A=mL(b\Omega^2+2L\dot{\varphi}\Omega) \tag{22}$$

当 $\dot{\varphi}$ 最大时,也就是摆以 $\dot{\varphi}>0$ 通过平衡位置振动时,ΔM_A 将为最大值。利用

$$\dot{\varphi}_{\max}=\varphi_0\omega=\frac{\Omega^2}{\sqrt{\omega_0^2-\Omega^2}}\frac{d}{L}$$

可得

$$\Delta M_{A\max}=mL\Omega^2\left(b+\frac{2d\Omega}{\sqrt{\omega_0^2-\Omega^2}}\right) \tag{23}$$

当摆在其平衡位置时,由于科氏加速度引起的份额消失,对于摆轴的最大力矩在摆摆动时按照(3)应比静止摆大一个因子 K

$$K=1+\frac{2d\Omega}{b\sqrt{\omega_0^2-\Omega^2}}=2.53 \tag{24}$$

习题 22-14　解: 此振动的运动方程为

$$m\ddot{x}+c\dot{x}+k(x-x_0)=0 \tag{1}$$

考虑圆频率 $\omega_0=\sqrt{k/m}$ 和阻尼率

$$\zeta=\frac{c}{2\sqrt{km}}=\frac{\delta}{\omega_0} \tag{2}$$

式(1)可变为

$$\ddot{x}+2\zeta\omega_0\dot{x}+\omega_0^2(x-x_0)=0 \tag{3}$$

由给定的三个返回点值可知属于 $\zeta<1$ 的弱阻尼情况。因而式(3)有下列通解:

$$x=C\mathrm{e}^{-\zeta\omega_0 t}\cos(\omega_{\mathrm{d}}t-\varphi)+x_0 \tag{4}$$

其中

$$\omega_{\mathrm{d}}=\omega_0\sqrt{1-\zeta^2} \tag{5}$$

如将此振动给定的三个振幅代入式(4),则可得三个确定系统的未知参数的方程。由于在返回点的测量值 $x_i(i=1,2,3)$ 是已知的,且有 $\dot{x}(t_i)=0$,可进一步得到两个方程,对于测量点,由式(4)的导数有

$$\dot{x}(t_i)=-C\mathrm{e}^{-\zeta\omega_0 t_i}[\zeta\omega_0\cos(\omega_{\mathrm{d}}t_i-\varphi)+\omega_{\mathrm{d}}\sin(\omega_{\mathrm{d}}t_i-\varphi)]=0$$

$$\tan(\omega_{\mathrm{d}}t_i-\varphi)=-\frac{\zeta}{\sqrt{1-\zeta^2}} \tag{6}$$

由于 $t_{i+1}-t_i=T_{\mathrm{S}}/2$,且 $T_{\mathrm{S}}=2\pi/\omega_{\mathrm{d}}$。对于 $t_1=0$,则有

$$t_2=\frac{\pi}{\omega_{\mathrm{d}}},t_3=\frac{2\pi}{\omega_{\mathrm{d}}} \tag{7}$$

利用式(6)和式(7),从式(4)和式(5)可得关于三个未知量 C、ζ 与 x_0 的方程组:

$$x_1=C\sqrt{1-\zeta^2}+x_0 \tag{8a}$$

$$x_2=C\sqrt{1-\zeta^2}\exp\left(-\frac{\zeta\pi}{\sqrt{1-\zeta^2}}\right)+x_0 \tag{8b}$$

$$x_3=C\sqrt{1-\zeta^2}\exp\left(-\frac{2\zeta\pi}{\sqrt{1-\zeta^2}}\right)+x_0 \tag{8c}$$

由式(8)可消去 C,ζ。用

$$(x_2-x_0)^2=(x_1-x_0)^2\exp\left(-\frac{2\zeta\pi}{\sqrt{1-\zeta^2}}\right)$$

$$x_3-x_0=(x_1-x_0)\exp\left(-\frac{2\zeta\pi}{\sqrt{1-\zeta^2}}\right)$$

可得

$$(x_2-x_0)^2=(x_1-x_0)(x_3-x_0)$$

$$x_0=\frac{x_2^2-x_1x_3}{2x_2-x_1-x_3}=0.96\text{mm} \tag{9}$$

此外,由式(8)可计算阻尼率 ζ。借助于对数减幅率 θ 可较快地求出 ζ:

$$\theta=\ln\frac{x_n}{x_{n+1}}=\ln\frac{x_1-x_0}{x_3-x_0}=0.827$$

于是

$$\zeta=\frac{\theta}{\sqrt{4\pi^2-\theta^2}}=0.131$$

C 类型答案

习题 22-15　解:(1)如果在一惯性系统中用 $x_M(t)$ 表示质量块的位置,$x_U(t)$ 在同一惯性系中量测,那么在记录带上的坐标为

$$x_P(t)=x_M(t)-x_U(t) \tag{1}$$

对于坐标 $x_M(t)$,按照动量定理可得微分方程

$$m\ddot{x}_M=F_k+F_d \tag{2}$$

其中

$$F_k=-k(x_M-x_U),F_d=-c(\dot{x}_M-\dot{x}_U) \tag{3}$$

利用式(3),式(1)和式(2)可变成

$$m\ddot{x}_P+c\dot{x}_P+kx_P=-m\ddot{x}_U$$

最后得

$$\ddot{x}_P+2\delta\dot{x}_P+\omega_0^2x_P=K\Omega^2\cos\Omega t \tag{4}$$

其中,$\delta=c/(2m)$,$\omega_0=\sqrt{k/m}$。

弱阻尼($\delta^2<\omega_0^2$)情况下,式(4)的完全解为

$$x_P=ce^{-\delta t}\cos(\omega_d t-\varphi)+R\cos(\Omega t-\psi) \tag{5}$$

式(5)中第一项,即质量块的固有振动,是随着时间衰减的。作为测量值来讲,只有强迫振动 $x_{P,part}=R\cdot\cos(\Omega t-\varphi)$ 记录了下来。对此特解,通过用理论阻尼率 $\zeta=\delta/\omega_0$ 代入式(4)得到振幅

$$R=\frac{K(\Omega/\omega_0)^2}{\sqrt{[1-(\Omega/\omega_0)^2]^2+4\zeta^2(\Omega/\omega_0)^2}} \tag{6}$$

及相位角

$$\tan\varphi=\frac{2\zeta\Omega/\omega_0}{1-(\Omega/\omega_0)^2} \tag{7}$$

(2)对于振幅误差有

$$f=\frac{|x_{U0}-x_{P0}|}{x_{U0}} \tag{8}$$

利用 $x_{U0}=K$ 及 $x_{P0}=R$,可得

$$f=\left|1-\frac{(\Omega/\omega_0)^2}{\sqrt{[1-(\Omega/\omega_0)^2]^2+4\zeta^2(\Omega/\omega_0)^2}}\right| \tag{9}$$

对于 ζ,式由(9)可得在频率比 $\Omega/\omega_0=\eta=18/7$ 时有两个值

$$\zeta = \frac{\sqrt{\eta^4 - (1 \pm f)^2 (1 - \eta^2)^2}}{2\eta(1 \pm f)} = \begin{cases} 0.5295 \\ 0.8246 \end{cases} \tag{10}$$

如果测量仪要以最大幅度误差 6% 测量 $\Omega \geqslant 18\text{Hz}$ 的强迫振动,则测量仪的阻尼率必须为 $0.5295 \leqslant \zeta \leqslant 0.8246$。这一结果只有在小阻尼的共振曲线上 $\eta = 18/7$ 的左边达到其最大值才是正确的。通过下面对式(6)的讨论可以证明这一点。此仪器共振曲线 $R(\Omega)$ 的适用范围在图 D-17 中标出。

习题 22-16　解: 点 A、滑轮 2 以及质量为 m 的物体的位移都相对于同一惯性系统来描述。

如果从系统平衡状态出发列写动量和动量矩定理,那么静力(平衡态下的弹簧力及重力)就可以不予考虑,用图 D-18 的符号表示。由对滑轮 2 与质量为 m 物体的动量定理和对滑轮 1 与 2 的动量矩定理,可得如下关系:

$$m\ddot{x}_3 = -F_4, m\ddot{x}_3 = -k(x_3 - x_2) \tag{1a}$$

$$m\ddot{x}_2 = F_4 - F_2 - F_3, m\ddot{x}_2 = k(x_3 - x_2) - F_2 - F_3 \tag{1b}$$

$$\frac{\mathrm{d}L_B}{\mathrm{d}t} = rF_2 - rF_1, J_1\ddot{\varphi}_1 = rF_2 - rk(r\varphi_1 - x_A) \tag{1c}$$

$$\frac{\mathrm{d}L_{C'}}{\mathrm{d}t} = rF_3 - rF_2, J_2\ddot{\varphi}_2 = rF_3 - rF_2 \tag{1d}$$

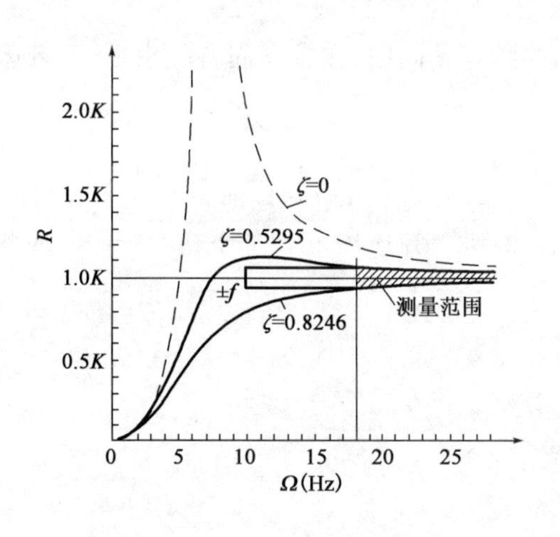

图 D-17　习题 22-15 解

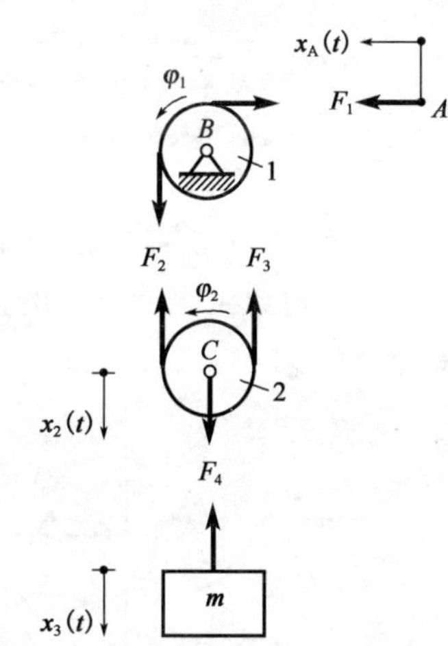

图 D-18　习题 22-16 解

其中,$J_1 = J_2 = \dfrac{1}{2}mr^2$。运动学强制条件有

$$r\varphi_2 = x_2 \tag{2a}$$

$$2r\varphi_2 = r\varphi_1 \tag{2b}$$

由式(1)消去 F_i,得运动方程

$$m\ddot{x}_3 + kx_3 - kx_2 = 0 \tag{3a}$$

$$7m\ddot{x}_2 + 10kx_2 - 2kx_3 = 4kx_A \tag{3b}$$

这是两个相互耦合的线性微分方程,它们的解 $x_2(t)$ 与 $x_3(t)$ 描述系统的运动。该运动是两个固有振动和由外激励引起的强迫振动的叠加。

(1)对于固有振动的计算,可以不考虑外激励($x_A \equiv 0$)。解为

$$x_2 = Ae^{\lambda t}, x_3 = Be^{\lambda t} \tag{4}$$

由式(3),并用$\omega_0 = \sqrt{k/m}$可得线性方程

$$(\lambda^2 + \omega_0^2)B - \omega_0^2 A = 0 \tag{5a}$$

$$-2\omega_0^2 B + (7\lambda^2 + 10\omega_0^2)A = 0 \tag{5b}$$

要得到常数A和B的非零解,必须使其系数行列式为零:

$$\begin{vmatrix} \lambda^2 + \omega_0^2 & -\omega_0^2 \\ -2\omega_0^2 & 7\lambda^2 + 10\omega_0^2 \end{vmatrix} = 0, 7\lambda^4 + 17\omega_0^2\lambda^2 + 8\omega_0^4 = 0 \tag{6}$$

此特征方程的解为

$$\lambda_{1,2} = \pm 0.799 i\omega_0; \lambda_{3,4} = 1.338 i\omega_0 \tag{7}$$

也就是两个本征圆频率为

$$\omega_1 = 0.799\omega_0; \omega_2 = 1.338\omega_0 \tag{8}$$

可以通过所有实数解的线性组合来得到系统的自由振动($x_A \equiv 0$),由式(4),利用式(7)得

$$x_2(t) = A_{11}\cos\omega_1 t + A_{12}\sin\omega_1 t + A_{21}\cos\omega_2 t + A_{22}\sin\omega_2 t \tag{9a}$$

$$x_3(t) = B_{11}\cos\omega_1 t + B_{12}\sin\omega_1 t + B_{21}\cos\omega_2 t + B_{22}\sin\omega_2 t \tag{9b}$$

利用式(7),由式(5),得到这部分解的幅度比B/A:

$$\frac{B}{A}(\omega_1) = 2.765, \frac{B}{A}(\omega_2) = -1.266 \tag{10}$$

在较低的固有频率下,滑轮2与质量m为物体的运动同向;在较高固有频率下,两者运动反向。由式(9)与式(10),可得

$$x_2(t) = A_{11}\cos\omega_1 t + A_{12}\sin\omega_1 t + A_{21}\cos\omega_2 t + A_{22}\sin\omega_2 t \tag{11a}$$

$$x_3(t) = 2.765(A_{11}\cos\omega_1 t + A_{12}\sin\omega_1 t) - 1.266(A_{21}\cos\omega_2 t + A_{22}\sin\omega_2 t) \tag{11b}$$

四个常数$A_{11} \sim A_{22}$可以由自由振动的初始条件计算得到。图D-19给出如下初始条件下的系统自由振动:

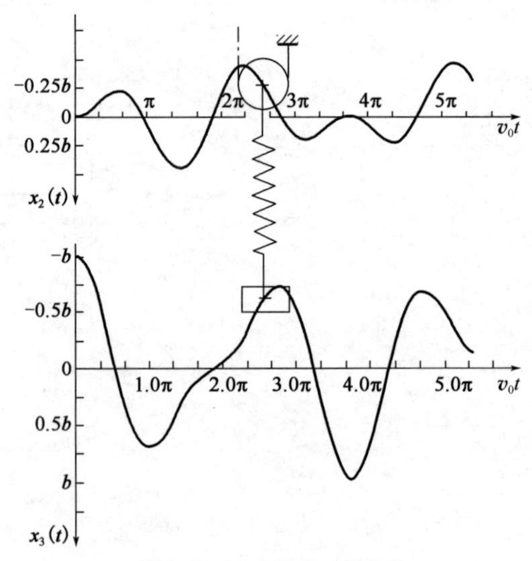

图D-19　自由振动时程曲线

$$x_2(0) = 0, \dot{x}_2(0) = 0; x_3(0) = -b, \dot{x}_3(0) = 0$$

对此,这些常数的值为

$$A_{11} = -A_{21} = -0.2481b, A_{12} = A_{22} = 0$$

(2)为计算自由振动衰减后的强迫振动,可用 $x_A = K\cos\Omega t$ 代入非齐次方程组式(3),并设解为:

$$x_2(t) = R_2\cos\Omega t, x_3(t) = R_3\cos\Omega t \tag{12}$$

代入式(3),将幅度参数 R_2 和 R_3 的线性代数方程组,其解为

$$R_2 = \frac{4K[1-(\Omega/\omega_0)^2]}{[10-7(\Omega/\omega_0)^2][1-(\Omega/\omega_0)^2]-2} \tag{13}$$

$$R_3 = \frac{4K}{[10-7(\Omega/\omega_0)^2][1-(\Omega/\omega_0)^2]-2} \tag{14}$$

由式(13)可得,滑轮 2 在激励圆频率 $\Omega = \omega_0 = \sqrt{k/m}$ 时保持静止。而质量 m 则以双倍的激励幅度与激励相反的相位振动。共振曲线 $R_2(\Omega)$ 与 $R_3(\Omega)$ 见图 D-20。

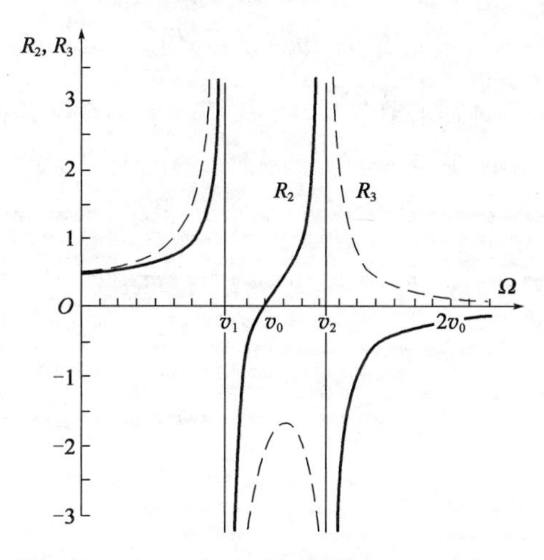

图 D-20　强迫振动幅频曲线

第 23 章　刚体空间动力学

A 类型答案

习题 23-1　(1)$J_1 = J_2 = \frac{1}{12}m_\mu l^2, J_3 = 0$(杆的粗细忽略不计)。

(2)$J_1 = J_2 = J_3 = \frac{2}{5}m_\mu R^2$(计算可得 $J_1 + J_2 + J_3 = 2\rho\int r^2 \mathrm{d}V$)。

(3)$J_1 = J_2 = \frac{1}{12}m_\mu(3R^2 + h^2), J_3 = \frac{1}{2}m_\mu R^2$(圆柱轴为 z)。

(4)$J_1 = \frac{1}{12}m_\mu(b^2 + c^2), J_2 = \frac{1}{12}m_\mu(c^2 + a^2), J_3 = \frac{1}{12}m_\mu(a^2 + b^2)$($x,y,z$ 轴分别平行于棱边 a,b,c)。

(5)**解:**首先以圆锥顶点为坐标轴原点(图 23-21),计算对 O 点的 J_1', J_2', J_3'。用柱坐标很容易计算得:$J_1' = J_2' = \frac{3}{20}m_\mu(R^2 + 4h^2), J_3' = \frac{3}{10}m_\mu R^2$。经过简单计算可知,质心位于圆锥轴上,距离顶点 $a = \frac{3}{4}h$。根据式(23-19)可得

$$J_1 = J_2 = J_1' - m_\mu a^2 = \frac{3}{80}m_\mu(4R^2 + h^2), J_3 = J_3' = \frac{3}{10}m_\mu R^2$$

(6)**解**:质心与椭球中心重合,惯性主轴与椭球主轴重合。坐标变换 $x=a\xi, y=b\eta, z=c\zeta$,将椭球方程$\frac{x^2}{a^2}+\frac{y^2}{b^2}+\frac{z^2}{c^2}=1$ 变为单位球方程 $\xi^2+\eta^2+\zeta^2=1$。通过这个坐标变换可将对椭球体的积分转化为圆球体的积分。例如,对 x 轴的转动惯量为

$$\begin{aligned} J_1 &= \rho\iiint(y^2+z^2)\mathrm{d}x\mathrm{d}y\mathrm{d}z \\ &= \rho abc\iiint(b^2\eta^2+c^2\zeta^2)\mathrm{d}\xi\mathrm{d}\eta\mathrm{d}\zeta \\ &= \frac{abc}{2}J'(b^2+c^2) \end{aligned}$$

其中,J'是单位球的转动惯量。考虑到椭球体积等于 $4\pi abc/3$,最后可得转动惯量

$$J_1=\frac{1}{5}m_\mu(b^2+c^2), J_2=\frac{1}{5}m_\mu(c^2+a^2), J_3=\frac{1}{5}m_\mu(a^2+b^2)$$

习题 23-2　解:设 l 为刚体质心到转动轴的距离,而 α,β,γ 是惯性主轴与转动轴之间的夹角。从质心作垂线到转动轴,它与垂直方向夹角 φ 作为坐标变量。质心速度为 $v_C=l\dot{\varphi}$,而角速度在主轴上投影为 $\dot{\varphi}\cos\alpha, \dot{\varphi}\cos\beta, \dot{\varphi}\cos\gamma$。假设 φ 很小,求得势能

$$V=m_\mu gl(1-\cos\varphi)\approx\frac{1}{2}m_\mu gl\varphi^2$$

所以拉格朗日函数为

$$L=\frac{m_\mu l^2}{2}\dot{\varphi}^2+\frac{1}{2}(J_1\cos^2\alpha+J_2\cos^2\beta+J_3\cos^2\gamma)\dot{\varphi}^2-\frac{1}{2}m_\mu gl\varphi^2$$

由此,对振动角频率有

$$\omega_0^2=\frac{m_\mu gl}{m_\mu l^2+J_1\cos^2\alpha+J_2\cos^2\beta+J_3\cos^2\gamma}$$

习题 23-3　解:杆 OA 质心(位于杆中心)的速度为 $l\dot{\varphi}/2$,其中 φ 为角 AOB。所以杆 OA 的动能为

$$T_1=\frac{1}{8}m_\mu l^2\dot{\varphi}^2+\frac{1}{2}J\dot{\varphi}^2$$

其中,m_μ 是一根杆的质量。

杆 AB 质心的笛卡尔坐标为:$X=\frac{3}{2}l\cos\varphi, Y=\frac{1}{2}l\sin\varphi$。因为这根杆的转动角速度也是 $\dot{\varphi}$,故其动能为

$$T_2=\frac{1}{2}m_\mu l^2(\dot{X}^2+\dot{Y}^2)+\frac{1}{2}J\dot{\varphi}^2=\frac{1}{8}m_\mu l^2(1+8\sin^2\varphi)\dot{\varphi}^2+\frac{1}{2}J\dot{\varphi}^2$$

系统的总动能[根据习题 23-1(1),代入了 $J=m_\mu l^2/12$]等于

$$T=\frac{m_\mu l^2}{3}(1+3\sin^2\varphi)\dot{\varphi}^2$$

习题 23-4　解:从质心作圆柱轴的垂线,该垂线与竖直方向夹角为 φ(图 23-23)。在每一时刻圆柱的运动可以看作绕瞬时转动轴的转动,瞬时转动轴就是圆柱与平面的交线,这个转动的角速度为 $\dot{\varphi}$(绕所有平行轴的转动角速度都相同)。质心距离瞬时转动轴为 $\sqrt{a^2+R^2-2aR\cos\varphi}$,所以质心速度为 $\dot{\varphi}\sqrt{a^2+R^2-2aR\cos\varphi}$。动能为

$$T=\frac{1}{2}m_{\mu}(a^2+R^2-2aR\cos\varphi)\dot{\varphi}^2+\frac{1}{2}J\dot{\varphi}^2$$

习题 23-5　解:设 φ 是两个圆柱中心连线与竖直方向的夹角。圆柱质心在轴上,其速度为 $v_C=\dot{\varphi}(R-a)$。瞬时转动轴是两个圆柱的交线,圆柱角速度为

$$\Omega=\frac{v_C}{a}=\dot{\varphi}\frac{R-a}{a}$$

如果 J_3 是圆柱对其轴的转动惯量[J_3 已由习题 23-1 的(3)求得],则

$$T=\frac{\mu}{2}(R-a)^2\dot{\varphi}^2+\frac{J_3}{2}\frac{(R-a)^2}{a^2}\dot{\varphi}^2=\frac{3}{4}\mu(R-a)^2\dot{\varphi}^2$$

习题 23-6　解:设圆锥与平面交线为 OA,用 θ 表示 OA 与平面上某固定方向的夹角(图 23-25)。质心位于圆锥轴上,其速度为 $v_C=a\dot{\theta}\cos\alpha$,这里 2α 是圆锥顶角,α 为质心到顶点的距离。我们计算转动角速度,即绕瞬时转动轴 OA 的角速度:

$$\Omega=\frac{v_C}{a\sin\alpha}=\dot{\theta}\cot\alpha。$$

惯性主轴之一(x_3 轴)与圆锥轴重合,选择另一个轴(x_2 轴)垂直于圆锥轴和直线 OA。角速度矢量 $\boldsymbol{\Omega}$(平行于 OA)在惯性主轴上的投影为 $\Omega\cos\alpha,0,\Omega\sin\alpha$。最后可得动能

$$T=\frac{\mu a^2}{2}\dot{\theta}^2\cos^2\alpha+\frac{J_1}{2}\dot{\theta}^2\cos^2\alpha+\frac{J_3}{2}\frac{\cos^4\alpha}{\sin^2\alpha}\dot{\theta}^2=\frac{3\mu h^2}{40}\dot{\theta}^2(1+5\cos^2\alpha)$$

其中,h 是圆锥的高度;J_1,J_3,a 由习题 23-1 的(4)给出。

习题 23-7　解:设 θ 表示平面上给定方向与圆锥轴投影的夹角(图 23-26)。质心速度为 $v_C=a\dot{\theta}$(符号同习题 23-6)。瞬时转动轴是圆锥母线 OA,其中 A 是圆锥与平面的切点。质心到该轴的距离为 $a\sin\alpha$,所以

$$\Omega=\frac{v_C}{a\sin\alpha}=\dot{\theta}\csc\alpha$$

矢量 $\boldsymbol{\Omega}$ 在惯性主轴上的投影为(x_2 轴垂直于圆锥轴和直线 OA):$\Omega\sin\alpha=\dot{\theta},0,\Omega\cos\alpha=\dot{\theta}\cot\alpha$。所以动能为

$$T=\frac{\mu a^2}{2}\dot{\theta}^2+\frac{J_1}{2}\dot{\theta}^2+\frac{J_3}{2}\dot{\theta}^2\cot^2\alpha=\frac{3\mu h^2}{40}\dot{\theta}^2(\sec^2\alpha+5)$$

习题 23-8　解:用 θ 表示绕 CD 轴的转角,而用 φ 表示绕 AB 轴的转角(CD 与垂直 AB 的惯性主轴 x_1 的夹角)。那么 $\boldsymbol{\Omega}$ 在惯性主轴上的投影为 $\dot{\theta}\cos\varphi$, $\dot{\theta}\sin\varphi,\dot{\varphi}$(并且 x_3 轴与 AB 重合)。由于质心与椭球中心重合,所以动能为

$$T=\frac{1}{2}(J_1\cos^2\varphi+J_2\sin^2\varphi)\dot{\theta}^2+\frac{1}{2}J_3\dot{\varphi}^2$$

习题 23-9　解:矢量 $\boldsymbol{\Omega}$ 在 AB 轴和另外两个轴(可任意选择)上的投影为 $\dot{\theta}\cos\alpha\cos\varphi$, $\dot{\theta}\cos\alpha\sin\varphi,\dot{\varphi}+\dot{\theta}\sin\alpha$。动能为

$$T=\frac{1}{2}J_1\dot{\theta}^2\cos^2\alpha+\frac{1}{2}J_3(\dot{\varphi}+\dot{\theta}\sin\alpha)^2$$

B 类型答案

习题 23-10　$\omega=2\sqrt{g/a}$。

习题 23-11 $\theta = \dfrac{J_z\omega\omega'}{kl^2}$。

习题 23-12 略。

习题 23-13 $F_{Bx} = -F_{Ax} = \dfrac{mr^2\omega^2}{8(a+b)}\sin 2\beta, F_{By} = F_{Ay} = 0, F_{Az} = 0$。

习题 23-14 略。

习题 23-15 $F_B = -F_A = 833\text{N}$。

C 类型答案

习题 23-16 **(1)解法一:**圆锥的顶点是空间固定的。于是

$$\boldsymbol{L}_P = \bar{\bar{\boldsymbol{J}}}_{\text{P}}\boldsymbol{\omega} \tag{1}$$

其中,$\boldsymbol{\omega}$ 为绝对角速度;$\bar{\bar{\boldsymbol{J}}}_P$ 为圆锥相对于点 P 的惯性矩。

当选择合适的坐标系时人们力求使所得坐标方程的形式尽可能简单。在本题情况下在空间固定的参考坐标系中惯性张量将是时变的。当采用以锥顶 P 为原点的主坐标系时,则惯性张量的元素都是常数。此时可选与物体固定的坐标系(K),或选坐标系(H),其 $z^{(H)}$ 轴与圆锥对称轴重合,并以角速度 $\boldsymbol{\omega}$ 相对于惯性系转动(图 D-21)。由于在 H 坐标系中圆锥的滚动角因 $A_P = B_P$ 而未出现在方程中,因此该坐标系是最佳选择。此时惯性张量为

$$\bar{\bar{J}}_p^{(H)} = \bar{\bar{J}}_P^{(K)} = \begin{bmatrix} A_P & 0 & 0 \\ 0 & A_P & 0 \\ 0 & 0 & C_P \end{bmatrix} \tag{2}$$

圆锥的瞬时转动轴是它和地面的接触线。按照图 D-21,在 H 坐标系中绝对角速度为

$$\boldsymbol{\omega}^{(H)} = \frac{\boldsymbol{\omega}_P}{\tan\alpha}(0 \quad \sin\alpha \quad \cos\alpha) \tag{3}$$

惯性矩的计算:对于式(2)中惯性张量的元素,可写出

$$A_P = \int_K (y^2 + z^2)\,\mathrm{d}m; C_P = \int_K (x^2 + y^2)\,\mathrm{d}m \tag{4}$$

其中,$\mathrm{d}m = \rho\mathrm{d}x\mathrm{d}y\mathrm{d}z$。引入以 $\boldsymbol{e}_x, \boldsymbol{e}_y, \boldsymbol{e}_z$ 为基矢量的圆柱坐标系,可得

$$x = r\cos\varphi; y = r\sin\varphi \tag{5}$$

作为质量元素,由图 D-22 所示一个圆柱截面的全微分得到

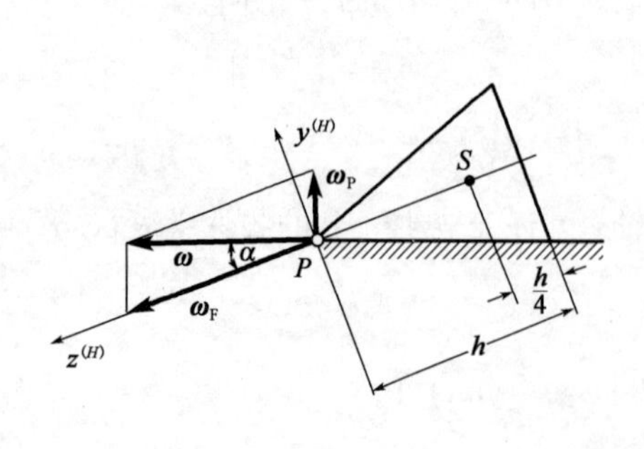

图 D-21 习题 23-16 解(一)

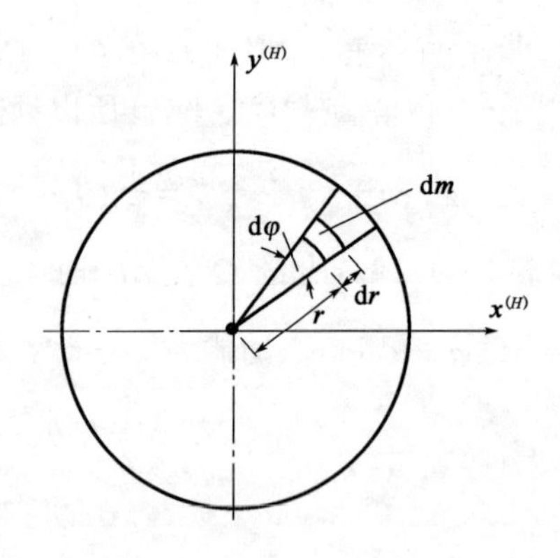

图 D-22 习题 23-16 解(二)

$$\mathrm{d}m=\mathrm{d}\left(\frac{1}{2}\rho\varphi r^2 h\right)=\rho r\mathrm{d}\varphi\mathrm{d}r\mathrm{d}z \tag{6}$$

由此得到

$$A_P=\int_{-h}^{0}\int_{0}^{r(z)}\int_{0}^{2\pi}\rho r(r^2\sin^2\varphi+z^2)\mathrm{d}\varphi\mathrm{d}r\mathrm{d}z$$

利用 $r(z)=-z\tan\alpha$,得到

$$\begin{aligned}A_P&=\int_{-h}^{0}\int_{0}^{r(z)}\rho r\pi(r^2+2z^2)\mathrm{d}r\mathrm{d}z\\&=\int_{-h}^{0}\rho\pi z^4\left(\frac{1}{4}\tan^4\alpha+\tan^2\alpha\right)\mathrm{d}z\\&=\frac{1}{5}\rho\pi h^5\tan^2\alpha\left(\frac{1}{4}\tan^2\alpha+1\right)\end{aligned}$$

再利用圆锥质量 $m=\frac{1}{3}\rho\pi R^2 h=\frac{1}{3}\rho\pi\tan^2\alpha h^3$,最终可得

$$A_P=\frac{3}{20}m(4h^2+R^2) \tag{7}$$

对于绕对称轴的惯性矩,利用式(4)~式(6)得到

$$C_P=\int_{-h}^{0}\int_{0}^{r(z)}\int_{0}^{2\pi}\rho r^3\mathrm{d}\varphi\mathrm{d}r\mathrm{d}z=\frac{3}{10}mR^2 \tag{8}$$

解法二:如果对于 dm 取几何构型比较简单的物体微元,它们的惯性矩是已知的,那么得到式(7)和式(8)的惯性矩还要更简单些。对于厚度为 dz 的圆盘,相对于以圆盘中心为原点的 $x'y'z'$坐标系,可得

$$\mathrm{d}J_{x'}=\mathrm{d}J_{y'}=\frac{1}{4}r^2\mathrm{d}m,\mathrm{d}J_{z'}=\frac{1}{2}r^2\mathrm{d}m \tag{9}$$

借助于惠更斯—施坦纳定理,由式(9)可得

$$J_x^{(H)}=A_P=\int_K(\mathrm{d}J_{x'}+z^2\mathrm{d}m)=\int_K\left(\frac{r^2}{4}+z^2\right)\mathrm{d}m$$

利用 $\mathrm{d}m=\rho\pi r^2\mathrm{d}z$,以及 $r=-z\tan\alpha$,可以得到

$$A_P=\rho\pi\tan^2\alpha\left(\frac{\tan^2\alpha}{4}+1\right)\int_{-h}^{0}z^4\mathrm{d}z$$

对于相对于圆锥对称轴的惯性矩,由式(9)得到

$$J_z^{(H)}=C=\int_K\mathrm{d}J_{z'}=\frac{1}{2}\int_K r^2\mathrm{d}m=\frac{1}{2}\rho\pi\tan^4\alpha\int_{-h}^{0}z^4\mathrm{d}z$$

在将锥体质量的公式积分之后代入,又可得到式(7)和式(8)的结果。对于锥体相对于 P 点的动量矩,由式(1)、式(3)、式(7)和式(8)最终可得

$$\boldsymbol{L}_{\mathrm{P}}^{(H)}=\begin{bmatrix}0\\\frac{3}{20}m(4h^2+R^2)\omega_P\cos\alpha\\\frac{3}{10}mR^2\omega_P\frac{\cos\alpha}{\tan\alpha}\end{bmatrix} \tag{10}$$

(2)作为外力在锥体上作用有重力 $\boldsymbol{F}_{\mathrm{G}}=m\boldsymbol{g}$ 和法向力 $\boldsymbol{F}_{\mathrm{N}}$(图 D-23)。以固定点 P 作为参考点,由动量矩定理得到

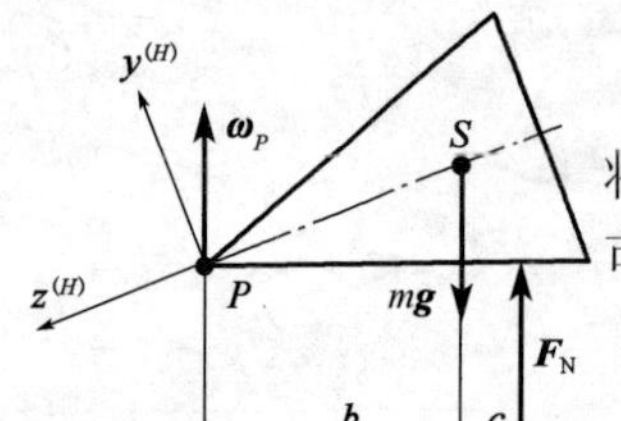

图 D-23　习题 23-16 解(三)

$$\frac{\mathrm{d}\boldsymbol{L}}{\mathrm{d}t}=\boldsymbol{M}_P \tag{11}$$

将式(11)在 H 坐标系中写出,注意到在转动坐标系中的微分规则,可得

$$\frac{\mathrm{d}\boldsymbol{L}_P^{(H)}}{\mathrm{d}t}=\frac{\tilde{\mathrm{d}}}{\mathrm{d}t}\boldsymbol{L}_P^{(H)}+(\boldsymbol{\omega}_P\times\boldsymbol{L}_P)^{(H)}=\boldsymbol{M}_P^{(H)} \tag{12}$$

其中,$\tilde{\mathrm{d}}/\mathrm{d}t$ 为在 H 坐标系中的相对导数,$\boldsymbol{M}_P^{(H)}=[F_{\mathrm{N}}(b+c)-mgb,0,0]$,$\boldsymbol{\omega}_P^{(H)}=[0,\omega_P\cos\alpha,-\omega_P\sin\alpha]$。由于动量矩在跟随转动的系统中不变,因此 $\mathrm{d}'\boldsymbol{L}_P/\mathrm{d}t=0$。由动量定理在铅垂方向得到 $F_{\mathrm{N}}=mg$,于是由式(10)和式(12)可得

$$c=\frac{3\omega_P^2}{20g\tan\alpha}[R^2(1+\cos^2\alpha)+4h^2\sin^2\alpha] \tag{13}$$

习题 23-17　解:(1)惯性质量的元素为

$$\bar{\bar{\boldsymbol{J}}}_P=\begin{pmatrix}A & -F & -E\\ -F & B & -D\\ -E & -D & C\end{pmatrix} \tag{1}$$

其中,A,B,C 为对应于 x,y,z 轴的惯性矩;D,E,F 为物体的偏量矩。由于转子可由圆柱形部件组成,计算这里的这些量都比较简单。一个质量为 m,半径和长度分别为 r 和 h 的圆柱形物体,对于对称轴(z 轴)的惯性矩为

$$J_z=C=\frac{1}{2}mr^2 \tag{2}$$

对于过中心的 x 轴和 y 轴的惯性矩为

$$J_x=J_y=A=B=\frac{1}{12}m(3r^2+h^2) \tag{3}$$

由于这些轴是主惯性轴,因此 $D=E=F=0$。

将转子质量分解为几个部分:

$$m=m_1-2m_2+2m_3 \tag{4}$$

应用惠更斯—施坦纳定理,可得

$$A=\frac{1}{12}m_1(3r_1^2+h^2)-\left\{\frac{2}{12}m_2(3r_2^2+b^2)+\left[2\left(\frac{h}{2}-\frac{b}{2}\right)^2+c^2+e^2\right]m_2\right\}$$
$$+\frac{2}{12}m_3(3r_3^2+g^2)+2\left(\frac{h}{2}+\frac{g}{2}\right)^2m_3=25.15\mathrm{kg\cdot m^2}$$

$$B=\frac{1}{12}m_1(3r_1^2+h^2)-\left\{\frac{2}{12}m_2(3r_2^2+b^2)+\left[2\left(\frac{h}{2}-\frac{b}{2}\right)^2+f^2\right]m_2\right\}$$
$$+\frac{2}{12}m_3(3r_3^2+g^2)+2\left(\frac{h}{2}+\frac{g}{2}\right)^2m_3=26.04\mathrm{kg\cdot m^2}$$

$$C=\frac{1}{2}m_1r_1^2-[m_2r_2^2+(c^2+e^2+f^2)m_2]+m_3r_3^2=29.07\mathrm{kg\cdot m^2}$$

$$D=-(-c)\left(\frac{h}{2}-\frac{b}{2}\right)m_2-e\left(\frac{b}{2}-\frac{h}{2}\right)m_2=0.9853\mathrm{kg\cdot m^2}$$

$$E=-\left(\frac{b}{2}-\frac{h}{2}\right)(-f)m_2=-0.4926\text{kg}\cdot\text{m}^2$$

$$F=-(-f)em_2=0.5912\text{kg}\cdot\text{m}^2$$

由此对于惯性张量得到

$$\overline{\overline{\boldsymbol{J}}}_P=\begin{pmatrix}25.15 & -0.5912 & 0.4926\\ -0.5912 & 26.04 & -0.9853\\ 0.4926 & -0.9853 & 29.02\end{pmatrix}\text{kg}\cdot\text{m}^2 \tag{5}$$

(2)对于确定质量中心可应用公式

$$\sum_{i=1}^{n}\boldsymbol{r}_{Pi}\Delta m_i=\boldsymbol{r}_{PS}m \tag{6}$$

根据要求 $r_{PSx}=r_{PSy}=0$，由式(6)可得

$$m_U x_U+m_V x_V-m_2(-f)=0 \tag{7a}$$

$$m_U y_U+m_V y_V-m_2 e-m_2(-c)=0 \tag{7b}$$

若进一步要求 z 轴为主惯性轴，则必须通过配置附加质量使 D 和 E 为零，这不难通过如下的考虑来实现：当物体绕其一个主惯性轴转动时，$\boldsymbol{\omega}$ 和 $\boldsymbol{L}$ 是平行的矢量。如果 z 轴是转动轴，则有 $\boldsymbol{L}_P /\!/ \boldsymbol{\omega}_z$。任意物体在绕 z 轴转动时有

$$\boldsymbol{L}_P=\overline{\overline{\boldsymbol{J}}}_P\boldsymbol{\omega}_z=\begin{pmatrix}A & -F & -E\\ -F & B & -D\\ -E & -D & C\end{pmatrix}\begin{pmatrix}0\\0\\\omega_z\end{pmatrix}=\begin{pmatrix}-E\omega_z\\-D\omega_z\\-C\omega_z\end{pmatrix}$$

由此可见，$\boldsymbol{L}_P /\!/ \boldsymbol{\omega}_z$ 的条件只有当 $D=E=0$ 时满足。当在 U 面和 V 面配置点状的附加质量时，可得转子的偏量矩 D 和 E 为

$$D=0,D_0+m_U y_U\frac{h}{2}+m_V y_V\left(-\frac{h}{2}\right)=0 \tag{8a}$$

$$E=0,E_0+m_U x_U\frac{h}{2}+m_V x_V\left(-\frac{h}{2}\right)=0 \tag{8b}$$

其中，D_0 和 E_0 为未作平衡的转子的值。

利用 $x_{UV}=r_1\cos\varphi_{UV}$，$y_{UV}=r_1\sin\varphi_{UV}$，由式(7)和式(8)可以导出对于确定附加质量大小和配置位置的方程：

$$m_U\cos\varphi_U+m_V\cos\varphi_V=-m_2\frac{f}{r_1}=-14.08\text{kg} \tag{9a}$$

$$m_U\sin\varphi_U+m_V\sin\varphi_V=m_2\frac{e-c}{r_1}=-7.038\text{kg} \tag{9b}$$

$$m_U\sin\varphi_U-m_V\sin\varphi_V=-\frac{2D_0}{hr_1}=-11.26\text{kg} \tag{9c}$$

$$m_U\cos\varphi_U-m_V\cos\varphi_V=-\frac{2E_0}{hr_1}=-5.630\text{kg} \tag{9d}$$

通过将式(9a)和式(9d)相加、式(9b)和式(9c)相加，可得

$$m_U=m_V=10.07\text{kg};\varphi_U=245.2°;\varphi_V=167.9°$$

由此得到 $\tan\varphi_U=2.167$。由于质量只能为正，角度 φ_U 必须在第三象限。相应得到 φ_V 和 m_V：

$$2m_U\cos\varphi_U=-8.445,2m_U\sin\varphi_U=-18.30$$

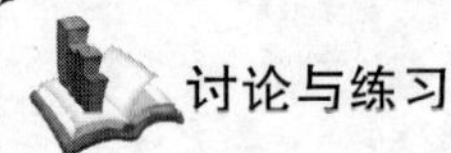

讨论与练习

如果配重具有有限尺寸，那么根据式(8)，它的外形只受如下条件的限制：必须使它的一根通过重心的主惯性轴和转子轴平行。

习题 23-18　解：(1)曲柄轴是由几个圆柱形的部分组成的，其质量为：

$$m = 3m_1 + 2m_2 + 2m_3 \tag{1}$$

对于每个质量为 m、半径和长度分别为 r、h 的圆柱，其相对于对称轴(z 轴)的惯性矩为：

$$J_z = \frac{1}{2}mr^2 \tag{2}$$

对于通过重心的轴 x 和轴 y 的惯性矩为

$$J_x = J_y = \frac{1}{12}m(3r^2 + h^2) \tag{3}$$

借助于惠更斯—施坦纳定理，可得惯性张量的元素：

$$\overline{\overline{J}}_S = \begin{pmatrix} A & -F & -E \\ -F & B & -D \\ -E & -D & C \end{pmatrix} \tag{4}$$

它们对于图示固定于物体的坐标系(K)(图 23-36)，以 S 点为参考点确定。于是得到

$$\begin{aligned} A = J_x = {} & \frac{3}{12}m_1(3r_1^2 + a^2) + 2(c+a)^2 m_1 + \frac{2}{12}m_2(3r_2^2 + c^2) + \\ & 2\left[\left(\frac{a}{2} + \frac{c}{2}\right)^2 + b^2\right]m_2 + \frac{2}{12}m_3(3r_3^2 + d^2) + 2\left(\frac{3}{2}a + c + \frac{d}{2}\right)^2 m_3 \\ = {} & 1.916\text{kg}\cdot\text{m}^2 \end{aligned}$$

$$\begin{aligned} B = J_y = {} & \frac{3}{12}m_1(3r_1^2 + a^2) + 2(c+a)^2 m_1 + \frac{2}{12}m_2(3r_2^2 + c^2) + \\ & 2\left(\frac{a}{2} + \frac{c}{2}\right)^2 m_2 + \frac{2}{12}m_3(3r_3^2 + d^2) + 2\left(\frac{3}{2}a + c + \frac{d}{2}\right)^2 m_3 \\ = {} & 1.649\text{kg}\cdot\text{m}^2 \end{aligned}$$

$$C = J_z = \frac{3}{2}m_1 r_1^2 + m_2 r_2^2 + 2b^2 m_2 + m_3 r_3^2 = 1.7305\text{kg}\cdot\text{m}^2$$

$$D = J_{yz} = -2b\left(\frac{a}{2} + \frac{c}{2}\right)m_2 = -0.0946\text{kg}\cdot\text{m}^2$$

$$E = J_{xz} = 0,\ F = J_{xy} = 0$$

由此得到惯性张量为

$$\overline{\overline{J}}_S^{(K)} = \begin{pmatrix} 1.916 & 0 & 0 \\ 0 & 1.649 & 0.0946 \\ 0 & 0.0946 & 1.731 \end{pmatrix}\text{kg}\cdot\text{m}^2 \tag{5}$$

通过求解特征值问题

$$\det(\overline{\overline{J}}_S - \lambda\overline{\overline{E}}) = 0 \tag{6}$$

由此作为特征值得到三个主惯性矩 A^H，B^H，C^H。由式(6)得到

$$\begin{pmatrix} A-\lambda & 0 & 0 \\ 0 & B-\lambda & -D \\ 0 & -D & C-\lambda \end{pmatrix} = (A-\lambda)(B-\lambda)(C-\lambda) - D^2(A-\lambda) = 0 \tag{7}$$

其解为

$$\lambda_1 = A^H = A = 1.916\text{kg} \cdot \text{m}^2 \tag{8a}$$

$$\lambda_2 = B^H = 1.587\text{kg} \cdot \text{m}^2 \tag{8b}$$

$$\lambda_3 = C^H = 1.793\text{kg} \cdot \text{m}^2 \tag{8c}$$

于是,对于 S 点的主轴系统的惯性张量 $\overline{\overline{\boldsymbol{J}}}_S^{(H)}$ 为

$$\overline{\overline{\boldsymbol{J}}}_S^{(H)} = \begin{pmatrix} 1.916 & 0 & 0 \\ 0 & 1.587 & 0 \\ 0 & 0 & 1.793 \end{pmatrix} \text{kg} \cdot \text{m}^2 \tag{9}$$

为了控制数字计算精度,可利用惯性张量的三个不变量

$$A + B + C = \text{const} \tag{10a}$$

$$AB + BC + CA - D^2 - E^2 - F^2 = \text{const} \tag{10b}$$

$$\det(\overline{\overline{\boldsymbol{J}}}_S) = \text{const} \tag{10c}$$

(2)若一个刚体绕其主轴旋转,则角速度矢量和动量矩矢量重合,因此 $\boldsymbol{L} = \overline{\overline{\boldsymbol{J}}}\boldsymbol{\omega} = \lambda\boldsymbol{\omega}$,其中 λ 为绕该轴的主惯性矩。主惯性轴的方向可由如下方程得到:

$$(\overline{\overline{\boldsymbol{J}}}_S - \overline{\overline{\lambda \text{E}}})\boldsymbol{\omega} = 0 \tag{11}$$

由此解出的 ω 的每个方向都满足方程式(11)。由式(11)可得

$$(A-\lambda)\omega_x - F\omega_y - E\omega_z = 0 \tag{12a}$$

$$-F\omega_x + (B-\lambda)\omega_y - D\omega_z = 0 \tag{12b}$$

$$-E\omega_x - D\omega_y + (C-\lambda)\omega_z = 0 \tag{12c}$$

其中,λ 依次由式(8)将 $\lambda_1, \lambda_2, \lambda_3$ 的数值代入。对于 $\lambda_1 = A^H$,得到 $\boldsymbol{\omega}_1 = (\omega_x \quad 0 \quad 0)$,即原来的 $x^{(K)}$ 轴就是主惯性轴。对于 $\lambda_2 = B^H$,由式(12)得到 $\boldsymbol{\omega}_2 = \omega_y(0 \quad 1 \quad -0.6583)$;对于 $\lambda_3 = C^H$,得到 $\boldsymbol{\omega}_3 = \omega_z(0 \quad 1 \quad 1.521)$。主惯性轴 $y^{(H)}$ 和 $y^{(K)}$ 轴之间的夹角为

$$\varphi_2 = \arctan(\omega_{2z}/\omega_{2y}) \approx -33.4°$$

$z^{(H)}$ 轴和 $y^{(H)}$ 轴垂直(图 D-24),并满足

$$\tan\varphi_3 = \omega_{3z}/\omega_{3y} = -1/\tan\varphi_2$$

(3)曲柄轴的动载荷由动量矩定理得到

$$\frac{\mathrm{d}\boldsymbol{L}_S}{\mathrm{d}t} = \boldsymbol{M}_S \tag{13}$$

将式(13)在随体坐标系(K)中写出(图 23-36),可得

$$\frac{\mathrm{d}'}{\mathrm{d}t}(\overline{\overline{\boldsymbol{J}}}_S\boldsymbol{\omega}) + \boldsymbol{\omega} \times (\overline{\overline{\boldsymbol{J}}}_S\boldsymbol{\omega}) = \boldsymbol{M}_S \tag{14}$$

当轴匀速转动时左端第一项为零,利用

$$\boldsymbol{\omega}^{(K)} = (0 \quad 0 \quad \omega), \omega = \pi n/30 = 157.1\text{rad/s}$$

和

$$(\overline{\overline{\boldsymbol{J}}}_S\boldsymbol{\omega})^{(K)} = (0, -D\omega, C\omega)$$

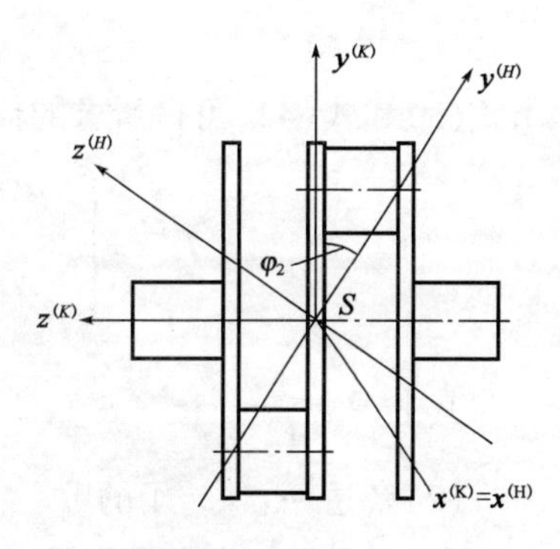

图 D-24 习题 23-18 解

由式(14)可得

$$\boldsymbol{M}_S^{(K)} = (D\omega^2 \quad 0 \quad 0) \tag{15}$$

在一个空间固定的坐标系(R)中,其z轴和曲柄轴$z^{(K)}$轴重合,由式(15)可得

$$\boldsymbol{M}_S^{(R)} = (D\omega^2\cos\psi \quad D\omega^2\sin\psi \quad 0) \tag{16}$$

其中,ψ是轴的转角;$\boldsymbol{M}_S$是支座作用于轴的力矩。在支座上作用有力矩$-\boldsymbol{M}_S$。再考虑到作用在支座上的重力部分,对支座力得到

$$\boldsymbol{F}_U^{(R)} = \left(-\frac{D\omega^2\sin\psi}{e+f} \quad \frac{D\omega^2\cos\psi - mgf}{e+f} \quad 0\right) \tag{17a}$$

$$= (-6397\sin\psi \quad 6397\cos\psi - 469 \quad 0)\text{N}$$

$$\boldsymbol{F}_V^{(R)} = \left(\frac{D\omega^2\sin\psi}{e+f} \quad \frac{D\omega^2\cos\psi + mge}{e+f} \quad 0\right) \tag{17b}$$

$$= (6397\sin\psi \quad -6397\cos\psi + 387 \quad 0)\text{N}$$

习题 23-19　解:(1)惯性张量$\overline{\overline{\boldsymbol{J}}}_S^{(K)}$可由已知的对于随体参考系$(H)$(图23-37)惯性张量$\overline{\overline{\boldsymbol{J}}}_S^{(H)}$通过变换得到。变换的规则可如下得到:对于动量矩矢量可写出

$$\boldsymbol{L}^{(H)} = \overline{\overline{\boldsymbol{J}}}^{(H)}\boldsymbol{\omega}^{(H)} \text{或} \boldsymbol{L}^{(K)} = \overline{\overline{\boldsymbol{J}}}^{(K)}\boldsymbol{\omega}^{(K)} \tag{1}$$

利用矢量在坐标系(H)和(K),或(K)和(H)之间变换的变换矩阵,式(1)右边的方程可写成如下形式:

$$\boldsymbol{L}^{(K)} = \boldsymbol{B}^{HK}\boldsymbol{L}^{(H)} = \boldsymbol{B}^{HK}\overline{\overline{\boldsymbol{J}}}^{(H)}\boldsymbol{\omega}^{(H)}$$

利用$\boldsymbol{\omega}^{(H)} = \boldsymbol{B}^{KH}\boldsymbol{\omega}^{(K)}$,由此可得

$$\boldsymbol{L}^{(K)} = \boldsymbol{B}^{HK}\overline{\overline{\boldsymbol{J}}}^{(H)}\boldsymbol{B}^{KH}\boldsymbol{\omega}^{(K)} = \overline{\overline{\boldsymbol{J}}}^{(K)}\boldsymbol{\omega}^{(K)} \tag{2}$$

因此对于惯性张量有

$$\overline{\overline{\boldsymbol{J}}}^{(K)} = \boldsymbol{B}^{HK}\overline{\overline{\boldsymbol{J}}}^{(H)}\boldsymbol{B}^{KH} \tag{3}$$

其中,变换矩阵为(图23-37)

$$\boldsymbol{B}^{HK} = \begin{pmatrix} \cos\alpha & 0 & \sin\alpha \\ 0 & 1 & 0 \\ -\sin\alpha & 0 & \cos\alpha \end{pmatrix}, \boldsymbol{B}^{KH} = \begin{pmatrix} \cos\alpha & 0 & -\sin\alpha \\ 0 & 1 & 0 \\ \sin\alpha & 0 & \cos\alpha \end{pmatrix} \tag{4}$$

利用

$$\overline{\overline{\boldsymbol{J}}}_S^{(H)} = \begin{bmatrix} A & 0 & 0 \\ 0 & A & 0 \\ 0 & 0 & C \end{bmatrix} \tag{5}$$

由式(3)和式(4),可得所求的惯性张量

$$\overline{\overline{\boldsymbol{J}}}_S^{(K)} = \begin{bmatrix} A\cos^2\alpha + C\sin^2\alpha & 0 & -(A-C)\sin\alpha\cos\alpha \\ 0 & A & 0 \\ -(A-C)\sin\alpha\cos\alpha & 0 & A\sin^2\alpha + C\cos^2\alpha \end{bmatrix} \tag{6}$$

其中,$A = \frac{1}{12}m(3r^2 + h^2)$,$C = \frac{1}{2}mr^2$。

(2)**解法一:**当转子的重心在支座中心的连线上,同时这一轴线也是主惯性轴时,转子就是平衡的。例如,当两个同样大小的附加质量对转动轴对称地配置时,第一个条件就是满足

的。当 $D^{(K)}=E^{(K)}=0$ 时满足第二个条件(比较习题26-26)。根据式(6),$D^{(K)}=0$ 平衡质量必须在 $zx(y=0)$ 面内。由此对偏量矩 E 得到

$$E^{(K)}=E_0^{(K)}+m_A r_{SUz}^{(K)} r_{SUx}^{(K)}+m_A r_{SVz}^{(K)} r_{SVx}^{(K)}=0 \tag{7}$$

其中,m_A 为点式平衡质量;$\boldsymbol{r}_{SU}$,$\boldsymbol{r}_{SV}$为它们的位置矢量。在坐标系(H)中可以写出

$$\boldsymbol{r}_{SU}^{(H)}=\left(r_x \quad 0 \quad -\frac{h}{2}\right),\boldsymbol{r}_{SV}^{(H)}=\left(-r_x \quad 0 \quad \frac{h}{2}\right) \tag{8}$$

其中,r_x 是附加质量和转子对称轴的距离。利用式(4)的第一式,由式(8)可得

$$\boldsymbol{r}_{SU}^{(K)}=\left(r_x\cos\alpha-\frac{h}{2}\sin\alpha \quad 0 \quad -r_x\sin\alpha-\frac{h}{2}\cos\alpha\right) \tag{9a}$$

$$\boldsymbol{r}_{SV}^{(K)}=\left(-r_x\cos\alpha+\frac{h}{2}\sin\alpha \quad 0 \quad r_x\sin\alpha+\frac{h}{2}\cos\alpha\right) \tag{9b}$$

因此由式(7)并考虑到

$$E_0^{(K)}=(A-C)\sin\alpha\cos\alpha$$

对附加质量得到

$$\begin{aligned} m_A &=\frac{(A-C)\sin\alpha\cos\alpha}{2\left(r_x\sin\alpha+\frac{h}{2}\cos\alpha\right)\left(r_x\cos\alpha-\frac{h}{2}\sin\alpha\right)} \\ &=\frac{m(h^2-3r^2)\sin\alpha\cos\alpha}{6(2r_x\sin\alpha+h\cos\alpha)(2r_x\cos\alpha-h\sin\alpha)} \end{aligned} \tag{10}$$

由于附加质量只能是正的,由式(10)与尺寸 r/h 相关,得到附加质量配置的位置

$$r<\frac{h}{\sqrt{3}}: r_x>\frac{h}{2}\tan\alpha \quad (\alpha>0) \tag{11a}$$

$$r=\frac{h}{\sqrt{3}}: m_A=0 \tag{11b}$$

$$r>\frac{h}{\sqrt{3}}: \frac{h}{2}\tan\alpha>r_x>-\frac{h}{2\tan\alpha} \quad (\alpha>0) \tag{11c}$$

因此对于细长转子配重应配置在 $z^{(K)}$,$x^{(K)}$ 面上的Ⅱ、Ⅳ象限,而对短的盘状转子应在Ⅰ、Ⅲ象限(图 D-25 的阴影区)。在 $r=h/\sqrt{3}$的情况下$\overline{\overline{J}}_S$ 为球形张量,$A=B=C$。于是通过 S 的每个轴都是主轴。

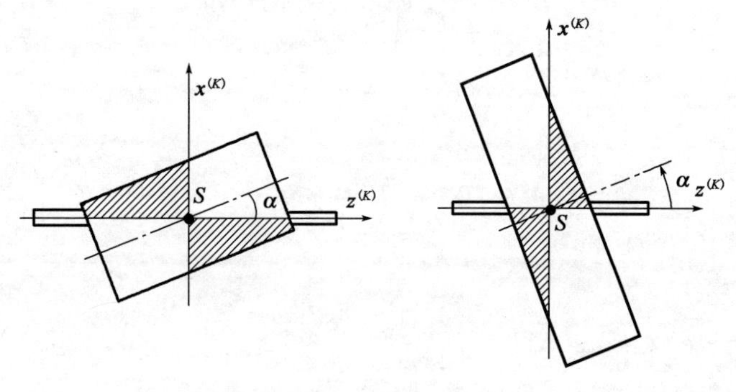

图 D-25　习题 23-19 解

解法二:　装在轴上的偏斜转子在恒定角速度 $\boldsymbol{\omega}$ 下作用于支座的陀螺力矩为

$$\boldsymbol{M}_S^K = -\boldsymbol{\omega}\times\overline{\overline{\boldsymbol{J}}}_S\boldsymbol{\omega} \tag{12}$$

在坐标系(H)内利用

$$\boldsymbol{\omega}^{(H)} = (-\omega\sin\alpha \quad 0 \quad \omega\cos\alpha)$$

可得

$$\boldsymbol{M}_S^{K\,(H)} = [0 \quad (A-C)\omega^2\sin\alpha\cos\alpha \quad 0] \tag{13}$$

在端面上配置附加质量 m_A,则在转子转动时作用力矩

$$\boldsymbol{M}_S^A = \boldsymbol{r}_{SU}\times\boldsymbol{F}_U + \boldsymbol{r}_{SV}\times\boldsymbol{F}_V \tag{14}$$

其中,$\boldsymbol{F}_U$ 和 $\boldsymbol{F}_V$ 是附加质量作用于轴上的离心力。其大小为 $F_U = F_V = m_A r_A\omega^2$,其中 r_A 是转动轴和 m_A 之间的垂直距离。当满足式(15)时,转子是平衡的。

$$\boldsymbol{M}_S^K + \boldsymbol{M}_S^A = 0 \tag{15}$$

这一条件又导出结果式(10)。

习题 23-20　解:(1)对轮子以固定点 P 为参考点由动量矩定理得

$$\frac{\mathrm{d}\boldsymbol{L}_P}{\mathrm{d}t} = \boldsymbol{M}_P \tag{1}$$

其中

$$\boldsymbol{L}_P = \overline{\overline{\boldsymbol{J}}}_P\boldsymbol{\omega} \tag{2}$$

当在运动坐标系(K)中写出式(1)的坐标方程时,该坐标系的 z 轴和轮子的轴重合,y 轴和水平轴重合。轮子的绝对角速度矢量 ω 落在轮子和地面接触点 P 到固定点的连线上。这条线是轮子运动的轨迹锥的母线。由图 D-26 得

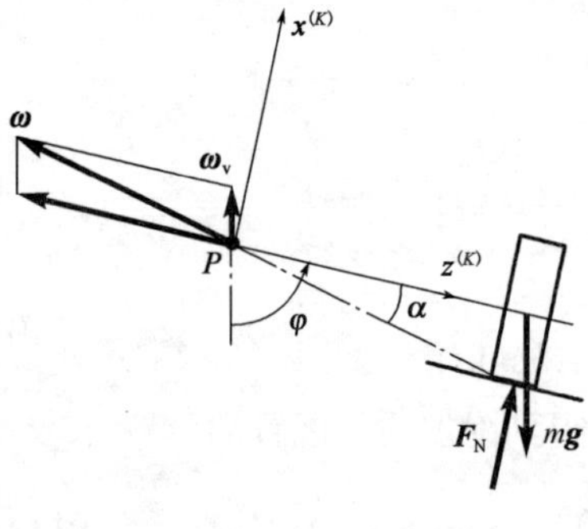

图 D-26　习题 23-20(1)解

$$\boldsymbol{\omega}^{(K)} = \left(\omega_V\sin\varphi \quad 0 \quad -\omega_V\frac{\sin\varphi}{\tan\alpha}\right) \tag{3}$$

其中,$\tan\alpha = r/a$。轮子相对于 P 点的惯性张量为

$$\overline{\overline{\boldsymbol{J}}}_S^{(K)} = \begin{pmatrix} A & 0 & 0 \\ 0 & B & 0 \\ 0 & 0 & C \end{pmatrix} \tag{4}$$

其元素为

$$A = B = \frac{1}{12}m(3r^2 + b^2) + ma^2 \tag{5a}$$

$$C = \frac{1}{2}mr^2 \tag{5b}$$

对于式(1)的右端有

$$\boldsymbol{M}_P^{(K)} = [0 \quad a(F_N - mg\sin\varphi) \quad 0] \tag{6}$$

变换到坐标系(K)中,式(1)变为

$$\frac{\tilde{\mathrm{d}}}{\mathrm{d}t}(\overline{\overline{\boldsymbol{J}}}_P\boldsymbol{\omega}) + \boldsymbol{\omega}_V\times\overline{\overline{\boldsymbol{J}}}_P\boldsymbol{\omega} = \boldsymbol{M}_P \tag{7}$$

其中

$$\boldsymbol{\omega}_V^{(K)} = [\omega_V\sin\varphi \quad 0 \quad -\omega_V\cos\varphi] \tag{8}$$

由式(3)~式(8)可得

$$F_{\mathrm{N}}=\frac{C\omega^2}{r}\sin^2\varphi-\frac{A\omega^2}{a}\sin\varphi\cos\varphi+mg\sin\varphi \tag{9}$$

其中,A 和 C 可见式(5)。

(2)对于 F_{Nmax} 的角度 φ_0,借助于式(9)求极值 $\left(\frac{\mathrm{d}F_{\mathrm{N}}}{\mathrm{d}\varphi}\right)_{\varphi=\varphi_0}=0$,可得

$$\frac{2C\omega^2}{r}\sin\varphi_0\cos\varphi_0+\frac{A\omega^2}{a}(\sin^2\varphi_0-\cos^2\varphi_0)+mg\cos\varphi_0=0 \tag{10}$$

利用这一关系式可导出一个关于 $\tan\varphi$ 的方程,该方程例如可用数值方法求解。由于在给定的数值下式(10)中的数量级不同:

$$4441\sin\varphi_0\cos\varphi_0+10880(\sin^2\varphi_0-\cos^2\varphi_0)+588.6\cos\varphi_0=0 \tag{11}$$

因此这里可首先提供一个近似解。对于一次近似解,轮子的重量相对于陀螺力,可以忽略不计。于是对于式(11)可得近似解

$$\tan\varphi_0'=-\frac{Ca}{Ar}-\sqrt{\left(\frac{Ca}{Ar}\right)^2+1}$$

$$\varphi_0'=129.2° \tag{12}$$

将 φ_0' 作为迭代计算的初值,由式(11)可得精确值

$$\varphi_0=128.3° \tag{13}$$

法向力 $F_{\mathrm{N}}(\varphi)$ 随角度的变化情况,在图 D-27 中对两种驱动转速 $n_{\mathrm{I}}=150\mathrm{r/min}$ 和 $n_{\mathrm{II}}=75\mathrm{r/min}$ 示出。图中的虚线只有在法向力可为负值(例如磁力)并且满足纯滚动条件的情况下才有物理意义。

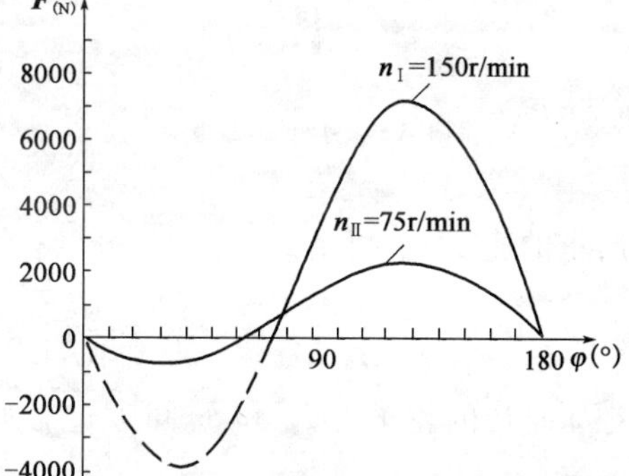

图 D-27　习题 23-20(2)解

习题 23-21　解:(1)车辆的动量矩由四个轮子和车底板的动量组成:

$$\boldsymbol{L}_S=\sum_{i=1}^{4}\boldsymbol{L}_S^{Ri}+\boldsymbol{L}_S^L \tag{1}$$

将四个轮子的中心记作 $M_i(i=1,\cdots,4)$,则每个轮子相对于 S 点的动量矩为

$$\left.\begin{aligned}\boldsymbol{L}_S^{Ri}&=\boldsymbol{L}_{Mi}^{Ri}+m_R\boldsymbol{r}_{SMi}\times(\boldsymbol{v}_{Mi}-\boldsymbol{v}_S)\\\boldsymbol{L}_{Mi}^{Ri}&=\overline{\overline{\boldsymbol{J}}}_{Mi}^{Ri}\boldsymbol{\omega}^{Ri}\end{aligned}\right\} \tag{2}$$

其中,$\boldsymbol{\omega}^{Ri}$ 为第 i 个轮子的绝对角速度。式(1)中的第二项为

$$\boldsymbol{L}_S^L=\overline{\overline{\boldsymbol{J}}}_S^L\boldsymbol{\omega}^L \tag{3}$$

其中,$\boldsymbol{\omega}^L$ 是车底板的绝对角速度。对于惯性张量可写出

$$\overline{\overline{\boldsymbol{J}}}_{Mi}^{Ri}=\begin{pmatrix}A^R&0&0\\0&A^R&0\\0&0&C^R\end{pmatrix},\overline{\overline{\boldsymbol{J}}}_S^L=\begin{pmatrix}A^L&0&0\\0&A^L&0\\0&0&C^L\end{pmatrix}$$

在固定与车辆的坐标系(F)中分别可得

$$\boldsymbol{\omega}^L=\begin{pmatrix}0&-\frac{v}{R}&0\end{pmatrix},\boldsymbol{\omega}^{Ri}=\left[0\quad-\frac{v}{R}\quad-\frac{v}{R_r}\left(R\mp\frac{d}{2}\right)\right]$$

其中,在 $\boldsymbol{\omega}^{Ri}$ 的式子中"-"号用于轮 1 和轮 2,"+"号用于轮 3 和轮 4。

$$\boldsymbol{r}_{SMi}\times(\boldsymbol{v}_{Mi}-\boldsymbol{v}_S)=\boldsymbol{r}_{SMi}\times(\boldsymbol{\omega}\times\boldsymbol{r}_{SMi})=\begin{pmatrix}0 & -\dfrac{v}{4R}(c^2+d^2) & 0\end{pmatrix}$$

于是车辆的总动量矩为

$$\boldsymbol{L}_S^{(F)}=\begin{pmatrix}0 & -\dfrac{v}{R}(4A^R+B^L+m_Rc^2+m_Rd^2) & -\dfrac{4v}{r}C^R\end{pmatrix} \tag{4}$$

其中

$$C^R=\frac{1}{2}m_Rr^2;A^R\approx\frac{1}{4}m_Rr^2;B^L=\frac{1}{12}m_L(a^2+b^2)$$

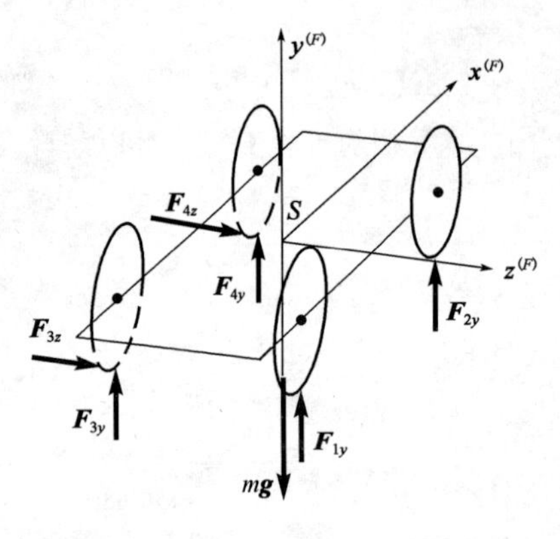

图 D-28　习题 23-21 解

(2)在曲线运行时作用于车辆的外力示于图 D-28。它们由静力和动力两部分组成。当匀速曲线行驶时,在固定于车辆的坐标系中相对于 S 点由动量矩定理可得

$$\frac{\mathrm{d}\boldsymbol{L}_S^{(F)}}{\mathrm{d}t}=\boldsymbol{M}_S^{(F)},(\boldsymbol{\omega}^L\times\boldsymbol{L}_S)^{(F)}=\boldsymbol{M}_S^{(F)} \tag{5}$$

分量形式为

$$\begin{pmatrix}\dfrac{4v^2}{rR}C^R & 0 & 0\end{pmatrix}=(M_{Sx}\quad M_{Sy}\quad M_{Sz}) \tag{6}$$

由图 D-28 可知,力矩 M_S 为

$$M_{Sx}^{(F)}=\frac{d}{2}(F_{3y}+F_{4y}-F_{1y}-F_{2y})-r(F_{3z}+F_{4z}) \tag{7}$$

所求的速度 $v_{\max}$ 可由式(6)的 x 分量利用式(7)求得。当将 $F_{1y}=F_{2y}=0$ 代入时可得

$$v_{\max}^2=\frac{rR}{4C^{\mathrm{R}}}\left[\frac{d}{2}(F_{3y}+F_{4y})-r(F_{3z}+F_{4z})\right] \tag{8}$$

还未求出的轮子力 F_3 和 F_4 可通过对车辆用动量定理得到

$$m\frac{\mathrm{d}\boldsymbol{v}_S}{\mathrm{d}t}=\boldsymbol{F}_3+\boldsymbol{F}_4+m\boldsymbol{g} \tag{9}$$

其中,$\boldsymbol{v}_S$ 是绝对速度;$m=m_L+4m_R$。在运动坐标系(F)中式(9)可改写成

$$m\left[\frac{\tilde{\mathrm{d}}\boldsymbol{v}_S}{\mathrm{d}t}+\boldsymbol{\omega}^L\times\boldsymbol{v}_{\mathrm{S}}\right]=\boldsymbol{F}_3+\boldsymbol{F}_4+m\boldsymbol{g} \tag{10}$$

式中

$$\boldsymbol{v}_S^{(F)}=(\boldsymbol{v}_{\max}\quad 0\quad 0)$$

对于 y 分量,由式(10)可得

$$F_{3y}+F_{4y}=(m_L+4m_R)g=mg \tag{11}$$

z 分量则为

$$F_{3z}+F_{4z}=m\frac{v^2}{R} \tag{12}$$

由此得到车辆的极限速度为

$$v_{\max}=\sqrt{\frac{rRd(m_{\mathrm{L}}+4m_{\mathrm{R}})g}{8C^{\mathrm{R}}+2r^2(m_{\mathrm{L}}+4m_{\mathrm{R}})}} \tag{13}$$

习题 23-22　解:在一个固定于船的参考系(F)中,以转子重心 S 为参考点的转子动量矩定理可写出为(图 D-29)

$$\frac{\tilde{\mathrm{d}}\boldsymbol{L}_S}{\mathrm{d}t}=\boldsymbol{M}_S,\boldsymbol{\omega}_F\times\boldsymbol{L}_S=\boldsymbol{M}_S \tag{1}$$

其中,$\boldsymbol{L}_S=\overline{\overline{\boldsymbol{J}}}_\mathrm{S}\boldsymbol{\omega}$;$\boldsymbol{\omega}_\mathrm{F}$ 为船相对于惯性系(I)的角速度;$\boldsymbol{M}_S$ 为由支座作用于转子的力矩。它对应于力偶

$$\boldsymbol{M}=\boldsymbol{r}_{AB}\times\boldsymbol{F}_B=\boldsymbol{r}_{BA}\times\boldsymbol{F}_A$$

力 $-\boldsymbol{F}_A$ 和 $-\boldsymbol{F}_B$ 通过陀螺效应作用于支座。

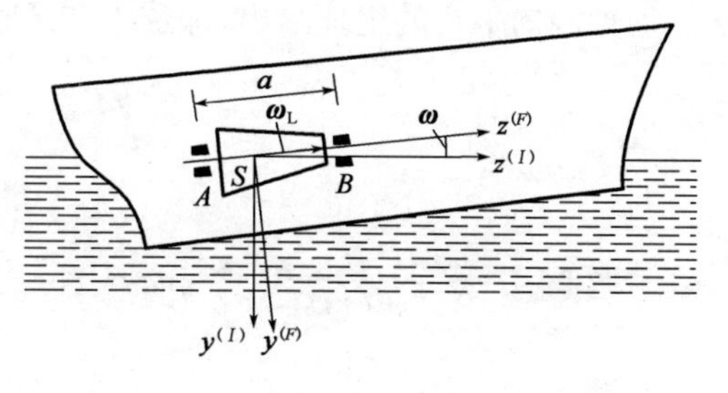

图 D-29　习题 23-22 解

对于转子,其绝对角速度为

$$\boldsymbol{\omega}=\boldsymbol{\omega}_\mathrm{L}+\boldsymbol{\omega}_\mathrm{F} \tag{2}$$

其中

$$\boldsymbol{\omega}_\mathrm{L}^{(F)}=(0\quad 0\quad \omega_\mathrm{L}),\omega_\mathrm{L}=\pi n/30=314.2\mathrm{rad/s}$$

$\boldsymbol{\omega}_\mathrm{F}$ 由如下考虑得到:假如船的摆动通过以下简谐运动来描述:

$$\varphi=\varphi_0\sin\left(\frac{2\pi}{T}t\right)$$

由此可得

$$\dot{\varphi}=\varphi_0\frac{2\pi}{T}\cos\left(\frac{2\pi}{T}t\right) \tag{3}$$

于是

$$\boldsymbol{\omega}_\mathrm{F}=[\dot{\varphi}\quad 0\quad 0]$$

利用

$$\overline{\overline{\boldsymbol{J}}}_S^{(F)}=\begin{pmatrix}A&0&0\\0&A&0\\0&0&C\end{pmatrix}$$

由式(1)~式(3)可得坐标方程

$$A\ddot{\varphi}=M_x \tag{4a}$$

$$-\omega_\mathrm{L}\dot{\varphi}C=M_y \tag{4b}$$

$$0=M_z \tag{4c}$$

由于当船舶缓慢摆动时,转子的转动惯量式(4a)与式(4b)的陀螺力矩相比可以忽略不计,利用式(4)可以很好地近似得到作用在转子支座上的最大力矩 M_T 为

$$M_{\mathrm{T}y}=-M_y=\omega_\mathrm{L}C\dot{\varphi}_\mathrm{Extr}=\pm\omega_\mathrm{L}C\frac{2\pi}{T}\varphi_0 \tag{5}$$

而利用 $C=mk^2$,最终可得

$$M_{\mathrm{T}y}=\pm\frac{\pi^2nmk^2\varphi_0}{15T}=\pm8575\mathrm{N}\cdot\mathrm{m} \tag{6}$$

由于陀螺力矩产生的支座最大荷载为

$$F_{Ax}=-F_{Bx}=\frac{M_{\mathrm{T}y}}{a}=\pm3430\mathrm{N} \tag{7}$$

由陀螺力矩产生的支座力以船舶摆动的频率周期性地波动。当 $\dot{\varphi}$ 最大时这部分支座力达到最大值,这正是船在水中摆动通过水平位置的时候。在 $\boldsymbol{\omega}_\mathrm{L}$ 的符号按图 D-29 规定的情况下,当船头向下运动时 F_{Ax} 为正;当向上运动时 F_{Ax} 为负。作用于支座的载荷方向也可借助

于转动轴同向平行的定理给出，即透平转子趋于使转子按强迫转动的方向 $\boldsymbol{\omega}_{\mathrm{F}}$ 转动。

第 24 章　变质量动力学

A 类型答案

习题 24-1　$\ddot{\varphi}+\dfrac{\beta}{m(t)l}\dot{\varphi}+\dfrac{g}{l}\sin\varphi=0$。

习题 24-2　$s=\dfrac{v_{\mathrm{e}}^{2}(\ln k)^{2}}{2a}$。

习题 24-3　减少为$\dfrac{1}{\exp\left(\dfrac{2\sqrt{\pi Ra}}{v_{\mathrm{e}}}\right)}$，$a=g/(4\pi)$。

习题 24-4　$v=v_0-fgt-fv_0\ln\dfrac{m_0}{m_0-at}$；

$s=v_0t-\dfrac{fgt^2}{2}+fv_{\mathrm{e}}\left\{t\ln m_0+\dfrac{m_0-at}{a}\left[\ln(m_0-at)-1-\dfrac{m_0}{a}(\ln m_0-1)\right]\right\}$。

习题 24-5　(1) $T_1=\dfrac{m_0}{a}\left(\sqrt{1+\dfrac{2av_0}{fgm_0}}-1\right)$。

(2) $T_2=\dfrac{v_0}{fg}$，$v=\dfrac{2m_0v_0-fg(2m_0+at)t}{2(m_0+at)}$。

习题 24-6　$m=\left(m_0-\dfrac{bav_{\mathrm{e}}}{a_1^2}\right)e^{-\frac{a_1}{v_{\mathrm{e}}}t}-\dfrac{ba}{a_1}\left(t-\dfrac{v_{\mathrm{e}}}{a_1}\right)$，其中，$a_1=a+g(\sin\alpha+f\cos\alpha)$，且 m_0 为物体的初始质量。

习题 24-7　$\ddot{x}=-g+\dfrac{F_Pg}{Q+\gamma x}-\dfrac{\beta g+\gamma}{Q+\gamma x}\dot{x}^2$。

习题 24-8　$x=h_0+\dfrac{v_0r_0}{2\alpha}\left[1-\left(\dfrac{r_0}{r}\right)^2\right]-\dfrac{g}{8\alpha^2}\left[r^2-2r_0^2+\dfrac{r_0^4}{r^2}\right]$，$v=v_0\dfrac{r_0^3}{r^3}-\dfrac{g}{4\alpha}\left(r-\dfrac{r_0^4}{r^3}\right)$，其中 $r=v_0+\alpha t$。

习题 24-9　$x=gt^2/6$。

习题 24-10　$v=\dfrac{qut\cos\theta}{m_0+qt}$。

习题 24-11　(1) $v=\sqrt{\dfrac{2lF\ln2}{m_0}}$；

(2) $v=\sqrt{\dfrac{2lF\ln2}{m_0}-fgl}$。

B 类型答案

习题 24-12　$\ddot{x}=-g-\dfrac{\dot{f}(t)}{f(t)l}v_{\mathrm{e}}-\dfrac{F_{\mathrm{R}}(x,\dot{x})}{m_0f(t)}$。

习题 24-13　$t\approx2\mathrm{min}4\mathrm{s}$。

习题 24-14　$s=\dfrac{v_{\mathrm{e}}m_0}{\beta}\dfrac{\mathrm{e}-1}{\mathrm{e}}$，其中 e 为自然对数的底。

习题 24-15　$z=3.49$。

C 类型答案

习题 24-16　解:(1)对于质量连续可变系统动量定理可写成:

$$m\frac{\mathrm{d}\boldsymbol{v}}{\mathrm{d}t}=\boldsymbol{F}+\frac{\mathrm{d}m}{\mathrm{d}t}(\boldsymbol{v}_{\mathrm{T}}-\boldsymbol{v}) \tag{1}$$

其中,$\boldsymbol{v}_{\mathrm{T}}$ 是喷出的部分质量 $\mathrm{d}m$ 的绝对速度。当忽略空气阻力时作用于火箭的外力只有重力 $\boldsymbol{F}=\mathrm{m}\boldsymbol{g}$。利用相对喷出速度 $\boldsymbol{v}_{\mathrm{rel}}=\boldsymbol{v}-\boldsymbol{v}_{\mathrm{T}}$,式(1)的铅垂分量给出

$$m\cdot 3g=-mg-\frac{\mathrm{d}m}{\mathrm{d}t}v_{\mathrm{rel}} \tag{2}$$

该式积分给出

$$\ln\frac{m}{m_0}=-\frac{4g}{v_{\mathrm{rel}}}t, m(t)=m_0\mathrm{e}^{-\frac{4gt}{v_{\mathrm{rel}}}} \tag{3}$$

(2)由式(3)利用 $m(t_1)=m_0/2$ 得到 $t_1=\frac{v_{\mathrm{rel}}}{4g}\ln 2=35.3\mathrm{s}$。

习题 24-17　解:已知拽出的缆绳可看成是一个连续变质量系统。对此由动量定理得到

$$m\frac{\mathrm{d}\boldsymbol{v}}{\mathrm{d}t}=\boldsymbol{F}+\frac{\mathrm{d}m}{\mathrm{d}t}(\boldsymbol{v}_{\mathrm{T}}-\boldsymbol{v}) \tag{1}$$

其中,$\boldsymbol{F}=\boldsymbol{F}_z-m\boldsymbol{g}$ 是外力的合力;v_{T} 为增加的质量单元拽出之前的绝对速度。对于控制缆绳,根据图 D-30 由式(1)的 z 方向分量,利用 $\mathrm{d}m/\mathrm{d}t=\rho v$,以及$v_{\mathrm{T}}=0$,可得

$$m\frac{\mathrm{d}v}{\mathrm{d}t}=F_z-mg-\rho v^2 \tag{2}$$

由于模型飞机以恒定加速度 a_0 上升,由此可得

$$a=\frac{\mathrm{d}v}{\mathrm{d}t}=\frac{\mathrm{d}v}{\mathrm{d}z}\frac{\mathrm{d}z}{\mathrm{d}t}=v\frac{\mathrm{d}v}{\mathrm{d}z}$$

积分上式,对于 v 可得关系式

$$v^2=2a_0z \tag{3}$$

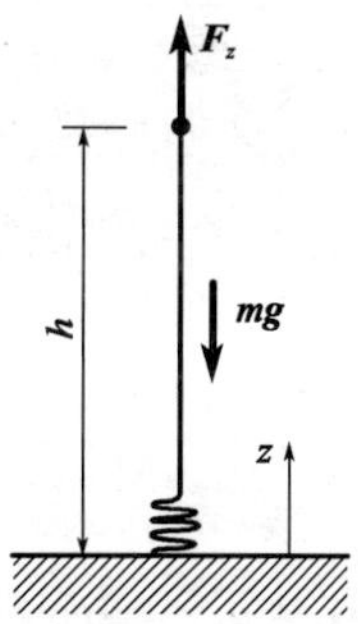

图 D-30　习题 24-17 解

利用 $m=\rho h$,最终可由式(2)和式(3)得到

$$a_0=\frac{g}{3}\left(\frac{F_z}{h\rho g}-1\right) \tag{4}$$

习题 24-18　解:设各级火箭的质量分别为 $m_1,m_2,\cdots,m_n$,各级火箭内的燃料质量为 $\varepsilon_i m_i(i=1,2,\cdots,n)$,荷载质量为 m_{P},各级火箭喷射气体的相对速度方向都与火箭速度方向相反、大小分别为 $u_{\mathrm{r}1},u_{\mathrm{r}2},\cdots,u_{\mathrm{r}n}$,不计重力,则由式(24-37)可以求得第 i 级火箭在燃料喷射完毕时所增加的速度

$$\Delta v_i=u_{\mathrm{r}i}\ln\left[\frac{m_i+m_{i+1}+\cdots+m_n+m_{\mathrm{P}}}{(1-\varepsilon_i)m_i+m_{i+1}+\cdots+m_n+m_{\mathrm{P}}}\right]\quad(i=1,2,\cdots,n) \tag{1}$$

令

$$\mu_i=\frac{m_i+m_{i+1}+\cdots+m_n+m_{\mathrm{P}}}{(1-\varepsilon_i)m_i+m_{i+1}+\cdots+m_n+m_{\mathrm{P}}} \tag{2}$$

则得第 n 级火箭燃料燃烧完毕时的速度

$$v_n=\sum_{i=1}^{n}u_{\mathrm{r}i}\ln\mu_i \tag{3}$$

通常为把荷载送上预定轨道所需的速度 v_n 是已知的定值,那么如何选择各级火箭质量

$m_1, m_2, \cdots, m_n$ 之间的比例能使总质量为最小呢?

火箭第 i 级到第 n 级的质量(包括荷载质量)$m_i + m_{i+1} + \cdots + m_n$ 与第 $i+1$ 级到第 n 级质量(包括载荷质量)$m_{i+1} + m_{i+2} + \cdots + m_n$ 的比为

$$\frac{m_i + m_{i+1} + \cdots + m_n + m_P}{m_{i+1} + m_{i+2} + \cdots + m_n + m_P} = \frac{\varepsilon_i \mu_i}{1 - (1 - \varepsilon_i)\mu_i} \tag{4}$$

设火箭的总质量为 m,利用式(4),有

$$\begin{aligned}\frac{m + m_P}{m_P} &= \left(\frac{m_1 + m_2 + \cdots + m_n + m_P}{m_2 + m_3 + \cdots + m_n + m_P}\right)\left(\frac{m_2 + m_3 + \cdots + m_n + m_P}{m_3 + m_4 + \cdots + m_n + m_P}\right)\cdots\left(\frac{m_n + m_P}{m_P}\right) \\ &= \prod_{i=1}^{n} \frac{m_i + m_{i+1} + \cdots + m_n + m_P}{m_{i+1} + m_{i+2} + \cdots + m_n + m_P} \\ &= \prod_{i=1}^{n} \frac{\varepsilon_i \mu_i}{1 - (1 - \varepsilon_i)\mu_i}\end{aligned} \tag{5}$$

对式(5)取对数

$$\begin{aligned}\ln\left(\frac{m + m_P}{m_P}\right) &= \ln\prod_{i=1}^{n} \frac{\varepsilon_i \mu_i}{1 - (1 - \varepsilon_i)\mu_i} = \sum_{i=1}^{n} \ln \frac{\varepsilon_i \mu_i}{1 - (1 - \varepsilon_i)\mu_i} \\ &= \sum_{i=1}^{n} \{\ln\mu_i + \ln\varepsilon_i - \ln[1 - \mu_i(1 - \varepsilon_i)]\}\end{aligned} \tag{6}$$

由于火箭的荷载 m_P 是给定量,因此求 $\ln \dfrac{m + m_P}{m_P}$ 的最小值可代替求 m 的最小值。应用拉格朗日乘子法,作函数

$$\begin{aligned}f &= \ln\left(\frac{m + m_P}{m_P}\right) + \lambda\left(\sum_{i=1}^{n} u_{ri} \ln\mu_i\right) - \lambda v_n \\ &= \sum_{i=1}^{n} \{\ln\mu_i + \ln\varepsilon_i - \ln[1 - \mu_i(1 - \varepsilon_i)]\} + \lambda\left(\sum_{i=1}^{n} u_{ri} \ln\mu_i\right) - \lambda v_n\end{aligned}$$

将其对 μ_i 求偏导数,并令其为零,得

$$\frac{\partial f}{\partial \mu_i} = \frac{1}{\mu_i} + \frac{1 - \varepsilon_i}{1 - \mu_i(1 - \varepsilon_i)} + \lambda u_{ri} \frac{1}{\mu_i} = 0 \quad (i = 1, 2, \cdots, n)$$

从而得

$$\mu_i = \frac{1 + \lambda u_{ri}}{\lambda u_{ri}(1 - \varepsilon_i)} \quad (i = 1, 2, \cdots, n) \tag{7}$$

式(7)为多级火箭使总质量为最小的条件。

将式(7)代入式(3)得

$$\sum_{i=1}^{n} u_{ri} \ln \frac{1 + \lambda u_{ri}}{\lambda u_{ri}(1 - \varepsilon_i)} - v_n = 0 \tag{8}$$

由式(8)求得 λ 后,代入式(7)可求得 μ_i,再由式(5)及式(4)即可求得各级火箭的质量及总质量。

如果各级火箭喷射气体的相对速度相同,且 ε_i 相同,即

$$u_{ri} = u_r, \varepsilon_i = \varepsilon \quad (i = 1, 2, \cdots, n) \tag{9}$$

则式(8)简化为

$$\sum_{i=1}^{n} u_r \ln \frac{1 + \lambda u_r}{\lambda u_r(1 - \varepsilon)} - v_n = n u_r \ln \frac{1 + \lambda u_r}{\lambda u_r(1 - \varepsilon)} - v_n = 0 \tag{10}$$

此时式(7)为

$$\mu_i=\frac{1+\lambda u_{\mathrm{r}}}{\lambda u_{\mathrm{r}}(1-\varepsilon)}=\mu \quad (i=1,2,\cdots,n) \tag{11}$$

由式(10)及式(11)解得

$$\lambda=\left\{u_{\mathrm{r}}\left[(1-\varepsilon)\exp\left(\frac{v_n}{nu_{\mathrm{r}}}\right)-1\right]\right\}^{-1} \tag{12}$$

$$\mu_1=\mu_2=\cdots=\mu_n=\mu=\mathrm{e}^{\frac{v_n}{nv_{\mathrm{r}}}} \tag{13}$$

式(13)表明:欲使火箭总质量为最小,火箭中每一级火箭燃烧完毕所增加的速度 Δv_i 值应相同。即欲使火箭达到给定的最终速度,使火箭总质量为最小值的条件是:火箭中每一级燃料燃烧完毕时所增加的速度必须相同。满足这一条件时总质量为

$$m_{\min}=m_{\mathrm{P}}\left\{\frac{\varepsilon^n\exp\left(\frac{v_n}{u_{\mathrm{r}}}\right)}{\left[1-(1-\varepsilon)\exp\left(\frac{v_n}{nu_{\mathrm{r}}}\right)\right]^n}-1\right\} \tag{14}$$

为求各级火箭的质量分配,令

$$\beta=\frac{\mu-1}{1-\mu(1-\varepsilon)} \tag{15}$$

在式(4)中设 $i=n$,有

$$m_n=\left[\frac{\varepsilon\mu}{1-(1-\varepsilon)\mu}-1\right]m_{\mathrm{P}}=\beta m_{\mathrm{P}} \tag{16}$$

之后再在式(4)中令 $i=n-1$,依次求下去得

$$m_i=\beta(\beta+1)^{n-i}m_{\mathrm{P}} \quad (i=1,2,\cdots,n) \tag{17}$$

由式(17)可得

$$\frac{m_i}{m_{i+1}}=1+\beta=\frac{\varepsilon\mu}{1-\mu(1-\varepsilon)} \quad (i=1,2,\cdots,n) \tag{18}$$

由式(17)、式(18)可得各级火箭的质量分配。

例如二级火箭($n=2$),$m_1:m_2=12:1$;三级火箭($n=3$),$m_1:m_2:m_3\approx13.7:3.7:1$。图 D-31 中,横坐标 n 代表火箭级数,纵坐标 m/m_{P} 代表火箭总质量 $m_{\min}$ 与载荷质量 m_{P} 之比,该图表明不同级火箭所应有的最小总质量 $m_{\min}$。从图中可见,增加火箭级数可以大量减少火箭的总质量,但高于四级的火箭再继续增加级数对减轻总质量的贡献很小。

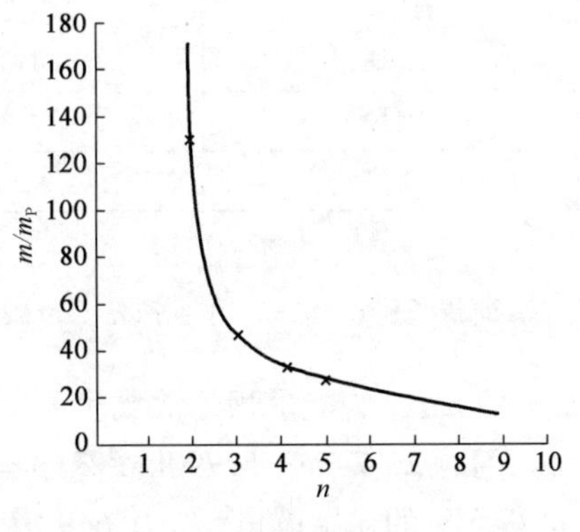

图 D-31　习题 24-18 解

欲将人造地球卫星送入轨道,火箭的最终速度应达到$v_n=7.8\mathrm{km/s}$。设 $\varepsilon=0.8$,$u_{\mathrm{r}}/g=300\mathrm{s}$,按上面公式可以求得火箭总质量的最小值:

一级火箭($n=1$),$m_{\min}<0$(即不可能达到 7.8km/s);

二级火箭($n=2$),$m_{\min}\approx147m_{\mathrm{P}}$;

三级火箭($n=3$),$m_{\min}\approx51m_{\mathrm{P}}$;

四级火箭($n=4$),$m_{\min}\approx40m_{\mathrm{P}}$;

五级火箭($n=5$),$m_{\min}\approx36m_{\mathrm{P}}$;

n 级火箭($n\to\infty$),$m_{\min}\to13.2m_{\mathrm{P}}$。

第 25 章　宇宙飞行动力学

A 类型答案

习题 25-1　$\mu = gR^2$，对于地球 $\mu = 3.98 \times 10^5 \text{km}^3/\text{s}^2$。

习题 25-2　各天体的 μ_n 以及 g_n 见表 D-1。

各天体的 μ_n 以及 g_n　表 D-1

天体	$\mu(\text{km}^3/\text{s}^2)$	$g(\text{m/s}^2)$	天体	$\mu(\text{km}^3/\text{s}^2)$	$g(\text{m/s}^2)$
月球	4.9×10^3	1.62	火星	4.28×10^3	3.69
金星	326×10^3	8.75	木星	126×10^3	26.0

习题 25-3　$v_1 = \sqrt{\dfrac{\mu}{r}} = R\sqrt{\dfrac{g}{R+H}}$（即在天体上空高度为 H 处的第一宇宙速度）。

$T = 2\pi r\sqrt{\dfrac{r}{\mu}} = 2\pi\dfrac{(R+H)^{3/2}}{R\sqrt{g}}$。其中，$r$ 为质点到天体中心的距离；μ 为天体的引力常数；g 为天体表面的引力加速度。

习题 25-4　各天体的第一宇宙速度 θ_1 和绕行周期 T 见表 D-2。

各天体的第一宇宙速度 v_1 和绕行周期 T　表 D-2

天体	v_1(km/s)	T(min)	天体	v_1(km/s)	T(min)
地球	7.91	64.3	火星	3.54	101
月球	1.68	108	木星	42.6	172
金星	7.30	87.5			

习题 25-5　各天体的第二宇宙速度 v_2 见表 D-3。

各天体的第二宇宙速度 v_2　表 D-3

天体	v_2(km/s)	天体	v_2(km/s)
地球	11.2	火星	5.0
月球	2.37	木星	60.2
金星	10.3		

习题 25-6　$e = \sqrt{1 + \dfrac{c^2}{\mu^2}h}$，$\tan(\varphi_0 - \varepsilon) = \dfrac{\tan\theta_0}{1 - r_0/p}$。其中，$c = r_0 v_0 \cos\theta_0$ 为面积积分常数；$h = v^2 - 2\mu/r$ 为能量积分常数。

习题 25-7　$c = 52790\text{km}^2/\text{s}$，$p = 7002\text{km}$，$k = -56.6\text{km}^2/\text{s}^2$；$\varepsilon = \varphi_0 - 0.335\text{rad}$，其中，$\varphi_0$ 为矢径 r_0 的初始极角；$e = 0.649$，$H_{\max} = 1120\text{km}$，$H_{\min} = 210\text{km}$，$T = 98.5\text{min}$。

习题 25-8　$\tan\dfrac{E}{2} = \sqrt{\dfrac{1-e}{1+e}}\tan\dfrac{\varphi}{2}$。

习题 25-9　$A = \dfrac{1}{2}\dfrac{J_0(J_0 - J)}{J}\Omega_0^2$。

B 类型答案

习题 25-10　**解**：设月球质量为 m，根据式(25-13)，太阳和地球对月球的引力分别为

$$F_{\text{sun}} = -\frac{Gmm_{\text{s}}}{r_{\text{s}}^2}, F_{\text{earth}} = -\frac{Gmm_{\text{e}}}{r_{\text{e}}^2} \tag{1}$$

计算二引力之比,得到

$$\frac{F_{\text{sun}}}{F_{\text{earth}}} = \frac{m_{\text{s}} r_{\text{e}}^2}{m_{\text{e}} r_{\text{s}}^2} = 2.185 \tag{2}$$

因此,太阳对月球的引力为地球对月球引力的 2.185 倍。

习题 25-11　解:设 v_{c1},v_{c2}分别为 m_1 和 m_2 的圆速度,为保证运动的同步性,要求满足

$$\frac{v_{c1}}{a_1} = \frac{v_{c2}}{a_2} \tag{1}$$

列出 m_1 和 m_2 在地球引力、柔索张力与离心惯性力作用下的平衡条件

$$m_1 \frac{v_{c1}^2}{a_1} = \frac{\mu m_1}{a_1^2} + F \tag{2a}$$

$$m_2 \frac{v_{c2}^2}{a_2} = \frac{\mu m_2}{a_2^2} - F \tag{2b}$$

将上式中的 v_{c1},v_{c2}代入式(1),解出柔索张力为

$$F = \frac{\mu m_1 m_2 (a_1^3 - a_2^3)}{a_1^2 a_2^2 (m_1 a_1 + m_2 a_2)} \tag{3}$$

习题 25-12　解:点 A 与点 O 距离 $r = R$,角度坐标为 $\vartheta = \pi - (\varphi/2)$,代入轨道方程式(25-24),得到

$$R = \frac{p}{1 - e\cos\left(\frac{\varphi}{2}\right)} \tag{1}$$

轨道的最高点 C 与点 O 的距离 $R + h$ 等于远地点距离 r_a,利用式(25-32b)列出

$$R + h = \frac{p}{1 - e} \tag{2}$$

从式(1)和式(2)解出

$$p = \frac{R(R+h)\left(1 - \cos\frac{\varphi}{2}\right)}{R\left(1 - \cos\frac{\varphi}{2}\right) + h}, e = \frac{h}{R\left(1 - \cos\frac{\varphi}{2}\right) + h} \tag{3}$$

C 类型答案

习题 25-13　解:(1)在极坐标的(r,φ)位置卫星的绝对加速度为

$$\boldsymbol{a} = (\ddot{r} - r\dot{\varphi}^2 \quad r\ddot{\varphi} + 2\dot{r}\dot{\varphi}) \tag{1}$$

由于在圆形轨道上 $\ddot{r} = 0$,根据在 $\boldsymbol{r}$ 方向的动量定理可写出

$$-mr\dot{\varphi}^2 = -mg \tag{2}$$

在圆形轨道上,离心力和质量的引力互相平衡。根据万有引力定律,重力加速度为

$$g = g_0\left(\frac{R}{r}\right)^2 \tag{3}$$

由式(2)和式(3),利用 $v_1 = r\dot{\varphi}$ 和 $r = R + h$ 可得

$$h = \frac{g_0 R^2}{v_1^2} - R = 4687\text{km} \tag{4}$$

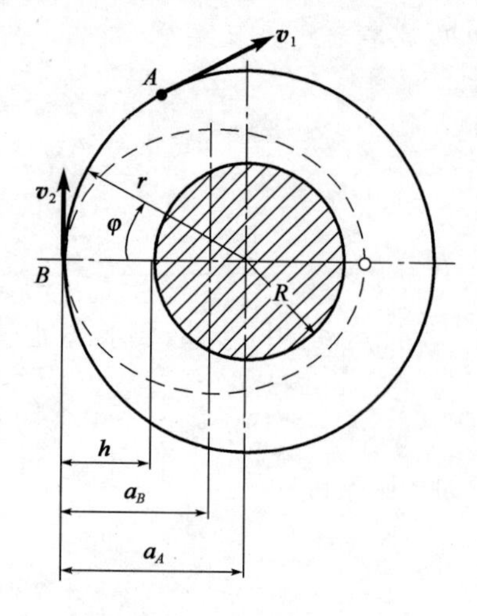

图 D-32 习题 25-13 解

(2)由于通过制动只能改变卫星 B 的速度的大小，而不会改变其方向，因此在制动过程结束时卫星 B 在椭圆轨道的远地点($\boldsymbol{v}\perp\boldsymbol{r}$)，见图 D-32。对于卫星的运行时间由开普勒第三定律可得

$$\left(\frac{T_A}{T_B}\right)^2=\left(\frac{a_A}{a_B}\right)^3 \tag{5}$$

其中，a_A，a_B 就是轨道的长半轴。要使两个卫星在运行一周后即相遇，必须满足条件

$$T_B=T_A-\Delta t \tag{6}$$

利用式(4)对于 T_A 可得

$$T_A=\frac{2\pi(h+R)}{v_1}=193\text{min} \tag{7a}$$

于是

$$T_B=178\text{min} \tag{7b}$$

由式(5)和式(7)，现在可以计算椭圆轨道的长半轴：

$$a_B=a_A\left(\frac{T_B}{T_A}\right)^{\frac{2}{3}}=(h+R)\left(\frac{T_B}{T_A}\right)^{\frac{2}{3}}=10480\text{km} \tag{8}$$

对于一个卫星，其轨道速度的一般公式为

$$v^2=\frac{g_0R^2}{r}\left(2-\frac{r}{a}\right) \tag{9}$$

式(9)中 a 的值由式(8)代入，又位置矢量 $r=R+h$，于是卫星 B 在远地点的轨道速度为

$$v_2=5831\text{m/s} \tag{10}$$

因此卫星 B 必须通过制动减速

$$\Delta v=v_1-v_2=168.7\text{m/s}$$

习题 25-14　解：(1)根据动量定理，对于减速运动可写出

$$m\frac{\mathrm{d}v}{\mathrm{d}t}=-F_W \tag{1}$$

其中，$F_W=cv^2$ 为水的阻力；c 为比例系数。方程式(1)用分离变量法积分得

$$-m\frac{1}{v}=-ct+C_1 \tag{2}$$

由初始条件 $v(0)=v_1$ 可定出积分常数 $C_1=-m/v_1$。比例系数 c 可借助于积分限(v_1，v_2)以及($0,\Delta t$)得到

$$c=\frac{m}{\Delta t}\left(\frac{1}{v_2}-\frac{1}{v_1}\right) \tag{3}$$

由式(2)和式(3)得微分方程

$$\frac{1}{v}=\frac{1}{\mathrm{d}s/\mathrm{d}t}=\frac{1}{\Delta t}\left(\frac{1}{v_2}-\frac{1}{v_1}\right)t+\frac{1}{v_1}$$

其解为

$$s=\frac{\ln\left[\frac{1}{\Delta t}\left(\frac{1}{v_2}-\frac{1}{v_1}\right)t+\frac{1}{v_1}\right]}{\frac{1}{\Delta t}\left(\frac{1}{v_2}-\frac{1}{v_1}\right)}+C_2 \tag{4}$$

利用初始条件 $s(0)=0$,可得

$$C_2=-\frac{\Delta t\ln\frac{1}{v_1}}{\frac{1}{v_2}-\frac{1}{v_1}} \tag{5}$$

由此得到

$$s_0=\frac{v_1v_2\Delta t}{v_1-v_2}\ln\frac{v_1}{v_2}=602.5\text{m} \tag{6}$$

(2)有效功率为

$$P=F_Wv_{\max}=cv_{\max}^3=\frac{mv_{\max}^3}{\Delta t}\frac{v_1-v_2}{v_1v_2}=17280\text{kW} \tag{7}$$

第26章　运动稳定性

A类型答案

习题26-1　当$\frac{g}{l\omega^2}>1+\frac{1}{\sqrt{2}}$时,摆的铅垂平衡位置稳定。

习题26-2　当$\omega^2\leqslant\frac{gc}{a^2}$时,有两个平衡位置:①$x=0,z=0$(稳定);②$x=0,z=-c$(不稳定)。

当$\omega^2\leqslant\frac{gc}{a^2}$时,存在三个平衡位置:①$x=0,z=0$(不稳定);②$x=0,z=-c$(不稳定);③$x=0,z=\frac{gc^2}{\omega^2a^2}$(稳定)。

习题26-3　存在唯一的平衡位置$z=0$,当$\omega^2<\frac{g}{p}$时它是稳定的;当$\omega^2<\frac{g}{p}$时它是不稳定的;当$\omega^2<\frac{g}{p}$时是随遇平衡。

习题26-4　$\left[\frac{\mathrm{d}^2\Pi}{\mathrm{d}s^2}-\frac{\mathrm{d}}{\mathrm{d}s}\left(mr\frac{\mathrm{d}r}{\mathrm{d}s}\right)\omega^2\right]_{s=s_0}>0$。其中,$S_0$由方程$\left(\frac{\mathrm{d}\Pi}{\mathrm{d}s}\right)_{s=s_0}=\omega^2\left(mr\frac{\mathrm{d}r}{\mathrm{d}s}\right)_{s=s_0}$确定。

习题26-5　当$n<-3$时,圆周运动不稳定;当$n<-3$时,圆周运动稳定。

习题26-6　可能的相对平衡位置对应的OG与Oz之间的夹角如下:

①$\varphi=0$(如$J_B<J_C$,稳定;如$J_B>J_C$且$\omega^2<\frac{m_\mu gh}{J_B-J_C}$,稳定;如$J_B>J_C$且$\omega^2>\frac{m_\mu gh}{J_B-J_C}$,不稳定)。

②$\varphi=\pi$(如$J_B>J_C$,不稳定;如$J_B<J_C$且$\omega^2>\frac{m_\mu gh}{J_C-J_B}$,稳定;如$J_B<J_C$且$\omega^2<\frac{m_\mu gh}{J_C-J_B}$,不稳定)。

③$\varphi=\arccos\frac{m_\mu gh}{(J_B-J_C)\omega^2}$(此式的存在条件为$\omega^2>\frac{m_\mu gh}{|J_B-J_C|}$,如$J_B>J_C$,相对平衡位置稳定;如$J_B<J_C$,相对平衡位置不稳定)。

习题26-7　平衡位置和稳定性可由习题26-6的答案给出的公式来确定(令$J_B=J_A+$

$m_\mu h^2$）。振动的周期为

$$T=2\pi\omega\sqrt{\frac{(J_A+m_\mu h^2)(J_A+m_\mu h^2-J_C)}{(J_A+m_\mu h^2-J_C)^2\omega^4-m_\mu^2g^2h^2}}$$

习题 26-8 当 $Ql<c_1L^2$ 时，在任意角速度条件下，转动都稳定；

当 $Ql>c_2L^2$ 时，如果 $\omega>\omega^*$，则转动稳定。其中

$$\omega^*=\frac{1}{r}\sqrt{gl(r^2+4l^2)}\left(\sqrt{1-\frac{c_1L^2}{Ql}}+\sqrt{1-\frac{c_2L^2}{Ql}}\right)$$

当 $c_1L^2<Ql<c_2L^2$ 时，在任意角速度条件下，转动都不稳定。

习题 26-9 沿上母线的运动不稳定。在沿下母线的受扰运动中振动周期为

$$T=2\pi\sqrt{\frac{a}{g\sin\alpha}}$$

习题 26-10 角 $\theta=\theta_i=$ 常数，满足方程 $(1+\alpha\cos\theta_i)=-\beta cot\theta_i$。其中，$\alpha=b/a,\beta=g/(a\omega^2)$ 且 $\dot{\psi}=\omega=$ 常数。此方程有两个不同的解：$-\frac{\pi}{2}<\theta_1<0$ 和 $\frac{\pi}{2}<\theta_2<\pi$。对应于第一解的运动是稳定的，对应于第二解的运动不稳定。

B 类型答案

习题 26-11 当 $\omega^2>\frac{g}{4a}$ 时，运动稳定。

习题 26-12 当 $v^2>\frac{3(\pi+2)}{4(3\pi+4)}ag$ 时，运动稳定。

习题 26-13 当 $\omega^2>\frac{2g}{3a}$ 时，运动稳定。

习题 26-14 这个平衡位置不稳定。

习题 26-15 当 $\beta^2c_{11}>mc_{12}^2$ 时，平衡位置稳定。

习题 26-16 平衡位置在 $(c_{11}-c_{22})^2+4c_{12}c_{21}>0$ 时稳定。

习题 26-17 当 $AB<\frac{Jc\beta}{m}$ 时，系统是稳定的（c,β,J,A,B 都设为正值）。

习题 26-18 如果下面的四次方程的根是互异的实数，则系统稳定。

$$[J_AJ_{A'}+m_\mu h^2(J_A-m_\mu c^2)]+[J_{A'}J_{C'}\Omega'+J_C\Omega(J_{A'}+m_\mu h^2)]\lambda^3+$$
$$[J_A(m'_\mu c'+m_\mu h)g+(J_{A'}+m_\mu h^2)m_\mu cg+J_CJ_{C'}\Omega\Omega']\lambda^2+$$
$$[J_C\Omega(m'_\mu c'+m_\mu h^2)g+J_{C'}\Omega'm'_\mu cg]\lambda+m_\mu J_C(m'_\mu c'+m_\mu h)g^2=0$$

习题 26-19 $v_0^2>\frac{\alpha}{3\beta}$。

习题 26-20 $\mu_1>\mu_2,\frac{J_2}{J_1}>\frac{\mu_2}{\mu_1},k>\frac{\mu_1\mu_2(\mu_1J_2-\mu_2J_1)}{\mu_1J_2^2-\mu_2J_1^2}$。

C 类型答案

习题 26-21 **解：**令 $\frac{dx}{dt}=y$，方程化为

$$\begin{cases}\frac{dx}{dt}=y\\ \frac{dy}{dt}=-\frac{k}{m}x-\frac{R}{m}y\end{cases}$$

取能量 E 作为李雅普诺夫函数

$$V(x,y) = E = \frac{m}{2}\left(\frac{\mathrm{d}x}{\mathrm{d}t}\right)^2 + \int_0^x kx\mathrm{d}x = \frac{m}{2}y^2 + \frac{1}{2}kx^2$$

则

$$\frac{\mathrm{d}V}{\mathrm{d}t} = my\left(-\frac{k}{m}x - \frac{R}{m}y\right) + kxy = -Ry^2 \leqslant 0$$

故零解(平衡位置)稳定。

注记:例题 26-3 用类比法构造了另一个李雅普诺夫函数,使$\frac{\mathrm{d}V}{\mathrm{d}t}$为定负,从而进一步证明零解还是全局渐近稳定的。

习题 26-22　解:方程组一定可化为二阶方程

$$\ddot{x} - (a+d)\dot{x} + (ad-bc)x = 0$$

或

$$\ddot{y} - (a+d)\dot{y} + (ad-bc)y = 0。$$

取能量函数作为李雅普诺夫函数

$$V_1(x,y) = \frac{1}{2}\left(\frac{\mathrm{d}x}{\mathrm{d}t}\right)^2 + \frac{1}{2}(ad-bc)x^2 = \frac{1}{2}(ax+by)^2 + \frac{1}{2}(ad-bc)x^2$$

$$V_2(x,y) = \frac{1}{2}\left(\frac{\mathrm{d}y}{\mathrm{d}t}\right)^2 + \frac{1}{2}(ad-bc)y^2 = \frac{1}{2}(cx+\mathrm{d}y)^2 + \frac{1}{2}(ad-bc)y^2$$

则

$$\dot{V}_1 = (a+d)(ax+by)^2$$

$$\dot{V}_2 = (a+d)(cx+\mathrm{d}y)^2$$

令

$$V(x,y) = V_1 + V_2 = \frac{1}{2}(ax+by)^2 + \frac{1}{2}(cx+\mathrm{d}y)^2 + \frac{1}{2}(ad-bc)(x^2+y^2)$$

则当 $a+d<0, ad-bc>0$ 时, $V(x,y)$定正,且

$$\dot{V} = (a+d)[(ax+by)^2 + (cx+\mathrm{d}y)^2]$$

为定负,故零解 $x=y=0$,全局渐近稳定。

习题 26-23　解:试取

$$V(t,x,y) = b_{11}(t)x^2 + 2b_{12}(t)xy + b_{22}(t)y^2$$

使

$$\dot{V}(t,x,y) = -2k(t)y^2 \tag{1}$$

$b_{11}(t), b_{12}(t), b_{22}(t), k(t)$待定,$k(t)>0$,由

$$\dot{V}(t,x,y) = \left[\dot{b}_{11}(t) - \frac{2b_{12}(t)}{t+1}\right]x^2 + \left[2b_{11}(t) + 2\dot{b}_{12}(t) - 20b_{12}(t) - \frac{2b_{22}(t)}{t+1}\right]xy \tag{2}$$
$$+ [2b_{12}(t) + 2\dot{b}_{22}(t) - 20b_{22}(t)]y^2$$

由式(1)和式(2),得

$$\dot{b}_{11}(t) - \frac{2b_{12}(t)}{t+1} = 0$$

$$2b_{11}(t) + 2\dot{b}_{12}(t) - 20b_{12}(t) - \frac{1}{t+1}\cdot 2b_{22}(t) = 0$$

$$2b_{12}(t) + \dot{b}_{22}(t) - 20b_{22}(t) = -2k(t)$$

选取 $b_{12}(t)=0$,则 $b_{11}(t)=c$(待定),$b_{22}(t)=c(t+1)$。$k(t)=c(10t+9.5)$,选 $c=1$,则 $V(t,x,y)$ 为定正,

$$V(t,x,y) = x^2 + (t+1)y^2$$

$$\dot{V}(t,x,y) = -2(10t+9.5)y^2 \leqslant 0$$

故零解稳定。

习题 26-24　解:　对应的线性组为

$$\dot{x} = ax + by \tag{2a}$$

$$\dot{y} = cx + \mathrm{d}y \tag{2b}$$

由用待定系数法研究例题 26-2 知,线性组(1)有李雅普诺夫函数

$$V_1(x,y) = (\mathrm{d}x - by)^2 + (ad - bc)x^2$$

$$\dot{V}_1(x,y)\big|_{(2)} = -2(a+b)(ac-ad)x^2$$

如果将 $V_1(x,y)$ 中的 adx^2 项看作 $2d\int_0^x ax\mathrm{d}x$,于是很自然通过线性类比得到非线性系统式(1)的李雅普诺夫函数

$$V(x,y) = (dx - by)^2 + 2d\int_0^x f(x)\mathrm{d}x - bcx^2 \tag{3}$$

$$\dot{V}(x,y) = -2\left[\frac{f(x)}{x} + d\right]\left[bc - \frac{f(x)}{x}d\right]x^2$$

应用式(3)中的李雅普诺夫函数,可以得出非线性系统式(1)的零解全局渐近稳定定理。

习题 26-25　解:令 $x=x,\dot{x}=y,\ddot{x}=z$,方程化为

$$\dot{x} = y \tag{2a}$$

$$\dot{y} = z \tag{2b}$$

$$\dot{z} = -cx - \varphi(y) - az \tag{2c}$$

对应的线性组为

$$\dot{x} = y \tag{3a}$$

$$\dot{y} = z \tag{3b}$$

$$\dot{z} = -cx - by - az \tag{3c}$$

用待定系数法容易构造线性组式(3)李雅普诺夫函数

$$V_1(x,y,z) = \frac{ac}{2}x^2 + cxy + \frac{1}{2}by^2 + \frac{(z+ay)^2}{2}$$

$$\dot{V}_1(x,y,z)\big|_{(2)} = (c-ab)y^2$$

于是用线性类比法可以构造非线性系统式(2)的李雅普诺夫函数

$$V(x,y,z) = \frac{ac}{2}x^2 + cxy + \int_0^y \varphi(y)\mathrm{d}y + \frac{(z+ay)^2}{2} \tag{4}$$

$$\dot{V}(x,y,z) = \left(c - a\frac{\varphi(y)}{y}\right)y^2$$

应用式(4)中的李雅普诺夫函数,可以得出方程式(1)零解全局渐近稳定性定理。

习题 26-26　解:令 $x=x,\dot{x}=y,\ddot{x}=z,\bar{x}=u$ 方程化为

$$\dot{x} = y \tag{2a}$$

$$\dot{y}=z \tag{2b}$$
$$\dot{z}=u \tag{2c}$$
$$\dot{u}=-dx-\varphi(y)-bz-au \tag{2d}$$
对应的线性组为
$$\dot{x}=y \tag{3a}$$
$$\dot{y}=z \tag{3b}$$
$$\dot{z}=u \tag{3c}$$
$$\dot{u}=-dx-cy-bz-au \tag{3d}$$
用待定系数法可以做出式(3)的如下李雅普诺夫函数
$$\begin{aligned}V=&\frac{1}{2}bdx^2+adxy+\frac{1}{2}(b^2-2d)y^2+2dxz+abyz\\&+\frac{1}{2}(a^2+b)z^2+byu+azu+u^2+\frac{1}{2}acy^2\end{aligned} \tag{4}$$
$$\dot{V}\mid_{(3)}=-\frac{1}{a}(abc-c^2-a^2d)y^2-\frac{1}{a}(cy+au)^2$$
用线性比构造式(2)的李雅普诺夫函数
$$\begin{aligned}V=&\frac{1}{2}bdx^2+adxy+\frac{1}{2}(b^2-2d)y^2+2dxz+abyz\\&+\frac{1}{2}(a^2+b)z^2+byu+azu+u^2+a\int_0^y\varphi(y)\mathrm{d}y\end{aligned} \tag{5}$$
$$\dot{V}\mid_{(2)}=-\frac{1}{a}\left[ab\frac{\varphi(y)}{y}-\left(\frac{\varphi(y)}{y}\right)^2-a^2d\right]-\frac{1}{a}[\varphi(y)+au]^2$$
应用式(5)中的李雅普诺夫函数,可以得出方程式(1)零解全局渐近稳定性定理。

习题 26-27 **解:**我们介绍如何利用四阶线性方程的李雅普诺夫函数来构造三阶线性方程的李雅普诺夫函数,再用类比法来构造三阶非线性方程的李雅普诺夫函数,有时会得到很好的结果。

给出四阶常系数线性方程
$$\ddot{x}+a\ddot{x}+b\ddot{x}+c\dot{x}+\mathrm{d}x=0 \tag{2}$$
使式(2)的特征根都具负实部的 Hurwitz 条件为
$$a>0, ab-c>0, abc-c^2-a^2d>0, d>0 \tag{3}$$
我们看方程式(2), $d=0$ 的情况,这时式(2)变为
$$\ddot{x}+a\ddot{x}+b\ddot{x}+c\dot{x}=0$$
令 $X=\dot{x}$,则得
$$\dddot{X}+a\ddot{X}+b\dot{X}+cX=0 \tag{4}$$
因此,我们将三阶方程式(4)看作是四阶方程(2)中当 $d=0$ 时关于 $\dot{x}$ 的三阶方程。这时等价组
$$\dot{x}=y \tag{5a}$$
$$\dot{y}=z \tag{5b}$$
$$\dot{z}=u \tag{5c}$$
$$\dot{u}=-cy-bz-au \tag{5d}$$
式(5)的后三个方程可以看作关于变量 $y(=\dot{x}), z(=\ddot{x}), u(=\dddot{x})$ 的三阶方程组

$$\dot{y} = z \tag{6a}$$

$$\dot{z} = u \tag{6b}$$

$$\dot{u} = -cy - bz - au \tag{6c}$$

再令 $X = y, Y = z, Z = u$,则式(6)变为

$$\dot{X} = Y \tag{7a}$$

$$\dot{Y} = Z \tag{7b}$$

$$\dot{Z} = -aZ - bY - cX \tag{7c}$$

式(7)即为三阶方程式(4)的一个等价组。当 $d=0$ 时,式(3)变为

$$a > 0\ , ab - c > 0\ , c > 0 \tag{8}$$

式(8)刚好是三阶方程式(4)的 Hurwitz 条件。根据以上分析,我们若从四阶方程式(2)的李雅普诺夫函数

$$\begin{aligned} V = &\frac{1}{2}b\mathrm{d}x^2 + a\mathrm{d}xy + \frac{1}{2}(b^2 - 2d)y^2 + 2\mathrm{d}xz + abyz \\ &+ \frac{1}{2}(a^2 + b)z^2 + byu + azu + u^2 + \frac{1}{2}acy^2 \end{aligned} \tag{9}$$

中令 $d=0$,并相应令 $y = X, z = Y, u = Z$,便得到三阶线性方程式(4)的相应等价组的李雅普诺夫函数

$$V = \frac{1}{2}b^2X^2 + abXY + \frac{a^2 + b}{2}Y^2 + bXZ + aYZ + Z^2 + \frac{1}{2}acX^2 \tag{10}$$

$$\dot{V}\big|_{(7)} = -\frac{c}{a}(ab - c)X^2 - \frac{1}{a}(cX + aZ)^2$$

利用三阶线性方程式(4)的李雅普诺夫函数式(10),用类比法就可以构造三阶非线性方程(11)的一个李雅普诺夫函数。

$$\dddot{X} + a\ddot{X} + b\dot{X} + f(X) = 0 \tag{11}$$

$$V = \frac{1}{2}b^2X^2 + abXY + \frac{a^2 + b^2}{2}Y^2 + bXZ + aYZ + Z^2 + a\int_0^x f(X)\,dX \tag{12}$$

利用式(12)不难得到:

定理 如果 $a > 0$,$f(X)$连续且满足条件

$$f(0) = 0, 0 < \frac{f(X)}{X} < ab \quad (X \neq 0)$$

则方程式(11)的零解关于 $X, \dot{X}, \ddot{X}$全局渐近稳定。

以上定理是方程式(11)零解全局渐近稳定至今的最好结果。

习题 26-28 **解**:易求得方程组一个首次积分为 $H(x, y) = Cx + By - D\ln x - A\ln y$。令

$$\frac{\partial H}{\partial x} = 0, C - \frac{D}{x} = 0$$

$$\frac{\partial H}{\partial y} = 0, B - \frac{A}{y} = 0$$

故 $H(x, y)$在第一象限有唯一驻点$\left(\frac{D}{C}, \frac{A}{B}\right)$,易证 $H(x, y)$在$\left(\frac{D}{C}, \frac{A}{B}\right)$取极小值。

作李雅普诺夫函数

$$V(x,y)=H(x,y)-H\left(\frac{D}{C},\frac{A}{B}\right)$$

则 $V(x,y)$ 是一个定正的首次积分。故 $\dot{V}(x,y)|_{(1)}\equiv 0$，从而平衡点 $\left(\frac{D}{C},\frac{A}{B}\right)$ 稳定。

习题 26-29　解：试选 $V(x,y)=\varphi(x)+\psi(y)$，则

$$\dot{V}=\frac{-2}{(1+x^2)^2}\left(x\frac{\mathrm{d}\varphi}{\mathrm{d}x}+y\frac{\mathrm{d}\psi}{\mathrm{d}y}\right)+2\left[y\frac{\mathrm{d}\varphi}{\mathrm{d}x}-\frac{x}{(1+x^2)^2}\frac{\mathrm{d}\psi}{\mathrm{d}y}\right]。$$

试令

$$y\frac{\mathrm{d}\varphi}{\mathrm{d}x}-\frac{x}{(1+x^2)^2}\frac{\mathrm{d}\psi}{\mathrm{d}y}\equiv 0$$

分离变量得

$$\frac{(1+x^2)^2\dfrac{\mathrm{d}\varphi}{\mathrm{d}x}}{x}=\frac{\dfrac{\mathrm{d}\psi}{\mathrm{d}y}}{y}$$

由于 x,y 为独立变量，故得

$$\frac{(1+x^2)^2\dfrac{\mathrm{d}\varphi}{\mathrm{d}x}}{x}=\frac{\dfrac{\mathrm{d}\psi}{\mathrm{d}y}}{y}=\text{常数}$$

令常数等于 1，得

$$\frac{\mathrm{d}\varphi}{\mathrm{d}x}-\frac{x}{(1+x^2)^2},\frac{\mathrm{d}\psi}{\mathrm{d}y}=y$$

积分得

$$\varphi(x)=\frac{1}{2}\left(C_1-\frac{1}{1+x^2}\right),\psi(y)=\frac{1}{2}y^2+C_2$$

于是

$$V(x,y)=\frac{1}{2}\left(C_1-\frac{1}{1+x^2}\right)+\frac{1}{2}y^2+C_2$$

为使 $V(x,y)$ 定正，可取 $C_1=1,C_2=0$，于是得

$$V(x,y)=\frac{1}{2}\left(\frac{x^2}{1+x^2}+y^2\right)\quad（定正）$$

$$\dot{V}(x,y)=-\frac{2}{(1+x^2)^2}\left[\frac{x^2}{(1+x^2)^2}+y^2\right]\quad（定负）$$

故零解渐近稳定。

习题 26-30　解：由原方程得

$$t\sin(xt)\dot{x}=-t\sin^2(xt)$$

即

$$\frac{\partial}{\partial x}[-\cos(xt)]\cdot\dot{x}=-t\sin^2(xt)$$

上式两边加 $\frac{\partial}{\partial t}[-\cos(xt)]$，得

$$\frac{\partial}{\partial t}[-\cos(xt)]+\frac{\partial}{\partial x}[-\cos(xt)]\cdot\dot{x}=x\sin(xt)-t\sin^2(xt)$$

另一方面，由原方程又得

$$x\dot{x} = -x\sin(xt)$$

故

$$\frac{\mathrm{d}}{\mathrm{d}t}\left[\frac{1}{2}x^2 - \cos(xt)\right] = -t\sin^2(xt) \leqslant 0$$

故可取

$$V(x,t) = \frac{1}{2}x^2 + [1 - \cos(xt)],$$

则

$$\dot{V} = -t\sin^2(xt) \leqslant 0$$

故零解稳定。

习题 26-31　解：令 $y = \dot{x}, z = \ddot{x} + a\dot{x}$ 则得等价组

$$\dot{x} = y \tag{2a}$$

$$\dot{y} = z - ay \tag{2b}$$

$$\dot{z} = -g(x)y - f(x) \tag{2c}$$

当 $g(x) = b, f(x) = cx$ 时，式(2)对应的线性组为

$$\dot{x} = y \tag{3a}$$

$$\dot{y} = z - ay \tag{3b}$$

$$\dot{z} = -by - cx \tag{3c}$$

式(3)有李雅普诺夫函数

$$V_1 = \frac{1}{2}acx^2 + cxy + \frac{1}{2}by^2 + \frac{1}{2}z^2$$

$$\dot{V}_1\big|_{(3)} = -(ab - c)y^2$$

如果由 V_1 对方程式(1)直接线性类比构造如下公式

$$V_2 = a\int_0^x f(x)\,\mathrm{d}x + f(x)y + \frac{1}{2}g(x)y^2 + \frac{1}{2}z^2$$

则加了很强的条件，也只能得出式(1)零解的局部稳定结论。Ezeilo(1962 年)对方程式(1)巧妙地构造了如下李雅普诺夫函数

$$V = a\int_0^x f(x)\,\mathrm{d}x + f(x)y + \frac{1}{2}by^2 + \frac{1}{2}z^2 + [G(x) - bx]z + \frac{1}{2}G^2(x) - b\int_0^x g(\xi)\xi\,\mathrm{d}\xi \tag{4}$$

非常漂亮地解决了方程式(1)的零解全局渐近稳定的问题。现对式(1)的构造试作如下分析。

如在 V_1 中只对 $f(x)$ 进行线性类比，就得到

$$V_3 = a\int_0^x f(x)\,\mathrm{d}x + f(x)y + \frac{1}{2}by^2 + \frac{1}{2}z^2$$

$$\dot{V}_3\big|_{(2)} = -[ab - f'(x)]y^2 + [b - g(x)]yz$$

由此看出，控制 $\dot{V}_3\big|_{(2)}$ 为常负的主要困难在于 $[b - g(x)]yz$ 这项。这就启发我们能否在 V_3 里面通过增加一些项使新的李雅普诺夫函数关于式(2)的导数中消去 $[b - g(x)]yz$ 这项。

为消去 $-g(x)yz$，令 $G(x) = \int_0^x g(\xi)\,\mathrm{d}\xi$，试增加项 $G(x)z$

$$[G(x)z]'_{(2)} = g(x)yz - G(x)g(x)y - G(x)f(x) \tag{5}$$

为消去式(5)中的 $-G(x)g(x)y$，试增加项$\frac{1}{2}G^2(x)$

$$\left[\frac{1}{2}G^2(x)\right]'_{(2)}=G(x)g(x)y$$

为消去 $\dot{V}_3|_{(2)}$ 中的 byz，试增加项 $-bxz$

$$(-bxz)'_{(2)} = -byz + bg(x)xy + bxf(x) \tag{6}$$

为消去式(6)中的 $bg(x)xy$，试增加项 $-b\int_0^x g(\xi)\xi \mathrm{d}\xi$

$$\left[-b\int_0^x g(\xi)\xi \mathrm{d}\xi\right]'_{(2)} = bg(x)xy$$

于是当我们取

$$\begin{aligned} V &= V_3 + \left[G(x)z + \frac{1}{2}G^2(x) - bxz - b\int_0^x g(\xi)\xi \mathrm{d}\xi\right] \\ &= a\int_0^x f(x)\mathrm{d}x + f(x)y + \frac{1}{2}by^2 + \frac{1}{2}z^2 + [G(x) - bx]z + \\ &\quad \frac{1}{2}G^2(x) - b\int_0^x g(\xi)\xi \mathrm{d}\xi \end{aligned}$$

则

$$\dot{V}|_{(2)} = -[ab - f'(x)]y^2 - [G(x) - bx]f(x)$$

在适当的假设下，就能证明 $V(x,y,z)$ 是定正函数，且容易控制 $\dot{V}|_{(2)}$ 为常负。

习题 26-32　解：(1)解法一：考虑物体在一个固定于杆的转动坐标系中运动，则绝对加速度可分解为几个部分，$\boldsymbol{a}_\mathrm{a} = \boldsymbol{a}_\mathrm{e} + \boldsymbol{a}_\mathrm{r} + \boldsymbol{a}_\mathrm{c}$，其中 $\boldsymbol{a}_\mathrm{r}$ 为相对加速度，$\boldsymbol{a}_\mathrm{e} = \boldsymbol{\omega} \times (\boldsymbol{\omega} \times \boldsymbol{r}_{OK})$ 为牵连加速度，而 $\boldsymbol{a}_\mathrm{c} = 2\boldsymbol{\omega} \times \boldsymbol{v}_\mathrm{r}$ 为科氏加速度。当 $\boldsymbol{a}_\mathrm{r} = 0$ 时，物体就在杆上平衡。对物体 K，由动量定理给出

$$m_K\boldsymbol{a}_\mathrm{a} = \sum \boldsymbol{F}, m_K(\boldsymbol{a}_\mathrm{e} + \boldsymbol{a}_\mathrm{r} + \boldsymbol{a}_\mathrm{c}) = m_\mathrm{K}\boldsymbol{g} + \boldsymbol{F}_\mathrm{N} + \boldsymbol{F}_\mathrm{R} \tag{1}$$

当忽略摩擦力 $\boldsymbol{F}_\mathrm{R}$ 时由式(1)的 x 分量得到

$$m_K(a_{e,x} + a_{c,x}) = -m_K g\cos\alpha \tag{2}$$

利用 $a_{c,x} = 0$ 和 $a_{e,x} = -\omega^2 s_0 \sin^2\alpha$，由式(2)导出

$$s_0 = \frac{g\cos\alpha}{\omega^2\sin^2\alpha} \tag{3}$$

随着转动的观察者，将此解解释为重力沿杆方向的分量和离心力沿杆方向分量的平衡。

解法二：应用动量定理的原始形式，按图 D-33，可得

$$m_\mathrm{K}\boldsymbol{a}_\mathrm{a} = \sum \boldsymbol{F}, m_\mathrm{K}\ddot{\boldsymbol{r}}_{OK} = m_\mathrm{K}\boldsymbol{g} + \boldsymbol{F}_\mathrm{N} + \boldsymbol{F}_\mathrm{R} \tag{4}$$

在跟随转动的坐标系(S)中考虑到在转动参考系中矢量对时间求导的规则，可得

$$\ddot{\boldsymbol{r}}_{OK} = \frac{\tilde{\mathrm{d}}}{\mathrm{d}t}\left[\frac{\tilde{\mathrm{d}}}{\mathrm{d}t}\boldsymbol{r}_{OK} + \boldsymbol{\omega} \times \boldsymbol{r}_{OK}\right] + \boldsymbol{\omega} \times \left[\frac{\tilde{\mathrm{d}}}{\mathrm{d}t}\boldsymbol{r}_{OK} + \boldsymbol{\omega} \times \boldsymbol{r}_{OK}\right] \tag{5}$$

对于物体 K 相对于杆静止的情况，式(5)右端各项除 $\boldsymbol{\omega} \times (\boldsymbol{\omega} \times \boldsymbol{r}_{OK})$ 外均为零。将式(5)代入式(4)，则又可导出式(1)。

考察式(3)平衡状态稳定性的最简单方法是考察跟随转动的观察者能度量的力。离心力 $F_{zx} = m_K\omega^2 s\sin^2\alpha$ 与 s 成正比，它将随着 s 的增大而增大，随着 s 的减小而减小。重力的分量 $F_{Gx} = -m_\mathrm{K}g\cos\alpha$ 则仍为常数。因此，当 K 受扰动后将远离平衡位置 s_0，所以该平衡位置

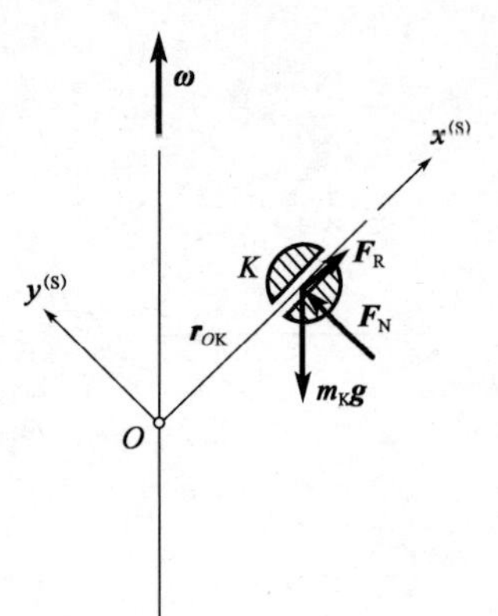

图 D-33　习题 26-32 解

是不稳定的。

(2)当考虑摩擦时,按照图 D-33,式(2)在平衡状态 $a_r = a_c = 0$ 可得

$$m_K a_{e,x} = -m_K g\cos\alpha \pm \mu_0 F_N \tag{6}$$

在平衡状态法向力 F_N 由式(1)的 $y^{(S)}$ 分量导出

$$m_K a_{e,y} = -m_K g\sin\alpha + F_N \tag{7}$$

利用

$$\boldsymbol{a}_e = \boldsymbol{\omega} \times (\boldsymbol{\omega} \times \boldsymbol{r}_{OK}) = [-\omega^2 s\sin^2\alpha, \omega^2 s\sin\alpha\cos\alpha, 0]$$

由式(6)和式(7)导出

$$s_{1,2} = \frac{g(\cos\alpha \mp \mu_0 \sin\alpha)}{\omega^2 \sin\alpha(\sin\alpha \pm \mu_0\cos\alpha)} \tag{8}$$

根据式(6),对于下平衡位置 s_1 取式中上面的符号,而对上平衡位置用下面的符号。利用摩擦角 $\rho_0 = \arctan\mu_0$,式(8)可写成更简单的形式

$$s_{1,2} = \frac{g\cot(\alpha \pm \rho_0)}{\omega^2 \sin\alpha} \tag{9}$$

习题 26-33　解法一:驱动力矩可相对于固定点 O 对整个系统借助于动量矩定理求得:

$$\frac{d\boldsymbol{L}_O}{dt} = \boldsymbol{M}_O \tag{1}$$

其中

$$\boldsymbol{L}_O = \boldsymbol{L}_O^{\mathrm{I}} + \boldsymbol{L}_O^{\mathrm{II}} \tag{2a}$$

$$\boldsymbol{L}_O^{\mathrm{I}} = \overline{\overline{\boldsymbol{J}}}{}_O^{\mathrm{I}} \boldsymbol{\omega}^{\mathrm{I}}; \boldsymbol{L}_O^{\mathrm{II}} = \boldsymbol{L}_S^{\mathrm{II}} + \mathrm{m}(\boldsymbol{r}_{OS} \times \boldsymbol{v}_S) \tag{2b}$$

$$\boldsymbol{L}_S^{\mathrm{II}} = \overline{\overline{\boldsymbol{J}}}{}_S^{\mathrm{II}} \boldsymbol{\omega}^{\mathrm{II}} \tag{2c}$$

由于动量矩分量 $\boldsymbol{L}_O^{\mathrm{I}}$ 和 $\boldsymbol{L}_S^{\mathrm{II}}$ 是恒定的,由式(1)和式(2),考虑到

$$\frac{d\boldsymbol{r}_{OS}}{dt} = \boldsymbol{v}_S, \frac{d\boldsymbol{v}_S}{dt} = \boldsymbol{a}_S,$$

于是只剩下

$$\boldsymbol{M}_O = m(\boldsymbol{r}_{OS} \times \boldsymbol{a}_S) \tag{3}$$

现在利用固定于盘Ⅰ的参考系(K)(图 D-34)。其中盘Ⅱ重心的绝对角速度可写成

$$\boldsymbol{a}_S = \boldsymbol{a}_r + \boldsymbol{a}_e + \boldsymbol{a}_c \tag{4}$$

式中

$$\boldsymbol{a}_r = \frac{\tilde{d}}{dt}\boldsymbol{v}_r \tag{5a}$$

$$\boldsymbol{a}_e = \boldsymbol{\omega} \times (\boldsymbol{\omega} \times \boldsymbol{r}_{OS}) \tag{5b}$$

$$\boldsymbol{a}_c = 2\boldsymbol{\omega} \times \boldsymbol{v}_r \tag{5c}$$

各部分角速度的大小分别为

$$a_r = c\dot{\varphi}^2 \tag{6a}$$

$$a_e = \omega^2 r_{OS} \tag{6b}$$

$$a_c = 2\omega v_r = 2c\omega\dot{\varphi} \tag{6c}$$

它们的方向示于图 D-34。牵连角速度矢量 $\boldsymbol{a}_e$ 指向 O 点,因此它对力矩 $\boldsymbol{M}_O$ 没有贡献。根据图 D-34,对于式(3)余下的两项可得

$$M_{Oz} = -md(a_r + a_c) = -mbc\dot{\varphi}(\dot{\varphi} + 2\omega)\sin\varphi \tag{7}$$

解法二:S 点的加速度也可以通过将矢径 $\boldsymbol{r}_{OS}$ 对时间求导两次得到。在图 D-34 中对惯性系统可写出

$$\boldsymbol{r}_{OS}^{(O)} = \begin{bmatrix} b\cos\theta + c\cos(\theta+\varphi) \\ b\sin\theta + c\sin(\theta+\varphi) \\ 0 \end{bmatrix} \tag{8}$$

对于式(8)的二阶导数,利用 $\ddot{\theta} = \ddot{\varphi} = 0$ 可得

$$\ddot{\boldsymbol{r}}_{OS}^{(O)} = \boldsymbol{a}_S^{(O)} = \begin{bmatrix} -b\dot{\theta}^2\cos\theta - c(\dot{\theta} + \dot{\varphi})^2\cos(\theta+\varphi) \\ -b\dot{\theta}^2\sin\theta - c(\dot{\theta} + \dot{\varphi})^2\sin(\theta+\varphi) \\ 0 \end{bmatrix} \tag{9}$$

由式(8)和式(9)的矢量积,利用式(3)又可得到式(7)的结果。

习题 26-34　解:(1)路径 $s(t)$ 可通过将球在圆管中的相对角速度积分两次得到。在一个固定于圆管,因此跟随转动的坐标系(R)中,根据图 D-35,对绝对角速度可写出

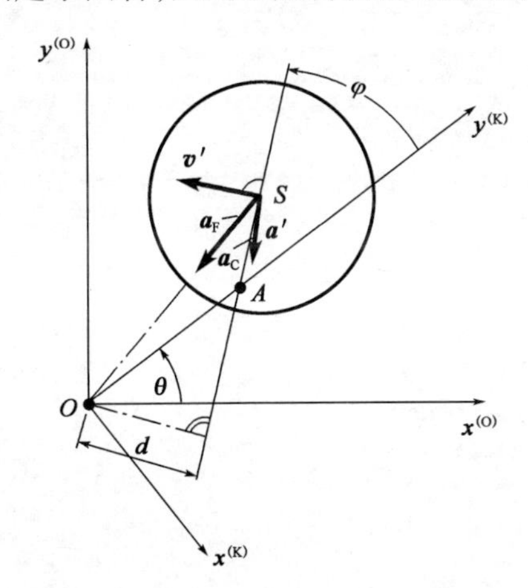

图 D-34　习题 26-33 解

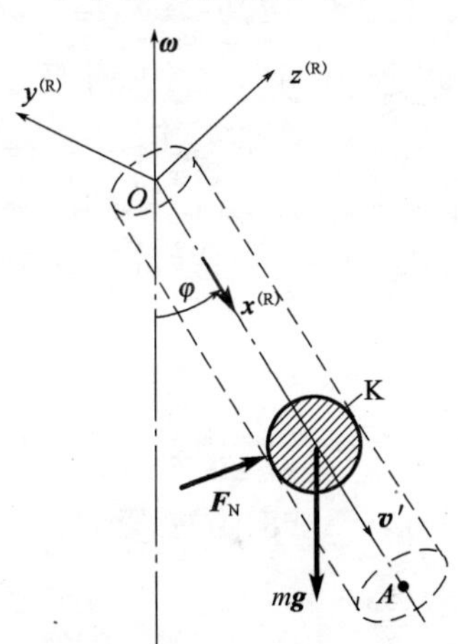

图 D-35　习题 26-34 解

$$\boldsymbol{a}_a = \boldsymbol{a}_e + \boldsymbol{a}_r + \boldsymbol{a}_c \tag{1}$$

其中,$\boldsymbol{a}_r$ 为相对加速度;$\boldsymbol{a}_e = \boldsymbol{\omega} \times (\boldsymbol{\omega} \times \boldsymbol{r}_{OK})$ 为牵连加速度;$\boldsymbol{a}_c = 2\boldsymbol{\omega} \times \boldsymbol{v}_r$ 为科氏加速度。利用 $\boldsymbol{r}_{OK}^{(R)} = (s \quad 0 \quad 0)$,$\boldsymbol{v}_r^{(R)} = (\dot{s} \quad 0 \quad 0)$,$\boldsymbol{\omega}^{(R)} = (-\omega\cos\varphi \quad 0 \quad \omega\sin\varphi)$,可得

$$\boldsymbol{a}_r^{(R)} = (\ddot{s} \quad 0 \quad 0) \tag{2a}$$

$$\boldsymbol{a}_e^{(R)} = (-s\omega^2\sin^2\varphi \quad 0 \quad -s\omega^2\sin\varphi\cos\varphi) \tag{2b}$$

$$\boldsymbol{a}_c^{(R)} = (0 \quad \dot{s}\omega\sin\varphi \quad 0) \tag{2c}$$

动量定理给出

$$m\boldsymbol{a}_a = m\boldsymbol{g} + \boldsymbol{F}_N \tag{3}$$

其中

$$m\boldsymbol{g}^{(R)} = (mg\cos\varphi \quad 0 \quad -mg\sin\varphi) \tag{4a}$$

$$\boldsymbol{F}_N^{(R)} = (0 \quad F_{Ny} \quad F_{Nz}) \tag{4b}$$

由此从式(3)的 x 分量并利用式(1)、式(2)两式导出对于路径 s 的微分方程

$$\ddot{s} - s\omega^2\sin^2\varphi = \cos\varphi \tag{5}$$

方程(5)的解由齐次方程的解 s_{hom} 和非齐次方程的特解 s_{part} 叠加而得

$$s = s_{\text{hom}} + s_{\text{part}} \tag{6}$$

设 $s_{\text{hom}} = A\mathrm{e}^{\lambda t}$,代入方程(5),求得 $\lambda_{1,2} = \pm\omega\sin\varphi$,由此得

$$s_{\text{hom}} = A_1\mathrm{e}^{(\omega\sin\varphi)t} + A_2\mathrm{e}^{-(\omega\sin\varphi)t} \tag{7}$$

特解是

$$s_{\text{part}} = -\frac{g\cos\varphi}{\omega^2\sin^2\varphi} \tag{8}$$

利用初始条件 $s(0) = \dot{s}(0) = 0$,可由式(6)定出

$$A_1 = A_2 = \frac{g\cos\varphi}{2\omega^2\sin^2\varphi} \tag{9}$$

由于 $e^{\lambda t} + e^{-\lambda t} = 2\cosh\lambda t$,最后得到路程

$$s(t) = \frac{g\cos\varphi}{\omega^2\sin^2\varphi}[\cosh(\omega t\sin\varphi) - 1] \tag{10}$$

(2)按照式(1)~式(4),球作用于管的力

$$\boldsymbol{F} = -\boldsymbol{F}_{\text{N}} = -[0 \quad m\dot{s}\omega\sin\varphi \quad m\sin\varphi(g - s\omega^2\cos\varphi)] \tag{11}$$

因 $\cosh^2 x - \sinh^2 x = 1$,式(10)的导数为

$$\dot{s} = \sqrt{\omega^2 s^2\sin^2\varphi - 2gs\cos\varphi} \tag{12}$$

另外,$\dot{s}$ 也可以用式(5)乘以 $\dot{s}$,然后积分得到。用 $2\dot{s}\ddot{s} = \mathrm{d}(\dot{s}^2)/\mathrm{d}t$ 和 $2\dot{s}s = \mathrm{d}(s^2)/\mathrm{d}t$ 也可再次得到式(12)。因此就可以得到作用在管上的力

$$\boldsymbol{F}^{(\text{R})} = -\begin{pmatrix} 0 \\ m\omega\sin\varphi\sqrt{\omega^2 s^2\sin^2\varphi + 2gs\cos\varphi} \\ m(g - s\omega^2\cos\varphi)\sin\varphi \end{pmatrix} \tag{13}$$

(3)**解法一:**球的绝对速度为

$$\boldsymbol{v}_{\text{a}} = \boldsymbol{v}_{\text{e}} + \boldsymbol{v}_{\text{r}} \tag{14}$$

其中

$$\boldsymbol{v}_{\text{e}} = \boldsymbol{\omega} \times \boldsymbol{v}_{OK},\ |\boldsymbol{v}_{\text{r}}| = \dot{s}$$

对此,球从管子里出来的速度 $\boldsymbol{v}_A$ 为

$$\boldsymbol{v}_A^{(\text{R})} = \begin{pmatrix} \dot{s}(L) \\ \omega L\sin\varphi \\ 0 \end{pmatrix} = \begin{pmatrix} \sqrt{\omega^2 L^2\sin^2\varphi + 2gL\cos\varphi} \\ \omega L\sin\varphi \\ 0 \end{pmatrix} \tag{15}$$

其值为

$$v_A = \sqrt{2\omega^2 L^2\sin^2\varphi + 2gL\cos\varphi} \tag{16}$$

解法二:式(16)这一结果也可以通过考察其能量直接得到。对于随着转动的观察者来说,球的运动状态由于重力和离心力而变化,管出口 A 处相对于管的球的动能为

$$T_A = T_O + V_O - V_A + W_{OA}$$

$$\frac{1}{2}mv_{\text{r},A}^2 = mgL\cos\varphi + W_{OA} \tag{17}$$

其中

$$W_{OA} = \int_0^A \boldsymbol{F}_{\text{z}} \cdot \mathrm{d}\boldsymbol{r} \tag{18}$$

W_{OA}是在管的进、出口之间离心力 $\boldsymbol{F}_z$ 对球所做的功。由

$$\boldsymbol{F}_z = -m\boldsymbol{a}_F = -m\boldsymbol{\omega}\times(\boldsymbol{\omega}\times\boldsymbol{r}_{OK})$$

导出

$$W_{OA} = \int_0^L ms\omega^2\sin^2\varphi \mathrm{d}s = \frac{1}{2}mL^2\omega^2\sin^2\varphi \tag{19}$$

由此代入式(17)得

$$v_{\mathrm{r},A}^2 = 2gL\cos\varphi + L^2\omega^2\sin^2\varphi \tag{20}$$

式(20)与式(12)一致。如再考虑到管的牵连速度 $\boldsymbol{v}_\mathrm{e}$,则由于 $\boldsymbol{v}_\mathrm{e}\perp\boldsymbol{v}_\mathrm{r}$,又可得式(16)。

第 27 章　理论力学中的概率问题

A 类型答案

习题 27-1　0.001;1.5m。

习题 27-2　4.2×10^{-4}m。

习题 27-3　$(-0.91, +0.91)$mm。

习题 27-4　$(-11°, +11°)$,$(-15°, +15°)$。

习题 27-5　0.997;0.86;0.52。

习题 27-6　540m;81m;670m。

习题 27-7　$(-65,65)$mm;$(-69,69)$mm。

习题 27-8　(031.0,37.4)km。

B 类型答案

习题 27-9　$\sigma_{F_{R1}}^2 = \sigma_{F_{R2}}^2 \approx \dfrac{1}{16}\dfrac{m^2E_\omega^2}{L^2}\{E_\omega^2[8L^2\sigma_h^2 + (R^2-l^2)^2\sigma_\gamma^2] + 32L^2E_h^2\sigma_\omega^2\}$。

习题 27-10　0.46;0.04。

习题 27-11　0.19mm。

习题 27-12　$\sigma_\varphi^2 = \dfrac{B^2}{4q^2}\sqrt{\dfrac{ml(q^2+\pi^2)}{Jq}}, n = \dfrac{T}{2\pi}\sqrt{\dfrac{mgl}{J}}e^{-2}$。

习题 27-13　23°。

习题 27-14　$\omega_0 = 30\mathrm{rad/s}, \Delta = 1\mathrm{cm}$。

习题 27-15　$B^2 = 53\mathrm{m^2/s^4}$。

习题 27-16　$\sigma_1^2 : \sigma_2^2 : \sigma_3^2 = 1 : 1.33 : 8$。

C 类型答案

习题 27-17　**解:**重物开始沿斜面滑动的条件为

$$F_Q\cos\varphi \geqslant mg\sin\varphi + f(mg\cos\varphi + F_Q\sin\varphi) \tag{1}$$

因 φ 很小,可取 $\cos\varphi\approx1$,$\sin\varphi\approx\varphi$,式(1)成为

$$\frac{f+\varphi}{1-f\varphi} < \frac{F_Q}{mg}$$

已知概率为0.999,有

$$\alpha = P\left(\frac{f+\varphi}{1-f\varphi} < \frac{F_Q}{mg}\right) = 0.999 \tag{2}$$

令

$$u = \frac{f+\varphi}{1-f\varphi}, a = \frac{F_Q}{mg} \tag{3}$$

则式(2)表示为

$$P(u < a) = F(\xi) = 0.999$$

查反标准正态分布表27-2,得

$$\xi = 3.09 \tag{4}$$

对随机变量 u 取数学期望和均方差,利用式(27-77)和式(27-78),得

$$E_u = \frac{E_f + E_\varphi}{1 - E_f \cdot E_\varphi} = \frac{0.2}{1} = 0.2 \tag{5}$$

$$\begin{aligned}\sigma_u^2 &\approx \left[\frac{\partial}{\partial f}\left(\frac{f+\varphi}{1-f\varphi}\right)\right]_0^2 \sigma_f^2 + \left[\frac{\partial}{\partial \varphi}\left(\frac{f+\varphi}{1-f\varphi}\right)\right]_0^2 \sigma_\varphi^2 \\ &= \sigma_f^2 + [1 + (0.2)^2]\sigma_\varphi^2 \\ &= (0.04)^2 + 1.004 \times \left(\frac{3\pi}{180}\right)^2 \\ &= 43.62 \times 10^{-4}\end{aligned}$$

$$\sigma_u = 6.6 \times 10^{-2} \tag{6}$$

将式(3)~式(6)代入下式

$$\xi = \frac{a - E_u}{\sigma_u}$$

得

$$\xi = \frac{\frac{F_Q}{mg} - E_u}{\sigma_u}$$

由此解得

$$\begin{aligned}F_Q &= (E_u + \xi\sigma_u)mg \\ &= (0.2 + 3.09 \times 6.6 \times 10^{-2}) \times 200 \times 9.8 = 792\text{N}\end{aligned}$$

习题 27-18　解:首先,求外轨对内轨的超高。设两轨连线对水准面的倾角为 θ。在外轨约束力 F_e 和内轨约束力 $\boldsymbol{F}_i$ 相等时,利用动静法,所有力对 AB 中点 D 取矩,得

$$mg\sin\theta \times 2.5 - F_I \times 2.5 = 0$$

其中惯性力

$$F_I = m\frac{v^2}{\rho}$$

于是解得

$$\sin\theta = \frac{v^2}{\rho g} = \frac{20^2}{800 \times 9.8} = 0.051$$

而

$$\cos\theta = 0.999$$

其次,求速度上界 a。因

$$P(v < \bar{v}) = F(\xi) = 0.99$$

查反标准正态分布表27-2,得

$$\xi = 2.32$$

由

$$\xi = \frac{\bar{v} - E_v}{\sigma_v}$$

得

$$\bar{v} = E_v + \xi\sigma_v = 15 + 2.32 \times 4 = 24.28\text{m/s}$$

最后,求当 $v = \bar{v}$ 时,外轨对内轨压力之比$\frac{F_e}{F_i}$。利用动静法列方程

$$\sum M_B = 0, F_i \times 1.5 + m\frac{\bar{v}^2}{\rho} \times 2.5 - mg\sin\theta \times 2.5 - mg\cos\theta \times \frac{1.5}{2} = 0$$

$$\sum M_A = 0, F_e \times 1.5 + mgsin\theta \times 2.5 - mgcos\theta \times \frac{1.5}{2} - m\frac{\bar{v}^2}{\rho} \times 2.5 = 0$$

由此解得

$$\frac{F_e}{F_i} = \frac{g\cos\theta \times \frac{1.5}{2} + \frac{\bar{v}^2}{\rho} \times 2.5 - g\sin\theta \times 2.5}{g\cos\theta \times \frac{1.5}{2} - \frac{\bar{v}^2}{\rho} \times 2.5 + g\sin\theta \times 2.5}$$

$$= \frac{7.9356}{6.7506} = 1.17$$

习题 27-19　解:首先,将加速度表示为随机变量 H 的函数。运动微分方程为

$$m\ddot{x} = -kx$$

其中,m 为重物质量;k 为弹簧刚度系数。有

$$k\Delta = mg$$

其中,Δ 为静挠度。方程可表示为

$$\ddot{x} + \frac{g}{\Delta}x = 0$$

其解为

$$x = A\sin\left(\sqrt{\frac{g}{\Delta}}t + \theta\right)$$

由初始条件 $x(0) = 0, \dot{x}(0) = \sqrt{2gH}$,得 $\theta = 0$ 以及 $A\sqrt{\frac{g}{\Delta}} = \sqrt{2gh}$

即

$$A = \sqrt{2\Delta H}$$

最大加速度的大小为

$$|\ddot{x}_{\max}| = A\frac{g}{\Delta} = \sqrt{\frac{2}{\Delta}}gH^{\frac{1}{2}} = \sqrt{\frac{2}{0.002}} \times 9.8 \times H^{\frac{1}{2}} \tag{1}$$

$$= 309.9 \times H^{\frac{1}{2}}$$

其次,求最大加速度的数学期望和均方差。由式(1)得

$$E_{|\ddot{x}_{\max}|} = 309.9 \times E_H^{\frac{1}{2}} = 309.9\text{m/s}^2 \tag{2}$$

以及

$$\sigma^2_{|\ddot{x}_{\max}|} = \left(309.9 \times \frac{1}{2}H^{\frac{1}{2}}\right)^2 \sigma_H^2 = \left(309.9 \times \frac{1}{2}E_H^{-\frac{1}{2}}\right)^2 \sigma_H^2$$

即

$$\sigma_{|\ddot{x}_{\max}|} = 309.9 \times \frac{1}{2}E_H^{-\frac{1}{2}}\sigma_H = 46.5\text{m/s}^2 \tag{3}$$

最后,求概率为0.95的加速度上界。由

$$\alpha = F(\xi) = 0.95 \tag{4}$$

查反标准正态分布表27-2得

$$\xi = 1.65 \tag{5}$$

又

$$\xi = \frac{a - E_{|\ddot{x}_{\max}|}}{\sigma_{|\ddot{x}_{\max}|}}$$

由此得上界

$$a = E_{|\ddot{x}_{\max}|} + \xi\sigma_{|\ddot{x}_{\max}|} \tag{6}$$

将式(2)、式(3)及式(5)代入式(6),得

$$a = 309.9 + 1.65 \times 46.5 = 387\text{m/s}^2$$

第28章　非线性振动、分岔和混沌

A类型答案

习题28-1　当板簧返回静平衡位置时,振动方程为 $x = x_0\cos\omega_2 t$,而它离开静平衡位置时为 $x = -x_0\frac{\omega_2}{\omega_1}\sin\left(\omega_1 t - \frac{\pi\omega_1}{2\omega_2}\right)$。全周期为 $T = \pi\left(\frac{1}{\omega_1} + \frac{1}{\omega_2}\right)$,且 $\omega_1 = \sqrt{\frac{k_1}{m}}$,$\omega_2 = \sqrt{\frac{k_2}{m}}$。

习题28-2　每经过半个振动周期,振幅的值按几何级数衰减,公比为 A_2/A_1,刚度比为 $k_1/k_2 = 3.4$。

习题28-3　当 $0 \leqslant t \leqslant \frac{\pi}{\omega}$ 时,$x = \frac{\Delta}{\sin\frac{\pi\omega_0}{2\omega}}\sin\omega_0\left(t - \frac{\pi}{2\omega}\right)$。其中,$\omega_0^2 = \frac{k}{m}$,$\omega \geqslant \omega_0$。

习题28-4　当 $0 \leqslant t \leqslant \frac{2\pi}{\omega}$ 时,$x = -\frac{\Delta}{\cos\frac{\pi k}{\omega}}\cos\left(\frac{\pi}{\omega} - t\right)$,$k \leqslant \omega \leqslant 2k$。

习题28-5　$a_1 = \frac{4F_0}{\pi(m\omega^2 - k)}$。

习题28-6　$a = \alpha/k$ 自激振动在大范围内稳定。

习题28-7　$0.8\frac{\alpha}{3\beta} < v_0^2 < \frac{\alpha}{3\beta}$,$a^2 \approx \frac{4}{k^2}\left(\frac{\alpha}{3\beta} - v_0^2\right)$。

习题28-8　$T = t_1 + \frac{1+\alpha^2}{k\alpha}(1 - \cos kt_1)$。其中 $\alpha = \frac{(H_1 - H_2)k}{cv_0}$,$k = \sqrt{\frac{c}{m}}$,$t_1$ 为方程 $\alpha\sin kt_1 = \cos kt_1 - 1$ 的最小根。

习题28-9　对于偶数的 s,条件为 $H > 0$;对于奇数的 s,条件为 $H > F\frac{\omega k}{|k^2 - \omega^2|}$

$\cot\frac{\pi sk}{2\omega},\frac{\omega}{s}>k$。

习题 28-10　$T=4l\sqrt{\frac{6m}{k}}\int_0^a\frac{\mathrm{d}x}{\sqrt{a^4-x^4}}=4\sqrt{3}\sqrt{\frac{m}{k}}\frac{l}{a}K\left(\frac{1}{\sqrt{2}}\right)$。其中,$K$ 为第一类完全椭圆积分。

习题 28-11　$a=2\alpha,T=\frac{2\pi}{\omega_0}\left(1-\frac{3\mu\gamma\alpha^2}{2\omega_0^2}\right)$。

习题 28-12　定常运动为平面$(\varphi,\dot{\varphi})$上的稳定自激振动,极限环的半径 $\rho=\frac{M_0}{hTk^2}$。其中 $T=\frac{\pi}{k}$。

习题 28-13　$\varphi_0=\frac{M_0}{k_2}\frac{1}{1-\mathrm{e}^{-kT}},\dot{\varphi}_0=0$。

B 类型答案

习题 28-14 ~ 习题 28-27　略。

注:这些习题大多数引自已经发表的关于生物系统中振荡和混沌的文章。为了鼓励读者亲自动手计算,我们有意不给出问题的出处(尽管稍加钻研就可找到大多数出处)。这些习题的难度不同,其中有些相当难。我们生理学专业的大学生们已经成功地解出了其中的大多数(但并非全部)习题。能使用计算机的学生将获益于对动力学特性的数值仿真。

C 类型答案

习题 28-28　**解:**1. 谐波—能量平衡法

设方程式(1)的解为

$$x=a_0+a_1\cos(\omega t) \tag{2}$$

令 $\psi=\omega t$,用 Ritz 平均法:

$$\int_0^{2\pi}[\ddot{x}+F(x)]\cos(s\psi)\mathrm{d}\psi=0\quad(s=0,1) \tag{3}$$

用单项谐波解幅频关系

$$2\omega_0^2a_0+c_2(2a_0^2+a_1^2)+c_3(2a_0^3+3a_0a_1^2)=0 \tag{4a}$$

$$[(\omega_0^2-\omega^2)+2c_2a_0+\frac{3}{4}c_3(a_1^2+4a_0^2)]a_1=0 \tag{4b}$$

2. 幅—频关系

哈密顿函数:
$$H=\frac{1}{2}\dot{x}^2+\frac{1}{2}\omega_0^2x^2+\frac{1}{3}c_2x^3+\frac{1}{4}c_3x^4 \tag{5}$$

临界哈密顿函数:
$$H_{\mathrm{cr}}=\frac{\omega_0^2}{12c_3} \tag{6}$$

幅—频关系是第一谐波振幅 A_1 与角频率 ω 的关系,其中 $A_1=|a_1|$。

①当 $c_2=0,c_3>0$,时,方程式(1)的幅—频曲线如图 D-36a)所示,显然具有系统具有硬弹簧特征。

②当 $c_3=0,c_2>0$ 时,方程式(1)的幅—频曲线如图 D-36b)所示,显然具有系统具有软弹簧特征。

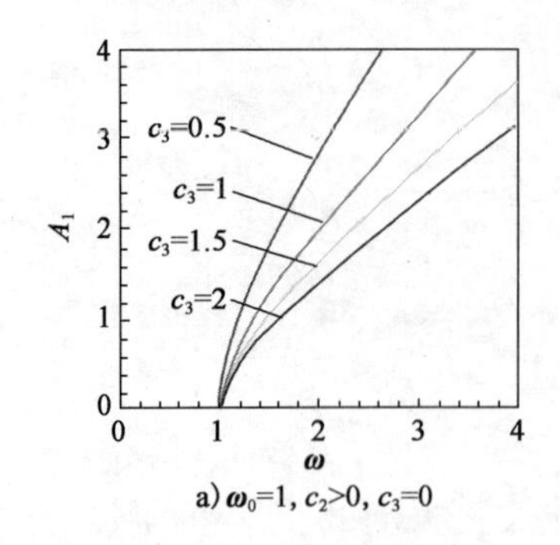

a) $\omega_0=1,\ c_2>0,\ c_3=0$

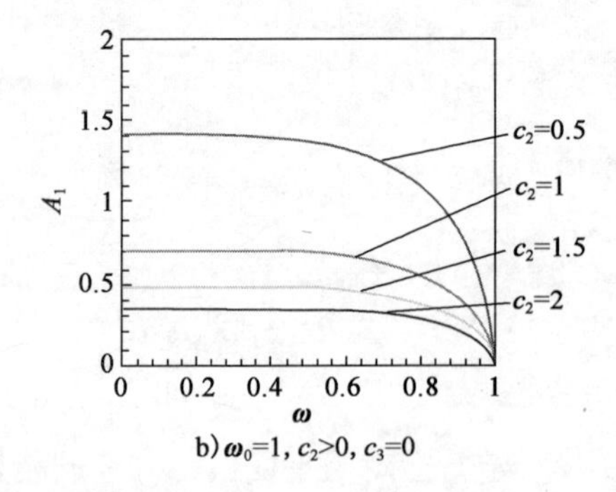

b) $\omega_0=1,\ c_2>0,\ c_3=0$

图 D-36　幅—频曲线

③当 $c_3>0, 0<c_2<2\omega_0\sqrt{c_3}$ 时，方程式(1)的幅—频曲线如图 D-37a)所示，当 $0<H<H_{cr}$ 时具有软弹簧特征的一簇周期解；当 $H>H_{cr}$ 时具有硬弹簧特征的一簇周期解。

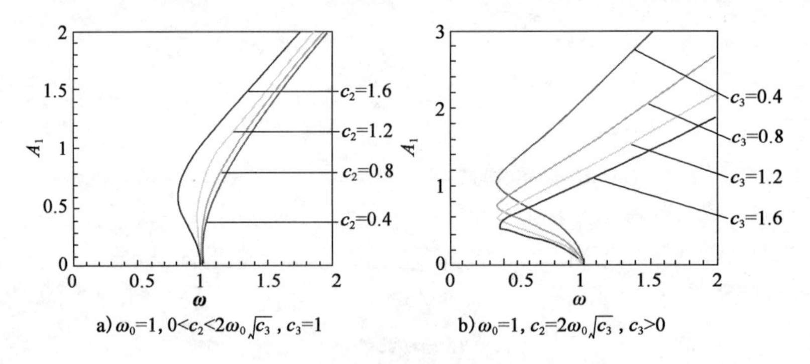

a) $\omega_0=1,\ 0<c_2<2\omega_0\sqrt{c_3},\ c_3=1$　　b) $\omega_0=1,\ c_2=2\omega_0\sqrt{c_3},\ c_3>0$

图 D-37　幅—频曲线

④当 $c_3>0, c_2=2\omega_0\sqrt{c_3}$，方程式(1)的幅—频曲线如图 D-37b)所示。当 $0<H<H_{cr}$ 时具有软弹簧特征；当 $H>H_{cr}$ 时具有硬弹簧特征。

3. 偏—频关系

偏—频关系是偏心距 A_0 与角频率 ω 的关系，其中 $A_0=|a_0-e|$。

由方程组(4)消去 a_1，得到

$$\omega^2=\frac{2c_2\omega_0^2+4c_2^2a_0+3\omega_0^2c_3a_0+15c_2c_3a_0^2+15c_3^2a_0^3}{2(c_2+3c_3a_0)} \tag{7}$$

①当 $c_3=0, c_2>0$ 时，方程式(1)的偏—频曲线如图 D-38a)所示，偏心距 A_0 随角频率 ω 增加而减少；

②当 $c_3>0, 0<c_2<2\omega_0\sqrt{c_3}$ 时，方程式(1)的偏—频曲线如图 D-38b)所示。当 $0<H<H_{cr}$ 时，偏心距 A_0 随角频率 ω 增加而减少；当 $H>H_{cr}$ 时，偏心距 A_0 随角频率 ω 增加而增加。

③当 $c_3>0, c_2=2\omega_0\sqrt{c_3}$，时，方程式(1)的偏—频曲线如图 D-38c)所示。当 $0<H<H_{cr}$ 时，偏心距 A_0 随角频率 ω 增加而减少；当 $H>H_{cr}$ 时，偏心距 A_0 随角频率 ω 增加而增加。

当偏心距 $A_0=0$ 时，方程式(1)的周期解称为**对称周期解**；当 $A_0\neq0$ 时，方程式(1)的周期解称为**非对称周期解**；当 $\lim\limits_{\omega\to\infty}A_0=0$ 时，方程式(1)的周期解称为**准对称周期解**。

4. 结论

①给出了具有二次和三次非线性弹性拱结构自由振动幅—频关系与偏—频关系的解析解；

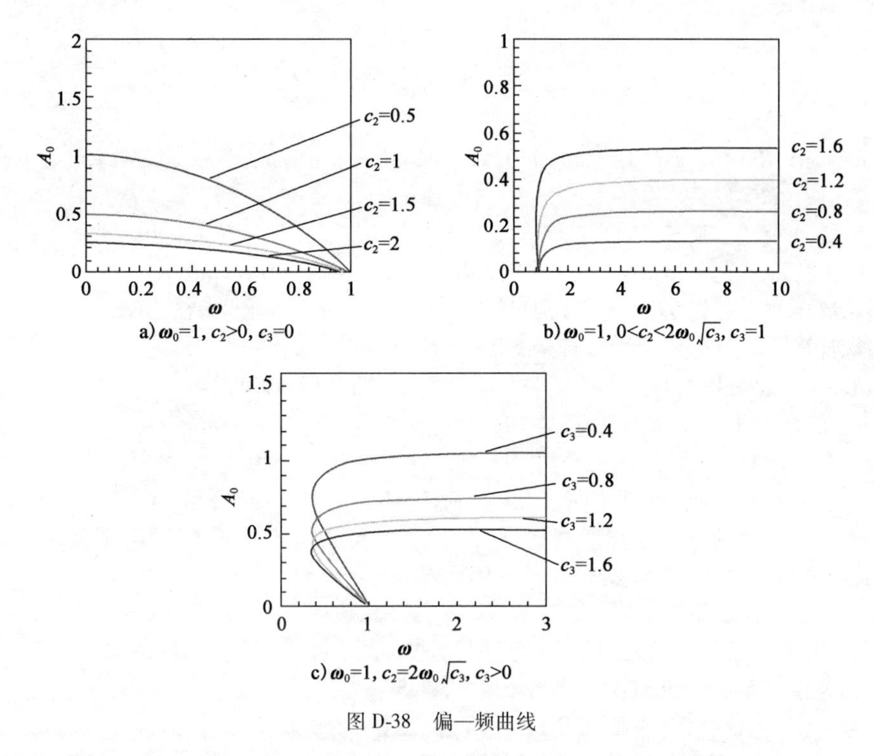

图 D-38　偏—频曲线

②绘制分析了具有二次和三次非线性弹性拱结构自由振动骨干线——幅—频曲线和偏—频曲线；

③具有二次和三次非线性弹性系统，即使在同一结构参数下，在不同能量作用下可能具有不同的弹簧特征，在能量较小时具有软弹簧特征，在能量较大时具有硬弹簧特征，这一点在工程设计时应该得到充分重视！

参 考 文 献

[1] Walter Gander, Jiří Hřebíček. 用 Maple 和 MATLAB 解决科学计算问题[M]. 刘来福,何青,译. 北京:高等教育出版社,2001.

[2] 马开平, 潘申梅, 冯玮,等. Maple 高级应用和经典实例[M]. 北京:国防工业出版社,2002.

[3] 李银山,王拉娣,张建明,等. 数学建模案例分析[M]. 北京:海洋出版社. 1999.

[4] 马正飞,殷翔. 数学计算方法与软件的工程应用[M]. 北京:化学工业出版社,2002.

[5] 彭芳麟. 计算物理基础[M]. 北京:高等教育出版社. 2010.

[6] 李银山. Maple 理论力学(I册,II册) [M]. 北京:机械工业出版社,2013.

[7] 钱伟长. 变分法及有限元[M]. 北京:科学出版社,1980.

[8] 胡海昌. 弹性力学的变分原理及其应用[M]. 北京:科学出版社,1981.

[9] 老大中. 变分法基础[M]. 北京:国防工业出版社,2007.

[10] 欧斐君. 变分法及其应用:物理、力学、工程中的经典建模[M]. 北京:高等教育出版社,2013.

[11] 周培源. 理论力学[M]. 北京:人民教育出版社,1953.

[12] 梁昆淼. 力学(上册,下册)[M]. 北京:人民教育出版社,1981.

[13] 朱照宣,周起钊,殷金生. 理论力学(上册,下册)[M]. 北京:北京大学出版社,1982.

[14] 周衍柏. 理论力学[M]. 北京:高等教育出版社,1985.

[15] 梅凤翔,尚玫. 理论力学 (I 册, II 册)[M]. 北京:高等教育出版社,2012.

[16] 谢传锋,王琪. 理论力学[M]. 北京:高等教育出版社,2015.

[17] 秦元勋,王慕秋,王联. 运动稳定性理论与应用[M]. 北京:科学出版社,1981.

[18] 刘延柱. 高等动力学[M]. 北京:高等教育出版社,2001.

[19] AП 马尔契夫. 理论力学[M]. 李俊峰,译. 北京:高等教育出版社. 2006.

[20] ЛД 朗道,EM 栗弗席兹. 力学[M]. 李俊峰,译. 北京:高等教育出版社. 2007.

[21] 陈予恕,W · F · 朗福德. 非线性马休方程的亚谐分叉解及欧拉动弯曲问题[J]. 力学学报, 1988,20(6),522-531.

[22] 陈予恕. 非线性振动系统的分岔和混沌理论[M]. 北京:高等教育出版社,1993.

[23] Bogoliubov N N. ,Mitropolsky A Y. Asymptotic Methods in the Theory of Nonlinear Oscillations[M]. New York:Gordon and Breach,1961.

[24] Nayfeh A H and Mook D T. Nonlinear Oscillations[M]. New York:John Wiley & Sons,1979.

[25] 陈予恕. 非线性振动[M]. 天津:天津科学技术出版社,1983.

[26] 李骊. 强非线性振动系统的定性理论和定量方法[M]. 北京:科学出版社,1997.

[27] 陈树辉. 强非线性振动系统的定量分析方法[M]. 北京:科学出版社,2007.

[28] Jones S E. Remarks on the Perturbation Process for Certain Conservative Systems[J]. Int. J. Nonlinear Mechanics, 1978,13(2)125-128.

[29] T. D. Burton. Non – linear oscillator limit cycle analysis using a time transformation approach[J]. Int J. , Non-Linear Mechanics,1982,17(1):7-19.

[30] T. D. Burton, Z. . Rahman. On the multi-scale analysis of strongly non-linear forced oscillators[J]. J. Non-Linear Mechanics,1986,21(2):135-146.

[31] Y. K Cheung,S. H Chen, S. L. Lau. A modified Lindstedt-Poincare method for certain strongly non-linear oscillators[J]. J Non-Linear Mechanics,1991,26(4): 367-378 .

[32] M. N. Hamdan. On the primary frequency response of strongly non-linear oscillators:a linearization approach [J]. Journal of Sound and Vibration,1990,140(1):1-12.

[33] S. S. Qiu, I. M. Filanovsky. A Method of Calculation of Steady State Oscillations In Autonomous Non-Linear

Systems[J]. Journal of Sound and Vibration,1990,136(1):35-44.

[34] Ling F. H., Wu X. X.. Fast Galerkin method and its application to determine periodic solutions of non-linear oscillators[J]. J. Non-Linear Mechanics. 1987,22(2):89-98.

[35] Yuste S. B. Comments on the method of harmonic balance in which jacobi elliptic functions are used[J]. Journal of Sound and Vibration,1991,145(3):381-390.

[36] Y. K. Cheung, S. H. Chen, S. L. Lau. Application of increment harmonic balance method to cubic nonlinearity systems[J]. Journal of Sound and Vibration,1990,140(2),273-286.

[37] H. S. Y. Chan,K W Chung,Z Xu. A perturbation-iterative method for detemining limit cycles of strongly nonlinear oscillator[J]. Journal of Sound and Vibration,1995,183(4),707-717.

[38] WU B. S, Lim C. W. Large amplitude nonlinear oscillations of a general conservative system[J]. J. Non-Linear Mechanics,2004,39(2):859-870.

[39] 徐兆. 非线性力学中一种新的渐近方法[J]. 力学学报,1985,17(3):266-271.

[40] 戴世强. 强非线性振子的渐近分析[J]. 应用数学和力学,1985,6(5):395-400.

[41] 戴世强. 一类非线性振动系统的渐近解[J]. 中国科学,1986,A(1):34-40.

[42] 戴德成,陈建彪. 强非线性振动系统的渐近解法[J]. 力学学报,1990,22(2):206-212.

[43] 李银山,张善元,董青田,等. 用两项谐波法求解强非线性 Duffing 方程[J]. 太原理工大学学报,2005,36(6):690-693.

[44] 李银山,张善元,李欣业,等. 强非线性动力系统的两项谐波法[J]. 太原理工大学学报,2005,36(6):694-696.

[45] 李银山,张善元,刘波,等. 各种板边条件下大挠度圆板自由振动的分岔解[J]. 机械强度,2007,29(1):30-35.

[46] 李银山,李彤,韦炳威,等. 用谐波—能量平衡法求解单摆方程 [J]. 动力学与控制学报,2016:14(3),197-204.

[47] 李银山,张明路,檀润华,等. 强非线性非对称动力系统的两项谐波法[J]. 河北工业大学学报,2007,36(5):1-11.

[48] 李银山,李树杰,曹俊灵,等. 求解强非线性振动问题的初值变换法[J]. 振动与冲击,2008,27(S):28-30.

[49] 李银山,李树杰. 构造一类非线性振子解析逼近周期解的初值变换法[J]. 振动与冲击,2010,29(8):99-102.

[50] 李银山,段国林,李彤,等. 用初值变换法求解非对称强非线性振动问题[C]//现代振动与噪声技术,北京:航空工业出版社,2011:89-94.

[51] 李银山,刘波, 张明路,等. 二次非线性圆板的自由振动分岔解[J]. 机械强度,2011,33(4):505-510.

[52] 李银山,潘文波, 吴艳艳,等. 非对称强非线性振动特征分析[J]. 动力学与控制学报,2012:10(1),15-20.

[53] 李银山. 非对称、强非线性、多自由度系统周期解的初值变换法[C]//非线性动力学与控制的若干理论及应用,北京:科学出版社,2011:33-44.

[54] 密歇尔斯基. 理论力学习题集[M]. 李俊锋,译. 北京:高等教育出版社,2013.

[55] Li Yin-shan,Zhang Nian-mei,Yang Gui-tong. 1/3 Subharmonic solution of elliptical sandwich plates[J]. Applied Mathematics and Mechanics. 2003,24(10):1147-1157.

[56] Chen Yu-shu,Li Yin-shan,Xue Yu-sheng. Safety margin criterion of nonlinear unbalance elastic Axle System [J]. Applied Mathematics and Mechanics. 2003,24(6):621-630.

[57] Chen Yu-shu, Andrew Y T Leng. Bifurcation and Chaos in Engineering[M]. London: Springer-Verlog, London, 1998.

[58] Singer F L. Engineering Mechanics-Statics and Dynamics [M]. 3rd ed. New York:Harper & Row,1975.

[59] Charles E Smith. Applied Mechanics Statics[M]. New York:John Wiley & Sons, Inc. ,1976.
[60] Charles E Smith. Applied Mechanics Dynamics[M]. New York:John Wiley & Sons, Inc. ,1976.
[61] Charles E Smith. Applied Mechanics-More Dynamics[M]. New York: John Wiley & Sons, Inc. , 1976.
[62] Gingberg J H,Genin J. Statics and Dynamics[M] . New York: John Wiley & Sons, Inc. ,1984.
[63] Calkin M G. Lagrangian and Hamiltonian mechanics [M]. Singapore:World Scientific Press,1995.
[64] Udwadia F E,Kalab R E. Analytical dynamics[M]. Cambridge:Cambridge University Press,1996.
[65] Tongue B H. Principles of vibration[M]. Oxford:Oxford University Press,1996.
[66] Ferdinand P. Beer,E. Russell Johnston Jr. Vector mechanics for engineers-Statics[M]. New York:Publishing company of McGraw-Hill,1998.
[67] Ferdinand P. Beer,E. Russell Johnston Jr. Vector mechanics for engineers-Dynamics [M]. New York: Publishing company of McGraw-Hill,1998.
[68] Andrew Pytel,Jaan Kiusalass. Engineering Mechanics-Statics[M]. Stamford: Publishing company of Thomson Learning,1999.
[69] Andrew Pytel, Jaan Kiusalass. Engineering Mechanics-Dynamics [M]. Stamford: Publishing company of Thomson Learning,1999.

人民交通出版社股份有限公司 公路教育出版中心
土木工程/道路桥梁与渡河工程类本科及以上教材